# 混凝土结构设计常用规范条文解读与应用

李国胜　编

中国建筑工业出版社

**图书在版编目（CIP）数据**

混凝土结构设计常用规范条文解读与应用/李国胜编. —北京：中国建筑工业出版社，2012.7
ISBN 978-7-112-14381-8

Ⅰ.①混…　Ⅱ.①李…　Ⅲ.①混凝土结构-结构设计-建筑规范　Ⅳ.①TU370.4-65

中国版本图书馆CIP数据核字（2012）第109228号

本书对新修订的《建筑抗震设计规范》GB 50011—2010、《混凝土结构设计规范》GB 50010—2010、《高层建筑混凝土结构技术规程》JGJ 3—2010三个标准中有关混凝土结构设计的新增内容、重要规定进行解读和提出应用的建议，并对相互不一致的有关规定及仍不明确的问题进行论述。全书共13章，包括：概述，结构设计基本规定，场地、地基和基础、地下室设计，荷载和地震作用，结构计算分析，混凝土构件承载能力计算，混凝土构件裂缝、挠度验算及有关构造，框架结构设计，剪力墙结构设计，框架-剪力墙结构设计，筒体结构设计，复杂高层建筑结构设计，混合结构设计。

本书解读重点是依据规范、规程相关条文论述重要概念、设计要点和构造细节，并附有实用图表和手算实例，力求可读性和可操作性强，便于建筑结构设计人员参照应用，也可供建筑结构施工图审查、施工及监理人员和大专院校土建专业师生参考。

* * *

责任编辑：刘瑞霞
责任设计：赵明霞
责任校对：张　颖　王雪竹

**混凝土结构设计常用规范条文解读与应用**
李国胜　编
*
中国建筑工业出版社出版、发行（北京西郊百万庄）
各地新华书店、建筑书店经销
北京红光制版公司制版
北京建筑工业印刷厂印刷
*
开本：787×1092毫米　1/16　印张：27¼　字数：679千字
2012年8月第一版　2013年12月第三次印刷
定价：**60.00**元
ISBN 978-7-112-14381-8
(22450)

# 前　言

新修订的《建筑抗震设计规范》GB 50011—2010（简称《抗规》）、《混凝土结构设计规范》GB 50010—2010（简称《混凝土规范》）、《高层建筑混凝土结构技术规程》JGJ 3—2010（简称《高规》）相继颁布施行，建筑结构设计及相关人员急需了解和掌握常用的条文内容。本书对上述三个标准中有关混凝土结构设计的新增内容、重要规定进行解读和提出应用的建议，并对相互不一致的有关规定及仍不明确的问题进行论述。全书共13章，包括：概述，结构设计基本规定，场地、地基和基础、地下室设计，荷载和地震作用，结构计算分析，混凝土构件承载能力计算，混凝土构件裂缝、挠度验算及有关构造，框架结构设计，剪力墙结构设计，框架-剪力墙结构设计，筒体结构设计，复杂高层建筑结构设计，混合结构设计。

本书仅把各规范、规程中常用相关内容的条文列出，其中完全一致的不重复，进行比照、解读和提出应用建议，但不采用逐条论述。对规范、规程中没有明确的规定而设计中常会遇到的一些问题，根据编者的经验及收集到的有关资料、地方标准提出了处理建议，供读者参考。

本书解读重点是依据规范、规程相关条文论述重要概念、设计要点和构造细节，并附有实用图表和手算实例，力求可读性和可操作性强，便于建筑结构设计人员参照应用，也可供建筑结构施工图文件审查、施工及监理人员和大专院校土建专业师生参考。

本书编写中参考和引摘了一些文献资料的内容，对原作者深表谢意。限于编者的水平，有不当或错误之处在所难免，热忱盼望读者指正，编者将不胜感激。

# 目　录

# 第1章　概　　述

## 一、混凝土结构规范、规程修订的主要内容

1.《混凝土结构设计规范》GB 50010—2010（简称《混凝土规范》）、《建筑抗震设计规范》GB 50011—2010（简称《抗规》）和《高层建筑混凝土结构技术规程》JGJ 3—2010（简称《高规》）相继颁布施行，有关人员急需了解规范、规程主要修订的内容及相互相同或不同的规定。编者针对规范、规程中有关多层和高层建筑混凝土结构设计的规定，引列相关条文，规范、规程中相同内容一般不重复，特别重要和不同的规定分别写明，对各章节内容进行分析、引用有关资料及提出应用的建议，以便读者参考。

2. 规范、规程修订的主要内容

(1)《混凝土规范》

1）增加"结构方案"的内容，强调结构整体稳固性（Robustness）的重要（3.2节）；

2）完善承载能力计算：增加应力设计、防倒塌设计、既有结构设计的内容（3.3.3～3.3.5条）；

3）调整正常使用极限状态，钢筋混凝土构件以荷载准永久组合验算（3.4.4条）；

4）增加楼盖舒适度的要求，以竖向自振频率控制（3.4.6条）；

5）适应持久发展的需要，完善耐久性设计包括：环境、材料、措施、维护（3.5节）；

6）增加混凝土结构防连续倒塌设计原则，提高结构在偶然作用下的防灾性能（3.6节）；

7）延长结构使用年限，发挥已有结构的作用，新增既有结构设计的基本原则（3.7节）；

8）淘汰低强钢筋，采用高强、高性能钢筋，提出钢筋延性（均匀伸长率）的要求（4.2节）；

9）解决配筋密集的困难，提出并筋（钢筋束）配置的方法（4.2.7条）；

10）扩充结构分析内容以及各种内力分析的方法，提出间接作用分析的原则（5.3～5.7节）；

11）完善考虑结构侧移引起的整体二阶（$P$-$\Delta$）效应的计算方法（5.3.4条，附录B）；

12）适应非线性分析要求，完善材料本构关系及混凝土多轴强度准则的内容（附录C）；

13）承载能力应力设计方法：内力等代法、按多轴强度准则验算（6.1.2，6.1.3

条）；

14）完善考虑构件偏心受压挠曲引起的局部二阶（$P$-$\delta$）效应的计算方法（6.2.4条）；

15）统一受剪承载力计算表达，降低箍筋受剪承载力计算的系数，提高受剪承载力安全性（6.3.4条）；

16）补充框架柱在拉-扭和拉-弯-剪-扭复合受力状态下的设计规定（6.4.11，6.4.17条）；

17）调整受冲切承载力计算系数，适当降低安全度（6.5.1，6.5.3条）；

18）适应高强钢筋应用，调整正常使用极限状态裂缝宽度及刚度的计算方法（7.1.2，7.2.2条）；

19）放宽伸缩缝间距控制，增加控制间接裂缝的方法，引入“控制缝”的概念（8.1节）；

20）钢筋保护层从最外缘算起，调整厚度；一般情况稍增，恶劣环境增加较多（8.2节）；

21）改进钢筋锚固设计，完善锚固长度修正系数及机械锚固方法（8.3.2，8.3.3条）；

22）强调钢筋连接原则，确定钢筋接头方式及条件，完善机械、焊接方法（8.4节）；

23）最小配筋率考虑配筋特征值的双控原则，全面提高最小配筋率，增加安全度（8.5.1条）；

24）控制大截面构件的合理配筋：降低基础筏板及大截面构件临界高度的最小配筋（8.5.2，8.5.3条）；

25）在梁柱节点中引入钢筋机械锚固的有关规定，简化锚固配筋构造（9.3节，（Ⅱ））；

26）补充完善叠合构件（水平、竖向）及装配式结构的设计原则及构造要求（9.5，9.6节）；

27）增加无粘结预应力设计的有关内容（10.1.14～10.1.16条）；

28）调整预应力混凝土收缩-徐变及新工艺-材料预应力损失计算的规定（10.2节，附录J，K）；

29）补充、完善了各种预应力构件的配筋构造措施（10.3节）；

30）调整混凝土结构抗震等级及加强部位的规定，提出抗震钢筋延性的要求（11.1，11.2节）；

31）调整柱的强柱·弱梁计算系数、轴压比限值、最小配筋率，提高安全储备（11.4节）；

32）补充、完善剪力墙（筒体）洞口、连梁、边缘构件等的设计规定（11.7节）；

33）补充预应力构件抗震设计要求，增加板柱节点抗震设计的有关规定（11.8，11.9条）；

34）以“验评分离、强化验收”的原则，施工技术与质量验收分离（CB 50204）；

35）调整以“标准养护强度”验收的方式，强调反映实际结构中的混凝土实体强度（GB 50204）；

36）统筹考虑与相关标准的衔接与分工，与其他专业规范的协调和统一，以及与国际标准的接轨。

(2)《抗规》补充了关于 7 度（0.15$g$）和 8 度（0.30$g$）设防的抗震措施规定，按《中国地震动参数区划图》调整了设计地震分组；改进了土壤液化判别公式；调整了地震影响系数曲线的阻尼调整参数、钢结构的阻尼比和承载力抗震调整系数、隔震结构的水平向减震系数的计算，并补充了大跨屋盖建筑水平和竖向地震作用的计算方法；提高了对混凝土框架结构房屋、底部框架砌体房屋的抗震设计要求；提出了钢结构房屋抗震等级并相应调整了抗震措施的规定；改进了多层砌体房屋、混凝土抗震墙房屋、配筋砌体房屋的抗震措施；扩大了隔震和消能减震房屋的适用范围；新增建筑抗震性能化设计原则以及有关大跨屋盖建筑、地下建筑、框排架厂房、钢支撑-混凝土框架和钢框架-钢筋混凝土核心筒结构的抗震设计规定。取消了内框架砖房的内容。

(3)《高规》

1）本规程适用范围调整为 10 层及 10 层以上或房屋高度大于 28m 的住宅建筑结构和房屋高度大于 24m 的其他民用高层建筑结构。见 1.0.2 条。

2）提出了结构抗震性能设计要求和基本方法。见 1.0.3 条和 3.11 节。

3）增加了对混凝土、钢筋、钢材材料的要求，强调了应用高强钢筋、高强高性能混凝土以及轻质非结构材料。见 3.2 节。

4）调整了房屋最大适用高度要求，增加了 8 度 0.3$g$ 抗震设防区的房屋适用高度内容；框架结构高度适当降低；板柱-剪力墙结构高度增大较多。见 3.3.1 条。

5）调整了房屋适用的最大高宽比要求，不再区分 A 级高度和 B 级高度。见 3.3.2 条。

6）修改了楼层位移比的计算要求及可以适当放松的条件及限值，见 3.4.5 条。

7）调整了楼层刚度变化的计算方法和限制条件，见 3.5.2 条；增加了沿竖向质量不均匀结构的限制，见 3.5.6 条；增加了竖向不规则结构的限制，见 3.5.7 条；楼层竖向不规则结构地震剪力增大系数由 1.15 调整为 1.25，见 3.5.8 条。

8）明确结构侧向位移限制条件是针对风荷载或多遇地震作用标准值作用下的计算结果，见 3.7.3 条。

9）增加房屋高度大于 150m 结构的弹塑性变形验算要求，见 3.7.4 条。

10）增加了风振舒适度计算时结构阻尼比取值要求，见 3.7.6 条；增加了楼盖竖向振动舒适度要求，见 3.7.7 条。

11）调整了结构构件的抗震等级的划分，见 3.9.3～3.9.6 条。

12）增加了结构抗连续倒塌设计基本要求，见 3.12 节。

13）对于安全等级为一级或对风荷载比较敏感的高层建筑，承载力设计时应按基本风压的 1.1 倍采用；正常使用极限状态可采用基本风压（50 年重现期）。见 4.2.2 条。

14）增加了横风向风振效应计算要求。见 4.2.5、4.2.6 条。

15）扩大了风洞试验判断确定风荷载的范围，对复杂体型和风环境下风洞试验取消了 150m 房屋高度的限制。见 4.2.7 条。

16）扩大了考虑竖向地震作用的范围和计算要求。见 4.3.2 条和 4.3.14、4.3.15 条。

17）增加了多塔楼结构分塔楼模型计算要求，见 5.1.14 条。

18）增加了结构弹塑性分析有关要求，见5.5.1条。

19）调整了结构作用组合的有关规定，增加了考虑结构设计使用年限的荷载调整系数。见5.6.1条。

20）增加了楼梯间的设计要求。见6.1.4、6.1.5条。

21）修改了框架结构“强柱弱梁”的设计要求。见6.2.1、6.2.2条。

22）修改柱“强剪弱弯”的设计规定。见6.2.3条。

23）增加了三级框架节点的抗震受剪承载力验算要求，取消了原规程的附录C。见6.2.7条。

24）梁端最大配筋率不再作为强制性条文，见6.3.3条。

25）加大了柱截面基本构造尺寸要求。见6.4.1条。

26）调整了框架柱轴压比规定，对框架结构及四级抗震等级柱提出更高要求。见6.4.2条。

27）调整了柱最小配筋率要求，给出一级柱端箍筋加密区箍筋间距可以放松的条件。见6.4.3条。

28）调整了短肢剪力墙的设计要求。见7.1.7条、7.2.2条。

29）调整了剪力墙截面厚度要求，强调了要满足稳定计算要求。见7.2.1条。

30）调整了剪力墙边缘构件的设计要求。见7.2.13～7.2.16条。

31）剪力墙分布筋直径及间距不再作为强制性条文，见7.2.18条。

32）增加了剪力墙洞口连梁正截面最小配筋率和最大配筋率要求。见7.2.24、7.2.25条。

33）修改了框架-剪力墙结构中框架承担倾覆力矩较多和较少时的规定。见8.1.3条。

34）框架-核心筒结构核心筒构造配筋率比普通剪力墙提高0.05%。见9.2.2条第1款。

35）增加了内筒偏置时的设计要求以及框架-双筒结构的设计要求。见9.2.5～9.2.7条。

36）增加了框架-核心筒结构中，当框架承担地震剪力过低时对框架和核心筒的内力调整要求。见9.1.11条。

37）对转换构件水平地震内力增大系数做了放大调整。见10.2.4条。

38）梁腹板配筋要求扩大到所有转换梁。见10.2.7条。

39）框支梁最小截面高度由不应小于跨度的1/6调整为不宜小于跨度的1/8。见10.2.8条。

40）调整了转换柱的轴力、弯矩增大系数，见10.2.11条。

41）对错层结构错层处框架柱的承载力提出更高要求。见10.4.5条。

42）增加连体结构连接体7度0.15$g$时考虑竖向地震影响的强制性要求，见10.5.2条；增加了6度和7度0.10$g$时连体结构宜考虑竖向地震影响的要求，见10.5.3条。

43）除多塔楼结构外，补充了竖向收进结构、悬挑结构的设计要求。见10.6节。

44）调整了混合结构的最大适用高度。见11.1.2条。

45）调整了混合结构计算阻尼比规定。见11.3.5条。

46）调整了混合结构抗震等级规定。见11.1.4条。

47）调整了型钢混凝土柱配箍设计规定，见 11.4.6 条。

48）补充了混合结构中钢管混凝土柱的有关要求，见 11.4.8～11.4.10 条。

49）增加了钢板混凝土剪力墙的设计规定，见 11.4.11～11.4.15 条。

50）调整了钢柱及型钢混凝土柱埋入式柱脚中型钢的设计要求。见 11.4.17、11.4.18 条。

51）第 12 章修改为“地下室和基础设计”，补充了一般规定和地下室设计的有关规定；对原规程基础设计内容做了适当简化，合并为一节；对基础设计荷载组合及抗力取值提出要求，见 12.3.1 条。

52）第 13 章增加了垂直运输，见 13.4 节；增加了脚手架及模板支架规定，见 13.5 节；增加了大体积混凝土施工、混合结构施工及复杂混凝土结构施工有关规定，见 13.9～13.11 节；增加了绿色施工要求，见 13.13 节；取消了原规程 13.6 节预制构件安装内容。

53）增加了附录 C 楼盖竖向振动加速度计算；对原规程附录 D 墙体稳定计算及附录 E 转换层结构侧向刚度做了部分修改；增加了附录 F 圆形钢管混凝土构件设计。

## 二、执行规范、规程应根据具体工程区别对待

1. 现行规范、规程是建筑结构设计应遵循的依据，但是其条款内容是若干年前的科研和设计经验的总结，但对当前某些较复杂的工程设计、就显得滞后了。

2. 现行规范、规程的条款，是针对工程设计的最低要求，不是最高要求。规范、规程既是成熟经验的总结，又是经济技术的体现，所有条款是对一般的、大量的工程设计提出的规定和要求，对于使用功能或标准高的工程，设计时与一般工程应有所区别。

3. 规范、规程是全国性标准，沿海地区与西南、西北等地区的自然条件和经济发展情况不同，房屋建筑的标准、造价有所不同。因此，在工程设计时应贯彻因地制宜方针，执行规范、规程也应因地区的不同而区别对待。如果有的省市或地区有当地制定的标准，在设计该地区的工程时应执行当地的标准。

4. 现行规范、规程的条款，是针对一般工程的规定及要求，可是随着经济的发展，人们对房屋建筑使用功能需求不断变化，尤其是建筑艺术的不断创新和多样化，给建筑结构设计提出挑战和新的技术要求。因此，在一些工程设计中要求设计人员去适应新形势发展的需要，根据已有经验或收集必要的有关资料，甚至于试验研究去创新，不能完全依据现行规范、规程的条款。

5. 在设计中对某些构件仅按规范、规程的要求进行截面设计是不够的。例如，承托上部墙或柱的转换梁，其剪压比和受剪承载力应比一般框架梁严格，纵向钢筋应比计算所需要的富余一些；受力较敏感或施工操作中钢筋位置下移对承载力影响较大的悬挑梁和悬挑阳台及走廊、挑檐板，其纵向钢筋应该比计算所需要的多一些。如《混凝土规范》第 9.2.13 条规定：“当梁的腹板高度 $h_w$ 不小于 450mm 时，在梁的两个侧面应沿高度配置纵向构造钢筋。每侧纵向构造钢筋（不包括梁上、下部受力钢筋及架立钢筋）的间距不宜大于 200mm，截面面积不应小于腹板截面面积（$bh_w$）的 0.1%”。如果设计的工程平面长度或宽度超过相应结构类型的伸缩缝间距时，梁的腰筋应适当增多。

## 三、地方标准是规范、规程的补充和延伸

1. 我国地域辽阔，各省、市、自治区的经济发展和气候环境各不相同。现行规范、规程是全国性的，有的内容各地不一定完全适用，为了适应本地区建设具体情况，不少省市制订有地区性标准。例如，上海市有《建筑抗震设计规程》DGJ 08—9—2003（以下简称《上海抗震规程》），《钢筋混凝土高层建筑筒体结构设计规程》DGJ 08—31—2001（以下简称《上海筒体规程》），《地基基础设计规范》DGJ 08—11—1999（以下简称《上海地基规范》）等；北京市有《北京地区建筑地基基础勘察设计规范》DBJ 01—501—2009（以下简称《北京地基规范》），《北京市建筑设计技术细则——结构专业》2004（以下简称《北京细则》）等；广东省有“广东省实施《高层建筑混凝土结构技术规程》JGJ 3—2002补充规定”（以下简称《广东高规补充》），广东省标准《建筑地基基础设计规范》DBJ 15—31—2003（以下简称《广东地基规范》）等。

2. 各省市的地方标准是结合本地区具体情况，对国家标准及行业标准的规范、规程中某些不明确、不够具体或不适用于本地区的内容作了补充和延伸，具有更好的操作性，对提高设计质量和工作效率很有意义，有不少内容对其他省、市、地区也有借鉴和参考价值。为此，在本书各章节中将引入一些地方标准的重要内容供读者设计时参考。

## 四、应重视规范、规程中的条文注释和条文说明

规范、规程中的条文注释和条文说明都是内容的重要组成部分，有的甚至非常重要。例如，《高规》表3.3.3-1，A级高度钢筋混凝土高层建筑的最大适用高度的注2：“部分框支剪力墙结构指地面以上有部分框支剪力墙的剪力墙结构”；《高规》第3.4.5条的注：“当楼层的最大层间位移角不大于本规程第3.7.3条规定限值的40%时，该楼层竖向构件的最大水平位移和层间位移与该楼层平均值的比值可适当放松，但不应大于1.6”；《高规》第3.7.3条的注：“抗震设计时，本条规定的楼层位移计算可不考虑偶然偏心的影响”；《抗规》表6.3.6和《高规》表6.4.2，柱轴压比限值的注1～6都很重要；《高规》表8.1.8，剪力墙间距的注4：“当房屋端部未布置剪力墙时，第一片剪力墙与房屋端部的距离，不宜大于表中剪力墙间距的1/2”；《高规》第3.3.2条的条文说明：“高层建筑的高宽比，是对结构刚度、整体稳定、承载能力和经济合理性的宏观控制：在结构设计满足本规程规定的承载力、稳定、抗倾覆、变形和舒适度等基本要求后，仅从结构安全角度讲高宽比限值不是必须满足的，主要影响结构设计的经济性”；《高规》第3.4.5条的条文说明：“周期比计算时，可直接计算结构的固有自振特征，不必附加偶然偏心”；《高规》第6.1.2条的条文说明：“单跨框架结构是指整栋建筑全部或绝大部分采用单跨框架的结构，不包括仅局部为单跨框架的框架结构。框架-剪力墙结构可局部采用单跨框架结构；其他情况应根据具体情况进行分析、判断”；《高规》第10.4.1条的条文说明：“相邻楼盖结构高差超过梁高（编者注：一般为600mm）范围的，宜按错层结构考虑。结构中仅局部存在错层构件的不属于错层结构，但这些错层构件宜参考本节的规定进行设计”；《高规》第11.1.1条的条文说明：“为减小柱子尺寸或增加延性而在混凝土柱中设置构造型钢，而框

架梁仍为钢筋混凝土梁时，该体系不视为混合结构；此外对于体系中局部构件（如框支柱）采用型钢梁柱（型钢混凝土梁柱）也不应视为混合结构”；《抗规》第 14.1.1 条的条文说明：“本章的适用范围为单建式地下建筑。高层建筑的地下室（包括设置防震缝与主楼对应范围分开的地下室）属于附建式地下室建筑，其性能要求通常与地面建筑一致，可按本规范有关章节所提出的要求设计”；《高规》第 7.2.2 条的条文说明：“本次修订对 02 规程的规定进行了修改，不论是否短肢剪力墙较多，所有短肢剪力墙都要求满足本条规定，短肢剪力墙的抗震等级不再提高，但在第 2 款中降低了轴压比限值”。等等。

## 五、《抗规》、《高规》、《混凝土规范》等标准不一致的有关规定

1. 抗震等级

《高规》表 3.9.3 中 A 级高度的高层建筑结构抗震等级，框架结构 6 度、7 度、8 度分别为三级、二级、一级；《抗规》表 6.1.2 现浇钢筋混凝土房屋的抗震等级，框架结构 6 度、7 度、8 度的高度≤24m 时分别为四级、三级、二级，当>24m 时与《高规》一致。当框架结构房屋为小于或等于 24m 的多层时，抗震等级应按《抗规》表 6.1.2 采用。

2. 相邻楼层侧向刚度的计算

《高规》第 3.5.2 条规定：对框架结构，楼层与其相邻上层的侧向刚度比 $\gamma_1$ 不宜小于 0.7，与相邻上部三层刚度平均值的比值不宜小于 0.8。对框架-剪力墙、板柱-剪力墙结构、剪力墙结构、框架-核心筒结构、筒中筒结构，楼层与其相邻上层的侧向刚度比 $\gamma_2$ 不宜小于 0.9；当本层层高大于相邻上层层高的 1.5 倍时，该比值不宜小于 1.1；对结构底部嵌固层，该比值不宜小于 1.5。$\gamma_1$ 与 $\gamma_2$ 的计算方法完全不同。

《抗规》第 3.4.3 条的表 3.4.3-2 和条文说明，楼层侧向刚度计算方法及楼层与其相邻上部楼层的刚度比值要求，是与《高规》中框架结构相同的，其他结构类型的楼层侧向刚度比值计算与框架结构不再区别。

上述两标准对相邻楼层侧向刚度比值计算和要求是不相同的，多层及高层建筑结构设计中纯框架结构与其他结构加以区别采用《高规》的规定比较合理。

3. 扭转效应的计算

《高规》第 4.3.3 条规定：计算单向地震作用时应考虑偶然偏心的影响。每层质心沿垂直于地震作用方向的偏移值可采用 $e_i=\pm 0.05L_i$。

《抗规》第 5.2.3 条 1 款规定：规则结构不进行扭转耦联计算时，平行于地震作用方向的两个边榀各构件，其地震作用效应应乘以增大系数。

《高规》与《抗规》对扭转效应的计算方法不同，实际工程设计中是采用《高规》的方法，相对概念明确，软件计算操作方便。

4. 柱箍筋加密区箍筋体积配筋率的计算

《混凝土规范》第 11.4.17 条规定：柱箍筋加密区的体积配筋率 $\rho_v$ 计算中应扣除重叠部分的箍筋体积。

《高规》第 6.4.7 条 4 款规定：柱箍筋加密区范围计算复合箍筋的体积配箍率时，可不扣除重叠部分的箍筋体积。

上述两标准对柱箍筋体积配筋率计算不同，实际工程设计中采用《混凝土规范》的方

法，操作方便，偏于安全。剪力墙的约束边缘构件箍筋体积配箍率也可按此方法计算。

5. 剪力墙截面厚度的确定

《高规》第7.2.1条1款规定了剪力墙的截面厚度应符合本规程附录D的墙体稳定验算要求，其他各款规定了不同部位和抗震等级的墙截面最小厚度。取消了原《高规》剪力墙厚度与层高或无支长度比值的要求。在条文说明中："设计人员可按设计经验、轴压比限值及本条2、3、4款初步选定剪力墙的厚度，也可参考02规程的规定进行初选"。

《抗规》第6.4.1条规定了抗震墙截面在不同部位和抗震等级的最小厚度，以及墙厚度与层高或无支长度比值的要求。没有稳定验算的规定。

剪力墙截面厚度首先按与层高或无支长度的比值，再按最小厚度确定，这样操作比较方便，也符合稳定要求，最后还应满足轴压比规定，必要时按稳定验算。应注意的是对于一字形截面外墙、转角窗外墙、框架-剪力墙结构中的单片剪力墙等剪力墙截面厚度不宜按《高规》附录D的稳定验算确定。因为某种情况下墙轴压比小而层高大，采用稳定验算确定墙厚度可能不安全。

6. 剪力墙的L形和T形构造边缘构件的长度

《高规》第7.2.16条的图7.2.16中L形和T形阴影部分边端与距垂直墙边均为300mm。《抗规》第6.4.5条的图6.4.5-1中L形阴影部分边端距垂直墙边为≥200mm，总长为≥400mm；T形阴影部分总长≥$b_w$，≥$b_f$且≥400mm。

上述两标准的取值不一样，工程设计时高层建筑结构应按《高规》，多层建筑结构宜按《抗规》。

7. 框架-剪力墙结构中带边框剪力墙暗梁高度取值

《高规》第8.2.2条3款规定：暗梁截面高度可取墙厚的2倍或与该榀框架梁截面等高，暗梁配筋可按构造配置且应符合一般框架梁相应抗震等级的最小配筋要求。《抗规》第6.5.1条2款规定：暗梁的截面高度不宜小于墙厚和400mm的较大值。

试验表明，带边框剪力墙具有较好的延性，在水平地震或风荷载作用下可阻止裂缝扩展，暗梁高度的取值直接关系暗梁配筋的数量。高层建筑结构宜按《高规》规定取值，多层建筑结构可按《抗规》取值。对于框架-核心筒结构的高层建筑的核心筒外墙厚度≥400mm时，暗梁高度可取1.5倍墙厚度。

8. "相关范围"

《高规》第3.9.5条规定：抗震设计时的高层建筑，当地下室顶层作为上部结构的嵌固端时，地下一层相关范围的挠震等级应按上部结构采用。该条的条文说明："相关范围"一般指主楼周边外延1～2跨的地下室范围。《抗规》第6.1.3条3款规定：当地下室顶板作为上部结构的嵌固部位时，地下一层的抗震等级应与上部结构相同，地下室中无上部结构部分，抗震构造措施的抗震等级可根据具体情况采用三级或四级。

《高规》第3.9.6条的条文说明：当裙楼与主楼相连时，相关范围内裙楼的抗震等级不应低于主楼，"相关范围"一般指主楼周边外延不少于三跨的裙房结构。《抗规》第6.1.3条2款及其条文说明：裙房与主楼相连，除应按裙房本身确定抗震等级外，相关范围不应低于主楼的抗震等级，裙房与主楼相连的相关范围，一般可从主楼层周边外延3跨：且不小于20m。

《高规》第5.3.7条及其条文说明：高层建筑结构整体计算中，当地下室顶板作为上部结构嵌固部位时，地下一层与首层侧向刚度比不宜小于 2，计算地下室结构楼层侧向刚度时，可考虑地上结构以外的地下相关部位的结构，“相关部位”，一般指地上结构外扩不超过三跨的地下室范围。《抗规》第 6.1.14 条及其条文说明：地下室顶板作为上部结构的嵌固部位，结构地上一层的侧向刚度，不宜大于相关范围地下一层侧向刚度的 0.5 倍，“相关范围”一般从地上结构（主楼、有裙房时含裙房）周边外延不大于 20m。

《抗规》与《高规》的规定不完全相同，设计高层建筑结构时可按《高规》，设计多层建筑结构时可按《抗规》，其中不小于三跨或不超过三跨，也可按不小于 20m 或不大于 20m 采用。地下一层顶板作为上部结构的嵌固部位时，对地下一层与地上一层侧向刚度比的规定，两者提法不同而实质是一样的。

9. 楼层剪力增大系数

《高规》第 3.5.8 条规定：侧向刚度变化、承载力变化、竖向抗侧力构件连续性不符合本规程第 3.5.2、3.5.3、3.5.4 条要求的楼层对应于地震作用标准值的剪力应乘以 1.25 的增大系数。《抗规》第 3.4.4 条 2 款规定：平面规则而竖向不规则的建筑，应采用空间结构计算模型，刚度小的楼层的地震剪力应乘以不小于 1.15 的增大系数。

《高规》与《抗规》不一致，高层建筑结构设计应按《高规》，多层建筑结构设计也可按《抗规》。《高规》的增大系数由 02 年版的 1.15 调整为 1.25。

## 六、应重视对规范、规程一些不明确问题的处理

1.《高规》第 5.3.7 条及其条文说明规定：高层建筑结构整体计算中，当地下室顶板作为上部结构嵌固部位时，地下一层与首层侧向刚度比不宜小于 2。计算地下室结构楼层侧向刚度时，可考虑地上结构以外的地下室相关部位的结构，“相关部位”一般指地上结构外扩不超过三跨（不大于 20m）的地下室范围。楼层侧向刚度比可按本规程附录 E.0.1 条公式计算。

《高规》中没有规定当不满足楼层侧向刚度比时嵌固部位应该设置在哪层。一般剪力墙结构的地下一层顶板按楼层侧向刚度比是满足不了作为上部结构的嵌固部位。当房屋的地下室层数多于一层时，如果地下一层顶板满足不了嵌固部位条件，地下二层顶板为嵌固部位即可，不需要再往下延伸。因为地下二层有周围土的侧向约束，结构已无侧移，以下部位可作为具有嵌固条件的大基础。作为嵌固部位，基本假定是此部位无侧向位移。

2.《抗规》和《高规》中有关转换层的规定，均指地上建筑结构底部。现在有不少工程地下室用做汽车库或设备机房，上部剪力墙不能直接落到基础，而需要设转换构件；上部屋顶因建筑体形需要，部分柱需要由下部楼层梁承托转换。这些部位的转换构件及相关柱和墙，应参照《高规》有关转换结构的规定，按原抗震等级对转换构件的水平地震作用计算内力应乘以增大系数，7 度（015$g$）和 8 度抗震设计时还应考虑竖向地震影响。这些结构构件受力复杂，除进行整体分析外，还应进行局部补充计算。

3. 上部剪力墙墙肢的边缘构件，相当于偏心受压柱或偏心受拉柱配置竖向受力钢筋的部位。无上部剪力墙的地下室钢筋混凝土墙，无论高层、多层建筑结构，还是地下车库，这些墙主要承受剪力而不是偏压或偏拉构件，因此，从受力概念可以不设置边缘构件。地下室人防部分，应按人防规范有关规定，洞口按计算或构造进行配筋。

4.《抗规》第6.1.14条和《高规》第3.6.3条规定：地下室顶板作为上部结构的嵌固部位时，地下室顶板应采用现浇梁板结构。《北京细则》第5.1.2条4款3）规定：地下室顶板作为上部结构的嵌固部位时，如地下室结构的楼层侧向刚度不小于相邻上部楼层侧向刚度的3倍时，地下室顶板也可采用现浇板柱结构（但应设置托板或柱帽）。

当房屋设有多层地下室时，规范、规程、《北京细则》只有作为上部结构嵌固部位楼盖结构的规定，其他层楼盖结构没有要求。在实际工程设计中，有不少工程的地下室及其他层楼盖结构采用了设有平托板柱帽的板柱结构。地下室用作汽车库时，当采用梁板式楼盖时，层高一般为3.7m或3.8m，采用板柱式楼盖时层高可为3.3m或3.4m。地下车库的楼盖和顶板也可采用板柱结构。地下室楼盖采用板柱结构，可减少挖土量、基坑护坡，方便施工，缩短工期，节省综合造价。

5. 地下室内外钢筋混凝土墙，除上部为框架-剪力墙结构延续到地下室的剪力墙以外，在楼板、基础底板相连处没有必要设置暗梁。在地下室底层的门口宽度不大于基础底板厚度的两倍时，在底板洞口下可不设梁。

6. 地下室外墙，承受土压、水压、地面活载、人防等效侧压等侧向压力，同时有竖向轴压力，因此，外墙的裂缝宽度应按偏心受压构件验算，不应按纯弯曲构件验算，否则需增加许多不必要的为裂缝控制的钢筋。应注意一般计算软件没有外墙平面外按偏心受压构件验算裂缝宽度的功能，需要按偏心受压构件补充验算裂缝。

7. 框架-核心筒结构的基础，由于核心筒部分在竖向荷载作用下反力比平均值大很多，核心筒范围的基础无论天然地基或桩基必须强化，例如，天然地基时采用CFG桩复合地基加强，桩基时将桩加长或间距加密等，以控制核心筒部分基础与其他部分基础的不均匀沉降。

8.《高规》第3.4.13条3款规定：施工后浇带钢筋采用搭接接头，后浇带混凝土宜在45d后浇筑。设置施工后浇带的目的是为释放混凝土硬化过程中收缩应力从而控制裂缝，按《高规》第3.4.13条后浇带处钢筋不断是为避免后浇带宽度过大，有利于方便施工操作和质量控制。如果按现在某些标准图集或工程设计施工图结构总说明中要求在后浇带处应增设附加钢筋，这违背了设置施工后浇带的意义。

9. 框架梁柱节点混凝土强度等级要求同柱的混凝土强度等级相等，或不超过一级。当梁、板混凝土强度等级低于柱的混凝土强度等级时，应采取措施保证梁柱节点应有的混凝土强度等级。剪力墙在与楼板、梁相连范围内，由于有效截面实已扩大，对轴压比、受剪承载力和偏压承载力均有利，因此这些范围的混凝土强度等级可同梁板的混凝土强度等级。

10. 主楼旁边地下车库顶部填土时，顶面同样可作为室外地面考虑主楼基础埋置深度。

11. 地下车库顶板与主楼地下一层顶板不在同一高度，而且相差超过600mm以上形成错层，在确定主楼地下一层顶板是否能作为上部结构的嵌固部位时，与主楼相关部位的地下车库楼层侧向刚度不能计入主楼地下一层侧向刚度。

12. 山坡地上的建房，正面室外地面与背面或侧面有高差，高层建筑的基础埋置深度应按正面低的地面算起，低层或多层建筑的基础埋深要求可不同于高层建筑，但基础底必须在防冻层以下。此类建筑结构整体计算时，应考虑侧面土压产生的水平力作用及各侧面钢筋混凝土墙不同布置在水平地震作用下的扭转效应。高层、多层和低层住宅房屋，有下沉式庭院时也应参照上述山坡上建房时进行结构设计。

## 七、结构概念设计的重要性

1. 一个结构设计工程师的首要任务就是在每一项工程设计的开始，即建筑方案设计阶段，就能凭借自身拥有的对结构体系功能及其受力、变形特性的整体概念和判断力，用概念设计去帮助建筑师开拓或实现该建筑物业主所想要的，或已初步构思的空间形式及其使用、构造与形象功能。并以此为统一目标，与建筑师一起构思总结构体系，并能明确结构总体系和主要分体系之间的最佳受力特征要求。结构工程师不仅仅是“规范加计算”，更不是“规范加一体化计算机结构分析程序”，而应具有结构设计概念、经验、悟性、判断力和创造力。在当前面临困难、挑战和竞争的形势下，建筑结构设计者要不断学习，设计水平要提高，技术要创新，这样才能与时俱进，去适应时代的发展。

2. 概念设计是通过无数的事故分析，历年来国内外震害分析，模拟试验的定量定性分析以及长期以来国内外的设计与使用经验分析、归纳、总结出来的。而这些原则、规定与方法往往是基础性、整体性、全局性和关键性的。合理的结构方案是安全可靠的优秀设计的基本保证。

3. 强调结构概念设计的重要性，旨在要求建筑师和结构工程师在建筑设计中应特别重视规范、规程中有关结构概念设计的各条规定，设计中不能陷入只凭计算的误区。若结构严重不规则、整体性差，则仅按目前的结构设计计算水平，难以保证结构的抗震、抗风性能，尤其是抗震性能。

4. 高层建筑结构设计尤其是在高层建筑抗震设计中，应当非常重视概念设计。这是因为高层建筑结构的复杂性，发生地震时地震动的不确定性，人们对地震时结构响应认识的局限性与模糊性，高层结构计算尤其是抗震分析计算的精确性，材料性能与施工安装时的变异性以及其他不可预测的因素，致使设计计算结果（尤其是经过实用简化后的计算结果）可能与实际相差较大，甚至有些作用效应至今尚无法定量计算出来。因此在设计中，虽然分析计算是必须的，也是设计的重要依据，但仅此往往不能满足结构安全性、可靠性的要求，不能达到预期的设计目标，还必须非常重视概念设计。从某种意义上讲，概念设计甚至比分析计算更为重要。

5. 概念设计是结构设计人员运用所掌握的知识和经验，从宏观上决定结构设计中的基本问题。要做好概念设计应掌握以下诸多方面：结构方案要根据建筑使用功能、房屋高度、地理环境、施工技术条件和材料供应情况、有无抗震设防选择合理的结构类型；竖向荷载、风荷载及地震作用对不同结构体系的受力特点；风荷载、地震作用及竖向荷载的传递途径；结构破坏的机制和过程，以加强结构的关键部位和薄弱环节；建筑结构的整体性，承载力和刚度在平面内及沿高度均匀分布，避免突变和应力集中；预估和控制各类结构及构件塑性铰区可能出现的部位和范围；抗震房屋应设计成具有高延性的耗能结构，并具有多道防线；地基变形对上部结构的影响，地基基础与上部结构协同工作的可能性；各类结构材料的特性及其受温度变化的影响；非结构性部件对主体结构抗震产生的有利和不利影响，要协调布置，并保证与主体结构连接构造的可靠等；建筑专业有关的基本空间尺寸；建筑装修与结构连接构造；机电专业与结构有关的要求等。

6. 建筑结构设计，应做多方案比较，不仅要安全可靠技术可行，还应经济合理节省造价。地基基础的方案比较，对节省造价，方便施工，缩短施工周期具有极大的意义。

7. 高层建筑结构设计与低层、多层建筑结构设计相比较，结构专业在各专业中占有更重要的地位，不同结构体系的选择，直接关系到建筑平面布置，立面体形，楼层高度，机电管道的设置，施工技术的要求，施工工期的长短和投资造价的高低。

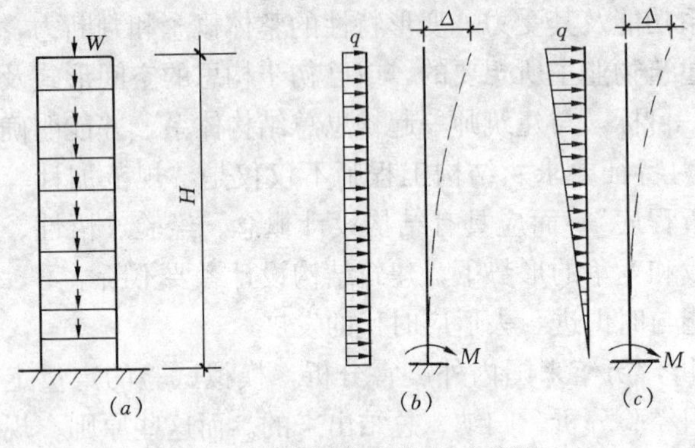


图 1-1　高层建筑结构受力简图

8. 水平力是设计的主要因素。在低层和多层房屋结构中，水平力产生的影响较小，结构以抵抗竖向荷载为主，侧向位移小，通常忽略不计。在高层建筑结构中，随着高度的增加，水平力（风荷载或水平地震作用）产生的内力和位移迅速增大。如图 1-1 所示，把房屋结构看成一根最简单的竖向悬臂构件，轴力与高度成正比；水平力产生的弯矩与高度的二次方成正比；水平力产生的顶点侧向位移与高度的四次方成正比：

竖向荷载产生的轴力

$$N=WH$$

水平力产生的弯矩

均布荷载　$M=\frac{1}{2}qH^2$

倒三角形分布荷载　$M=\frac{qH^2}{3}$

水平力产生的顶点侧向位移

均布荷载　$\Delta=\frac{qH^4}{8EI}$

倒三角形分布荷载　$\Delta=\frac{11qH^4}{120EI}$

式中　$EI$——竖向构件抗弯刚度。

9. 高层建筑结构设计中，不仅要求结构具有足够的承载力，而且必须使结构具有足够的抵抗侧向变形的能力，使结构在水平力作用下所产生的侧向位移限制在规范规定的范围内。因此，高层建筑结构所需的侧向刚度由位移控制。

结构的侧向位移过大将产生下列后果：

（1）使结构因 $P$-$\Delta$ 效应产生较大的附加内力，尤其是竖向构件，当侧向位移增大时，偏心加剧，当产生的附加内力值超过一定数值时，将会导致房屋的倒塌。

（2）使居住的人员感到不适或惊慌。在风荷载作用下，如果侧向位移过大，必将引起居住人员的不舒服，影响正常工作和生活。在水平地震作用下，当侧向位移过大，更会造成人们的不安和惊吓。

（3）使填充墙或建筑装饰开裂或损坏，使机电设备管道受损坏，使电梯轨道变形而不能正常运行。

(4) 使主体结构构件出现较大裂缝，甚至损坏。

10. 高层建筑减轻自重比多层建筑更有意义。从地基承载力或桩基承载力考虑，如果在同样地基或桩基情况下，减轻房屋自重意味着不增加基础的造价和处理措施，可以多建层数，这在软弱土层上有突出的经济效益。

地震效应是与建筑的质量成正比，减轻房屋自重是提高结构抗震能力的有效办法。高层建筑中质量大了，不仅作用于结构上的地震剪力大，还由于重心高、地震作用倾覆力矩大，对竖向构件产生很大的附加轴力，$P\text{-}\Delta$ 效应造成附加弯矩更大。

因此，在高层建筑房屋中，结构构件宜采用高强度材料，非结构构件和围护墙体应采用轻质材料。减轻房屋自重，既减小了竖向荷载作用下构件的内力，使构件截面变小，又可减小结构刚度和地震效应，不但能节省材料，降低造价，还能增加使用空间。

11. 在多高层建筑的抗风设计中，应保证结构有足够承载力，必须具有足够的刚度；控制在风荷载作用下的位移值，保证有良好的居住和工作条件；外墙（尤其是玻璃幕墙）、窗玻璃、女儿墙及其他围护和装饰构件，必须有足够的承载力，并与主体结构有可靠的连接，防止房屋在风荷载作用下产生局部损坏。

12. 有抗震设防的多高层建筑，应进行详细勘察，摸清地形、地质情况，选择位于开阔平坦地带，具有坚硬场地土或密实均匀中硬场地土的对抗震有利的地段；尽可能避开对建筑抗震不利的地段，如高差较大的台地边缘，非岩质的陡坡、河岸和边坡，较弱土、易液化土、故河道、断层破碎带，以及土质成因、岩性、状态明显不均匀的情况等；任何情况下均不得在抗震危险的地段上建造可能引起人员伤亡或较大经济损失的建筑物。

## 八、对结构分析软件计算结果分析判断的必要性

1. 对结构分析软件计算结果，结构设计人员应根据结构设计概念进行分析判断。

(1)《抗规》第 3.6.6 条 4 款，《混凝土规范》第 5.1.6 条，《高规》第 5.1.16 条均规定：对结构分析软件的计算结果，应进行分析判断，确认其合理、有效后方可作为工程设计的依据。

(2) 在目前计算机和计算软件广泛应用的条件下，除了根据工程具体情况要选择使用可靠的计算软件外，还应对软件的计算结果从力学概念和工程经验等方面加以必要的分析判断，确认其合理性和可靠性，以保证结构安全。

(3) 计算软件是根据现行规范、规程进行编制的，在建立计算模型时必须作必要的简化，同时现行规范、规程是成熟经验的总结，而且是最低要求，但对当前许多较复杂的工程而言，这些经验是滞后的。

(4) 在某些计算软件中，现行规范、规程规定的一些要求验算的内容却没有或不完全符合。

因此，对软件计算结果应进行分析判断。工程经验上的判断一般包括：结构整体位移、结构楼层剪力、振型形态和位移形态、结构自振周期、超筋超限情况等。

2. 多高层建筑结构是复杂的三维空间受力体系，计算分析时应根据结构实际情况，选取能较准确地反映结构中各构件的实际受力状况的力学模型。对于平面和立面布置简单

规则的框架结构、框架-剪力墙结构宜采用空间分析模型，可采用平面框架空间协同模型；对剪力墙结构、筒体结构和复杂布置的框架结构、框架-剪力墙结构应采用空间分析模型。目前国内商品化的结构分析软件所采用的力学模型主要有：空间杆系模型、空间杆-薄壁杆系模型、空间杆-墙板元模型及其他组合有限元模型。

3. 多高层建筑按空间整体工作计算时，不同计算模型的梁、柱自由度是相同的：梁的弯曲、剪切、扭转变形，当考虑楼板面内变形时还有轴向变形；柱的弯曲、剪切、轴向、扭转变形。当采用空间杆-薄壁杆系模型时，剪力墙自由度考虑弯曲、剪切、轴向、扭转变形和翘曲变形；当采用其他有限元模型分析剪力墙时，剪力墙自由度考虑弯曲、剪切、轴向、扭转变形。

高层建筑层数多、重量大，墙、柱的轴向变形影响显著，计算时应考虑。

构件内力是与其变形相对应的，分别为弯矩、剪力、轴力、扭矩等，这些内力是构件截面承载力计算的基础，如梁的弯、剪、扭，柱的压（拉）、弯、剪、扭，墙肢的压(拉)、弯、剪等。

4. 在内力与位移计算中，型钢混凝土和钢管混凝土构件宜按实际情况直接参与计算，此时要求计算软件具有相应的计算单元。当结构中只有少量型钢混凝土和钢管混凝土构件时，也可等效为混凝土构件进行计算，比如可采用等刚度原则，但目前有的分析软件，如SATWE尚不具有此功能，应由设计人员处理后再电算。构件的截面设计应按国家现行有关标准进行。

# 第2章　结构设计基本规定

## 一、一般规定

### 1.《混凝土规范》规定

#### 3.1　一　般　规　定

**3.1.1**　混凝土结构设计应包括下列内容：

**1**　结构方案设计，包括结构选型、构件布置及传力途径；

**2**　作用及作用效应分析；

**3**　结构的极限状态设计；

**4**　结构及构件的构造、连接措施；

**5**　耐久性及施工的要求；

**6**　满足特殊要求结构的专门性能设计。

**3.1.2**　本规范采用以概率理论为基础的极限状态设计方法，以可靠指标度量结构构件的可靠度，采用分项系数的设计表达式进行设计。

**3.1.3**　混凝土结构的极限状态设计应包括：

**1**　承载能力极限状态：结构或结构构件达到最大承载力、出现疲劳破坏、发生不适于继续承载的变形或因结构局部破坏而引发的连续倒塌；

**2**　正常使用极限状态：结构或结构构件达到正常使用的某项规定限值或耐久性能的某种规定状态。

**3.1.4**　结构上的直接作用（荷载）应根据现行国家标准《建筑结构荷载规范》GB 50009及相关标准确定；地震作用应根据现行国家标准《建筑抗震设计规范》GB 50011确定。

间接作用和偶然作用应根据有关的标准或具体情况确定。

直接承受吊车荷载的结构构件应考虑吊车荷载的动力系数。预制构件制作、运输及安装时应考虑相应的动力系数。对现浇结构，必要时应考虑施工阶段的荷载。

**3.1.5**　混凝土结构的安全等级和设计使用年限应符合现行国家标准《工程结构可靠性设计统一标准》GB 50153的规定。

混凝土结构中各类结构构件的安全等级，宜与整个结构的安全等级相同。对其中部分结构构件的安全等级，可根据其重要程度适当调整。对于结构中重要构件和关键传力部位，宜适当提高其安全等级。

**3.1.6**　混凝土结构设计应考虑施工技术水平以及实际工程条件的可行性。有特殊要求的混凝土结构，应提出相应的施工要求。

**3.1.7　设计应明确结构的用途，在设计使用年限内未经技术鉴定或设计许可，不得改变**

结构的用途和使用环境。

2.《抗规》规定

### 3.1　建筑抗震设防分类和设防标准

**3.1.1　抗震设防的所有建筑应按现行国家标准《建筑工程抗震设防分类标准》GB 50223 确定其抗震设防类别及其抗震设防标准。**

**3.1.2**　抗震设防烈度为 6 度时，除本规范有具体规定外，对乙、丙、丁类的建筑可不进行地震作用计算。

### 3.2　地　震　影　响

**3.2.1**　建筑所在地区遭受的地震影响，应采用相应于抗震设防烈度的设计基本地震加速度和特征周期表征。

**3.2.2**　抗震设防烈度和设计基本地震加速度取值的对应关系，应符合表 3.2.2 的规定。设计基本地震加速度为 0.15$g$ 和 0.30$g$ 地区内的建筑，除本规范另有规定外，应分别按抗震设防烈度 7 度和 8 度的要求进行抗震设计。

**表 3.2.2　抗震设防烈度和设计基本地震加速度值的对应关系**

| 抗震设防烈度 | 6 | 7 | 8 | 9 |
|---|---|---|---|---|
| 设计基本地震加速度值 | 0.05$g$ | 0.10(0.15)$g$ | 0.20(0.30)$g$ | 0.40$g$ |

注：$g$ 为重力加速度。

**3.2.3**　地震影响的特征周期应根据建筑所在地的设计地震分组和场地类别确定。本规范的设计地震共分为三组，其特征周期应按本规范第 5 章的有关规定采用。

**3.2.4**　我国主要城镇（县级及县级以上城镇）中心地区的抗震设防烈度、设计基本地震加速度值和所属的设计地震分组，可按本规范附录 A 采用。

### 3.3　场　地　和　地　基

**3.3.1　选择建筑场地时，应根据工程需要和地震活动情况、工程地质和地震地质的有关资料，对抗震有利、一般、不利和危险地段做出综合评价。对不利地段，应提出避开要求；当无法避开时应采取有效的措施。对危险地段，严禁建造甲、乙类的建筑，不应建造丙类的建筑。**

**3.3.2　建筑场地为Ⅰ类时，对甲、乙类的建筑应允许仍按本地区抗震设防烈度的要求采取抗震构造措施；对丙类的建筑应允许按本地区抗震设防烈度降低一度的要求采取抗震构造措施，但抗震设防烈度为 6 度时仍应按本地区抗震设防烈度的要求采取抗震构造措施。**

**3.3.3**　建筑场地为Ⅲ、Ⅳ类时，对设计基本地震加速度为 0.15$g$ 和 0.30$g$ 的地区，除本规范另有规定外，宜分别按抗震设防烈度 8 度（0.20$g$）和 9 度（0.40$g$）时各抗震设防类别建筑的要求采取抗震构造措施。

**3.3.4**　地基和基础设计应符合下列要求：

**1**　同一结构单元的基础不宜设置在性质截然不同的地基上。

**2**　同一结构单元不宜部分采用天然地基部分采用桩基；当采用不同基础类型或基础

埋深显著不同时，应根据地震时两部分地基基础的沉降差异，在基础、上部结构的相关部位采取相应措施。

**3** 地基为软弱黏性土、液化土、新近填土或严重不均匀土时，应根据地震时地基不均匀沉降和其他不利影响，采取相应的措施。

**3.3.5** 山区建筑的场地和地基基础应符合下列要求：

**1** 山区建筑场地勘察应有边坡稳定性评价和防治方案建议；应根据地质、地形条件和使用要求，因地制宜设置符合抗震设防要求的边坡工程。

**2** 边坡设计应符合现行国家标准《建筑边坡工程技术规范》GB 50330 的要求；其稳定性验算时，有关的摩擦角应按设防烈度的高低相应修正。

**3** 边坡附近的建筑基础应进行抗震稳定性设计。建筑基础与土质、强风化岩质边坡的边缘应留有足够的距离，其值应根据设防烈度的高低确定，并采取措施避免地震时地基基础破坏。

3.《高规》规定

## 3.1 一 般 规 定

**3.1.1** 高层建筑的抗震设防烈度必须按照国家规定的权限审批、颁发的文件（图件）确定。一般情况下，抗震设防烈度应采用根据中国地震动参数区划图确定的地震基本烈度。

**3.1.2** 抗震设计的高层混凝土建筑应按现行国家标准《建筑工程抗震设防分类标准》GB 50223的规定确定其抗震设防类别。

注：本规程中甲类建筑、乙类建筑、丙类建筑分别为现行国家标准《建筑工程抗震设防分类标准》GB 50223 中特殊设防类、重点设防类、标准设防类的简称。

**3.1.4** 高层建筑不应采用严重不规则的结构体系，并应符合下列规定：

**1** 应具有必要的承载能力、刚度和延性；

**2** 应避免因部分结构或构件的破坏而导致整个结构丧失承受重力荷载、风荷载和地震作用的能力；

**3** 对可能出现的薄弱部位，应采取有效的加强措施。

**3.1.5** 高层建筑的结构体系尚宜符合下列规定：

**1** 结构的竖向和水平布置宜使结构具有合理的刚度和承载力分布，避免因刚度和承载力局部突变或结构扭转效应而形成薄弱部位；

**2** 抗震设计时宜具有多道防线。

**3.1.6** 高层建筑混凝土结构宜采取措施减小混凝土收缩、徐变、温度变化、基础差异沉降等非荷载效应的不利影响。房屋高度不低于 150m 的高层建筑外墙宜采用各类建筑幕墙。

**3.1.7** 高层建筑的填充墙、隔墙等非结构构件宜采用各类轻质材料，构造上应与主体结构可靠连接，并应满足承载力、稳定和变形要求。

4. 对规定的解读和建议

（1）建筑结构设计人员对结构上的直接作用（荷载）比较重视，认为是保证结构安全的重要因素。但是对间接作用不注意，《混凝土规范》修订中增加了对间接作用的规定。间接作用包括温度变化、混凝土收缩与徐变、强迫位移、环境引起材料性能劣化等造成的影响，设计时根据有关标准、工程特点等具体情况确定，通常仍采用经验性的构造措施进行设计。

(2) 根据《建筑结构可靠度设计统一标准》GB 50068—2001，结构的设计使用年限应按表 2-1。

**设计使用年限分类**　　　　**表 2-1**

| 类　别 | 设计使用年限（年） | 示　例 |
|---|---|---|
| 1 | 5 | 临时性结构 |
| 2 | 25 | 易于替换的结构构件 |
| 3 | 50 | 普通房屋和构筑物 |
| 4 | 100 | 纪念性建筑和特别重要的建筑结构 |

一般钢筋混凝土结构的设计使用年限为 50 年，若建设单位提出更高的要求，也可以按建设单位的要求确定。

结构在规定的设计使用年限内应具有足够的可靠度。结构可靠度可采用以概率理论为基础的极限状态设计方法分析确定。

1）结构在规定的设计使用年限内应满足下列功能要求：

①在正常施工和正常使用时，能承受可能出现的各种作用；

②在正常使用时具有良好的工作性能；

③在正常维护下具有足够的耐久性能；

④在设计规定的偶然事件发生时及发生后，仍能保持必需的整体稳定性。

2）建筑结构设计时，应根据结构破坏可能产生的后果（危及人的生命、造成经济损失、产生社会影响等）的严重性，采用不同的安全等级。建筑结构安全等级的划分应符合表 2-2 的要求。

**建筑结构的安全等级**　　　　**表 2-2**

| 安全等级 | 破坏后果 | 建筑物类型 | 安全等级 | 破坏后果 | 建筑物类型 |
|---|---|---|---|---|---|
| 一级 | 很严重 | 重要的房屋 | 三级 | 不严重 | 次要的房屋 |
| 二级 | 严重 | 一般的房屋 | | | |

注：1. 对特殊的建筑物，其安全等级应根据具体情况另行确定；

2. 地基基础设计安全等级及按抗震要求设计时，建筑结构的安全等级，尚应符合国家现行有关规范的规定。

3）建筑物中各类结构构件的安全等级，宜与整个结构的安全等级相同。对其中部分结构构件的安全等级可进行调整，但不得低于三级。

4）建筑寿命指从规划、实施到使用的总时间，即从确认需要建造开始直到建筑毁坏的全部时间。

设计使用年限指设计规定的结构或结构构件不需进行大修即可达到其预定目的的使用年限，即房屋建筑在正常设计、正常施工、正常使用和一般维护下所应达到的使用年限。当房屋建筑达到设计使用年限后，经过鉴定和维修，可继续使用。因而设计使用年限不同于建筑寿命。同一建筑中不同专业的设计使用年限可以不同，例如，外保温、给水排水管道、室内外装修、电气管线、结构和地基基础，均可有不同的设计使用年限。

结构的设计基准期是指为确定可变作用及与时间有关的材料性能等取值而选用的时间参数，它不等同于建筑结构的设计使用年限，也不等同于建筑结构的寿命。一般设计规范所采用的设计基准期为50年，即设计时所考虑荷载、作用的统计参数均是按此基准期确定的。

对于设计使用年限为100年及其以上的丙类建筑，结构设计时应另行确定在其设计基准期内的活荷载、雪荷载、风荷载、地震等荷载和作用的取值，确定结构的可靠度指标以及确定包括钢筋保护层厚度等构件的有关参数的取值。其中结构抗震设计所采用的基本地震加速度、抗震措施和构造措施，应根据结构形式、设计使用年限、原设计基本地震加速度等条件专门研究后确定。

(3)《建筑工程抗震设防分类标准》GB 50223—2008 规定如下：

1) 建筑抗震设防类别划分，应根据下列因素的综合分析确定：

①建筑破坏造成的人员伤亡、直接和间接经济损失及社会影响的大小。

②城市的大小、行业的特点、工矿企业的规模。

③建筑使用功能失效后，对全局的影响范围大小、抗震救灾影响及恢复的难易程度。

④建筑各区段的重要性有显著不同时，可按区段划分抗震设防类别。下部区段的类别不应低于上部区段。

⑤不同行业的相同建筑，当所处地位及地震破坏所产生的后果和影响不同时，其抗震设防类别可不相同。

注：区段指由防震缝分开的结构单元、平面内使用功能不同的部分、或上下使用功能不同的部分。

2) 建筑工程应分为以下四个抗震设防类别：

①特殊设防类：指使用上有特殊设施，涉及国家公共安全的重大建筑工程和地震时可能发生严重次生灾害等特别重大灾害后果，需要进行特殊设防的建筑。以下简称甲类。

②重点设防类：指地震时使用功能不能中断或需尽快恢复的生命线相关建筑，以及地震时可能导致大量人员伤亡等重大灾害后果，需要提高设防标准的建筑。以下简称乙类。

③标准设防类：指大量的除①、②、④款以外按标准要求进行设防的建筑。以下简称丙类。

④适度设防类：指使用上人员稀少且震损不致产生次生灾害，允许在一定条件下适度降低要求的建筑。以下简称丁类。

3) 各抗震设防类别建筑的抗震设防标准，应符合下列要求：

①丙类，应按本地区抗震设防烈度确定其抗震措施和地震作用，达到在遭遇高于当地抗震设防烈度的预估罕遇地震影响时不致倒塌或发生危及生命安全的严重破坏的抗震设防目标。

②乙类，应按高于本地区抗震设防烈度一度的要求加强其抗震措施；但抗震设防烈度为9度时应按比9度更高的要求采取抗震措施；地基基础的抗震措施，应符合有关规定。同时，应按本地区抗震设防烈度确定其地震作用。

③甲类，应按高于本地区抗震设防烈度提高一度的要求加强其抗震措施；但抗震设防烈度为9度时应按比9度更高的要求采取抗震措施。同时，应按批准的地震安全性评价的结果且高于本地区抗震设防烈度的要求确定其地震作用。

④丁类，允许比本地区抗震设防烈度的要求适当降低其抗震措施，但抗震设防烈度为6度时不应降低。一般情况下，仍应按本地区抗震设防烈度确定其地震作用。

注：对于划为重点设防类而规模很小的工业建筑，当改用抗震性能较好的材料且符合抗震设计规范

对结构体系的要求时，允许按标准设防类设防。

4）该标准仅列出主要行业的抗震设防类别的建筑示例；使用功能、规模与示例类似或相近的建筑，可按该示例划分其抗震设防类别。该标准未列出的建筑宜划为丙类。

5）防灾救灾建筑按下列规定：

以下适用于城市和工矿企业与防灾和救灾有关的建筑。

①防灾救灾建筑应根据其社会影响及在抗震救灾中的作用划分抗震设防类别。

②医疗建筑的抗震设防类别，应符合下列规定：

a. 三级医院中承担特别重要医疗任务的住院、医技、门诊用房，抗震设防类别应划为甲类。

b. 二、三级医院的住院、医技、门诊用房，具有外科手术室或急诊科的乡镇卫生院的医疗用房，县级以上急救中心的指挥、通信、运输系统的重要建筑，县级以上的独立采供血机构的建筑，抗震设防类别应划为乙类。

c. 工矿企业的医疗建筑，可比照城市的医疗建筑示例确定其抗震设防类别。

③消防车库及其值班用房，抗震设防类别应划为乙类。

④20 万人口以上的城镇和县及县级市防灾应急指挥中心的主要建筑，抗震设防类别不应低于乙类。

工矿企业的防灾应急指挥系统建筑，可比照城市防灾应急指挥系统建筑示例确定其抗震设防类别。

⑤疾病预防与控制中心建筑的抗震设防类别，应符合下列规定：

a. 承担研究、中试和存放剧毒的高危险传染病病毒任务的疾病预防与控制中心的建筑或其区段，抗震设防类别应划为甲类。

b. 不属于 a 的县、县级市及以上的疾病预防与控制中心的主要建筑，抗震设防类别应划为乙类。

6）公共建筑和居住建筑应按下列规定：

①以下适用于体育建筑、影剧院、博物馆、档案馆、商场、展览馆、会展中心、教育建筑、旅馆、办公建筑、科学实验建筑等公共建筑和住宅、宿舍、公寓等居住建筑。

②公共建筑，应根据其人员密集程度、使用功能、规模、地震破坏所造成的社会影响和直接经济损失的大小划分抗震设防类别。

③体育建筑中，规模分级为特大型的体育场，大型、观众席容量很多的中型体育场和体育馆（含游泳馆），抗震设防类别应划为乙类。

参照《体育建筑设计规范》JGJ 31—2003 关于使用要求和规模的分级，本条的使用要求中，特级指举办亚运会、奥运会级世界锦标赛的主场；甲级指举办全国性和单项国际比赛的场馆；大型体育场指观众座位容量不少于 40000 人，大型体育馆（含游泳馆）指观众座位容量不少于 6000 人。这些场馆要同时满足使用等级、规模的要求。划为乙类建筑是因其人员密集，疏散有一定难度，地震破坏造成的人员伤亡和社会影响很大，而且在地震时可作为避难场所。

使用要求的分级，可根据设计使用年限内的要求确定。

④文化娱乐建筑中，大型的电影院、剧场、礼堂、图书馆的视听室和报告厅、文化馆的观演厅和展览厅、娱乐中心建筑，抗震设防类别应划为乙类。

参照《剧场建筑设计规范》JGJ 57—2000 和《电影院建筑设计规范》JGJ 58—1988 关于规模的分级，标准中的大型剧场、电影院，指座位不少于 1200；大型娱乐中心指一个区段内上下楼层合计的座位明显大于 1200 同时其中至少有一个座位在 500 以上（相当于中型电影院的座位容量）的大厅。这类多层建筑中人员密集且疏散有一定难度，地震破坏造成的人员伤亡和社会影响很大，故列为乙类。

⑤商业建筑中，人流密集的大型的多层商场抗震设防类别应划为乙类。当商业建筑与其他建筑合建时应分别判断，并按区段确定其抗震设防类别。

借鉴《商店建筑设计规范》JGJ 48—88 关于规模的分级，考虑近年来商场发展情况，大型商场指一个区段的建筑面积 25000m$^2$ 或营业面积 10000m$^2$ 以上的商业建筑，若营业面积指标按 JGJ 48 规定，取平均每位顾客 1.35m$^2$ 计算，则人流可达 7500 人以上。这类商业建筑一般需同时满足人员密集、建筑面积或营业面积符合大型规定、多层建筑等条件；所有仓储式、单层的大商场不包括在内。该标准 1995 年版关于商场营业额和固定资产的要求偏低，又不便掌握，新版予以取消。

当商业建筑与其他建筑合建时，包括商住楼或综合楼，其划分以区段按比照原则确定。例如，高层建筑中多层的商业裙房区段或者下部的商业区段为乙类，而上部的住宅可以为丙类。还需注意，当按区段划分时，若上部区段为乙类，则其下部区段也应为乙类。

对于人员密集的证券交易大厅，可按比照原则确定抗震设防类别。

⑥博物馆和档案馆中，大型博物馆，存放国家一级文物的博物馆，特级、甲级档案馆，抗震设防类别应划为乙类。

参照《博物馆建筑设计规范》JGJ 66—1991 标准中的大型博物馆指建筑规模大于 10000m$^2$，一般适用于中央各部委直属博物馆和各省、自治区、直辖市博物馆。按照《档案馆建筑设计规范》JGJ 25—2000，特级档案馆为国家级档案馆，甲级档案馆为省、自治区、直辖市档案馆，二者的耐久年限要求在 100 年以上。

考虑到国家二级文物为数量较多的文物，该标准不再列入乙类建筑范畴。

⑦会展建筑中，大型展览馆、会展中心，抗震设防类别应划为乙类。

这类展览馆、会展中心，在一个区段的设计容纳人数一般在 5000 人以上。科技馆可比照展览馆确定其抗震设防类别。

⑧教育建筑中，幼儿园、小学、中学的教学用房以及学生宿舍和食堂，抗震设防类别应不低于乙类。

对于敬老院、福利院、残疾人的学校等地震时自救能力较弱人群使用的砌体房屋，可比照上述幼儿园相应提高抗震设防类别。

⑨科学实验建筑中，研究、中试生产和存放具有高放射性物品以及剧毒的生物制品、化学制品、天然和人工细菌、病毒（如鼠疫、霍乱、伤寒和新发高危险传染病等）的建筑，抗震设防类别应划为甲类。

在生物制品、化学制品、天然和人工细菌、病毒中，具有剧毒性质的，包括新近发现的具有高发危险性的病毒，列为甲类；而一般的剧毒物品列为乙类。这主要考虑该类剧毒物质的传染性，建筑一旦破坏的后果极其严重，波及面很广，且这类建筑数量不会很多。

⑩高层建筑中，当结构单元内经常使用人数超过 8000 人时，抗震设防类别宜划为乙类。

经常使用人数 8000 人，按《办公建筑设计规范》JGJ 67—2006 的规定，大体人均面积为 $10m^2$/人计算，则建筑面积大致超过 $80000m^2$，结构单元内集中的人数特别多。考虑到这类房屋总建筑面积很大，多层时需分缝处理，在一个结构单元内集中如此多人数属于高层建筑，设计时需要进行可行性论证，其抗震措施一般需要专门研究，即提高的程度是按总体提高一度、提高一个抗震等级还是在关键部位采取比丙类建筑更严格的措施，可以经专门研究和论证确定。

⑪居住建筑的抗震设防类别不应低于丙类。

(4) 与《建筑工程抗震设防分类标准》相关的一些问题

1)《分类标准》第 3.0.1 条中将“由防震缝分开的结构单元”作为确定区段的标准之一，使不少设计人员误以为这里的“一个区段”就是一个结构单元，造成结构抗震设防分类错误。

“一个区段”应该是具有同一建筑功能的相关范围，考察的是人员的聚集程度（注意，人流是否密集是关键)，与建筑功能分区及不同区段出口设置有关（分区示例可见图2-1)，而与结构是否分缝无直接关系（只有当防震缝两侧的结构单元被不同建筑功能分隔时，由防震缝分开的结构单元才碰巧与建筑分隔一致)。很显然，《分类标准》不加限制地直接将“由防震缝分开的结构单元”列为确定区段的标准并不恰当。

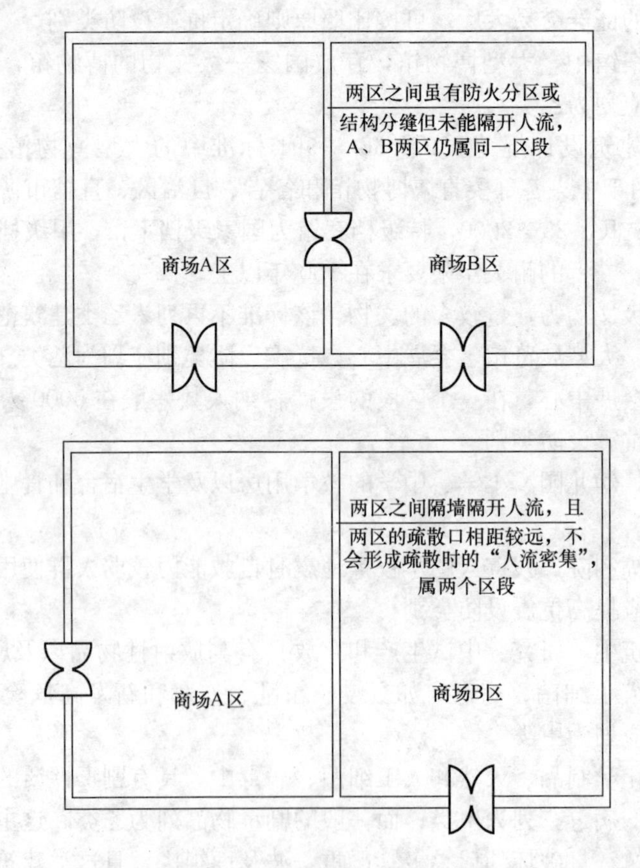


图 2-1　同一区段的概念示意

2)《分类标准》第 6.0.11 条规定“高层建筑中，当结构单元内经常使用的人数超过

8000 人时，抗震设防类别宜划分为重点设防类”。上述规定中，以“结构单元”内使用人数的多少作为划分重点设防类别的依据，同样不合理，同时也混淆了“区段”与“结构单元”的概念，使设计人员误以为“区段”就是“结构单元”，并导致上述 1）的错误分类。

3）对商业建筑，《分类标准》第 6.0.5 条规定“人流密集的大型的多层商场抗震设防类别应划为重点设防类”，对其中“人流密集的”、“大型的”条文解释为“一个区段人流 5000 人，换算的建筑面积约 17000m$^2$ 或营业面积 7000m$^2$ 以上的商业建筑”，其中的“一个区段”该如何理解？以防震缝作为区段的界限是否合适？

①包括商业建筑在内的所有各类建筑工程中，抗震设防分类时的“一个区段”指：具有同一建筑功能的相关范围，考察的是人员的聚集程度，与建筑功能分区及不同区段出口有关，不完全是一个结构区段或一个结构单元，与结构是否分缝无直接的关系。分区示意见图 2-1。

②以商场为例，主要把握的是其是否属于“人流密集”。人流密集时疏散有一定的难度，地震破坏造成的人员伤亡和社会影响很大。在这里“大型商场”是产生人流密集的条件。“人流密集”和“大型商场”不会因为结构设缝或增加结构单元而消失（很明显，如果通过结构分缝能减少人流密集，那对结构设计而言，一般就不会出现乙类建筑）。只有通过建筑手段，对密集人流进行合理分隔和疏导，使每一区段内商业面积不满足大型商场的要求，不会出现“人流密集”现象，从而无需再按乙类建筑进行抗震设防。

③通过防震缝分开的商业建筑，当每个结构单元均有单独的疏散出入口时，可按每个结构单元的规模分别确定抗震设防类别。

4）对高层建筑的抗震设防分类，仍然应该以是否“人流密集”作为判别标准，而房屋的层数多、面积大等，均是造成“人流密集”的条件，但人流是否密集与结构单元关系不大。

①以高层住宅为例，一般情况下，一个结构单元可以有多个建筑户型，不同户型之间可以是互不相干的，而不同的建筑分区及出入口设置有可能造成局部人流集中（图 2-2）。通过设置防震缝往往不能改变人流集中现象（图 2-3），可见以结构单元作为判别乙类建筑的最基本要素，并不科学。

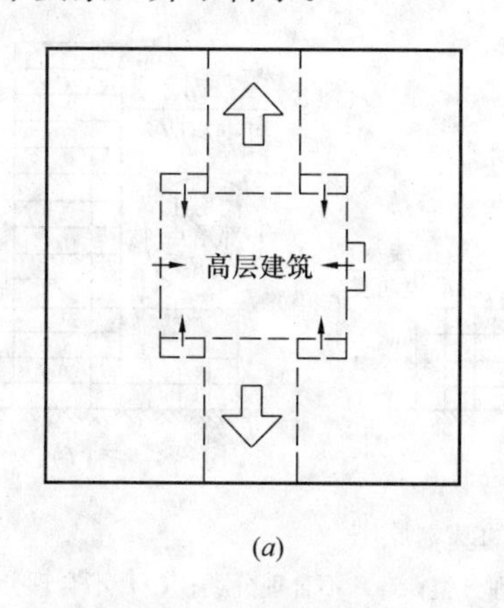

(*a*)

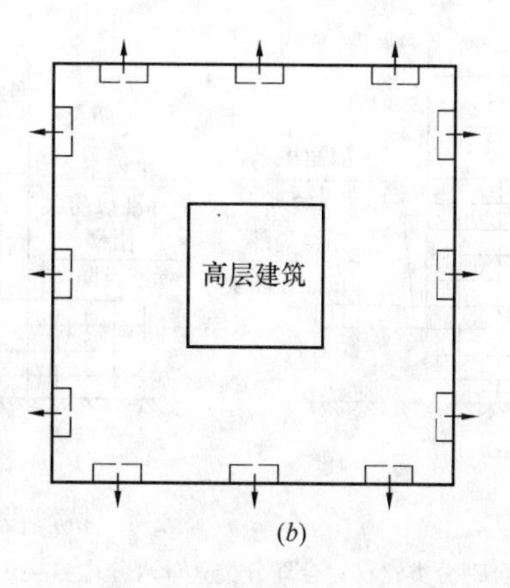

(*b*)

图 2-2　造成高层建筑人流密集的主要因素

（*a*）集中疏散时人流密集；（*b*）分散疏散时人流不密集

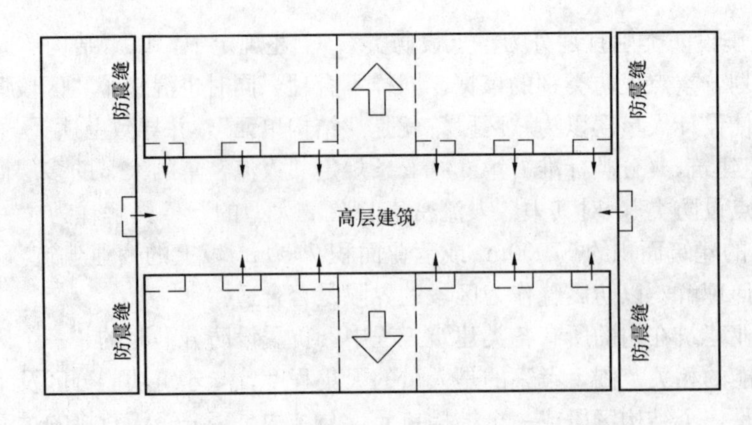


图 2-3　设置防震缝与人流密集无关

②通过防震缝分开的高层建筑，当每个结构单元均有单独的疏散出入口时，可按每个结构单元的规模分别确定抗震设防类别。

5）结构可分区段、分部位、分构件进行抗震设防分类。在较大的建筑中，若不同区段的重要性及使用功能有显著不同，应区别对待，可只提高某些重要区段的抗震设防类别，而对其他区段不提高，但应注意位于下部的区段，其抗震设防类别不应低于上部区段，抗震设防分类应避免出现头重脚轻的结果（图 2-4）。

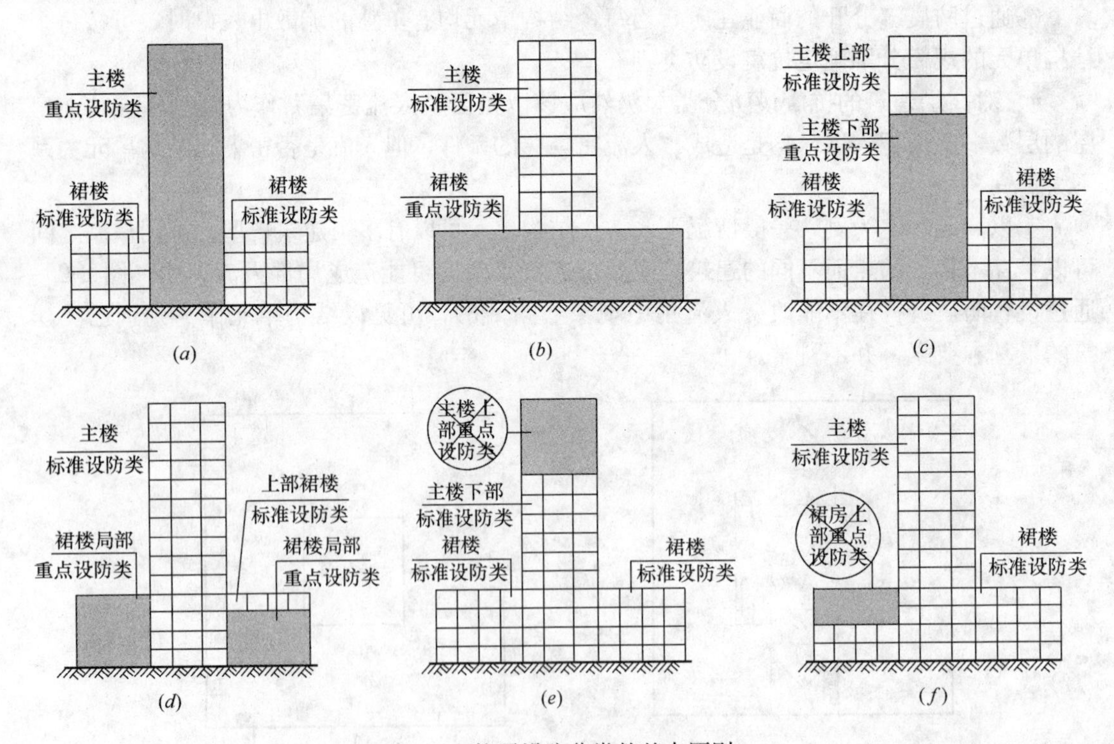


图 2-4　抗震设防分类的基本原则

(a) 合理分类；(b) 合理分类；(c) 分理分类；(d) 合理分类；(e) 不合理分类；(f) 不合理分类

6）现行规范对某些相对重要的房屋建筑的抗震设防有具体的提高要求，如：《抗规》表 6.1.2 中，对房屋高度大于 24m 的框架结构、大于 60m 的框架-抗震墙结构、大于 80m

的抗震墙结构等，其抗震等级比一般多层混凝土房屋有明显的提高；钢结构中房屋高度超过50m时，其抗震措施也高于一般多层钢结构房屋。因此，划分建筑抗震设防类别时，还应注意与相关规范规程的设计要求配套，对按规定需要多次提高抗震设防要求的工程，应在某一基本提高要求的基础上适当提高，以避免机械地重复提高抗震设防要求。

7）房屋的建筑抗震设防分类建立在设计者对房屋的功能和重要性程度有充分了解的基础上，对于有特殊功能要求的房屋，可要求建设单位对房屋的重要性（尤其是在其相关行业或领域的重要性）作出判别，便于结构设计人员根据《分类标准》的规定准确分类。

（5）根据《抗规》3.3.2条、3.3.3条规定调整设防标准

1）对Ⅰ（$I_0$、$I_1$）类场地的丙类、丁类建筑，仅降低抗震构造措施，而不降低抗震措施中的其他要求（如内力调整措施等），更不涉及对地震作用的调整（表2-3）。

**Ⅰ类建筑场地确定抗震构造措施时设防标准的调整　　表2-3**

| 建筑类别 | 本地区抗震设防烈度 | | | |
|---|---|---|---|---|
| | 6 | 7 | 8 | 9 |
| 甲、乙类建筑 | 6 | 7 | 8 | 9 |
| 丙类建筑 | 6 | 6 | 7 | 8 |
| 丁类建筑 | 6 | 6 | 7 | 8 |

2）按《分类标准》规定不同抗震设防类别的建筑，其地震作用和抗震措施应按表2-4确定。

**不同抗震设防类别建筑的抗震设防标准　　表2-4**

| 建筑类别 | 确定地震作用时的设防标准 | | | | 确定抗震措施时的设防标准 | | | |
|---|---|---|---|---|---|---|---|---|
| | 6度 | 7度 | 8度 | 9度 | 6度 | 7度 | 8度 | 9度 |
| 甲类建筑 | 高于本地区设防烈度的要求，其值应按批准的地震安全性评价结果确定 | | | | 7 | 8 | 9 | 9* |
| 乙类建筑 | 6 | 7 | 8 | 9 | 7 | 8 | 9 | 9* |
| 丙类建筑 | 6 | 7 | 8 | 9 | 6 | 7 | 8 | 9 |
| 丁类建筑 | 6 | 7 | 8 | 9 | 6 | 6 | 7 | 8 |

注：表中9*表示比9度一级更有效的抗震措施，主要考虑合理的建筑平面及体型、有利的结构体系和更严格的抗震措施。具体要求应进行专门研究。

3）在确定抗震措施及抗震构造措施时，对设防标准（取用烈度）的调整可汇总如表2-5所示。

确定结构抗震措施时的设防标准（取用烈度）　　**表 2-5**

| 抗震设防类别 | 本地区抗震设防烈度 | | 确定抗震措施时的设防标准 | | | | |
|---|---|---|---|---|---|---|---|
| | | | Ⅰ类场地 | | Ⅱ类场地 | Ⅲ、Ⅳ类场地 | |
| | | | 抗震措施 | 构造措施 | 抗震措施 | 抗震措施 | 构造措施 |
| 甲类建筑<br>乙类建筑 | 6 度 | 0.5g | 7 | 6 | 7 | 7 | 7 |
| | 7 度 | 0.10g | 8 | 7 | 8 | 8 | 8 |
| | | 0.15g | 8 | 7 | 8 | 8 | 8* |
| | 8 度 | 0.20g | 9 | 8 | 9 | 9 | 9 |
| | | 0.30g | 9 | 8 | 9 | 9 | 9* |
| | 9 度 | 0.40g | 9* | 9 | 9* | 9* | 9* |
| 丙类建筑 | 6 度 | 0.05g | 6 | 6 | 6 | 6 | 6 |
| | 7 度 | 0.10g | 7 | 6 | 7 | 7 | 7 |
| | | 0.15g | 7 | 6 | 7 | 7 | 8 |
| | 8 度 | 0.20g | 8 | 7 | 8 | 8 | 8 |
| | | 0.30g | 8 | 7 | 8 | 8 | 9 |
| | 9 度 | 0.10g | 9 | 8 | 9 | 9 | 9 |
| 丁类建筑 | 6 度 | 0.05g | 6 | 6 | 6 | 6 | 6 |
| | 7 度 | 0.10g | 6 | 6 | 6 | 6 | 6 |
| | | 0.15g | 6 | 6 | 6 | 6 | 7 |
| | 8 度 | 0.20g | 7 | 7 | 7 | 7 | 7 |
| | | 0.30g | 7 | 7 | 7 | 7 | 8 |
| | 9 度 | 0.10g | 8 | 8 | 8 | 8 | 8 |

注：表中“9*”可理解为“应符合比 9 度抗震设防更高的要求”，需按有关专门规定执行《抗震规范》。“8*”可理解为“应符合比 8 度抗震设防更高的要求”。

## 二、材料

### 1.《混凝土规范》规定

### 4.1 混　凝　土

**4.1.1** 混凝土强度等级应按立方体抗压强度标准值确定。立方体抗压强度标准值系指按标准方法制作、养护的边长为 150mm 的立方体试件，在 28d 或设计规定龄期以标准试验方法测得的具有 95%保证率的抗压强度值。

**4.1.2** 素混凝土结构的混凝土强度等级不应低于 C15；钢筋混凝土结构的混凝土强度等级不应低于 C20；采用强度等级 400MPa 及以上的钢筋时，混凝土强度等级不应低于 C25。

预应力混凝土结构的混凝土强度等级不宜低于 C40，且不应低于 C30。

承受重复荷载的钢筋混凝土构件，混凝土强度等级不应低于 C30。

**4.1.3** 混凝土轴心抗压强度的标准值 $f_{ck}$ 应按表 4.1.3-1 采用；轴心抗拉强度的标准值 $f_{tk}$ 应按表 4.1.3-2 采用。

表 4.1.3-1　混凝土轴心抗压强度标准值（N/mm²）

| 强度 | 混凝土强度等级 | | | | | | | | | | | | | |
|---|---|---|---|---|---|---|---|---|---|---|---|---|---|---|
| | C15 | C20 | C25 | C30 | C35 | C40 | C45 | C50 | C55 | C60 | C65 | C70 | C75 | C80 |
| $f_{ck}$ | 10.0 | 13.4 | 16.7 | 20.1 | 23.4 | 26.8 | 29.6 | 32.4 | 35.5 | 38.5 | 41.5 | 44.5 | 47.4 | 50.2 |

表 4.1.3-2　混凝土轴心抗拉强度标准值（N/mm²）

| 强度 | 混凝土强度等级 | | | | | | | | | | | | | |
|---|---|---|---|---|---|---|---|---|---|---|---|---|---|---|
| | C15 | C20 | C25 | C30 | C35 | C40 | C45 | C50 | C55 | C60 | C65 | C70 | C75 | C80 |
| $f_{tk}$ | 1.27 | 1.54 | 1.78 | 2.01 | 2.20 | 2.39 | 2.51 | 2.64 | 2.74 | 2.85 | 2.93 | 2.99 | 3.05 | 3.11 |

**4.1.4** 混凝土轴心抗压强度的设计值 $f_c$ 应按表 4.1.4-1 采用；轴心抗拉强度的设计值 $f_t$ 应按表 4.1.4-2 采用。

表 4.1.4-1　混凝土轴心抗压强度设计值（N/mm²）

| 强度 | 混凝土强度等级 | | | | | | | | | | | | | |
|---|---|---|---|---|---|---|---|---|---|---|---|---|---|---|
| | C15 | C20 | C25 | C30 | C35 | C40 | C45 | C50 | C55 | C60 | C65 | C70 | C75 | C80 |
| $f_c$ | 7.2 | 9.6 | 11.9 | 14.3 | 16.7 | 19.1 | 21.1 | 23.1 | 25.3 | 27.5 | 29.7 | 31.8 | 33.8 | 35.9 |

表 4.1.4-2　混凝土轴心抗拉强度设计值（N/mm²）

| 强度 | 混凝土强度等级 | | | | | | | | | | | | | |
|---|---|---|---|---|---|---|---|---|---|---|---|---|---|---|
| | C15 | C20 | C25 | C30 | C35 | C40 | C45 | C50 | C55 | C60 | C65 | C70 | C75 | C80 |
| $f_t$ | 0.91 | 1.10 | 1.27 | 1.43 | 1.57 | 1.71 | 1.80 | 1.89 | 1.96 | 2.04 | 2.09 | 2.14 | 2.18 | 2.22 |

**4.1.5** 混凝土受压和受拉的弹性模量 $E_c$ 宜按表 4.1.5 采用。

混凝土的剪切变形模量 $G_c$ 可按相应弹性模量值的 40%采用。

混凝土泊松比 $\upsilon_c$ 可按 0.2 采用。

表 4.1.5　混凝土的弹性模量（×10⁴N/mm²）

| 混凝土强度等级 | C15 | C20 | C25 | C30 | C35 | C40 | C45 | C50 | C55 | C60 | C65 | C70 | C75 | C80 |
|---|---|---|---|---|---|---|---|---|---|---|---|---|---|---|
| $E_c$ | 2.20 | 2.55 | 2.80 | 3.00 | 3.15 | 3.25 | 3.35 | 3.45 | 3.55 | 3.60 | 3.65 | 3.70 | 3.75 | 3.80 |

注：1　当有可靠试验依据时，弹性模量可根据实测数据确定；

2　当混凝土中掺有大量矿物掺合料时，弹性模量可按规定龄期根据实测数据确定。

**4.1.8** 当温度在 0℃～100℃范围内时，混凝土的热工参数可按下列规定取值：

线膨胀系数 $\alpha_c$：$1\times10^{-5}$/℃；

导热系数 $\lambda$：10.6kJ/(m・h・℃)；

比热容 $c$：0.96kJ/(kg・℃)。

## 4.2　钢　　筋

**4.2.1**　混凝土结构的钢筋应按下列规定选用：

1　纵向受力普通钢筋宜采用 HRB400、HRB500、HRBF400、HRBF500 钢筋，也可采用 HPB300、HRB335、HRBF335、RRB400 钢筋；

2　梁、柱纵向受力普通钢筋应采用 HRB400、HRB500、HRBF400、HRBF500 钢筋；

3　箍筋宜采用 HRB400、HRBF400、HPB300、HRB500、HRBF500 钢筋，也可采用 HRB335、HRBF335 钢筋；

4　预应力筋宜采用预应力钢丝、钢绞线和预应力螺纹钢筋。

**4.2.2　钢筋的强度标准值应具有不小于 95%的保证率。**

**普通钢筋的屈服强度标准值 $f_{yk}$、极限强度标准值 $f_{stk}$ 应按表 4.2.2-1 采用；预应力钢丝、钢绞线和预应力螺纹钢筋的屈服强度标准值 $f_{pyk}$、极限强度标准值 $f_{ptk}$ 应按表 4.2.2-2 采用。**

表 4.2.2-1　普通钢筋强度标准值（N/mm²）

| 牌号 | 符 号 | 公称直径 $d$（mm） | 屈服强度标准值 $f_{yk}$ | 极限强度标准值 $f_{stk}$ |
|---|---|---|---|---|
| HPB300 | Φ | 6～22 | 300 | 420 |
| HRB335<br>HRBF335 | Φ<br>$Φ^{F}$ | 6～50 | 335 | 455 |
| HRB400<br>HRBF400<br>RRB400 | Φ<br>$Φ^{F}$<br>$Φ^{R}$ | 6～50 | 400 | 540 |
| HRB500<br>HRBF500 | Φ<br>$Φ^{F}$ | 6～50 | 500 | 630 |

表 4.2.2-2　预应力筋强度标准值（N/mm²）

| 种　类 | | 符号 | 公称直径 $d$（mm） | 屈服强度标准值 $f_{pyk}$ | 极限强度标准值 $f_{ptk}$ |
|---|---|---|---|---|---|
| 中强度预应力钢丝 | 光面<br>螺旋肋 | $Φ^{PM}$<br>$Φ^{HM}$ | 5、7、9 | 620 | 800 |
| | | | | 780 | 970 |
| | | | | 980 | 1270 |
| 预应力螺纹钢筋 | 螺纹 | $Φ^{T}$ | 18、25、32、40、50 | 785 | 980 |
| | | | | 930 | 1080 |
| | | | | 1080 | 1230 |

续表 4.2.2-2

| 种类 | | 符号 | 公称直径 $d$（mm） | 屈服强度标准值 $f_{pyk}$ | 极限强度标准值 $f_{ptk}$ |
|---|---|---|---|---|---|
| 消除应力钢丝 | 光面 | $\phi^P$ | 5 | — | 1570 |
| | | | | — | 1860 |
| | | | 7 | — | 1570 |
| | 螺旋肋 | $\phi^H$ | 9 | — | 1470 |
| | | | | — | 1570 |
| 钢绞线 | 1×3<br>（三股） | $\phi^S$ | 8.6、10.8、12.9 | — | 1570 |
| | | | | — | 1860 |
| | | | | — | 1960 |
| | 1×7<br>（七股） | | 9.5、12.7、15.2、17.8 | — | 1720 |
| | | | | — | 1860 |
| | | | | — | 1960 |
| | | | 21.6 | — | 1860 |

注：极限强度标准值为 1960N/mm² 的钢绞线作后张预应力配筋时，应有可靠的工程经验。

**4.2.3** 普通钢筋的抗拉强度设计值 $f_y$、抗压强度设计值 $f'_y$ 应按表 4.2.3-1 采用；预应力筋的抗拉强度设计值 $f_{py}$、抗压强度设计值 $f'_{py}$ 应按表 4.2.3-2 采用。

当构件中配有不同种类的钢筋时，每种钢筋应采用各自的强度设计值。横向钢筋的抗拉强度设计值 $f_{yv}$ 应按表中 $f_y$ 的数值采用；当用作受剪、受扭、受冲切承载力计算时，其数值大于 360N/mm² 时应取 360N/mm²。

表 4.2.3-1　普通钢筋强度设计值（N/mm²）

| 牌号 | 抗拉强度设计值 $f_y$ | 抗压强度设计值 $f'_y$ |
|---|---|---|
| HPB300 | 270 | 270 |
| HRB335、HRBF335 | 300 | 300 |
| HRB400、HRBF400、RRB400 | 360 | 360 |
| HRB500、HRBF500 | 435 | 410 |

表 4.2.3-2　预应力筋强度设计值（N/mm²）

| 种类 | 极限强度标准值 $f_{ptk}$ | 抗拉强度设计值 $f_{py}$ | 抗压强度设计值 $f'_{py}$ |
|---|---|---|---|
| 中强度预应力钢丝 | 800 | 510 | 410 |
| | 970 | 650 | |
| | 1270 | 810 | |
| 消除应力钢丝 | 1470 | 1040 | 410 |
| | 1570 | 1110 | |
| | 1860 | 1320 | |

续表 4.2.3-2

| 种　类 | 极限强度标准值 $f_{ptk}$ | 抗拉强度设计值 $f_{py}$ | 抗压强度设计值 $f'_{py}$ |
|---|---|---|---|
| 钢绞线 | 1570 | 1110 | 390 |
| | 1720 | 1220 | |
| | 1860 | 1320 | |
| | 1960 | 1390 | |
| 预应力螺纹钢筋 | 980 | 650 | 410 |
| | 1080 | 770 | |
| | 1230 | 900 | |

注：当预应力筋的强度标准值不符合表 4.2.3-2 的规定时，其强度设计值应进行相应的比例换算。

**4.2.4**　普通钢筋及预应力筋在最大力下的总伸长率 $\delta_{gt}$ 不应小于表 4.2.4 规定的数值。

表 4.2.4　普通钢筋及预应力筋在最大力下的总伸长率限值

| 钢筋品种 | 普　通　钢　筋 | | | 预应力筋 |
|---|---|---|---|---|
| | HPB300 | HRB335、HRBF335、HRB400、HRBF400、HRB500、HRBF500 | RRB400 | |
| $\delta_{gt}$（%） | 10.0 | 7.5 | 5.0 | 3.5 |

**4.2.5**　普通钢筋和预应力筋的弹性模量 $E_s$ 应按表 4.2.5 采用。

表 4.2.5　钢筋的弹性模量（$\times 10^5 N/mm^2$）

| 牌号或种类 | 弹性模量 $E_s$ |
|---|---|
| HPB300 钢筋 | 2.10 |
| HRB335、HRB400、HRB500 钢筋<br>HRBF335、HRBF400、HRBF500 钢筋<br>RRB400 钢筋<br>预应力螺纹钢筋 | 2.00 |
| 消除应力钢丝、中强度预应力钢丝 | 2.05 |
| 钢绞线 | 1.95 |

注：必要时可采用实测的弹性模量。

**4.2.7**　构件中的钢筋可采用并筋的配置形式。直径 28mm 及以下的钢筋并筋数量不应超过 3 根；直径 32mm 的钢筋并筋数量宜为 2 根；直径 36mm 及以上的钢筋不应采用并筋。并筋应按单根等效钢筋进行计算，等效钢筋的等效直径应按截面面积相等的原则换算确定。

**4.2.8**　当进行钢筋代换时，除应符合设计要求的构件承载力、最大力下的总伸长率、裂缝宽度验算以及抗震规定以外，尚应满足最小配筋率、钢筋间距、保护层厚度、钢筋锚固长度、接头面积百分率及搭接长度等构造要求。

**4.2.9**　当构件中采用预制的钢筋焊接网片或钢筋骨架配筋时，应符合国家现行有关标准的规定。

**4.2.10**　各种公称直径的普通钢筋、预应力筋的公称截面面积及理论重量应按本规范附录 A 采用。

# 附录A　钢筋的公称直径、公称截面面积及理论重量

**表A.0.1　钢筋的公称直径、公称截面面积及理论重量**

| 公称直径（mm） | 不同根数钢筋的公称截面面积（mm²） | | | | | | | | | 单根钢筋理论重量（kg/m） |
|---|---|---|---|---|---|---|---|---|---|---|
| | 1 | 2 | 3 | 4 | 5 | 6 | 7 | 8 | 9 | |
| 6 | 28.3 | 57 | 85 | 113 | 142 | 170 | 198 | 226 | 255 | 0.222 |
| 8 | 50.3 | 101 | 151 | 201 | 252 | 302 | 352 | 402 | 453 | 0.395 |
| 10 | 78.5 | 157 | 236 | 314 | 393 | 471 | 550 | 628 | 707 | 0.617 |
| 12 | 113.1 | 226 | 339 | 452 | 565 | 678 | 791 | 904 | 1017 | 0.888 |
| 14 | 153.9 | 308 | 461 | 615 | 769 | 923 | 1077 | 1231 | 1385 | 1.21 |
| 16 | 201.1 | 402 | 603 | 804 | 1005 | 1206 | 1407 | 1608 | 1809 | 1.58 |
| 18 | 254.5 | 509 | 763 | 1017 | 1272 | 1527 | 1781 | 2036 | 2290 | 2.00(2.11) |
| 20 | 314.2 | 628 | 942 | 1256 | 1570 | 1884 | 2199 | 2513 | 2827 | 2.47 |
| 22 | 380.1 | 760 | 1140 | 1520 | 1900 | 2281 | 2661 | 3041 | 3421 | 2.98 |
| 25 | 490.9 | 982 | 1473 | 1964 | 2454 | 2945 | 3436 | 3927 | 4418 | 3.85(4.10) |
| 28 | 615.8 | 1232 | 1847 | 2463 | 3079 | 3695 | 4310 | 4926 | 5542 | 4.83 |
| 32 | 804.2 | 1609 | 2413 | 3217 | 4021 | 4826 | 5630 | 6434 | 7238 | 6.31(6.65) |
| 36 | 1017.9 | 2036 | 3054 | 4072 | 5089 | 6107 | 7125 | 8143 | 9161 | 7.99 |
| 40 | 1256.6 | 2513 | 3770 | 5027 | 6283 | 7540 | 8796 | 10053 | 11310 | 9.87(10.34) |
| 50 | 1963.5 | 3928 | 5892 | 7856 | 9820 | 11784 | 13748 | 15712 | 17676 | 15.42(16.28) |

注：括号内为预应力螺纹钢筋的数值。

**表A.0.2　钢绞线的公称直径、公称截面面积及理论重量**

| 种　类 | 公称直径（mm） | 公称截面面积（mm²） | 理论重量（kg/m） |
|---|---|---|---|
| 1×3 | 8.6 | 37.7 | 0.296 |
| | 10.8 | 58.9 | 0.462 |
| | 12.9 | 84.8 | 0.666 |
| 1×7标准型 | 9.5 | 54.8 | 0.430 |
| | 12.7 | 98.7 | 0.775 |
| | 15.2 | 140 | 1.101 |
| | 17.8 | 191 | 1.500 |
| | 21.6 | 285 | 2.237 |

**表A.0.3　钢丝的公称直径、公称截面面积及理论重量**

| 公称直径（mm） | 公称截面面积（mm²） | 理论重量（kg/m） |
|---|---|---|
| 5.0 | 19.63 | 0.154 |
| 7.0 | 38.48 | 0.302 |
| 9.0 | 63.62 | 0.499 |

2.《抗规》规定

## 3.9　结构材料与施工

**3.9.1　抗震结构对材料和施工质量的特别要求，应在设计文件上注明。**

**3.9.2　结构材料性能指标，应符合下列最低要求：**

**1　砌体结构材料应符合下列规定：**

**1）普通砖和多孔砖的强度等级不应低于 MU10，其砌筑砂浆强度等级不应低于 M5；**

**2）混凝土小型空心砌块的强度等级不应低于 MU7.5，其砌筑砂浆强度等级不应低于 Mb7.5。**

**2　混凝土结构材料应符合下列规定：**

**1）混凝土的强度等级，框支梁、框支柱及抗震等级为一级的框架梁、柱、节点核芯区，不应低于 C30；构造柱、芯柱、圈梁及其他各类构件不应低于 C20；**

**2）抗震等级为一、二、三级的框架和斜撑构件（含梯段），其纵向受力钢筋采用普通钢筋时，钢筋的抗拉强度实测值与屈服强度实测值的比值不应小于 1.25；钢筋的屈服强度实测值与屈服强度标准值的比值不应大于 1.3，且钢筋在最大拉力下的总伸长率实测值不应小于 9%。**

**3　钢结构的钢材应符合下列规定：**

**1）钢材的屈服强度实测值与抗拉强度实测值的比值不应大于 0.85；**

**2）钢材应有明显的屈服台阶，且伸长率不应小于 20%；**

**3）钢材应有良好的焊接性和合格的冲击韧性。**

**3.9.3**　结构材料性能指标，尚宜符合下列要求：

**1**　普通钢筋宜优先采用延性、韧性和焊接性较好的钢筋；普通钢筋的强度等级，纵向受力钢筋宜选用符合抗震性能指标的不低于 HRB400 级的热轧钢筋，也可采用符合抗震性能指标的 HRB335 级热轧钢筋；箍筋宜选用符合抗震性能指标的不低于 HRB335 级的热轧钢筋，也可选用 HPB300 级热轧钢筋。

注：钢筋的检验方法应符合现行国家标准《混凝土结构工程施工质量验收规范》GB 50204 的规定。

**2**　混凝土结构的混凝土强度等级，抗震墙不宜超过 C60，其他构件，9 度时不宜超过 C60，8 度时不宜超过 C70。

**3**　钢结构的钢材宜采用 Q235 等级 B、C、D 的碳素结构钢及 Q345 等级 B、C、D、E 的低合金高强度结构钢；当有可靠依据时，尚可采用其他钢种和钢号。

**3.9.4　在施工中，当需要以强度等级较高的钢筋替代原设计中的纵向受力钢筋时，应按照钢筋受拉承载力设计值相等的原则换算，并应满足最小配筋率要求。**

**3.9.5**　采用焊接连接的钢结构，当接头的焊接拘束度较大、钢板厚度不小于 40mm 且承受沿板厚方向的拉力时，钢板厚度方向截面收缩率不应小于国家标准《厚度方向性能钢板》GB/T 5313关于 Z15 级规定的容许值。

**3.9.6　钢筋混凝土构造柱和底部框架-抗震墙房屋中的砌体抗震墙，其施工应先砌墙后浇构造柱和框架梁柱。**

**3.9.7**　混凝土墙体、框架柱的水平施工缝，应采取措施加强混凝土的结合性能。对于抗震等级一级的墙体和转换层楼板与落地混凝土墙体的交接处，宜验算水平施工缝截面的受剪承载力。

3.《高规》规定

## 3.2　材　　料

**3.2.1**　高层建筑混凝土结构宜采用高强高性能混凝土和高强钢筋；构件内力较大或抗震性能有较高要求时，宜采用型钢混凝土、钢管混凝土构件。

**3.2.2**　各类结构用混凝土的强度等级均不应低于C20，并应符合下列规定：

**1**　抗震设计时，一级抗震等级框架梁、柱及其节点的混凝土强度等级不应低于C30；

**2**　筒体结构的混凝土强度等级不宜低于C30；

**3**　作为上部结构嵌固部位的地下室楼盖的混凝土强度等级不宜低于C30；

**4**　转换层楼板、转换梁、转换柱、箱形转换结构以及转换厚板的混凝土强度等级均不应低于C30；

**5**　预应力混凝土结构的混凝土强度等级不宜低于C40、不应低于C30；

**6**　型钢混凝土梁、柱的混凝土强度等级不宜低于C30；

**7**　现浇非预应力混凝土楼盖结构的混凝土强度等级不宜高于C40；

**8**　抗震设计时，框架柱的混凝土强度等级，9度时不宜高于C60，8度时不宜高于C70；剪力墙的混凝土强度等级不宜高于C60。

**3.2.3**　高层建筑混凝土结构的受力钢筋及其性能应符合现行国家标准《混凝土结构设计规范》GB 50010的有关规定。按一、二、三级抗震等级设计的框架和斜撑构件，其纵向受力钢筋尚应符合下列规定：

**1**　钢筋的抗拉强度实测值与屈服强度实测值的比值不应小于1.25；

**2**　钢筋的屈服强度实测值与屈服强度标准值的比值不应大于1.30；

**3**　钢筋最大拉力下的总伸长率实测值不应小于9%。

**3.2.4**　抗震设计时混合结构中钢材应符合下列规定：

**1**　钢材的屈服强度实测值与抗拉强度实测值的比值不应大于0.85；

**2**　钢材应有明显的屈服台阶，且伸长率不应小于20%；

**3**　钢材应有良好的焊接性和合格的冲击韧性。

**3.2.5**　混合结构中的型钢混凝土竖向构件的型钢及钢管混凝土的钢管宜采用Q345和Q235等级的钢材，也可采用Q390、Q420等级或符合结构性能要求的其他钢材；型钢梁宜采用Q235和Q345等级的钢材。

4.对规定的解读和建议

（1）我国建筑工程实际应用的混凝土强度和钢筋强度均低于发达国家。我国结构安全度总体上比国际水平低，但材料用量并不少，其原因在于国际上较高的安全度是依靠较高强度的材料实现的。为提高材料的利用效率，工程中应用的混凝土强度等级宜适当提高。C15级的低强度混凝土仅限用于素混凝土结构，各种配筋混凝土结构的混凝土强度等级也普遍稍有提高。

（2）混凝土强度等级由立方体抗压强度标准值确定，立方体抗压强度标准值$f_{cu,k}$是《混凝土规范》各种力学指标的基本代表值。混凝土强度等级的保证率为95%；按混凝土强度总体分布的平均值减去 1.645 倍标准差的原则确定。

由于粉煤灰等矿物掺合料在水泥及混凝土中大量应用，以及近年混凝土工程发展的实际情况，确定混凝土立方体抗压强度标准值的试验龄期不仅限于 28d，可由设计根据具体情况适当延长。

混凝土的强度标准值由立方体抗压强度标准值 $f_{cu,k}$经计算确定：

1）轴心抗压强度标准值 $f_{ck}$

考虑到结构中混凝土的实体强度与立方体试件混凝土强度之间的差异，根据以往的经验，结合试验数据分析并参考其他国家的有关规定，对试件混凝土强度的修正系数取为 0.88。

棱柱强度与立方强度之比值 $\alpha_{c1}$：对 C50 及以下普通混凝土取 0.76；对高强混凝土 C80 取 0.82，中间按线性插值；

C40 以上的混凝土考虑脆性折减系数 $\alpha_{c2}$：对 C40 取 1.00，对高强混凝土 C80 取 0.87，中间按线性插值。

轴心抗压强度标准值 $f_{ck}$按 $0.88\alpha_{c1}\alpha_{c2}f_{cu,k}$计算，结果见《混凝土规范》表 4.1.3-1。

2）轴心抗拉强度标准值 $f_{tk}$

轴心抗拉强度标准值 $f_{tk}$按 $0.88\times0.395f_{cu,k}^{0.55}\ (1-1.645\delta)^{0.45}\times\alpha_{c2}$计算，结果见表 4.1.3-2。其中系数 0.395 和指数 0.55 为轴心抗拉强度与立方体抗压强度的折算关系，是根据试验数据进行统计分析以后确定的。

C80 以上的高强混凝土，目前虽偶有工程应用但数量很少，且对其性能的研究尚不够，故暂未列入。

（3）混凝土的强度设计值由强度标准值除混凝土材料分项系数 $\gamma_c$ 确定。混凝土的材料分项系数取为 1.40。

1）轴心抗压强度设计值 $f_c$

轴心抗压强度设计值等于 $f_{ck}/1.40$，结果见《混凝土规范》表 4.1.4-1。

2）轴心抗拉强度设计值 $f_t$

轴心抗拉强度设计值等于 $f_{tk}/1.40$，结果见表 4.1.4-2。

修订规范还删除了 02 版规范表注中受压构件尺寸效应的规定。该规定源于前苏联规范，最近俄罗斯规范已经取消。对离心混凝土的强度设计值，应按专门的标准取用，也不再列入。

（4）混凝土的弹性模量、剪变模量及泊松比同原规范。混凝土的弹性模量 $E_c$ 以其强度等级值（$f_{cu,k}$为代表）按下列公式计算：

$$E_c=\frac{10^5}{2.2+\dfrac{34.7}{f_{cu,k}}}\quad(\mathrm{N/mm^2})$$

由于混凝土组成成分不同（掺入粉煤灰等）而导致变形性能的不确定性，增加了表注，强调在必要时可根据试验确定弹性模量。

（5）根据钢筋产品标准的修改，不再限制钢筋材料的化学成分和制作工艺，而按性能确定钢筋的牌号和强度级别，并以相应的符号表达。

《混凝土规范》本次修订根据“四节一环保”的要求，提倡应用高强、高性能钢筋。根据混凝土构件对受力的性能要求，规定了各种牌号钢筋的选用原则。

1）增加强度为 500MPa 级的热轧带肋钢筋；推广 400MPa、500MPa 级高强热轧带肋钢筋作为纵向受力的主导钢筋；限制并准备逐步淘汰335MPa级热轧带肋钢筋的应用；用300MPa级光圆钢筋取代235MPa级光圆钢筋。在规范的过渡期及对既有结构进行设计时，235MPa级光圆钢筋的设计值仍按原规范取值。

2）推广具有较好的延性、可焊性、机械连接性能及施工适应性的HRB系列普通热轧带肋钢筋。列入采用控温轧制工艺生产的HRBF系列细晶粒带肋钢筋。

3）RRB系列余热处理钢筋由轧制钢筋经高温淬水，余热处理后提高强度。其延性、可焊性、机械连接性能及施工适应性降低，一般可用于对变形性能及加工性能要求不高的构件中，如基础、大体积混凝土、楼板、墙体以及次要的中小结构构件等。

4）增加预应力筋的品种：增补高强、大直径的钢绞线；列入大直径预应力螺纹钢筋（精轧螺纹钢筋）；列入中强度预应力钢丝以补充中等强度预应力筋的空缺，用于中、小跨度的预应力构件；淘汰锚固性能很差的刻痕钢丝。

5）箍筋用于抗剪、抗扭及抗冲切设计时，其抗拉强度设计值受到限制，不宜采用强度高于400MPa级的钢筋。当用于约束混凝土的间接配筋（如连续螺旋配箍或封闭焊接箍）时，其高强度可以得到充分发挥，采用500MPa级钢筋具有一定的经济效益。

6）近年来，我国强度高，性能好的预应力钢筋（钢丝、钢绞线）已可充分供应，故冷加工钢筋不再列入《混凝土规范》。

（6）钢筋及预应力筋的强度按现行国家标准《钢筋混凝土用钢》GB 1499、《钢筋混凝土用余热处理钢筋》GB 13014、《中强度预应力混凝土用钢丝》YB/T 156、《预应力混凝土用螺纹钢筋》GB/T 20065、《预应力混凝土用钢丝》GB/T 5223、《预应力混凝土用钢绞线》GB/T 5224等的规定给出，其应具有不小于95%的保证率。

普通钢筋采用屈服强度标志。屈服强度标准值$f_{yk}$相当于钢筋标准中的屈服强度特征值$R_{eL}$。由于结构抗倒塌设计的需要，本次修订增列了钢筋极限强度（即钢筋拉断前相应于最大拉力下的强度）的标准值$f_{stk}$，相当于钢筋标准中的抗拉强度特征值$R_m$。

预应力筋没有明显的屈服点，一般采用极限强度标志。极限强度标准值$f_{ptk}$相当于钢筋标准中的钢筋抗拉强度$\sigma_b$。在钢筋标准中一般取0.002残余应变所对应的应力$\sigma_{p0.2}$作为其条件屈服强度标准值$f_{pyk}$。本条对新增的预应力螺纹钢筋及中强度预应力钢丝列出了有关的设计参数。

《混凝土规范》本次修订补充了强度级别为1960MPa和直径为21.6mm的钢绞线。当用作后张预应力配筋时，应注意其与锚夹具的匹配性。应经检验并确认锚夹具及工艺可靠后方可在工程中应用。原规范预应力筋强度分档太琐碎，故删除不常使用的预应力筋的强度等级和直径，以简化设计时的选择。

（7）钢筋的强度设计值为其强度标准值除以材料分项系数$\gamma_s$的数值。延性较好的热轧钢筋$\gamma_s$取1.10。但对新列入的高强度500MPa级钢筋适当提高安全储备，取为1.15。对预应力筋，取条件屈服强度标准值除以材料分项系数$\gamma_s$，由于延性稍差，预应力筋$\gamma_s$一般取不小于1.20。对传统的预应力钢丝、钢绞线取0.85$\sigma_b$作为条件屈服点，材料分项系数1.2，保持原规范值；对新增的中强度预应力钢丝和螺纹钢筋，按上述原则计算并考虑工程经验适当调整，列于《混凝土规范》表4.2.3-2中。

钢筋抗压强度设计值$f'_y$取与抗拉强度相同，而预应力筋较小。这是由于构件中钢筋受到混凝土极限受压应变的控制，受压强度受到制约的缘故。

根据试验研究，限定受剪、受扭、受冲切箍筋的抗拉强度设计值 $f_{yv}$ 不大于 $360N/mm^2$；但用作围箍约束混凝土的间接配筋时，其强度设计值不限。

钢筋标准中预应力钢丝、钢绞线的强度等级繁多，对于表中未列出的强度等级可按比例换算，插值确定强度设计值。无粘结预应力筋不考虑抗压强度。预应力筋配筋位置偏离受力区较远时，应根据实际受力情况对强度设计值进行折减。

原《混凝土规范》中有关轴心受拉和小偏心受拉构件中的抗拉强度设计取值的注删去，这是由于采用裂缝宽度计算控制，无须再限制强度值了。

当构件中配有不同牌号和强度等级的钢筋时，可采用各自的强度设计值进行计算。因为尽管强度不同，但极限状态下各种钢筋先后均已达到屈服。

(8) 钢筋的弹性模量同原规范。由于制作偏差、基圆面积率不同以及钢绞线捻绞紧度差异等因素的影响，实际钢筋受力后的变形模量存在一定的不确定性，而且通常不同程度地偏小。因此必要时可通过试验测定钢筋的实际弹性模量，用于设计计算。

(9) 为解决粗钢筋及配筋密集引起设计、施工的困难，本次修订提出了受力钢筋可采用并筋（钢筋束）的布置方式。国外标准中允许采用绑扎并筋的配筋形式，我国某些行业规范中已有类似的规定。经试验研究并借鉴国内、外的成熟做法，给出了利用截面积相等原则计算并筋等效直径的简便方法。本条还给出了应用并筋时，钢筋最大直径及并筋数量的限制。

并筋等效直径的概念适用于本规范中钢筋间距、保护层厚度、裂缝宽度验算、钢筋锚固长度、搭接接头面积百分率及搭接长度等有关条文的计算及构造规定。

相同直径的二并筋等效直径可取为 1.41 倍单根钢筋直径；三并筋等效直径可取为 1.73 倍单根钢筋直径。二并筋可按纵向或横向的方式布置；三并筋宜按品字形布置，并均按并筋的重心作为等效钢筋的重心。

(10) 钢筋代换除应满足等强代换的原则外，尚应综合考虑不同钢筋牌号的性能差异对裂缝宽度验算、最小配筋率、抗震构造要求等的影响，并应满足钢筋间距、保护层厚度、锚固长度、搭接接头面积百分率及搭接长度等的要求。

(11) 钢筋的专业化加工配送有利于节省材料、方便施工、提高工程质量。采用钢筋焊接网片时应符合《钢筋焊接网混凝土结构技术规程》JGJ 114 的规定。宜进一步推广钢筋专业加工配送生产预制钢筋骨架的设计、施工方式。

## 三、结构方案

### 1.《混凝土规范》规定

### 3.2 结 构 方 案

**3.2.1** 混凝土结构的设计方案应符合下列要求：

**1** 选用合理的结构体系、构件形式和布置；

**2** 结构的平、立面布置宜规则，各部分的质量和刚度宜均匀、连续；

**3** 结构传力途径应简捷、明确，竖向构件宜连续贯通、对齐；

**4** 宜采用超静定结构，重要构件和关键传力部位应增加冗余约束或有多条传力途径；

**5** 宜采取减小偶然作用影响的措施。

**3.2.2** 混凝土结构中结构缝的设计应符合下列要求：

**1** 应根据结构受力特点及建筑尺度、形状、使用功能要求，合理确定结构缝的位置和构造形式；

**2** 宜控制结构缝的数量，并应采取有效措施减少设缝对使用功能的不利影响；

**3** 可根据需要设置施工阶段的临时性结构缝。

**3.2.3** 结构构件的连接应符合下列要求：

**1** 连接部位的承载力应保证被连接构件之间的传力性能；

**2** 当混凝土构件与其他材料构件连接时，应采取可靠的措施；

**3** 应考虑构件变形对连接节点及相邻结构或构件造成的影响。

**3.2.4** 混凝土结构设计应符合节省材料、方便施工、降低能耗与保护环境的要求。

2.《抗规》规定

## 3.5 结构体系

**3.5.1** 结构体系应根据建筑的抗震设防类别、抗震设防烈度、建筑高度、场地条件、地基、结构材料和施工等因素，经技术、经济和使用条件综合比较确定。

**3.5.2 结构体系应符合下列各项要求：**

**1 应具有明确的计算简图和合理的地震作用传递途径。**

**2 应避免因部分结构或构件破坏而导致整个结构丧失抗震能力或对重力荷载的承载能力。**

**3 应具备必要的抗震承载力，良好的变形能力和消耗地震能量的能力。**

**4 对可能出现的薄弱部位，应采取措施提高其抗震能力。**

**3.5.3** 结构体系尚宜符合下列各项要求：

**1** 宜有多道抗震防线。

**2** 宜具有合理的刚度和承载力分布，避免因局部削弱或突变形成薄弱部位，产生过大的应力集中或塑性变形集中。

**3** 结构在两个主轴方向的动力特性宜相近。

**3.5.4** 结构构件应符合下列要求：

**1** 砌体结构应按规定设置钢筋混凝土圈梁和构造柱、芯柱，或采用约束砌体、配筋砌体等。

**2** 混凝土结构构件应控制截面尺寸和受力钢筋、箍筋的设置，防止剪切破坏先于弯曲破坏、混凝土的压溃先于钢筋的屈服、钢筋的锚固粘结破坏先于钢筋破坏。

**3** 预应力混凝土的构件，应配有足够的非预应力钢筋。

**4** 钢结构构件的尺寸应合理控制，避免局部失稳或整个构件失稳。

**5** 多、高层的混凝土楼、屋盖宜优先采用现浇混凝土板。当采用预制装配式混凝土楼、屋盖时，应从楼盖体系和构造上采取措施确保各预制板之间连接的整体性。

**3.5.5** 结构各构件之间的连接，应符合下列要求：

**1** 构件节点的破坏，不应先于其连接的构件。

**2** 预埋件的锚固破坏，不应先于连接件。

**3** 装配式结构构件的连接，应能保证结构的整体性。

**4**　预应力混凝土构件的预应力钢筋，宜在节点核心区以外锚固。

**3.5.6**　装配式单层厂房的各种抗震支撑系统，应保证地震时厂房的整体性和稳定性。

3.《高规》规定

### 3.1　一　般　规　定

**3.1.3**　高层建筑混凝土结构可采用框架、剪力墙、框架-剪力墙、板柱-剪力墙和筒体结构等结构体系。

**3.6.1**　房屋高度超过 50m 时，框架-剪力墙结构、筒体结构及本规程第 10 章所指的复杂高层建筑结构应采用现浇楼盖结构，剪力墙结构和框架结构宜采用现浇楼盖结构。

**3.6.2**　房屋高度不超过 50m 时，8、9 度抗震设计时宜采用现浇楼盖结构；6、7 度抗震设计时可采用装配整体式楼盖，且应符合下列要求：

**1**　无现浇叠合层的预制板，板端搁置在梁上的长度不宜小于 50mm。

**2**　预制板板端宜预留胡子筋，其长度不宜小于 100mm。

**3**　预制空心板孔端应有堵头，堵头深度不宜小于 60mm，并应采用强度等级不低于 C20 的混凝土浇灌密实。

**4**　楼盖的预制板板缝上缘宽度不宜小于 40mm，板缝大于 40mm 时应在板缝内配置钢筋，并宜贯通整个结构单元。现浇板缝、板缝梁的混凝土强度等级宜高于预制板的混凝土强度等级。

**5**　楼盖每层宜设置钢筋混凝土现浇层。现浇层厚度不应小于 50mm，并应双向配置直径不小于 6mm、间距不大于 200mm 的钢筋网，钢筋应锚固在梁或剪力墙内。

**3.6.3**　房屋的顶层、结构转换层、大底盘多塔楼结构的底盘顶层、平面复杂或开洞过大的楼层、作为上部结构嵌固部位的地下室楼层应采用现浇楼盖结构。一般楼层现浇楼板厚度不应小于 80mm，当板内预埋暗管时不宜小于 100mm；顶层楼板厚度不宜小于 120mm，宜双层双向配筋；转换层楼板应符合本规程第 10 章的有关规定；普通地下室顶板厚度不宜小于 160mm；作为上部结构嵌固部位的地下室楼层的顶楼盖应采用梁板结构，楼板厚度不宜小于 180mm，应采用双层双向配筋，且每层每个方向的配筋率不宜小于 0.25%。

**3.6.4**　现浇预应力混凝土楼板厚度可按跨度的 1/45～1/50 采用，且不宜小于 150mm。

**3.6.5**　现浇预应力混凝土板设计中应采取措施防止或减小主体结构对楼板施加预应力的阻碍作用。

4. 对规定的解读和建议

（1）灾害调查和事故分析表明：结构方案对建筑物的安全有着决定性的影响。结构方案对建筑物的使用功能和造价关系也很大。

（2）多高层建筑设计中应符合安全适用、技术先进、经济合理、方便施工的原则，设计应有先进性，尽量采用先进的、高科技的材料、设备与施工安装方法。

（3）建筑物首先是为了使用，因此对于不同类型建筑物必须满足使用功能的要求。住宅、办公楼、商场、宾馆、剧院、车站、机场、医院、学校等各种类型的建筑，他们的使用功能有着很大的区别。如果建筑物不能或不能很好地满足其使用功能，则建造起来的建筑将是废品或者次品。

建筑同时又体现出社会的文化艺术。建筑设计中往往采用许多建筑艺术手法，体现出社会与时代的艺术气息。结构设计应当配合与保证建筑设计的很好实现，能够准确反映出建筑设计师所要表现的建筑艺术要求。

(4) 结构设计必须确保使用者在正常使用时的安全，而且在遇到可能预料的各种灾害时，使生命财产的损失减少到最小程度。为此结构设计方案应当尽量做到受力明确、利于计算、便于计算、减小作用效应、增加结构构件抗力，利于与非结构构件可靠连接，不易破坏、脱落与坍塌。

(5) 建筑物的使用尚有采光、通风、采暖、温湿度调节、供水、排水、照明、通信以及提供动力等要求，因此建筑结构的设计应和相关专业密切配合，便于多种管线，设备及设施的设计与施工安装。

(6) 应重视上部结构与其支承结构（或构件）整体共同作用的机理，即传力者和受力者共同抗力的概念。例如，框支剪力墙转换梁的实际受力状态是跨中截面不但存在着弯矩，而且同时还有轴拉力。这说明上部剪力墙和转换梁是在共同整体抗弯，中和轴已上移到上部剪力墙上。这个概念同样适用于钢筋混凝土高层建筑的箱形和筏形基础的设计。这是因为实际的建筑物都是一种整体的三维空间结构，所有的结构构件都以相当复杂的方式在共同协调工作，都不是脱离总结构体系的孤立构件。

(7) 尽可能设置多道抗震防线。强烈地震之后往往伴随多次余震，如只有一道防线，在首次破坏后再遭余震，结构将会因损伤积累而导致倒塌。适当处理构件的强弱关系，使其在强震作用下形成多道防线，是提高结构抗震性能、避免倒塌的有效措施。

(8) 结构单元之间应遵守牢固连接或彻底分离的原则。高层建筑宜采取加强连接的方法，而不宜采取分离的方法。

(9) 承载力、刚度和延性要适应结构在地震作用下的动力要求，并应均匀连续分布。在一般静力设计中，任何结构部位的超强设计都不会影响结构的安全，但在抗震设计中，某一部分结构设计超强，就可能造成结构的相对薄弱部位。因此在设计中不合理的任意加强部分结构以及在施工中以大代小改变配筋，都需要慎重考虑。

采取有效措施防止过早的剪切、锚固和受压等脆性破坏。在这方面，“约束混凝土”是非常重要的措施。

(10) 近年来，随着建筑的多样化，给建筑结构设计者提出了挑战，同时也是不断创新、提高的机遇。新颖结构形式不断出现，为配合建筑功能需要，结构工程师必须及时收集有关信息，才能提出合理的结构方案。为做好结构方案还应按本书第1章第四节第5条掌握有关知识。

## 四、房屋适用高度和高宽比

### 1.《抗规》规定

#### 6.1 一 般 规 定

**6.1.1** 本章适用的现浇钢筋混凝土房屋的结构类型和最大高度应符合表6.1.1的要求。平面和竖向均不规则的结构，适用的最大高度宜适当降低。

注：本章“抗震墙”指结构抗侧力体系中的钢筋混凝土剪力墙，不包括只承担重力荷载的混凝土墙。

表 6.1.1　现浇钢筋混凝土房屋适用的最大高度（m）

| 结构类型 | | 烈度 | | | | |
|---|---|---|---|---|---|---|
| | | 6 | 7 | 8（0.2$g$） | 8（0.3$g$） | 9 |
| 框架 | | 60 | 50 | 40 | 35 | 24 |
| 框架-抗震墙 | | 130 | 120 | 100 | 80 | 50 |
| 抗震墙 | | 140 | 120 | 100 | 80 | 60 |
| 部分框支抗震墙 | | 120 | 100 | 80 | 50 | 不应采用 |
| 筒体 | 框架-核心筒 | 150 | 130 | 100 | 90 | 70 |
| | 筒中筒 | 180 | 150 | 120 | 100 | 80 |
| 板柱-抗震墙 | | 80 | 70 | 55 | 40 | 不应采用 |

注：1　房屋高度指室外地面到主要屋面板板顶的高度（不包括局部突出屋顶部分）；
2　框架-核心筒结构指周边稀柱框架与核心筒组成的结构；
3　部分框支抗震墙结构指首层或底部两层为框支层的结构，不包括仅个别框支墙的情况；
4　表中框架，不包括异形柱框架；
5　板柱-抗震墙结构指板柱、框架和抗震墙组成抗侧力体系的结构；
6　乙类建筑可按本地区抗震设防烈度确定其适用的最大高度；
7　超过表内高度的房屋，应进行专门研究和论证，采取有效的加强措施。

## 2.《高规》规定

### 3.3　房屋的适用高度和高宽比

**3.3.1**　钢筋混凝土高层建筑结构的最大适用高度应区分为 A 级和 B 级。A 级高度钢筋混凝土乙类和丙类高层建筑的最大适用高度应符合表 3.3.1-1 的规定，B 级高度钢筋混凝土乙类和丙类高层建筑的最大适用高度应符合表 3.3.1-2 的规定。

平面和竖向均不规则的高层建筑结构，其最大适用高度宜适当降低。

表 3.3.1-1　A 级高度钢筋混凝土高层建筑的最大适用高度（m）

| 结构体系 | | 非抗震设计 | 抗震设防烈度 | | | | |
|---|---|---|---|---|---|---|---|
| | | | 6 度 | 7 度 | 8 度 | | 9 度 |
| | | | | | 0.20$g$ | 0.30$g$ | |
| 框架 | | 70 | 60 | 50 | 40 | 35 | — |
| 框架-剪力墙 | | 150 | 130 | 120 | 100 | 80 | 50 |
| 剪力墙 | 全部落地剪力墙 | 150 | 140 | 120 | 100 | 80 | 60 |
| | 部分框支剪力墙 | 130 | 120 | 100 | 80 | 50 | 不应采用 |
| 筒　体 | 框架-核心筒 | 160 | 150 | 130 | 100 | 90 | 70 |
| | 筒中筒 | 200 | 180 | 150 | 120 | 100 | 80 |
| 板柱-剪力墙 | | 110 | 80 | 70 | 55 | 40 | 不应采用 |

注：1　表中框架不含异形柱框架；
2　部分框支剪力墙结构指地面以上有部分框支剪力墙的剪力墙结构；
3　甲类建筑，6、7、8 度时宜按本地区抗震设防烈度提高一度后符合本表的要求，9 度时应专门研究；
4　框架结构、板柱-剪力墙结构以及 9 度抗震设防的表列其他结构，当房屋高度超过本表数值时，结构设计应有可靠依据，并采取有效的加强措施。

**表 3.3.1-2　B 级高度钢筋混凝土高层建筑的最大适用高度（m）**

| 结构体系 | | 非抗震设计 | 抗震设防烈度 | | | |
|---|---|---|---|---|---|---|
| | | | 6 度 | 7 度 | 8 度 | |
| | | | | | 0.20$g$ | 0.30$g$ |
| 框架-剪力墙 | | 170 | 160 | 140 | 120 | 100 |
| 剪力墙 | 全部落地剪力墙 | 180 | 170 | 150 | 130 | 110 |
| | 部分框支剪力墙 | 150 | 140 | 120 | 100 | 80 |
| 筒体 | 框架-核心筒 | 220 | 210 | 180 | 140 | 120 |
| | 筒中筒 | 300 | 280 | 230 | 170 | 150 |

注：1　部分框支剪力墙结构指地面以上有部分框支剪力墙的剪力墙结构；

2　甲类建筑，6、7 度时宜按本地区设防烈度提高一度后符合本表的要求，8 度时应专门研究；

3　当房屋高度超过表中数值时，结构设计应有可靠依据，并采取有效的加强措施。

**3.3.2**　钢筋混凝土高层建筑结构的高宽比不宜超过表 3.3.2 的规定。

**表 3.3.2　钢筋混凝土高层建筑结构适用的最大高宽比**

| 结构体系 | 非抗震设计 | 抗震设防烈度 | | |
|---|---|---|---|---|
| | | 6 度、7 度 | 8 度 | 9 度 |
| 框架 | 5 | 4 | 3 | — |
| 板柱-剪力墙 | 6 | 5 | 4 | — |
| 框架-剪力墙、剪力墙 | 7 | 6 | 5 | 4 |
| 框架-核心筒 | 8 | 7 | 6 | 4 |
| 筒中筒 | 8 | 8 | 7 | 5 |

### 3. 对规定的解读和建议

（1）有关部分框支剪力墙的界定，《抗规》表 6.1.1 的注 3“部分框支抗震墙结构指首层或底部两层为框支层的结构，”《高规》10.2.5 条规定：部分框支剪力墙结构在地面以上设置转换层的位置，8 度时不宜超过 3 层，7 度时不宜超过 5 层，6 度时可适当提高。《抗规》与《高规》的规定两者不一致，在工程设计中可按《高规》，当设置转换层超过《高规》规定时，仅此一项就需要超限专项审查。

（2）《高规》表 3.3.3-1 的注 2，“部分框支剪力墙结构指地面以上有部分框支剪力墙的剪力墙结构”，在《高规》10.2.5 条也明确了地面以上设置转换层的层数。因此，地下室如果有框支层，不计入《高规》10.2.5 条规定的转换层数内。

（3）部分框支剪力墙结构，在《抗规》表 6.1.1 的注 3 说明“不包括仅个别框支墙的情况。”在《高规》10.2.1 条的条文说明中指出：“对仅有个别结构构件进行转换的结构，如剪力墙结构或框架-剪力墙结构中存在的个别墙或柱在底部进行转换的结构，可参照本节中有关转换构件和转换柱的设计要求进行构件设计”。在宾馆、公寓和住宅建筑的门厅常因使用功能要求，剪力墙结构底部仅少量墙需转换，出现个别框支转换构件。当转换墙的数量少于结构单元内纵向或横向墙总数的 30%时，建议按个别掌握，但有关构件的抗震等级、内力增大及构造应按转换层的构件规定要求，遇到此类工程的设计，概念设计极其重要，处理意图宜与施工图文件审查单位进行沟通。

（4）地下楼层设转换构件及上部楼层设局部转换构件的设计。

《抗规》和《高规》中有关转换层的规定，均指地上建筑结构底部。现在有不少工程地下室用做汽车库或设备机房，上部剪力墙不能直接落到基础，而需要设转换构件；上部屋顶因建筑体形需要，部分柱需要由下部楼层梁承托转换。这些部位的转换构件及相关柱和墙，应参照《高规》有关转换结构的规定，按原抗震等级对转换结构构件的水平地震作用计算内力应乘增大系数，7 度（0.15$g$）和 8 度抗震设计时还应考虑竖向地震影响。这些结构构件受力复杂，整体分析外，应进行局部补充计算。

(5)《高规》表 3.3.1-1，A 级高度钢筋混凝土高层建筑的最大适用高度与《抗规》表 6.1.1 相同，《高规》表 3.3.1-2 的 B 级最大适用高度在《混凝土规范》和《抗规》中没有，超过 A 级高度的高层建筑按规定仅此一项就需要超限专项审查。

(6)《高规》3.3.2 条的条文说明，“高层建筑的高宽比，是对结构刚度、整体稳定、承载能力和经济合理性的宏观控制；在结构设计满足本规程规定的承载力、稳定、抗倾覆、变形和舒适度等基本要求后，仅从结构安全角度讲高宽比限值不是必须满足的，主要影响结构设计的经济性”。

在复杂体型的高层建筑中，如何计算高宽比是比较难以确定的问题。一般场合，可按所考虑方向的最小投影宽度计算高宽比，但对突出建筑物平面很小的局部结构（如楼梯间、电梯间等），一般不应包含在计算宽度内；对于不宜采用最小投影宽度计算高宽比的情况，应由设计人员根据实际情况确定合理的计算方法；对带有裙房的高层建筑，当裙房的面积和刚度相对于其上部塔楼的面积和刚度较大时，计算高宽比的房屋高度和宽度可按裙房以上部分考虑。高层建筑的高宽比在满足限值时，可不进行稳定验算，超过限值时应进行稳定验算。

《高规》表 3.3.2 的适用高宽比不是限制条件而是不宜超过，目前超过 B 级高度高层建筑的高宽比的房屋已经有不少，例如上海金茂大厦（88 层，421m）高宽比为 7.6，深圳地王大厦（69 层，384m）高宽比为 8.75，上海明天广场（58 层，230.9m），裙房以上高宽比为 5.76 等。

## 五、结构平面及竖向布置

### 1.《抗规》规定

### 3.4　建筑体型及其构件布置的规则性

**3.4.1　建筑设计应根据抗震概念设计的要求明确建筑形体的规则性。不规则的建筑应按规定采取加强措施；特别不规则的建筑应进行专门研究和论证，采取特别的加强措施；严重不规则的建筑不应采用。**

注：形体指建筑平面形状和立面、竖向剖面的变化。

**3.4.2**　建筑设计应重视其平面、立面和竖向剖面的规则性对抗震性能及经济合理性的影响，宜择优选用规则的形体，其抗侧力构件的平面布置宜规则对称、侧向刚度沿竖向宜均匀变化、竖向抗侧力构件的截面尺寸和材料强度宜自下而上逐渐减小、避免侧向刚度和承载力突变。

不规则建筑的抗震设计应符合本规范第 3.4.4 条的有关规定。

**3.4.3** 建筑形体及其构件布置的平面、竖向不规则性，应按下列要求划分：

**1** 混凝土房屋、钢结构房屋和钢-混凝土混合结构房屋存在表 3.4.3-1 所列举的某项平面不规则类型或表 3.4.3-2 所列举的某项竖向不规则类型以及类似的不规则类型，应属于不规则的建筑。

**表 3.4.3-1 平面不规则的主要类型**

| 不规则类型 | 定义和参考指标 |
| --- | --- |
| 扭转不规则 | 在规定的水平力作用下，楼层的最大弹性水平位移（或层间位移），大于该楼层两端弹性水平位移（或层间位移）平均值的 1.2 倍 |
| 楼板局部不连续 | 楼板的尺寸和平面刚度急剧变化，例如，有效楼板宽度小于该层楼板典型宽度的 50%，或开洞面积大于该层楼面面积的 30%，或较大的楼层错层 |

**表 3.4.3-2 竖向不规则的主要类型**

| 不规则类型 | 定义和参考指标 |
| --- | --- |
| 侧向刚度不规则 | 该层的侧向刚度小于相邻上一层的 70%，或小于其上相邻三个楼层侧向刚度平均值的 80%；除顶层或出屋面小建筑外，局部收进的水平向尺寸大于相邻下一层的 25% |
| 竖向抗侧力构件不连续 | 竖向抗侧力构件（柱、抗震墙、抗震支撑）的内力由水平转换构件（梁、桁架等）向下传递 |
| 楼层承载力突变 | 抗侧力结构的层间受剪承载力小于相邻上一楼层的 80% |

**2** 砌体房屋、单层工业厂房、单层空旷房屋、大跨屋盖建筑和地下建筑的平面和竖向不规则性的划分，应符合本规范有关章节的规定。

**3** 当存在多项不规则或某项不规则超过规定的参考指标较多时，应属于特别不规则的建筑。

**3.4.4** 建筑形体及其构件布置不规则时，应按下列要求进行地震作用计算和内力调整，并应对薄弱部位采取有效的抗震构造措施：

**1** 平面不规则而竖向规则的建筑，应采用空间结构计算模型，并应符合下列要求：

**1）** 扭转不规则时，应计入扭转影响，且楼层竖向构件最大的弹性水平位移和层间位移分别不宜大于楼层两端弹性水平位移和层间位移平均值的 1.5 倍，当最大层间位移远小于规范限值时，可适当放宽；

**2）** 凹凸不规则或楼板局部不连续时，应采用符合楼板平面内实际刚度变化的计算模型；高烈度或不规则程度较大时，宜计入楼板局部变形的影响；

**3）** 平面不对称且凹凸不规则或局部不连续，可根据实际情况分块计算扭转位移比，对扭转较大的部位应采用局部的内力增大系数。

**2** 平面规则而竖向不规则的建筑，应采用空间结构计算模型，刚度小的楼层的地震剪力应乘以不小于 1.15 的增大系数，其薄弱层应按本规范有关规定进行弹塑性变形分析，并应符合下列要求：

**1）** 竖向抗侧力构件不连续时，该构件传递给水平转换构件的地震内力应根据烈度高低和水平转换构件的类型、受力情况、几何尺寸等，乘以 1.25～2.0 的增大系数；

**2**）侧向刚度不规则时，相邻层的侧向刚度比应依据其结构类型符合本规范相关章节的规定；

**3**）楼层承载力突变时，薄弱层抗侧力结构的受剪承载力不应小于相邻上一楼层的 65%。

**3** 平面不规则且竖向不规则的建筑，应根据不规则类型的数量和程度，有针对性地采取不低于本条 1、2 款要求的各项抗震措施。特别不规则的建筑，应经专门研究，采取更有效的加强措施或对薄弱部位采用相应的抗震性能化设计方法。

**3.4.5** 体型复杂、平立面不规则的建筑，应根据不规则程度、地基基础条件和技术经济等因素的比较分析，确定是否设置防震缝，并分别符合下列要求：

**1** 当不设置防震缝时，应采用符合实际的计算模型，分析判明其应力集中、变形集中或地震扭转效应等导致的易损部位，采取相应的加强措施。

**2** 当在适当部位设置防震缝时，宜形成多个较规则的抗侧力结构单元。防震缝应根据抗震设防烈度、结构材料种类、结构类型、结构单元的高度和高差以及可能的地震扭转效应的情况，留有足够的宽度，其两侧的上部结构应完全分开。

**3** 当设置伸缩缝和沉降缝时，其宽度应符合防震缝的要求。

2.**《高规》规定**

## 3.4 结构平面布置

**3.4.1** 在高层建筑的一个独立结构单元内，结构平面形状宜简单、规则，质量、刚度和承载力分布宜均匀。不应采用严重不规则的平面布置。

**3.4.2** 高层建筑宜选用风作用效应较小的平面形状。

**3.4.3** 抗震设计的混凝土高层建筑，其平面布置宜符合下列规定：

**1** 平面宜简单、规则、对称，减少偏心；

**2** 平面长度不宜过长（图 3.4.3），$L/B$ 宜符合表 3.4.3 的要求；

**表 3.4.3　平面尺寸及突出部位尺寸的比值限值**

| 设防烈度 | $L/B$ | $l/B_{max}$ | $l/b$ |
|---|---|---|---|
| 6、7 度 | ≤6.0 | ≤0.35 | ≤2.0 |
| 8、9 度 | ≤5.0 | ≤0.30 | ≤1.5 |

**3** 平面突出部分的长度 $l$ 不宜过大、宽度 $b$ 不宜过小（图 3.4.3），$l/B_{max}$、$l/b$ 宜符合表 3.4.3 的要求；

**4** 建筑平面不宜采用角部重叠或细腰形平面布置。

**3.4.4** 抗震设计时，B 级高度钢筋混凝土高层建筑、混合结构高层建筑及本规程第 10 章所指的复杂高层建筑结构，其平面布置应简单、规则，减少偏心。

**3.4.5** 结构平面布置应减少扭转的影响。在考虑偶然偏心影响的规定水平地震力作用下，楼层竖向构件最大的水平位移和层间位移，A 级高度高层建筑不宜大于该楼层平均值的 1.2 倍，不应大于该楼层平均值的 1.5 倍；B 级高度高层建筑、超过 A 级高度的混合结构及本规程第 10 章所指的复杂高层建筑不宜大于该楼层平均值的 1.2 倍，不应大于该楼层平均值的 1.4 倍。结构扭转为主的第一自振周期 $T_t$ 与平动为主的第一自振周期 $T_1$ 之比，

A 级高度高层建筑不应大于 0.9，B 级高度高层建筑、超过 A 级高度的混合结构及本规程第 10 章所指的复杂高层建筑不应大于 0.85。

注：当楼层的最大层间位移角不大于本规程第 3.7.3 条规定的限值的 40%时，该楼层竖向构件的最大水平位移和层间位移与该楼层平均值的比值可适当放松，但不应大于 1.6。

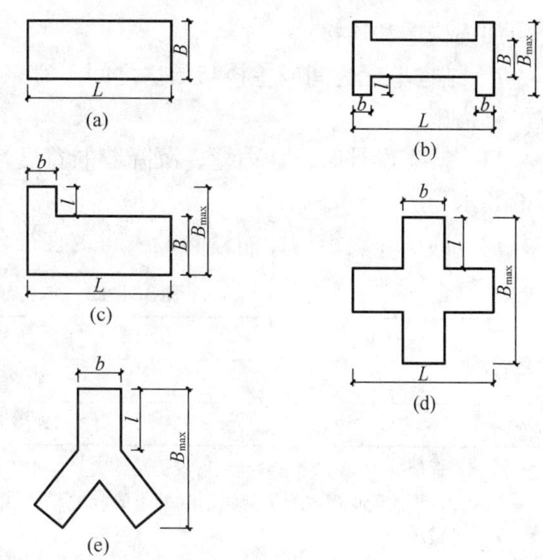

图 3.4.3 建筑平面示意

**3.4.6** 当楼板平面比较狭长、有较大的凹入或开洞时，应在设计中考虑其对结构产生的不利影响。有效楼板宽度不宜小于该层楼面宽度的 50%；楼板开洞总面积不宜超过楼面面积的 30%；在扣除凹入或开洞后，楼板在任一方向的最小净宽度不宜小于 5m，且开洞后每一边的楼板净宽度不应小于 2m。

**3.4.7** ++字形、井字形等外伸长度较大的建筑，当中央部分楼板有较大削弱时，应加强楼板以及连接部位墙体的构造措施，必要时可在外伸段凹槽处设置连接梁或连接板。

**3.4.8** 楼板开大洞削弱后，宜采取下列措施：

**1** 加厚洞口附近楼板，提高楼板的配筋率，采用双层双向配筋；

**2** 洞口边缘设置边梁、暗梁；

**3** 在楼板洞口角部集中配置斜向钢筋。

**3.4.9** 抗震设计时，高层建筑宜调整平面形状和结构布置，避免设置防震缝。体型复杂、平立面不规则的建筑，应根据不规则程度、地基基础条件和技术经济等因素的比较分析，确定是否设置防震缝。

**3.4.10** 设置防震缝时，应符合下列规定：

**1** 防震缝宽度应符合下列规定：

**1）** 框架结构房屋，高度不超过 15m 时不应小于 100mm；超过 15m 时，6 度、7 度、8 度和 9 度分别每增加高度 5m、4m、3m 和 2m，宜加宽 20mm；

**2）** 框架-剪力墙结构房屋不应小于本款 1）项规定数值的 70%，剪力墙结构房屋不应小于本款 1）项规定数值的 50%，且二者均不宜小于 100mm。

**2** 防震缝两侧结构体系不同时，防震缝宽度应按不利的结构类型确定；

**3** 防震缝两侧的房屋高度不同时，防震缝宽度可按较低的房屋高度确定；

**4** 8、9 度抗震设计的框架结构房屋，防震缝两侧结构层高相差较大时，防震缝两侧框架柱的箍筋应沿房屋全高加密，并可根据需要沿房屋全高在缝两侧各设置不少于两道垂直于防震缝的抗撞墙；

**5** 当相邻结构的基础存在较大沉降差时，宜增大防震缝的宽度；

**6** 防震缝宜沿房屋全高设置，地下室、基础可不设防震缝，但在与上部防震缝对应处应加强构造和连接；

**7**　结构单元之间或主楼与裙房之间不宜采用牛腿托梁的做法设置防震缝，否则应采取可靠措施。

**3.4.11**　抗震设计时，伸缩缝、沉降缝的宽度均应符合本规程第 3.4.10 条关于防震缝宽度的要求。

**3.4.12**　高层建筑结构伸缩缝的最大间距宜符合表 3.4.12 的规定。

**表 3.4.12　伸缩缝的最大间距**

| 结构体系 | 施工方法 | 最大间距（m） |
|---|---|---|
| 框架结构 | 现浇 | 55 |
| 剪力墙结构 | 现浇 | 45 |

注：1　框架-剪力墙的伸缩缝间距可根据结构的具体布置情况取表中框架结构与剪力墙结构之间的数值；

2　当屋面无保温或隔热措施、混凝土的收缩较大或室内结构因施工外露时间较长时，伸缩缝间距应适当减小；

3　位于气候干燥地区、夏季炎热且暴雨频繁地区的结构，伸缩缝的间距宜适当减小。

**3.4.13**　当采用有效的构造措施和施工措施减小温度和混凝土收缩对结构的影响时，可适当放宽伸缩缝的间距。这些措施可包括但不限于下列方面：

**1**　顶层、底层、山墙和纵墙端开间等受温度变化影响较大的部位提高配筋率；

**2**　顶层加强保温隔热措施，外墙设置外保温层；

**3**　每 30m～40m 间距留出施工后浇带，带宽 800mm～1000mm，钢筋采用搭接接头，后浇带混凝土宜在 45d 后浇筑；

**4**　采用收缩小的水泥、减少水泥用量、在混凝土中加入适宜的外加剂；

**5**　提高每层楼板的构造配筋率或采用部分预应力结构。

## 3.5　结构竖向布置

**3.5.1**　高层建筑的竖向体型宜规则、均匀，避免有过大的外挑和收进。结构的侧向刚度宜下大上小，逐渐均匀变化。

**3.5.2**　抗震设计时，高层建筑相邻楼层的侧向刚度变化应符合下列规定：

**1**　对框架结构，楼层与其相邻上层的侧向刚度比 $\gamma_1$ 可按式（3.5.2-1）计算，且本层与相邻上层的比值不宜小于 0.7，与相邻上部三层刚度平均值的比值不宜小于 0.8。

$$\gamma_1 = \frac{V_i \Delta_{i+1}}{V_{i+1} \Delta_i} \tag{3.5.2-1}$$

式中：$\gamma_1$ ——楼层侧向刚度比；

$V_i$、$V_{i+1}$ ——第 $i$ 层和第 $i+1$ 层的地震剪力标准值（kN）；

$\Delta_i$、$\Delta_{i+1}$ ——第 $i$ 层和第 $i+1$ 层在地震作用标准值作用下的层间位移（m）。

**2**　对框架-剪力墙、板柱-剪力墙结构、剪力墙结构、框架-核心筒结构、筒中筒结构，楼层与其相邻上层的侧向刚度比 $\gamma_2$ 可按式（3.5.2-2）计算，且本层与相邻上层的比值不宜小于 0.9；当本层层高大于相邻上层层高的 1.5 倍时，该比值不宜小于 1.1；对结构底部嵌固层，该比值不宜小于 1.5。

$$\gamma_2 = \frac{V_i \Delta_{i+1}}{V_{i+1} \Delta_i} \frac{h_i}{h_{i+1}} \tag{3.5.2-2}$$

式中：$\gamma_2$ ——考虑层高修正的楼层侧向刚度比。

**3.5.3** A级高度高层建筑的楼层抗侧力结构的层间受剪承载力不宜小于其相邻上一层受剪承载力的80%，不应小于其相邻上一层受剪承载力的65%；B级高度高层建筑的楼层抗侧力结构的层间受剪承载力不应小于其相邻上一层受剪承载力的75%。

注：楼层抗侧力结构的层间受剪承载力是指在所考虑的水平地震作用方向上，该层全部柱、剪力墙、斜撑的受剪承载力之和。

**3.5.4** 抗震设计时，结构竖向抗侧力构件宜上、下连续贯通。

**3.5.5** 抗震设计时，当结构上部楼层收进部位到室外地面的高度 $H_1$ 与房屋高度 $H$ 之比大于0.2时，上部楼层收进后的水平尺寸 $B_1$ 不宜小于下部楼层水平尺寸 $B$ 的75%（图3.5.5a、b）；当上部结构楼层相对于下部楼层外挑时，上部楼层水平尺寸 $B_1$ 不宜大于下部楼层的水平尺寸 $B$ 的1.1倍，且水平外挑尺寸 $a$ 不宜大于4m（图3.5.5c、d）。

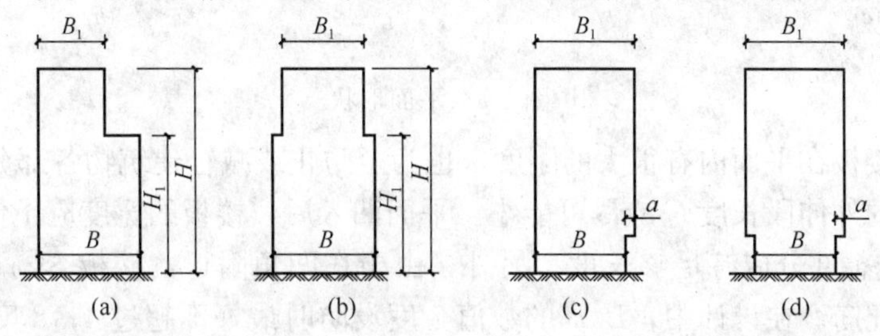


图3.5.5 结构竖向收进和外挑示意

**3.5.6** 楼层质量沿高度宜均匀分布，楼层质量不宜大于相邻下部楼层质量的1.5倍。

**3.5.7** 不宜采用同一楼层刚度和承载力变化同时不满足本规程第3.5.2条和3.5.3条规定的高层建筑结构。

**3.5.8** 侧向刚度变化、承载力变化、竖向抗侧力构件连续性不符合本规程第3.5.2、3.5.3、3.5.4条要求的楼层，其对应于地震作用标准值的剪力应乘以1.25的增大系数。

**3.5.9** 结构顶层取消部分墙、柱形成空旷房间时，宜进行弹性或弹塑性时程分析补充计算并采取有效的构造措施。

3. **对规定的解读和建议**

（1）结构平面布置必须考虑有利于抵抗水平和竖向荷载，受力明确，传力直接，力争均匀对称，减少扭转的影响。在地震作用下，建筑平面要力求简单规则，风力作用下则可适当放宽。

1976年7月28日唐山地震中，L形平面和其他不规则平面的建筑物因扭转而破坏的很多。天津人民印刷厂（6层L形平面框架结构）的角柱多处破坏便是一例。

1985年9月墨西哥城地震中，相当多的框架结构由于平面不规则、不对称而产生扭转破坏。

因此，抗震设防的高层建筑，平面形状宜简单、对称、规则，以减少震害。一般建筑平面如图2-5所示，其中（*c*）、（*d*）、（*h*）三个平面比较不规则、不对称，选用后各方面应予以加强。

除平面形状外，各部分尺寸都有一定的要求。首先，平面的长宽比不宜过大，$L/B$ 一般宜小于6，以避免两端相距太远，振动不同步，由于复杂的振动形态而使结构受到损害。长矩形平面的尺寸目前一般在 70～80m 以内，但最长的结构单元长度已达 114m（北京昆仑饭店）、138m（北京京伦饭店）和 156m（北京八一大楼）等。

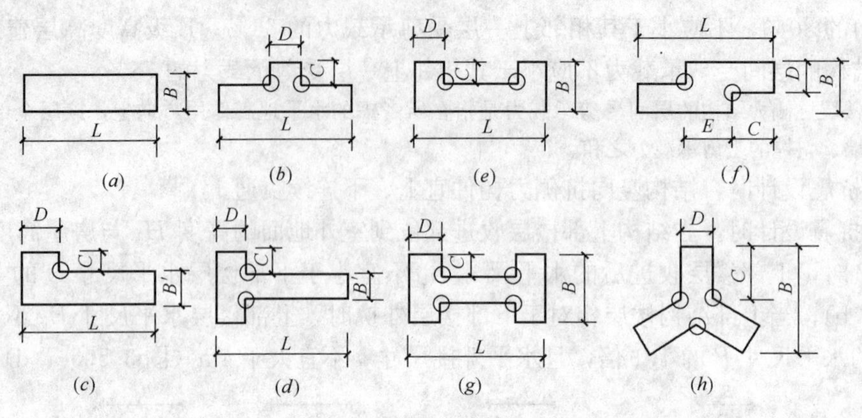


图 2-5　平面形状

为了保证楼板在平面内有很大的刚度，也为了防止或减轻建筑物各部分之间振动不同步，建筑平面的外伸段长度 $C$ 应尽可能小。平面凹入后，楼板的宽度应予保证，Z 形平面（图 2-5$f$）的重叠部分应有足够长度。另外，由于在凹角附近，楼板容易产生应力集中，要加强楼板的配筋。在设计中，$L/B$ 的数值 7 度设防时最好不超过 4；8 度设防时最好不超过 3。$C/D$ 的数值最好不超过 1.0。

当平面突出部分长度 $C/D \leqslant 1$ 且 $C/B' \leqslant 0.3$ 时，如果质量和刚度比较均匀对称，可以按规则结构进行抗震设计。

在规则平面中，如果结构刚度不对称，仍然会产生扭转。所以，在布置抗侧力结构时，应使结构均匀分布，令荷载合力作用线通过结构刚度中心，以减少扭转的影响。尤其是布置楼电梯间更要注意，楼电梯井筒往往有较大的刚度，它对结构刚度的对称性有显著的影响。

框架-筒体结构和筒中筒结构更应选取双向对称的规则平面，如矩形、正方形、正多边形、圆形，当采用矩形平面时，$L/B$ 不宜大于 2。

(2) 为了防止楼板削弱后产生过大的应力集中，楼电梯间不宜设在平面凹角部位和端部角区，但建筑布置上，从功能考虑，往往在上述部位设楼电梯间。如果确实非设不可，则应采用剪力墙筒体予以加强。

如果采用了复杂的平面而又不能满足《高规》表 3.4.3 的要求，则应进行更细致的抗震验算并采取加强措施。

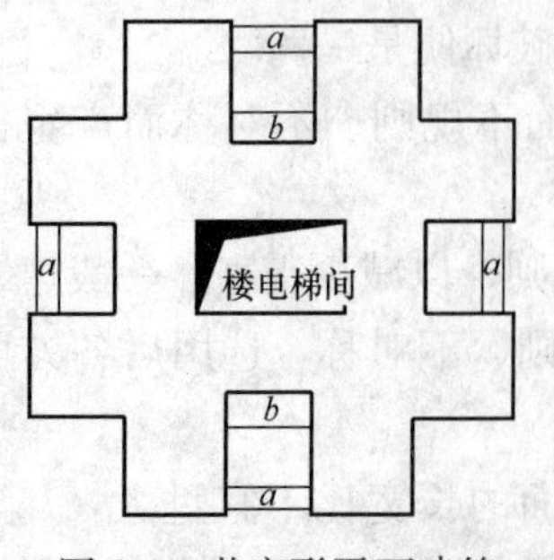


图 2-6　井字形平面建筑

如图 2-6 所示的井字形平面建筑，由于立面阴影的要求，平面凹入很深，中央设置楼电梯间后，楼板四边所剩无几，很容易发生震害，必须予以加强。在不妨碍建筑使用的原则下，可以采用下面两种措施之一：①如图中所示，设置拉梁 $a$，为美观也可以设置拉板（板厚可为 250～300mm）。拉梁、拉板内配置受拉钢筋；②或如图所示，增设不上人的外挑板或可以使用的阳台 $b$，在板内双层双向配钢筋，每层、每向配筋率 0.25%。

图 2-7 的不规则平面中，图（$a$）重叠长度太小，应力集中十分显著，宜增设斜角板增强，斜角板宜加厚并设边梁，边梁内配置 1%以上的拉筋。图（$b$）中的哑铃形平面中，狭窄的楼板连接部分是薄弱部位。经动力分析表明：板中剪力在两侧反向振动时可能达到很大的数值。因此，连接部位板厚应增大；板内设置双层双向钢筋网，每层、每间配筋率不小于 0.25%；边梁内配置 1%以上的受拉钢筋。

位于凹角处的楼板宜配置加强筋（如 4$\phi$16 的 45°斜向筋），自凹角顶点延伸入楼板内的长度不小于 $l_{aE}$（受拉钢筋抗震锚固长度）。

（3）在高层建筑周边设置低层裙房时，裙房可以单边、两边和三边围合设置（图 2-8$a$～$c$），甚至高层塔楼置于裙房内（图 2-8$d$）。当裙房面积较小，与塔楼相比其刚度也不大时，上、下层刚度中心不一致而产生的扭转影响较小，可以采用图 $a$～$c$ 的偏置形式；当裙房面积较大，裙房边长与塔楼边长之比 $B/b$、$L/l$ 大于 1.5 时，宜采用图 $d$ 的内置式，并且裙房质量中心 $O'$与塔楼质量中心 $O$ 的偏心不宜大于裙房相应边长的 20%。

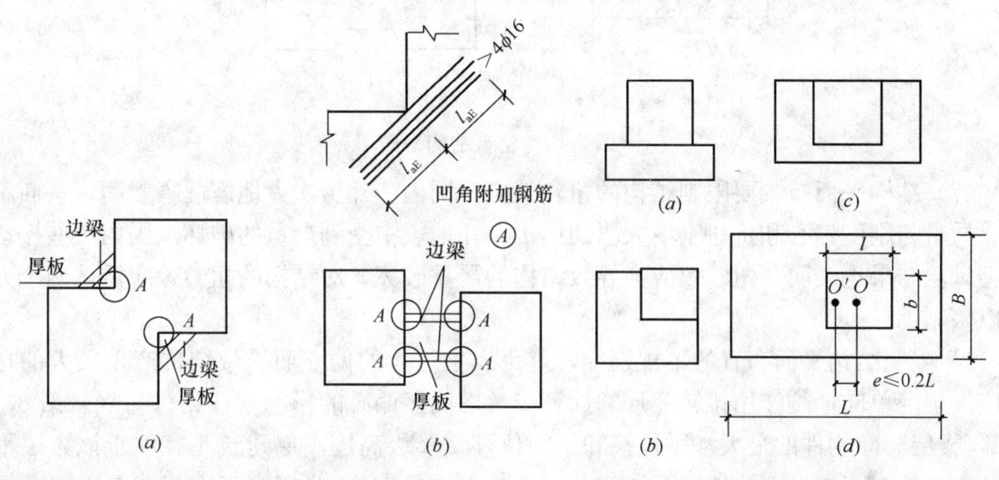


图 2-7　连接部位楼板的加强　　图 2-8　主楼与裙房的平面布置

（4）高层建筑物设置了伸缩缝、沉降缝或防震缝后，独立的结构单元就是由这些缝划分出来的各个部分。各独立的结构单元平面形状和刚度对称，有利于减少地震时由于扭转产生的震害。唐山地震、墨西哥城地震和阪神地震都明显看出：平面不规则、刚度偏心的建筑物，在地震中容易受到较严重的破坏。因此，在设计中宜尽量减小刚度的偏心。如果建筑物平面不规则、刚度明显偏心，则应在设计时用较精确的内力分析方法考虑偏心的影响，并在配筋构造上对边、角部位予以加强。

（5）平面过于狭长的建筑物在地震时由于两端地震波输入有相位差而容易产生不规则振动，产生较大的震害，平面有较大的外伸时，外伸段容易产生局部振动而引发凹角处破坏。需要抗震设防的钢筋混凝土高层建筑，其平面布置宜符合《高规》3.4.3 条的规定。

（6）角部重叠和细腰形的平面图形（图 2-9），在中央部位形成狭窄部分，在地震中容易产生震害，尤其在凹角部位，因为应力集中容易使楼板开裂、破坏。这些部位应采用加大楼板厚度，增加板内配筋，设置集中配筋的边梁，配置 45°斜向钢筋等方法予以加强。

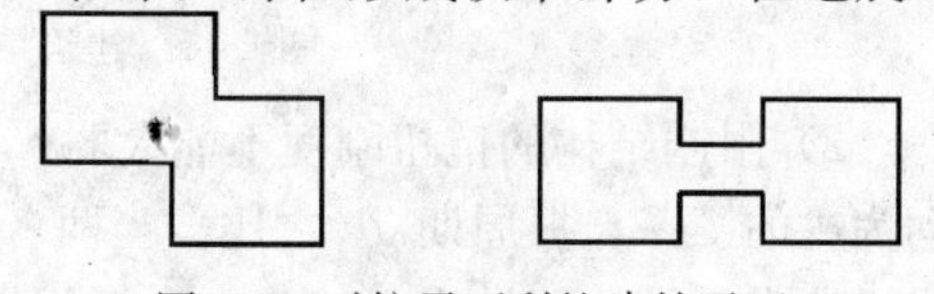

图 2-9　对抗震不利的建筑平面

当楼板平面过于狭长、有较大的凹入和开洞而使楼板有过大削弱时，应在设计中考虑楼板变形产生的不利影响。楼面凹入和开洞尺寸不宜大于楼面宽度的一半，楼板开洞总面积不宜超过楼面面积的 30%；在扣除凹入和开洞后，楼板在任一方向的最小净宽度不宜小于 5m，且开洞后每一边的楼板净宽度不应小于 2m。如图 2-10 所示属不规则平面。

图 2-10（*a*）当房屋底部仅为门厅、共享大厅通高 2～3 层的情况在工程中是常见的，设计时应注意分析和加强构造。

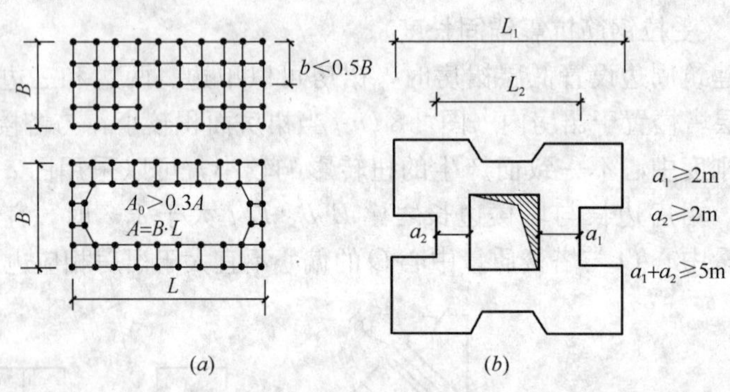


图 2-10　建筑结构平面

（7）结构平面布置要限制结构的扭转效应。国内、外历次大地震震害表明，平面不规则、质量与刚度偏心和抗扭刚度太弱的结构，在地震中受到严重的破坏。国内一些振动台模型试验结果也表明，扭转效应会导致结构的严重破坏。对结构的扭转效应需从两个方面加以限制：

1）限制结构平面布置的不规则性，避免产生过大的偏心而导致结构产生较大的扭转效应。规定单向地震作用扭转变形的计算应考虑偶然偏心的影响（详见《高规》第 3.4.5 条），楼层竖向构件的最大水平位移和层间位移，A 级高度高层建筑不宜大于该楼层平均值的 1.2 倍，不应大于该楼层平均值的 1.5 倍（图 2-11）。B 级高度高层建筑、混合结构高层建筑及复杂高层建筑不宜大于该楼层平均值的 1.2 倍，不应大于该楼层平均值的 1.4 倍。

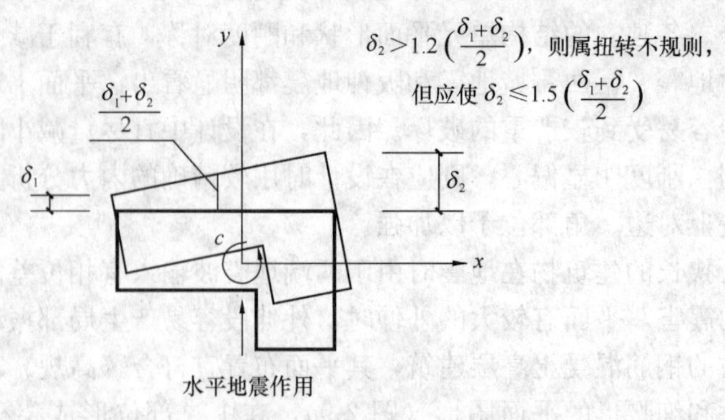


图 2-11　建筑结构平面的扭转不规则示例

2）限制结构的抗扭刚度不能太弱。关键是限制结构扭转为主的第一自振周期 $T_t$ 与平动为主的第一自振周期 $T_1$ 之比。当两者接近时，由于振动耦联的影响，结构的扭转效应明显增大。结构扭转为主的第一自振周期 $T_t$ 与平动为主的第一自振周期 $T_1$ 之比，A 级高度高层建筑不应大于0.9，B级高度高层建筑、混合结构高层建筑及复杂高层建筑不应大于0.85。

不满足以上要求时，宜调整抗侧力结构的布置，增大结构的抗扭刚度。如在满足层间位移比的情况下，减小某些（中部）竖向构件刚度，增大平动周期，加大端部竖向构件抗扭刚度，减小扭转周期。

扭转耦联振动的主方向，可通过计算振型方向因子来判断。在两个平动和一个转动构成的三个方向因子中，当转动方向因子大于0.5时，则该振型可认为是扭转为主的振型。

楼层竖向构件的最大水平位移与平均位移比值的计算应采用刚性楼板假定（SATWE程序的侧刚模型），并应考虑偶然偏心的影响。周期比计算时，可直接计算结构的固有自振特征，不必附加偶然偏心。

楼层按刚性楼板考虑时，它的动力自由度具有两个独立的水平平动自由度和一个独立的转动自由度，这样可以计算出各楼竖向构件的唯一最大水平位移和最小水平位移。

A级高度房屋和B级高度房屋水平位移当比值分别大于1.5和1.4时，一般判断为严重不规则，此时结构布置应作调整。正常情况下，楼层位移比的上限条件是不应超过的。根据《高规》3.4.5条附注，当楼层的最大层间位移角不大于第1条的限值的0.4倍时，该楼层竖向构件的最大水平位移和层间位移与该楼层平均值的比值可适当放松，但不应大于1.6。《北京市建筑设计技术细则—结构专业》（简称《北京细则》）5.2.4条规定，最大层间位移角的数值小于《高规》表3.7.3中限值的50%时，例如剪力墙结构的最大层间位移角为1/2000时，可以放松约10%。

计算上述水平位移（或层间位移）应按结构两个主轴方向分别进行，并按+5%和−5%的偶然偏心进行比较。但需注意，最大水平位移和平均水平位移值的计算，均取楼层中同一轴线两端的竖向构件，不应计入楼板中悬挑端。

《高规》4.3.3条规定：计算单向地震作用时应考虑偶然偏心的影响。每层质心沿垂直于地震作用方向的偏移值可采用 $e_i = +0.05L_i$。

《抗规》5.2.3条1款规定：规则结构不进行扭转耦联计算时，平行于地震作用方向的两个边榀各构件，其地震作用效应应乘以增大系数。

《高规》与《抗规》对扭转效应的计算方法不同，实际工程设计中是采用《高规》的方法，相对概念明确，软件计算操作方便。

《抗规》表3.4.3-1中，计算扭转不规则时应在“规定的水平力作用下”。《高规》第3.4.5条的条文说明：扭转位移比计算时，楼层的位移可取“规定水平地震力”计算。“规定水平地震力”一般可采用振型组合后的楼层地震剪力换算的水平作用力，并考虑偶然偏心。水平作用力的换算原则：每一楼面处的水平作用力取该楼面上、下两个楼层地震剪力差的绝对值。

各楼面的水平作用力计算，应根据《高规》规定由结构分析软件确定。

（8）计算结构扭转第一自振周期与地震作用方向的平动第一自振周期之比值，其目的就是控制结构扭转刚度不能过弱，以减小扭转效应。当不满足限值时，应调整结构布置，可采用下列方法：

1）在层间最大位移与层高之比 $\Delta u/h$ 比规范限值小时，调整结构竖向抗侧力构件的刚度（减小截面或降低混凝土强度等级），从而加大平动自振周期。需注意，抗扭转两主轴方向竖向构件的刚度同时起作用；

2）当结构楼层刚度中心与质量中心有偏心时，加大质量中心一侧楼层边端部位的抗侧力构件的刚度，如增大剪力墙墙肢截面的长度或厚度；框架柱截面增大或加高框架梁截面；

3）框架-剪力墙结构、剪力墙结构，在楼层边端部位的剪力墙纵、横向连成一体，形成 L 形、T 形和口字形，成为具有较好抗扭刚度的结构。

（9）抗震设计时，当建筑物平面形状复杂而又无法调整其平面形状和结构布置使之成为较规则的结构时，宜设置防震缝将其划分为较简单的几个结构单元。设置防震缝时，应符合下列规定：

1）房屋高度不超过 15m 时防震缝最小宽度为 100mm，当高度超过 15m 时，各结构类型按表 2-6 确定；

**房屋高度超过 15m 防震缝宽度增加值**（mm）　　**表 2-6**

| 设防烈度 | | 6 | 7 | 8 | 9 |
|---|---|---|---|---|---|
| 高度每增加值（m） | | 5 | 4 | 3 | 2 |
| 结构类型 | 框架 | 20 | 20 | 20 | 20 |
| | 框架-剪力墙 | 14 | 14 | 14 | 14 |
| | 剪力墙 | 10 | 10 | 10 | 10 |

2）防震缝两侧结构体系、高度不同时，防震缝宽度按不利的体系考虑，并按较低一侧的房屋高度计算确定缝宽；

3）防震缝应沿房屋全高设置，基础及地下室可不设防震缝，但在防震缝处应加强构造和连接；

4）当相邻结构的基础存在较大沉降差时，宜增大防震缝的宽度；

5）8、9 度框架结构房屋防震缝两侧结构高度、刚度或层高相差较大时，可在缝两侧房屋的尽端沿全高设置垂直于防震缝的抗撞墙，每一侧抗撞墙的数量不应少于两道，宜分别对称布置，墙肢长度可不大于 1/2 层高，框架和抗撞墙的内力应按考虑和不考虑抗撞墙两种情况分别进行分析，并按不利情况取值。抗撞墙在防震缝一端的边柱，箍筋应沿房屋全高加密（图 2-12）。

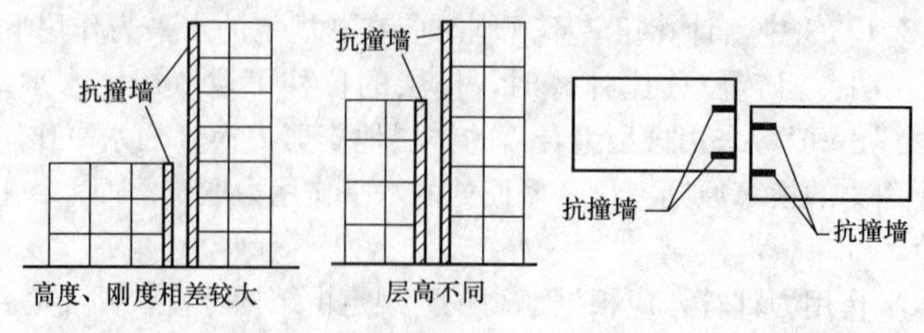


图 2-12　抗撞墙示意图

（10）在有抗震设防要求的情况下，建筑物各部分之间的关系应明确；如分开、则彻底分开；如相连，则连接牢固。不宜采用似分不分，似连不连的结构方案。天津友谊宾馆主楼（8 层框架）与单层餐厅采用了餐厅层屋面梁支承在主框架牛腿上加以钢筋焊接，在唐山地震中由于振动不同步，牛腿拉断、压碎、产生严重震害，这种连接方式是不可取的。因此，结构单元之间或主楼与裙房之间如无可靠措施，不宜采用牛腿托梁的做法作为防震缝处理。

考虑到目前结构形式和体系较为复杂，例如连体结构中连接体与主体建筑之间可能采用铰接等情况，如采用牛腿托梁的做法，则应采取类似桥墩支承桥面结构的做法，在较长、较宽的牛腿上设置滚轴或铰支承，而不得采用焊接等固定连接方式。并应能适应地震作用下相对位移的要求。

（11）历次地震震害表明：结构刚度沿竖向突变、外形外挑内收等，都会产生变形在某些楼层的过分集中，出现严重震害甚至倒塌。所以设计中应力求自下而上刚度逐渐、均匀减小，体型均匀不突变。1995 年阪神地震中，大阪和神户市不少建筑产生中部楼层严重破坏的现象，其中一个原因就是结构刚度在中部楼层产生突变。有些是柱截面尺寸和混凝土强度在中部楼层突然减小，有些是由于使用要求而剪力墙在中部楼层突然取消，这些都引发了楼层刚度的突变而产生严重震害。

（12）《高规》第 3.5.2 条规定，抗震设计时，对框架结构、楼层侧向刚度可取楼层剪力与楼层层间位移之比，即 $K_i=V_i/\Delta_i$，其楼层侧向刚度不宜小于相邻上部楼层侧向刚度的 70%或其上相邻三层侧向刚度平均值的 80%（图 2-13）；对框剪结构和板柱-剪力墙结构、剪力墙结构、框架-筒心筒结构、筒中筒结构，楼层侧向刚度可取楼层剪力与楼层层间位移角之比，即 $K_i=V_i/(\Delta_i/h_i)$，楼层侧向刚度不宜小于相邻上部楼层侧向刚度的 90%，楼层层高大于相邻上部楼层层高 1.5 倍时，楼层侧向刚度不宜小于相邻上部楼层侧向刚度的 1.1 倍，底层侧向刚度不宜小于相邻上部楼层侧向刚度的 1.5 倍。

《高规》3.5.2 条楼层刚度限制的计算，与原来计算框架结构、框架-剪力墙结构，剪力墙结构等同样有了调整。

（13）A 级高度高层建筑的楼层层间抗侧力结构的承载力不宜小于其上一层的 80%，不应小于其上一层的 65%；B 级高度高层建筑的楼层层间抗侧力结构的承载力不应小于其上一层的 75%（图 2-14）。

注：楼层层间抗侧力结构承载力是指在所考虑的水平地震作用方向上，该层全部柱、剪力墙、斜撑的受剪承载力之和。

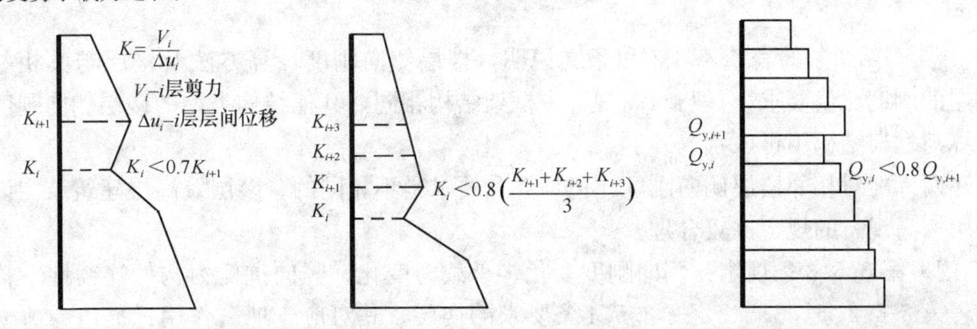


图 2-13　沿竖向的侧向刚度不规则（有柔软层）

图 2-14　竖向抗侧力结构屈服抗剪强度非均匀化（有薄弱层）

（14）《高规》3.5.5 条对楼层上部或下部收进作了规定。中国建筑科学研究院的计算分析和试验研究表明，当结构上部楼层相对于下部楼层收进时，收进的部位越高、收进后的平面尺寸越小，结构的高振型反应越明显，因此对收进后的平面尺寸加以限制。当上部结构楼层相对于下部楼层外挑时，结构的扭转效应和竖向地震作用效应明显，对抗震不利，因此对其外挑尺寸加以限制，设计上应考虑竖向地震作用影响。

(15) 历次地震震害表明：结构刚度沿竖向突变、外形外挑或内收等，都会产生某些楼层的变形过分集中，出现严重震害甚至倒塌。所以设计中应力求使结构刚度自下而上逐渐均匀减小，体形均匀、不突变。1995年阪神地震中，大阪和神户市不少建筑产生中部楼层严重破坏的现象，其中一个原因就是结构侧向刚度在中部楼层产生突变。有些是柱截面尺寸和混凝土强度在中部楼层突然减小，有些是由于使用要求使剪力墙在中部楼层突然取消，这些都引发了楼层刚度的突变而产生严重震害。柔弱底层建筑物的严重破坏在国内外的大地震中更是普遍存在。

(16) 顶层取消部分墙、柱而形成空旷房间时，其楼层侧向刚度和承载力可能比其下部楼层相差较多，是不利于抗震的结构，应进行详细的计算分析，并采取有效的构造措施。如采用弹性或塑性时程分析进行补充计算、柱子箍筋应全长加密配置、大跨度屋面构件要考虑竖向地震产生的不利影响等。

(17) 多高层建筑一般情况不宜设地下室。设置地下室有如下的结构功能：

1) 利用土体的侧压力防止水平力作用下结构的滑移、倾覆；

2) 减小土的重量，降低地震的附加压力；

3) 提高地基土的承载能力；

4) 减少地震作用对上部结构的影响。

地震震害调查表明：有地下室的建筑物震害明显减轻。高层建筑同一结构单元应全部设置地下室，不宜采用部分地下室，且地下室应当有相同的埋深。

(18) 相邻楼层侧向刚度的计算，《高规》3.5.2条规定：对框架结构，楼层与其相邻上层的侧向刚度比 $\gamma_1$ 不宜小于0.7，与相邻上部三层刚度平均值的比值不宜小于0.8。对框架-剪力墙、板柱-剪力墙结构、剪力墙结构、框架-核心筒结构、筒中筒结构，楼层与其相邻上层的侧向刚度比 $\gamma_2$ 不宜小于0.9；当本层层高大于相邻上层层高的1.5倍时，该比值不宜小于1.1；对结构底部嵌固层，该比值不宜小于1.5。$\gamma_1$ 与 $\gamma_2$ 的计算方法完全不同。

《抗规》3.4.3条的表3.4.3-2和条文说明，楼层侧向刚度计算方法及楼层与其相邻上部楼层的刚度比值要求，是与《高规》中框架结构相同，其他结构类型的楼层侧向刚度比值计算与框架结构不再区别。

上述两标准对相邻楼层侧向刚度比值计算和要求是不相同的，多层及高层建筑结构设计中采用《高规》的规定比较合理。

《高规》第3.5.8条规定：侧向刚度变化、承载力变化、竖向抗侧力构件连续性不符合本规程第3.5.2条、3.5.3条、3.5.4条要求的楼层，其对应于地震作用标准值的剪力应乘以1.25的增大系数。《抗规》第3.4.4条2款规定：平面规则而竖向不规则的建筑，应采用空间结构计算模型，刚度小的楼层的地震剪力应乘以不小于1.15的增大系数。

《高规》与《抗规》不一致，高层建筑结构设计应按《高规》，多层建筑结构设计也可按《抗规》。《高规》的增大系数由02年版的1.15调整为1.25。

## 六、水平位移限值和舒适度要求

### 1.《抗规》规定

#### 5.5 抗震变形验算

**5.5.1** 表5.5.1所列各类结构应进行多遇地震作用下的抗震变形验算，其楼层内最大的弹性层间位移应符合下式要求：

$$\Delta u_e \leqslant [\theta_e]h \tag{5.5.1}$$

式中：$\Delta u_e$——多遇地震作用标准值产生的楼层内最大的弹性层间位移；计算时，除以弯曲变形为主的高层建筑外，可不扣除结构整体弯曲变形；应计入扭转变形，各作用分项系数均应采用1.0；钢筋混凝土结构构件的截面刚度可采用弹性刚度；

$[\theta_e]$——弹性层间位移角限值，宜按表5.5.1采用；

$h$——计算楼层层高。

**表5.5.1 弹性层间位移角限值**

| 结构类型 | $[\theta_e]$ |
| --- | --- |
| 钢筋混凝土框架 | 1/550 |
| 钢筋混凝土框架-抗震墙、板柱-抗震墙、框架-核心筒 | 1/800 |
| 钢筋混凝土抗震墙、筒中筒 | 1/1000 |
| 钢筋混凝土框支层 | 1/1000 |
| 多、高层钢结构 | 1/250 |

**5.5.2** 结构在罕遇地震作用下薄弱层的弹塑性变形验算，应符合下列要求：

**1** 下列结构应进行弹塑性变形验算：

**1**）8度Ⅲ、Ⅳ类场地和9度时，高大的单层钢筋混凝土柱厂房的横向排架；

**2**）7～9度时楼层屈服强度系数小于0.5的钢筋混凝土框架结构和框排架结构；

**3**）高度大于150m的结构；

**4**）甲类建筑和9度时乙类建筑中的钢筋混凝土结构和钢结构；

**5**）采用隔震和消能减震设计的结构。

**2** 下列结构宜进行弹塑性变形验算：

**1**）本规范表5.1.2-1所列高度范围且属于本规范表3.4.3-2所列竖向不规则类型的高层建筑结构；

**2**）7度Ⅲ、Ⅳ类场地和8度时乙类建筑中的钢筋混凝土结构和钢结构；

**3**）板柱-抗震墙结构和底部框架砌体房屋；

**4**）高度不大于150m的其他高层钢结构；

**5**）不规则的地下建筑结构及地下空间综合体。

注：楼层屈服强度系数为按钢筋混凝土构件实际配筋和材料强度标准值计算的楼层受剪承载力和按罕遇地震作用标准值计算的楼层弹性地震剪力的比值；对排架柱，指按实际配筋面积、材料强

度标准值和轴向力计算的正截面受弯承载力与按罕遇地震作用标准值计算的弹性地震弯矩的比值。

**5.5.3** 结构在罕遇地震作用下薄弱层（部位）弹塑性变形计算，可采用下列方法：

**1** 不超过 12 层且层刚度无突变的钢筋混凝土框架和框排架结构、单层钢筋混凝土柱厂房可采用本规范第 5.5.4 条的简化计算法；

**2** 除 1 款以外的建筑结构，可采用静力弹塑性分析方法或弹塑性时程分析法等；

**3** 规则结构可采用弯剪层模型或平面杆系模型，属于本规范第 3.4 节规定的不规则结构应采用空间结构模型。

**5.5.4** 结构薄弱层（部位）弹塑性层间位移的简化计算，宜符合下列要求：

**1** 结构薄弱层（部位）的位置可按下列情况确定：

**1)** 楼层屈服强度系数沿高度分布均匀的结构，可取底层；

**2)** 楼层屈服强度系数沿高度分布不均匀的结构，可取该系数最小的楼层（部位）和相对较小的楼层，一般不超过 2～3 处；

**3)** 单层厂房，可取上柱。

**2** 弹塑性层间位移可按下列公式计算：

$$\Delta u_{\mathrm{p}} = \eta_{\mathrm{p}} \Delta u_{\mathrm{e}} \tag{5.5.4-1}$$

或

$$\Delta u_{\mathrm{p}} = \mu \Delta u_{\mathrm{y}} = \frac{\eta_{\mathrm{p}}}{\xi_{\mathrm{y}}} \Delta u_{\mathrm{y}} \tag{5.5.4-2}$$

式中：$\Delta u_{\mathrm{p}}$——弹塑性层间位移；

$\Delta u_{\mathrm{y}}$——层间屈服位移；

$\mu$——楼层延性系数；

$\Delta u_{\mathrm{e}}$——罕遇地震作用下按弹性分析的层间位移；

$\eta_{\mathrm{p}}$——弹塑性层间位移增大系数，当薄弱层（部位）的屈服强度系数不小于相邻层（部位）该系数平均值的 0.8 时，可按表 5.5.4 采用。当不大于该平均值的 0.5 时，可按表内相应数值的 1.5 倍采用；其他情况可采用内插法取值；

$\xi_{\mathrm{y}}$——楼层屈服强度系数。

**表 5.5.4 弹塑性层间位移增大系数**

| 结构类型 | 总层数 $n$ 或部位 | $\xi_{\mathrm{y}}$ | | |
|---|---|---|---|---|
| | | 0.5 | 0.4 | 0.3 |
| 多层均匀框架结构 | 2～4 | 1.30 | 1.40 | 1.60 |
| | 5～7 | 1.50 | 1.65 | 1.80 |
| | 8～12 | 1.80 | 2.00 | 2.20 |
| 单层厂房 | 上柱 | 1.30 | 1.60 | 2.00 |

**5.5.5** 结构薄弱层（部位）弹塑性层间位移应符合下式要求：

$$\Delta u_{\mathrm{p}} \leqslant [\theta_{\mathrm{p}}] h \tag{5.5.5}$$

式中：$[\theta_p]$ ——弹塑性层间位移角限值，可按表 5.5.5 采用；对钢筋混凝土框架结构，当轴压比小于 0.40 时，可提高 10%；当柱子全高的箍筋构造比本规范第 6.3.9 条规定的体积配箍率大 30%时，可提高 20%，但累计不超过 25%；

$h$——薄弱层楼层高度或单层厂房上柱高度。

**表 5.5.5 弹塑性层间位移角限值**

| 结构类型 | $[\theta_p]$ |
|---|---|
| 单层钢筋混凝土柱排架 | 1/30 |
| 钢筋混凝土框架 | 1/50 |
| 底部框架砌体房屋中的框架-抗震墙 | 1/100 |
| 钢筋混凝土框架-抗震墙、板柱-抗震墙、框架-核心筒 | 1/100 |
| 钢筋混凝土抗震墙、筒中筒 | 1/120 |
| 多、高层钢结构 | 1/50 |

2.《高规》规定

### 3.7 水平位移限值和舒适度要求

**3.7.1** 在正常使用条件下，高层建筑结构应具有足够的刚度，避免产生过大的位移而影响结构的承载力、稳定性和使用要求。

**3.7.2** 正常使用条件下，结构的水平位移应按本规程第 4 章规定的风荷载、地震作用和第 5 章规定的弹性方法计算。

**3.7.3** 按弹性方法计算的风荷载或多遇地震标准值作用下的楼层层间最大水平位移与层高之比 $\Delta u/h$ 宜符合下列规定：

**1** 高度不大于 150m 的高层建筑，其楼层层间最大位移与层高之比 $\Delta u/h$ 不宜大于表 3.7.3 的限值。

**表 3.7.3 楼层层间最大位移与层高之比的限值**

| 结构体系 | $\Delta u/h$ 限值 |
|---|---|
| 框架 | 1/550 |
| 框架-剪力墙、框架-核心筒、板柱-剪力墙 | 1/800 |
| 筒中筒、剪力墙 | 1/1000 |
| 除框架结构外的转换层 | 1/1000 |

**2** 高度不小于 250m 的高层建筑，其楼层层间最大位移与层高之比 $\Delta u/h$ 不宜大于 1/500。

**3** 高度在 150m～250m 之间的高层建筑，其楼层层间最大位移与层高之比 $\Delta u/h$ 的限值可按本条第 1 款和第 2 款的限值线性插入取用。

注：楼层层间最大位移 $\Delta u$ 以楼层竖向构件最大的水平位移差计算，不扣除整体弯曲变形。抗震设计时，本条规定的楼层位移计算可不考虑偶然偏心的影响。

**3.7.4** 高层建筑结构在罕遇地震作用下的薄弱层弹塑性变形验算，应符合下列规定：

**1** 下列结构应进行弹塑性变形验算：

**1**）7～9度时楼层屈服强度系数小于0.5的框架结构；

**2**）甲类建筑和9度抗震设防的乙类建筑结构；

**3**）采用隔震和消能减震设计的建筑结构；

**4**）房屋高度大于150m的结构。

**2**　下列结构宜进行弹塑性变形验算：

**1**）本规程表4.3.4所列高度范围且不满足本规程第3.5.2～3.5.6条规定的竖向不规则高层建筑结构；

**2**）7度Ⅲ、Ⅳ类场地和8度抗震设防的乙类建筑结构；

**3**）板柱-剪力墙结构。

注：楼层屈服强度系数为按构件实际配筋和材料强度标准值计算的楼层受剪承载力与按罕遇地震作用计算的楼层弹性地震剪力的比值。

**3.7.5**　结构薄弱层（部位）层间弹塑性位移应符合下式规定：

$$\Delta u_{\mathrm{p}} \leqslant [\theta_{\mathrm{p}}]h \qquad (3.7.5)$$

式中：$\Delta u_{\mathrm{p}}$ ——层间弹塑性位移；

$[\theta_{\mathrm{p}}]$ ——层间弹塑性位移角限值，可按表3.7.5采用；对框架结构，当轴压比小于0.40时，可提高10%；当柱子全高的箍筋构造采用比本规程中框架柱箍筋最小配箍特征值大30%时，可提高20%，但累计提高不宜超过25%；

$h$ ——层高。

**表3.7.5　层间弹塑性位移角限值**

| 结构体系 | $[\theta_{\mathrm{p}}]$ |
|---|---|
| 框架结构 | 1/50 |
| 框架-剪力墙结构、框架-核心筒结构、板柱-剪力墙结构 | 1/100 |
| 剪力墙结构和筒中筒结构 | 1/120 |
| 除框架结构外的转换层 | 1/120 |

**3.7.6**　房屋高度不小于150m的高层混凝土建筑结构应满足风振舒适度要求。在现行国家标准《建筑结构荷载规范》GB 50009规定的10年一遇的风荷载标准值作用下，结构顶点的顺风向和横风向振动最大加速度计算值不应超过表3.7.6的限值。结构顶点的顺风向和横风向振动最大加速度可按现行行业标准《高层民用建筑钢结构技术规程》JGJ 99的有关规定计算，也可通过风洞试验结果判断确定，计算时结构阻尼比宜取0.01～0.02。

**表3.7.6　结构顶点风振加速度限值 $a_{\mathrm{lim}}$**

| 使用功能 | $a_{\mathrm{lim}}$（m/s²） |
|---|---|
| 住宅、公寓 | 0.15 |
| 办公、旅馆 | 0.25 |

**3.7.7**　楼盖结构应具有适宜的舒适度。楼盖结构的竖向振动频率不宜小于3Hz，竖向振动加速度峰值不应超过表3.7.7的限值。楼盖结构竖向振动加速度可按本规程附录A计算。

表 3.7.7　楼盖竖向振动加速度限值

| 人员活动环境 | 峰值加速度限值（$m/s^2$） | |
|---|---|---|
| | 竖向自振频率不大于 2Hz | 竖向自振频率不小于 4Hz |
| 住宅、办公 | 0.07 | 0.05 |
| 商场及室内连廊 | 0.22 | 0.15 |

注：楼盖结构竖向自振频率为 2Hz～4Hz 时，峰值加速度限值可按线性插值选取。

## 附录 A　楼盖结构竖向振动加速度计算

**A.0.1**　楼盖结构的竖向振动加速度宜采用时程分析方法计算。

**A.0.2**　人行走引起的楼盖振动峰值加速度可按下列公式近似计算：

$$a_p = \frac{F_p}{\beta w} g \tag{A.0.2-1}$$

$$F_p = p_0 e^{-0.35 f_n} \tag{A.0.2-2}$$

式中：$a_p$——楼盖振动峰值加速度（$m/s^2$）；

$F_p$——接近楼盖结构自振频率时人行走产生的作用力（kN）；

$p_0$——人们行走产生的作用力（kN），按表 A.0.2 采用；

$f_n$——楼盖结构竖向自振频率（Hz）；

$\beta$——楼盖结构阻尼比，按表 A.0.2 采用；

$w$——楼盖结构阻抗有效重量（kN），可按本附录 A.0.3 条计算；

$g$——重力加速度，取 $9.8m/s^2$。

表 A.0.2　人行走作用力及楼盖结构阻尼比

| 人员活动环境 | 人员行走作用力 $p_0$（kN） | 结构阻尼比 $\beta$ |
|---|---|---|
| 住宅，办公，教堂 | 0.3 | 0.02～0.05 |
| 商场 | 0.3 | 0.02 |
| 室内人行天桥 | 0.42 | 0.01～0.02 |
| 室外人行天桥 | 0.42 | 0.01 |

注：1　表中阻尼比用于钢筋混凝土楼盖结构和钢-混凝土组合楼盖结构；

2　对住宅、办公、教堂建筑，阻尼比 0.02 可用于无家具和非结构构件情况，如无纸化电子办公区、开敞办公区和教堂；阻尼比 0.03 可用于有家具、非结构构件，带少量可拆卸隔断的情况；阻尼比 0.05 可用于含全高填充墙的情况；

3　对室内人行天桥，阻尼比 0.02 可用于天桥带干挂吊顶的情况。

**A.0.3**　楼盖结构的阻抗有效重量 $w$ 可按下列公式计算：

$$w = \overline{w} BL \tag{A.0.3-1}$$

$$B = CL \tag{A.0.3-2}$$

式中：$\overline{w}$——楼盖单位面积有效重量（$kN/m^2$），取恒载和有效分布活荷载之和。楼层有效分布活荷载：对办公建筑可取 $0.55kN/m^2$，对住宅可取 $0.3kN/m^2$；

$L$——梁跨度（m）；

$B$——楼盖阻抗有效质量的分布宽度（m）；

$C$——垂直于梁跨度方向的楼盖受弯连续性影响系数，对边梁取 1，对中间梁取 2。

3. **对规定的解读和建议**

（1）多高层建筑结构应具有必要的刚度，在正常使用条件下限制建筑结构层间位移的主要目的为：第一，保证主要结构基本处于弹性受力状态，对钢筋混凝土结构要避免混凝土墙或柱出现裂缝；将混凝土梁等楼面构件的裂缝数量、宽度控制在规范允许范围之内。第二，保证填充墙、隔墙和幕墙等非结构构件的完好，避免产生明显损坏。因此，《高规》第 3.7.3 条规定了按弹性方法计算的楼层层间最大位移与层高之比 $\Delta u/h$ 的限值。

（2）正常使用条件下的结构水平位移是按地震小震考虑，即 50 年设计基准期超越概率 10%的地震加速度的多遇地震考虑，比设防烈度约低 1.55 度的设计基本地震加速度计算确定；风荷载按 50 年或 100 年一遇的风压标准值计算确定。

第 $i$ 层的 $\Delta u/h$ 指第 $i$ 层和第 $i-1$ 层在楼层平面各处位移差 $\Delta u_i = u_i - u_{i-1}$ 中的最大值与层高之比，不扣除整体弯曲变形。由于多高层建筑结构在水平力（水平地震作用或风荷载）作用下几乎都会产生扭转，所以 $\Delta u$ 的最大值一般在结构单元的边角部位。

多高层建筑结构的水平地震作用下最大位移，应在单向水平地震作用时不考虑偶然偏心的影响，采用考虑扭转耦联振动影响的振型分解反应谱法进行计算，并应采用刚性楼板假定。

（3）按弹性方法计算的风荷载或多遇地震标准值作用下楼层层间最大位移与层高之比 $\Delta u/h$ 宜符合《抗规》5.51 条和《高规》3.7.3 条的规定。楼层层间最大位移 $\Delta u$ 以楼层最大的水平位移差计算，不扣除整体弯曲变形。抗震设计时，楼层位移计算可不考虑偶然偏心的影响。

（4）多高层建筑结构在罕遇地震作用下的薄弱层弹塑性变形验算，应符合《抗规》5.5.2 条和《高规》3.7.5 条的规定。

多高层建筑混凝土结构进行弹塑性计算分析时，可根据实际工程情况采用静力或动力时程分析方法，并应符合下列规定：

1）当采用结构抗震性能设计时，应根据本章十三节的有关规定预定结构的抗震性能目标。

2）梁、柱、斜撑、剪力墙、楼板等结构构件，应根据实际情况和分析精度要求采用合适的简化模型；构件的几何尺寸、混凝土构件所配的钢筋和型钢、混合结构的钢结构构件应按实际情况参与计算。

3）应根据预定的结构抗震性能目标，合理取用钢筋、钢材、混凝土材料的力学性能指标以及本构关系。钢筋和混凝土材料的本构关系可按《混凝土规范》的有关规定采用。

4）应考虑几何非线性影响。

5）进行动力弹塑性计算时，地面运动加速度时程的选取以及预估罕遇地震作用时的峰值加速度取值应符合《高规》第 4.3.5 条的规定。

6）应对计算结构的合理性进行分析和判断。

7）对重要的建筑结构、超高层建筑结构、复杂的高层建筑结构进行弹塑性计算分析，可以分析结构的薄弱部位、验证结构的抗震性能，是目前应用越来越多的一种方法。

8）在进行结构弹塑性计算分析时，应根据工程的重要性、破坏后的危害性及修复的难易程度，设定结构的抗震性能目标，这部分内容可参见本章十三节的有关规定。

9）建立结构计算模型时，可根据结构构件的性能和分析进度要求，采用恰当的分析模型。如梁、柱、斜撑可采用一维单元；墙、板可采用二维或三维单元。结构的几何尺寸、钢筋、型钢、钢构件等应按实际设计情况采用，不应简单采用弹性计算软件的分析结果。

结构材料（钢筋、型钢、混凝土等）的性能指标（如变形模量、强度取值等）以及本构关系，与预定的结构或结构构件的抗震性能目标有密切关系，应根据实际情况合理选用。如材料强度可分别取用设计值、标准值、抗拉极限值或实测值、实测平均值等。结构材料本构关系直接影响弹塑性分析结果，选择时应特别注意；钢筋和混凝土的本构关系，在《混凝土规范》中有相应规定，可参考使用。

10）结构弹塑性变形往往比弹性变形大很多，考虑结构几何非线性进行计算是必要的，结果的可靠性也会有所提高。与弹性静力分析计算相比，结构的弹塑性分析具有更大的不确定性，计算分析结果是否合理，应根据工程经验进行分析和判断。

（5）震害表明，结构如果存在薄弱层，在强烈地震作用下结构薄弱部位将产生较大的弹塑性变形，会引起结构严重破坏甚至倒塌。因此，《高规》第 3.7.4 条规定了对某些抗震设计的高层建筑结构，要进行罕遇地震作用下薄弱层弹塑性变形验算。

（6）《高规》第 3.7.6 条规定，高度超过 150m 的高层建筑结构应具有良好的使用条件，满足舒适度要求，按 10 年一遇的风荷载取值计算的顺风向与横风向结构顶点最大加速度 $a_{max}$不应超过表 3.7.6 中数值。

超高层建筑风振反应加速度包括顺风向最大加速度、横风向最大加速度的和扭转角速度。结构顶点的顺风向和横风向振动最大加速度可按下列公式计算，也可通过风洞试验结果判断确定，计算时阻尼比宜取：混凝土结构取 0.02，混合结构根据房屋高度和结构类型取 0.01～0.02。

1）顺风向顶点最大加速度

$$a_w = \xi\nu \frac{\mu_s \mu_r w_0 A}{m_{tot}}$$

式中 $a_w$——顺风向顶点最大加速度（$m/s^2$）；

$\mu_s$——风荷载体型系数；

$\mu_r$——重现期调整系数，取重现期为 10 年时的系数 0.76；

$w_0$——基本风压，取 0.55kN/m$^2$，对重要建筑和 B 级筒体结构，另乘系数 1.1；

$\xi$、$\nu$——分别为脉动增大系数和脉动影响系数，按《荷载规范》（2006 年版）的规定采用；

$A$——建筑物总迎风面积（$m^2$）；

$m_{tot}$——建筑物总质量（t）。

2）横风向顶点最大加速度

$$a_{tr} = \frac{b_r}{T_t^2} \cdot \frac{\sqrt{BL}}{\gamma_B \sqrt{\zeta_{t,cr}}}$$

$$b_r = 2.05 \times 10^{-4} \left( \frac{v_{n,m} T_t}{\sqrt{BL}} \right)^{3.3} \quad (kN/m^3)$$

式中 $a_{tr}$——横风向顶点最大加速（$m/s^2$）；

$v_{n,m}$——建筑物顶点平均风速（m/s），$v_{n,m}=40\sqrt{\mu_s\mu_z w_0}$；

$\mu_z$——风压高度变化系数；

$\gamma_B$——建筑物所受的平均重度（$kN/m^3$）；

$\zeta_{t,cr}$——建筑物横风向的临界阻尼比值；

$T_t$——建筑物横风向第一自振周期（s）；

$B$、$L$——分别为建筑物平面的宽度和长度（m）。

楼盖结构宜具有适宜的刚度、质量及阻尼，其竖向振动舒适度应符合《高规》3.7.7条的规定。

## 七、承载能力极限状态计算

1.《混凝土规范》规定

### 3.3　承载能力极限状态计算

**3.3.1**　混凝土结构的承载能力极限状态计算应包括下列内容：

**1**　结构构件应进行承载力（包括失稳）计算；

**2**　直接承受重复荷载的构件应进行疲劳验算；

**3**　有抗震设防要求时，应进行抗震承载力计算；

**4**　必要时尚应进行结构的倾覆、滑移、漂浮验算；

**5**　对于可能遭受偶然作用，且倒塌可能引起严重后果的重要结构，宜进行防连续倒塌设计。

**3.3.2　对持久设计状况、短暂设计状况和地震设计状况，当用内力的形式表达时，结构构件应采用下列承载能力极限状态设计表达式：**

$$\gamma_0 S \leqslant R \tag{3.3.2-1}$$

$$R = R(f_c, f_s, a_k, \cdots)/\gamma_{Rd} \tag{3.3.2-2}$$

**式中：$\gamma_0$——结构重要性系数：在持久设计状况和短暂设计状况下，对安全等级为一级的结构构件不应小于1.1，对安全等级为二级的结构构件不应小于1.0，对安全等级为三级的结构构件不应小于0.9；对地震设计状况下应取1.0；**

**$S$——承载能力极限状态下作用组合的效应设计值：对持久设计状况和短暂设计状况应按作用的基本组合计算；对地震设计状况应按作用的地震组合计算；**

**$R$——结构构件的抗力设计值；**

**$R$（·）——结构构件的抗力函数；**

**$\gamma_{Rd}$——结构构件的抗力模型不定性系数：静力设计取1.0，对不确定性较大的结构构件根据具体情况取大于1.0的数值；抗震设计应用承载力抗震调整系数$\gamma_{RE}$代替$\gamma_{Rd}$；**

**$f_c$、$f_s$——混凝土、钢筋的强度设计值，应根据本规范第4.1.4条及第4.2.3条的规定取值；**

**$a_k$——几何参数的标准值，当几何参数的变异性对结构性能有明显的不利影响时，应增减一个附加值。**

**注：公式（3.3.2-1）中的 $\gamma_0 S$ 为内力设计值，在本规范各章中用 $N$、$M$、$V$、$T$ 等表达。**

**3.3.3** 对二维、三维混凝土结构构件，当按弹性或弹塑性方法分析并以应力形式表达时，可将混凝土应力按区域等代成内力设计值，按本规范第 3.3.2 条进行计算；也可直接采用多轴强度准则进行设计验算。

**3.3.4** 对偶然作用下的结构进行承载能力极限状态设计时，公式（3.3.2-1）中的作用效应设计值 $S$ 按偶然组合计算，结构重要性系数 $\gamma_0$ 取不小于 1.0 的数值；公式（3.3.2-2）中混凝土、钢筋的强度设计值 $f_c$、$f_s$ 改用强度标准值 $f_{ck}$、$f_{yk}$（或 $f_{pyk}$）。

当进行结构防连续倒塌验算时，结构构件的承载力函数应按本规范第 3.6 节的原则确定。

**3.3.5** 对既有结构的承载能力极限状态设计，应按下列规定进行：

**1** 对既有结构进行安全复核、改变用途或延长使用年限而需验算承载能力极限状态时，宜符合本规范第 3.3.2 条的规定；

**2** 对既有结构进行改建、扩建或加固改造而重新设计时，承载能力极限状态的计算应符合本规范第 3.7 节的规定。

2.《高规》规定

**3.8 构件承载力设计**

**3.8.1 高层建筑结构构件的承载力应按下列公式验算：**

**持久设计状况、短暂设计状况**

$$\gamma_0 S_d \leqslant R_d \tag{3.8.1-1}$$

**地震设计状况**

$$S_d \leqslant R_d / \gamma_{RE} \tag{3.8.1-2}$$

**式中：$\gamma_0$——结构重要性系数，对安全等级为一级的结构构件不应小于 1.1，对安全等级为二级的结构构件不应小于 1.0；**

**$S_d$——作用组合的效应设计值，应符合本规程第 5.6.1～5.6.4 条的规定；**

**$R_d$——构件承载力设计值；**

**$\gamma_{RE}$——构件承载力抗震调整系数。**

**3.8.2** 抗震设计时，钢筋混凝土构件的承载力抗震调整系数应按表 3.8.2 采用；型钢混凝土构件和钢构件的承载力抗震调整系数应按本规程第 11.1.7 条的规定采用。当仅考虑竖向地震作用组合时，各类结构构件的承载力抗震调整系数均应取为 1.0。

**表 3.8.2 承载力抗震调整系数**

| 构件类别 | 梁 | 轴压比小于 0.15 的柱 | 轴压比不小于 0.15 的柱 | 剪力墙 | | 各类构件 | 节点 |
|---|---|---|---|---|---|---|---|
| 受力状态 | 受弯 | 偏压 | 偏压 | 偏压 | 局部承压 | 受剪、偏拉 | 受剪 |
| $\gamma_{RE}$ | 0.75 | 0.75 | 0.80 | 0.85 | 1.0 | 0.85 | 0.85 |

3. 对规定的解读和建议

（1）《混凝土规范》3.3.1 条列出了各类设计状况下的结构构件承载能力极限状态计算应考虑的内容。

在各种偶然作用（罕遇自然灾害、人为过失以及爆炸、撞击、火灾等人为灾害）下，混凝土结构应能保证必要的整体稳固性。因此本次修订对倒塌可能引起严重后果的特别重要结构，增加了防连续倒塌设计的要求。对偶然作用下结构的承载能力极限状态设计，根据其受力特点对承载能力极限状态设计的表达形式进行了修正：作用效应设计值 $S$ 按偶然组合计算；结构重要性系数 $\gamma_0$ 取不小于1.0的数值；材料强度取标准值。

（2）新修的《混凝土规范》和《高规》中采用了“持久设计状况、短暂设计状况和地震设计状况”，而不再采用原规范、规程的“无地震作用组合和有地震作用组合”。

（3）由于高层建筑结构的安全等级一般不低于二级，因此结构重要性系数的取值不应小于1.0；按照现行国家标准《工程结构可靠性设计统一标准》GB 50153的规定，结构重要性系数不再考虑结构设计使用年限的影响。

## 八、正常使用极限状态验算

### 1.《混凝土规范》3.4节规定

**3.4.1** 混凝土结构构件应根据其使用功能及外观要求，按下列规定进行正常使用极限状态验算：

**1** 对需要控制变形的构件，应进行变形验算；

**2** 对不允许出现裂缝的构件，应进行混凝土拉应力验算；

**3** 对允许出现裂缝的构件，应进行受力裂缝宽度验算；

**4** 对舒适度有要求的楼盖结构，应进行竖向自振频率验算。

**3.4.2** 对于正常使用极限状态，钢筋混凝土构件、预应力混凝土构件应分别按荷载的准永久组合并考虑长期作用的影响或标准组合并考虑长期作用的影响，采用下列极限状态设计表达式进行验算：

$$S \leqslant C \tag{3.4.2}$$

式中：$S$——正常使用极限状态荷载组合的效应设计值；

$C$——结构构件达到正常使用要求所规定的变形、应力、裂缝宽度和自振频率等的限值。

**3.4.3** 钢筋混凝土受弯构件的最大挠度应按荷载的准永久组合，预应力混凝土受弯构件的最大挠度应按荷载的标准组合，并均应考虑荷载长期作用的影响进行计算，其计算值不应超过表3.4.3规定的挠度限值。

**表3.4.3 受弯构件的挠度限值**

| 构件类型 | | 挠度限值 |
|---|---|---|
| 吊车梁 | 手动吊车 | $l_0/500$ |
| | 电动吊车 | $l_0/600$ |
| 屋盖、楼盖及楼梯构件 | 当 $l_0<7$m 时 | $l_0/200(l_0/250)$ |
| | 当 7m$\leqslant l_0 \leqslant$ 9m 时 | $l_0/250$ $(l_0/300)$ |
| | 当 $l_0>9$m 时 | $l_0/300$ $(l_0/400)$ |

注：1 表中 $l_0$ 为构件的计算跨度；计算悬臂构件的挠度限值时，其计算跨度 $l_0$ 按实际悬臂长度的2倍取用；

2 表中括号内的数值适用于使用上对挠度有较高要求的构件；

3 如果构件制作时预先起拱，且使用上也允许，则在验算挠度时，可将计算所得的挠度值减去起拱值；对预应力混凝土构件，尚可减去预加力所产生的反拱值；

4 构件制作时的起拱值和预加力所产生的反拱值，不宜超过构件在相应荷载组合作用下的计算挠度值。

**3.4.4** 结构构件正截面的受力裂缝控制等级分为三级，等级划分及要求应符合下列规定：

一级——严格要求不出现裂缝的构件，按荷载标准组合计算时，构件受拉边缘混凝土不应产生拉应力。

二级——一般要求不出现裂缝的构件，按荷载标准组合计算时，构件受拉边缘混凝土拉应力不应大于混凝土抗拉强度的标准值。

三级——允许出现裂缝的构件：对钢筋混凝土构件，按荷载准永久组合并考虑长期作用影响计算时，构件的最大裂缝宽度不应超过本规范表 3.4.5 规定的最大裂缝宽度限值。对预应力混凝土构件，按荷载标准组合并考虑长期作用的影响计算时，构件的最大裂缝宽度不应超过本规范第 3.4.5 条规定的最大裂缝宽度限值；对二 a 类环境的预应力混凝土构件，尚应按荷载准永久组合计算，且构件受拉边缘混凝土的拉应力不应大于混凝土的抗拉强度标准值。

**3.4.5** 结构构件应根据结构类型和本规范第 3.5.2 条规定的环境类别，按表 3.4.5 的规定选用不同的裂缝控制等级及最大裂缝宽度限值 $w_{lim}$。

**表 3.4.5 结构构件的裂缝控制等级及最大裂缝宽度的限值**（mm）

<table>
<tr><th rowspan="2">环境类别</th><th colspan="2">钢筋混凝土结构</th><th colspan="2">预应力混凝土结构</th></tr>
<tr><th>裂缝控制等级</th><th>$w_{lim}$</th><th>裂缝控制等级</th><th>$w_{lim}$</th></tr>
<tr><td>一</td><td rowspan="4">三级</td><td>0.30（0.40）</td><td rowspan="2">三级</td><td>0.20</td></tr>
<tr><td>二 a</td><td rowspan="3">0.20</td><td>0.10</td></tr>
<tr><td>二 b</td><td>二级</td><td>—</td></tr>
<tr><td>三 a、三 b</td><td>一级</td><td>—</td></tr>
</table>

注：1 对处于年平均相对湿度小于 60% 地区一类环境下的受弯构件，其最大裂缝宽度限值可采用括号内的数值；

2 在一类环境下，对钢筋混凝土屋架、托架及需作疲劳验算的吊车梁，其最大裂缝宽度限值应取为 0.20mm；对钢筋混凝土屋面梁和托梁，其最大裂缝宽度限值应取为 0.30mm；

3 在一类环境下，对预应力混凝土屋架、托架及双向板体系，应按二级裂缝控制等级进行验算；对一类环境下的预应力混凝土屋面梁、托梁、单向板，应按表中二 a 级环境的要求进行验算；在一类和二 a 类环境下需作疲劳验算的预应力混凝土吊车梁，应按裂缝控制等级不低于二级的构件进行验算；

4 表中规定的预应力混凝土构件的裂缝控制等级和最大裂缝宽度限值仅适用于正截面的验算；预应力混凝土构件的斜截面裂缝控制验算应符合本规范第 7 章的有关规定；

5 对于烟囱、筒仓和处于液体压力下的结构，其裂缝控制要求应符合专门标准的有关规定；

6 对于处于四、五类环境下的结构构件，其裂缝控制要求应符合专门标准的有关规定；

7 表中的最大裂缝宽度限值为用于验算荷载作用引起的最大裂缝宽度。

**3.4.6** 对混凝土楼盖结构应根据使用功能的要求进行竖向自振频率验算，并宜符合下列要求：

**1** 住宅和公寓不宜低于 5Hz；

**2** 办公楼和旅馆不宜低于 4Hz；

**3** 大跨度公共建筑不宜低于 3Hz。

**2. 对规定的解读和建议**

（1）《混凝土规范》本次修订对构件挠度、裂缝宽度计算采用的荷载组合进行了调整，对钢筋混凝土构件改为采用荷载准永久组合并考虑长期作用的影响；对预应力混凝土构件仍采用荷载标准组合并考虑长期作用的影响。

（2）构件变形挠度的限值应以不影响结构使用功能、外观及与其他构件的连接等要求为目的。悬臂构件是工程实践中容易发生事故的构件，《混凝土规范》表 3.4.3 注 1 中规定设计时对其挠度的控制要求；表注 4 中参照欧洲标准 EN1992 的规定，提出了起拱、反拱的限制，目的是为防止起拱、反拱过大引起的不良影响。当构件的挠度满足表 3.4.3 的要求，但相对使用要求仍然过大时，设计时可根据实际情况提出比表括号中的限值更加严格的要求。

（3）《混凝土规范》将裂缝控制等级划分为三级，等级是对裂缝控制严格程度而言的，设计人员需根据具体情况选用不同的等级。关于构件裂缝控制等级的划分，国际上一般都根据结构的功能要求、环境条件对钢筋的腐蚀影响、钢筋种类对腐蚀的敏感性和荷载作用的时间等因素来考虑。本规范在裂缝控制等级的划分上也考虑了以上因素。

经调查研究及与国外规范对比，原规范对受力裂缝的控制相对偏严，可适当放松。对结构构件正截面受力裂缝的控制等级仍按原规范划分为三个等级。一级保持不变；二级适当放松，仅控制拉应力不超过混凝土的抗拉强度标准值，删除了原规范中按荷载准永久组合计算构件边缘混凝土不宜产生拉应力的要求。

对于裂缝控制三级的钢筋混凝土构件，根据现行国家标准《工程结构可靠性设计统一标准》GB 50153 以及作为主要依据的现行国际标准《结构可靠性总原则》ISO 2394 和欧洲规范《结构设计基础》EN 1990 的规定，相应的荷载组合按正常使用极限状态的外观要求（限制过大的裂缝和挠度）的限值作了修改，选用荷载的准永久组合并考虑长期作用的影响进行裂缝宽度与挠度验算。

对裂缝控制三级的预应力混凝土构件，考虑到结构安全及耐久性，基本维持原规范的要求，裂缝宽度限值 0.20mm。仅在不利环境（二 a 类环境）时按荷载的标准组合验算裂缝宽度限值 0.10mm；并按荷载的准永久组合并考虑长期作用的影响验算拉应力不大于混凝土的抗拉强度标准值。

（4）《混凝土规范》对于裂缝宽度限值的要求基本依据原规范，并按新增的环境类别进行了调整。

室内正常环境条件（一类环境）下钢筋混凝土构件最大裂缝剖形观察结果表明，不论裂缝宽度大小、使用时间长短、地区湿度高低，凡钢筋上不出现结露或水膜，则其裂缝处钢筋基本上未发现明显的锈蚀现象；国外的一些工程调查结果也表明了同样的观点。因此对于采用普通钢筋配筋的混凝土结构构件的裂缝宽度限值，考虑了现行国内外规范的有关规定，并参考了耐久性专题研究组对裂缝的调查结果，规定了裂缝宽度的限值。而对钢筋混凝土屋架、托架、主要屋面承重结构等构件，根据以往的工程经验，裂缝宽度限值宜从严控制；对吊车梁的裂缝宽度限值，也适当从严控制，分别在表注中作出了具体规定。

对处于露天或室内潮湿环境（二类环境）条件下的钢筋混凝土构件，剖形观察结果表明，裂缝处钢筋都有不同程度的表面锈蚀，而当裂缝宽度小于或等于 0.2mm 时，裂缝处钢筋上只有轻微的表面锈蚀。根据上述情况，并参考国内外有关资料，规定最大裂缝宽度限值采用 0.20mm。

对使用除冰盐等的三类环境，锈蚀试验及工程实践表明，钢筋混凝土结构构件的受力裂缝宽度对耐久性的影响不是太大，故仍允许存在受力裂缝。参考国内外有关规范，规定最大裂缝宽度限值为 0.2mm。

对采用预应力钢丝、钢绞线及预应力螺纹钢筋的预应力混凝土构件，考虑到钢丝直径较小等原因，一旦出现裂缝会影响结构耐久性，故适当加严。本条规定在室内正常环境下控制裂缝宽度采用 0.20mm；在露天环境（二 a 类）下控制裂缝宽度 0.10mm。

需指出，当混凝土保护层较大时，虽然受力裂缝宽度计算值也较大，但较大的混凝土保护层厚度对防止裂缝锈蚀是有利的。因此，对混凝土保护层厚度较大的构件，当在外观的要求上允许时，可根据实践经验，对表 3.4.5 中规范的裂缝宽度允许值作适当放大。

(5)《混凝土规范》3.4.6 条提出了控制楼盖竖向自振频率的限值。对跨度较大的楼盖及业主有要求时，可按该条执行。一般楼盖的竖向自振频率可采用简化方法计算。对有特殊要求工业建筑，可参照现行国家标准《多层厂房楼盖结构抗微振设计规范》GB 50190 进行验算。

## 九、抗震等级

1.《抗规》规定

### 6.1 一 般 规 定

**6.1.2 钢筋混凝土房屋应根据设防类别、烈度、结构类型和房屋高度采用不同的抗震等级，并应符合相应的计算和构造措施要求。丙类建筑的抗震等级应按表 6.1.2 确定。**

**表 6.1.2 现浇钢筋混凝土房屋的抗震等级**

<table>
<tr><th colspan="3" rowspan="2">结构类型</th><th colspan="12">设防烈度</th></tr>
<tr><th colspan="2">6</th><th colspan="4">7</th><th colspan="4">8</th><th colspan="2">9</th></tr>
<tr><td rowspan="3">框架结构</td><td colspan="2">高度（m）</td><td>≤24</td><td>>24</td><td colspan="2">≤24</td><td colspan="2">>24</td><td colspan="2">≤24</td><td colspan="2">>24</td><td colspan="2">≤24</td></tr>
<tr><td colspan="2">框架</td><td>四</td><td>三</td><td colspan="2">三</td><td colspan="2">二</td><td colspan="2">二</td><td colspan="2">一</td><td colspan="2">一</td></tr>
<tr><td colspan="2">大跨度框架</td><td colspan="2">三</td><td colspan="4">二</td><td colspan="4">一</td><td colspan="2">一</td></tr>
<tr><td rowspan="3">框架-抗震墙结构</td><td colspan="2">高度（m）</td><td>≤60</td><td>>60</td><td>≤24</td><td colspan="2">25～60</td><td>>60</td><td>≤24</td><td colspan="2">25～60</td><td>>60</td><td>≤24</td><td>25～50</td></tr>
<tr><td colspan="2">框架</td><td>四</td><td>三</td><td>四</td><td colspan="2">三</td><td>二</td><td>三</td><td colspan="2">二</td><td>一</td><td>二</td><td>一</td></tr>
<tr><td colspan="2">抗震墙</td><td colspan="2">三</td><td>三</td><td colspan="3">二</td><td>二</td><td colspan="3">一</td><td colspan="2">一</td></tr>
<tr><td rowspan="2">抗震墙结构</td><td colspan="2">高度（m）</td><td>≤80</td><td>>80</td><td>≤24</td><td colspan="2">25～80</td><td>>80</td><td>≤24</td><td colspan="2">25～80</td><td>>80</td><td>≤24</td><td>25～60</td></tr>
<tr><td colspan="2">剪力墙</td><td>四</td><td>三</td><td>四</td><td colspan="2">三</td><td>二</td><td>三</td><td colspan="2">二</td><td>一</td><td>二</td><td>一</td></tr>
<tr><td rowspan="4">部分框支抗震墙结构</td><td colspan="2">高度（m）</td><td>≤80</td><td>>80</td><td>≤24</td><td colspan="2">25～80</td><td>>80</td><td>≤24</td><td colspan="2">25～80</td><td rowspan="4"></td><td colspan="2" rowspan="4"></td></tr>
<tr><td rowspan="2">抗震墙</td><td>一般部位</td><td>四</td><td>三</td><td>四</td><td colspan="2">三</td><td>二</td><td>三</td><td colspan="2">二</td></tr>
<tr><td>加强部位</td><td>三</td><td>二</td><td>三</td><td colspan="2">二</td><td>一</td><td>二</td><td colspan="2">一</td></tr>
<tr><td colspan="2">框支层框架</td><td colspan="2">二</td><td colspan="3">二</td><td>一</td><td colspan="3">一</td></tr>
<tr><td rowspan="2">框架-核心筒结构</td><td colspan="2">框架</td><td colspan="2">三</td><td colspan="4">二</td><td colspan="4">一</td><td colspan="2">一</td></tr>
<tr><td colspan="2">核心筒</td><td colspan="2">二</td><td colspan="4">二</td><td colspan="4">一</td><td colspan="2">一</td></tr>
<tr><td rowspan="2">筒中筒结构</td><td colspan="2">外筒</td><td colspan="2">三</td><td colspan="4">二</td><td colspan="4">一</td><td colspan="2">一</td></tr>
<tr><td colspan="2">内筒</td><td colspan="2">三</td><td colspan="4">二</td><td colspan="4">一</td><td colspan="2">一</td></tr>
</table>

续表 6.1.2

| 结构类型 | | 设防烈度 | | | | | | |
|---|---|---|---|---|---|---|---|---|
| | | 6 | | 7 | | 8 | | 9 |
| 板柱-抗震墙结构 | 高度（m） | ≤35 | >35 | ≤35 | >35 | ≤35 | >35 | |
| | 框架、板柱的柱 | 三 | 二 | 二 | 二 | 一 | | |
| | 抗震墙 | 二 | 二 | 二 | 一 | 二 | 一 | |

注：1　建筑场地为Ⅰ类时，除6度外应允许按表内降低一度所对应的抗震等级采取抗震构造措施，但相应的计算要求不应降低；

2　接近或等于高度分界时，应允许结合房屋不规则程度及场地、地基条件确定抗震等级；

3　大跨度框架指跨度不小于18m的框架；

4　高度不超过60m的框架-核心筒结构按框架-抗震墙的要求设计时，应按表中框架-抗震墙结构的规定确定其抗震等级。

**6.1.3**　钢筋混凝土房屋抗震等级的确定，尚应符合下列要求：

**1**　设置少量抗震墙的框架结构，在规定的水平力作用下，底层框架部分所承担的地震倾覆力矩大于结构总地震倾覆力矩的50%时，其框架的抗震等级应按框架结构确定，抗震墙的抗震等级可与其框架的抗震等级相同。

注：底层指计算嵌固端所在的层。

**2**　裙房与主楼相连，除应按裙房本身确定抗震等级外，相关范围不应低于主楼的抗震等级；主楼结构在裙房顶板对应的相邻上下各一层应适当加强抗震构造措施。裙房与主楼分离时，应按裙房本身确定抗震等级。

**3**　当地下室顶板作为上部结构的嵌固部位时，地下一层的抗震等级应与上部结构相同，地下一层以下抗震构造措施的抗震等级可逐层降低一级，但不应低于四级。地下室中无上部结构的部分，抗震构造措施的抗震等级可根据具体情况采用三级或四级。

**4**　当甲乙类建筑按规定提高一度确定其抗震等级而房屋的高度超过本规范表6.1.2相应规定的上界时，应采取比一级更有效的抗震构造措施。

注：本章“一、二、三、四级”即“抗震等级为一、二、三、四级”的简称。

2.《高规》规定

## 3.9　抗　震　等　级

**3.9.1**　各抗震设防类别的高层建筑结构，其抗震措施应符合下列要求：

**1**　甲类、乙类建筑：应按本地区抗震设防烈度提高一度的要求加强其抗震措施，但抗震设防烈度为9度时应按比9度更高的要求采取抗震措施；当建筑场地为Ⅰ类时，应允许仍按本地区抗震设防烈度的要求采取抗震构造措施。

**2**　丙类建筑：应按本地区抗震设防烈度确定其抗震措施；当建筑场地为Ⅰ类时，除6度外，应允许按本地区抗震设防烈度降低一度的要求采取抗震构造措施。

**3.9.2**　当建筑场地为Ⅲ、Ⅳ类时，对设计基本地震加速度为0.15$g$和0.30$g$的地区，宜分别按抗震设防烈度8度（0.20$g$）和9度（0.40$g$）时各类建筑的要求采取抗震构造措施。

**3.9.3**　抗震设计时，高层建筑钢筋混凝土结构构件应根据抗震设防分类、烈度、结构类型和房屋高度采用不同的抗震等级，并应符合相应的计算和构造措施要求。A级高度丙类建筑钢筋混凝土结构的抗震等级应按表 3.9.3 确定。当本地区的设防烈度为 9 度时，A 级高度乙类建筑的抗震等级应按特一级采用，甲类建筑应采取更有效的抗震措施。

注：本规程“特一级和一、二、三、四级”即“抗震等级为特一级和一、二、三、四级”的简称。

表 3.9.3 A 级高度的高层建筑结构抗震等级

<table>
<tr><th colspan="3" rowspan="2">结构类型</th><th colspan="7">烈　度</th></tr>
<tr><th colspan="2">6 度</th><th colspan="2">7 度</th><th colspan="2">8 度</th><th>9 度</th></tr>
<tr><td colspan="3">框架结构</td><td colspan="2">三</td><td colspan="2">二</td><td colspan="2">一</td><td>一</td></tr>
<tr><td rowspan="3">框架-剪力墙结构</td><td colspan="2">高度（m）</td><td>≤60</td><td>>60</td><td>≤60</td><td>>60</td><td>≤60</td><td>>60</td><td>≤50</td></tr>
<tr><td colspan="2">框架</td><td>四</td><td>三</td><td>三</td><td>二</td><td>二</td><td>一</td><td>一</td></tr>
<tr><td colspan="2">剪力墙</td><td colspan="2">三</td><td colspan="2">二</td><td colspan="2">一</td><td>一</td></tr>
<tr><td rowspan="2">剪力墙结构</td><td colspan="2">高度（m）</td><td>≤80</td><td>>80</td><td>≤80</td><td>>80</td><td>≤80</td><td>>80</td><td>≤60</td></tr>
<tr><td colspan="2">剪力墙</td><td>四</td><td>三</td><td>三</td><td>二</td><td>二</td><td>一</td><td>一</td></tr>
<tr><td rowspan="3">部分框支剪力墙结构</td><td colspan="2">非底部加强部位的剪力墙</td><td>四</td><td>三</td><td>三</td><td>二</td><td>二</td><td rowspan="3">——</td><td rowspan="3">——</td></tr>
<tr><td colspan="2">底部加强部位的剪力墙</td><td>三</td><td>二</td><td>二</td><td>一</td><td>一</td></tr>
<tr><td colspan="2">框支框架</td><td>二</td><td>二</td><td>一</td><td colspan="2">一</td></tr>
<tr><td rowspan="4">筒体结构</td><td rowspan="2">框架-核心筒</td><td>框架</td><td colspan="2">三</td><td colspan="2">二</td><td colspan="2">一</td><td>一</td></tr>
<tr><td>核心筒</td><td colspan="2">二</td><td colspan="2">二</td><td colspan="2">一</td><td>一</td></tr>
<tr><td rowspan="2">筒中筒</td><td>内筒</td><td colspan="2" rowspan="2">三</td><td colspan="2" rowspan="2">二</td><td colspan="2" rowspan="2">一</td><td rowspan="2">一</td></tr>
<tr><td>外筒</td></tr>
<tr><td rowspan="3">板柱-剪力墙结构</td><td colspan="2">高度</td><td>≤35</td><td>>35</td><td>≤35</td><td>>35</td><td>≤35</td><td>>35</td><td rowspan="3">——</td></tr>
<tr><td colspan="2">框架、板柱及柱上板带</td><td>三</td><td>二</td><td>二</td><td>二</td><td>一</td><td>一</td></tr>
<tr><td colspan="2">剪力墙</td><td>二</td><td>二</td><td>二</td><td>一</td><td>二</td><td>一</td></tr>
</table>

注：1　接近或等于高度分界时，应结合房屋不规则程度及场地、地基条件适当确定抗震等级；

2　底部带转换层的筒体结构，其转换框架的抗震等级应按表中部分框支剪力墙结构的规定采用；

3　当框架-核心筒结构的高度不超过 60m 时，其抗震等级应允许按框架-剪力墙结构采用。

**3.9.4**　抗震设计时，B 级高度丙类建筑钢筋混凝土结构的抗震等级应按表 3.9.4 确定。

表 3.9.4 B 级高度的高层建筑结构抗震等级

| 结构类型 | | 烈度 6 度 | 烈度 7 度 | 烈度 8 度 |
|---|---|---|---|---|
| 框架-剪力墙 | 框架 | 二 | 一 | 一 |
| | 剪力墙 | 二 | 一 | 特一 |
| 剪力墙 | 剪力墙 | 二 | 一 | 一 |
| 部分框支剪力墙 | 非底部加强部位剪力墙 | 二 | 一 | 一 |
| | 底部加强部位剪力墙 | 一 | 一 | 特一 |
| | 框支框架 | 一 | 特一 | 特一 |

续表 3.9.4

| 结构类型 | | 烈度 | | |
|---|---|---|---|---|
| | | 6度 | 7度 | 8度 |
| 框架-核心筒 | 框架 | 二 | 一 | 一 |
| | 筒体 | 二 | 一 | 特一 |
| 筒中筒 | 外筒 | 二 | 一 | 特一 |
| | 内筒 | 二 | 一 | 特一 |

注：底部带转换层的筒体结构，其转换框架和底部加强部位筒体的抗震等级应按表中部分框支剪力墙结构的规定采用。

**3.9.5**　抗震设计的高层建筑，当地下室顶层作为上部结构的嵌固端时，地下一层相关范围的抗震等级应按上部结构采用，地下一层以下抗震构造措施的抗震等级可逐层降低一级，但不应低于四级；地下室中超出上部主楼相关范围且无上部结构的部分，其抗震等级可根据具体情况采用三级或四级。

**3.9.6**　抗震设计时，与主楼连为整体的裙房的抗震等级，除应按裙房本身确定外，相关范围不应低于主楼的抗震等级；主楼结构在裙房顶板上、下各一层应适当加强抗震构造措施。裙房与主楼分离时，应按裙房本身确定抗震等级。

**3.9.7**　甲、乙类建筑按本规程第3.9.1条提高一度确定抗震措施时，或Ⅲ、Ⅳ类场地且设计基本地震加速度为0.15$g$和0.30$g$的丙类建筑按本规程第3.9.2条提高一度确定抗震构造措施时，如果房屋高度超过提高一度后对应的房屋最大适用高度，则应采取比对应抗震等级更有效的抗震构造措施。

## 3.10　特一级构件设计规定

**3.10.1**　特一级抗震等级的钢筋混凝土构件除应符合一级钢筋混凝土构件的所有设计要求外，尚应符合本节的有关规定。

**3.10.2**　特一级框架柱应符合下列规定：

**1**　宜采用型钢混凝土柱、钢管混凝土柱；

**2**　柱端弯矩增大系数 $\eta_c$、柱端剪力增大系数 $\eta_{vc}$ 应增大20%；

**3**　钢筋混凝土柱柱端加密区最小配箍特征值 $\lambda_v$ 应按本规程表6.4.7规定的数值增加0.02采用；全部纵向钢筋构造配筋百分率，中、边柱不应小于1.4%，角柱不应小于1.6%。

**3.10.3**　特一级框架梁应符合下列规定：

**1**　梁端剪力增大系数 $\eta_{vb}$ 应增大20%；

**2**　梁端加密区箍筋最小面积配筋率应增大10%。

**3.10.4**　特一级框支柱应符合下列规定：

**1**　宜采用型钢混凝土柱、钢管混凝土柱。

**2**　底层柱下端及与转换层相连的柱上端的弯矩增大系数取1.8，其余层柱端弯矩增大系数 $\eta_c$ 应增大20%；柱端剪力增大系数 $\eta_{vc}$ 应增大20%；地震作用产生的柱轴力增大系数取1.8，但计算柱轴压比时可不计该项增大。

**3** 钢筋混凝土柱柱端加密区最小配箍特征值 $\lambda_v$ 应按本规程表 6.4.7 的数值增大 0.03 采用，且箍筋体积配箍率不应小于 1.6%；全部纵向钢筋最小构造配筋百分率取 1.6%。

**3.10.5** 特一级剪力墙、筒体墙应符合下列规定：

**1** 底部加强部位的弯矩设计值应乘以 1.1 的增大系数，其他部位的弯矩设计值应乘以 1.3 的增大系数；底部加强部位的剪力设计值，应按考虑地震作用组合的剪力计算值的 1.9 倍采用，其他部位的剪力设计值，应按考虑地震作用组合的剪力计算值的 1.4 倍采用。

**2** 一般部位的水平和竖向分布钢筋最小配筋率应取为 0.35%，底部加强部位的水平和竖向分布钢筋的最小配筋率应取为 0.40%。

**3** 约束边缘构件纵向钢筋最小构造配筋率应取为 1.4%，配箍特征值宜增大 20%；构造边缘构件纵向钢筋的配筋率不应小于 1.2%。

**4** 框支剪力墙结构的落地剪力墙底部加强部位边缘构件宜配置型钢，型钢宜向上、下各延伸一层。

**5** 连梁的要求同一级。

3. 对规定的解读和建议

（1）《抗震规范》6.1.2 条规定，钢筋混凝土房屋应根据设防类别、烈度、结构类型和房屋高度采用不同的抗震等级，并应符合相应的计算和构造措施要求。

多、高层建筑结构的抗震措施是根据抗震等级确定的，抗震等级的确定与建筑物的类别相关，不同的建筑物类别在考虑抗震等级时取用的抗震烈度与建筑场地类别有关，也就是考虑抗震等级时取用烈度与抗震计算时的设防烈度不一定相同。

建筑结构应根据其使用功能的重要性分为甲、乙、丙、丁类四个抗震设防类别。建筑的抗震设防类别划分见国家标准《建筑工程抗震设防分类标准》GB 50223—2008 的规定。高层建筑没有丁类抗震设防。

（2）按《抗规》3.3.2 条、3.3.3 条和《高规》3.9.1 条规定

1）对Ⅰ（$Ⅰ_0$、$Ⅰ_1$）类场地的丙类、丁类建筑，仅降低抗震构造措施，而不降低抗震措施中的其他要求（如内力调整措施等），更不涉及对地震作用的调整（表 2-7）。

**Ⅰ类建筑场地确定抗震构造措施时设防标准的调整　　表 2-7**

| 建筑类别 | 本地区抗震设防烈度 | | | |
|---|---|---|---|---|
| | 6 | 7 | 8 | 9 |
| 甲、乙类建筑 | 6 | 7 | 8 | 9 |
| 丙类建筑 | 6 | 6 | 7 | 8 |
| 丁类建筑 | 6 | 6 | 7 | 8 |

2）按《分类标准》规定不同抗震设防类别的建筑，其他震作用和抗震措施应按表 2-8 确定。

**不同抗震设防类别建筑的抗震设防标准　　表 2-8**

| 建筑类别 | 确定地震作用时的设防标准 | | | | 确定抗震措施时的设防标准 | | | |
|---|---|---|---|---|---|---|---|---|
| | 6 度 | 7 度 | 8 度 | 9 度 | 6 度 | 7 度 | 8 度 | 9 度 |
| 甲类建筑 | 高于本地区设防烈度的要求，其值应按批准的地震安全性评价结果确定 | | | | 7 | 8 | 9 | 9* |

续表

| 建筑类别 | 确定地震作用时的设防标准 | | | | 确定抗震措施时的设防标准 | | | |
|---|---|---|---|---|---|---|---|---|
| | 6 度 | 7 度 | 8 度 | 9 度 | 6 度 | 7 度 | 8 度 | 9 度 |
| 乙类建筑 | 6 | 7 | 8 | 9 | 7 | 8 | 9 | 9* |
| 丙类建筑 | 6 | 7 | 8 | 9 | 6 | 7 | 8 | 9 |
| 丁类建筑 | 6 | 7 | 8 | 9 | 6 | 6 | 7 | 8 |

注：表中 9* 表示比 9 度一级更有效的抗震措施，主要考虑合理的建筑平面及体型、有利的结构体系和更严格的抗震措施。具体要求应进行专门研究。

3）在确定抗震措施及抗震构造措施时，对设防标准（取用烈度）的调整可汇总如表 2-9。

**确定结构抗震措施时的设防标准（取用烈度）　　表 2-9**

| 抗震设防类别 | 本地区抗震设防烈度 | | 确定抗震措施时的设防标准 | | | | |
|---|---|---|---|---|---|---|---|
| | | | Ⅰ类场地 | | Ⅱ类场地 | Ⅲ、Ⅳ类场地 | |
| | | | 抗震措施 | 构造措施 | 抗震措施 | 抗震措施 | 构造措施 |
| 甲类建筑<br>乙类建筑 | 6 度 | 0.05$g$ | 7 | 6 | 7 | 7 | 7 |
| | 7 度 | 0.10$g$ | 8 | 7 | 8 | 8 | 8 |
| | | 0.15$g$ | 8 | 7 | 8 | 8 | 8* |
| | 8 度 | 0.20$g$ | 9 | 8 | 9 | 9 | 9 |
| | | 0.30$g$ | 9 | 8 | 9 | 9 | 9* |
| | 9 度 | 0.40$g$ | 9* | 9 | 9* | 9* | 9* |
| 丙类建筑 | 6 度 | 0.05$g$ | 6 | 6 | 6 | 6 | 6 |
| | 7 度 | 0.10$g$ | 7 | 6 | 7 | 7 | 7 |
| | | 0.15$g$ | 7 | 6 | 7 | 7 | 8 |
| | 8 度 | 0.20$g$ | 8 | 7 | 8 | 8 | 8 |
| | | 0.30$g$ | 8 | 7 | 8 | 8 | 9 |
| | 9 度 | 0.40$g$ | 9 | 8 | 9 | 9 | 9 |
| 丁类建筑 | 6 度 | 0.05$g$ | 6 | 6 | 6 | 6 | 6 |
| | 7 度 | 0.10$g$ | 6 | 6 | 6 | 6 | 6 |
| | | 0.15$g$ | 6 | 6 | 6 | 6 | 7 |
| | 8 度 | 0.20$g$ | 7 | 7 | 7 | 7 | 7 |
| | | 0.30$g$ | 7 | 7 | 7 | 7 | 8 |
| | 9 度 | 0.40$g$ | 8 | 8 | 8 | 8 | 8 |

注：表中“9*”可理解为“应符合比 9 度抗震设防更高的要求”，需按有关专门规定执行《抗震规范》。“8*”可理解为“应符合比 8 度抗震设防更高的要求”。

（3）抗震等级是根据国内外高层建筑震害、有关科研成果、工程设计经验而划分的。抗震设计的钢筋混凝土多高层建筑结构，根据确定的烈度、结构类型、房屋高度区分为不同的抗震等级，采用相应的计算和构造措施。抗震等级的高低，体现了对结构抗震性能要求的严格程度。特殊要求时则提升至特一级，其计算和构造措施比一级更严格。

(4) 框架-剪力墙结构中，由于剪力墙部分刚度远大于框架部分的刚度，因此对框架部分的抗震能力要求比纯框架结构可以适当降低。当剪力墙设置的数量较少，框架部分承受的地震倾覆力矩大于结构总地震倾覆力矩的 50%时，则框架及剪力墙的抗震等级应按框架结构确定。

(5)《抗规》2.1.10 条，2.1.11 条和条文说明：抗震构造措施只是抗震措施的一个组成部分，地震作用效应（内力和变形）调整的规定均属于抗震措施，而设计要求中的规定，可能包含有抗震措施和抗震构造措施。

《北京市建筑设计技术细则——结构专业》(2004 年)（简称《北京细则》）5.4.3 条 2 款：抗震措施应包括抗震计算措施和抗震构造措施两项：抗震计算措施应按相应抗震等级满足第 5.4.4 条（剪压比、组合弯矩、剪力增大系数等）计算要求，即计算中对各类构件组合内力进行相应调整，满足强剪弱弯，避免脆性破坏，便塑性铰出现在规定的部位要求。抗震构造措施应按相应抗震等级满足第 5.4.5 条要求，例如，剪力墙截面的最小厚度、分布钢筋最小配筋率、轴压比、边缘构件，钢筋锚固长度等构造要求。

(6) 在结构受力性质与变形方面，框架-核心筒结构与框架-剪力墙结构基本上是一致的，尽管框架-核心筒结构由于剪力墙组成筒体而大大提高了抗侧力能力，但周边稀柱框架较弱，设计上的处理与框架-剪力墙结构仍是基本相同的。对其抗震等级的要求不应降低，个别情况要求更严。

框架-剪力墙结构中，由于剪力墙部分刚度远大于框架部分的刚度，因此对框架部分的抗震能力要求比纯框架结构可以适当降低。当剪力墙部分的刚度相对较少时，则框架部分的设计仍应按普通框架考虑，不应降低要求。

(7) 抗震设计的高层建筑，当地下室顶层作为上部结构的嵌固端时，地下一层相关范围的抗震等级应按上部结构采用，地下一层以下抗震构造措施的抗震等级可逐层降低一级，但不应低于四级；地下室中超出上部主楼相关范围且无上部结构的部分，其抗震等级可根据具体情况采用三级或四级。

(8) 抗震设计时，与主楼连为整体的裙房的抗震等级，除应按裙房本身确定外，相关范围不应低于主楼的抗震等级；主楼结构在裙房顶板上、下各一层应适当加强抗震构造措施。裙房与主楼分离时，应按裙房本身确定抗震等级。裙房与主楼相连的“相关范围”，一般指主楼周边外扩不少于三跨的裙房结构，且不大于 20m（图 2-15）。

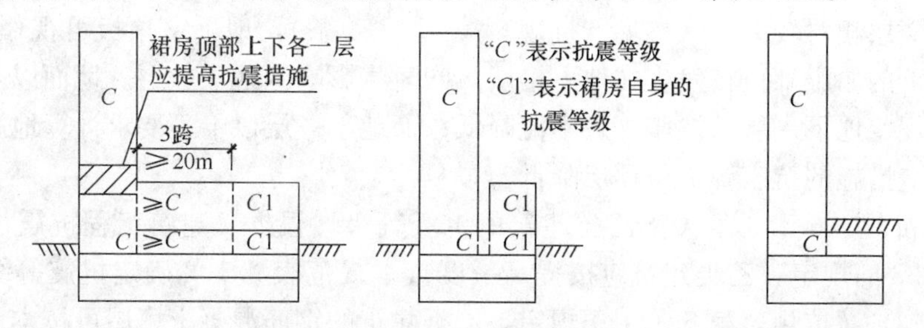


图 2-15 裙房和地下室的抗震等级

(9)《高规》表 3.9.3A 级高度的高层建筑结构抗震等级，框架结构 6 度、7 度、8 度分别为三级、二级、一级；《抗规》表 6.1.2 现浇钢筋混凝土房屋的抗震等级，框架结构 6 度、7 度、8 度的高度≤24m 时分别为四级、三级、二级、当>24m 时与《高规》一致。

当框架结构房屋小于等于 24m 的多层时，抗震等级应按《抗规》表 6.1.2 采用。

（10）《高规》3.9.5 条规定：抗震设计时的高层建筑，当地下室顶层作为上部结构的嵌固端时，地下一层相关范围的抗震等级应按上部结构采用。该条的条文说明："相关范围"一般指主楼周边外延 1～2 跨的地下室范围。《抗规》第 6.1.3 条 3 款规定：当地下室顶板作为上部结构的嵌固部位时，地下一层的抗震等级应与上部结构相同，地下室中无上部结构部分，抗震构造措施的抗震等级可根据具体情况采用三级或四级。

《高规》第 3.9.6 条的条文说明：当裙楼与主楼相连时，相关范围内裙楼的抗震等级不应低于主楼，"相关范围"一般指主楼周边外延不少于三跨的裙房结构。《抗规》第 6.1.3 条 2 款及其条文说明：裙房与主楼相连，除应按裙房本身确定抗震等级外，相关范围不应低于主楼的抗震等级，裙房与主楼相连的相关范围，一般可从主楼层周边外延 3 跨且不小于 20m。

《高规》第 5.3.7 条及其条文说明：高层建筑结构整体计算时，当地下室顶板作为上部结构嵌固部位时，地下一层与首层侧向刚度比不宜小于 2，计算地下室结构楼层侧向刚度时，可考虑地上结构以外的地下相关部位的结构，"相关部位"一般指地上结构外扩不超过三跨的地下室范围。《抗规》第 6.1.14 条及其条文说明：地下室顶板作为上部结构的嵌固部位，结构地上一层的侧向刚度，不宜大于相关范围地下一层侧向刚度的 0.5 倍，"相关范围"一般从地上结构（主楼、有裙房时含裙房）周边外延不大于 20m。

《抗规》与《高规》的规定不完全相同，设计高层建筑结构时可按《高规》，设计多层建筑结构时可按《抗规》，其中不小于三跨或不超过三跨，也可按不小于 20m 或不大于 20m 采用。地下一层顶板作为上部结构的嵌固部位时，对地下一层与地上一层侧向刚度比的规定，两者提法不同而实质一样。

（11）《抗规》6.1.3 条关于裙房的抗震等级。裙房与主楼相连，主楼结构在裙房顶板对应的上下各一层受刚度与承载力突变影响较大，抗震构造措施需要适当加强。裙房与主楼之间设防震缝，在大震作用下可能发生碰撞，该部位也需要采取加强措施。

裙房与主楼相连的相关范围，一般可从主楼周边外延 3 跨且不小于 20m，相关范围以外的区域可按裙房自身的结构类型确定其抗震等级。裙房偏置时，其端部有较大扭转效应，也需要加强。

关于地下室的抗震等级。带地下室的多层和高层建筑，当地下室结构的刚度和受剪承载力比上部楼层相对较大时（参见《抗规》第 6.1.14 条），地下室顶板可视作嵌固部位，在地震作用下的屈服部位将发生在地上楼层，同时将影响到地下一层。地面以下地震响应逐渐减小，规定地下一层的抗震等级不能降低；而地下一层以下不要求计算地震作用，规定其抗震构造措施的抗震等级可逐层降低。

（12）《抗规》6.1.3 条关于乙类建筑的抗震等级。根据《建筑工程抗震设防分类标准》GB 50223 的规定，乙类建筑应按提高一度查本规范表 6.1.2 确定抗震等级（内力调整和构造措施）。《抗规》第 6.1.1 条规定，乙类建筑的钢筋混凝土房屋可按本地区抗震设防烈度确定其适用的最大高度，于是可能出现 7 度乙类的框支结构房屋和 8 度乙类的框架结构、框架-抗震墙结构、部分框支抗震墙结构、板柱-抗震墙结构的房屋提高一度后，其高度超过《抗规》表 6.1.2 中抗震等级为一级的高度上界。此时，内力调整不提高，只要求抗震构造措施"高于一级"，大体与《高规》中特一级的构造要求相当。

# 十、耐久性设计

1.《混凝土规范》3.5 节规定

**3.5.1** 混凝土结构应根据设计使用年限和环境类别进行耐久性设计，耐久性设计包括下列内容：

**1** 确定结构所处的环境类别；

**2** 提出对混凝土材料的耐久性基本要求；

**3** 确定构件中钢筋的混凝土保护层厚度；

**4** 不同环境条件下的耐久性技术措施；

**5** 提出结构使用阶段的检测与维护要求。

注：对临时性的混凝土结构，可不考虑混凝土的耐久性要求。

**3.5.2** 混凝土结构暴露的环境类别应按表 3.5.2 的要求划分。

**表 3.5.2 混凝土结构的环境类别**

| 环境类别 | 条 件 |
|---|---|
| 一 | 室内干燥环境；<br>无侵蚀性静水浸没环境 |
| 二 a | 室内潮湿环境；<br>非严寒和非寒冷地区的露天环境；<br>非严寒和非寒冷地区与无侵蚀性的水或土壤直接接触的环境；<br>严寒和寒冷地区的冰冻线以下与无侵蚀性的水或土壤直接接触的环境 |
| 二 b | 干湿交替环境；<br>水位频繁变动环境；<br>严寒和寒冷地区的露天环境；<br>严寒和寒冷地区冰冻线以上与无侵蚀性的水或土壤直接接触的环境 |
| 三 a | 严寒和寒冷地区冬季水位变动区环境；<br>受除冰盐影响环境；<br>海风环境 |
| 三 b | 盐渍土环境；<br>受除冰盐作用环境；<br>海岸环境 |
| 四 | 海水环境 |
| 五 | 受人为或自然的侵蚀性物质影响的环境 |

注：1 室内潮湿环境是指构件表面经常处于结露或湿润状态的环境；

2 严寒和寒冷地区的划分应符合现行国家标准《民用建筑热工设计规范》GB 50176 的有关规定；

3 海岸环境和海风环境宜根据当地情况，考虑主导风向及结构所处迎风、背风部位等因素的影响，由调查研究和工程经验确定；

4 受除冰盐影响环境是指受到除冰盐盐雾影响的环境；受除冰盐作用环境是指被除冰盐溶液溅射的环境以及使用除冰盐地区的洗车房、停车楼等建筑；

5 暴露的环境是指混凝土结构表面所处的环境。

**3.5.3** 设计使用年限为 50 年的混凝土结构，其混凝土材料宜符合表 3.5.3 的规定。

**表 3.5.3　结构混凝土材料的耐久性基本要求**

<table>
<tr><th>环境等级</th><th>最大水胶比</th><th>最低强度等级</th><th>最大氯离子含量（%）</th><th>最大碱含量（kg/m³）</th></tr>
<tr><td>一</td><td>0.60</td><td>C20</td><td>0.30</td><td>不限制</td></tr>
<tr><td>二 a</td><td>0.55</td><td>C25</td><td>0.20</td><td rowspan="5">3.0</td></tr>
<tr><td>二 b</td><td>0.50（0.55）</td><td>C30（C25）</td><td>0.15</td></tr>
<tr><td>三 a</td><td>0.45（0.50）</td><td>C35（C30）</td><td>0.15</td></tr>
<tr><td>三 b</td><td>0.40</td><td>C40</td><td>0.10</td></tr>
</table>

注：1　氯离子含量系指其占胶凝材料总量的百分比；
　　2　预应力构件混凝土中的最大氯离子含量为 0.06%；其最低混凝土强度等级宜按表中的规定提高两个等级；
　　3　素混凝土构件的水胶比及最低强度等级的要求可适当放松；
　　4　有可靠工程经验时，二类环境中的最低混凝土强度等级可降低一个等级；
　　5　处于严寒和寒冷地区二 b、三 a 类环境中的混凝土应使用引气剂，并可采用括号中的有关参数；
　　6　当使用非碱活性骨料时，对混凝土中的碱含量可不作限制。

**3.5.4**　混凝土结构及构件尚应采取下列耐久性技术措施：

**1**　预应力混凝土结构中的预应力筋应根据具体情况采取表面防护、孔道灌浆、加大混凝土保护层厚度等措施，外露的锚固端应采取封锚和混凝土表面处理等有效措施；

**2**　有抗渗要求的混凝土结构，混凝土的抗渗等级应符合有关标准的要求；

**3**　严寒及寒冷地区的潮湿环境中，结构混凝土应满足抗冻要求，混凝土抗冻等级应符合有关标准的要求；

**4**　处于二、三类环境中的悬臂构件宜采用悬臂梁-板的结构形式，或在其上表面增设防护层；

**5**　处于二、三类环境中的结构构件，其表面的预埋件、吊钩、连接件等金属部件应采取可靠的防锈措施，对于后张预应力混凝土外露金属锚具，其防护要求见本规范第 10.3.13 条；

**6**　处在三类环境中的混凝土结构构件，可采用阻锈剂、环氧树脂涂层钢筋或其他具有耐腐蚀性能的钢筋、采取阴极保护措施或采用可更换的构件等措施。

**3.5.5**　一类环境中，设计使用年限为 100 年的混凝土结构应符合下列规定：

**1**　钢筋混凝土结构的最低强度等级为 C30；预应力混凝土结构的最低强度等级为 C40；

**2**　混凝土中的最大氯离子含量为 0.06%；

**3**　宜使用非碱活性骨料，当使用碱活性骨料时，混凝土中的最大碱含量为 3.0kg/m³；

**4**　混凝土保护层厚度应符合本规范第 8.2.1 条的规定；当采取有效的表面防护措施时，混凝土保护层厚度可适当减小。

**3.5.6**　二、三类环境中，设计使用年限 100 年的混凝土结构应采取专门的有效措施。

**3.5.7**　耐久性环境类别为四类和五类的混凝土结构，其耐久性要求应符合有关标准的规定。

**3.5.8**　混凝土结构在设计使用年限内尚应遵守下列规定：

**1**　建立定期检测、维修制度；

**2** 设计中可更换的混凝土构件应按规定更换；

**3** 构件表面的防护层，应按规定维护或更换；

**4** 结构出现可见的耐久性缺陷时，应及时进行处理。

2. **对规定的解读和建议**

（1）混凝土结构的耐久性按正常使用极限状态控制，特点是随时间发展因材料劣化而引起性能衰减。耐久性极限状态表现为：钢筋混凝土构件表面出现锈胀裂缝；预应力筋开始锈蚀；结构表面混凝土出现可见的耐久性损伤（酥裂、粉化等）。材料劣化进一步发展还可能引起构件承载力问题，甚至发生破坏。

由于影响混凝土结构材料性能劣化的因素比较复杂，其规律不确定性很大，一般建筑结构的耐久性设计只能采用经验性的定性方法解决。参考现行国家标准《混凝土结构耐久性设计规范》GB/T 50476 的规定，根据调查研究及我国国情，并考虑房屋建筑混凝土结构的特点加以简化和调整，《混凝土规范》规定了混凝土结构耐久性定性设计的基本内容。

（2）结构所处环境是影响其耐久性的外因。本次修订对影响混凝土结构耐久性的环境类别进行了较详细的分类。环境类别是指混凝土暴露表面所处的环境条件，设计可根据实际情况确定适当的环境类别。

干湿交替主要指室内潮湿、室外露天、地下水浸润、水位变动的环境。由于水和氧的反复作用，容易引起钢筋锈蚀和混凝土材料劣化。

非严寒和非寒冷地区与严寒和寒冷地区的区别主要在于有无冰冻及冻融循环现象。关于严寒和寒冷地区的定义，《民用建筑热工设计规范》GB 50176－93规定如下：严寒地区：最冷月平均温度低于或等于－10℃，日平均温度低于或等于 5℃的天数不少于 145d 的地区；寒冷地区：最冷月平均温度高于－10℃、低于或等于 0℃，日平均温度低于或等于 5℃的天数不少于 90d 且少于 145d 的地区。也可参考该规范的附录采用。各地可根据当地气象台站的气象参数确定所属气候区域，也可根据《建筑气象参数标准》JGJ 35 提供的参数确定所属气候区域。

三类环境主要是指近海海风、盐渍土及使用除冰盐的环境。滨海室外环境与盐渍土地区的地下结构、北方城市冬季依靠喷洒盐水消除冰雪而对立交桥、周边结构及停车楼，都可能造成钢筋腐蚀的影响。

四类和五类环境的详细划分和耐久性设计方法不再列入《混凝土规范》，它们由有关的标准规范解决。

（3）混凝土材料的质量是影响结构耐久性的内因。根据对既有混凝土结构耐久性状态的调查结果和混凝土材料性能的研究，从材料抵抗性能退化的角度，《混凝土规范》表 3.5.3 提出了设计使用年限为 50 年的结构混凝土材料耐久性的基本要求。

影响耐久性的主要因素是：混凝土的水胶比、强度等级、氯离子含量和碱含量。近年来水泥中多加入不同的掺合料，有效胶凝材料含量不确定性较大，故配合比设计的水灰比难以反映有效成分的影响。本次修订改用胶凝材料总量作水胶比及各种含量的控制，原规范中的“水灰比”改成“水胶比”，并删去了对于“最小水泥用量”的限制。混凝土的强度反映了其密实度而影响耐久性，故也提出了相应的要求。

试验研究及工程实践均表明，在冻融循环环境中采用引气剂的混凝土抗冻性能可显著改善。故对采用引气剂抗冻的混凝土，可以适当降低强度等级的要求，采用括号中的数值。

长期受到水作用的混凝土结构，可能引发碱骨料反应。对一类环境中的房屋建筑混凝土结构则可不作碱含量限制；对其他环境中混凝土结构应考虑碱含量的影响，计算方法可参考协会标准《混凝土碱含量限值标准》CECS 53：93。

试验研究及工程实践均表明：混凝土的碱性可使钢筋表面钝化，免遭锈蚀；而氯离子引起钢筋脱钝和电化学腐蚀，会严重影响混凝土结构的耐久性。本次修订加严了氯离子含量的限值。为控制氯离子含量，应严格限制使用含功能性氯化物的外加剂（例如含氯化钙的促凝剂等）。

(4)《混凝土规范》3.5.4 条对不良环境及耐久性有特殊要求的混凝土结构构件提出了针对性的耐久性保护措施。

对结构表面采用保护层及表面处理的防护措施，形成有利的混凝土表面小环境，是提高耐久性的有效措施。

预应力筋存在应力腐蚀、氢脆等不利于耐久性的弱点，且其直径一般较细，对腐蚀比较敏感，破坏后果严重。为此应对预应力筋、连接器、锚夹具、锚头等容易遭受腐蚀的部位采取有效的保护措施。

提高混凝土抗渗、抗冻性能有利于混凝土结构在恶劣环境下的耐久性。混凝土抗冻性能和抗渗性能的等级划分、配合比设计及试验方法等，应按有关标准的规定执行。混凝土抗渗和抗冻的设计可参考《水工混凝土结构设计规范》DL/T 5057 的规定。

对露天环境中的悬臂构件，如不采取有效防护措施，不宜采用悬臂板的结构形式而宜采用梁-板结构。

室内正常环境以外的预埋件、吊钩等外露金属件容易引导锈蚀，宜采用内埋式或采取有效的防锈措施。

对于可能导致严重腐蚀的三类环境中的构件，提出了提高耐久性的附加措施：如采用阻锈剂、环氧树脂或其他材料的涂层钢筋、不锈钢筋、阴极保护等方法。环氧树脂涂层钢筋是采用静电喷涂环氧树脂粉末工艺，在钢筋表面形成一定厚度的环氧树脂防腐涂层。这种涂层可将钢筋与其周围混凝土隔开，使侵蚀性介质（如氯离子等）不直接接触钢筋表面，从而避免钢筋受到腐蚀。使用时应符合行业标准《环氧树脂涂层钢筋》JG 3042 的规定。

对某些恶劣环境中难以避免材料性能劣化的情况，还可以采取设计可更换构件的方法。

(5) 调查分析表明，国内实际使用超过 100 年的混凝土结构不多，但室内正常环境条件下实际使用 70～80 年的房屋建筑混凝土结构大多基本完好。因此在适当加严混凝土材料的控制、提高混凝土强度等级和保护层厚度并补充规定建立定期检查、维修制度的条件下，一类环境中混凝土结构的实际使用年限达到 100 年是可以得到保证的。而对于不利环境条件下的设计使用年限 100 年的结构，由于缺乏研究及工程经验，由专门设计解决。

(6) 更恶劣环境（海水环境、直接接触除冰盐的环境及其他侵蚀性环境）中混凝土结构耐久性的设计，可参考现行国家标准《混凝土结构耐久性设计规范》GB/T 50476。四类环境可参考现行国家行业标准《港口工程混凝土结构设计规范》JTJ 267；五类环境可参考现行国家标准《工业建筑防腐蚀设计规范》GB 50046。

（7）设计应提出设计使用年限内房屋建筑使用维护的要求，使用者应按规定的功能正常使用并定期检查、维修或者更换。

## 十一、抗连续倒塌设计

### 1.《混凝土规范》规定

#### 3.6 防连续倒塌设计原则

**3.6.1** 混凝土结构防连续倒塌设计宜符合下列要求：

**1** 采取减小偶然作用效应的措施；

**2** 采取使重要构件及关键传力部位避免直接遭受偶然作用的措施；

**3** 在结构容易遭受偶然作用影响的区域增加冗余约束，布置备用的传力途径；

**4** 增强疏散通道、避难空间等重要结构构件及关键传力部位的承载力和变形性能；

**5** 配置贯通水平、竖向构件的钢筋，并与周边构件可靠地锚固；

**6** 设置结构缝，控制可能发生连续倒塌的范围。

**3.6.2** 重要结构的防连续倒塌设计可采用下列方法：

**1** 局部加强法：提高可能遭受偶然作用而发生局部破坏的竖向重要构件和关键传力部位的安全储备，也可直接考虑偶然作用进行设计。

**2** 拉结构件法：在结构局部竖向构件失效的条件下，可根据具体情况分别按梁-拉结模型、悬索-拉结模型和悬臂-拉结模型进行承载力验算，维持结构的整体稳固性。

**3** 拆除构件法：按一定规则拆除结构的主要受力构件，验算剩余结构体系的极限承载力；也可采用倒塌全过程分析进行设计。

**3.6.3** 当进行偶然作用下结构防连续倒塌的验算时，作用宜考虑结构相应部位倒塌冲击引起的动力系数。在抗力函数的计算中，混凝土强度取强度标准值 $f_{ck}$；普通钢筋强度取极限强度标准值 $f_{stk}$，预应力筋强度取极限强度标准值 $f_{ptk}$ 并考虑锚具的影响。宜考虑偶然作用下结构倒塌对结构几何参数的影响。必要时尚应考虑材料性能在动力作用下的强化和脆性，并取相应的强度特征值。

### 2.《高规》规定

#### 3.12 抗连续倒塌设计基本要求

**3.12.1** 安全等级为一级的高层建筑结构应满足抗连续倒塌概念设计要求；有特殊要求时，可采用拆除构件方法进行抗连续倒塌设计。

**3.12.2** 抗连续倒塌概念设计应符合下列规定：

**1** 应采取必要的结构连接措施，增强结构的整体性。

**2** 主体结构宜采用多跨规则的超静定结构。

**3** 结构构件应具有适宜的延性，避免剪切破坏、压溃破坏、锚固破坏、节点先于构件破坏。

**4** 结构构件应具有一定的反向承载能力。

**5**　周边及边跨框架的柱距不宜过大。

**6**　转换结构应具有整体多重传递重力荷载途径。

**7**　钢筋混凝土结构梁柱宜刚接，梁板顶、底钢筋在支座处宜按受拉要求连续贯通。

**8**　钢结构框架梁柱宜刚接。

**9**　独立基础之间宜采用拉梁连接。

**3.12.3**　抗连续倒塌的拆除构件方法应符合下列规定：

**1**　逐个分别拆除结构周边柱、底层内部柱以及转换桁架腹杆等重要构件。

**2**　可采用弹性静力方法分析剩余结构的内力与变形。

**3**　剩余结构构件承载力应符合下式要求：

$$R_d \geqslant \beta S_d \tag{3.12.3}$$

式中：$S_d$——剩余结构构件效应设计值，可按本规程第 3.12.4 条的规定计算；

$R_d$——剩余结构构件承载力设计值，可按本规程第 3.12.5 条的规定计算；

$\beta$——效应折减系数。对中部水平构件取 0.67，对其他构件取 1.0。

**3.12.4**　结构抗连续倒塌设计时，荷载组合的效应设计值可按下式确定：

$$S_d = \eta_d(S_{Gk} + \sum \psi_{qi} S_{Qi,k}) + \Psi_w S_{wk} \tag{3.12.4}$$

式中：$S_{Gk}$——永久荷载标准值产生的效应；

$S_{Qi,k}$——第 $i$ 个竖向可变荷载标准值产生的效应；

$S_{wk}$——风荷载标准值产生的效应；

$\psi_{qi}$——可变荷载的准永久值系数；

$\Psi_w$——风荷载组合值系数，取 0.2；

$\eta_d$——竖向荷载动力放大系数。当构件直接与被拆除竖向构件相连时取 2.0，其他构件取 1.0。

**3.12.5**　构件截面承载力计算时，混凝土强度可取标准值；钢材强度，正截面承载力验算时，可取标准值的 1.25 倍，受剪承载力验算时可取标准值。

**3.12.6**　当拆除某构件不能满足结构抗连续倒塌设计要求时，在该构件表面附加 80kN/m² 侧向偶然作用设计值，此时其承载力应满足下列公式要求：

$$R_d \geqslant S_d \tag{3.12.6-1}$$

$$S_d = S_{Gk} + 0.6 S_{Qk} + S_{Ad} \tag{3.12.6-2}$$

式中：$R_d$——构件承载力设计值，按本规程第 3.8.1 条采用；

$S_d$——作用组合的效应设计值；

$S_{Gk}$——永久荷载标准值的效应；

$S_{Qk}$——活荷载标准值的效应；

$S_{Ad}$——侧向偶然作用设计值的效应。

3. 对规定的解读和建议

（1）近年来在世界各地出现了一些连续倒塌的工程案例，究其原因可以归结为两类：第一类是由于地震作用下结构进入非弹性大变形，构件失稳，传力途径失效引起连续倒塌。第二类是由于撞击、爆炸、人为破坏，造成部分承重构件失效，阻断传力途径导致连续倒塌。

（2）通过对工程案例的分析发现，有一些结构对引发连续倒塌属于不利结构体系。框支结构及各类转换结构、板柱结构、大跨度单向结构、装配式大板结构、无配筋现浇层的装配式楼板、楼梯及装配式幕墙结构，均属于引发连续倒塌的不利结构。其中框支柱、转换梁及大跨度单向结构缺少转变传力途径，一旦失效将导致连续倒塌。板柱结构的板柱节点在侧向大变形作用下，节点受弯剪失效，会导致连续倒塌。装配式结构及各类装配式幕墙在大震特别是爆炸作用下，极易造成连接部位失效。L 形及 U 形建筑平面，由于爆炸冲击波受约束，不利于防爆。预应力结构在爆炸冲击波作用下，可能出现反向受力，引起不利作用。

(3) 高层建筑结构造成连续倒塌的原因多种，如可以是爆炸、撞击、火灾、飓风、地震、设计施工失误、地基基础失效等偶然因素。当偶然因素导致局部结构破坏失效时，整体结构不能形成有效的多重荷载传递路径，破坏范围就可能沿水平或者竖直方向蔓延，最终导致结构发生大范围的倒塌甚至是整体倒塌。

结构连续倒塌事故在国内外并不罕见，英国 Ronan Point 公寓煤气爆炸倒塌，美国 Alfredp. Murrah 联邦大楼，WTC 世贸大楼倒塌，我国湖南衡阳大厦特大火灾后倒塌，法国戴高乐机场候机厅倒塌等都是比较典型的结构连续倒塌事故。每一次事故都造成了重大人员伤亡和财产损失，给地区乃至整个国家都造成了严重的负面影响。随着国家建设发展，建设项目越来越多，一些地位重要、较高安全等级要求的或者比较容易受到恐怖袭击的建筑结构抗连续倒塌问题显得更为突出。结构除了对强度、刚度、稳定进行设计验算外，还应对其进行抗连续倒塌设计。这在欧美多个国家得到了广泛关注，英国、美国、加拿大、瑞典等国颁布了相关的设计规范和标准。

我国《建筑结构可靠度设计统一标准》GB 50068—2001 第 3.0.6 条对结构抗连续倒塌也作了定性的规定："对偶然状况，建筑结构可采用下列原则之一按承载能力极限状态进行设计：①按作用效应的偶然荷载组合进行设计或采取保护措施，使主要承重结构不致因出现设计规定的偶然事件而丧失承载能力；②允许主要承重结构因出现设计规定的偶然事件而局部破坏，但其剩余部分具有在一段时间内不发生连续倒塌的可靠度。"

(4) 高层建筑结构应具有在偶然作用发生时适宜的抗连续倒塌能力，不允许采用摩擦连接传递，重力荷载，应采用构件连接传递重力荷载，具有适宜的多余约束性。整体连续性，稳固性和延性。水平构件应具有一定的反向承载能力，如连续梁边支座、简支梁支座顶面及连续梁、框架梁梁中支座底面应有一定数量的配筋及合适的锚固连接构造，以保证偶然作用发生时，该构件具有一定的反向承载力，防止和延缓结构连续倒塌。

## 十二、既有结构设计原则

### 1.《混凝土规范》3.7 节规定

**3.7.1** 既有结构延长使用年限、改变用途、改建、扩建或需要进行加固、修复等，均应对其进行评定、验算或重新设计。

**3.7.2** 对既有结构进行安全性、适用性、耐久性及抗灾害能力进行评定时，应符合现行国家标准《工程结构可靠性设计统一标准》GB 50153 的原则要求，并应符合下列规定：

**1** 应根据评定结果、使用要求和后续使用年限确定既有结构的设计方案；

**2** 既有结构改变用途或延长使用年限时，承载能力极限状态验算宜符合本规范的有关规定；

**3**　对既有结构进行改建、扩建或加固改造而重新设计时，承载能力极限状态的计算应符合本规范和相关标准的规定；

**4**　既有结构的正常使用极限状态验算及构造要求宜符合本规范的规定；

**5**　必要时可对使用功能作相应的调整，提出限制使用的要求。

**3.7.3**　既有结构的设计应符合下列规定：

**1**　应优化结构方案，保证结构的整体稳固性；

**2**　荷载可按现行规范的规定确定，也可根据使用功能作适当的调整；

**3**　结构既有部分混凝土、钢筋的强度设计值应根据强度的实测值确定；当材料的性能符合原设计的要求时，可按原设计的规定取值；

**4**　设计时应考虑既有结构构件实际的几何尺寸、截面配筋、连接构造和已有缺陷的影响；当符合原设计的要求时，可按原设计的规定取值；

**5**　应考虑既有结构的承载历史及施工状态的影响；对二阶段成形的叠合构件，可按本规范第 9.5 节的规定进行设计。

2. 对规定的解读和建议

(1) 我国城市中不少既有建筑，由于使用功能的改变、结构遭遇地震、火灾、地基不均匀沉降、超载等原因，结构需要加固处理，以保证其安全性和耐久性。在加固设计前需要对结构进行检测、鉴定，必须调查现状与原始资料相符合的程度、施工质量和维护状况，尤其是必须检测构件混凝土碳化深度，以便为耐久性采取必要措施。

(2) 为了解既有房屋结构的安全性、适用性和耐久性是否满足要求，在改造加固前必须要对结构进行检测和鉴定，对其可靠性做出正确的评价。检测和鉴定工作应该由有资质的单位承担。检测时可根据房屋结构实际情况和特点确定重点内容。钢筋混凝土结构应着重检测构件的混凝土强度等级、钢筋配置、裂缝情况、混凝土碳化深度、蜂窝缺陷等。结构鉴定的目的是根据检测的结果，依据现行国家和行业标准《民用建筑可靠性鉴定标准》GB 50290—1999、《工业建筑可靠性鉴定标准》GB 50144—2008、《危险房屋鉴定标准》CJ 125—99、《建筑抗震鉴定标准》GB 50023—2009，对结构进行验算、分析，找出薄弱环节评价其安全性和耐久性，提出改造、加固的建议。

建筑结构的检测可分为在建工程的结构质量检测和已有建筑物结构性能检测两大类，这两类检测内容大致相同，只是已有建筑物结构性能检测可能面对的结构损伤与材料老化问题要多一些，现场检测遇到问题的难度要大一些。检测时，可根据结构实际情况或工程特点确定重点内容，例如钢筋混凝土结构应着重检测混凝土强度等级、钢筋配置、裂缝分布情况。

(3) 结构鉴定的目的是根据检测结果，对结构进行验算、分析，找出薄弱环节，评价其安全性和耐久性，为工程改造或加固维修提供依据。在工程鉴定中可靠性是以某个等级指标（例如 a、b、c、d；A、B、C、D；一、二、三、四），来反映现径结构的可靠度水平。在民用建筑可靠性鉴定中，根据结构功能的极限状态，分为两类鉴定：安全性鉴定和使用性鉴定。具体实施时是进行安全性鉴定，还是进行正常使用性鉴定，或是两者均需进行（即可靠性鉴定），应根据鉴定的目的和要求进行选择。结构安全性鉴定按构件、子单元、鉴定单元三层次，每一层次分为四个等级进行鉴定，在实际工程鉴定中，往往用结构计算软件分析构件的承载力，以便在构件这一层次上确定其相应的等级指标。但结构鉴定与设计时的主要差别在于，结构鉴定应根据结构实际受力状况和构件实际尺寸确定承载能力，结构承受荷载通过实地调查结果取值，构件截面采用扣除损伤后的有效面积，材料强度通过现场检测确定；而结构设计时所用参数均为规范规定或设计所给定的设计值。

鉴定可分为静力鉴定和抗震鉴定，静力鉴定以可靠性为主，抗震鉴定则依据现行国家标准《建筑抗震鉴定标准》GB 50023，按不同的后续使用年限进行抗震性能的鉴定。

(4) 对既有房屋进行改造加固设计实施以后，承担此任务的设计单位应该对该房屋结构的安全性和耐久性负完全责任，而原来的设计单位未参与改造加固设计时，则不再负此责任。因此，改造加固设计应该由有资质的设计单位或研究单位来承担。

对既有建筑结构改造、加层、抗震鉴定及加固施工图设计文件，也需要如同新建工程施工图文件送施工图文件审查部门进行审查。设计文件（包括检测、评估资料，图纸及计算书）应同新建设计工程归档保存。

(5) 改造加固设计时，应根据鉴定的评估报告对结构目前实际的安全性、适用性、耐久性作分析，在此基础上确定能否进行改造加固及采用何种设计方案。设计要依据现行国家和行业标准《混凝土结构加固技术规范》GB 50367—2006、《建筑抗震加固技术规程》JGJ 116—2009、《钢结构加固技术规程》CECS 77：96、《混凝土结构后锚固技术规程》JGJ 145—2004、《碳纤维片材加固混凝土结构技术规程》CECS 161：2004 进行，同时还应遵循结构设计有关的现行规范、规程。

(6) 改造加固设计与新建筑的结构设计有很大区别，在验算现有构件的承载力时应按《建筑结构荷载规范》GB 50009—2001（2006 年版）第 4.1.2 条的规定考虑楼面活荷载的折减；钢筋混凝土现浇楼板的梁，核算其受弯承载力时，跨中应考虑现浇板有效受压翼缘宽度，跨中和梁端受压区钢筋的双筋梁作用；框架梁核算端部承载力和裂缝时的弯矩值应取柱边值而不应取柱中值；各构件的混凝土强度应按检测的实测值换算为设计值取用。因此，采用计算软件作整体内力分析后，必须对构件作局部验算，不能像新工程设计那样直接把软件整体计算结果拿来应用。局部计算可以用软件工具箱；也可采用手算。在一些改造加固工程中，由于只采用软件整体计算结果，不作局部补充验算，对实际不需要做加固处理的构件也进行加固，不但增加了材料、工期和造价，而且会对原有构件产生不必要的损伤。

(7) 混凝土结构房屋加固后的使用年限，应由业主和设计单位商定，一般定为 30 年。局部加固结构的使用年限与该结构已使用年数之和不得超过 50 年，如因业主要求或该工程的特殊性需要有更长的使用年限，设计应采取加强措施，必要时召开专家论证会讨论确定方案。对于原来未进行抗震设计、设防烈度低或按旧规范抗震设计的混凝土房屋结构，多数在改造加固设计时很难达到现行规范的要求。因此，目前许多工程甚至经专家论证会论证的重要工程，可按《建筑抗震鉴定标准》GB 50023—2009 和《建筑抗震设计规范》GB 50011 — 2010 的要求，并根据具体情况再适当加强。

(8) 进行改造加固设计时，力求与承担施工的单位进行配合，根据该施工单位的经验和水平确定更合理的设计实施方案。如果由于招投标等原因，在设计时不能确定施工单位，那么在完成设计确定了施工单位后，开工之前应就设计中构造做法和施工要求与施工单位作交底和讨论，必要时进行方案调整和修改设计，以确保工程质量和降低造价。

(9) 改造加固设计所采用的材料应尽可能轻质，以利于减小地震反应和避免对原有基础进行加固处理；屋顶加层宜采用钢结构和轻质维护结构；原有下部结构减少或不进行加固，以减少对下部房屋使用的影响；对原有构件进行加固处理应采用传力明确、构造简单、不损伤或少损伤原有构件、施工方便、费用低的方案；需考虑因二次受力导致的后加部分应力的滞后性，对新增材料强度应按有关规范、规程和规定做相应的折减；应遵循加固工程施工操作简单、方便就能保证质量这一道理。

（10）为满足构件抗弯承载力和受剪承载力，采用粘贴钢板或粘贴碳纤维布加固是常用且有效的加固方法。这两种方法的共同点是均需要通过结构胶受剪使钢板或碳纤维布与原构件共同工作，因此在加固部位必须要进行防火处理，因为一般的结构胶在 60℃以上强度会降低，遇明火会燃烧。粘贴钢板还需要防锈蚀和设置锚栓；有的工程采用粘贴钢板加固，由于温度影响，钢与混凝土线膨胀系数不同，出现钢板鼓起而脱胶现象。因此，采用粘贴碳纤维布加固化粘贴钢板加固更可取。

（11）新的《建筑抗震鉴定标准》提出了现有建筑鉴定的后续使用年限，并根据现有建筑设计建造年代及原设计依据规范的不同，后续使用年限划分为 30、40、50 年三个档次。第 1.0.4 条规定，在 20 世纪 70 年代及以前建造经耐久性鉴定可继续使用的现有建筑，其后续使用年限不应少于 30 年；在 20 世纪 80 年代建造的现有建筑宜采用 40 年或更长，且不得少于 30 年；在 20 世纪 90 年代（按当时的抗震规范设计）建造的现有建筑，后续使用年限不宜少于 40 年，条件许可时应采用 50 年；在 2001 年以后（按当时的抗震规范设计）建造的现有建筑，后续使用年限宜采用 50 年。

（12）《建筑抗震鉴定标准》第 1.0.5 条要求，后续使用年限 30 年的建筑（简称 A 类建筑），应采用该标准各章规定的 A 类建筑抗震鉴定方法；后续使用年限 40 年的建筑（简称 B 类建筑），应采用该标准各章规定的 B 类建筑抗震鉴定方法；后续使用年限 50 年的建筑（简称 C 类建筑），应按《抗规》的要求进行抗震规定。第 1.0.6 条规定，下列现有建筑应进行抗震鉴定：①接近或超过设计使用年限需要继续使用的建筑；②原设计未考虑抗震设防或抗震设防要求提高的建筑；③需要改变结构的用途和使用环境的建筑；④其他有必要进行抗震鉴定的建筑。

## 十三、建筑抗震性能化设计

### 1.《抗规》规定

### 3.10　建筑抗震性能化设计

**3.10.1**　当建筑结构采用抗震性能化设计时，应根据其抗震设防类别、设防烈度、场地条件、结构类型和不规则性，建筑使用功能和附属设施功能的要求、投资大小、震后损失和修复难易程度等，对选定的抗震性能目标提出技术和经济可行性综合分析和论证。

**3.10.2**　建筑结构的抗震性能化设计，应根据实际需要和可能，具有针对性：可分别选定针对整个结构、结构的局部部位或关键部位、结构的关键部件、重要构件、次要构件以及建筑构件和机电设备支座的性能目标。

**3.10.3**　建筑结构的抗震性能化设计应符合下列要求：

**1**　选定地震动水准。对设计使用年限 50 年的结构，可选用本规范的多遇地震、设防地震和罕遇地震的地震作用，其中，设防地震的加速度应按本规范表 3.2.2 的设计基本地震加速度采用，设防地震的地震影响系数最大值，6 度、7 度（0.10$g$）、7 度（0.15$g$）、

8度（0.20$g$）、8度（0.30$g$）、9度可分别采用0.12、0.23、0.34、0.45、0.68和0.90。对设计使用年限超过50年的结构，宜考虑实际需要和可能，经专门研究后对地震作用作适当调整。对处于发震断裂两侧10km以内的结构，地震动参数应计入近场影响，5km以内宜乘以增大系数1.5，5km以外宜乘以不小于1.25的增大系数。

**2** 选定性能目标，即对应于不同地震动水准的预期损坏状态或使用功能，应不低于本规范第1.0.1条对基本设防目标的规定。

**3** 选定性能设计指标。设计应选定分别提高结构或其关键部位的抗震承载力、变形能力或同时提高抗震承载力和变形能力的具体指标，尚应计及不同水准地震作用取值的不确定性而留有余地。设计宜确定在不同地震动水准下结构不同部位的水平和竖向构件承载力的要求（含不发生脆性剪切破坏、形成塑性铰、达到屈服值或保持弹性等）；宜选择在不同地震动水准下结构不同部位的预期弹性或弹塑性变形状态，以及相应的构件延性构造的高、中或低要求。当构件的承载力明显提高时，相应的延性构造可适当降低。

**3.10.4** 建筑结构的抗震性能化设计的计算应符合下列要求：

**1** 分析模型应正确、合理地反映地震作用的传递途径和楼盖在不同地震动水准下是否整体或分块处于弹性工作状态。

**2** 弹性分析可采用线性方法，弹塑性分析可根据性能目标所预期的结构弹塑性状态，分别采用增加阻尼的等效线性化方法以及静力或动力非线性分析方法。

**3** 结构非线性分析模型相对于弹性分析模型可有所简化，但二者在多遇地震下的线性分析结果应基本一致；应计入重力二阶效应、合理确定弹塑性参数，应依据构件的实际截面、配筋等计算承载力，可通过与理想弹性假定计算结果的对比分析，着重发现构件可能破坏的部位及其弹塑性变形程度。

**3.10.5** 结构及其构件抗震性能化设计的参考目标和计算方法，可按本规范附录M第M.1节的规定采用。

2.《高规》规定

### 3.11 结构抗震性能设计

**3.11.1** 结构抗震性能设计应分析结构方案的特殊性、选用适宜的结构抗震性能目标，并采取满足预期的抗震性能目标的措施。

结构抗震性能目标应综合考虑抗震设防类别、设防烈度、场地条件、结构的特殊性、建造费用、震后损失和修复难易程度等各项因素选定。结构抗震性能目标分为A、B、C、D四个等级，结构抗震性能分为1、2、3、4、5五个水准（表3.11.1），每个性能目标均与一组在指定地震地面运动下的结构抗震性能水准相对应。

**表3.11.1 结构抗震性能目标**

| 性能目标 / 性能水准 / 地震水准 | A | B | C | D |
|---|---|---|---|---|
| 多遇地震 | 1 | 1 | 1 | 1 |
| 设防烈度地震 | 1 | 2 | 3 | 4 |
| 预估的罕遇地震 | 2 | 3 | 4 | 5 |

**3.11.2**　结构抗震性能水准可按表 3.11.2 进行宏观判别。

**表 3.11.2　各性能水准结构预期的震后性能状况**

| 结构抗震性能水准 | 宏观损坏程度 | 损坏部位 | | | 继续使用的可能性 |
|---|---|---|---|---|---|
| | | 关键构件 | 普通竖向构件 | 耗能构件 | |
| 1 | 完好、无损坏 | 无损坏 | 无损坏 | 无损坏 | 不需修理即可继续使用 |
| 2 | 基本完好、轻微损坏 | 无损坏 | 无损坏 | 轻微损坏 | 稍加修理即可继续使用 |
| 3 | 轻度损坏 | 轻微损坏 | 轻微损坏 | 轻度损坏、部分中度损坏 | 一般修理后可继续使用 |
| 4 | 中度损坏 | 轻度损坏 | 部分构件中度损坏 | 中度损坏、部分比较严重损坏 | 修复或加固后可继续使用 |
| 5 | 比较严重损坏 | 中度损坏 | 部分构件比较严重损坏 | 比较严重损坏 | 需排险大修 |

注："关键构件"是指该构件的失效可能引起结构的连续破坏或危及生命安全的严重破坏；"普通竖向构件"是指"关键构件"之外的竖向构件；"耗能构件"包括框架梁、剪力墙连梁及耗能支撑等。

**3.11.3**　不同抗震性能水准的结构可按下列规定进行设计：

**1**　第 1 性能水准的结构，应满足弹性设计要求。在多遇地震作用下，其承载力和变形应符合本规程的有关规定；在设防烈度地震作用下，结构构件的抗震承载力应符合下式规定：

$$\gamma_G S_{GE} + \gamma_{Eh} S^*_{Ehk} + \gamma_{Ev} S^*_{Evk} \leqslant R_d / \gamma_{RE} \qquad (3.11.3\text{-}1)$$

式中：$R_d$、$\gamma_{RE}$——分别为构件承载力设计值和承载力抗震调整系数，同本规程第 3.8.1 条；

$S_{GE}$、$\gamma_G$、$\gamma_{Eh}$、$\gamma_{Ev}$——同本规程第 5.6.3 条；

$S^*_{Ehk}$——水平地震作用标准值的构件内力，不需考虑与抗震等级有关的增大系数；

$S^*_{Evk}$——竖向地震作用标准值的构件内力，不需考虑与抗震等级有关的增大系数。

**2**　第 2 性能水准的结构，在设防烈度地震或预估的罕遇地震作用下，关键构件及普通竖向构件的抗震承载力宜符合式(3.11.3-1)的规定；耗能构件的受剪承载力宜符合式(3.11.3-1)的规定，其正截面承载力应符合下式规定：

$$S_{GE} + S^*_{Ehk} + 0.4 S^*_{Evk} \leqslant R_k \qquad (3.11.3\text{-}2)$$

式中：$R_k$——截面承载力标准值，按材料强度标准值计算。

**3**　第 3 性能水准的结构应进行弹塑性计算分析。在设防烈度地震或预估的罕遇地震作用下，关键构件及普通竖向构件的正截面承载力应符合式（3.11.3-2）的规定，水平长悬臂结构和大跨度结构中的关键构件正截面承载力尚应符合式（3.11.3-3）的规定，其受剪承载力宜符合式（3.11.3-1）的规定；部分耗能构件进入屈服阶段，但其受剪承载力应符合式（3.11.3-2）的规定。在预估的罕遇地震作用下，结构薄弱部位的层间位移角应满足本规程第3.7.5条的规定。

$$S_{GE}+0.4S^{*}_{Ehk}+S^{*}_{Evk}\leqslant R_{k} \qquad (3.11.3\text{-}3)$$

**4** 第4性能水准的结构应进行弹塑性计算分析。在设防烈度或预估的罕遇地震作用下，关键构件的抗震承载力应符合式（3.11.3-2）的规定，水平长悬臂结构和大跨度结构中的关键构件正截面承载力尚应符合式（3.11.3-3）的规定；部分竖向构件以及大部分耗能构件进入屈服阶段，但钢筋混凝土竖向构件的受剪截面应符合式（3.11.3-4）的规定，钢-混凝土组合剪力墙的受剪截面应符合式（3.11.3-5）的规定。在预估的罕遇地震作用下，结构薄弱部位的层间位移角应符合本规程第3.7.5条的规定。

$$V_{GE}+V^{*}_{Ek}\leqslant 0.15f_{ck}bh_{0} \qquad (3.11.3\text{-}4)$$

$$(V_{GE}+V^{*}_{Ek})-(0.25f_{ak}A_{a}+0.5f_{spk}A_{sp})\leqslant 0.15f_{ck}bh_{0} \qquad (3.11.3\text{-}5)$$

式中：$V_{GE}$——重力荷载代表值作用下的构件剪力（N）；

$V^{*}_{Ek}$——地震作用标准值的构件剪力（N），不需考虑与抗震等级有关的增大系数；

$f_{ck}$——混凝土轴心拉压强度标准值（$N/mm^2$）；

$f_{ak}$——剪力墙端部暗柱中型钢的强度标准值（$N/mm^2$）；

$A_{a}$——剪力墙端部暗柱中型钢的截面面积（$mm^2$）；

$f_{spk}$——剪力墙墙内钢板的强度标准值（$N/mm^2$）；

$A_{sp}$——剪力墙墙内钢板的横截面面积（$mm^2$）。

**5** 第5性能水准的结构应进行弹塑性计算分析。在预估的罕遇地震作用下，关键构件的抗震承载力宜符合式（3.11.3-2）的规定；较多的竖向构件进入屈服阶段，但同一楼层的竖向构件不宜全部屈服；竖向构件的受剪截面应符合式（3.11.3-4）或（3.11.3-5）的规定；允许部分耗能构件发生比较严重的破坏；结构薄弱部位的层间位移角应符合本规程第3.7.5条的规定。

**3.11.4** 结构弹塑性计算分析除应符合本规程第5.5.1条的规定外，尚应符合下列规定：

**1** 高度不超过150m的高层建筑可采用静力弹塑性分析方法；高度超过200m时，应采用弹塑性时程分析法；高度在150m～200m之间，可视结构自振特性和不规则程度选择静力弹塑性方法或弹塑性时程分析方法。高度超过300m的结构，应有两个独立的计算，进行校核。

**2** 复杂结构应进行施工模拟分析，应以施工全过程完成后的内力为初始状态。

**3** 弹塑性时程分析宜采用双向或三向地震输入。

3. 对规定的解读和建议

（1）目前我国抗震规范采用“小震不坏、中震可修、大震不倒”三水准抗震设防目标和基于弹性反应谱的抗震设计方法，即计算地震作用时地震影响系数比设防烈度小1.55度的值，采用反应谱方法计算地震作用进行结构抗震承载力验算，采用构造措保证结构延性能力，使结构在遇到中震（设防烈度）时屈服、大震（比设防烈度大一度）时不倒塌。震害经验表明，目前我国按小震计算的抗震规范能实现现阶段抗震设防目标所需要的抗震能力。

（2）按小震计算地震作用的优缺点：

1）结构在小震作用下处于“弹性状态”，此时的地震作用效应与其他荷载效应的组合都是结构在弹性受力状态的叠加，符合结构力学理论。

2）三水准抗震设计易于实现：用第一水准（小震）进行承载力验算，同时采取规范所规定的构造措施以满足第二水准（中震）的塑性变形能力要求，一般结构不必进行计算也可满足第三水准（大震）的抗倒塌要求，而对某些特殊结构（见《抗规》5.5.3 条、5.5.4 条）按第三水准进行抗震能力验算，满足抗倒塌要求。

3）《抗规》5.4.2 条规定了不同构件承载力抗震调整系数 $\gamma_{RE}$。但是，梁、墙、柱这类构件存在于多种结构体系中，而 $\gamma_{RE}$ 均为同一数值，是有误差的。

4）不同结构体系的地震作用取值方法相同，没有体现不同结构体系在抗震性能上的差异，尤其是没有体现不同结构体系在塑性变形能力方面的差异。

5）容易导致某些设计人员只关注结构各个部位是否满足抗震承载力要求，而忽视整体结构应具有什么样的抗震性能和整体结构抗震能力。

6）地震作用是一种整体作用，中震和大震下容易在结构中的薄弱部位先屈服或破坏。忽视整体结构在中震或大震作用下应具有什么样的屈服破坏机制和性态，就不能从整体上把握整个结构的抗震性能。

7）当按小震计算的地震作用小于风荷载时，会误认为结构由风荷载控制，而忽略一些必要的抗震措施。实际是中震和大震作用远超过风荷载。

按小震计算地震作用最大问题是现行抗震规范中采用的承载力抗震调整系数 $\gamma_{RE}$ 和抗震等级。随着新型结构体系的不断发展，如何确定新型结构构件的承载力抗震调整系数 $\gamma_{RE}$ 和新型结构的抗震等级，将是研究的问题。

（3）基于性能的抗震设计方法

1）基于性能的抗震设计方法，自 20 世纪 90 年代在美国兴起，已在许多建筑结构工程中采用。这种设计方法的特点：使抗震设计从宏观定性的目标向具体量化的多重目标过渡，业主（设计者）可选择所需的性能目标；抗震设计中更强调实施性能目标的深入分析和论证，有利于建筑结构的创新，经过论证（包括试验）可以采用现行规范中还未规定的新的结构体系、新技术、新材料；有利于针对不同设防烈度、场地条件及建筑的重要性采用不同性能目标和抗震措施。

2）基于性能的抗震设计方法实现的一个重要标志，就是要给出在不同设防目标的不同地震水平下结构的地震响应，即地震作用。地震作用的含义是，地震时地面运动使结构产生的动力反应，包括地震力、变形和能量反应等，相应结构的抗震能力包括承载能力、变形能力和耗能能力等。

3）基于性能设计的抗震设防目标可选择（即设防目标可以是多层次的）也就是允许比现行规范最低设防标准更高的标准，可以要求同时给出结构的地震和变形这两种地震作用（甚至包括结构的能量响应，即结构抗震性能评价指标是多参数的），以确定结构在不同水准地震作用下性态是否满足预期要求。

（4）当采用弹性反应谱计算时，定义中震作用与小震作用之比为 $\beta_{中}$，大震作用与小震作用之比为 $\beta_{大}$，即 $\beta_{中}=\alpha_{中max}/\alpha_{小震,max}$；$\beta_{大}=\alpha_{大震,max}/\alpha_{小震,max}$。

由《高规》表 3.3.7-1 可得 $\beta_{中}$ 和 $\beta_{大}$ 如表 2-10 所示。

（5）按基于抗震性能设计方法，考虑中震和大震的构件弹性或不屈服计算时相同及不同点有：

1）按工程的设防烈度，分别取中震或大震的最大地震影响系数 $\alpha_{max}$。

$\beta_{中}(\beta_{大})$＝中（大）震作用/小震作用　　表 2-10

| 抗震设防烈度 | 7度 | 7.5度 | 8度 | 8.5度 | 9度 |
|---|---|---|---|---|---|
| 小震 $\alpha_{max}$ | 0.08 | 0.12 | 0.16 | 0.24 | 0.32 |
| 中震 $\alpha_{max}$ | 0.23 | 0.34 | 0.45 | 0.68 | 0.90 |
| 大震 $\alpha_{max}$ | 0.50 | 0.72 | 0.90 | 1.20 | 1.40 |
| $\beta_{中}$ | 2.875 | 2.83 | 2.81 | 2.83 | 2.81 |
| $\beta_{大}$ | 6.25 | 6.00 | 5.625 | 5.00 | 4.375 |

2）风荷载效应不组合。

3）弹性计算时为：

① 不考虑与抗震等级相关的地震组合内力增大系数；

② 考虑重力及地震作的分项系数；

③ 考虑材料分项系数（即材料为设计值）；

④ 考虑抗震承载力调整系数 $\gamma_{RE}$。

4）不屈服计算时为

① 不考虑与抗震等级相关的地震组合内力增大系数；

② 重力及地震作用的分项系数均取为1；

③ 材料均取标准值；

④ 不考虑抗震承载力调整系数 $\gamma_{RE}$（即取1）。

（6）我国已有不少超限高层建筑结构的某些构件及一些重要的转换构件采用了按基于抗震性能的设计方法进行设计，工程实例有：

1）北京市建筑设计研究院设计的深圳南山中心区 T106—0028 地块的 A 座办公、酒店，地上共 62 层总高度为 300.8m，采用钢筋混凝土核心筒-型钢混凝土柱、钢梁框架结构，共设三道加强层，抗震设防为 7 度，按抗震性能化设计：

① 多遇地震（小震）作用下，结构处于弹性状态。

② 设防地震（中震）作用下，核心筒墙受剪承载力、外框架柱、伸臂桁架、腰桁架、角部 V 形支撑，应处于弹性；核心筒墙受弯承载力、楼面钢梁、墙体连梁按不屈服进行复核；楼板允许进入塑性。

③ 罕遇地震（大震）作用下，核心筒墙受剪和受弯承载力、外框架柱、伸臂桁架、腰桁架、楼面钢梁、墙体连梁允许进入塑性，控制变表；角部 V 形支撑不屈服，控制变形；楼板允许开裂；层间位移角限值为 1/100。

2）北京市建筑设计研究院设计的天津市塘沽滨海新区于家堡 03—22 地块办公主楼，地上 50 层，结构总高度为 214.2m，钢筋混凝土核心筒-圆钢管混凝土柱、钢梁为 7 度（基本地震加速度为 0.15$g$），按抗震性能化设计：钢筋混凝土筒体外圈墙、伸臂钢桁架贯通的内筒墙，满足偏拉、偏压承载力中震不屈服，受剪承载力满足中震弹性和大震下截面剪应力控制的要求；外柱和梁框架的地震剪力按加强层分隔分段取总地震剪力的 20%和框架按刚度分配最大层剪力的 1.5 倍二者的较大值，关键部位同时满足中震弹性要求；加强层伸臂钢桁架按中震不屈服设计。

3）北京环洋世纪国际建筑顾问有限公司设计的北京通州区宏鑫花园集商场、办公、酒店的超高层塔楼，地上 29 层高度为 130m，塔楼与商业 7 层裙房连为一体属大底盘建筑，塔楼采用框架-核心筒结构，裙房为乙类建筑采用框剪结构，抗震为 8 度设防。塔楼底部加强部位伸到裙房以上一层，加强部位的核心筒墙体，偏压、偏拉承载力按中震不屈服，受剪承载力按中震弹性，大震下剪压比控制。此工程由于高度超限、大底盘塔楼偏置、裙房周边大悬挑等，进行了超限高层建筑抗震设防专项审查。

4）北京朝阳区三里屯某公寓式酒店，地下 4 层，地上 22 层，底部 4 层为大空间，通过设置转换层，上部为剪力墙结构，抗震设防烈度为 8 度，按抗震性能化设计：在多遇地震作用下整个结构的构件保持弹性状态；在中震作用下，转换梁、框支柱和落地剪力墙均应不屈服。此工程已属超限，进行了超限高层建筑抗震设防专项审查。

5）华东建筑设计研究院设计的上海华敏帝豪大厦，地下 4 层，地上塔楼 63 层高 228.6m，外型钢混凝土框架-钢筋混凝土内核心筒混合结构。抗震设防分类为乙类，抗震设防烈度为 7 度，风荷载采用 100 年重现期，基本风压 $w_0=0.6\mathrm{kN/m^2}$。核心筒底部加强部位，墙抗剪承载力满足中震弹性，约束边缘构件的纵向钢筋及墙的竖向分布钢筋要求中震不屈服；加强层桁架要求中震不屈服，加强层及其上下相邻一层内筒在桁架方向的墙及框架柱要求中震弹性。

6）深圳电子院设计的深圳现代商务大厦，地上 33 层，高度 189.2m，框架-核心筒结构，在第 6 层通过桁架转换将上部外框架密柱转换部地大柱距，并采用型钢混凝土柱。抗震设防烈度为 7 度，风荷载按 100 年重理期，基本风压 $w_0=0.9\mathrm{kN/m^2}$。结构的薄弱部位或重要部位的构件按中震不屈服要求进行设计。

7）香泄华艺设计顾问（深圳）有限公司设计的安徽某超限高层建筑，A、B 两幢塔楼，地下 2 层，地上 32 层高度 99.9m，框支剪力墙结构，抗震设防烈度为 7 度，风荷载按 100 年重视期，基本后风压 $w_0=0.4\mathrm{kN/m^2}$。两塔楼均在层 5 顶采用转换梁进行转换，重要构件转换梁、框支柱、底部加强部位剪力墙，按中震不屈服要求进行设计。

8）中国建筑设计，研究院上海分院设计的无锡会展中心，抗震设防分类为乙类，抗震设防烈度按 7 度，框剪结构，屋面、采用跨度 94.5m 两外端分别悬挑 11.5m 和 9m 的梭形空腹钢桁架。与钢桁架的连接构件及连接要求在罕遇地震（大震）作用下处于弹性阶段。

9）现代设计集团上海建筑设计研究院设计的上海浦东陆家嘴某高层钢-混凝土混合结构工程，地下 3 层，地上主楼 49 层高度 200m，外钢框架-内钢筋混凝土核心筒结构。抗震性能目标：小震作用下结构构件均处于弹性阶段；中震作用下核心筒剪力墙钢筋不屈服；大震作用下结构不倒塌，最大层间位移角小于 1/120。

## 十四、《抗规》的其他规定

1. 非结构构件

**3.7.1　非结构构件，包括建筑非结构构件和建筑附属机电设备，自身及其与结构主体的连接，应进行抗震设计。**

**3.7.2**　非结构构件的抗震设计，应由相关专业人员分别负责进行。

**3.7.3**　附着于楼、屋面结构上的非结构构件，以及楼梯间的非承重墙体，应与主体结构有可靠的连接或锚固，避免地震时倒塌伤人或砸坏重要设备。

**3.7.4 框架结构的围护墙和隔墙，应估计其设置对结构抗震的不利影响，避免不合理设置而导致主体结构的破坏。**

**3.7.5** 幕墙、装饰贴面与主体结构应有可靠连接，避免地震时脱落伤人。

**3.7.6** 安装在建筑上的附属机械、电气设备系统的支座和连接，应符合地震时使用功能的要求，且不应导致相关部件的损坏。

2. **隔震与消能减震设计**

**3.8.1** 隔震与消能减震设计，可用于对抗震安全性和使用功能有较高要求或专门要求的建筑。

**3.8.2** 采用隔震或消能减震设计的建筑，当遭遇到本地区的多遇地震影响、设防地震影响和罕遇地震影响时，可按高于本规范第1.0.1条的基本设防目标进行设计。

3. **建筑物地震反应观测系统**

**3.11.1** 抗震设防烈度为7、8、9度时，高度分别超过160m、120m、80m的大型公共建筑，应按规定设置建筑结构的地震反应观测系统，建筑设计应留有观测仪器和线路的位置。

4. **对规定的解读和建议**

（1）有关非结构构件的抗震设计规定详见《抗规》第13章。

（2）有关隔震与消能减震的抗震设计规定详见《抗规》第12章。

（3）建筑物地震反应观测是发展地震工程和工程抗震科学的必要手段，是时代的需要，我国已有许多重要工程中设置。

# 第3章　场地、地基和基础、地下室设计

## 一、《抗规》规定

### 4.1　场　　地

**4.1.1**　选择建筑场地时，应按表4.1.1划分对建筑抗震有利、一般、不利和危险的地段。

**表4.1.1　有利、一般、不利和危险地段的划分**

| 地段类别 | 地质、地形、地貌 |
|---|---|
| 有利地段 | 稳定基岩，坚硬土，开阔、平坦、密实、均匀的中硬土等 |
| 一般地段 | 不属于有利、不利和危险的地段 |
| 不利地段 | 软弱土，液化土，条状突出的山嘴，高耸孤立的山丘，陡坡，陡坎，河岸和边坡的边缘，平面分布上成因、岩性、状态明显不均匀的土层（含故河道、疏松的断层破碎带、暗埋的塘浜沟谷和半填半挖地基），高含水量的可塑黄土，地表存在结构性裂缝等 |
| 危险地段 | 地震时可能发生滑坡、崩塌、地陷、地裂、泥石流等及发震断裂带上可能发生地表位错的部位 |

**4.1.2**　建筑场地的类别划分，应以土层等效剪切波速和场地覆盖层厚度为准。

**4.1.3**　土层剪切波速的测量，应符合下列要求：

**1**　在场地初步勘察阶段，对大面积的同一地质单元，测试土层剪切波速的钻孔数量不宜少于3个。

**2**　在场地详细勘察阶段，对单幢建筑，测试土层剪切波速的钻孔数量不宜少于2个，测试数据变化较大时，可适量增加；对小区中处于同一地质单元内的密集建筑群，测试土层剪切波速的钻孔数量可适量减少，但每幢高层建筑和大跨空间结构的钻孔数量均不得少于1个。

**3**　对丁类建筑及丙类建筑中层数不超过10层、高度不超过24m的多层建筑，当无实测剪切波速时，可根据岩土名称和性状，按表4.1.3划分土的类型，再利用当地经验在表4.1.3的剪切波速范围内估算各土层的剪切波速。

**表4.1.3　土的类型划分和剪切波速范围**

| 土的类型 | 岩土名称和性状 | 土层剪切波速范围（m/s） |
|---|---|---|
| 岩石 | 坚硬、较硬且完整的岩石 | $v_s>800$ |
| 坚硬土或软质岩石 | 破碎和较破碎的岩石或软和较软的岩石，密实的碎石土 | $800\geqslant v_s>500$ |

续表 4.1.3

| 土的类型 | 岩土名称和性状 | 土层剪切波速范围（m/s） |
| --- | --- | --- |
| 中硬土 | 中密、稍密的碎石土，密实、中密的砾、粗、中砂，$f_{ak}>150$ 的黏性土和粉土，坚硬黄土 | $500\geqslant v_s>250$ |
| 中软土 | 稍密的砾、粗、中砂，除松散外的细、粉砂，$f_{ak}\leqslant150$ 的黏性土和粉土，$f_{ak}>130$ 的填土，可塑新黄土 | $250\geqslant v_s>150$ |
| 软弱土 | 淤泥和淤泥质土，松散的砂，新近沉积的黏性土和粉土，$f_{ak}\leqslant130$ 的填土，流塑黄土 | $v_s\leqslant150$ |

注：$f_{ak}$为由载荷试验等方法得到的地基承载力特征值（kPa）；$v_s$为岩土剪切波速。

**4.1.4** 建筑场地覆盖层厚度的确定，应符合下列要求：

**1** 一般情况下，应按地面至剪切波速大于 500m/s 且其下卧各层岩土的剪切波速均不小于 500m/s 的土层顶面的距离确定。

**2** 当地面 5m 以下存在剪切波速大于其上部各土层剪切波速 2.5 倍的土层，且该层及其下卧各层岩土的剪切波速均不小于 400m/s 时，可按地面至该土层顶面的距离确定。

**3** 剪切波速大于 500m/s 的孤石、透镜体，应视同周围土层。

**4** 土层中的火山岩硬夹层，应视为刚体，其厚度应从覆盖土层中扣除。

**4.1.5** 土层的等效剪切波速，应按下列公式计算：

$$v_{se}=d_0/t \tag{4.1.5-1}$$

$$t=\sum_{i=1}^{n}(d_i/v_{si}) \tag{4.1.5-2}$$

式中：$v_{se}$——土层等效剪切波速（m/s）；

$d_0$——计算深度（m），取覆盖层厚度和 20m 两者的较小值；

$t$——剪切波在地面至计算深度之间的传播时间；

$d_i$——计算深度范围内第 $i$ 土层的厚度（m）；

$v_{si}$——计算深度范围内第 $i$ 土层的剪切波速（m/s）；

$n$——计算深度范围内土层的分层数。

**4.1.6 建筑的场地类别，应根据土层等效剪切波速和场地覆盖层厚度按表 4.1.6 划分为四类，其中Ⅰ类分为Ⅰ$_0$、Ⅰ$_1$两个亚类。当有可靠的剪切波速和覆盖层厚度且其值处于表 4.1.6 所列场地类别的分界线附近时，应允许按插值方法确定地震作用计算所用的特征周期。**

**表 4.1.6 各类建筑场地的覆盖层厚度（m）**

| 岩石的剪切波速或土的等效剪切波速（m/s） | 场地类别 | | | | |
| --- | --- | --- | --- | --- | --- |
| | Ⅰ$_0$ | Ⅰ$_1$ | Ⅱ | Ⅲ | Ⅳ |
| $v_s>800$ | 0 | | | | |
| $800\geqslant v_s>500$ | | 0 | | | |
| $500\geqslant v_{se}>250$ | | <5 | ≥5 | | |

续表 4.1.6

| 岩石的剪切波速或土的等效剪切波速（m/s） | 场地类别 | | | | |
|---|---|---|---|---|---|
| | Ⅰ0 | Ⅰ1 | Ⅱ | Ⅲ | Ⅳ |
| $250 \geqslant v_{se} > 150$ | | <3 | 3～50 | >50 | |
| $v_{se} \leqslant 150$ | | <3 | 3～15 | 15～80 | >80 |

注：表中$v_s$系岩石的剪切波速。

**4.1.7**　场地内存在发震断裂时，应对断裂的工程影响进行评价，并应符合下列要求：

**1**　对符合下列规定之一的情况，可忽略发震断裂错动对地面建筑的影响：

**1**）抗震设防烈度小于 8 度；

**2**）非全新世活动断裂；

**3**）抗震设防烈度为 8 度和 9 度时，隐伏断裂的土层覆盖厚度分别大于 60m 和 90m。

**2**　对不符合本条 1 款规定的情况，应避开主断裂带。其避让距离不宜小于表 4.1.7 对发震断裂最小避让距离的规定。在避让距离的范围内确有需要建造分散的、低于三层的丙、丁类建筑时，应按提高一度采取抗震措施，并提高基础和上部结构的整体性，且不得跨越断层线。

表 4.1.7　发震断裂的最小避让距离（m）

| 烈度 | 建筑抗震设防类别 | | | |
|---|---|---|---|---|
| | 甲 | 乙 | 丙 | 丁 |
| 8 | 专门研究 | 200m | 100m | — |
| 9 | 专门研究 | 400m | 200m | — |

**4.1.8　当需要在条状突出的山嘴、高耸孤立的山丘、非岩石和强风化岩石的陡坡、河岸和边坡边缘等不利地段建造丙类及丙类以上建筑时，除保证其在地震作用下的稳定性外，尚应估计不利地段对设计地震动参数可能产生的放大作用，其水平地震影响系数最大值应乘以增大系数。其值应根据不利地段的具体情况确定，在 1.1～1.6 范围内采用。**

**4.1.9　场地岩土工程勘察，应根据实际需要划分的对建筑有利、一般、不利和危险的地段，提供建筑的场地类别和岩土地震稳定性（含滑坡、崩塌、液化和震陷特性）评价，对需要采用时程分析法补充计算的建筑，尚应根据设计要求提供土层剖面、场地覆盖层厚度和有关的动力参数。**

## 4.2　天然地基和基础

**4.2.1**　下列建筑可不进行天然地基及基础的抗震承载力验算：

**1**　本规范规定可不进行上部结构抗震验算的建筑。

**2**　地基主要受力层范围内不存在软弱黏性土层的下列建筑：

**1**）一般的单层厂房和单层空旷房屋；

**2**）砌体房屋；

**3**）不超过 8 层且高度在 24m 以下的一般民用框架和框架-抗震墙房屋；

4）基础荷载与 3）项相当的多层框架厂房和多层混凝土抗震墙房屋。

注：软弱黏性土层指 7 度、8 度和 9 度时，地基承载力特征值分别小于 80、100 和 120kPa 的土层。

**4.2.2 天然地基基础抗震验算时，应采用地震作用效应标准组合，且地基抗震承载力应取地基承载力特征值乘以地基抗震承载力调整系数计算。**

**4.2.3** 地基抗震承载力应按下式计算：

$$f_{aE} = \zeta_a f_a \tag{4.2.3}$$

式中：$f_{aE}$——调整后的地基抗震承载力；

$\zeta_a$——地基抗震承载力调整系数，应按表 4.2.3 采用；

$f_a$——深宽修正后的地基承载力特征值，应按现行国家标准《建筑地基基础设计规范》GB 50007 采用。

**表 4.2.3 地基抗震承载力调整系数**

| 岩土名称和性状 | $\zeta_a$ |
|---|---|
| 岩石，密实的碎石土，密实的砾、粗、中砂，$f_{ak} \geqslant 300$ 的黏性土和粉土 | 1.5 |
| 中密、稍密的碎石土，中密和稍密的砾、粗、中砂，密实和中密的细、粉砂，$150\text{kPa} \leqslant f_{ak} < 300\text{kPa}$ 的黏性土和粉土，坚硬黄土 | 1.3 |
| 稍密的细、粉砂，$100\text{kPa} \leqslant f_{ak} < 150\text{kPa}$ 的黏性土和粉土，可塑黄土 | 1.1 |
| 淤泥，淤泥质土，松散的砂，杂填土，新近堆积黄土及流塑黄土 | 1.0 |

**4.2.4** 验算天然地基地震作用下的竖向承载力时，按地震作用效应标准组合的基础底面平均压力和边缘最大压力应符合下列各式要求：

$$p \leqslant f_{aE} \tag{4.2.4-1}$$

$$p_{max} \leqslant 1.2 f_{aE} \tag{4.2.4-2}$$

式中：$p$——地震作用效应标准组合的基础底面平均压力；

$p_{max}$——地震作用效应标准组合的基础边缘的最大压力。

高宽比大于 4 的高层建筑，在地震作用下基础底面不宜出现脱离区（零应力区）；其他建筑，基础底面与地基土之间脱离区（零应力区）面积不应超过基础底面面积的 15%。

## 4.3 液化土和软土地基

**4.3.1** 饱和砂土和饱和粉土（不含黄土）的液化判别和地基处理，6 度时，一般情况下可不进行判别和处理，但对液化沉陷敏感的乙类建筑可按 7 度的要求进行判别和处理，7～9 度时，乙类建筑可按本地区抗震设防烈度的要求进行判别和处理。

**4.3.2 地面下存在饱和砂土和饱和粉土时，除 6 度外，应进行液化判别；存在液化土层的地基，应根据建筑的抗震设防类别、地基的液化等级，结合具体情况采取相应的措施。**

**注：本条饱和土液化判别要求不含黄土、粉质黏土。**

**4.3.3** 饱和的砂土或粉土（不含黄土），当符合下列条件之一时，可初步判别为不液化或可不考虑液化影响：

**1** 地质年代为第四纪晚更新世（$Q_3$）及其以前时，7、8 度时可判为不液化。

**2** 粉土的黏粒（粒径小于 0.005mm 的颗粒）含量百分率，7 度、8 度和 9 度分别不小于 10、13 和 16 时，可判为不液化土。

注：用于液化判别的黏粒含量系采用六偏磷酸钠作分散剂测定，采用其他方法时应按有关规定换算。

**3** 浅埋天然地基的建筑，当上覆非液化土层厚度和地下水位深度符合下列条件之一时，可不考虑液化影响：

$$d_u > d_0 + d_b - 2 \tag{4.3.3-1}$$

$$d_w > d_0 + d_b - 3 \tag{4.3.3-2}$$

$$d_u + d_w > 1.5d_0 + 2d_b - 4.5 \tag{4.3.3-3}$$

式中：$d_w$——地下水位深度（m），宜按设计基准期内年平均最高水位采用，也可按近期内年最高水位采用；

$d_u$——上覆盖非液化土层厚度（m），计算时宜将淤泥和淤泥质土层扣除；

$d_b$——基础埋置深度（m），不超过2m时应采用2m；

$d_0$——液化土特征深度（m），可按表4.3.3采用。

**表4.3.3　液化土特征深度（m）**

| 饱和土类别 | 7度 | 8度 | 9度 |
|---|---|---|---|
| 粉土 | 6 | 7 | 8 |
| 砂土 | 7 | 8 | 9 |

注：当区域的地下水位处于变动状态时，应按不利的情况考虑。

**4.3.4** 当饱和砂土、粉土的初步判别认为需进一步进行液化判别时，应采用标准贯入试验判别法判别地面下20m范围内土的液化；但对本规范第4.2.1条规定可不进行天然地基及基础的抗震承载力验算的各类建筑，可只判别地面下15m范围内土的液化。当饱和土标准贯入锤击数（未经杆长修正）小于或等于液化判别标准贯入锤击数临界值时，应判为液化土。当有成熟经验时，尚可采用其他判别方法。

在地面下20m深度范围内，液化判别标准贯入锤击数临界值可按下式计算：

$$N_{cr} = N_0\beta[\ln(0.6d_s + 1.5) - 0.1d_w]\sqrt{3/\rho_c} \tag{4.3.4}$$

式中：$N_{cr}$——液化判别标准贯入锤击数临界值；

$N_0$——液化判别标准贯入锤击数基准值，可按表4.3.4采用；

$d_s$——饱和土标准贯入点深度（m）；

$d_w$——地下水位（m）；

$\rho_c$——黏粒含量百分率，当小于3或为砂土时，应采用3；

$\beta$——调整系数，设计地震第一组取0.80，第二组取0.95，第三组取1.05。

**表4.3.4　液化判别标准贯入锤击数基准值 $N_0$**

| 设计基本地震加速度（$g$） | 0.10 | 0.15 | 0.20 | 0.30 | 0.40 |
|---|---|---|---|---|---|
| 液化判别标准贯入锤击数基准值 | 7 | 10 | 12 | 16 | 19 |

**4.3.5** 对存在液化砂土层、粉土层的地基，应探明各液化土层的深度和厚度，按下式计算每个钻孔的液化指数，并按表4.3.5综合划分地基的液化等级：

$$I_{lE} = \sum_{i=1}^{n}\left[1 - \frac{N_i}{N_{cri}}\right]d_iW_i \tag{4.3.5}$$

式中：$I_{lE}$——液化指数；

$n$——在判别深度范围内每一个钻孔标准贯入试验点的总数；

$N_i$、$N_{cri}$——分别为 $i$ 点标准贯入锤击数的实测值和临界值，当实测值大于临界值时应取临界值；当只需要判别 15m 范围以内的液化时，15m 以下的实测值可按临界值采用；

$d_i$——$i$ 点所代表的土层厚度（m），可采用与该标准贯入试验点相邻的上、下两标准贯入试验点深度差的一半，但上界不高于地下水位深度，下界不深于液化深度；

$W_i$——$i$ 土层单位土层厚度的层位影响权函数值（单位为 $m^{-1}$）。当该层中点深度不大于 5m 时应采用 10，等于 20m 时应采用零值，5～20m 时应按线性内插法取值。

**表 4.3.5　液化等级与液化指数的对应关系**

| 液化等级 | 轻　微 | 中　等 | 严　重 |
|---|---|---|---|
| 液化指数 $I_{lE}$ | $0<I_{lE}\leqslant6$ | $6<I_{lE}\leqslant18$ | $I_{lE}>18$ |

**4.3.6**　当液化砂土层、粉土层较平坦且均匀时，宜按表 4.3.6 选用地基抗液化措施；尚可计入上部结构重力荷载对液化危害的影响，根据液化震陷量的估计适当调整抗液化措施。

不宜将未经处理的液化土层作为天然地基持力层。

**表 4.3.6　抗液化措施**

| 建筑抗震 | 地基的液化等级 | | |
|---|---|---|---|
| 设防类别 | 轻微 | 中等 | 严重 |
| 乙类 | 部分消除液化沉陷，或对基础和上部结构处理 | 全部消除液化沉陷，或部分消除液化沉陷且对基础和上部结构处理 | 全部消除液化沉陷 |
| 丙类 | 基础和上部结构处理，亦可不采取措施 | 基础和上部结构处理，或更高要求的措施 | 全部消除液化沉陷，或部分消除液化沉陷且对基础和上部结构处理 |
| 丁类 | 可不采取措施 | 可不采取措施 | 基础和上部结构处理，或其他经济的措施 |

注：甲类建筑的地基抗液化措施应进行专门研究，但不宜低于乙类的相应要求。

**4.3.7**　全部消除地基液化沉陷的措施，应符合下列要求：

**1**　采用桩基时，桩端伸入液化深度以下稳定土层中的长度（不包括桩尖部分），应按计算确定，且对碎石土，砾、粗、中砂，坚硬黏性土和密实粉土尚不应小于 0.8m，对其他非岩石土尚不宜小于 1.5m。

**2**　采用深基础时，基础底面应埋入液化深度以下的稳定土层中，其深度不应小于 0.5m。

**3**　采用加密法（如振冲、振动加密、挤密碎石桩、强夯等）加固时，应处理至液化深度下界；振冲或挤密碎石桩加固后，桩间土的标准贯入锤击数不宜小于本规范第 4.3.4 条规定的液化判别标准贯入锤击数临界值。

**4**　用非液化土替换全部液化土层，或增加上覆非液化土层的厚度。

**5**　采用加密法或换土法处理时，在基础边缘以外的处理宽度，应超过基础底面下处理深度的 1/2 且不小于基础宽度的 1/5。

**4.3.8**　部分消除地基液化沉陷的措施，应符合下列要求：

**1**　处理深度应使处理后的地基液化指数减少，其值不宜大于 5；大面积筏基、箱基的中心区域，处理后的液化指数可比上述规定降低 1；对独立基础和条形基础，尚不应小于基础底面下液化土特征深度和基础宽度的较大值。

注：中心区域指位于基础外边界以内沿长宽方向距外边界大于相应方向 1/4 长度的区域。

**2**　采用振冲或挤密碎石桩加固后，桩间土的标准贯入锤击数不宜小于按本规范第 4.3.4 条规定的液化判别标准贯入锤击数临界值。

**3**　基础边缘以外的处理宽度，应符合本规范第 4.3.7 条 5 款的要求。

**4**　采取减小液化震陷的其他方法，如增厚上覆非液化土层的厚度和改善周边的排水条件等。

**4.3.9**　减轻液化影响的基础和上部结构处理，可综合采用下列各项措施：

**1**　选择合适的基础埋置深度。

**2**　调整基础底面积，减少基础偏心。

**3**　加强基础的整体性和刚度，如采用箱基、筏基或钢筋混凝土交叉条形基础，加设基础圈梁等。

**4**　减轻荷载，增强上部结构的整体刚度和均匀对称性，合理设置沉降缝，避免采用对不均匀沉降敏感的结构形式等。

**5**　管道穿过建筑处应预留足够尺寸或采用柔性接头等。

**4.3.10**　在故河道以及临近河岸、海岸和边坡等有液化侧向扩展或流滑可能的地段内不宜修建永久性建筑，否则应进行抗滑动验算、采取防土体滑动措施或结构抗裂措施。

**4.3.11**　地基中软弱黏性土层的震陷判别，可采用下列方法。饱和粉质黏土震陷的危害性和抗震陷措施应根据沉降和横向变形大小等因素综合研究确定，8 度（0.30$g$）和 9 度时，当塑性指数小于 15 且符合下式规定的饱和粉质黏土可判为震陷性软土。

$$W_S \geqslant 0.9W_L \tag{4.3.11-1}$$

$$I_L \geqslant 0.75 \tag{4.3.11-2}$$

式中：$W_S$——天然含水量；

$W_L$——液限含水量，采用液、塑限联合测定法测定；

$I_L$——液性指数。

**4.3.12**　地基主要受力层范围内存在软弱黏性土层和高含水量的可塑性黄土时，应结合具体情况综合考虑，采用桩基、地基加固处理或本规范第 4.3.9 条的各项措施，也可根据软土震陷量的估计，采取相应措施。

## 4.4　桩　　基

**4.4.1**　承受竖向荷载为主的低承台桩基，当地面下无液化土层，且桩承台周围无淤泥、淤泥质土和地基承载力特征值不大于 100kPa 的填土时，下列建筑可不进行桩基抗震承载力验算：

**1** 7度和8度时的下列建筑：

**1**）一般的单层厂房和单层空旷房屋；

**2**）不超过8层且高度在24m以下的一般民用框架房屋；

**3**）基础荷载与2）项相当的多层框架厂房和多层混凝土抗震墙房屋。

**2** 本规范第4.2.1条之1款规定的建筑及砌体房屋。

**4.4.2** 非液化土中低承台桩基的抗震验算，应符合下列规定：

**1** 单桩的竖向和水平向抗震承载力特征值，可均比非抗震设计时提高25%。

**2** 当承台周围的回填土夯实至干密度不小于现行国家标准《建筑地基基础设计规范》GB 50007对填土的要求时，可由承台正面填土与桩共同承担水平地震作用；但不应计入承台底面与地基土间的摩擦力。

**4.4.3** 存在液化土层的低承台桩基抗震验算，应符合下列规定：

**1** 承台埋深较浅时，不宜计入承台周围土的抗力或刚性地坪对水平地震作用的分担作用。

**2** 当桩承台底面上、下分别有厚度不小于1.5m、1.0m的非液化土层或非软弱土层时，可按下列二种情况进行桩的抗震验算，并按不利情况设计：

**1**）桩承受全部地震作用，桩承载力按本规范第4.4.2条取用，液化土的桩周摩阻力及桩水平抗力均应乘以表4.4.3的折减系数。

**表4.4.3 土层液化影响折减系数**

| 实际标贯锤击数/临界标贯锤击数 | 深度 $d_s$（m） | 折减系数 |
|---|---|---|
| ≤0.6 | $d_s \leqslant 10$ | 0 |
| | $10 < d_s \leqslant 20$ | 1/3 |
| >0.6～0.8 | $d_s \leqslant 10$ | 1/3 |
| | $10 < d_s \leqslant 20$ | 2/3 |
| >0.8～1.0 | $d_s \leqslant 10$ | 2/3 |
| | $10 < d_s \leqslant 20$ | 1 |

**2**）地震作用按水平地震影响系数最大值的10%采用，桩承载力仍按本规范第4.4.2条1款取用，但应扣除液化土层的全部摩阻力及桩承台下2m深度范围内非液化土的桩周摩阻力。

**3** 打入式预制桩及其他挤土桩，当平均桩距为2.5～4倍桩径且桩数不少于5×5时，可计入打桩对土的加密作用及桩身对液化土变形限制的有利影响。当打桩后桩间土的标准贯入锤击数值达到不液化的要求时，单桩承载力可不折减，但对桩尖持力层作强度校核时，桩群外侧的应力扩散角应取为零。打桩后桩间土的标准贯入锤击数宜由试验确定，也可按下式计算：

$$N_1 = N_p + 100\rho(1 - e^{-0.3N_p}) \tag{4.4.3}$$

式中：$N_1$——打桩后的标准贯入锤击数；

$\rho$——打入式预制桩的面积置换率；

$N_p$——打桩前的标准贯入锤击数。

**4.4.4** 处于液化土中的桩基承台周围，宜用密实干土填筑夯实，若用砂土或粉土则应使土层的标准贯入锤击数不小于本规范第4.3.4条规定的液化判别标准贯入锤击数临界值。

**4.4.5 液化土和震陷软土中桩的配筋范围，应自桩顶至液化深度以下符合全部消除液化沉陷所要求的深度，其纵向钢筋应与桩顶部相同，箍筋应加粗和加密。**

**4.4.6** 在有液化侧向扩展的地段，桩基除应满足本节中的其他规定外，尚应考虑土流动时的侧向作用力，且承受侧向推力的面积应按边桩外缘间的宽度计算。

## 二、《高规》规定

### 12.1 一 般 规 定

**12.1.1** 高层建筑宜设地下室。

**12.1.2** 高层建筑的基础设计，应综合考虑建筑场地的工程地质和水文地质状况、上部结构的类型和房屋高度、施工技术和经济条件等因素，使建筑物不致发生过量沉降或倾斜，满足建筑物正常使用要求；还应了解邻近地下构筑物及各项地下设施的位置和标高等，减少与相邻建筑的相互影响。

**12.1.3** 在地震区，高层建筑宜避开对抗震不利的地段；当条件不允许避开不利地段时，应采取可靠措施，使建筑物在地震时不致由于地基失效而破坏，或者产生过量下沉或倾斜。

**12.1.4** 基础设计宜采用当地成熟可靠的技术；宜考虑基础与上部结构相互作用的影响。施工期间需要降低地下水位的，应采取避免影响邻近建筑物、构筑物、地下设施等安全和正常使用的有效措施；同时还应注意施工降水的时间要求，避免停止降水后水位过早上升而引起建筑物上浮等问题。

**12.1.5** 高层建筑应采用整体性好、能满足地基承载力和建筑物容许变形要求并能调节不均匀沉降的基础形式；宜采用筏形基础或带桩基的筏形基础，必要时可采用箱形基础。当地质条件好且能满足地基承载力和变形要求时，也可采用交叉梁式基础或其他形式基础；当地基承载力或变形不满足设计要求时，可采用桩基或复合地基。

**12.1.6** 高层建筑主体结构基础底面形心宜与永久作用重力荷载重心重合；当采用桩基础时，桩基的竖向刚度中心宜与高层建筑主体结构永久重力荷载重心重合。

**12.1.7** 在重力荷载与水平荷载标准值或重力荷载代表值与多遇水平地震标准值共同作用下，高宽比大于4的高层建筑，基础底面不宜出现零应力区；高宽比不大于4的高层建筑，基础底面与地基之间零应力区面积不应超过基础底面面积的15%。质量偏心较大的裙楼与主楼可分别计算基底应力。

**12.1.8** 基础应有一定的埋置深度。在确定埋置深度时，应综合考虑建筑物的高度、体型、地基土质、抗震设防烈度等因素。基础埋置深度可从室外地坪算至基础底面，并宜符合下列规定：

**1** 天然地基或复合地基，可取房屋高度的1/15；

**2** 桩基础，不计桩长，可取房屋高度的1/18。

当建筑物采用岩石地基或采取有效措施时，在满足地基承载力、稳定性要求及本规程第12.1.7条规定的前提下，基础埋深可比本条第1、2两款的规定适当放松。

当地基可能产生滑移时，应采取有效的抗滑移措施。

**12.1.9** 高层建筑的基础和与其相连的裙房的基础，设置沉降缝时，应考虑高层主楼基础有可靠的侧向约束及有效埋深；不设沉降缝时，应采取有效措施减少差异沉降及其影响。

**12.1.10** 高层建筑基础的混凝土强度等级不宜低于C25。当有防水要求时，混凝土抗渗等级应根据基础埋置深度按表12.1.10采用，必要时可设置架空排水层。

**表12.1.10 基础防水混凝土的抗渗等级**

| 基础埋置深度 $H$（m） | 抗渗等级 |
|---|---|
| $H<10$ | P6 |
| $10\leqslant H<20$ | P8 |
| $20\leqslant H<30$ | P10 |
| $H\geqslant 30$ | P12 |

**12.1.11** 基础及地下室的外墙、底板，当采用粉煤灰混凝土时，可采用60d或90d龄期的强度指标作为其混凝土设计强度。

**12.1.12** 抗震设计时，独立基础宜沿两个主轴方向设置基础系梁；剪力墙基础应具有良好的抗转动能力。

## 12.2 地下室设计

**12.2.1** 高层建筑地下室顶板作为上部结构的嵌固部位时，应符合下列规定：

**1** 地下室顶板应避免开设大洞口，其混凝土强度等级应符合本规程第3.2.2条的有关规定，楼盖设计应符合本规程第3.6.3条的有关规定；

**2** 地下一层与相邻上层的侧向刚度比应符合本规程第5.3.7条的规定；

**3** 地下室顶板对应于地上框架柱的梁柱节点设计应符合下列要求之一：

1）地下一层柱截面每侧的纵向钢筋面积除应符合计算要求外，不应少于地上一层对应柱每侧纵向钢筋面积的1.1倍；地下一层梁端顶面和底面的纵向钢筋应比计算值增大10%采用。

2）地下一层柱每侧的纵向钢筋面积不小于地上一层对应柱每侧纵向钢筋面积的1.1倍且地下室顶板梁柱节点左右梁端截面与下柱上端同一方向实配的受弯承载力之和不小于地上一层对应柱下端实配的受弯承载力的1.3倍。

**4** 地下室与上部对应的剪力墙墙肢端部边缘构件的纵向钢筋截面面积不应小于地上一层对应的剪力墙墙肢边缘构件的纵向钢筋截面面积。

**12.2.2** 高层建筑地下室设计，应综合考虑上部荷载、岩土侧压力及地下水的不利作用影响。地下室应满足整体抗浮要求，可采取排水、加配重或设置抗拔锚桩（杆）等措施。当地下水具有腐蚀性时，地下室外墙及底板应采取相应的防腐蚀措施。

**12.2.3** 高层建筑地下室不宜设置变形缝。当地下室长度超过伸缩缝最大间距时，可考虑利用混凝土后期强度，降低水泥用量；也可每隔30m～40m设置贯通顶板、底部及墙板的施工后浇带。后浇带可设置在柱距三等分的中间范围内以及剪力墙附近，其方向宜与梁正交，沿竖向应在结构同跨内；底板及外墙的后浇带宜增设附加防水层；后浇带封闭时间宜滞后45d以上，其混凝土强度等级宜提高一级，并宜采用无收缩混凝土，低温入模。

**12.2.4** 高层建筑主体结构地下室底板与扩大地下室底板交界处，其截面厚度和配筋应适当加强。

**12.2.5** 高层建筑地下室外墙设计应满足水土压力及地面荷载侧压作用下承载力要求，其竖向和水平分布钢筋应双层双向布置，间距不宜大于150mm，配筋率不宜小于0.3%。

**12.2.6** 高层建筑地下室外周回填土应采用级配砂石、砂土或灰土，并应分层夯实。

**12.2.7** 有窗井的地下室，应设外挡土墙，挡土墙与地下室外墙之间应有可靠连接。

## 12.3 基 础 设 计

**12.3.1** 高层建筑基础设计应以减小长期重力荷载作用下地基变形、差异变形为主。计算地基变形时，传至基础底面的荷载效应采用正常使用极限状态下荷载效应的准永久组合，不计入风荷载和地震作用；按地基承载力确定基础底面积及埋深或按桩基承载力确定桩数时，传至基础或承台底面的荷载效应采用正常使用状态下荷载效应的标准组合，相应的抗力采用地基承载力特征值或桩基承载力特征值；风荷载组合效应下，最大基底反力不应大于承载力特征值的1.2倍，平均基底反力不应大于承载力特征值；地震作用组合效应下，地基承载力验算应按现行国家标准《建筑抗震设计规范》GB 50011的规定执行。

**12.3.2** 高层建筑结构基础嵌入硬质岩石时，可在基础周边及底面设置砂质或其他材质褥垫层，垫层厚度可取50mm～100mm；不宜采用肥槽填充混凝土做法。

**12.3.3** 筏形基础的平面尺寸应根据地基土的承载力、上部结构的布置及其荷载的分布等因素确定。

**12.3.4** 平板式筏基的板厚可根据受冲切承载力计算确定，板厚不宜小于400mm。冲切计算时，应考虑作用在冲切临界截面重心上的不平衡弯矩所产生的附加剪力。当筏板在个别柱位不满足受冲切承载力要求时，可将该柱下的筏形局部加厚或配置抗冲切钢筋。

**12.3.5** 当地基比较均匀、上部结构刚度较好、上部结构柱间距及柱荷载的变化不超过20%时，高层建筑的筏形基础可仅考虑局部弯曲作用，按倒楼盖法计算。当不符合上述条件时，宜按弹性地基板计算。

**12.3.6** 筏形基础应采用双向钢筋网片分别配置在板的顶面和底面，受力钢筋直径不宜小于12mm，钢筋间距不宜小于150mm，也不宜大于300mm。

**12.3.7** 当梁板式筏基的肋梁宽度小于柱宽时，肋梁可在柱边加腋，并应满足相应的构造要求。墙、柱的纵向钢筋应穿过肋梁，并应满足钢筋锚固长度要求。

**12.3.8** 梁板式筏基的梁高取值应包括底板厚度在内，梁高不宜小于平均柱距的1/6。确定梁高时，应综合考虑荷载大小、柱距、地质条件等因素，并应满足承载力要求。

**12.3.9** 当满足地基承载力要求时，筏形基础的周边不宜向外有较大的伸挑、扩大。当需要外挑时，有肋梁的筏基宜将梁一同挑出。

**12.3.10** 桩基可采用钢筋混凝土预制桩、灌注桩或钢桩。桩基承台可采用柱下单独承台、双向交叉梁、筏形承台、箱形承台。桩基选择和承台设计应根据上部结构类型、荷载大小、桩穿越的土层、桩端持力层土质、地下水位、施工条件和经验、制桩材料供应条件等因素综合考虑。

**12.3.11** 桩基的竖向承载力、水平承载力和抗拔承载力设计，应符合现行行业标准《建筑桩基技术规范》JGJ 94的有关规定。

**12.3.12** 桩的布置应符合下列要求：

**1** 等直径桩的中心距不应小于3倍桩横截面的边长或直径；扩底桩中心距不应小于扩底直径的1.5倍，且两个扩大头间的净距不宜小于1m。

**2** 布桩时，宜使各桩承台承载力合力点与相应竖向永久荷载合力作用点重合，并使桩基在水平力产生的力矩较大方向有较大的抵抗矩。

**3** 平板式桩筏基础，桩宜布置在柱下或墙下，必要时可满堂布置，核心筒下可适当加密布桩；梁板式桩筏基础，桩宜布置在基础梁下或柱下；桩箱基础，宜将桩布置在墙下。直径不小于800mm的大直径桩可采用一柱一桩。

**4** 应选择较硬土层作为桩端持力层。桩径为$d$的桩端全截面进入持力层的深度，对于黏性土、粉土不宜小于$2d$；砂土不宜小于$1.5d$；碎石类土不宜小于$1d$。当存在软弱下卧层时，桩端下部硬持力层厚度不宜小于$4d$。

抗震设计时，桩进入碎石土、砾砂、粗砂、中砂、密实粉土、坚硬黏性土的深度尚不应小于0.5m，对其他非岩石类土尚不应小于1.5m。

**12.3.13** 对沉降有严格要求的建筑的桩基础以及采用摩擦型桩的桩基础，应进行沉降计算。受较大永久水平作用或对水平变位要求严格的建筑桩基，应验算其水平变位。

按正常使用极限状态验算桩基沉降时，荷载效应应采用准永久组合；验算桩基的横向变位、抗裂、裂缝宽度时，根据使用要求和裂缝控制等级分别采用荷载的标准组合、准永久组合，并考虑长期作用影响。

**12.3.14** 钢桩应符合下列规定：

**1** 钢桩可采用管形或H形，其材质应符合国家现行有关标准的规定；

**2** 钢桩的分段长度不宜超过15m，焊接结构应采用等强连接；

**3** 钢桩防腐处理可采用增加腐蚀余量措施；当钢管桩内壁同外界隔绝时，可不采用内壁防腐。钢桩的防腐速率无实测资料时，如桩顶在地下水位以下且地下水无腐蚀性，可取每年0.03mm，且腐蚀预留量不应小于2mm。

**12.3.15** 桩与承台的连接应符合下列规定：

**1** 桩顶嵌入承台的长度，对大直径桩不宜小于100mm，对中、小直径的桩不宜小于50mm；

**2** 混凝土桩的桩顶纵筋应伸入承台内，其锚固长度应符合现行国家标准《混凝土结构设计规范》GB 50010的有关规定。

**12.3.16** 箱形基础的平面尺寸应根据地基土承载力和上部结构布置以及荷载大小等因素确定。外墙宜沿建筑物周边布置，内墙应沿上部结构的柱网或剪力墙位置纵横均匀布置，墙体水平截面总面积不宜小于箱形基础外墙外包尺寸的水平投影面积的1/10。对基础平面长宽比大于4的箱形基础，其纵墙水平截面面积不应小于箱基外墙外包尺寸水平投影面积的1/18。

**12.3.17** 箱形基础的高度应满足结构的承载力、刚度及建筑使用功能要求，一般不宜小于箱基长度的1/20，且不宜小于3m。此处，箱基长度不计墙外悬挑板部分。

**12.3.18** 箱形基础的顶板、底板及墙体的厚度，应根据受力情况、整体刚度和防水要求确定。无人防设计要求的箱基，基础底板不应小于300mm，外墙厚度不应小于250mm，内墙的厚度不应小于200mm，顶板厚度不应小于200mm。

**12.3.19**　与高层主楼相连的裙房基础若采用外挑箱基墙或箱基梁的方法，则外挑部分的基底应采取有效措施，使其具有适应差异沉降变形的能力。

**12.3.20**　箱形基础墙体的门洞宜设在柱间居中的部位，洞口上、下过梁应进行承载力计算。

**12.3.21**　当地基压缩层深度范围内的土层在竖向和水平力方向皆较均匀，且上部结构为平立面布置较规则的框架、剪力墙、框架-剪力墙结构时，箱形基础的顶、底板可仅考虑局部弯曲进行计算；计算时，底板反力应扣除板的自重及其上面层和填土的自重，顶板荷载应按实际情况考虑。整体弯曲的影响可在构造上加以考虑。

箱形基础的顶板和底板钢筋配置除符合计算要求外，纵横方向支座钢筋尚应有 1/3～1/2 贯通配置，跨中钢筋应按实际计算的配筋全部贯通。钢筋宜采用机械连接；采用搭接时，搭接长度应按受拉钢筋考虑。

**12.3.22**　箱形基础的顶板、底板及墙体均应采用双层双向配筋。墙体的竖向和水平钢筋直径均不应小于 10mm，间距均不应大于 200mm。除上部为剪力墙外，内、外墙的墙顶处宜配置两根直径不小于 20mm 的通长构造钢筋。

**12.3.23**　上部结构底层柱纵向钢筋伸入箱形基础墙体的长度应符合下列规定：

**1**　柱下三面或四面有箱形基础墙的内柱，除柱四角纵向钢筋直通到基底外，其余钢筋可伸入顶板底面以下 40 倍纵向钢筋直径处；

**2**　外柱、与剪力墙相连的柱及其他内柱的纵向钢筋应直通到基底。

## 三、对规定的解读和建议

### 1. 有关场地的规定

(1) 有利、不利和危险地段的划分，基本沿用历次规范的规定。《抗规》4.1.1 条中地形、地貌和岩土特性的影响是综合在一起加以评价的，这是因为由不同岩土构成的同样地形条件的地震影响是不同的。2001 规范只列出了有利、不利和危险地段的划分，本次修订，明确其他地段划为可进行建设的一般场地。考虑到高含水量的可塑黄土在地震作用下会产生震陷，历次地震的震害也比较重，当地表存在结构性裂缝时对建筑物抗震也是不利的，因此将其列入不利地段。

关于局部地形条件的影响，从国内几次大地震的宏观调查资料来看，岩质地形与非岩质地形有所不同。1970 年云南通海地震和 2008 年汶川大地震的宏观调查表明，非岩质地形对烈度的影响比岩质地形的影响更为明显。如通海和东川的许多岩石地基上很陡的山坡，震害也未见有明显的加重。因此对于岩石地基的陡坡、陡坎等，本规范未列为不利的地段。但对于岩石地基的高度达数十米的条状突出的山脊和高耸孤立的山丘，由于鞭鞘效应明显，振动有所加大，烈度仍有增高的趋势。因此本规范均将其列为不利的地形条件。

应该指出：有些资料中曾提出过有利和不利于抗震的地貌部位。本规范在编制过程中曾对抗震不利的地貌部位实例进行了分析，认为：地貌是研究不同地表形态形成的原因，其中包括组成不同地形的物质（即岩性）。也就是说地貌部位的影响意味着地表形态和岩性二者共同作用的结果，将场地土的影响包括进去了。但通过一些震害实例说明：当处于平坦的冲积平原和古河道不同地貌部位时，地表形态是基本相同的，造成古河道上房屋震害加重的原因主要因地基土质条件很差所致。因此本规范将地貌条件分别在地形条件与场地土中加以考虑，不再提出地貌部位这个概念。

（2）89 规范中的场地分类，是在尽量保持抗震规范延续性的基础上，进一步考虑了覆盖层厚度的影响，从而形成了以平均剪切波速和覆盖层厚度作为评定指标的双参数分类方法。为了在保障安全的条件下尽可能减少设防投资，在保持技术上合理的前提下适当扩大了Ⅱ类场地的范围。另外，由于我国规范中Ⅰ、Ⅱ类场的 $T_g$ 值与国外抗震规范相比是偏小的，因此有意识地将Ⅰ类场地的范围划得比较小。

在场地划分时，需要注意以下几点：

1）关于场地覆盖层厚度的定义。要求其下部所有土层的波速均大于 500m/s，在 89 规范的说明中已有所阐述。执行中常出现一见到大于 500m/s 的土层就确定覆盖厚度而忽略对以下各土层的要求，这种错误应予以避免。2001 规范补充了当地面下某一下卧土层的剪切波速大于或等于 400m/s 且不小于相邻的上层土的剪切波速的 2.5 倍时，覆盖层厚度可按地面至该下卧层顶面的距离取值的规定。需要注意的是，只有当波速不小于 400m/s 且该土层以上的各土层的波速（不包括孤石和硬透镜体）都满足不大于该土层波速的 40％时才可按该土层确定覆盖层厚度；而且这一规定只适用于当下卧层硬土层顶面的埋深大于 5m 时的情况。

2）关于土层剪切波速的测试。2001 规范的波速平均采用更富有物理意义的等效剪切波速的公式计算，即：

$$v_{se} = d_0/t$$

式中，$d_0$ 为场地评定用的计算深度，取覆盖层厚度和 20m 两者中的较小值，$t$ 为剪切波在地表与计算深度之间传播的时间。

本次修订，初勘阶段的波速测试孔数量改为不宜小于 3 个。多层与高层建筑的分界，参照《民用建筑设计通则》改为 24m。

3）关于不同场地的分界。为了保持与 89 规范的延续性并与其他有关规范的协调，2001 规范对 89 规范的规定作了调整，Ⅱ类、Ⅲ类场地的范围稍有扩大，并避免了 89 规范Ⅱ类至Ⅳ类的跳跃。作为一种补充手段，当有充分依据时，允许使用插入方法确定边界线附近（指相差±15％的范围）的 $T_g$ 值。图 3-1 给出了一种连续化插入方案。该图在场地覆盖层厚度 $d_{ov}$ 和等效剪切波速 $v_{se}$ 平面上用等步长和按线性规则改变步长的方案进行连续化插入，相邻等值线的 $T_g$ 值均相差 0.01s。

本次修订，考虑到 $f_{ak}<200$kPa 的黏性土和粉土的实测波速可能大于 250m/s，将 2001 规范的中硬土与中软土地基承载力的分界改为 $f_{ak}>150$kPa。考虑到软弱土的指标 140m/s 与国际标准相比略偏低，将其改为 150m/s。场地类别的分界也改为 150m/s。

考虑到波速为 500～800m/s 的场地还不是很坚硬，将原场地类别Ⅰ类场地（坚硬土或岩石场地）中的硬质岩石场地明确为 $\mathrm{I}_0$ 类场地。因此，土的类型划分也相应区分。硬质岩石的波速，我国核电站抗震设计为 700m/s，美国抗震设计规范为 760m/s，欧洲抗震规范为 800m/s，从偏于安全方面考虑，调整为 800m/s。

4）高层建筑的场地类别问题是工程界关心的问题。按理论及实测，一般土层中的地震加速度随距地面深度而渐减。我国亦有对高层建筑修正场地类别（由高层建筑基底起算）或折减地震力建议。因高层建筑埋深常达 10m 以上，与浅基础相比，有利之处是：

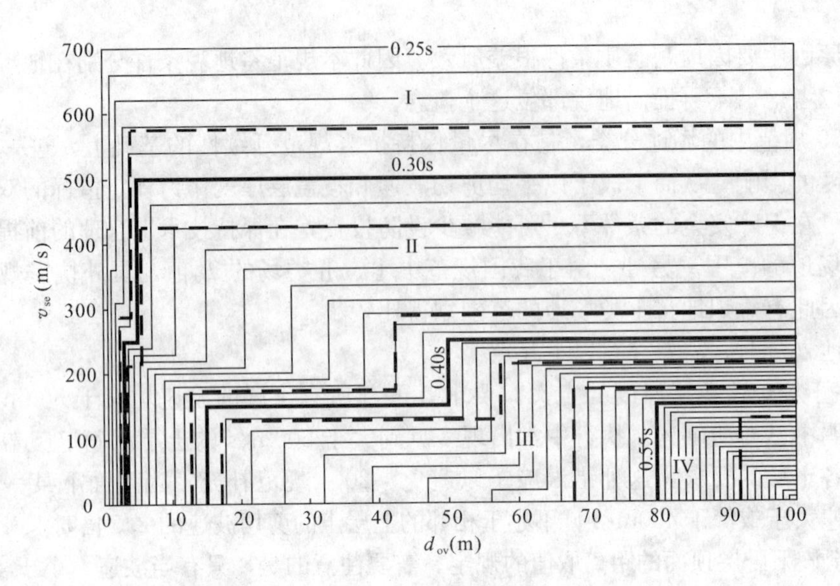


图 3-1　在 $d_{ov}$-$v_{se}$ 平面上的 $T_g$ 等值线图

（用于设计特征周期一组，图中相邻 $T_g$ 等值线的差值均为 0.01s）

基底地震输入小了；但深基础的地震动输入机制很复杂，涉及地基土和结构相互作用，目前尚无公认的理论分析模型，更未能总结出实用规律，因此暂不列入规范。深基础的高层建筑的场地类别仍按浅基础考虑。

5）本条中规定的场地分类方法主要适用于剪切波速随深度呈递增趋势的一般场地，对于有较厚软夹层的场地，由于其对短周期地震动具有抑制作用，可以根据分析结果适当调整场地类别和设计地震动参数。

6）新黄土是指 $Q_3$ 以来的黄土。

(3) 断裂对工程影响的评价问题，长期以来，不同学科之间存在着不同看法，经过近些年来的不断研究与交流，认为需要考虑断裂影响，这主要是指地震时老断裂重新错动直通地表，在地面产生位错，对建在位错带上的建筑，其破坏是不易用工程措施加以避免的。因此规范中划为危险地段应予避开。至于地震强度，一般在确定抗震设防烈度时已给予考虑。

在活动断裂时间下限方面已取得了一致意见：即对一般的建筑工程只考虑 1.0 万年（全新世）以来活动过的断裂，在此地质时期以前的活动断裂可不予考虑。对于核电、水电等工程则应考虑 10 万年以来（晚更新世）活动过的断裂，晚更新世以前活动过的断裂亦可不予考虑。

另外一个较为一致的看法是，在地震烈度小于 8 度的地区，可不考虑断裂对工程的错动影响，因为多次国内外地震中的破坏现象均说明，在小于 8 度的地震区，地面一般不产生断裂错动。

目前尚有看法分歧的是关于隐伏断裂的评价问题，在基岩以上覆盖土层多厚，是什么土层，地面建筑就可以不考虑下部断裂的错动影响。根据我国近年来的地震宏观地表位错考察，学者们看法不够一致。有人认为 30m 厚土层就可以不考虑，有些学者认为是 50m，还有人提出用基岩位错量大小来衡量，如土层厚度是基岩位错量的 25～30 倍以上就可不考虑等。唐山地震震中区的地裂缝，经有关单位详细工作证明，不是沿地下岩石错动直通地表的构造断裂形成的，而是由于地面振动，表面应力形成的表层地裂。这种裂缝仅分布在地面以下 3m 左右，下部土层并未断开（挖探井证实），在采煤巷道中也未发现错动，对有一定深度基础的建筑物影响不大。

为了对问题进行更深入的研究，由北京市勘察设计研究院在建设部抗震办公室申请立项，开展了发震断裂上覆土层厚度对工程影响的专项研究。此项研究主要采用大型离心机模拟实验，可将缩小的模型通过提高加速度的办法达到与原型应力状况相同的状态；为了模拟断裂错动，专门加工了模拟断裂突然错动的装置，可实现垂直与水平二种错动，其位错量大小是根据国内外历次地震不同震级条件下位错量统计分析结果确定的；上覆土层则按不同岩性、不同厚度分为数种情况。实验时的位错量为 1.0～4.0m，基本上包括了 8 度、9 度情况下的位错量；当离心机提高加速度达到与原型应力条件相同时，下部基岩突然错动，观察上部土层破裂高度，以便确定安全厚度。根据实验结果，考虑一定的安全储备和模拟实验与地震时震动特性的差异，安全系数取为 3，据此提出了 8 度、9 度地区上覆土层安全厚度的界限值。应当说这是初步的，可能有些因素尚未考虑。但毕竟是第一次以模拟实验为基础的定量提法，跟以往的分析和宏观经验是相近的，有一定的可信度。2001 规范根据搜集到的国内外地震断裂破裂宽度的资料提出了避让距离，这是宏观的分析结果，随着地震资料的不断积累将会得到补充与完善。

近年来，北京市地震局在上述离心机试验基础上进行了基底断裂错动在覆盖土层中向上传播过程的更精细的离心机模拟，认为以前试验的结论偏于保守，可放宽对破裂带的避让要求。

综合考虑历次大地震的断裂震害，离心机试验结果和我国地震区、特别是山区民居建造的实际情况，本次修订适度减少了避让距离，并规定当确实需要在避让范围内建造房屋时，仅限于建造分散的、不超过三层的丙、丁类建筑，同时应按提高一度采取抗震措施，并提高基础和上部结构的整体性，且不得跨越断层。严格禁止在避让范围内建造甲、乙类建筑。对于山区中可能发生滑坡的地带，属于特别危险的地段，严禁建造民居。

（4）考虑局部突出地形对地震动参数的放大作用，主要依据宏观震害调查的结果和对不同地形条件和岩土构成的形体所进行的二维地震反应分析结果。所谓局部突出地形主要是指山包、山梁和悬崖、陡坎等，情况比较复杂，对各种可能出现的情况的地震动参数的放大作用都作出具体的规定是很困难的。从宏观震害经验和地震反应分析结果所反映的总趋势，大致可以归纳为以下几点：①高突地形距离基准面的高度越大，高处的反应越强烈；②离陡坎和边坡顶部边缘的距离越大，反应相对减小；③从岩土构成方面看，在同样地形条件下，土质结构的反应比岩质结构大；④高突地形顶面越开阔，远离边缘的中心部位的反应是明显减小的；⑤边坡越陡，其顶部的放大效应相应加大。

基于以上变化趋势，以突出地形的高差 $H$，坡降角度的正切 $H/L$ 以及场址距突出地形边缘的相对距离 $L_1/H$ 为参数，归纳出各种地形的地震力放大作用如下：

$$\lambda = 1 + \xi\alpha$$

式中：$\lambda$——局部突出地形顶部的地震影响系数的放大系数；

$\alpha$——局部突出地形地震动参数的增大幅度，按表 3-1 采用；

$\xi$——附加调整系数，与建筑场地离突出台地边缘（最近点）的距离 $L_1$ 与相对高差 $H$ 的比值有关（见图 3-2）。当 $L_1/H<2.5$ 时，$\xi=1.0$；当 $2.5\leqslant L_1/H<5$

时，$\xi=0.6$；当 $L_1/H\geqslant5$ 时，$\xi=0.3$。

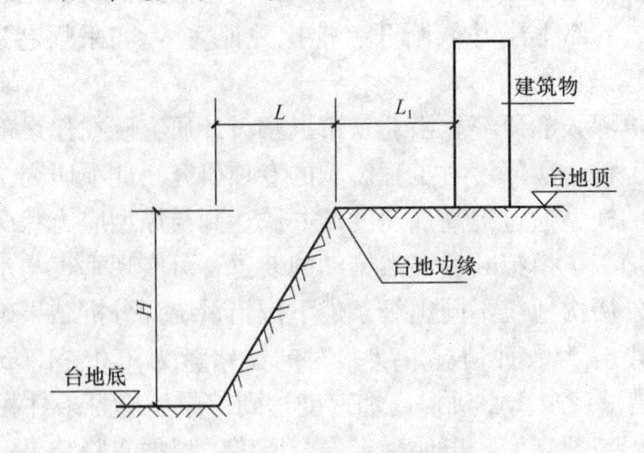


图 3-2　局部突出地形的影响

**局部突出地形地震影响系数的增大幅度 α 值**　　**表 3-1**

| 突出地形的高度 $H$（m） | 非岩质地层 | $H<5$ | $5\leqslant H<15$ | $15\leqslant H<25$ | $H\geqslant25$ |
|---|---|---|---|---|---|
| | 岩质地层 | $H<20$ | $20\leqslant H<40$ | $40\leqslant H<60$ | $H\geqslant60$ |
| 局部突出台地边缘的侧向平均坡降（$H/L$） | $H/L<0.3$ | 0 | 0.1 | 0.2 | 0.3 |
| | $0.3\leqslant H/L<0.6$ | 0.1 | 0.2 | 0.3 | 0.4 |
| | $0.6\leqslant H/L<1.0$ | 0.2 | 0.3 | 0.4 | 0.5 |
| | $H/L\geqslant1.0$ | 0.3 | 0.4 | 0.5 | 0.6 |

（5）勘察内容应根据实际的土层情况确定：有些地段，既不属于有利地段也不属于不利地段，而属于一般地段；不存在饱和砂土和饱和粉土时，不判别液化，若判别结果为不考虑液化，也不属于不利地段；无法避开的不利地段，要在详细查明地质、地貌、地形条件的基础上，提供岩土稳定性评价报告和相应的抗震措施。

场地地段的划分，是在选择建筑场地的勘察阶段进行的，要根据地震活动情况和工程地质资料进行综合评价。对软弱土、液化土等不利地段，要按规范的相关规定提出相应的措施。

场地类别划分，不要误为"场地土类别"划分，要依据场地覆盖层厚度和场地土层软硬程度这两个因素。其中，土层软硬程度不再采用 89 规范的"场地土类型"这个提法，一律采用"土层的等效剪切波速"值予以反映。

**2. 有关液化土和软土地基的规定**

（1）依据液化场地的震害调查结果，许多资料表明在 6 度区液化对房屋结构所造成的震害是比较轻的，因此《抗规》4.3.1 条规定除对液化沉陷敏感的乙类建筑外，6 度区的一般建筑可不考虑液化影响。当然，6 度的甲类建筑的液化问题也需要专门研究。

关于黄土的液化可能性及其危害在我国的历史地震中虽不乏报导，但缺乏较详细的评价资料，在 20 世纪 50 年代以来的多次地震中，黄土液化现象很少见到，对黄土的液化判别尚缺乏经验，但值得重视。近年来的国内外震害与研究还表明，砾石在一定条件下也会液化，但是由于黄土与砾石液化研究资料还不够充分，暂不列入规范，有待进一步研究。

（2）《抗规》4.3.2 条较全面地规定了减少地基液化危害的对策：首先，液化判别的范围为，除6度设防外存在饱和砂土和饱和粉土的土层；其次，一旦属于液化土，应确定地基的液化等级；最后，根据液化等级和建筑抗震设防分类，选择合适的处理措施，包括地基处理和对上部结构采取加强整体性的相应措施等。

89规范初判的提法是根据20世纪50年代以来历次地震对液化与非液化场地的实际考察、测试分析结果得出来的。从地貌单元来讲这些地震现场主要为河流冲洪积形成的地层，没有包括黄土分布区及其他沉积类型。如唐山地震震中区（路北区）为滦河二级阶地，地层年代为晚更新世（$Q_3$）地层，对地震烈度10度区考察，钻探测试表明，地下水位为3～4m，表层为3m左右的黏性土，其下即为饱和砂层，在10度情况下没有发生液化，而在一级阶地及高河漫滩等地分布的地质年代较新的地层，地震烈度虽然只有7度和8度却也发生了大面积液化，其他震区的河流冲积地层在地质年代较老的地层中也未发现液化实例。国外学者T. L. Youd和Perkins的研究结果表明：饱和松散的水力冲填土差不多总会液化，而且全新世的无黏性土沉积层对液化也是很敏感的，更新世沉积层发生液化的情况很罕见，前更新世沉积层发生液化则更是罕见。这些结论是根据1975年以前世界范围的地震液化资料给出的，并已被1978年日本的两次大地震以及1977年罗马尼亚地震液化现象所证实。

根据诸多现代地震液化资料分析认为，89规范中有关地质年代的判断条文除高烈度区中的黄土液化外都能适用。为慎重起见，2001规范将此款的适用范围改为局限于7、8度区。

89规范关于地基液化判别方法，在地震区工程项目地基勘察中已广泛应用。2001规范的砂土液化判别公式，在地面下15m范围内与89规范完全相同，是对78版液化判别公式加以改进得到的：保持了15m内随深度直线变化的简化，但减少了随深度变化的斜率（由0.125改为0.10），增加了随水位变化的斜率（由0.05改为0.10），使液化判别的成功率比78规范有所增加。

随着高层及超高层建筑的不断发展，基础埋深越来越大。高大的建筑采用桩基和深基础，要求判别液化的深度也相应加大，判别深度为15m，已不能满足这些工程的需要。

《抗规》本次修订的变化如下：

1）液化判别深度。一般要求将液化判别深度加深到20m，对于本规范第4.2.1条规定可不进行天然地基及基础的抗震承载力验算的各类建筑，可只判别地面下15m范围内土的液化。

2）液化判别公式。自1994年美国Northridge地震和1995年日本Kobe地震以来，北美和日本都对其使用的地震液化简化判别方法进行了改进与完善，1996、1997年美国举行了专题研讨会，2000年左右，日本的几本规范皆对液化判别方法进行了修订。考虑到影响土壤液化的因素很多，而且它们具有显著的不确定性，采用概率方法进行液化判别是一种合理的选择。自1988年以来，特别是20世纪末和21世纪初，国内外在砂土液化判别概率方法的研究都有了长足的进展。

考虑一般结构可接受的液化风险水平以及国际惯例，选用震级$M=7.5$，液化概率$P_L=0.32$，水位为2m，埋深为3m处的液化临界锤击数作为液化判别标准贯入锤击数基准值，见规范正文表4.3.4。不同地震分组乘以调整系数。研究表明，理想的调整系数$\beta$与震级大小有关，可近似用式$\beta=0.25M-0.89$表示。鉴于本规范规定按设计地震分组进行抗震设计，而各地震分组之间又没有明确的震级关系，因此本条依据 2001 规范两个地震组的液化判别标准以及$\beta$值所对应的震级大小的代表性，规定了三个地震组的$\beta$数值。

(3)《抗规》4.3.5 条提供了一个简化的预估液化危害的方法，可对场地的喷水冒砂程度、一般浅基础建筑的可能损坏，作粗略的预估，以便为采取工程措施提供依据。

1）液化指数表达式的特点是：为使液化指数为无量纲参数，权函数 $W$ 具有量纲 $m^{-1}$；权函数沿深度分布为梯形，其图形面积判别深度 20m 时为 125。

2）液化等级的名称为轻微、中等、严重三级；各级的液化指数、地面喷水冒砂情况以及对建筑危害程度的描述见表 3-2，系根据我国百余个液化震害资料得出的。

**液化等级和对建筑物的相应危害程度**　　**表 3-2**

| 液化等级 | 液化指数(20m) | 地面喷水冒砂情况 | 对建筑的危害情况 |
|---|---|---|---|
| 轻微 | <6 | 地面无喷水冒砂，或仅在洼地、河边有零星的喷水冒砂点 | 危害性小，一般不至引起明显的震害 |
| 中等 | 6～18 | 喷水冒砂可能性大，从轻微到严重均有，多数属中等 | 危害性较大，可造成不均匀沉陷和开裂，有时不均匀沉陷可能达到 200mm |
| 严重 | >18 | 一般喷水冒砂都很严重，地面变形很明显 | 危害性大，不均匀沉陷可能大于 200mm，高重心结构可能产生不容许的倾斜 |

2001 规范中，层位影响权函数值 $W_i$ 的确定考虑了判别深度为 15m 和 20m 两种情况。本次修订明确采用 20m 判别深度。因此，只保留原条文中的判别深度为 20m 情况的 $W_i$ 确定方案和液化等级与液化指数的对应关系。对本规范第 4.2.1 条规定可不进行天然地基及基础的抗震承载力验算的各类建筑，计算液化指数时 15m 地面下的土层均视为不液化。

(4) 抗液化措施是对液化地基的综合治理，本次修订继续保持 2001 规范针对 89 规范的修改内容：

1）89 规范中不允许液化地基作持力层的规定有些偏严，改为不宜将未加处理的液化土层作为天然地基的持力层。因为：理论分析与振动台试验均已证明液化的主要危害来自基础外侧，液化持力层范围内位于基础直下方的部位其实最难液化，由于最先液化区域对基础直下方未液化部分的影响，使之失去侧边土压力支持。在外侧易液化区的影响得到控制的情况下，轻微液化的土层是可以作为基础的持力层的，例如：

例 1，1975 年海城地震中营口宾馆筏基以液化土层为持力层，震后无震害，基础下液化层厚度为 4.2m，为筏基宽度的 1/3 左右，液化土层的标贯锤击数 $N=2\sim5$，烈度为 7 度。在此情况下基础外侧液化对地基中间部分的影响很小。

例 2，1995 年日本阪神地震中有数座建筑位于液化严重的六甲人工岛上，地基未加处理而未遭液化危害的工程实录（见松尾雅夫等人论文，载"基础工"1996 年 11 期，P54）：

① 仓库二栋，平面均为 36m×24m，设计中采用了补偿式基础，即使仓库满载时的基底压力也只是与移去的土自重相当。地基为欠固结的可液化砂砾，震后有震陷，但建筑物无损，据认为无震害的原因是：液化后的减震效果使输入基底的地震作用削弱；补偿式筏式基础防止了表层土喷砂冒水；良好的基础刚度可使不均匀沉降减小；采用了吊车轨道

调平，地脚螺栓加长等构造措施以减少不均匀沉降的影响。

② 平面为 116.8m×54.5m 的仓库建在六甲人工岛厚 15m 的可液化土上，设计时预期建成后欠固结的黏土下卧层尚可能产生 1.1～1.4m 的沉降。为防止不均匀沉降及液化，设计中采用了三方面的措施：补偿式基础＋基础下 2m 深度内以水泥土加固液化层＋防止不均匀沉降的构造措施。地震使该房屋产生震陷，但情况良好。

例 3，震害调查与有限元分析显示，当基础宽度与液化层厚之比大于 3 时，则液化震陷不超过液化层厚的 1%，不致引起结构严重破坏。

因此，将轻微和中等液化的土层作为持力层不是绝对不允许，但应经过严密的论证。

2）液化的危害主要来自震陷，特别是不均匀震陷。震陷量主要决定于土层的液化程度和上部结构的荷载。由于液化指数不能反映上部结构的荷载影响，因此有趋势直接采用震陷量来评价液化的危害程度。例如，对 4 层以下的民用建筑，当精细计算的平均震陷值 $S_E$＜5cm 时，可不采取抗液化措施，当 $S_E$＝5～15cm 时，可优先考虑采取结构和基础的构造措施，当 $S_E$＞15cm 时需要进行地基处理，基本消除液化震陷；在同样震陷量下，乙类建筑应该采取较丙类建筑更高的抗液化措施。

(5)《抗规》在 4.3.7～4.3.9 条中规定了消除液化震陷和减轻液化影响的具体措施，这些措施都是在震害调查和分析判断的基础上提出来的。

采用振冲加固或挤密碎石桩加固后构成了复合地基。此时，如桩间土的实测标贯值仍低于本规范 4.3.4 条规定的临界值，不能简单判为液化。许多文献或工程实践均已指出振冲桩或挤密碎石桩有挤密、排水和增大桩身刚度等多重作用，而实测的桩间土标贯值不能反映排水的作用。因此，89 规范要求加固后的桩间土的标贯值应大于临界标贯值是偏保守的。

新的研究成果与工程实践中，已提出了一些考虑桩身强度与排水效应的方法，以及根据桩的面积置换率和桩土应力比适当降低复合地基桩间土液化判别的临界标贯值的经验方法，2001 规范将“桩间土的实测标贯值不应小于临界标贯锤击数”的要求，改为“不宜”。本次修订继续保持。

注意到历次地震的震害经验表明，筏基、箱基等整体性好的基础对抗液化十分有利。例如 1975 年海城地震中，营口市营口饭店直接坐落在 4.2m 厚的液化土层上，震后仅沉降缝（筏基与裙房间）有错位；1976 年唐山地震中，天津医院 12.8m 宽的筏基下有 2.3m 的液化粉土，液化层距基底 3.5m，未做抗液化处理，震后室外有喷水冒砂，但房屋基本不受影响。1995 年日本神户地震中也有许多类似的实例。实验和理论分析结果也表明，液化往往最先发生在房屋基础下外侧的地方，基础中部以下是最不容易液化的。因此对大面积箱形基础中部区域的抗液化措施可以适当放宽要求。

(6)《抗规》4.3.10 条规定了有可能发生侧扩或流动时滑动土体的最危险范围并要求采取土体抗滑和结构抗裂措施。

1）液化侧扩地段的宽度来自 1975 年海城地震、1976 年唐山地震及 1995 年日本阪神地震对液化侧扩区的大量调查。根据对阪神地震的调查，在距水线 50m 范围内，水平位移及竖向位移均很大；在 50～150m 范围内，水平地面位移仍较显著；大于 150m 以后水平位移趋于减小，基本不构成震害。上述调查结果与我国海城、唐山地震后的调查结果基本一致：海河故道、滦运河、新滦河、陡河岸波滑坍范围约距水线 100～150m，辽河、黄河等则可达500m。

2）侧向流动土体对结构的侧向推力，根据阪神地震后对受害结构的反算结果得到的：1）非液化上覆土层施加于结构的侧压相当于被动土压力，破坏土楔的运动方向是土楔向上滑而楔后土体向下，与被动土压发生时的运动方向一致；2）液化层中的侧压相当于竖向总压的1/3；3）桩基承受侧压的面积相当于垂直于流动方向桩排的宽度。

3）减小地裂对结构影响的措施包括：1）将建筑的主轴沿平行河流放置；2）使建筑的长高比小于3；3）采用筏基或箱基，基础板内应根据需要加配抗拉裂钢筋，筏基内的抗弯钢筋可兼作抗拉裂钢筋，抗拉裂钢筋可由中部向基础边缘逐段减少。当土体产生引张裂缝并流向河心或海岸线时，基础底面的极限摩阻力形成对基础的撕拉力，理论上，其最大值等于建筑物重力荷载之半乘以土与基础间的摩擦系数，实际上常因基础底面与土有部分脱离接触而减少。

从1976年唐山地震、1999年我国台湾和土耳其地震中的破坏实例分析，软土震陷确是造成震害的重要原因，实有明确判别标准和抗御措施之必要。

对少黏性土的液化判别，我国学者最早给出了判别方法。1980年汪闻韶院士提出根据液限、塑限判别少黏性土的地震液化，此方法在国内已获得普遍认可，在国际上也有一定影响。我国水利和电力部门的地质勘察规范已将此写入条文。虽然近几年国外学者[Bray et al.（2004）、Seed et al.（2003）、Martin et al.（2000）等]对此判别方法进行了改进，但基本思路和框架没变。本次修订，借鉴和考虑了国内外学者对该判别法的修改意见，及《水利水电工程地质勘察规范》GB 50478和《水工建筑物抗震设计规范》DL 5073的有关规定，增加了软弱粉质土震陷的判别法。

对自重湿陷性黄土或黄土状土，研究表明具有震陷性。若孔隙比大于0.8，当含水量在缩限（指固体与半固体的界限）与25%之间时，应该根据需要评估其震陷量。对含水量在25%以上的黄土或黄土状土的震陷量可按一般软土评估。关于软土及黄土的可能震陷目前已有了一些研究成果可以参考。例如，当建筑基础底面以下非软土层厚度符合表3-3中的要求时，可不采取消除软土地基的震陷影响措施。

**基础底面以下非软土层厚度　　表3-3**

| 烈　度 | 基础底面以下非软土层厚度（m） |
|---|---|
| 7 | ≥0.5$b$且≥3 |
| 8 | ≥$b$且≥5 |
| 9 | ≥1.5$b$且≥8 |

注：$b$为基础底面宽度（m）。

### 3. 有关基础设计的规定

多、高层建筑的地基基础不同方案选择，与工程造价关系极大，为节省投资应该对地基基础多方案比较进行优化设计。多、高层建筑宜优先采用天然地基，有利于方便施工，缩短工期，节省造价；天然地基的变形和承载力不能满足时，可结合工程情况和当地地基处理经验及施工条件，首先考虑采用CFG桩等复合地基；当复合地基不满足变形及承载力要求时，应采用桩基。桩基采用预制桩还是采用现浇灌注桩，预制桩采用锤击还是静压成桩工艺，灌注桩是否采用后注浆，均应依据工程和当地具体情况采用不同方案，这些与工期和造价关系很大。基础的不同选型，直接关系到工期和造价，在考虑方案时应注意护坡、土方、结构专业以外的附加材料费用、工期等综合造价，不应只考虑结构专业的混凝土和钢筋用量。

(1) 在方案设计过程中和计算结果判断时经常用到的一些概念：

1) 基础设计的目的是为上部结构提供一可靠的平台，使上部结构受力与分析结果一致。为此应保证一定的刚度和强度。地基基础规范与桩基规范等对基础沉降与差异沉降都提出了强制规定。

2) 基础类型可分两大类，有独立式基础（独基、桩承台）、整体式基础（地基梁、筏板、箱基、桩梁、桩筏、桩箱）。对于独立式基础可以取荷载的最大轴力组合、最大弯矩组合、最大剪力组合计算；对于整体式基础每个柱子的最大值不会同时出现，应对各种荷载效应组合分别计算后进行统计。相比两种设计方法，整体式基础整体刚度大、计算复杂，但对地基承载力的总要求反而降低，桩数反而减少。

3) 天然地基上的筏基与常规桩筏基础是两种典型的整体式基础形式。常规桩筏基础不考虑桩间土承载力的发挥，当减小桩数量后桩与土就能共同发挥作用，如桩基规范中的复合桩基。当天然地基上的筏基沉降不能满足设计要求时，可加少量桩来减小沉降及提高承载力，如上海规范的沉降控制复合桩基。对天然地基进行人工处理后（如采用 CFG 桩或其他刚性桩），就可变成复合桩基（没有设柔性垫层）或复合地基（设柔性垫层）。

4) 整体式基础是一个超静定结构，基底土、桩反力及基础所受内力与筏板刚度密切相关，刚度越大内力越大。当局部构件配筋过大时，首先想到增大尺寸，如不起作用，减小尺寸有时更有效。

5) 相比上部结构计算，设计人员的工程经验起着重要作用。在桩筏有限元计算中，桩弹簧刚度及板底土反力基床系数的确定等均与沉降密切相关，因此基础计算的关键是基础的沉降问题。合理的沉降量是筏板内力及配筋计算的前提，在沉降量合理性的判断过程中，工程经验起着重要的作用。

6) 高层建筑采用天然地基上的筏形基础比较经济。当采用天然地基而承载力和沉降不能完全满足需要时，可采用复合地基。目前国内在高层建筑中采用复合地基已经有比较成熟的经验，可根据需要把地基承载力特征值提高到 300～500kPa，满足一般高层建筑的需要。

(2) 地基基础规范强调了按变形控制设计地基基础的重要性，沉降计算是基础计算的重要内容。由于设计人员往往认为按规范算出的结果就是对的，当软件出现多个沉降计算结果时，设计人员会出现疑问或困惑。实际上，这与岩土工程的复杂性有关，我国幅员辽阔，地质条件千差万别、各不相同。虽然规范中提供了各种沉降计算的方法，所有方法基本上都假设土是弹性介质，采用弹性有限压缩分层总和法计算出初值，再乘以一个计算经验系数。但是土的本构关系不是线弹性，用弹性解来模拟只是一个近似。不同的土与弹性解的误差是各不相同的，虽然计算经验系数是通过统计得到的，由于统计样本的土不是同一土性，离散性较大，所以只能作为参考。这样就不难理解不同的地方规范经验修正方法不同，比如对于简单的天然地基，按地基规范计算的沉降与上海规范计算的沉降有时会差一倍多。

沉降值包括基底附加压应力引起的沉降和考虑回弹再压缩的量，回弹再压缩的量是比较难计算的，因为与施工的方法、时间、环境等相关。对于先打桩后开挖的情况，沉降计算可以忽略基坑开挖地基土回弹再压缩。但对于其他情况的深基础，设计中要考虑基坑开挖地基土回弹再压缩。根据多个工程实测也发现，如果不考虑，裙房沉降偏小，主裙楼差异沉降偏大。对于主楼回弹再压缩量占总沉降量的小部分，对于裙房回弹再压缩量占总沉降量的大部分。回弹再压缩模量与压缩模量之比的取值可查勘察资料，如勘察资料没有提供，可取2～5之间的值。

对在建建筑物进行沉降观测，比较与计算值之间的差别，通过这些工作以期积累工程经验。事实上，不管是天然地基还是桩基，基础沉降值不可能完全按公式计算确定，根据丰富的当地经验判断的沉降值往往比按公式计算的结果更具可靠性，更具参考价值。

(3) 高层建筑上部结构、地下室与地基基础的相互作用

1) 高层建筑的基础上部整体连接着层数很多的框架、剪力墙或（和）筒体结构，地下室四周很厚的挡土墙又紧贴着有效侧限的密实回填土，下部又连接着沿深度变化的地基。无论在竖向荷载还是水平荷载的作用下，它们都会有机地共同作用，相互协调变形。尽管在这方面的设计计算理论仍不够完善，但如果再把基础从上部结构和下部地基的客观边界条件中完全隔离出来进行计算，是根本无法达到真正设计要求的目的的。

高层建筑基础的分析与设计经历了不考虑上、下共同相互作用的阶段，仅考虑基础和地基共同作用的阶段，到现今开始全面考虑上部结构和地基基础相互作用的新阶段。我国目前也有了专门的高层建筑与地基基础共同作用理论的相关程序。但现在设计人员所用的一体化计算机结构设计程序仍是沿袭着不具体充分考虑相互作用的常规计算方法。所以，设计的计算结果往往和工程实测的结果相差较远。

2) 无论是箱基还是筏基，诸多工程的实测都显示：底板的整体弯曲率都很小，往往都不到万分之五，甘肃省的一些高层建筑箱形基础的实测都在$(0.16\sim3.4)\times10^{-4}$之间，例如法兰克福展览会大楼的筏板实测挠曲率也只有$2.55\times10^{-4}$，而测得的筏（或底）板钢筋应力一般都在$20\sim30\text{N/mm}^2$之间，只有钢筋强度设计值的十分之一，个别内力较大的工程也几乎没有超过$70\text{N/mm}^2$；又例如陕西省邮政电信网管中心大楼筏板所测得的最大钢筋拉应力也只有$42.66\text{N/mm}^2$。

出现这种基础底板内力远远小于常规计算方法的因素很多，如在基础底板施工时，只有底板的自重，且无任何上部结构的边界约束，而混凝土的硬化收缩力大，在底板的收缩应变过程中，使混凝土中的纵向钢筋产生预压应力。若混凝土的收缩当量为15℃，则钢筋的预压应力可达$31.5\text{N/mm}^2$，陕西省邮政电信网管中心大楼测得的筏板钢筋预压应力为$30.25\text{N/mm}^2$，相当于十分之一的设计强度，从而在正常工作状态下抵消了部分拉应力，使钢筋的受力变小；另外，基础底面和地基土之间巨大的摩擦力起着一定程度的反弯曲作用。摩擦力是整栋建筑的客观边界条件，不能视而不见，特别是对于天然地基的箱形和筏形基础来讲，地基土都比较坚实，变形模量、基床系数都比较大，则基础底板的内力和相应的挠曲率势必会相应减小；再有，天然地基设计承载力按平均值取用，而实测基底反力表明，由于土体局部承压提高了承载力，在柱和墙下的反力比平均反力值大得多（图3-3）。

除上述等因素外，最主要的是上部结构和地下室整体刚度的贡献，并参与了基础的共同抗力，起到了拱的作用，从而减小了底板的挠曲和内力。对若干工程基础受力钢筋的应力测试表明，在施工底部几层时，基础钢筋的应力是处于逐渐增长的状态，变形曲率也逐

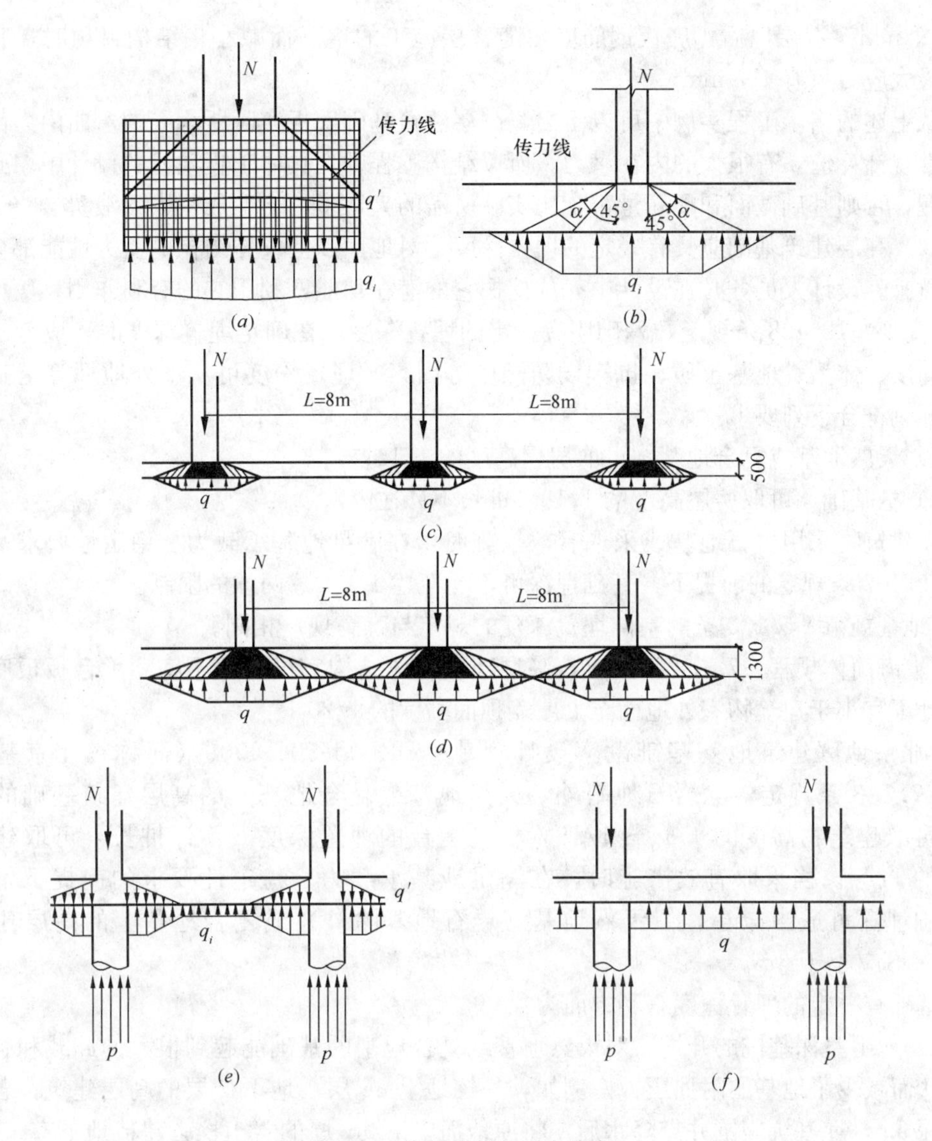


图 3-3 基础传荷及反力分布

(a) 地基上的刚块；(b) 基础荷载传递示意；(c) 基础梁刚度较小的联合基础；(d) 基础梁刚度较大的联合基础；(e) 桩基反力实际分布；(f) 桩基反力计算假定

渐加大。施工到上部第 4、5 层时，钢筋的应力达到最大值。然后随着层数及其相应的荷载逐步增加，底板钢筋的应力又逐渐减小，变形曲率也逐渐减缓。其原因是，在施工底部 4、5 层时，已建上部结构的混凝土尚未达到强度，刚度也尚未形成，这时的上部荷载全部由基础底板来单独承担。而随着继续往上施工，上部结构的刚度渐次形成，并逐渐加大，和基础底板整体作用，共同抗力，则产生拱的作用，使基础底板的变形趋于平缓。北京中医院工程箱形基础的现场实测显示，底板和顶板均为拉应力。这充分说明了由于上部结构和基础的共同作用，弯曲变形的中和轴已移到上部结构。

又如北京前三门 604 号工程，地下 2 层，地上 10 层，箱形基础实测显示：钢筋应力随底部楼层施工的增高而加大，当施工至连同地下室共 5 层时，基础底板钢筋应力最大值为 30N/mm²，5 层以后，底板钢筋应力随楼层施工的增高而减小。结构封顶时，底板钢筋的最大应力只有 4N/mm²。

从上述的诸多工程实例中可以看出，高层建筑基础底板实际所承受的弯曲内力都远远小于常规计算值，有很大的内在潜力。所以结构工程师在具体工程项目的设计中，必须细心把握，否则基础截面和配筋量都会比实际所需的大得多，会造成很大的浪费。

（4）高层建筑基础应具有一定的埋置深度，对地面以上整体结构的受力性能都会有很大的贡献。设计人员务必在设计中充分挖掘它的潜在功能，利用它的有利作用。

《高规》12.1.8 条规定，基础应有一定的埋置深度。在确定埋置深度时，应考虑建筑物的高度、体型、地基土质、抗震设防烈度等因素。埋置深度可从室外地坪算至基础底面，并宜符合下列要求：

1）天然地基或复合地基，可取房屋高度的 1/15；

2）桩基础，可取房屋高度的 1/18（桩长不计在内）。

当建筑物采用岩石地基或采取有效措施时，在满足地基承载力、稳定性要求及《高规》12.1.7 条规定的前提下，基础埋深可不受上述 1）、2）两款的限制。

《地基规范》5.1.3 条的基础埋置深度的规定与《高规》相同。

《上海简体规程》7.1.4 条规定，高层建筑简体结构宜设置地下室。承台板板底的埋置深度不宜小于建筑物室外地面至上屋盖顶面高度的 1/20。

《北京地区建筑地基基础勘察设计规范》DBJ 11-501-2009（简称《北京基础规范》）7.2.3 条规定，除岩石地基外，天然地基或复合地基上的高层建筑基础的埋置深度可取建筑物高度的 1/18～1/15，桩基承台的埋置深度（不计桩长）可取建筑物高度的 1/20。当采取有效措施时，在满足地基承载力、稳定性要求的前提下，建筑物基础埋深可适当减小，但天然地基（岩石地基除外）或复合地基上的高层建筑基础埋深不应小于 3m。

基础有一定的埋置深度有利方面为：

1）地下室深基坑的开挖，对天然地基或复合地基的基础能起到很大的卸载和补偿作用，从而减少了地基的附加压力。例如，一栋地上 36 层、地下 2 层的高层建筑，若筏板底埋深 9m，在基坑周围井点降水后，将原地面以下 9m 厚的岩土挖去建造地下室，则卸，去的土压力为 9×18=162kPa，约相当于 10 层楼的标准荷载重量，（上部楼层的标准荷载按 16kPa 计）。如果该场地的地下水位为地表下 2m，当地下室建成后，井点降水终止，则地下水回升正常水位的浮托力为 70kPa，约相当于 4 层楼的标准荷载重量。所以，地基实际上所需支承的仅是 36+2−10−4=24 层楼（包括地下室在内）的荷重，即卸去了约 36%的上部荷载，从而也就大大地降低了对地基承载力的要求。

2）由于地下室具有一定的埋置深度，周边都有按设计要求夯实的回填土，所以地下室前、后钢筋混凝土外墙的被动土压力和侧墙的摩擦阻力都限制了基础的摆动，加强了基础的稳定，并使基础底板的压力分布趋于平缓。所以，很多资深结构设计人员认为，当地下室的埋深大于建筑物高度的 1/12～1/10 时，完全可以克服和限制偏压引起的整体倾覆问题。

地下室周边回填土的摩擦阻力功能有多大，可以通过陕西省邮政电信网管中心大楼的实测结果来说明。现场测试表明，在结构封顶时的桩、土分担比值之和约为 78%，则说明桩和筏底土只共同承担了约 78%的上部结构总重，而剩余的 22%结构总重却是由地下水的浮力和地下室（包括筏板自身的厚度）周边回填土的摩擦阻力来分担。该场地的稳定地下水位埋深 11.15～12.0m，筏底埋深 13.0m，以最高水位计算，地下水的浮托力才 38.8×42.4×1.85×10=30.4MN，很小，所以，绝大部分的剩余荷载都是由侧摩擦阻力来分担的。该地下室外墙的有效总面积 $A_w=2\times(35.8+40)\times(13-1)=1820m^2$，确实具有较大的可挖潜在功能。

所以，对于高层建筑的基础设计，结构工程师必须加强对地下室周边回填土的质量要求和控制，以避免不认真夯实回填土的情况产生。内摩擦角越大，土回填就越密实，抗剪强度越高，提供的被动土压力也就越大，对基础的稳定越有保证。同时，地下室外墙与回填土之间巨大接触面积上的摩擦力同样也对地基基础起着很大的卸载与补偿作用。

（5）地下室与地基及周边土的共同作用又反过来对上部结构的整体刚度提供了一定的补偿性贡献。无论是模拟试验和理论分析的结果都充分显示，在上部结构和工程地质条件完全相同的情况下，有地下室的高层建筑的自振周期要比无地下室的小，而且有桩基的要小于天然地基的，大直径桩的要小于小直径桩的。同时，有两层地下室的整体刚度要大于只有一层地下室的。日本某科研单位对一栋坐落在软土地基上的 15 层住宅楼进行了这方面的专题研究，结果表明，随地下室的层数和埋深的增加，建筑物的整体刚度增大，自振周期明显减小，而且小直径桩基只能起到半层地下室的作用，见图 3-4。

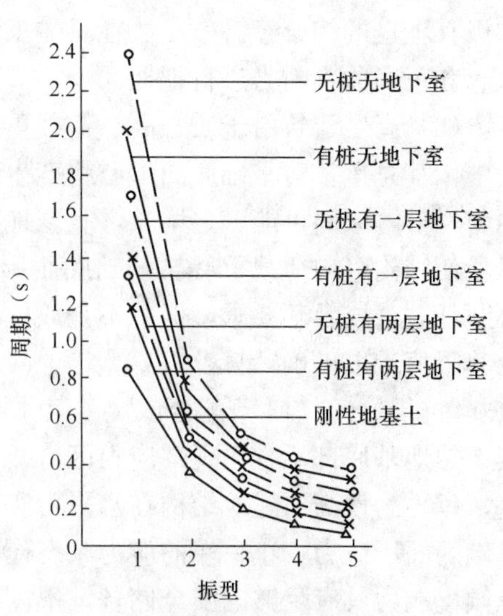

图 3-4　地下室对结构整体刚度的影响

从图中的第一振型标示不难看出，由于上部结构—地下室—桩—土的共同相互作用，有两层地下室＋桩基的自振周期（$T_1=1.2s$）要比无地下室桩基础的自振周期（$T_1=2.0s$）小 40%，则在地震作用下相应的结构侧向位移要比无地下室的小。如果用概念性近似计算来比较，在上部结构质量和所有其他边界条件都不变的情况下，本案例中，有两层地下室＋桩基的结构整体刚度是相应无地下室桩基础的整体刚度的 2.8 倍左右。但其自振周期还是要比按上部结构完全嵌固在地下室顶板上的所谓刚性地基计算模型的自振周期（$T=0.8s$）大 50%，也就是说，假设坐落在刚性地基上的结构计算模型的刚度要比实际两层地下室＋桩基的结构整体刚度大了 2.2 倍左右，即 $K_{刚}=2.2K_{实}$。所以，设计人员必须要有这个概念，才能做到心中有数，即按照刚性地基计算模型算出来的层间或顶部位移值要小于实际位移值，而地震反应（基底剪力和倾覆力矩）却都大于实际值。

另外，日本计算桩基承担地震剪力的经验方法也充分反映了地下室的潜在补偿功能。当地下室周边土标准锤击贯入度为 4 时，每增加一层地下室，桩所承受的水平剪力就可以减少 25%，当有 4 层地下室时，则可不考虑桩基承受地震剪力的问题；当周边土的锤击贯入度为 20 时，一层地下室桩基所承担的剪力就能减少 70%，两层地下室的桩基就可以不考虑地震剪力的问题，见表 3-4。

日本桩基工程地下室侧壁承担的水平荷载　　表 3-4

| 侧壁土的锤击贯入度 / 地下室层数 | $N=4$ | $N=20$ |
|---|---|---|
| 一层地下室 | 25% | 70% |
| 一层地下室 | 50% | 100% |
| 三层地下室 | 75% | |
| 四层地下室 | 100% | |

总之，高层建筑基础设计的潜力很大，如果在所依据的计算理论不够完善的情况下，再无端保守地加大箱（筏）形基础底板的厚度、配筋量和布桩的数量，会造成很大的浪费和极其不良的综合经济效益。在具体工程项目的设计中，结构工程师必须凭借自身拥有的概念和正确的判断力进行把握。

（6）高层建筑由于质心高、荷载重，对基础底面一般难免有偏心。建筑物在沉降的过程中，其总重量对基础底面形心将产生新的倾覆力矩增量，而此倾覆力矩增量又产生新的倾斜增量，倾斜可能随之增长，直至地基变形稳定为止。因此，为减少基础产生倾斜，应尽量使结构竖向荷载重心与基础底面形心相重合。《高规》12.1.6 条删去了 02 规程中偏心距计算公式及其要求，但并不是放松要求，而是因为实际工程平面形状复杂时，偏心距及其限值难以准确计算。

《抗规》6.1.13 条配合该规范第 4.2.4 条的规定，针对主楼与裙房相连的情况，明确其天然地基底部不宜出现零应力区。

（7）为使高层建筑结构在水平力和竖向荷载作用下，其地基压应力不致过于集中，对基础底面压应力较小一端的应力状态作了限制。同时，满足本条规定时，高层建筑结构的抗倾覆能力具有足够的安全储备，不需再验算结构的整体倾覆。

对裙房和主楼质量偏心较大的高层建筑，裙房和主楼可分别进行基底应力验算。

（8）地震作用下结构的动力效应与基础埋置深度关系比较大，软弱土层时更为明显，因此，高层建筑的基础应有一定的埋置深度；当抗震设防烈度高、场地差时，宜用较大埋置深度，以抗倾覆和滑移，确保建筑物的安全。

根据我国高层建筑发展情况，层数越来越多，高度不断增高，按原来的经验规定天然地基和桩基的埋置深度分别不小于房屋高度的 1/12 和 1/15，对一些较高的高层建筑而使用功能又无地下室时，对施工不便且不经济。因此，《高规》12.1.8 条对基础埋置深度作了调整。同时，在满足承载力、变形、稳定以及上部结构抗倾覆要求的前提下，埋置深度的限值可适当放松。基础位于岩石地基上，可能产生滑移时，还应验算地基的滑移。

（9）带裙房的大底盘高层建筑，现在全国各地应用较普遍，高层主楼与裙房之间根据使用功能要求多数不设永久沉降缝。我国从 20 世纪 80 年代以来，对多栋带有裙房的高层建筑沉降观测表明，地基沉降曲线在高低层连接处是连续的，未出现突变。高层主楼地基下沉，由于土的剪切传递，高层主楼以外的地基随之下沉，其影响范围随土质而异。因此，裙房与主楼连接处不会发生突变的差异沉降，而是在裙房若干跨内产生连续的差异沉降。

高层建筑主楼基础与其相连的裙房基础，若采取有效措施的，或经过计算差异沉降引起的内力满足承载力要求的，裙房与主楼连接处可以不设沉降缝。

（10）《高规》12.1.11 条依据现行国家标准《粉煤灰混凝土应用技术规范》GB 50146 的有关规定制定。可充分利用粉煤灰混凝土的后期强度，有利于减小水泥用量和混凝土收缩影响。

### 4. 有关地基承载力深度修正

天然地基承载力特征值的修正值计算在《地基规范》第 5.2.4 条有具体规定，天然地基抗震承载力计算在《抗规》第 4.2.3 条有规定。有关基础埋置深度取值还应注意下列规定：

（1）《北京地基规范》第 7.3.8 条规定，对于非满堂筏形基础或无抗水板的地下室条形基础及单独柱基，地基承载力特征值进行深度修正时，其基础埋置深度 $d$ 可按下列规定取用：

外墙基础取值：

$$d_{外}=\frac{d_1+d_2}{2}$$

室内墙、柱基础取值：

对于一般第四纪土 $$d_{内}=\frac{3d_1+d_2}{4}$$

对于新近沉积土及人工填土 $$d_{内}=d_1$$

式中 $d_1$——自地下室室内地面起算的基础埋置深度（m），$d_1 \geqslant 1\text{m}$；

$d_2$——自室外设计地面起算的基础埋置深度（m）；

$d_{外}$、$d_{内}$——外墙及内墙和内柱基础埋置深度取值（m）。

对于有地下室满堂基础，其埋置深度一律从室外地面算起，进行地基承载力修正。

《北京地基规范》第 8.7.1 条规定，裙房地下室或地下车库，有整体防水板时，对于内、外墙基础，调整地基承载力所采用的计算埋置深度 $d$ 均可按下式计算：

$$d=\frac{d_1+d_2}{2}$$

（2）《地基规范》第 5.2.4 条规定了地基承载力特征值修正计算，在该条的条文说明中规定：目前建筑工程大量存在着主裙楼一体的结构，对于主体结构地基承载力的深度修正，宜将基础底面以上范围内的荷载，按基础两侧的超载考虑，当超载宽度大于基础宽度两倍时，可将超载折算成土层厚度作为基础埋深，基础两侧超载不等时，取小值。因此，当多高层主楼周围为连成一体筏形基础的裙房（或仅有地下停车库）时，基础埋置深度，可取裙房基础底面以上所有竖向荷载（不计活载）标准值（仅有地下停车库时应包括顶板以上填土及地面重）$F$（$\text{kN/m}^2$）与土的重度 $\gamma$（$\text{kN/m}^3$）之比，即 $d'=F/\gamma$（m）（图 3-5）。当地下水水位埋深浅于基础埋深，在将裙房或纯地下室的平均荷载折算为土层厚度时，折算的等效土体荷载应扣除地下水浮力（$\gamma'$可取 $11\text{kN/m}^3$）。

（3）北京在编制《北京地基规范》时，针对《地基规范》第 5.2.4 条，进行了专题研究，选取了北京地区两幢天然地基主楼外围均有大面积纯地下室的工程，通过计算沉降值与实际沉降观测值比较说明基础侧限超载的宽度大小对主楼地基承载力的发挥具有显著影响。通过计算分析，在实际工程荷载条件下，当外围超载基础宽度 $B_x$ 与主楼基础宽度 $B_0$

的比值 $B_x/B_0 \leqslant 0.5 \sim 0.6$ 时，主楼沉降差随 $B_x$ 的增大而增大；$B_x/B_0 > 0.5 \sim 0.6$ 时，即纯地下室的侧限超载宽度超过主楼基础宽度的 0.5～0.6 倍时，主楼沉降差，不再随 $B_x$ 的增加而显著增大。当主楼荷载条件改变时，将不同荷载工况下的沉降计算曲线进行归一化分析结果可以看出，随着侧取宽度增加，主楼不同荷载下的 $s/s_{max} \sim B_x/B_0$ 曲线趋势基本

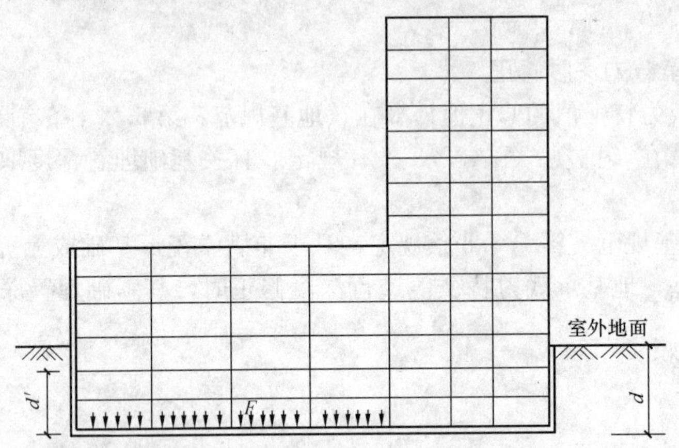


图 3-5　主楼与裙房相连

一致。当 $s/s_{max} \geqslant 0.96$ 时侧限的削弱作用不再增加，所对应的 $B_x \geqslant 0.5B_0$。所以在进行主楼部位地基承载力验算分析时，当纯地下室宽度大于 $0.5B_0$ 时应该完全考虑侧限削弱的影响，对于纯地下室宽度小于 $0.5B_0$ 时，应针对地基基础和上部结构对差异沉降的敏感性和控制要求，综合考虑取值，即 $B_x < 0.5B_0$ 时，应根据工程的复杂程度、地基持力层特点和地基差异沉降和主楼总沉降的控制要求，综合研究确定承载力验算的侧限基础埋深，也可参照图 3-6 采用线性插值方法确定等效基础埋深。

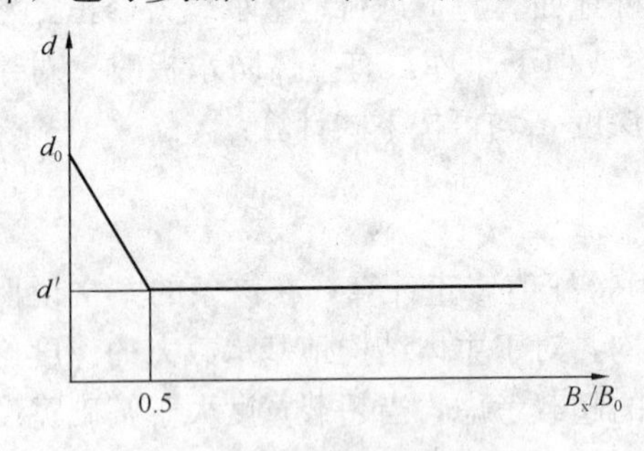


图 3-6　主楼的沉降和地下室宽度的关系示意图

$d_0$—主楼基础设计埋深；$d'$—将主楼外侧裙楼或纯地下室荷载折算出的等效土层厚度

通过本次专项研究工作，可以看到把裙楼或纯地下室的结构自重折算成土的厚度，从而对承载力进行深度修正，是一种偏于安全的方法。由于裙楼和纯地下室结构刚度的存在，对地基差异变形起到调整作用，并有利于主楼地基承载力的发挥。这一因素在实际工程的简化设计中可以作为安全储备考虑。

但应特别注意的是，由于模型本身的局限性和分析实例的代表性不够，上述分析结果和建议仅仅是初步的和指导性的，在每个工程中仍应针对主楼与裙楼的埋深条件、结构形式、结构连接方式、施工顺序、施工缝浇筑时间、场地周边环境条件等因素进行具体分析，并在实践中总结和改进。

(4)《北京细则》第 3.2.1 条 4 款规定，当高层建筑侧面附有裙房且为整体基础时(不论是否有沉降缝分开)，可将裙房基础底面以上的总荷载折合成土重，再以此土重换算成埋置深度，并以此深度进行深度修正。当高层建筑四面的裙房形式不同，或一、二面为裙房，其他两面为天然地面时，可按加权平均法进行深度修正。此处加权平均则按高层建

筑各侧边的裙房、室外地面下填土（或地下车库）基础底面以上标准值（不计活荷载）总重折成埋深的承载力修正值，乘以相应边长，然后各边的乘积相加除以高层建筑基础周长。

5. 抗浮设计水位及抗浮稳定验算

（1）《地基规范》3.0.2 条 6 款规定，当地下水埋藏较浅，建筑地下室或地下构筑物存在上浮问题时，尚应进行抗浮验算；3.0.4 条 1 款规定，岩土工程勘察报告应提供用于计算地下水位浮力的设防水位。

（2）《荷载规范》3.2.5 条规定，永久荷载对结构的倾覆、滑移或漂浮验算，荷载的分项系数应按有关的结构设计规范的规定采用。（《荷载规范》2001 年版永久荷载分项系数取 0.9）。《混凝土规范》3.1.3 条 1 款规定，在必要时尚应进行结构的倾覆、滑移及漂浮验算。但是没有漂浮验算时荷载分项系数取值的规定。

（3）《北京细则》3.1.8 条 5 款规定，对于地下室层数较多而地上层数不多的建筑物（编者注：包括地下车库），应慎重验算地下水的水浮力作用，在验算建筑的抗浮能力时应不考虑活载，抗浮安全系数取 1.0，即

$$\frac{\text{建筑物重量（不包括活载）}}{\text{水浮力}} \geqslant 1.0$$

建筑物重量及水浮力的分项系数取 1.0。

（4）《北京地基规范》8.8.2 条规定，当建筑物基础位于地下含水层中时，应按下式进行抗浮验算：

$$N_{wk} \leqslant \gamma_G G_k$$

当不满足上式时，应按下式设计抗浮构件：

$$T_k \geqslant N_{wk} - \gamma_G G_k$$

式中 $N_{wk}$——地下水浮力标准值；

$G_k$——建筑物自重及压重之和；

$\gamma_G$——永久荷载的影响系数，取 0.9～1.0；

$T_k$——抗拔构件（抗拔桩，锚杆等）提供的抗拔承载力标准值。

（5）北京市建筑设计研究院的《建筑结构专业技术措施》（中国建筑工业出版社 2007 年 2 月出版）3.1 8 条 5 款规定，应按下式进行抗浮验算：

$$KF_{wk} \leqslant 0.9G$$

式中 $F_{wk}$——地下水浮力标准值，$F_{wk}=\gamma h A_w$（kN）；

$\gamma$——基底以上水的重度（$kN/m^3$）；

$h$——计算浮力时水头高度（m）；

$G$——建筑物自重及压重之和（kN）；

$K$——水浮力调整系数（其值应根据实际情况确定）；

$A_w$——基础底面积（$m^2$）。

在此款说明 4 中指出，由于（北京市）对抗浮水位的确定目前尚无统一规定，各勘察单位所提供的抗浮水位有时差异很大，有的取考虑了南水北调、官厅水库放水、丰水年的最高水位等不利因素的简单叠加，此时可取 $K \geqslant 0.9$；若所提抗浮水位已对上述不利因素同时出现的可能性进行了合理分析组合，此时可取 $K \geqslant 1.0$ 的系数。

北京市城区具有压力的第二层潜水水位距地面15～20m，考虑南水北调、官厅水库放水，勘察单位提的抗浮水位普遍偏高。为此，如北京金融街、国家体育场等重要工程召开专家论证会或另向勘察单位进行咨询，使取用的抗浮设计水位有所降低，从而节省了工程造价。

(6)《上海地基规范》5.7.9条规定，箱形基础在施工、使用阶段应验算抗浮稳定性。在抗浮稳定验算中，基础及上覆土的自重分项系数取1.0，地下水对箱形基础的浮力作用分项系数取1.2。

《上海地基规范》3.2.1条规定，潜水水位埋深0.3～1.5m，受降雨、潮汛、地表水的影响有所变化，年平均水位埋深0.5～0.7m。上海勘察单位提供的抗浮设计水位一般取工程所在地现有地面下0.5m。

(7)《广东地基规范》5.2.1条规定，地下室抗浮稳定性验算应满足下式的要求：

$$\frac{W}{F} \geqslant 1.05$$

式中　$W$——地下室自重及其上作用的永久荷载标准值的总和；

　　　$F$——地下水浮力标准值。

(8) 当抗浮设计水位较高，裙房满堂地下室或地下车库需要采取抗浮措施时，应按工程具体情况区别对待。如果裙房满堂地下室或地下车库是独立建筑，与多、高层主楼基础非连接成整体，并有一定距离不会因差异沉降造成影响时，抗浮措施可根据经济技术比较采用抗浮锚杆、抗拔桩或压重等方法；多、高层主楼基础与裙房满堂地下室或地下车库连接整体，均采用桩基，抗浮可采用抗拔桩方法；多、高层主楼基础与裙房满堂地下室或地下车库连接整体，多、高层主楼采用天然地基预估有若干沉降量，裙房或地下车库抗浮宜采用压重（采用素混凝土，重度不小于30kN/m$^3$钢渣混凝土或砂石料）方法，不宜采用抗浮桩或抗浮锚杆，否则必将与多、高层主楼之间形成差异沉降造成影响，尤其如北京市的抗浮设计水位由于考虑南水北调而提供的水位较高，但实际地下水位目前非常低，如果抗浮采用抗拔桩或抗浮锚杆，裙房或地下车库与主楼间基础差异沉降将是突出的问题。

**6. 有关地下室设计的规定**

(1) 震害调查表明，有地下室的高层建筑的破坏比较轻，而且有地下室对提高地基的承载力有利，对结构抗倾覆有利。另外，现代高层建筑设置地下室也往往是建筑功能所要求的。

现在多数高层建筑的地下室，用作汽车库、机电用房等大空间，采用整体性好和刚度大的筏形基础是比较方便的；在没有特殊要求时，没有必要强调采用箱形基础。

(2) 当地下室顶板作为上部结构的嵌固部位时，地下室顶板及其下层竖向结构构件的设计应适当加强，以符合作为嵌固部位的要求。梁端截面实配的受弯承载力应根据实配钢筋面积（计入受压筋）和材料强度标准值等确定；柱端实配的受弯承载力应根据轴力设计值、实配钢筋面积和材料强度标准值等确定。

(3) 主体结构厚底板与扩大地下室薄底板交界处应力较为集中，该过渡区适当予以加强是十分必要的。

(4) 控制和提高高层建筑地下室周边回填土质量，对室外地面建筑工程质量及地下室嵌固、结构抗震和抗倾覆均较为有利。

（5）有窗井的地下室，窗井外墙实为地下室外墙一部分，窗井外墙应计入侧向土压和水压影响进行设计；挡土墙与地下室外墙之间应有可靠连接、支撑，以保证结构的有效埋深。

（6）为了能使地下室顶板作为上部结构的嵌固部位，《抗规》6.1.14 条规定了地下室顶板和地下一层的设计要求：

地下室顶板必须具有足够的平面内刚度，以有效传递地震基底剪力。地下室顶板的厚度不宜小于 180mm，若柱网内设置多个次梁时，板厚可适当减小。这里所指地下室应为完整的地下室，在山（坡）地建筑中出现地下室各边填埋深度差异较大时，宜单独设置支挡结构。

框架柱嵌固端屈服时，或抗震墙墙肢的嵌固端屈服时，地下一层对应的框架柱或抗震墙墙肢不应屈服。据此规定了地下一层框架柱纵筋面积和墙肢端部纵筋面积的要求。

“相关范围”一般可从地上结构（主楼、有裙房时含裙房）周边外延不大于 20m。

当框架柱嵌固在地下室顶板时，位于地下室顶板的梁柱节点应按首层柱的下端为“弱柱”设计，即地震时首层柱底屈服、出现塑性铰。为实现首层柱底先屈服的设计概念，本规范提供了两种方法：

其一，按下式复核：

$$\sum M_{bua} + M_{cua}^{t} \geqslant 1.3 M_{cua}^{b}$$

式中：$\sum M_{bua}$——节点左右梁端截面反时针或顺时针方向实配的正截面抗震受弯承载力所对应的弯矩值之和，根据实配钢筋面积（计入梁受压筋和相关楼板钢筋）和材料强度标准值确定；

$\sum M_{cua}^{t}$——地下室柱上端与梁端受弯承载力同一方向实配的正截面抗震受弯承载力所对应的弯矩值，应根据轴力设计值、实配钢筋面积和材料强度标准值等确定；

$\sum M_{cua}^{b}$——地上一层柱下端与梁端受弯承载力不同方向实配的正截面抗震受弯承载力所对应弯矩值，应根据轴力设计值、实配钢筋面积和材料强度标准值等确定。

设计时，梁柱纵向钢筋增加的比例也可不同，但柱的纵向钢筋至少比地上结构柱下端的钢筋增加 10%。

其二，作为简化，当梁按计算分配的弯矩接近柱的弯矩时，地下室顶板的柱上端、梁顶面和梁底面的纵向钢筋均增加 10%以上。可满足上式的要求。

（7）《高规》5.3.7 条规定，高层建筑结构整体计算中，当地下室顶板作为上部结构嵌固部位时，地下一层与首层侧向刚度比不宜小于 2；《抗规》6.1.14 条 2 款规定，地下室顶板作为上部结构的嵌固部位时，结构地上一层的侧向刚度不宜大于相关范围地下一层侧向刚度的 0.5 倍。《高规》与《抗规》写法不同实质一样。

（8）《抗规》6.1.14 条和《高规》3.6.3 条规定：地下室顶板作为上部结构的嵌固部位时，地下室顶板应取用现浇梁板结构。《北京细则》5.1.2 条 4 款 3）规定：地下室顶板作为上部结构的嵌固部位时，如地下室结构的楼层侧向刚度不小于相邻上部楼层侧向刚度的 3 倍时，地下室顶板也可采用现浇板柱结构（但应设置托板或柱帽）。

当房屋设有多层地下室时，规范、规程、《北京细则》只有作为上部结构嵌固部位楼盖结构的规定，其他层楼盖结构没有要求。在实际工程设计中，有不少工程的地下室其他层楼盖结构采用了设有平托板柱帽的板柱结构。地下室用做汽车库时，当采用梁板式楼盖时，层高一般为 3.7m 或 3.8m，采用板柱式楼盖时层高可 3.3m 或 3.4m。地下车库的楼盖和顶板也可采用板柱结构。地下室楼盖采用板柱结构，可减少挖土量、基坑护坡，方便施工，缩短工期，节省造价。

7. 地下室外墙的计算与构造

（1）高层建筑一般都设有地下室，根据使用功能及基础埋置深度的不同要求，地下室的层数 1～4 层不等。

（2）地下室外墙的厚度和混凝土强度等级，应根据荷载情况、防水抗渗和有关规范的构造要求确定。《高层建筑箱形与筏形基础技术规范》JGJ 6—2011 规定，箱形基础外墙厚度不应小于 250mm，混凝土强度等级不应低于 C25；《人民防空地下室设计规范》GB 50038—2005 规定，承重钢筋混凝土外墙的最小厚度为 200mm，混凝土强度等级不应低于 C20。

地下室外墙的混凝土强度等级，考虑到由于强度等级过高混凝土的水泥用量大，容易产生收缩裂缝，一般采用的混凝土强度等级宜低不宜高，常采用 C20～C30。有的工程地下室外墙有上部结构的承重柱，此类柱在首层为控制轴压比混凝土的强度等级较高，因此在与地下室墙顶交接处应进行局部受压的验算，柱进入墙体后其截面面积已扩大，形成扶壁柱，当墙体混凝土采用低强度等级，其轴压比及承载力一般也能满足要求。

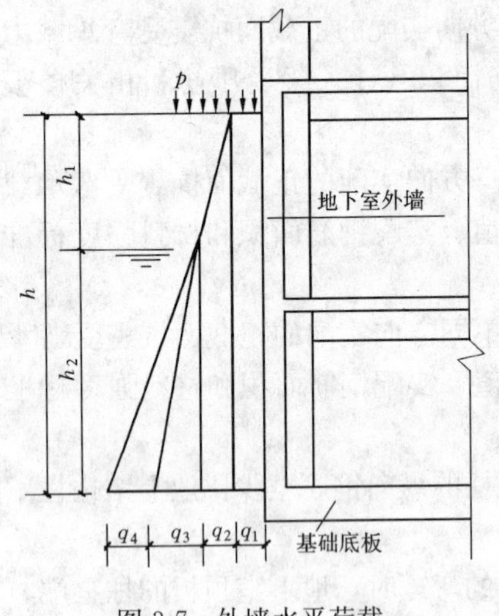

图 3-7　外墙水平荷载

（3）地下室外墙所承受的荷载，竖向荷载有上部及地下室结构的楼盖传重和自重，水平荷载有地面活载、侧向土压力、地下水压力、人防等效静荷载。风荷载或水平地震作用对地下室外墙平面内产生的内力值较小。在实际工程的地下室外墙截面设计中，竖向荷载及风荷载或地震作用产生的内力一般不起控制作用，墙体配筋主要由垂直于墙面的水平荷载产生的弯矩确定，而且通常不考虑与竖向荷载组合的压弯作用，仅按墙板弯曲计算墙的配筋。

（4）地下室外墙的水平荷载如图 3-7 所示进行组合：

1）地面活荷载、土侧压力；

2）地面活荷载、地下水位以上土侧压力、地下水位以下土侧压力、水压力；

3）上列 1）加人防等效静荷载或 2）加人防等效静荷载。

图 3-7 中的各值：

$$\left.\begin{aligned} q_1 &= p \cdot K_a \\ q_2 &= K_a \gamma h \text{ 或 } K_a \gamma h_1 \\ q_3 &= K_a \gamma' h_2 \\ q_4 &= \gamma_w \cdot h_2 \end{aligned}\right\}$$

$$K_a = \tan^2\left(45° - \frac{\varphi}{2}\right) \approx 1/3$$

式中 $h_1$——地下水位深度（m）；

$h$——外墙室外地坪以下高度（m）；

$h_2$——外墙地下水位以下高度（m）；

$p$——地面活荷载，取 5～10kN/m²；

$\gamma$——土的重度，取 18kN/m³；

$\gamma'$——土的浮重度，取 11kN/m³；

$\gamma_w$——水的重度，取 10kN/m³；

$\varphi$——土的安息角，一般取 30°。

荷载分项系数除地面活荷载的 $\gamma_Q = 1.4$ 外，其他均为 1.2。

（5）地下室外墙可根据支承情况按双向板或单向板计算水平荷载作用下的弯矩。由于地下室内墙间距不等，有的相距较远，因此在工程设计中一般把楼板和基础底板作为外墙板的支点按单向板（单跨、两跨或多跨）计算，在基础底板处按固端，顶板处按铰支座。柱与外墙相垂直的内墙处，由于外墙的水平分布钢筋一般也有不小的数量，不再另加负弯矩构造钢筋。

（6）地下室外墙可按考虑塑性变形内力重分布计算弯矩，有利于配筋构造及节省钢筋用量。按塑性计算不仅在有外防水的墙体中采用，在考虑混凝土自防水的墙体中也可采用。考虑塑性变形内力重分布，只在受拉区混凝土可能出现弯曲裂缝，但由于裂缝较细微不会贯通整个截面厚度，对防水仍有足够抗渗能力。

（7）地下室内外钢筋混凝土墙，除上部为框剪结构延续到地下室的剪力墙以外，在楼板、基础底板相连处没有必要设置暗梁。在地下室底层的门口宽度不大于基础底板厚度的两倍时，在底板洞口下可不设梁。

（8）地下室外墙，承受土压、水压、地面活载、人防等效侧压等侧向压力，同时有竖向轴压力，因此，外墙的裂缝宽度应按偏心受压构件验算，不应按纯弯曲构件验算，否则需增加许多不必要的为裂缝控制的钢筋。应注意一般计算软件没有外墙平面外按偏心受压构件验算裂缝宽度的功能，需要按偏心受压构件补充验算裂缝。

（9）有窗井的地下室，为房屋基础能有有效埋置深度和有可靠的侧向约束，窗井外墙应有足够横隔墙与主体地下室外墙连接，此时窗并外侧墙应承受水平荷载（4）中的 1）或 2），因为窗井外侧墙顶部敞开无顶板相连，其计算简图可根据窗井深度按三边连续一边自由，或水平多跨连续板计算。如按多跨连续板计算时，因为荷载上下差别大，可上下分段计算弯矩确定配筋。

（10）当只有一层地下室，外墙高度不满足首层柱荷载扩散刚性角（柱间中心距离大于墙的高度），或者窗洞较大时，外墙平面内在基础底板反力作用下，应按深梁或空腹桁架验算，确定墙底部及墙顶部的所需配筋。当有多层地下室，或外墙高度满足了柱荷载扩散刚性角时，外墙顶部宜配置两根直径不小于 20mm 的水平通长构造钢筋，墙底部由于基础底板钢筋较大没有必要另配附加构造钢筋。

（11）地下室外墙竖向钢筋与基础底板的连接，因为外墙厚度一般远小于基础底板，底板计算时在外墙端常按铰支座考虑，外墙在底板端计算时按固端，因此底板上下钢筋可

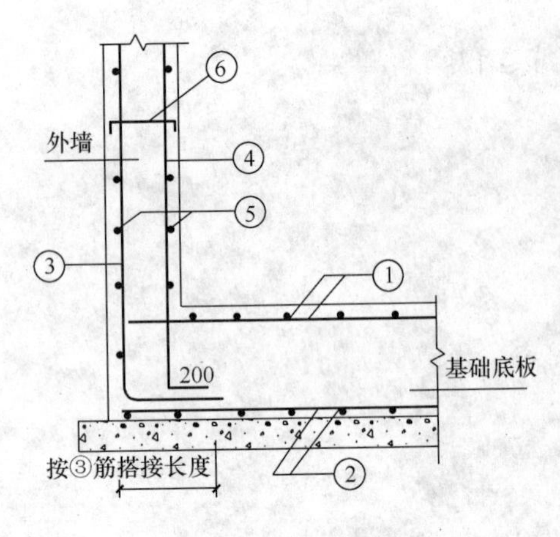


图 3-8　外墙竖向钢筋与底板连接构造

伸至外墙外侧，在端部可不设弯钩（底板上钢筋锚入支座按需要 $5d$ 或 $15d$ 就够）。外墙外侧竖向钢筋在基础底板弯后直段长度按其搭接与底板下钢筋相连，按此构造底板端部实际已具有与外墙固端弯矩同值的承载力，工程设计时底板计算也可考虑此弯矩的有利影响（图 3-8）。

（12）对有多层地下室的外墙，各层墙厚度和配筋可以不相同。墙的外侧竖向钢筋宜在距楼板 1/4～1/3 层高处接头，内侧竖向钢筋可在楼板处接头。墙外侧水平钢筋宜在内墙间中部接头，内侧水平钢筋宜在内墙处接头。钢筋接头当直径小于 22mm 时可采用搭接接头，直径等于大于 22mm 时宜采用机械接头或焊接。

（13）地下室外墙的竖向和水平钢筋，除按计算确定外，每侧均不应小于受弯构件的最小配筋率。当外墙长度较长时，考虑到混凝土硬化过程及温度影响可能产生收缩裂缝，水平钢筋配筋率宜适当增大，外墙的竖向和水平钢筋宜采用变形钢筋，直径宜小间距宜密，最大间距不宜大于 200mm。外侧水平钢筋与内侧水平钢筋之间应设拉结钢筋，其直径可选 6mm，间距不大于 600mm，梅花形布置，人防外墙时拉结钢筋间距不大于 500mm。

**8. 后浇带的构造及浇灌时间**

（1）《地基规范》8.4.15 条 2 款规定：当高层建筑与相连的裙房之间不设置沉降缝时，宜在裙房一侧设置后浇带，后浇带的位置宜设在距主楼边柱的第二跨内。后浇带混凝土宜根据实测沉降值并计算后期沉降差能满足设计要求后方可进行浇注。

（2）《北京细则》3.10.6 条规定：高层建筑与裙房的基础埋置深度相同或差别较小时，为加强高层建筑的侧向约束，不宜在高低层之间设置沉降缝。3.10.8 条规定：较高的高层建筑施工周期较长，如果要求高层与裙房之间的后浇带在主体结构完工以后再浇灌混凝土，有可能使整个施工周期延长。为解决此矛盾，可以在开工时即开始进行沉降观测，当高层主体结构施工至一定高度时，如果沉降趋于稳定，则也不必到高层主体结构全部完工，即可提前浇灌后浇带。

（3）《高规》12.2.3 条规定：同一建筑的基础应避免设置变形缝。可沿基础长度每隔 30～40m 留一道贯通顶板、底板及墙板的施工后浇带，带宽不宜小于 800mm，且宜设置在柱距三等分的中间范围内。后浇带混凝土宜在其两侧混凝土浇灌完后 45d 以上再进行浇灌，其强度等级应提高一级，且宜采用早强、补偿收缩的混凝土。《高规》3.4.13 条 3 款规定：每 30～40m 间距留出施工后浇带，带宽 800～1000mm，钢筋采用搭接接头，后浇带混凝土宜在 45d 后浇灌。

（4）高层主楼与裙房（或地下车库）基础之间设置沉降后浇带，目的是为了控制差异沉降允许值（主楼墙、柱与裙房柱基础之间距离的 1/500）。当按本节第 8 条（5）采取措施后，许多工程在沉降后浇带两侧设观测点，从开始至主楼地上完成多层实测表明始终没有沉降差，其原因土体具有强度，在沉降后浇带范围不可能有沉降突变，因此，沉降后浇带浇灌时间可同施工后浇带。现在一些标准图集及手册中，要求沉降后浇带待主楼到顶后再浇灌是不正确的。前《钢筋混凝土高层建筑结构设计与施工规程》JGJ 3—91 的第六章 6.1.3 条曾规定：为减小高层部分与裙房间的差异沉降量，在施工时应采用施工后浇带断开，待高层部分主体结构完成时再连接成整体。这些标准图集及手册可能按前规程而不是现行《地基规范》、《高规》执行。

沉降观测表明，由于高层主楼地基（天然地基或复合地基）下沉土的剪切传递，邻近裙房地基随着下沉而形成连续沉降曲线，因此，当高层主楼侧边裙房或地下车库基础距主楼基础边小于等于 20m 可不设沉降后浇带（图 3-9）。

（5）施工后浇带的作用是释放混凝土硬化过程中的收缩应力，减少或控制混凝土的初始裂缝。在 20 世纪 80 年代的许多图册或手册中，后浇带（包括施工后浇带和沉降后浇带）处的梁、板和墙钢筋要求断开，为使混凝土收缩更自由减少约束，在后浇带浇注前梁的钢筋采用焊接，板、墙钢筋采用搭接，由于此类做法施工费事而且难以保证焊接质量。因此，从 20 世纪 90 年代起改为在后浇带处钢筋连续不再断开。现在有的图集和资料中要求在后浇带范围增设加强钢筋，这是没有必要的，相反增大约束，丧失了后浇带的作用。

（6）当筏板混凝土为刚性防水时，在施工后浇带处筏板下宜采用附加卷材防水做法（图 3-10）。

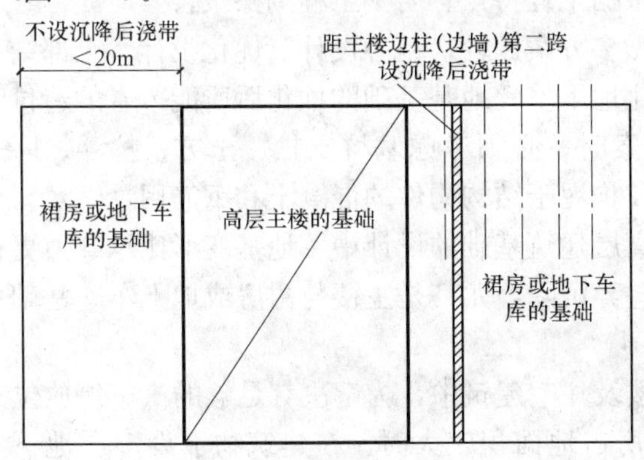


图 3-9 沉降后浇带平面

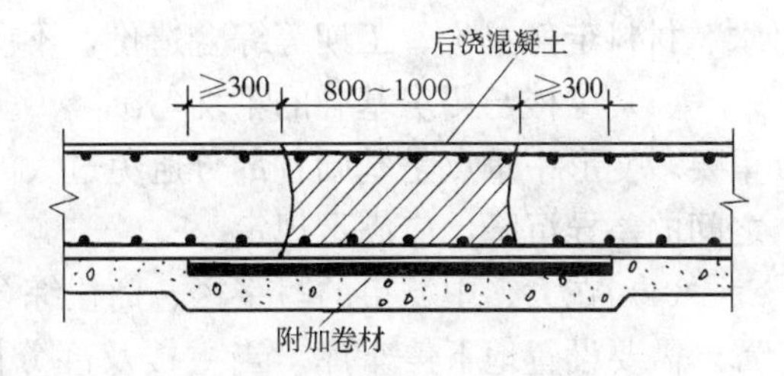


图 3-10 施工后浇带附加卷材防水

由于沉降后浇带浇灌混凝土相隔时间较长，在水位较高施工时采用降水，按一般沉降后浇带做法在未浇灌混凝土前降水不能停止，因此将增加降水费用，为此可采用如图3-11所示在沉降后浇带的基础底板和外墙处增设抗水及防水措施，只需要结构重量能平衡水压浮力时即可停止降水。施工后浇带可不设抗水板。

（7）后浇带范围内，板、墙、梁钢筋贯通不断，带两侧宜采用钢筋支架加钢板网或快易收口网隔断，有利于新旧混凝土接槎粘结。施工后浇带待筏板混凝土浇灌后至少一个月采用比原构件设计强度等级提高一级的补偿收缩混凝土进行灌填，并加强养护。后浇带混凝土浇灌时间应根据施工季节大气温度确定，气温高混凝土抗拉强度增长快，一般情况下按《高规》12.2.3 条 45d 的规定足矣。

### 9. 设计需要注意的若干问题

（1）地方性　地基基础设计的地方性是非常突出的问题，规范、标准所规定的内容，是经济技术的体现，成熟经验的总结，但又是一般的，全国性的，而我国国土面积大，

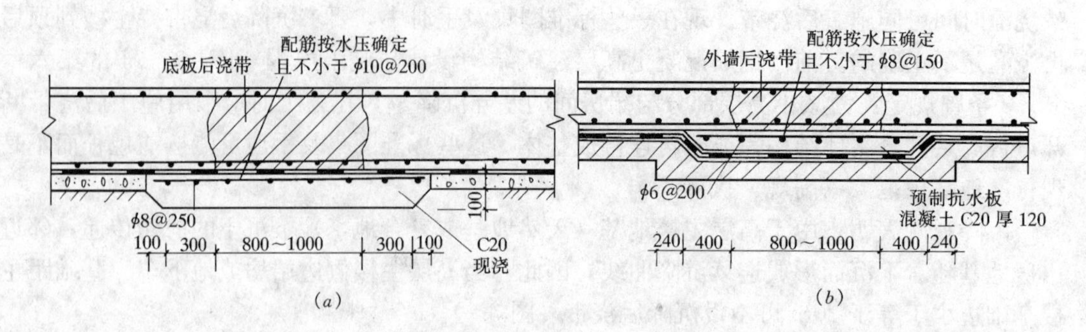


图 3-11　基础底板及外墙施工后浇带抗水做法

(a) 基础底板后浇带；(b) 外墙后浇带

东、西、南、北地理环境变化大，为此北京、上海、浙江、广东等地均有本地区的地基设计规范。各地的地基土层分布、性质、承载力不同，尤其桩基的形式、成桩工艺、深基坑支护区别较大 。因此，在进行外地工程结构设计时，必须赴当地了解情况收集资料，尤其是有关地基基础的当地设计、施工方面内容。

(2) 经济性　地基基础的工程造价，占整个工程造价的比例较大，尤其如上海等地采用较长桩基的工程。设计地基基础时，必须根据工程特点、岩土工程勘擦报告，应充分考虑结构类型、材料供应、施工条件等因素，做多方案比较，精心设计，优化设计。上部结构的设计优化虽然对节省造价也重要，但相比地下室、地基基础的优化后所能节省的造价是微小的，在考虑地下室、地基基础设计方案时，必须考虑基坑支护、土方、抗浮、降水、材料定额单价、工期等综合造价，不应仅拘泥于结构构件的混凝土和钢筋用量。

(3) 主楼与裙房基础的不均匀沉降　多高层建筑基础的设计中，地基变形比承载力更重要，变形中重点是基础各部分避免过大的差异沉降，尤其是主楼与裙房或地下车库基础之间的差异沉降，应满足规定。

(4) 在大、中城市的写字楼、商住综合楼及住宅建筑中，为解决有足够的汽车停放位置，需要设置地下停车库。当主楼及部分裙房占地面积较大时，在建筑物下设多层地下室，将部分用作停车库，这是常见的第一种地下汽车库形式。现在一些住宅小区和商住综合楼楼群中，为了有较好的生活环境，建筑物之间设有庭院绿化，利用地下空间设置1～2层停车库，并与楼房连通，这是近十年来出现的第二种地下汽车库形式。

目前在许多工程中地下部分连成一片，长达200～400m、宽100m以上，不设伸缩缝或沉降缝，地上多幢建筑为独立或防震缝（伸缩缝）分开。

地面上为庭院绿化，地下为停车库，楼房位置与地下停车库位置总平面有多种类型，如图3-12所示，图中斜线为楼房，虚线范围内为地下停车库。

根据近十多年来对已建成的高层建筑主楼基础与相连的裙房基础沉降观测表明，天然地基或以侧阻力主要摩擦型桩基，当裙房为满堂筏形基础，主楼为筏形基础或箱基，主楼与初房基础相连接处设置沉降缝或施工后浇带，在施工期间以及竣工以后，主楼地基下沉，由于土的剪切传递，主楼以外的地基随之下沉，此处基础沉降曲线是连续的，没有突变现象；由于主楼基底附加压力大，地基土的压缩沉降影响有较大范围，其影响范围随土质而异，在初房若干跨内产生连续性的差异沉降，裙房基底土质好，影响距离可达40～60m，上质差影响距离为20～30m，因此沉降曲线的倾斜程度与土质相关，当土质好时比

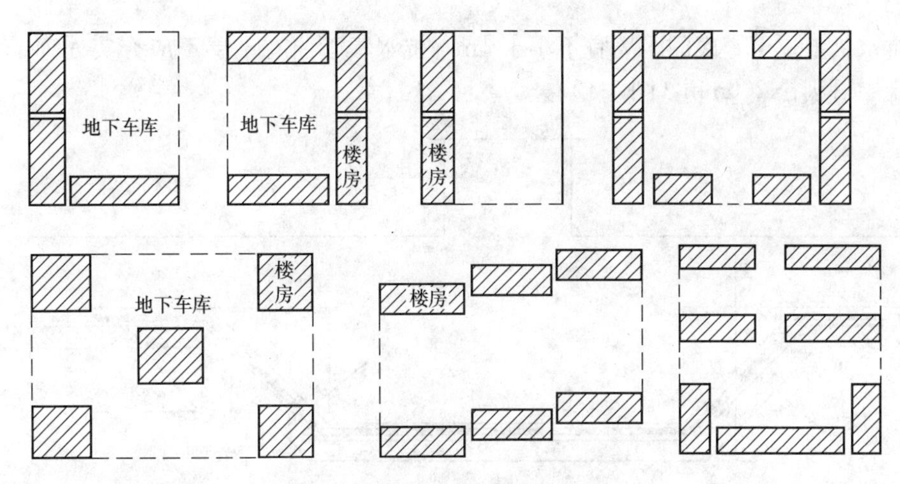


图 3-12　楼房与地下停车库总平面形式

较平缓，土质差时则较陡。根据上述现象设计时应注意下列几点：

1）同时施工的高层建筑主楼基础与裙房基础之间可不设置沉降缝及沉降后浇带，但应设置施工后浇带（后浇带混凝土时间相隔不少于 1 个月）。

2）与高层主楼同时建造的裙房基础，设计必须考虑高层部分基础沉降所引起的差异沉降对裙房结构内力的影响。当裙房基础设计未采取有效措施时，差异沉降不仅产生在与主楼相连的一跨，在离主楼的若干跨内也同时存在。

3）新建高层建筑设计时，应考虑基础沉降对周围已有房屋及管道设施等可能产生的影响。

4）对同时建造的高层主楼与初房，为减少或避免基础的差异沉降，设计时应采取必要的措施。使主楼与裙房基础的沉降差值在允许范围内，或通过计算确定差异沉降产生的基础及上部结构的内力和配筋时，可以不设置沉降缝。

（5）主楼与裙房或地下车库基础连成整体

1）为减少差异沉降，主楼基础应采取下列必要措施：

① 地基持力层应选择压缩性较低的土层，其厚度不宜小于 4m，并且无软弱下卧层；

② 适当扩大基础底面面积，以减少基础底面单位面积上的压力；

③ 当地基持力层为压缩性较高的土层时，可采取高层建筑的基础采用桩基础或复合地基、裙房为天然地基的方法，或高层主楼与裙房采用不同直径、长度的桩基础，以减少沉降差。

2）为使裙房基础沉降量接近主楼基础沉降值，可采取下列措施：

① 裙房基础埋置在与高层主楼基础不同的土层，使裙房基底持力层土的压缩性大于高层主楼基底持力层土的压缩性；

② 裙房采用天然地基，高层主楼采用桩基础或复合地基；

③ 初房基础应尽可能减小基础底面面积，不宜采用满堂基础，以柱下单独基础或条形基础为宜，并考虑主楼基底压力的影响。

当裙房地下室需要有防水时，地面可采用抗水板做法，桩基之间设梁支承抗水板或无梁平板，在抗水板下铺设一定厚度的易压缩材料，如泡沫聚苯板或干焦渣等，使之避免因柱基或条形梁基础沉降时抗水板成为满堂底板。易压缩材料的厚度可根据基础最终沉降值估计。抗水板上皮至基底的距离宜不小于 1m，抗水板下原有土层不应夯实处理，对压缩性低的土层可刨松 200mm（图 3-13）。

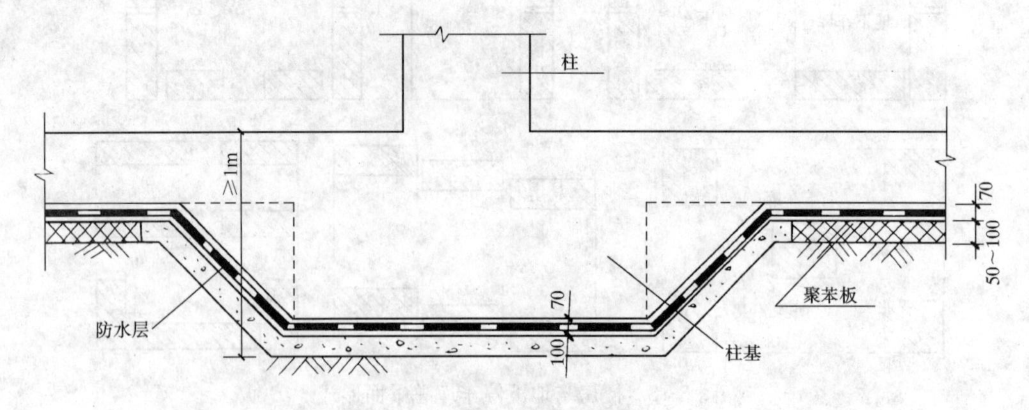


图 3-13　独立柱基抗水板

（6）多高层建筑主楼基础与其相连的裙房或地下停车库基础，此类仅地下连成整片，地上各建筑物设防震缝分开时，地下部分不作为《高规》第 10 章的大底盘多塔结构。当地上主楼旁边有裙房而没有设防震缝与主档分开时，此类房屋则属大底盘单塔或多塔结构。按《抗规》第 6.1.3 条第 3 款规定，地下室中无上部结构的部分，抗震构造措施的抗震等级可根据具体情况采用三级或四级。《北京细则》第 5.2.1 条第 4 款规定，无上部结构之地下建筑，如地下车库等，可按非抗震设计。

（7）某些习惯做法

1）在一些工程设计中，高层主楼基础底板、裙房或地下车库底板周边，按习惯做法从外墙边挑出若干尺寸（图 3-15）。如果不是因为地基承载力需要，这种外挑是没有必要的，由此将增加土方量、支撑板和做防水层费事、增加混凝土和钢筋用量及造价。

2）在无上部剪力墙相连的地下室（包括高层主楼、裙房或地下车库）混凝土墙体的转角、纵横交接、门洞口等部位按习惯设置边缘构件。多高层建筑剪力墙的墙肢，一般属偏心受压构件，墙肢的边缘构件实为纵向钢筋配置的部位，因此，地上剪力墙延伸的地下室墙体，在转角和对应洞口部位仍设置边缘构件。无上部剪力墙相连的地下室混凝土墙体，主要是承受轴向力和剪力，就没有必要设置边缘构件。

3）在地下室外墙与基础底板交接部位，目前在一些标准图集和手册中不论底板有多厚，按习惯在基础底板端部把上钢筋往下弯，下钢筋往上弯。这类做法按受力分析是不合理的，给钢筋加工、运输、堆放和绑扎带来许多困难，造成不必要的浪费。

4）在基础底板的电梯坑、集水坑，目前一些标准图集和手册中，按习惯沿坑边把基础底板上钢筋一律往下弯到坑底。当坑边上部有混凝土墙体时，这些墙已是底板的支座，底板上钢筋没有必要沿坑边下弯，只需要伸入墙内至对边，而墙的竖向钢筋伸至坑底，沿坑边的水平钢筋可与墙的水平钢筋相同（图 3-14）。

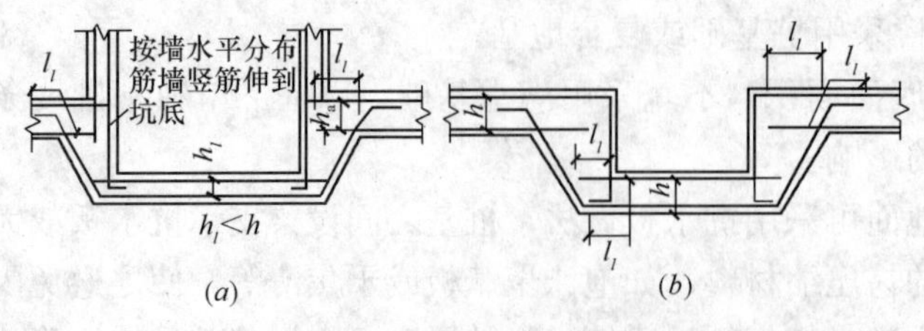


图 3-14　电梯井坑、集水坑

当基础底板的电梯井坑、集

水坑的周边或一侧无钢筋混凝土墙时，底板上部钢筋在坑边应下弯，并与坑底土部钢筋相互搭接，且满足搭接长度要求；底板下部钢筋与坑底下部的弯折钢筋也应搭接，且满足搭接长度要求（图 3-14）。

电梯井坑、集水坑的周边有墙或沿一方向两边有墙时，坑底板厚度按支承情况满足冲切和剪切承载力后可小于基础底板厚度，因为坑底板跨度远小于基础底板跨度，减少坑底板厚度有利于节省土方及混凝土用量。

5）在某些工程设计图纸或标准图中，地下室外墙在基础底板及各层顶板连接部位按习惯均设置暗梁（图 3-15）。地下室（尤其为多层时）外墙已属刚性墙，没有必要设暗梁，在墙顶设两根直径不小于 20mm 的构造筋即可，墙底因基础底板钢筋直径较大也可以不另设。

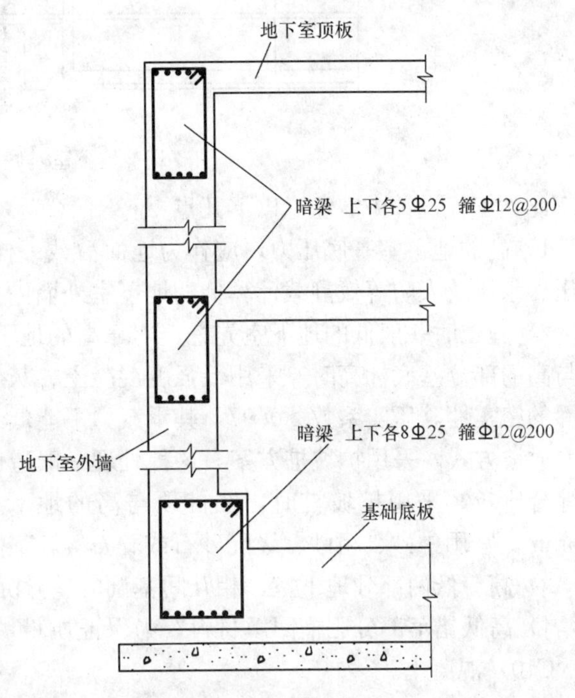

图 3-15　没必要设置的暗梁

6）地下室外墙竖向钢筋与基础底板的连接，因为外墙厚度一般远小于基础底板，底板计算时在外墙端常按铰支座考虑，外墙在底板端计算时按固端，因此底板上下钢筋可伸至外墙外侧，在端部可不设弯钩（底板上钢筋错入支座长度按 $5d$ 就够），外墙外侧竖向钢筋在基础底板弯后的直段长度与底板下钢筋相连（按其搭接长度要求），按此构造底板端部实际已具有与外墙固端弯矩同值的承载力，工程设计时底板计算也可考虑此弯矩的有利影响（图 3-16）。

当因地基承载需要基础底板伸出外墙时，底板上筋及下筋端部也可不弯直钩。如果为构造可设置纵横构造筋，直径 12～16mm，间距 200mm（图 3-17）。

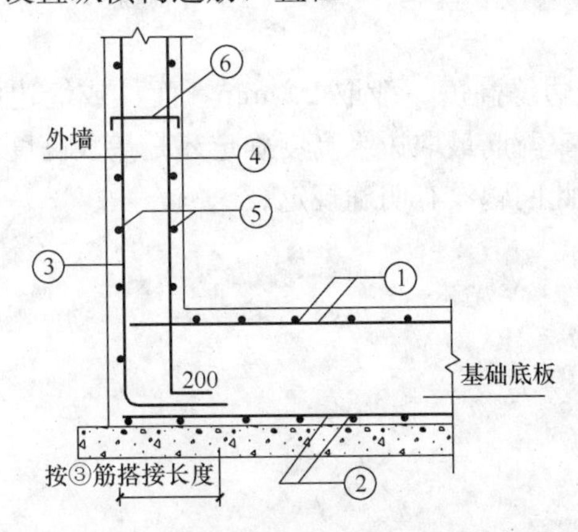

图 3-16　外墙竖向钢筋与底板连接构造

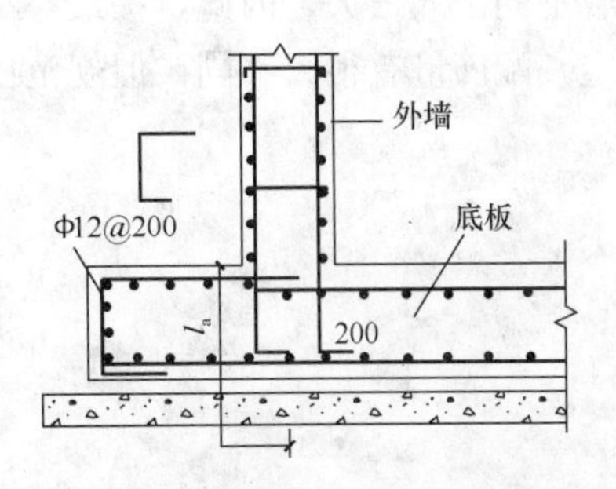

图 3-17　外伸底板端部构造筋

(8) 地下室基础底标高有高差时的处理

在工程设计中，因为地形高低错落，沿坡建房，或地下室使用功能的要求层数不等，形成如图 3-18 所示情况。

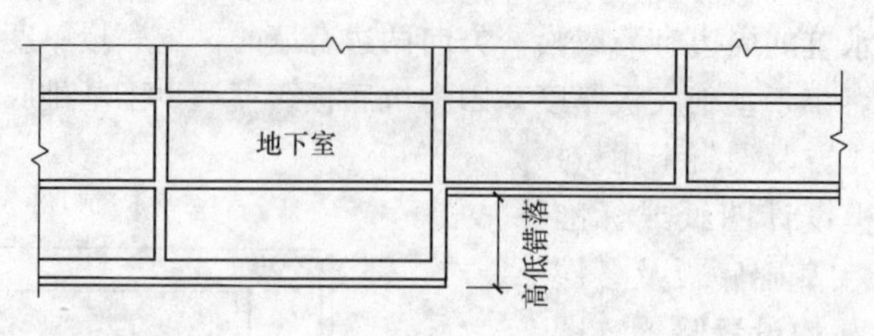


图 3-18　地下室基底有高低

此类工程设计中需注意以下几点：

1) 高的地下室基底压力，应作为地面活载一样对低的地下室外墙产生侧压力，连同土压、水压及人防等效静载计算低的地下室外墙内力。

2) 施工时一般低的地下室先挖土，靠高的地下室一侧放坡，待低的地下室结构施工到与高的部分基底标高时，采用低强度混凝土、灰土或砂石回填肥槽，此时回填材料应有足够的密实性，压实系数>0.97，其承载力不能低于高的地下室基底土的承载力。也可不采取放坡方式，采用护坡桩方案，这种处理一般造价比放坡高，如果考虑工期等因素可进行综合比较。采用护坡桩时，在桩顶与高的地下室基底之间应设褥垫层（厚度 250～300mm，宜用中砂、粗砂、级配砂石或碎石等，最大粒径不宜大于 30mm)。

3) 高、低两部分地下室，相互间基础的差异沉降应满足规范的允许值。

4) 高低错落部分肥槽回填材料，为保证质量，争取时间，方便施工，一般采用低强度（C10）混凝土。

(9) 框架-核心筒结构的基础，由于核心筒部分在竖向荷载作用下反力比平均值大很多，核心筒范围的基础无论天然地基或桩基必须强化，例如，天然地基时采用 CFG 桩复合地基加强，桩基时将桩加长或间距加密等，以控制核心筒部分基础与其他部分基础的不均匀沉降。

(10)《地基规范》8.2.1 条规定、扩展基础（条形基础、柱下独立基础）底板受力钢筋最小配筋率不应小于 0.15%，受力钢筋的最小直径不宜小于 10mm，间距不应大于 200mm，也不应小于 100mm。

扩展基础其截面通常是台阶形或坡形，边缘高度一般取 200mm，而柱或墙边的高度根据荷载不同出入很大，因此，按最小配筋率配筋最取边缘高度确定还是最大高度或平均高度确定，配筋量有很大不同，但规范中对此问题没有明确规定。

# 第 4 章　荷载和地震作用

## 一、《高规》规定

### 4.1　竖　向　荷　载

**4.1.1**　高层建筑的自重荷载、楼（屋）面活荷载及屋面雪荷载等应按现行国家标准《建筑结构荷载规范》GB 50009 的有关规定采用。

**4.1.2**　施工中采用附墙塔、爬塔等对结构受力有影响的起重机械或其他施工设备时，应根据具体情况确定对结构产生的施工荷载。

**4.1.3**　旋转餐厅轨道和驱动设备的自重应按实际情况确定。

**4.1.4**　擦窗机等清洗设备应按其实际情况确定其自重的大小和作用位置。

**4.1.5**　直升机平台的活荷载应采用下列两款中能使平台产生最大内力的荷载：

**1**　直升机总重量引起的局部荷载，按由实际最大起飞重量决定的局部荷载标准值乘以动力系数确定。对具有液压轮胎起落架的直升机，动力系数可取 1.4；当没有机型技术资料时，局部荷载标准值及其作用面积可根据直升机类型按表 4.1.5 取用。

**表 4.1.5　局部荷载标准值及其作用面积**

| 直升机类型 | 局部荷载标准值（kN） | 作用面积（$m^2$） |
|---|---|---|
| 轻型 | 20.0 | 0.20×0.20 |
| 中型 | 40.0 | 0.25×0.25 |
| 重型 | 60.0 | 0.30×0.30 |

**2**　等效均布活荷载 $5kN/m^2$。

### 4.2　风　荷　载

**4.2.1**　主体结构计算时，风荷载作用面积应取垂直于风向的最大投影面积，垂直于建筑物表面的单位面积风荷载标准值应按下式计算：

$$w_k = \beta_z \mu_s \mu_z w_0 \tag{4.2.1}$$

式中：$w_k$——风荷载标准值（$kN/m^2$）；

$w_0$——基本风压（$kN/m^2$），应按本规程第 4.2.2 条的规定采用；

$\mu_z$——风压高度变化系数，应按现行国家标准《建筑结构荷载规范》GB 50009 的有关规定采用；

$\mu_s$——风荷载体型系数，应按本规程第 4.2.3 条的规定采用；

$\beta_z$——$z$ 高度处的风振系数，应按现行国家标准《建筑结构荷载规范》GB 50009 的有关规定采用。

**4.2.2　基本风压应按照现行国家标准《建筑结构荷载规范》GB 50009 的规定采用。对风荷载比较敏感的高层建筑，承载力设计时应按基本风压的 1.1 倍采用。**

**4.2.3**　计算主体结构的风荷载效应时，风荷载体型系数 $\mu_s$ 可按下列规定采用：

**1**　圆形平面建筑取 0.8；

**2**　正多边形及截角三角形平面建筑，由下式计算：

$$\mu_s = 0.8 + 1.2/\sqrt{n} \tag{4.2.3}$$

式中：$n$——多边形的边数。

**3**　高宽比 $H/B$ 不大于 4 的矩形、方形、十字形平面建筑取 1.3；

**4**　下列建筑取 1.4：

**1)** V 形、Y 形、弧形、双十字形、井字形平面建筑；

**2)** L 形、槽形和高宽比 $H/B$ 大于 4 的十字形平面建筑；

**3)** 高宽比 $H/B$ 大于 4，长宽比 $L/B$ 不大于 1.5 的矩形、鼓形平面建筑。

**5**　在需要更细致进行风荷载计算的场合，风荷载体型系数可按本规程附录 B 采用，或由风洞试验确定。

**4.2.4**　当多栋或群集的高层建筑相互间距较近时，宜考虑风力相互干扰的群体效应。一般可将单栋建筑的体型系数 $\mu_s$ 乘以相互干扰增大系数，该系数可参考类似条件的试验资料确定；必要时宜通过风洞试验确定。

**4.2.5**　横风向振动效应或扭转风振效应明显的高层建筑，应考虑横风向风振或扭转风振的影响。横风向风振或扭转风振的计算范围、方法以及顺风向与横风向效应的组合方法应符合现行国家标准《建筑结构荷载规范》GB 50009 的有关规定。

**4.2.6**　考虑横风向风振或扭转风振影响时，结构顺风向及横风向的侧向位移应分别符合本规程第 3.7.3 条的规定。

**4.2.7**　房屋高度大于 200m 或有下列情况之一时，宜进行风洞试验判断确定建筑物的风荷载：

**1**　平面形状或立面形状复杂；

**2**　立面开洞或连体建筑；

**3**　周围地形和环境较复杂。

**4.2.8**　檐口、雨篷、遮阳板、阳台等水平构件，计算局部上浮风荷载时，风荷载体型系数 $\mu_s$ 不宜小于 2.0。

**4.2.9**　设计高层建筑的幕墙结构时，风荷载应按国家现行标准《建筑结构荷载规范》GB 50009、《玻璃幕墙工程技术规范》JGJ 102、《金属与石材幕墙工程技术规范》JGJ 133 的有关规定采用。

## 4.3　地 震 作 用

**4.3.1　各抗震设防类别高层建筑的地震作用，应符合下列规定：**

**1　甲类建筑：应按批准的地震安全性评价结果且高于本地区抗震设防烈度的要求**

**确定；**

**2　乙、丙类建筑：应按本地区抗震设防烈度计算。**

**4.3.2　高层建筑结构的地震作用计算应符合下列规定：**

**1　一般情况下，应至少在结构两个主轴方向分别计算水平地震作用；有斜交抗侧力构件的结构，当相交角度大于15°时，应分别计算各抗侧力构件方向的水平地震作用。**

**2　质量与刚度分布明显不对称的结构，应计算双向水平地震作用下的扭转影响；其他情况，应计算单向水平地震作用下的扭转影响。**

**3　高层建筑中的大跨度、长悬臂结构，7度（0.15*g*）、8度抗震设计时应计入竖向地震作用。**

**4　9度抗震设计时应计算竖向地震作用。**

**4.3.3**　计算单向地震作用时应考虑偶然偏心的影响。每层质心沿垂直于地震作用方向的偏移值可按下式采用：

$$e_i = \pm 0.05L_i \tag{4.3.3}$$

式中：$e_i$——第$i$层质心偏移值（m），各楼层质心偏移方向相同；

$L_i$——第$i$层垂直于地震作用方向的建筑物总长度（m）。

**4.3.4**　高层建筑结构应根据不同情况，分别采用下列地震作用计算方法：

**1**　高层建筑结构宜采用振型分解反应谱法；对质量和刚度不对称、不均匀的结构以及高度超过100m的高层建筑结构应采用考虑扭转耦联振动影响的振型分解反应谱法。

**2**　高度不超过40m、以剪切变形为主且质量和刚度沿高度分布比较均匀的高层建筑结构，可采用底部剪力法。

**3**　7～9度抗震设防的高层建筑，下列情况应采用弹性时程分析法进行多遇地震下的补充计算：

**1）**甲类高层建筑结构；

**2）**表4.3.4所列的乙、丙类高层建筑结构；

**3）**不满足本规程第3.5.2～3.5.6条规定的高层建筑结构；

**4）**本规程第10章规定的复杂高层建筑结构。

**表4.3.4　采用时程分析法的高层建筑结构**

| 设防烈度、场地类别 | 建筑高度范围 |
|---|---|
| 8度Ⅰ、Ⅱ类场地和7度 | ＞100m |
| 8度Ⅲ、Ⅳ类场地 | ＞80m |
| 9度 | ＞60m |

注：场地类别应按现行国家标准《建筑抗震设计规范》GB 50011的规定采用。

**4.3.5**　进行结构时程分析时，应符合下列要求：

**1**　应按建筑场地类别和设计地震分组选取实际地震记录和人工模拟的加速度时程曲线，其中实际地震记录的数量不应少于总数量的2/3，多组时程曲线的平均地震影响系数曲线应与振型分解反应谱法所采用的地震影响系数曲线在统计意义上相符；弹性时程分析时，每条时程曲线计算所得结构底部剪力不应小于振型分解反应谱法计算结果的65%，多条时程曲线计算所得结构底部剪力的平均值不应小于振型分解反应谱法计算结果的 80%。

**2**　地震波的持续时间不宜小于建筑结构基本自振周期的 5 倍和 15s，地震波的时间间距可取 0.01s 或 0.02s。

**3**　输入地震加速度的最大值可按表 4.3.5 采用。

**表 4.3.5　时程分析时输入地震加速度的最大值**（$cm/s^2$）

| 设防烈度 | 6 度 | 7 度 | 8 度 | 9 度 |
|---|---|---|---|---|
| 多遇地震 | 18 | 35（55） | 70（110） | 140 |
| 设防地震 | 50 | 100（150） | 200（300） | 400 |
| 罕遇地震 | 125 | 220（310） | 400（510） | 620 |

注：7、8 度时括号内数值分别用于设计基本地震加速度为 0.15$g$ 和 0.30$g$ 的地区，此处 $g$ 为重力加速度。

**4**　当取三组时程曲线进行计算时，结构地震作用效应宜取时程法计算结果的包络值与振型分解反应谱法计算结果的较大值；当取七组及七组以上时程曲线进行计算时，结构地震作用效应可取时程法计算结果的平均值与振型分解反应谱法计算结果的较大值。

**4.3.6**　计算地震作用时，建筑结构的重力荷载代表值应取永久荷载标准值和可变荷载组合值之和。可变荷载的组合值系数应按下列规定采用：

**1**　雪荷载取 0.5；

**2**　楼面活荷载按实际情况计算时取 1.0；按等效均布活荷载计算时，藏书库、档案库、库房取 0.8，一般民用建筑取 0.5。

**4.3.7**　建筑结构的地震影响系数应根据烈度、场地类别、设计地震分组和结构自振周期及阻尼比确定。其水平地震影响系数最大值 $\alpha_{max}$ 应按表 4.3.7-1 采用；特征周期应根据场地类别和设计地震分组按表 4.3.7-2 采用，计算罕遇地震作用时，特征周期应增加 0.05s。

注：周期大于 6.0s 的高层建筑结构所采用的地震影响系数应作专门研究。

**表 4.3.7-1　水平地震影响系数最大值 $\alpha_{max}$**

| 地震影响 | 6 度 | 7 度 | 8 度 | 9 度 |
|---|---|---|---|---|
| 多遇地震 | 0.04 | 0.08（0.12） | 0.16（0.24） | 0.32 |
| 设防地震 | 0.12 | 0.23（0.34） | 0.45（0.68） | 0.90 |
| 罕遇地震 | 0.28 | 0.50（0.72） | 0.90（1.20） | 1.40 |

注：7、8 度时括号内数值分别用于设计基本地震加速度为 0.15$g$ 和 0.30$g$ 的地区。

**表 4.3.7-2　特征周期值 $T_g$**（s）

| 设计地震分组 \ 场地类别 | $Ⅰ_0$ | $Ⅰ_1$ | Ⅱ | Ⅲ | Ⅳ |
|---|---|---|---|---|---|
| 第一组 | 0.20 | 0.25 | 0.35 | 0.45 | 0.65 |
| 第二组 | 0.25 | 0.30 | 0.40 | 0.55 | 0.75 |
| 第三组 | 0.30 | 0.35 | 0.45 | 0.65 | 0.90 |

**4.3.8** 高层建筑结构地震影响系数曲线（图4.3.8）的形状参数和阻尼调整应符合下列规定：

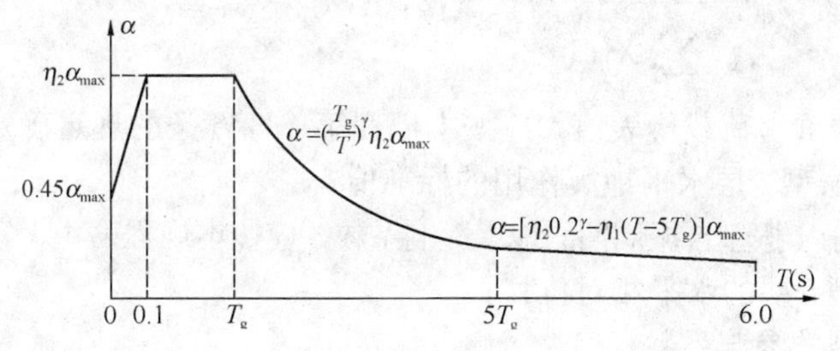


图4.3.8 地震影响系数曲线

$\alpha$—地震影响系数；$\alpha_{max}$—地震影响系数最大值；$T$—结构自振周期；$T_g$—特征周期；$\gamma$—衰减指数；$\eta_1$—直线下降段下降斜率调整系数；$\eta_2$—阻尼调整系数

**1** 除有专门规定外，钢筋混凝土高层建筑结构的阻尼比应取0.05，此时阻尼调整系数 $\eta_2$ 应取1.0，形状参数应符合下列规定：

**1**）直线上升段，周期小于0.1s的区段；

**2**）水平段，自0.1s至特征周期 $T_g$ 的区段，地震影响系数应取最大值 $a_{max}$；

**3**）曲线下降段，自特征周期至5倍特征周期的区段，衰减指数 $\gamma$ 应取0.9；

**4**）直线下降段，自5倍特征周期至6.0s的区段，下降斜率调整系数 $\eta_1$ 应取0.02。

**2** 当建筑结构的阻尼比不等于0.05时，地震影响系数曲线的分段情况与本条第1款相同，但其形状参数和阻尼调整系数 $\eta_2$ 应符合下列规定：

**1**）曲线下降段的衰减指数应按下式确定：

$$\gamma=0.9+\frac{0.05-\zeta}{0.3+6\zeta} \tag{4.3.8-1}$$

式中：$\gamma$——曲线下降段的衰减指数；

$\zeta$——阻尼比。

**2**）直线下降段的下降斜率调整系数应按下式确定：

$$\eta_1=0.02+\frac{0.05-\zeta}{4+32\zeta} \tag{4.3.8-2}$$

式中：$\eta_1$——直线下降段的斜率调整系数，小于0时应取0。

**3**）阻尼调整系数应按下式确定：

$$\eta_2=1+\frac{0.05-\zeta}{0.08+1.6\zeta} \tag{4.3.8-3}$$

式中：$\eta_2$——阻尼调整系数，当 $\eta_2$ 小于0.55时，应取0.55。

**4.3.9** 采用振型分解反应谱方法时，对于不考虑扭转耦联振动影响的结构，应按下列规定进行地震作用和作用效应的计算：

**1** 结构第 $j$ 振型 $i$ 层的水平地震作用的标准值应按下列公式确定：

$$F_{ji}=\alpha_j\gamma_jX_{ji}G_i \tag{4.3.9-1}$$

$$\gamma_j = \frac{\sum_{i=1}^{n} X_{ji} G_i}{\sum_{i=1}^{n} X_{ji}^2 G_i} (i = 1,2,\cdots,n; j = 1,2,\cdots,m) \quad (4.3.9\text{-}2)$$

式中：$G_i$ ——$i$ 层的重力荷载代表值，应按本规程第 4.3.6 条的规定确定；

$F_{ji}$ ——第 $j$ 振型 $i$ 层水平地震作用的标准值；

$\alpha_j$ ——相应于 $j$ 振型自振周期的地震影响系数，应按本规程第 4.3.7、4.3.8 条确定；

$X_{ji}$ ——$j$ 振型 $i$ 层的水平相对位移；

$\gamma_j$ ——$j$ 振型的参与系数；

$n$——结构计算总层数，小塔楼宜每层作为一个质点参与计算；

$m$——结构计算振型数。规则结构可取 3，当建筑较高、结构沿竖向刚度不均匀时可取 5～6。

**2**　水平地震作用效应，当相邻振型的周期比小于 0.85 时，可按下式计算：

$$S = \sqrt{\sum_{j=1}^{m} S_j^2} \quad (4.3.9\text{-}3)$$

式中：$S$——水平地震作用标准值的效应；

$S_j$ ——$j$ 振型的水平地震作用标准值的效应（弯矩、剪力、轴向力和位移等）。

**4.3.10**　考虑扭转影响的平面、竖向不规则结构，按扭转耦联振型分解法计算时，各楼层可取两个正交的水平位移和一个转角位移共三个自由度，并应按下列规定计算地震作用和作用效应。确有依据时，可采用简化计算方法确定地震作用。

**1**　$j$ 振型 $i$ 层的水平地震作用标准值，应按下列公式确定：

$$\begin{aligned} F_{xji} &= \alpha_j \gamma_{tj} X_{ji} G_i \\ F_{yji} &= \alpha_j \gamma_{tj} Y_{ji} G_i (i = 1,2,\cdots,n; j = 1,2,\cdots,m) \\ F_{tji} &= \alpha_j \gamma_{tj} r_i^2 \varphi_{ji} G_i \end{aligned} \quad (4.3.10\text{-}1)$$

式中：$F_{xji}$、$F_{yji}$、$F_{tji}$ ——分别为 $j$ 振型 $i$ 层的 $x$ 方向、$y$ 方向和转角方向的地震作用标准值；

$X_{ji}$、$Y_{ji}$ ——分别为 $j$ 振型 $i$ 层质心在 $x$、$y$ 方向的水平相对位移；

$\varphi_{ji}$ ——$j$ 振型 $i$ 层的相对扭转角；

$r_i$ ——$i$ 层转动半径，取 $i$ 层绕质心的转动惯量除以该层质量的商的正二次方根；

$\alpha_j$ ——相应于第 $j$ 振型自振周期 $T_j$ 的地震影响系数，应按本规程第 4.3.7、4.3.8 条确定；

$\gamma_{tj}$ ——考虑扭转的 $j$ 振型参与系数，可按本规程公式（4.3.10-2）～（4.3.10-4）确定；

$n$ ——结构计算总质点数，小塔楼宜每层作为一个质点参加计算；

$m$ ——结构计算振型数，一般情况下可取 9～15，多塔楼建筑每个塔楼的振型数不宜小于 9。

当仅考虑 $x$ 方向地震作用时：

$$\gamma_{tj} = \sum_{i=1}^{n} X_{ji} G_i / \sum_{i=1}^{n} (X_{ji}^2 + Y_{ji}^2 + \varphi_{ji}^2 r_i^2) G_i \quad (4.3.10\text{-}2)$$

当仅考虑 $y$ 方向地震作用时：

$$\gamma_{tj} = \sum_{i=1}^{n} Y_{ji} G_i / \sum_{i=1}^{n} (X_{ji}^2 + Y_{ji}^2 + \varphi_{ji}^2 r_i^2) G_i \tag{4.3.10-3}$$

当考虑与 $x$ 方向夹角为 $\theta$ 的地震作用时：

$$\gamma_{tj} = \gamma_{xj} \cos\theta + \gamma_{yj} \sin\theta \tag{4.3.10-4}$$

式中：$\gamma_{xj}$、$\gamma_{yj}$ ——分别为由式（4.3.10-2）、（4.3.10-3）求得的振型参与系数。

**2** 单向水平地震作用下，考虑扭转耦联的地震作用效应，应按下列公式确定：

$$S = \sqrt{\sum_{j=1}^{m} \sum_{k=1}^{m} \rho_{jk} S_j S_k} \tag{4.3.10-5}$$

$$\rho_{jk} = \frac{8\sqrt{\zeta_j \zeta_k} (\zeta_j + \lambda_T \zeta_k) \lambda_T^{1.5}}{(1-\lambda_T^2)^2 + 4\zeta_j \zeta_k (1+\lambda_T^2) \lambda_T + 4(\zeta_j^2 + \zeta_k^2) \lambda_T^2} \tag{4.3.10-6}$$

式中：$S$——考虑扭转的地震作用标准值的效应；

$S_j$、$S_k$ ——分别为 $j$、$k$ 振型地震作用标准值的效应；

$\rho_{jk}$ ——$j$ 振型与 $k$ 振型的耦联系数；

$\lambda_T$ ——$k$ 振型与 $j$ 振型的自振周期比；

$\zeta_j$、$\zeta_k$ ——分别为 $j$、$k$ 振型的阻尼比。

**3** 考虑双向水平地震作用下的扭转地震作用效应，应按下列公式中的较大值确定：

$$S = \sqrt{S_x^2 + (0.85 S_y)^2} \tag{4.3.10-7}$$

或

$$S = \sqrt{S_y^2 + (0.85 S_x)^2} \tag{4.3.10-8}$$

式中：$S_x$ ——仅考虑 $x$ 向水平地震作用时的地震作用效应，按式（4.3.10-5）计算；

$S_y$ ——仅考虑 y 向水平地震作用时的地震作用效应，按式（4.3.10-5）计算。

**4.3.11** 采用底部剪力法计算结构的水平地震作用时，可按本规程附录 C 执行。

**4.3.12 多遇地震水平地震作用计算时，结构各楼层对应于地震作用标准值的剪力应符合下式要求：**

$$V_{Eki} \geqslant \lambda \sum_{j=i}^{n} G_j \tag{4.3.12}$$

**式中：$V_{Eki}$ ——第 $i$ 层对应于水平地震作用标准值的剪力；**

**$\lambda$——水平地震剪力系数，不应小于表 4.3.12 规定的值；对于竖向不规则结构的薄弱层，尚应乘以 1.15 的增大系数；**

**$G_j$——第 $j$ 层的重力荷载代表值；**

**$n$——结构计算总层数。**

**表 4.3.12 楼层最小地震剪力系数值**

| 类 别 | 6 度 | 7 度 | 8 度 | 9 度 |
|---|---|---|---|---|
| 扭转效应明显或基本周期小于 3.5s 的结构 | 0.008 | 0.016（0.024） | 0.032（0.048） | 0.064 |
| 基本周期大于 5.0s 的结构 | 0.006 | 0.012（0.018） | 0.024（0.036） | 0.048 |

注：1 基本周期介于 3.5s 和 5.0s 之间的结构，应允许线性插入取值；

2 7、8 度时括号内数值分别用于设计基本地震加速度为 0.15$g$ 和 0.30$g$ 的地区。

**4.3.13**　结构竖向地震作用标准值可采用时程分析方法或振型分解反应谱方法计算，也可按下列规定计算（图4.3.13）：

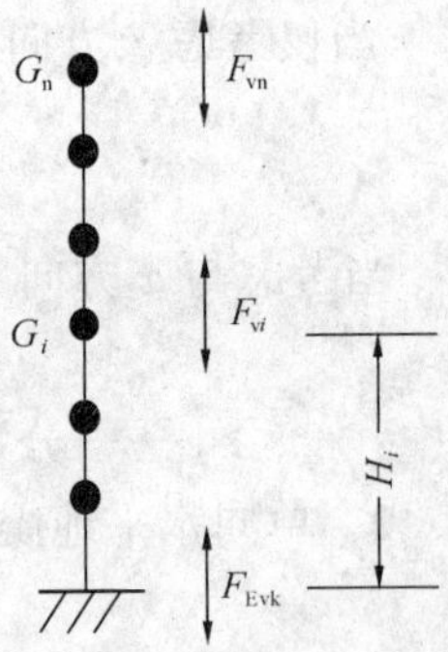

**1**　结构总竖向地震作用标准值可按下列公式计算：

$$F_{\mathrm{Evk}} = \alpha_{\mathrm{vmax}} G_{\mathrm{eq}} \tag{4.3.13-1}$$

$$G_{\mathrm{eq}} = 0.75 G_{\mathrm{E}} \tag{4.3.13-2}$$

$$\alpha_{\mathrm{vmax}} = 0.65 \alpha_{\mathrm{max}} \tag{4.3.13-3}$$

式中：$F_{\mathrm{Evk}}$——结构总竖向地震作用标准值；

$\alpha_{\mathrm{vmax}}$——结构竖向地震影响系数最大值；

$G_{\mathrm{eq}}$——结构等效总重力荷载代表值；

$G_{\mathrm{E}}$——计算竖向地震作用时，结构总重力荷载代表值，应取各质点重力荷载代表值之和。

图4.3.13　结构竖向地震作用计算示意

**2**　结构质点$i$的竖向地震作用标准值可按下式计算：

$$F_{\mathrm{v}i} = \frac{G_i H_i}{\sum_{j=1}^{n} G_j H_j} F_{\mathrm{Evk}} \tag{4.3.13-4}$$

式中：$F_{\mathrm{v}i}$——质点$i$的竖向地震作用标准值；

$G_i$、$G_j$——分别为集中于质点$i$、$j$的重力荷载代表值，应按本规程第4.3.6条的规定计算；

$H_i$、$H_j$——分别为质点$i$、$j$的计算高度。

**3**　楼层各构件的竖向地震作用效应可按各构件承受的重力荷载代表值比例分配，并宜乘以增大系数1.5。

**4.3.14**　跨度大于24m的楼盖结构、跨度大于12m的转换结构和连体结构、悬挑长度大于5m的悬挑结构，结构竖向地震作用效应标准值宜采用时程分析方法或振型分解反应谱方法进行计算。时程分析计算时输入的地震加速度最大值可按规定的水平输入最大值的65％采用，反应谱分析时结构竖向地震影响系数最大值可按水平地震影响系数最大值的65％采用，但设计地震分组可按第一组采用。

**4.3.15**　高层建筑中，大跨度结构、悬挑结构、转换结构、连体结构的连接体的竖向地震作用标准值，不宜小于结构或构件承受的重力荷载代表值与表4.3.15所规定的竖向地震作用系数的乘积。

**表4.3.15　竖向地震作用系数**

| 设防烈度 | 7度 | 8度 | | 9度 |
|---|---|---|---|---|
| 设计基本地震加速度 | 0.15$g$ | 0.20$g$ | 0.30$g$ | 0.40$g$ |
| 竖向地震作用系数 | 0.08 | 0.10 | 0.15 | 0.20 |

注：$g$为重力加速度。

**4.3.16　计算各振型地震影响系数所采用的结构自振周期应考虑非承重墙体的刚度影响予以折减。**

**4.3.17** 当非承重墙体为砌体墙时，高层建筑结构的计算自振周期折减系数可按下列规定取值：

**1** 框架结构可取 0.6～0.7；

**2** 框架-剪力墙结构可取 0.7～0.8；

**3** 框架-核心筒结构可取 0.8～0.9；

**4** 剪力墙结构可取 0.8～1.0。

对于其他结构体系或采用其他非承重墙体时，可根据工程情况确定周期折减系数。

## 二、《抗规》地震作用和结构抗震验算的规定

**5.1.6 结构的截面抗震验算，应符合下列规定：**

**1 6 度时的建筑（不规则建筑及建造于Ⅳ类场地上较高的高层建筑除外），以及生土房屋和木结构房屋等，应符合有关的抗震措施要求，但应允许不进行截面抗震验算。**

**2 6 度时不规则建筑、建造于Ⅳ类场地上较高的高层建筑，7 度和 7 度以上的建筑结构（生土房屋和木结构房屋等除外），应进行多遇地震作用下的截面抗震验算。**

**注：采用隔震设计的建筑结构，其抗震验算应符合有关规定。**

**5.1.7** 符合本规范第 5.5 节规定的结构，除按规定进行多遇地震作用下的截面抗震验算外，尚应进行相应的变形验算。

**5.2.1** 采用底部剪力法时，各楼层可仅取一个自由度，结构的水平地震作用标准值，应按下列公式确定（图 5.2.1）：

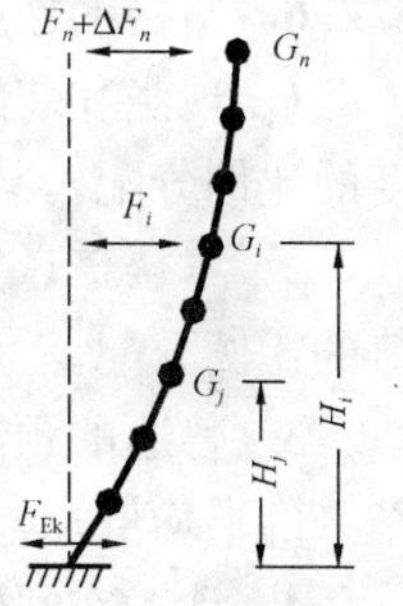

$$F_{Ek} = \alpha_1 G_{eq} \quad (5.2.1\text{-}1)$$

$$F_i = \frac{G_i H_i}{\sum_{j=1}^{n} G_j H_j} F_{Ek}(1-\delta_n)(i=1,2,\cdots n) \quad (5.2.1\text{-}2)$$

$$\Delta F_n = \delta_n F_{Ek} \quad (5.2.1\text{-}3)$$

$F_n+\Delta F_n$ $G_n$ $F_i$ $G_i$ $G_j$ $H_i$ $H_j$ $F_{Ek}$

图 5.2.1 结构水平地震作用计算简图

式中：$F_{Ek}$——结构总水平地震作用标准值；

$\alpha_1$——相应于结构基本自振周期的水平地震影响系数值，应按本规范第 5.1.4、第 5.1.5 条确定，多层砌体房屋、底部框架砌体房屋，宜取水平地震影响系数最大值；

$G_{eq}$——结构等效总重力荷载，单质点应取总重力荷载代表值，多质点可取总重力荷载代表值的 85%；

$F_i$——质点 $i$ 的水平地震作用标准值；

$G_i$、$G_j$——分别为集中于质点 $i$、$j$ 的重力荷载代表值，应按本规范第 5.1.3 条确定；

$H_i$、$H_j$——分别为质点 $i$、$j$ 的计算高度；

$\delta_n$——顶部附加地震作用系数，多层钢筋混凝土和钢结构房屋可按表 5.2.1 采用，其他房屋可采用 0.0；

$\Delta F_n$——顶部附加水平地震作用。

表5.2.1　顶部附加地震作用系数

| $T_g$（s） | $T_1>1.4T_g$ | $T_1\leqslant1.4T_g$ |
|---|---|---|
| $T_g\leqslant0.35$ | $0.08T_1+0.07$ | 0.0 |
| $0.35<T_g\leqslant0.55$ | $0.08T_1+0.01$ | |
| $T_g>0.55$ | $0.08T_1-0.02$ | |

注：$T_1$为结构基本自振周期。

**5.2.3**　水平地震作用下，建筑结构的扭转耦联地震效应应符合下列要求：

**1**　规则结构不进行扭转耦联计算时，平行于地震作用方向的两个边榀各构件，其地震作用效应应乘以增大系数。一般情况下，短边可按1.15采用，长边可按1.05采用；当扭转刚度较小时，周边各构件宜按不小于1.3采用。角部构件宜同时乘以两个方向各自的增大系数。

**2**　按扭转耦联振型分解法计算时，各楼层可取两个正交的水平位移和一个转角共三个自由度，并应按下列公式计算结构的地震作用和作用效应。确有依据时，尚可采用简化计算方法确定地震作用效应。

（$j$振型$i$层的水平地震作用标准值的计算同《高规》）

**5.2.6**　结构的楼层水平地震剪力，应按下列原则分配：

**1**　现浇和装配整体式混凝土楼、屋盖等刚性楼、屋盖建筑，宜按抗侧力构件等效刚度的比例分配。

**2**　木楼盖、木屋盖等柔性楼、屋盖建筑，宜按抗侧力构件从属面积上重力荷载代表值的比例分配。

**3**　普通的预制装配式混凝土楼、屋盖等半刚性楼、屋盖的建筑，可取上述两种分配结果的平均值。

**4**　计入空间作用、楼盖变形、墙体弹塑性变形和扭转的影响时，可按本规范各有关规定对上述分配结果作适当调整。

**5.2.7**　结构抗震计算，一般情况下可不计入地基与结构相互作用的影响；8度和9度时建造于Ⅲ、Ⅳ类场地，采用箱基、刚性较好的筏基和桩箱联合基础的钢筋混凝土高层建筑，当结构基本自振周期处于特征周期的1.2倍至5倍范围时，若计入地基与结构动力相互作用的影响，对刚性地基假定计算的水平地震剪力可按下列规定折减，其层间变形可按折减后的楼层剪力计算。

**1**　高宽比小于3的结构，各楼层水平地震剪力的折减系数，可按下式计算：

$$\psi=\left(\frac{T_1}{T_1+\Delta T}\right)^{0.9} \tag{5.2.7}$$

式中：$\psi$——计入地基与结构动力相互作用后的地震剪力折减系数；

$T_1$——按刚性地基假定确定的结构基本自振周期（s）；

$\Delta T$——计入地基与结构动力相互作用的附加周期（s），可按表5.2.7采用。

表 5.2.7 附加周期（s）

| 烈 度 | 场地类别 | |
|---|---|---|
| | Ⅲ类 | Ⅳ类 |
| 8 | 0.08 | 0.20 |
| 9 | 0.10 | 0.25 |

**2** 高宽比不小于 3 的结构，底部的地震剪力按第 1 款规定折减，顶部不折减，中间各层按线性插入值折减。

**3** 折减后各楼层的水平地震剪力，应符合本规范第 5.2.5 条的规定。

**5.3.2** 跨度、长度小于本规范第 5.1.2 条第 5 款规定且规则的平板型网架屋盖和跨度大于 24m 的屋架、屋盖横梁及托架的竖向地震作用标准值，宜取其重力荷载代表值和竖向地震作用系数的乘积；竖向地震作用系数可按表 5.3.2 采用。

表 5.3.2 竖向地震作用系数

| 结构类型 | 烈度 | 场地类别 | | |
|---|---|---|---|---|
| | | Ⅰ | Ⅱ | Ⅲ、Ⅳ |
| 平板型网架、钢屋架 | 8 | 可不计算（0.10） | 0.08（0.12） | 0.10（0.15） |
| | 9 | 0.15 | 0.15 | 0.20 |
| 钢筋混凝土屋架 | 8 | 0.10（0.15） | 0.13（0.19） | 0.13（0.19） |
| | 9 | 0.20 | 0.25 | 0.25 |

注：括号中数值用于设计基本地震加速度为 0.30$g$ 的地区。

## 三、对规定的解读和建议

### 1. 有关荷载的规定

（1）直升机平台的活荷载是根据现行国家标准《建筑结构荷载规范》GB 50009 的有关规定确定的。部分直升机的有关参数见表 4-1。

（2）风荷载计算主要依据现行国家标准《建筑结构荷载规范》GB 50009。对于主要承重结构，风荷载标准值的表达可有两种形式，一种为平均风压加上由脉动风引起结构风振的等效风压；另一种为平均风压乘以风振系数。由于结构的风振计算中，往往是受力方向基本振型起主要作用，因而我国与大多数国家相同，采用后一种表达形式，即采用风振系数 $\beta_z$。风振系数综合考虑了结构在风荷载作用下的动力响应，包括风速随时间、空间的变异性和结构的阻尼特性等因素。

基本风压 $w_0$ 是根据全国各气象台站历年来的最大风速记录，按基本风压的标准要求，将不同测风仪高度和时次时距的年最大风速，统一换算为离地 10m 高，自记式风速仪 10min 平均年最大风速（m/s）。根据该风速数据统计分析确定重现期为 50 年的最大风速，作为当地的基本风速 $v_0$，再按贝努利公式确定基本风压。

（3）按照现行国家标准《建筑结构荷载规范》GB 50009 的规定，对风荷载比较敏感的高层建筑，其基本风压应适当提高。因此，《高规》4.2.2 条明确了承载力设计时应按基本风压的 1.1 倍采用，不再强调按 100 年重现期的风压值采用。

部分轻型直升机的技术数据　　表 4-1

| 机型 | 生产国 | 空重 (kN) | 最大起飞重 (kN) | 尺寸 | | | |
|---|---|---|---|---|---|---|---|
| | | | | 旋翼直径 (m) | 机长 (m) | 机宽 (m) | 机高 (m) |
| Z-9（直 9） | 中　国 | 19.75 | 40.00 | 11.68 | 13.29 | | 3.31 |
| SA360 海豚 | 法　国 | 18.23 | 34.00 | 11.68 | 11.40 | | 3.50 |
| SA315 美洲驼 | 法　国 | 10.14 | 19.50 | 11.02 | 12.92 | | 3.09 |
| SA350 松鼠 | 法　国 | 12.88 | 24.00 | 10.69 | 12.99 | 1.08 | 3.02 |
| SA341 小羚羊 | 法　国 | 9.17 | 18.00 | 10.50 | 11.97 | | 3.15 |
| BK-117 | 德　国 | 16.50 | 28.50 | 11.00 | 13.00 | 1.60 | 3.36 |
| BO-105 | 德　国 | 12.56 | 24.00 | 9.84 | 8.56 | | 3.00 |
| 山猫 | 英、法 | 30.70 | 45.35 | 12.80 | 12.06 | | 3.66 |
| S-76 | 美　国 | 25.40 | 46.70 | 13.41 | 13.22 | 2.13 | 4.41 |
| 贝尔-205 | 美　国 | 22.55 | 43.09 | 14.63 | 17.40 | | 4.42 |
| 贝尔-206 | 美　国 | 6.60 | 14.51 | 10.16 | 9.50 | | 2.91 |
| 贝尔-500 | 美　国 | 6.64 | 13.61 | 8.05 | 7.49 | 2.71 | 2.59 |
| 贝尔-222 | 美　国 | 22.04 | 35.60 | 12.12 | 12.50 | 3.18 | 3.51 |
| A109A | 意大利 | 14.66 | 24.50 | 11.00 | 13.05 | 1.42 | 3.30 |

注：直 9 机主轮距 2.03m，前后轮距 3.61m。

对风荷载是否敏感，主要与高层建筑的体型、结构体系和自振特性有关，目前尚无实用的划分标准。一般情况下，对于房屋高度大于 60m 的高层建筑，承载力设计时风荷载计算可按基本风压的 1.1 倍采用；对于房屋高度不超过 60m 的高层建筑，风荷载取值是否提高，可由设计人员根据实际情况确定。《高规》4.2.2 条的规定，对设计使用年限为 50 年和 100 年的高层建筑结构都是适用的。

(4) 风荷载体型系数是指风作用在建筑物表面上所引起的实际压力（或吸力）与来流风的速度压的比值，它描述的是建筑物表面在稳定风压作用下静态压力的分布规律，主要与建筑物的体型和尺度有关，也与周围环境和地面粗糙度有关。由于涉及固体与流体相互作用的流体动力学问题，对于不规则形状的固体，问题尤为复杂，无法给出理论上的结果，一般均应由试验确定。鉴于真型实测的方法对结构设计不现实，目前只能采用相似原理，在边界层风洞内对拟建的建筑物模型进行测试。

《高规》4.2.3 条规定是对现行国家标准《建筑结构荷载规范》GB 50009 表 7.3.1 的适当简化和整理，以便于高层建筑结构设计时应用，如需较详细的数据，也可按《高规》附录 B 采用。

对建筑群，尤其是高层建筑群，当房屋相互间距较近时，由于旋涡的相互干扰，房屋某些部位的局部风压会显著增大，设计时应予注意。对比较重要的高层建筑，建议在风洞试验中考虑周围建筑物的干扰因素。

(5)《高规》4.2.5 条为新增条文，意在提醒设计人员注意考虑结构横风向风振或扭转风振对高层建筑尤其是超高层建筑的影响。当结构高宽比较大、结构顶点风速大于临界风速时，可能引起较明显的结构横风向振动，甚至出现横风向振动效应大于顺风向作用效应的情况。结构横风向振动问题比较复杂，与结构的平面形状、竖向体型、高宽比、刚度、自振周期和风速都有一定关系。当结构体型复杂时，宜通过空气弹性模型的风洞试验确定横风向振动的等效风荷载；也可参考有关资料确定。

横风向效应与顺风向效应是同时发生的，因此必须考虑两者的效应组合。对于结构侧向位移控制，仍可按同时考虑横风向与顺风向影响后的计算方向位移确定，不必按矢量和的方向控制结构的层间位移。

（6）对结构平面及立面形状复杂、开洞或连体建筑及周围地形环境复杂的结构，建议进行风洞试验。对风洞试验的结果，当与按规范计算的风荷载存在较大差距时，设计人员应进行分析判断，合理确定建筑物的风荷载取值。因此《高规》4.2.7 条规定“进行风洞试验判断确定建筑物的风荷载”。

（7）现行《荷载规范》7.1.2 条规定，基本风压应按该规范附录 D.4 中附表给出的 50 年一遇的风压采用，但不得小于 0.3kN/m$^2$。对于高层建筑、高耸结构以及对风荷载比较敏感的其他结构，基本风压应适当提高，并应由有关的结构设计规范具体规定。7.2.1 条规定地面粗糙度分为 A、B、C、D 四类，A 类指近海面和海岸，湖岸及沙漠地区（新旧规范一致），B、C、D 类的划分可由该条的条文说明得知：

1）以拟建房屋为中心、2km 为半径的迎风半圆影响范围内的房屋高度和密集度来区分粗糙度类别，风向原则上以该地区最大风的风向为准，但也可取其主导风向；

2）以半圆影响范围内建筑物的平均高度来划分地面粗糙类别。当平均高度不大于 9m 时为 B 类；当平均高度大于 9m 但不大于 18m 时为 C 类；当平均高度大于 18m 时为 D 类；

3）影响范围内不同高度的面域可按下述原则确定：每座建筑物向外延伸距离等于其高度的面域内均为该高度，当不同高度的面域相交时，交叠部分的高度取大者；

4）平均高度取各面域面积为权数计算。

（8）钢筋混凝土结构房屋，在结构设计时对混凝土墙、柱、梁的表面建筑饰面层，一般是不单独计算其重量，只对楼板上下的面层、抹灰或吊顶考虑其重量。因此，结构整体分析和基础计算荷载时，为简化起见但又不漏应有的荷载，总信息中混凝土重度取值根据不同结构类型按 26～27kN/m$^3$。如一般剪力墙结构可取 27kN/m$^3$，框架结构、框架-剪力墙结构及框架-核心筒结构可以取26kN/m$^3$。结构整体分析和基础计算时，将混凝土重度取大于 27kN/m$^3$ 没有必要。

（9）《荷载规范》表 4.1.1 第 11 项消防疏散楼梯活荷载标准值3.5kN/m$^2$，主要用于高层建筑及大型公共建筑中人群有可能密集的楼梯。因此，高层住宅的楼梯应按消防疏散楼梯活荷载取值，低层和多层住宅的楼梯的活荷载可取 2.0kN/m$^2$。

《荷载规范》表 4.1.1 规定，消防车按均布活荷载标准值，当单向板楼盖（板跨不小于 2m）取 35kN/m$^2$，双向板楼盖和无梁楼盖（柱网尺寸不小于 6m×6m）取 20kN/m$^2$。当楼盖上方有较厚的地面做法或覆盖较厚的填土层时，取上述荷载值是不确切的，应根据当地使用的最大消防车轮压值及楼盖上覆盖层厚度计算确定作用在楼板结构面上的面积及重量，按此计算有关构件的内力及截面配筋。例如，30t 消防车或目前国内较高的博浪涛 68m（BRONTO F68）云梯车（按车样本有关参数）计算，当填土加道路面层总厚度 1.5m 时，折算面荷载为 16kN/m$^2$，总厚度为 2m 时为 10kN/m$^2$（相当于绿化庭院活荷载）。

对某些建筑物的过街楼地下室顶板上地面做法较薄时，应按消防车轮压验算楼板的冲切承载力及计算板局部荷载作用下的内力和配筋。

(10)《荷载规范》3.2.3条2）规定的由永久荷载效应控制的组合的计算公式，其中永久荷载的分项系数当其效应对结构不利时应取1.35。在实际工程的构件设计时是否按$\gamma_G=1.35$计算，可对下列两式进行比较并取大值：

$$S=\gamma_G S_{GK}+\gamma_Q \psi S_{GK}=1.2S_{GK}+1.4S_{QK} \tag{4-1}$$

$$S=1.35S_{GK}+1.4\times0.7S_{QK} \tag{4-2}$$

当$S_{QK}\leqslant0.26\ (S_{GK}+S_{QK})$时，则公式（4-2）所得结果比公式（4-1）大，即活荷载标准值产生的效应小于等于永久荷载加活荷载标准值效应的26%时，应由公式（4-2）控制。例如，顶板上覆土较厚的地下车库顶部楼盖结构、保温隔热做法较重而不上人屋面的屋顶楼盖结构等。

《地基规范》3.0.5条，对由永久荷载效应控制的基本组合，设计值$S$按公式（4-3）确定：

$$S=1.35S_K \tag{4-3}$$

式中　$S_K$——活荷载效应加永久荷载效应的标准组合值，此项活荷载应按《荷载规范》4.1.2条的规定考虑折减系数。

公式（4-3）中的1.35是偏大的，经我们分析综合取$S=1.30S_K$比较真实合理。

**2. 有关地震作用的规定**

(1) 高层建筑混凝土结构考虑地震作用时的设防标准，与现行国家标准《建筑工程抗震设防分类标准》GB 50223的规定一致。对甲类建筑的地震作用，改为“应按批准的地震安全性评价结果且高于本地区抗震设防烈度的要求确定”，明确规定如果地震安全性评价结果低于本地区的抗震设防烈度，计算地震作用时应按高于本地区设防烈度的要求进行。对于乙、丙类建筑，规定应按本地区抗震设防烈度计算，与02规程的规定一致。《高规》4.3.1条规定抗震设防类别的高层建筑都要进行地震作用计算，则包括设防烈度6度至9度的高层建筑，《抗规》第5.1.6条规定抗震设防为6度时，除建造在Ⅳ类场地上较高的高层建筑外可不进行地震作用计算，但应符合有关的抗震措施要求，因此，10层及10层以上或房屋高度超过28m的住宅建筑以及房屋高度大于24m的其他高层民用建筑结构应按《高规》执行，上述高度以下的多层建筑则按《抗规》执行。

(2)《高规》4.3.2条除第3款“7度（0.15$g$）”外，与现行国家标准《建筑抗震设计规范》GB 50011的规定一致。某一方向水平地震作用主要由该方向抗侧力构件承担，如该构件带有翼缘，尚应包括翼缘作用。有斜交抗侧力构件的结构，当交角大于15°时，应考虑斜交构件方向的地震作用计算。对质量和刚度明显不均匀、不对称的结构应考虑双向地震作用下的扭转影响。

大跨度指跨度大于24m的楼盖结构、跨度大于8m的转换结构、悬挑长度大于2m的悬挑结构。大跨度、长悬臂结构应验算其自身及其支承部位结构的竖向地震效应。

除了8、9度外，本次修订增加了大跨度、长悬臂结构7度（0.15$g$）时也应计入竖向地震作用的影响。主要原因是：高层建筑由于高度较高，竖向地震作用效应放大比较明显。

(3)《高规》4.3.3条规定主要是考虑结构地震动力反应过程中可能由于地面扭转运

动、结构实际的刚度和质量分布相对于计算假定值的偏差，以及在弹塑性反应过程中各抗侧力结构刚度退化程度不同等原因引起的扭转反应增大；特别是目前对地面运动扭转分量的强震实测记录很少，地震作用计算中还不能考虑输入地面运动扭转分量。采用附加偶然偏心作用计算是一种实用方法。美国、新西兰和欧洲等抗震规范都规定计算地震作用时应考虑附加偶然偏心，偶然偏心距的取值多为 $0.05L$。对于平面规则（包括对称）的建筑结构需附加偶然偏心；对于平面布置不规则的结构，除其自身已存在的偏心外，还需附加偶然偏心。

本条规定直接取各层质量偶然偏心为 $0.05L_i$（$L_i$ 为垂直于地震作用方向的建筑物总长度）来计算单向水平地震作用。实际计算时，可将每层质心沿主轴的同一方向（正向或负向）偏移。

采用底部剪力法计算地震作用时，也应考虑偶然偏心的不利影响。

当计算双向地震作用时，可不考虑偶然偏心的影响，但应与单向地震作用考虑偶然偏心的计算结果进行比较，取不利的情况进行设计。

关于各楼层垂直于地震作用方向的建筑物总长度 $L_i$ 的取值，当楼层平面有局部突出时，可按回转半径相等的原则，简化为无局部突出的规则平面，以近似确定垂直于地震计算方向的建筑物边长 $L_i$。如图 4-1 所示平面，当计算 $y$ 向地震作用时，若 $b/B$ 及 $h/H$ 均不大于 1/4，可认为是局部突出；此时用于确定偶然偏心的边长可近似按下式计算：

$$L_i = B + \frac{bh}{H}\left(1 + \frac{3b}{B}\right)$$

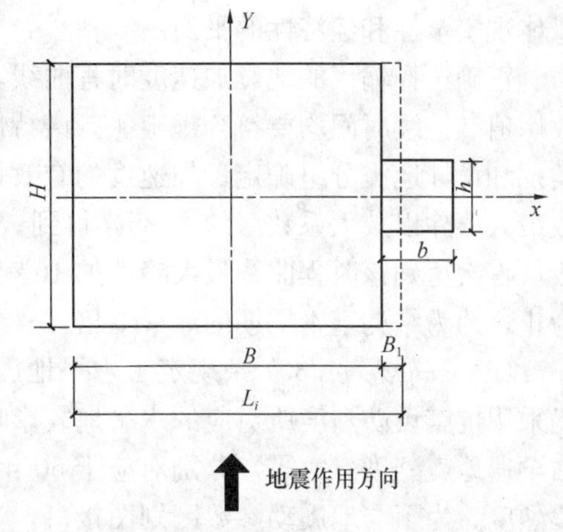


图 4-1　平面局部突出示例

《高规》4.3.3 条规定：计算单向地震作用时应考虑偶然偏心的影响。每层质心沿垂直于地震作用方向的偏移值可采用 $e_i = \pm 0.05L_i$。

《抗规》5.2.3 条 1 款规定：规则结构不进行扭转耦联计算时，平行于地震作用方向的两个边榀各构件，其他震作用效应应乘以增大系数。

《高规》与《抗规》对扭转效应的计算方法不同，实际工程设计中是采用《高规》的方法，相对概念明确，软件计算操作方便。

(4) 不同的结构采用不同的分析方法在各国抗震规范中均有体现，振型分解反应谱法和底部剪力法仍是基本方法。对高层建筑结构主要采用振型分解反应谱法（包括不考虑扭转耦联和考虑扭转耦联两种方式），底部剪力法的应用范围较小。弹性时程分析法作为补充计算方法，在高层建筑结构分析中已得到比较普遍的应用。

《高规》4.3.4 条第 3 款对于需要采用弹性时程分析法进行补充计算的高层建筑结构作了具体规定，这些结构高度较高或刚度、承载力和质量沿竖向分布不规则或属于特别重要的甲类建筑。所谓“补充”，主要指对计算的底部剪力、楼层剪力和层间位移进行比较，当时程法分析结果大于振型分解反应谱法分析结果时，相关部位的构件内力和配筋作相应的调整。

质量沿竖向分布不均匀的结构一般指楼层质量大于相邻下部楼层质量1.5倍的情况，见《高规》第3.5.6条。

(5) 进行时程分析时，鉴于不同地震波输入进行时程分析的结果不同，《高规》4.3.5条规定一般可以根据小样本容量下的计算结果来估计地震效应值。通过大量地震加速度记录输入不同结构类型进行时程分析结果的统计分析，若选用不少于2组实际记录和1组人工模拟的加速度时程曲线作为输入，计算的平均地震效应值不小于大样本容量平均值的保证率在85%以上，而且一般也不会偏大很多。当选用数量较多的地震波，如5组实际记录和2组人工模拟时程曲线，则保证率更高。所谓“在统计意义上相符”是指多组时程波的平均地震影响系数曲线与振型分解反应谱法所用的地震影响系数曲线相比，在对应于结构主要振型的周期点上相差不大于20%。计算结果的平均底部剪力一般不会小于振型分解反应谱法计算结果的80%，每条地震波输入的计算结果不会小于65%；从工程应用角度考虑，可以保证时程分析结果满足最低安全要求。但时程法计算结果也不必过大，每条地震波输入的计算结果不大于135%，多条地震波输入的计算结果平均值不大于120%，以体现安全性和经济性的平衡。

正确选择输入的地震加速度时程曲线，要满足地震动三要素的要求，即频谱特性、有效峰值和持续时间均要符合规定。频谱特性可用地震影响系数曲线表征，依据所处的场地类别和设计地震分组确定；加速度的有效峰值按《高规》表4.3.5采用，即以地震影响系数最大值除以放大系数（约2.25）得到；输入地震加速度时程曲线的有效持续时间，一般从首次达到该时程曲线最大峰值的10%那一点算起，到最后一点达到最大峰值的10%为止，约为结构基本周期的5～10倍。

(6)《高规》4.3.7条规定了水平地震影响系数最大值和场地特征周期取值。现阶段仍采用抗震设防烈度所对应的水平地震影响系数最大值$\alpha_{max}$，多遇地震烈度（小震）和预估罕遇地震烈度（大震）分别对应于50年设计基准期内超越概率为63%和2%～3%的地震烈度。为了与地震动参数区划图接口，表3.3.7-1中的$\alpha_{max}$比89规范增加了7度0.15$g$和8度0.30$g$的地区数值。本次修订，与结构抗震性能设计要求相适应，增加了设防烈度地震（中震）和6度时的地震影响系数最大值规定。

根据土层等效剪切波速和场地覆盖层厚度将建筑的场地划分为Ⅰ、Ⅱ、Ⅲ、Ⅳ四类，其中Ⅰ类分为$Ⅰ_0$和$Ⅰ_1$两个亚类，本规程中提及Ⅰ类场地而未专门注明$Ⅰ_0$或$Ⅰ_1$的，均包含这两个亚类。具体场地划分标准见现行国家标准《建筑抗震设计规范》GB 50011的有关规定。

(7) 弹性反应谱理论仍是现阶段抗震设计的最基本理论，本规程的设计反应谱与现行国家标准《建筑抗震设计规范》GB 50011一致。

1) 同样烈度、同样场地条件的反应谱形状，随着震源机制、震级大小、震中距远近等的变化，有较大的差别，影响因素很多。在继续保留烈度概念的基础上，用设计地震分组的特征周期$T_g$予以反映。其中，Ⅰ、Ⅱ、Ⅲ类场地的特征周期值，《建筑抗震设计规范》GB 50011—2001（下称01规范）较89规范的取值增大了0.05s；本次修订，计算罕遇地震作用时，特征周期$T_g$值也增大0.05s。这些改进，适当提高结构的抗震安全性，也比较符合近年来得到的大量地震加速度资料的统计结果。

2) 在$T \leqslant 0.1$s的范围内，各类场地的地震影响系数一律采用同样的斜线，使之符合

$T=0$ 时（刚体）动力不放大的规律；在 $T \geqslant T_g$ 时，设计反应谱在理论上存在二个下降段，即速度控制段和位移控制段，在加速度反应谱中，前者衰减指数为 1，后者衰减指数为 2。设计反应谱是用来预估建筑结构在其设计基准期内可能经受的地震作用，通常根据大量实际地震记录的反应谱进行统计并结合工程经验判断加以规定。为保持延续性，地震影响系数在 $T \leqslant 5T_g$ 范围内保持不变，各曲线的递减指数为非整数；在 $T>5T_g$ 的范围为倾斜下降段，不同场地类别的最小值不同，较符合实际反应谱的统计规律。对于周期大于 6s 的结构，地震影响系数仍需专门研究。

3）考虑到不同结构类型的设计需要，提供了不同阻尼比（通常为 0.02～0.30）地震影响系数曲线相对于标准的地震影响系数（阻尼比为 0.05）的修正方法。根据实际强震记录的统计分析结果，这种修正可分二段进行：在反应谱平台段修正幅度最大；在反应谱上升段和下降段，修正幅度变小；在曲线两端（0s 和 6s），不同阻尼比下的地震影响系数趋向接近。

《高规》本次修订，保持 01 规范地震影响系数曲线的计算表达式不变，只对其参数进行调整，达到以下效果：

①阻尼比为 5%的地震影响系数维持不变，对于钢筋混凝土结构的抗震设计，同 01 规范的水平。

②基本解决了 01 规范在长周期段，不同阻尼比地震影响系数曲线交叉、大阻尼曲线值高于小阻尼曲线值的不合理现象。Ⅰ、Ⅱ、Ⅲ类场地的地震影响系数曲线在周期接近 6s 时，基本交汇在一点上，符合理论和统计规律。

③降低了小阻尼（0.02～0.035）的地震影响系数值，最大降低幅度达 18%。略微提高了阻尼比 0.06～0.10 范围的地震影响系数值，长周期部分最大增幅约 5%。

④适当降低了大阻尼（0.20～0.30）的地震影响系数值，在 $5T_g$ 周期以内，基本不变；长周期部分最大降幅约 10%，扩大了消能减震技术的应用范围。

对应于不同阻尼比计算地震影响系数曲线的衰减指数和调整系数见表 4-2。

**不同阻尼比时的衰减指数和调整系数　　表 4-2**

| 阻尼比 $\zeta$ | 阻尼调整系数 $\eta_2$ | 曲线下降段衰减指数 $\gamma$ | 直线下降段斜率调整系数 $\eta_1$ |
|---|---|---|---|
| 0.02 | 1.268 | 0.971 | 0.026 |
| 0.03 | 1.156 | 0.942 | 0.024 |
| 0.04 | 1.069 | 0.919 | 0.022 |
| 0.05 | 1.000 | 0.900 | 0.020 |
| 0.10 | 0.792 | 0.844 | 0.013 |
| 0.15 | 0.688 | 0.817 | 0.009 |
| 0.2 | 0.625 | 0.800 | 0.006 |
| 0.3 | 0.554 | 0.781 | 0.002 |

（8）引用现行国家标准《建筑抗震设计规范》GB 50011。增加了考虑双向水平地震作用下的地震效应组合方法。根据强震观测记录的统计分析，两个方向水平地震加速度的最大值不相等，二者之比约为 1∶0.85；而且两个方向的最大值不一定发生在同一时刻，因此采用平方和开平方计算两个方向地震作用效应的组合。条文中的 $S_x$ 和 $S_y$ 是指在两个

正交的 $X$ 和 $Y$ 方向地震作用下，在每个构件的同一局部坐标方向上的地震作用效应，如 $X$ 方向地震作用下在局部坐标 $x$ 方向的弯矩 $M_{xx}$ 和 $Y$ 方向地震作用下在局部坐标 $x$ 方向的弯矩 $M_{xy}$。

作用效应包括楼层剪力、弯矩和位移，也包括构件内力（弯矩、剪力、轴力、扭矩等）和变形。

《高规》建议的振型数是对质量和刚度分布比较均匀的结构而言的。对于质量和刚度分布很不均匀的结构，振型分解反应谱法所需的振型数一般可取为振型参与质量达到总质量的 90％时所需的振型数。

(9) 底部剪力法在高层建筑水平地震作用计算中应用较少，但作为一种方法，本规程仍予以保留，因此列于附录中。对于规则结构，采用本条方法计算水平地震作用时，仍应考虑偶然偏心的不利影响。

(10) 由于地震影响系数在长周期段下降较快，对于基本周期大于 3s 的结构，由此计算所得的水平地震作用下的结构效应可能过小。而对于长周期结构，地震地面运动速度和位移可能对结构的破坏具有更大影响，但是规范所采用的振型分解反应谱法尚无法对此作出合理估计。出于结构安全的考虑，增加了对各楼层水平地震剪力最小值的要求，规定了不同设防烈度下的楼层最小地震剪力系数（即剪重比），当不满足时，结构水平地震总剪力和各楼层的水平地震剪力均需要进行相应的调整或改变结构刚度使之达到规定的要求。本次修订补充了 6 度时的最小地震剪力系数规定。

对于竖向不规则结构的薄弱层的水平地震剪力，《高规》第 3.5.8 条规定应乘以 1.25 的增大系数，该层剪力放大 1.25 倍后仍需要满足该条的规定，即该层的地震剪力系数不应小于《高规》表 4.3.12 中数值的 1.15 倍。

表 4.3.12 中所说的扭转效应明显的结构，是指楼层最大水平位移（或层间位移）大于楼层平均水平位移（或层间位移）1.2 倍的结构。

(11)《高规》4.3.14 条为新增条文，主要考虑目前高层建筑中较多采用大跨度和长悬挑结构，需要采用时程分析方法或反应谱方法进行竖向地震的分析，给出了反应谱和时程分析计算时需要的数据。反应谱采用水平反应谱的 65％，包括最大值和形状参数，但认为竖向反应谱的特征周期与水平反应谱相比，尤其在远震中距时，明显小于水平反应谱，故本条规定，设计特征周期均按第一组采用。对处于发震断裂 10km 以内的场地，其最大值可能接近于水平谱，特征周期小于水平谱。

(12) 高层建筑中的大跨度、悬挑、转换、连体结构的竖向地震作用大小与其所处的位置以及支承结构的刚度都有一定关系，因此对于跨度较大、所处位置较高的情况，建议采用《高规》第 4.3.13、4.3.14 条的规定进行竖向地震作用计算，并且计算结果不宜小于本条规定。

为了简化计算，跨度或悬挑长度不大于《高规》第 4.3.14 条规定的大跨结构和悬挑结构，可直接按本条规定的地震作用系数乘以相应的重力荷载代表值作为竖向地震作用标准值。

(13) 高层建筑结构整体计算分析时，只考虑了主要结构构件（梁、柱、剪力墙和筒体等）的刚度，没有考虑非承重结构构件的刚度，因而计算的自振周期较实际的偏长，按这一周期计算的地震力偏小。为此，《高规》4.3.16 条规定应考虑非承重墙体的刚度影响，对计算的自振周期予以折减。

（14）大量工程实测周期表明：实际建筑物自振周期短于计算的周期。尤其是有实心砖填充墙的框架结构，由于实心砖填充墙的刚度大于框架柱的刚度，其影响更为显著，实测周期约为计算周期的50％～60％；剪力墙结构中，由于砖墙数量少，其刚度又远小于钢筋混凝土墙的刚度，实测周期与计算周期比较接近。

《高规》本次修订，考虑到目前黏土砖被限制使用，而其他类型的砌体墙越来越多，把“填充砖墙”改为“砌体墙”，但不包括采用柔性连接的填充墙或刚度很小的轻质砌体填充墙；增加了框架-核心筒结构周期折减系数的规定；目前有些剪力墙结构布置的填充墙较多，其周期折减系数可能小于0.9，故将剪力墙结构的周期折减系数调整为0.8～1.0。

（15）按《高规》4.3.15条规定的竖向地震作用计算时，长悬臂构件的长度为大于5m，大跨度构件的跨度为大于等于24m，转换结构和连体结构的跨度为大于12m。

# 第5章 结构计算分析

## 一、《混凝土规范》规定

### 5.1 基 本 原 则

**5.1.1** 混凝土结构应进行整体作用效应分析，必要时尚应对结构中受力状况特殊部位进行更详细的分析。

**5.1.2** 当结构在施工和使用期的不同阶段有多种受力状况时，应分别进行结构分析，并确定其最不利的作用组合。

结构可能遭遇火灾、飓风、爆炸、撞击等偶然作用时，尚应按国家现行有关标准的要求进行相应的结构分析。

**5.1.3** 结构分析的模型应符合下列要求：

**1** 结构分析采用的计算简图、几何尺寸、计算参数、边界条件、结构材料性能指标以及构造措施等应符合实际工作状况；

**2** 结构上可能的作用及其组合、初始应力和变形状况等，应符合结构的实际状况；

**3** 结构分析中所采用的各种近似假定和简化，应有理论、试验依据或经工程实践验证；计算结果的精度应符合工程设计的要求。

**5.1.4** 结构分析应符合下列要求：

**1** 满足力学平衡条件；

**2** 在不同程度上符合变形协调条件，包括节点和边界的约束条件；

**3** 采用合理的材料本构关系或构件单元的受力-变形关系。

**5.1.5** 结构分析时，应根据结构类型、材料性能和受力特点等选择下列分析方法：

**1** 弹性分析方法；

**2** 塑性内力重分布分析方法；

**3** 弹塑性分析方法；

**4** 塑性极限分析方法；

**5** 试验分析方法。

**5.1.6** 结构分析所采用的计算软件应经考核和验证，其技术条件应符合本规范和国家现行有关标准的要求。

应对分析结果进行判断和校核，在确认其合理、有效后方可应用于工程设计。

### 5.2 分 析 模 型

**5.2.1** 混凝土结构宜按空间体系进行结构整体分析，并宜考虑结构单元的弯曲、轴向、剪切和扭转等变形对结构内力的影响。

当进行简化分析时，应符合下列规定：

1 体形规则的空间结构，可沿柱列或墙轴线分解为不同方向的平面结构分别进行分析，但应考虑平面结构的空间协同工作；

2 构件的轴向、剪切和扭转变形对结构内力分析影响不大时，可不予考虑。

**5.2.2** 混凝土结构的计算简图宜按下列方法确定：

1 梁、柱、杆等一维构件的轴线宜取为截面几何中心的连线，墙、板等二维构件的中轴面宜取为截面中心线组成的平面或曲面；

2 现浇结构和装配整体式结构的梁柱节点、柱与基础连接处等可作为刚接；非整体浇筑的次梁两端及板跨两端可近似作为铰接；

3 梁、柱等杆件的计算跨度或计算高度可按其两端支承长度的中心距或净距确定，并应根据支承节点的连接刚度或支承反力的位置加以修正；

4 梁、柱等杆件间连接部分的刚度远大于杆件中间截面的刚度时，在计算模型中可作为刚域处理。

**5.2.3** 进行结构整体分析时，对于现浇结构或装配整体式结构，可假定楼盖在其自身平面内为无限刚性。当楼盖开有较大洞口或其局部会产生明显的平面内变形时，在结构分析中应考虑其影响。

**5.2.4** 对现浇楼盖和装配整体式楼盖，宜考虑楼板作为翼缘对梁刚度和承载力的影响。梁受压区有效翼缘计算宽度 $b_f'$ 可按表 5.2.4 所列情况中的最小值取用；也可采用梁刚度增大系数法近似考虑，刚度增大系数应根据梁有效翼缘尺寸与梁截面尺寸的相对比例确定。

**表 5.2.4 受弯构件受压区有效翼缘计算宽度 $b_f'$**

| 情况 | | T形、I形截面 | | 倒L形截面 |
|---|---|---|---|---|
| | | 肋形梁（板） | 独立梁 | 肋形梁（板） |
| 1 | 按计算跨度 $l_0$ 考虑 | $l_0/3$ | $l_0/3$ | $l_0/6$ |
| 2 | 按梁（肋）净距 $s_n$ 考虑 | $b+s_n$ | — | $b+s_n/2$ |
| 3 | 按翼缘高度 $h_f'$ 考虑 | $b+12h_f'$ | $b$ | $b+5h_f'$ |

注：1 表中 $b$ 为梁的腹板厚度；

2 肋形梁在梁跨内设有间距小于纵肋间距的横肋时，可不考虑表中情况 3 的规定；

3 加腋的 T形、I形和倒L形截面，当受压区加腋的高度 $h_h$ 不小于 $h_f'$ 且加腋的长度 $b_h$ 不大于 $3h_h$ 时，其翼缘计算宽度可按表中情况 3 的规定分别增加 $2b_h$（T形、I形截面）和 $b_h$（倒L形截面）；

4 独立梁受压区的翼缘板在荷载作用下经验算沿纵肋方向可能产生裂缝时，其计算宽度应取腹板宽度 $b$。

**5.2.5** 当地基与结构的相互作用对结构的内力和变形有显著影响时，结构分析中宜考虑地基与结构相互作用的影响。

## 5.3 弹性分析

**5.3.1** 结构的弹性分析方法可用于正常使用极限状态和承载能力极限状态作用效应的分析。

**5.3.2** 结构构件的刚度可按下列原则确定：

**1**　混凝土的弹性模量可按本规范表4.1.5采用；

**2**　截面惯性矩可按匀质的混凝土全截面计算；

**3**　端部加腋的杆件，应考虑其截面变化对结构分析的影响；

**4**　不同受力状态下构件的截面刚度，宜考虑混凝土开裂、徐变等因素的影响予以折减。

**5.3.3**　混凝土结构弹性分析宜采用结构力学或弹性力学等分析方法。体形规则的结构，可根据作用的种类和特性，采用适当的简化分析方法。

**5.3.4**　当结构的二阶效应可能使作用效应显著增大时，在结构分析中应考虑二阶效应的不利影响。

混凝土结构的重力二阶效应可采用有限元分析方法计算，也可采用本规范附录B的简化方法。当采用有限元分析方法时，宜考虑混凝土构件开裂对构件刚度的影响。

**5.3.5**　当边界支承位移对双向板的内力及变形有较大影响时，在分析中宜考虑边界支承竖向变形及扭转等的影响。

## 5.4　塑性内力重分布分析

**5.4.1**　混凝土连续梁和连续单向板，可采用塑性内力重分布方法进行分析。

重力荷载作用下的框架、框架-剪力墙结构中的现浇梁以及双向板等，经弹性分析求得内力后，可对支座或节点弯矩进行适度调幅，并确定相应的跨中弯矩。

**5.4.2**　按考虑塑性内力重分布分析方法设计的结构和构件，应选用符合本规范第4.2.4条规定的钢筋，并应满足正常使用极限状态要求且采取有效的构造措施。

对于直接承受动力荷载的构件，以及要求不出现裂缝或处于三a、三b类环境情况下的结构，不应采用考虑塑性内力重分布的分析方法。

**5.4.3**　钢筋混凝土梁支座或节点边缘截面的负弯矩调幅幅度不宜大于25%；弯矩调整后的梁端截面相对受压区高度不应超过0.35，且不宜小于0.10。

钢筋混凝土板的负弯矩调幅幅度不宜大于20%。

预应力混凝土梁的弯矩调幅幅度应符合本规范第10.1.8条的规定。

**5.4.4**　对属于协调扭转的混凝土结构构件，受相邻构件约束的支承梁的扭矩宜考虑内力重分布的影响。

考虑内力重分布后的支承梁，应按弯剪扭构件进行承载力计算。

注：当有充分依据时，也可采用其他设计方法。

## 5.5　弹塑性分析

**5.5.1**　重要或受力复杂的结构，宜采用弹塑性分析方法对结构整体或局部进行验算。结构的弹塑性分析宜遵循下列原则：

**1**　应预先设定结构的形状、尺寸、边界条件、材料性能和配筋等；

**2**　材料的性能指标宜取平均值，并宜通过试验分析确定，也可按本规范附录C的规定确定；

**3**　宜考虑结构几何非线性的不利影响；

**4**　分析结果用于承载力设计时，宜考虑抗力模型不定性系数对结构的抗力进行适当调整。

**5.5.2** 混凝土结构的弹塑性分析，可根据实际情况采用静力或动力分析方法。结构的基本构件计算模型宜按下列原则确定：

**1** 梁、柱、杆等杆系构件可简化为一维单元，宜采用纤维束模型或塑性铰模型；

**2** 墙、板等构件可简化为二维单元，宜采用膜单元、板单元或壳单元；

**3** 复杂的混凝土结构、大体积混凝土结构、结构的节点或局部区域需作精细分析时，宜采用三维块体单元。

**5.5.3** 构件、截面或各种计算单元的受力-变形本构关系宜符合实际受力情况。某些变形较大的构件或节点进行局部精细分析时，宜考虑钢筋与混凝土间的粘结-滑移本构关系。

钢筋、混凝土材料的本构关系宜通过试验分析确定，也可按本规范附录C采用。

### 5.6 塑性极限分析

**5.6.1** 对不承受多次重复荷载作用的混凝土结构，当有足够的塑性变形能力时，可采用塑性极限理论的分析方法进行结构的承载力计算，同时应满足正常使用的要求。

**5.6.2** 整体结构的塑性极限分析计算应符合下列规定：

**1** 对可预测结构破坏机制的情况，结构的极限承载力可根据设定的结构塑性屈服机制，采用塑性极限理论进行分析；

**2** 对难于预测结构破坏机制的情况，结构的极限承载力可采用静力或动力弹塑性分析方法确定；

**3** 对直接承受偶然作用的结构构件或部位，应根据偶然作用的动力特征考虑其动力效应的影响。

**5.6.3** 承受均布荷载的周边支承的双向矩形板，可采用塑性铰线法或条带法等塑性极限分析方法进行承载能力极限状态的分析与设计。

### 5.7 间接作用分析

**5.7.1** 当混凝土的收缩、徐变以及温度变化等间接作用在结构中产生的作用效应可能危及结构的安全或正常使用时，宜进行间接作用效应的分析，并应采取相应的构造措施和施工措施。

**5.7.2** 混凝土结构进行间接作用效应的分析，可采用本规范第5.5节的弹塑性分析方法；也可考虑裂缝和徐变对构件刚度的影响，按弹性方法进行近似分析。

## 二、《高规》规定

### 5.1 一般规定

**5.1.1** 高层建筑结构的荷载和地震作用应按本规程第4章的有关规定进行计算。

**5.1.2** 复杂结构和混合结构高层建筑的计算分析，除应符合本章规定外，尚应符合本规程第10章和第11章的有关规定。

**5.1.3** 高层建筑结构的变形和内力可按弹性方法计算。框架梁及连梁等构件可考虑塑性变形引起的内力重分布。

**5.1.4**　高层建筑结构分析模型应根据结构实际情况确定。所选取的分析模型应能较准确地反映结构中各构件的实际受力状况。

高层建筑结构分析，可选择平面结构空间协同、空间杆系、空间杆-薄壁杆系、空间杆-墙板元及其他组合有限元等计算模型。

**5.1.5**　进行高层建筑内力与位移计算时，可假定楼板在其自身平面内为无限刚性，设计时应采取相应的措施保证楼板平面内的整体刚度。

当楼板可能产生较明显的面内变形时，计算时应考虑楼板的面内变形影响或对采用楼板面内无限刚性假定计算方法的计算结果进行适当调整。

**5.1.6**　高层建筑结构按空间整体工作计算分析时，应考虑下列变形：

**1**　梁的弯曲、剪切、扭转变形，必要时考虑轴向变形；

**2**　柱的弯曲、剪切、轴向、扭转变形；

**3**　墙的弯曲、剪切、轴向、扭转变形。

**5.1.7**　高层建筑结构应根据实际情况进行重力荷载、风荷载和（或）地震作用效应分析，并应按本规程第 5.6 节的规定进行荷载效应和作用效应计算。

**5.1.8**　高层建筑结构内力计算中，当楼面活荷载大于 $4kN/m^2$ 时，应考虑楼面活荷载不利布置引起的结构内力的增大；当整体计算中未考虑楼面活荷载不利布置时，应适当增大楼面梁的计算弯矩。

**5.1.9**　高层建筑结构在进行重力荷载作用效应分析时，柱、墙、斜撑等构件的轴向变形宜采用适当的计算模型考虑施工过程的影响；复杂高层建筑及房屋高度大于 150m 的其他高层建筑结构，应考虑施工过程的影响。

**5.1.10**　高层建筑结构进行风作用效应计算时，正反两个方向的风作用效应宜按两个方向计算的较大值采用；体型复杂的高层建筑，应考虑风向角的不利影响。

**5.1.11**　结构整体内力与位移计算中，型钢混凝土和钢管混凝土构件宜按实际情况直接参与计算，并应按本规程第 11 章的有关规定进行截面设计。

**5.1.12**　体型复杂、结构布置复杂以及 B 级高度高层建筑结构，应采用至少两个不同力学模型的结构分析软件进行整体计算。

**5.1.13**　抗震设计时，B 级高度的高层建筑结构、混合结构和本规程第 10 章规定的复杂高层建筑结构，尚应符合下列规定：

**1**　宜考虑平扭耦联计算结构的扭转效应，振型数不应小于 15，对多塔楼结构的振型数不应小于塔楼数的 9 倍，且计算振型数应使各振型参与质量之和不小于总质量的 90%；

**2**　应采用弹性时程分析法进行补充计算；

**3**　宜采用弹塑性静力或弹塑性动力分析方法补充计算。

**5.1.14**　对多塔楼结构，宜按整体模型和各塔楼分开的模型分别计算，并采用较不利的结果进行结构设计。当塔楼周边的裙楼超过两跨时，分塔楼模型宜至少附带两跨的裙楼结构。

**5.1.15**　对受力复杂的结构构件，宜按应力分析的结果校核配筋设计。

**5.1.16**　对结构分析软件的计算结果，应进行分析判断，确认其合理、有效后方可作为工程设计的依据。

## 5.2 计 算 参 数

**5.2.1** 高层建筑结构地震作用效应计算时，可对剪力墙连梁刚度予以折减，折减系数不宜小于0.5。

**5.2.2** 在结构内力与位移计算中，现浇楼盖和装配整体式楼盖中，梁的刚度可考虑翼缘的作用予以增大。近似考虑时，楼面梁刚度增大系数可根据翼缘情况取1.3～2.0。

对于无现浇面层的装配式楼盖，不宜考虑楼面梁刚度的增大。

**5.2.3** 在竖向荷载作用下，可考虑框架梁端塑性变形内力重分布对梁端负弯矩乘以调幅系数进行调幅，并应符合下列规定：

**1** 装配整体式框架梁端负弯矩调幅系数可取为0.7～0.8，现浇框架梁端负弯矩调幅系数可取为0.8～0.9；

**2** 框架梁端负弯矩调幅后，梁跨中弯矩应按平衡条件相应增大；

**3** 应先对竖向荷载作用下框架梁的弯矩进行调幅，再与水平作用产生的框架梁弯矩进行组合；

**4** 截面设计时，框架梁跨中截面正弯矩设计值不应小于竖向荷载作用下按简支梁计算的跨中弯矩设计值的50%。

**5.2.4** 高层建筑结构楼面梁受扭计算时应考虑现浇楼盖对梁的约束作用。当计算中未考虑现浇楼盖对梁扭转的约束作用时，可对梁的计算扭矩予以折减。梁扭矩折减系数应根据梁周围楼盖的约束情况确定。

## 5.3 计 算 简 图 处 理

**5.3.1** 高层建筑结构分析计算时宜对结构进行力学上的简化处理，使其既能反映结构的受力性能，又适应于所选用的计算分析软件的力学模型。

**5.3.2** 楼面梁与竖向构件的偏心以及上、下层竖向构件之间的偏心宜按实际情况计入结构的整体计算。当结构整体计算中未考虑上述偏心时，应采用柱、墙端附加弯矩的方法予以近似考虑。

**5.3.3** 在结构整体计算中，密肋板楼盖宜按实际情况进行计算。当不能按实际情况计算时，可按等刚度原则对密肋梁进行适当简化后再行计算。

对平板无梁楼盖，在计算中应考虑板的面外刚度影响，其面外刚度可按有限元方法计算或近似将柱上板带等效为框架梁计算。

**5.3.4** 在结构整体计算中，宜考虑框架或壁式框架梁、柱节点区的刚域（图5.3.4）影响，梁端截面弯矩可取刚域端截面的弯矩计算值。刚域的长度可按下列公式计算：

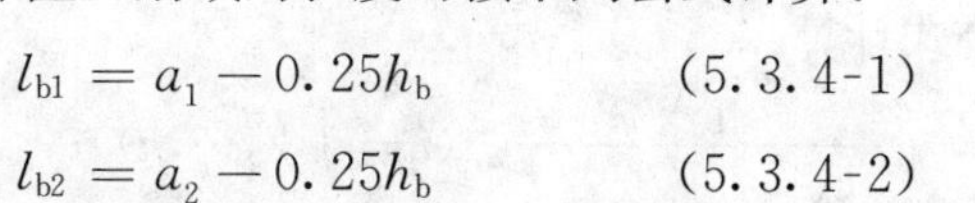

$$l_{b1} = a_1 - 0.25h_b \quad (5.3.4\text{-}1)$$

$$l_{b2} = a_2 - 0.25h_b \quad (5.3.4\text{-}2)$$

$$l_{c1} = c_1 - 0.25b_c \quad (5.3.4\text{-}3)$$

$$l_{c2} = c_2 - 0.25b_c \quad (5.3.4\text{-}4)$$

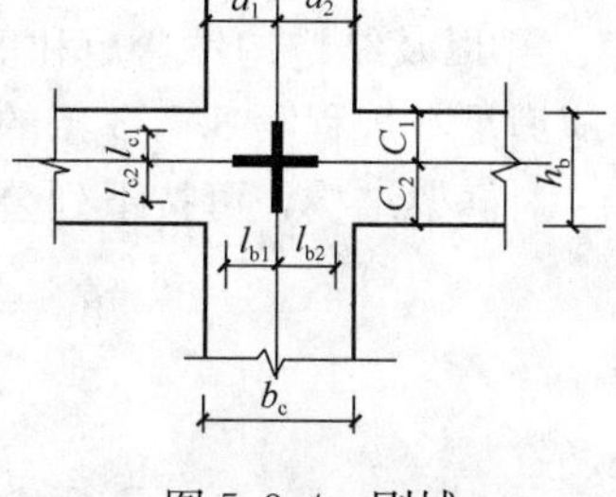


图5.3.4 刚域

当计算的刚域长度为负值时，应取为零。

**5.3.5** 在结构整体计算中，转换层结构、加强层结构、连体结构、竖向收进结构（含多塔楼结构），应选用合适的计算模型进行分析。在整体计算中对转换层、加强层、连接体等做简化处理的，宜对其局部进行更细致的补充计算分析。

**5.3.6** 复杂平面和立面的剪力墙结构，应采用合适的计算模型进行分析。当采用有限元模型时，应在截面变化处合理地选择和划分单元；当采用杆系模型计算时，对错洞墙、叠合错洞墙可采取适当的模型化处理，并应在整体计算的基础上对结构局部进行更细致的补充计算分析。

**5.3.7** 高层建筑结构整体计算中，当地下室顶板作为上部结构嵌固部位时，地下一层与首层侧向刚度比不宜小于 2。

## 5.4 重力二阶效应及结构稳定

**5.4.1** 当高层建筑结构满足下列规定时，弹性计算分析时可不考虑重力二阶效应的不利影响。

**1** 剪力墙结构、框架-剪力墙结构、板柱剪力墙结构、筒体结构：

$$EJ_{\mathrm{d}} \geqslant 2.7H^2 \sum_{i=1}^{n} G_i \tag{5.4.1-1}$$

**2** 框架结构：

$$D_i \geqslant 20 \sum_{j=i}^{n} G_j / h_i \quad (i = 1,2,\cdots,n) \tag{5.4.1-2}$$

式中：$EJ_{\mathrm{d}}$ ——结构一个主轴方向的弹性等效侧向刚度，可按倒三角形分布荷载作用下结构顶点位移相等的原则，将结构的侧向刚度折算为竖向悬臂受弯构件的等效侧向刚度；

$H$——房屋高度；

$G_i$、$G_j$ ——分别为第 $i$、$j$ 楼层重力荷载设计值，取 1.2 倍的永久荷载标准值与 1.4 倍的楼面可变荷载标准值的组合值；

$h_i$——第 $i$ 楼层层高；

$D_i$——第 $i$ 楼层的弹性等效侧向刚度，可取该层剪力与层间位移的比值；

$n$——结构计算总层数。

**5.4.2** 当高层建筑结构不满足本规程第 5.4.1 条的规定时，结构弹性计算时应考虑重力二阶效应对水平力作用下结构内力和位移的不利影响。

**5.4.3** 高层建筑结构的重力二阶效应可采用有限元方法进行计算；也可采用对未考虑重力二阶效应的计算结果乘以增大系数的方法近似考虑。近似考虑时，结构位移增大系数 $F_1$、$F_{1i}$ 以及结构构件弯矩和剪力增大系数 $F_2$、$F_{2i}$ 可分别按下列规定计算，位移计算结果仍应满足本规程第 3.7.3 条的规定。

对框架结构，可按下列公式计算：

$$F_{1i} = \frac{1}{1 - \sum_{j=i}^{n} G_j / (D_i h_i)} \quad (i = 1,2,\cdots,n) \tag{5.4.3-1}$$

$$F_{2i} = \frac{1}{1 - 2\sum_{j=i}^{n} G_j / (D_i h_i)} \quad (i = 1,2,\cdots,n) \tag{5.4.3-2}$$

对剪力墙结构、框架-剪力墙结构、筒体结构，可按下列公式计算：

$$F_1 = \frac{1}{1-0.14H^2\sum_{i=1}^{n}G_i/(EJ_d)} \tag{5.4.3-3}$$

$$F_2 = \frac{1}{1-0.28H^2\sum_{i=1}^{n}G_i/(EJ_d)} \tag{5.4.3-4}$$

**5.4.4 高层建筑结构的整体稳定性应符合下列规定：**

**1 剪力墙结构、框架-剪力墙结构、筒体结构应符合下式要求：**

$$\boldsymbol{EJ_d \geqslant 1.4H^2\sum_{i=1}^{n}G_i} \tag{5.4.4-1}$$

**2 框架结构应符合下式要求：**

$$\boldsymbol{D_i \geqslant 10\sum_{j=i}^{n}G_j/h_i \quad (i=1,2,\cdots,n)} \tag{5.4.4-2}$$

## 5.5 结构弹塑性分析及薄弱层弹塑性变形验算

**5.5.1** 高层建筑混凝土结构进行弹塑性计算分析时，可根据实际工程情况采用静力或动力时程分析方法，并应符合下列规定：

**1** 当采用结构抗震性能设计时，应根据本规程第 3.11 节的有关规定预定结构的抗震性能目标；

**2** 梁、柱、斜撑、剪力墙、楼板等结构构件，应根据实际情况和分析精度要求采用合适的简化模型；

**3** 构件的几何尺寸、混凝土构件所配的钢筋和型钢、混合结构的钢构件应按实际情况参与计算；

**4** 应根据预定的结构抗震性能目标，合理取用钢筋、钢材、混凝土材料的力学性能指标以及本构关系。钢筋和混凝土材料的本构关系可按现行国家标准《混凝土结构设计规范》GB 50010 的有关规定采用；

**5** 应考虑几何非线性影响；

**6** 进行动力弹塑性计算时，地面运动加速度时程的选取、预估罕遇地震作用时的峰值加速度取值以及计算结果的选用应符合本规程第 4.3.5 条的规定；

**7** 应对计算结果的合理性进行分析和判断。

**5.5.2** 在预估的罕遇地震作用下，高层建筑结构薄弱层（部位）弹塑性变形计算可采用下列方法：

**1** 不超过 12 层且层侧向刚度无突变的框架结构可采用本规程第 5.5.3 条规定的简化计算法；

**2** 除第 1 款以外的建筑结构可采用弹塑性静力或动力分析方法。

**5.5.3** 结构薄弱层（部位）的弹塑性层间位移的简化计算，宜符合下列规定：

**1** 结构薄弱层（部位）的位置可按下列情况确定：

**1)** 楼层屈服强度系数沿高度分布均匀的结构，可取底层；

**2)** 楼层屈服强度系数沿高度分布不均匀的结构，可取该系数最小的楼层（部位）

和相对较小的楼层，一般不超过2～3处。

**2**　弹塑性层间位移可按下列公式计算：

$$\Delta u_p = \eta_p \Delta u_e \tag{5.5.3-1}$$

或

$$\Delta u_p = \mu \Delta u_y = \frac{\eta_p}{\xi_y} \Delta u_y \tag{5.5.3-2}$$

式中：$\Delta u_p$——弹塑性层间位移（mm）；

$\Delta u_y$——层间屈服位移（mm）；

$\mu$——楼层延性系数；

$\Delta u_e$——罕遇地震作用下按弹性分析的层间位移（mm）。计算时，水平地震影响系数最大值应按本规程表4.3.7-1采用；

$\eta_p$——弹塑性位移增大系数，当薄弱层（部位）的屈服强度系数不小于相邻层（部位）该系数平均值的0.8时，可按表5.5.3采用；当不大于该平均值的0.5时，可按表内相应数值的1.5倍采用；其他情况可采用内插法取值；

$\xi_y$——楼层屈服强度系数。

**表5.5.3　结构的弹塑性位移增大系数 $\eta_p$**

| $\xi_y$ | 0.5 | 0.4 | 0.3 |
|---|---|---|---|
| $\eta_p$ | 1.8 | 2.0 | 2.2 |

## 5.6　荷载组合和地震作用组合的效应

**5.6.1**　持久设计状况和短暂设计状况下，当荷载与荷载效应按线性关系考虑时，荷载基本组合的效应设计值应按下式确定：

$$S_d = \gamma_G S_{Gk} + \gamma_L \psi_Q \gamma_Q S_{Qk} + \psi_w \gamma_w S_{wk} \tag{5.6.1}$$

式中：$S_d$——荷载组合的效应设计值；

$\gamma_G$——永久荷载分项系数；

$\gamma_Q$——楼面活荷载分项系数；

$\gamma_w$——风荷载的分项系数；

$\gamma_L$——考虑结构设计使用年限的荷载调整系数，设计使用年限为50年时取1.0，设计使用年限为100年时取1.1；

$S_{Gk}$——永久荷载效应标准值；

$S_{Qk}$——楼面活荷载效应标准值；

$S_{wk}$——风荷载效应标准值；

$\psi_Q$、$\psi_w$——分别为楼面活荷载组合值系数和风荷载组合值系数，当永久荷载效应起控制作用时应分别取0.7和0.0；当可变荷载效应起控制作用时应分别取1.0和0.6或0.7和1.0。

注：对书库、档案库、储藏室、通风机房和电梯机房，本条楼面活荷载组合值系数取0.7的场合应取为0.9。

**5.6.2**　持久设计状况和短暂设计状况下，荷载基本组合的分项系数应按下列规定采用：

**1**　永久荷载的分项系数 $\gamma_G$：当其效应对结构承载力不利时，对由可变荷载效应控制的组合应取 1.2，对由永久荷载效应控制的组合应取 1.35；当其效应对结构承载力有利时，应取 1.0。

2 楼面活荷载的分项系数 $\gamma_Q$：一般情况下应取 1.4。

3 风荷载的分项系数 $\gamma_w$ 应取 1.4。

**5.6.3** 地震设计状况下，当作用与作用效应按线性关系考虑时，荷载和地震作用基本组合的效应设计值应按下式确定：

$$S_d = \gamma_G S_{GE} + \gamma_{Eh} S_{Ehk} + \gamma_{Ev} S_{Evk} + \psi_w \gamma_w S_{wk} \tag{5.6.3}$$

式中：$S_d$——荷载和地震作用组合的效应设计值；

$S_{GE}$——重力荷载代表值的效应；

$S_{Ehk}$——水平地震作用标准值的效应，尚应乘以相应的增大系数、调整系数；

$S_{Evk}$——竖向地震作用标准值的效应，尚应乘以相应的增大系数、调整系数；

$\gamma_G$——重力荷载分项系数；

$\gamma_w$——风荷载分项系数；

$\gamma_{Eh}$——水平地震作用分项系数；

$\gamma_{Ev}$——竖向地震作用分项系数；

$\psi_w$——风荷载的组合值系数，应取 0.2。

**5.6.4** 地震设计状况下，荷载和地震作用基本组合的分项系数应按表 5.6.4 采用。当重力荷载效应对结构的承载力有利时，表 5.6.4 中 $\gamma_G$ 不应大于 1.0。

表 5.6.4 地震设计状况时荷载和作用的分项系数

| 参与组合的荷载和作用 | $\gamma_G$ | $\gamma_{Eh}$ | $\gamma_{Ev}$ | $\gamma_w$ | 说 明 |
|---|---|---|---|---|---|
| 重力荷载及水平地震作用 | 1.2 | 1.3 | — | — | 抗震设计的高层建筑结构均应考虑 |
| 重力荷载及竖向地震作用 | 1.2 | — | 1.3 | — | 9 度抗震设计时考虑；水平长悬臂和大跨度结构 7 度（0.15$g$）、8 度、9 度抗震设计时考虑 |
| 重力荷载、水平地震及竖向地震作用 | 1.2 | 1.3 | 0.5 | — | 9 度抗震设计时考虑；水平长悬臂和大跨度结构 7 度（0.15$g$）、8 度、9 度抗震设计时考虑 |
| 重力荷载、水平地震作用及风荷载 | 1.2 | 1.3 | — | 1.4 | 60m 以上的高层建筑考虑 |
| 重力荷载、水平地震作用、竖向地震作用及风荷载 | 1.2 | 1.3 | 0.5 | 1.4 | 60m 以上的高层建筑，9 度抗震设计时考虑；水平长悬臂和大跨度结构 7 度（0.15$g$）、8 度、9 度抗震设计时考虑 |
| | 1.2 | 0.5 | 1.3 | 1.4 | 水平长悬臂结构和大跨度结构，7 度（0.15$g$）、8 度、9 度抗震设计时考虑 |

注：1 $g$ 为重力加速度；

2 “—”表示组合中不考虑该项荷载或作用效应。

**5.6.5**　非抗震设计时，应按本规程第 5.6.1 条的规定进行荷载组合的效应计算。抗震设计时，应同时按本规程第 5.6.1 条和 5.6.3 条的规定进行荷载和地震作用组合的效应计算；按本规程第 5.6.3 条计算的组合内力设计值，尚应按本规程的有关规定进行调整。

## 三、对规定的解读和建议

### 1. 结构分析的重要性

（1）结构分析属于仅次于结构方案的第二安全层次。其对结构安全的影响程度，远大于构件设计。分析效应的结果造成的误差可能达到几成，而截面计算至多不过百分之几而已。许多结构事故或灾害调查都表明，结构分析中基本假定和计算简图的失误可能造成很大的偏差，甚至会导致破坏形态的根本性变化。

长期以来，我国规范和设计人员比较重视构件的配筋计算而往往忽视结构分析。斤斤计较于截面、配筋、强度，而对作为配筋设计依据的内力的来源，却不甚了解。应尽快改变这种本末倒置的现象。修订规范强调了结构分析的重要性并补充、丰富了有关内容，但囿于其特点只能作原则性的表达。这就需要设计者建立起清晰的力学概念并具有必要的结构常识，尽量采用比较科学、合理的分析手段，以提高结构分析的水平。

（2）混凝土结构是由钢筋和混凝土组成的。钢筋是比较理想的弹塑性材料：屈服以前为理想弹性，屈服以后则认为是塑性的。而混凝土材料则复杂得多，其抗压强度高而抗拉强度极低，相差一个数量级；变形模量也是非线性的；开裂以后则转变成各向异性体，垂直裂缝方向已不可能传递拉力，从而呈现出复杂的弹塑性性质。

由这两种性质完全不同的材料构成的混凝土结构，力学性能则更为复杂。承载受力以后构件可能经历线性、非线性、开裂、屈服、压溃等过程，而作为结构分析重要参数的“刚度”，也是处在持续变化之中，这就给结构分析带来了极大的困难。不像钢、砌体等结构材料，混凝土结构这种复合材料的复杂多变造成了结构分析的特殊难度。

（3）与所有的力学问题一样，结构分析应满足下列三个基本条件。

1）平衡条件　无论是整个结构体系、各个结构构件，还是其中的局部、甚至是计算单元，力学的平衡条件是必须满足的。

2）变形协调　作用（荷载）必然引起结构的变形，而变形以后结构体系仍应保持完整。即在各个构件的连接处仍然连续，在所有的计算单元边界上也应保持协调变形。

3）本构关系　遭受荷载作用以后，结构材料（钢筋、混凝土）或计算单元都会发生变形。而其受力-变形的本构关系应基本符合实际情况。规范提出了确定本构关系的方法。

在上述三个基本条件中，平衡条件必须满足；变形协调根据需要在不同程度上满足；而本构关系则是合理选择的问题。它们在不同程度上影响了结构分析的精确程度。

实际的混凝土结构工程往往是十分复杂的，加上结构材料（钢筋、混凝土）性能多变，就不可避免地要作出必要的假定，以简化计算。分析假定会造成一定的计算偏差，但是只要误差在一定范围内、能够满足设计的基本要求是允许的。早期的混凝土结构不太复杂，计算手段也比较简单，因此比较粗糙的假定也可以接受。现代结构的形状、功能、作用越来越复杂，传统的假定难以满足要求，计算手段也越来越先进。有限元方法、计算机技术等的普遍应用，为使计算假定更接近地反映真实结构创造了条件。因此，“假定”的成分减少，计算结果也可以更接近真实情况了。但是，作为计算的手段，“简化”仍然得到广泛的应用。

计算假定的最主要内容是计算简图。计算简图反映了结构体系的几何尺寸、形状特性、构件布置、连接方式以及结构上作用（荷载）的分布，是结构分析的核心内容。计算简图必须反映结构承载受力的主要特征，否则脱离实际条件的简图会引起计算所得的效应（内力、应力）失真、偏差过大，甚至影响到承载能力和破坏形状，造成很大的偏差。

确定分析假定及计算简图的方法很多，但是必须遵守下列原则：①反映结构及作用的特点；②分析结果尽可能地接近实际；③计算方法有可操作性，能被设计者所接受；④简图中的连接构造措施能在现代技术条件下实现。

因此，在某些假定下，按计算简图分析所得的效应（内力、应力等）总是存在着误差。设计人员在结构分析阶段，尤其应多下工夫进行深入的思考和判断，这远比在截面计算上斤斤计较要有意义得多。但这需要设计者有清晰的力学概念和丰富的结构常识，而这正是一般设计人员所缺乏的，故应加强这方面的训练。

(4) 弹性分析是最简单、最基本的方法。其用定值弹性模量的线性本构关系进行分析，因此十分简单。混凝土材料可视为匀质体，不考虑钢筋及预应力留孔的影响，并由此计算截在惯性矩（刚度）。由于实际结构混凝土受力以后开裂、徐变等因素引起的非线性，宜考虑材料性能退化引起刚度折减的影响。

分析可以采用结构力学、弹性力学的方法，也可以采用有限元分析或其他方法。体形规则的结构，还可以根据作用的种类和性质，采用适当的简化分析方法。由于弹性分析方法简单，对一般结构计算所得的效应（内力）误差并不太大，因此至今仍被大量使用。

应该注意的问题是：构件受力变形后，由于在边界连接处的变形协调，可能会对构件本身以及邻近构件的内力造成影响。例如，支承在梁上的板，当承载变形较大时，支承梁的竖向不均匀变形（沉降）以及转动（约束扭转），都可能会反过来影响板的内力分布。

(5) 工程中受力复杂的结构或重要的结构，宜进一步采用弹塑性分析方法。弹塑性分析方法的特点是：应预先设定结构的形状、尺寸、边界条件、材料性能和配筋等条件，再对结构整体或局部进行验算。验算的规则如下：

1) 采用弹塑性分析方法确定作用效应时，材料（钢筋、混凝土）的性能指标及本构关系（应力-应变关系）宜取平均值。根据具体情况采用不同离散尺度的计算单元及本构关系（内力-变形关系等），并宜符合实际受力情况。钢筋混凝土界面的粘结滑移对分析结果影响较显著的构件（如框架结构梁柱的节点区域等），还宜考虑钢筋与混凝土间的粘结-滑移本构关系。材料的性能指标及本构关系宜通过试验分析确定，也可按《混凝土规范》的附录C采用。

2) 结构分析的基本构件计算模型：对梁、柱等杆系构件可简化为一维单元，采用纤维束模型或塑性铰模型；墙、板等构件可简化为二维单元，采用膜单元、板单元或壳单元；复杂混凝土结构、大体积结构、结构的节点或局部区域需作精细分析时，宜采用三维块体单元。

3) 根据实际情况采用静力或动力分析方法计算，并宜考虑结构几何非线性的不利影响。

(6) 混凝土结构多为超静定结构，当其中某些截面已经达到承载力极限状态（屈服），而材料尚有很好的塑性变形能力时，由于存在冗余约束，仍有可能继续承载而不至于破坏。例如，连续梁、连续单向板、现浇框架梁及双向板等，当其支座或节点边的钢筋屈服而达到极限状态后，由于钢筋塑性很好而仍能继续承载，虽产生较大的转动变形却仍不破坏，则可以将其视为能够承担一定弯矩的塑性铰，而以新的简图继续承载。当荷载继续增加时，其支座弯矩可以保持不变，跨中弯矩则相应增加。这种现象就称为塑性内力重分布。

利用塑性内力重分布这一特性，可以通过控制配筋，主动降低支座弯矩而增大跨中弯矩，以弯矩调幅的形式简化设计和施工，充分发掘材料抗力的潜力，节约配筋，具有较好的经济效益。尽管内力重分布完全是塑性阶段的现象，但仍可利用弹性分析方法计算出内力分布，再进行有控制的弯矩调幅加以修正，从而反映这种塑性内力重分布的规律。因此，这种分析方法基本仍属于弹性分析的范畴。

塑性内力重分布分析方法的应用条件及调幅数值应符合一定的限制条件：钢筋应有较大的延性（变形能力），最大力下总伸长率不小于本规范的相应要求；按塑性内力重分布进行承载力设计的构件，仍应满足正常使用极限状态（裂缝、变形等）的要求，并采取有效的构造措施；直接承受动载的构件、限制开裂的构件或恶劣环境（三类）下的构件，不应采用内力重分布的设计方法；钢筋混凝土梁端负弯矩调幅不大于 25%；梁端相对受压区高度不小于 0.10 且不大于 0.35；钢筋混凝土板负弯矩调幅不大于 20%；预应力构件调幅应符合规范第 10 章的有关规定；受相邻构件约束的支承梁的扭矩，宜考虑内力重分布的影响，按弯剪扭构件设计。

(7) 考虑塑性内力重分布计算双向板，由于计算跨度取净跨，一般支座弯矩与跨中弯矩比值取小于等于 2，使支座上铁伸入跨中的数量减少。经分析比较一般楼板和人防顶板，按塑性计算与按弹性计算钢筋量分析能节省 20%～25%和 30%。

支座弯矩与跨中弯矩的比值 $\beta$，连续跨度相等的板可取 1 或 1.4；跨度较大的板或边跨第二支座宜取 1.8 或 2。

(8) 连续单向板考虑塑性内力重分布弯矩系数见表 5-1。

**连续板考虑塑性内力重分布弯矩系数 $\alpha_{mp}$**　　　　**表 5-1**

| 端支座支承情况 | 截面 | | | | | |
|---|---|---|---|---|---|---|
| | 端支座 | 边跨跨中 | 离端第二支座 | 离端第二跨跨中 | 中间支座 | 中间跨中 |
| | A | Ⅰ | B | Ⅱ | C | Ⅲ |
| 搁支在墙上 | 8 | $\frac{1}{11}$ | $-\frac{1}{10}$（用于两跨连续板） | $\frac{1}{16}$ | $-\frac{1}{14}$ | $\frac{1}{16}$ |
| 与梁整体连接 | $-\frac{1}{16}$ | $\frac{1}{14}$ | $-\frac{1}{11}$（用于多跨连续板） | | | |

注：表中弯矩系数适用于荷载比 $q/g$ 大于 0.3 的等跨连续板。

### 2. 多高层建筑结构计算分析

(1) 多高层建筑结构是复杂的三维空间受力体系，计算分析时应根据结构实际情况，选取能较准确地反映结构中各构件的实际受力状况的力学模型。对于平面和立面布置简单规则的框架结构、框架-剪力墙结构宜采用空间分析模型，可采用平面框架空间协同模型；对剪力墙结构、筒体结构和复杂布置的框架结构、框架-剪力墙结构应采用空间分析模型。目前国内商品化的结构分析软件所采用的力学模型主要有：空间杆系模型、空间杆-薄壁杆系模型、空间杆-墙板元模型及其他组合有限元模型。

(2) 多高层建筑的楼屋面绝大多数为现浇钢筋混凝土楼板和有现浇面层的预制装配式楼板，进行高层建筑内力与位移计算时，可视其为水平放置的深梁，具有很大的面内刚度，可近似认为楼板在其自身平面内为无限刚性。采用这一假设后，结构分析的自由度数目大大减少，可能减小由于庞大自由度系统而带来的计算误差，使计算过程和计算结果的分析大为简化。计算分析和工程实践证明，刚性楼板假定对绝大多数高层建筑的分析具有足够的工程精度。采用刚性楼板假定进行结构计算时，设计上应采取必要措施保证楼面的整体刚度。

楼板有效宽度较窄的环形楼面或其他有大开洞楼面、有狭长外伸段楼面、局部变窄产生薄弱连接的楼面、连体结构的狭长连接体楼面等场合，楼板面内刚度有较大削弱且不均匀，楼板的面内变形会使楼层内抗侧刚度较小的构件的位移和受力加大（相对刚性楼板假定而言)，计算时应考虑楼板面内变形的影响。根据楼面结构的实际情况，楼板面内变形可全楼考虑、仅部分楼层考虑或仅部分楼层的部分区域考虑。考虑楼板的实际刚度可以采用将楼板等效为剪弯水平梁的简化方法，也可采用有限单元法进行计算。

当需要考虑楼板面内变形而计算中采用楼板面内无限刚性假定时，应对所得的计算结果进行适当调整。具体的调整方法和调整幅度与结构体系、构件平面布置、楼板削弱情况等密切相关，不便在条文中具体化。一般可对楼板削弱部位的抗侧刚度相对较小的结构构件，适当增大计算内力，加强配筋和构造措施。

(3) 多高层建筑按空间整体工作计算时，不同计算模型的梁、柱自由度是相同的。梁的弯曲、剪切、扭转变形，当考虑楼板面内变形时还有轴向变形；柱的弯曲、剪切、轴向、扭转变形。当采用空间杆-薄壁杆系模型时，剪力墙自由度考虑弯曲、剪切、轴向、扭转变形和翘曲变形；当采用其他有限元模型分析剪力墙时，剪力墙自由度考虑弯曲、剪切、轴向、扭转变形。

高层建筑层数多、重量大，墙、柱的轴向变形影响显著，计算时应考虑。

构件内力是与位移向量对应的，与截面设计对应的分别为弯矩、剪力、轴力、扭矩等。

(4) 目前国内钢筋混凝土结构高层建筑由恒载和活载引起的单位面积重力，框架与框架-剪力墙结构约为 12～14kN/m$^2$，剪力墙和筒体结构约为 13～16kN/m$^2$，而其中活荷载部分约为 2～3kN/m$^2$，只占全部重力的 15%～20%，活载不利分布的影响较小。另一方面，高层建筑结构层数很多，每层的房间也很多，活载在各层间的分布情况极其繁多，难以一一计算。

如果活荷载较大，其不利分布对梁弯矩的影响会比较明显，计算时应予考虑。除进行活荷载不利分布的详细计算分析外，也可将未考虑活荷载不利分布计算的框架梁弯矩乘以放大系数予以近似考虑，该放大系数通常可取为 1.1～1.3，活载大时可选用较大数值。近似考虑活荷载不利分布影响时，梁正、负弯矩应同时予以放大。

(5) 高层建筑结构是逐层施工完成的，其竖向刚度和竖向荷载（如自重和施工荷载）

也是逐层形成的。这种情况与结构刚度一次形成、竖向荷载一次施加的计算方法存在较大差异。因此对于层数较多的高层建筑，其重力荷载作用效应分析时，柱、墙轴向变形宜考虑施工过程的影响。施工过程的模拟可根据需要采用适当的方法考虑，如结构竖向刚度和竖向荷载逐层形成、逐层计算的方法等。

(6) 多高层建筑结构进行水平风荷载作用效应分析时，除对称结构外，结构构件在正反两个方向的风荷载作用下效应一般是不相同的，按两个方向风效应的较大值采用，是为了保证安全的前提下简化计算；体型复杂的高层建筑，应考虑多方向风荷载作用，进行风效应对比分析，增加结构抗风安全性。

(7) 在结构整体计算分析中，型钢混凝土和钢管混凝土构件宜按实际情况直接参与计算。随着结构分析软件技术的进步，已经可以较容易地实现在整体模型中直接考虑型钢混凝土和钢管混凝土构件，因此本次修订取消了将型钢混凝土和钢管混凝土构件等效为混凝土构件进行计算的规定。

型钢混凝土构件、钢管混凝土构件的截面设计应按《高规》第 11 章的有关规定执行。

(8)《高规》5.1.14 条为新增条文，对多塔楼结构提出了分塔楼模型计算要求。多塔楼结构振动形态复杂，整体模型计算有时不容易判断结果的合理性；辅以分塔楼模型计算分析，取二者的不利结果进行设计较为妥当。

(9) 对受力复杂的结构构件，如竖向布置复杂的剪力墙、加强层构件、转换层构件、错层构件、连接体及其相关构件等，除结构整体分析外，尚应按有限元等方法进行更加仔细的局部应力分析，并可根据需要，按应力分析结果进行截面配筋设计校核。按应力进行截面配筋计算的方法，可按照现行国家标准《混凝土结构设计规范》GB 50010 的有关规定。

(10) 带加强层的高层建筑结构、带转换层的高层建筑结构、错层结构、连体和立面开洞结构、多塔楼结构、立面较大收进结构等，属于体形复杂的高层建筑结构，其竖向刚度和承载力变化大、受力复杂，易形成薄弱部位；混合结构以及 B 级高度的高层建筑结构的房屋高度大、工程经验不多，因此整体计算分析时应从严要求。

**3. 计算参数取值**

(1) 多高层建筑结构构件均采用弹性刚度参与整体分析，但抗震设计的框架-剪力墙或剪力墙结构中的连梁刚度相对墙体较小，而承受的弯矩和剪力很大，配筋设计困难。因此，可考虑在不影响承受竖向荷载能力的前提下，允许其适当开裂（降低刚度）而把内力转移到墙体上。通常，设防烈度低时可少折减一些（6、7 度时可取 0.7），设防烈度高时可多折减一些（8、9 度时可取 0.5）。折减系数不宜小于 0.5，以保证连梁承受竖向荷载的能力。

对框架-剪力墙结构中一端与柱连接、一端与墙连接的梁以及剪力墙结构中的某些连梁，如果跨高比较大（比如大于 5）、重力作用效应比水平风或水平地震作用效应更为明显，此时应慎重考虑梁刚度的折减问题，必要时可不进行梁刚度折减，以控制正常使用阶段梁裂缝的发生和发展。

《高规》本次修订进一步明确了仅在计算地震作用效应时可以对连梁刚度进行折减，对如重力荷载、风荷载作用效应计算不宜考虑连梁刚度折减。有地震作用效应组合工况，均可按考虑连梁刚度折减后计算的地震作用效应参与组合。

（2）现浇楼面和装配整体式楼面的楼板作为梁的有效翼缘形成 T 形截面，提高了楼面梁的刚度，结构计算时应予考虑。当近似其影响时，应根据梁翼缘尺寸与梁截面尺寸的比例关系确定增大系数的取值。通常现浇楼面的边框架梁可取 1.5，中框架梁可取 2.0；有现浇面层的装配式楼面梁的刚度增大系数可适当减小。当框架梁截面较小而楼板较厚或者梁截面较大而楼板较薄时，梁刚度增大系数可能会超出 1.5～2.0 的范围，因此规定增大系数可取 1.3～2.0。

（3）在竖向荷载作用下，框架梁端负弯矩往往较大，配筋困难，不便于施工和保证施工质量。因此允许考虑塑性变形内力重分布对梁端负弯矩进行适当调幅。钢筋混凝土的塑性变形能力有限，调幅的幅度应该加以限制。框架梁端负弯矩减小后，梁跨中弯矩应按平衡条件相应增大。

截面设计时，为保证框架梁跨中截面底钢筋不至于过少，其正弯矩设计值不应小于竖向荷载作用下按简支梁计算的跨中弯矩之半。

（4）多高层建筑结构楼面梁受楼板（有时还有次梁）的约束作用，无约束的独立梁极少。当结构计算中未考虑楼盖对梁扭转的约束作用时，梁的扭转变形和扭矩计算值过大，与实际情况不符，抗扭设计也比较困难，因此可对梁的计算扭矩予以适当折减。计算分析表明，扭矩折减系数与楼盖（楼板和梁）的约束作用和梁的位置密切相关，折减系数的变化幅度较大，《高规》不便给出具体的折减系数，应由设计人员根据具体情况进行确定。

（5）对复杂高层建筑结构、立面错洞剪力墙结构，在结构内力与位移整体计算中，可对其局部作适当的和必要的简化处理，但不应改变结构的整体变形和受力特点。整体计算作了简化处理的，应对作简化处理的局部结构或结构构件进行更精细的补充计算分析（比如有限元分析），以保证局部构件计算分析结果的可靠性。

（6）《高规》5.3.7 条给出作为结构分析模型嵌固部位的刚度要求。计算地下室结构楼层侧向刚度时，可考虑地上结构以外的地下室相关部位的结构，“相关部位”一般指地上结构外扩不超过三跨的地下室范围。楼层侧向刚度比可按本规程附录 E.0.1 条公式计算。

**4. 有关重力二阶效应及结构稳定**

（1）在水平力作用下，带有剪力墙或筒体的高层建筑结构的变形形态为弯剪型，框架结构的变形形态为剪切型。计算分析表明，重力荷载在水平作用位移效应上引起的二阶效应（以下简称重力 $P\text{-}\Delta$ 效应）有时比较严重。对混凝土结构，随着结构刚度的降低，重力二阶效应的不利影响呈非线性增长。因此，对结构的弹性刚度和重力荷载作用的关系应加以限制。本条公式使结构按弹性分析的二阶效应对结构内力、位移的增量控制在 5%左右；考虑实际刚度折减 50%时，结构内力增量控制在 10%以内。如果结构满足本条要求，重力二阶效应的影响相对较小，可忽略不计。

结构的弹性等效侧向刚度 $EJ_{\mathrm{d}}$，可近似按倒三角形分布荷载作用下结构顶点位移相等的原则，将结构的侧向刚度折算为竖向悬臂受弯构件的等效侧向刚度。假定倒三角形分布荷载的最大值为 $q$，在该荷载作用下结构顶点质心的弹性水平位移为 $u$，房屋高度为 $H$，则结构的弹性等效侧向刚度 $EJ_{\mathrm{d}}$ 可按下式计算：

$$EJ_{\mathrm{d}}=\frac{11qH^{4}}{120u}$$

（2）混凝土结构在水平力作用下，如果侧向刚度不满足《高规》第5.4.1条的规定，应考虑重力二阶效应对结构构件的不利影响。但重力二阶效应产生的内力、位移增量宜控制在一定范围，不宜过大。考虑二阶效应后计算的位移仍应满足《高规》第3.7.3条的规定。

（3）一般可根据楼层重力和楼层在水平力作用下产生的层间位移，计算出等效的荷载向量，利用结构力学方法求解重力二阶效应。重力二阶效应可采用有限元分析计算，也可按简化的弹性方法近似考虑。增大系数法是一种简单近似的考虑重力 $P\text{-}\Delta$ 效应的方法。考虑重力 $P\text{-}\Delta$ 效应的结构位移可采用未考虑重力二阶效应的位移乘以位移增大系数，但位移限制条件不变。本规程第3.7.3条规定按弹性方法计算的位移宜满足规定的位移限值，因此结构位移增大系数计算时，不考虑结构刚度的折减。考虑重力 $P\text{-}\Delta$ 效应的结构构件（梁、柱、剪力墙）内力可采用未考虑重力二阶效应的内力乘以内力增大系数，内力增大系数计算时，考虑结构刚度的折减，为简化计算，折减系数近似取0.5，以适当提高结构构件承载力的安全储备。

（4）结构整体稳定性是高层建筑结构设计的基本要求。研究表明，高层建筑混凝土结构仅在竖向重力荷载作用下产生整体失稳的可能性很小。高层建筑结构的稳定设计主要是控制在风荷载或水平地震作用下，重力荷载产生的二阶效应不致过大，以免引起结构的失稳、倒塌。结构的刚度和重力荷载之比（简称刚重比）是影响重力 $P\text{-}\Delta$ 效应的主要参数。如果结构的刚重比满足《高规》5.4.4条公式（5.4.4-1）或公式（5.4.4-2）的规定，则在考虑结构弹性刚度折减50%的情况下，重力 $P\text{-}\Delta$ 效应仍可控制在20%之内，结构的稳定具有适宜的安全储备。若结构的刚重比进一步减小，则重力 $P\text{-}\Delta$ 效应将会呈非线性关系急剧增长，直至引起结构的整体失稳。在水平力作用下，高层建筑结构的稳定应满足本条的规定，不应再放松要求。如不满足本条的规定，应调整并增大结构的侧向刚度。

当结构的设计水平力较小，如计算的楼层剪重比（楼层剪力与其上各层重力荷载代表值之和的比值）小于0.02时，结构刚度虽能满足水平位移限值要求，但有可能不满足本条规定的稳定要求。

**5. 有关荷载组合和地震作用组合的效应**

（1）此部分内容是高层建筑承载能力极限状态设计时作用组合效应的基本要求，主要根据现行国家标准《工程结构可靠性设计统一标准》GB 50153以及《建筑结构荷载规范》GB 50009、《建筑抗震设计规范》GB 50011的有关规定制定。本次修订：①增加了考虑设计使用年限的可变荷载（楼面活荷载）调整系数；②仅规定了持久、短暂、地震设计状况下，作用基本组合时的作用效应设计值的计算公式，对偶然作用组合、标准组合不作强制性规定，有关结构侧向位移的设计规定见《高规》第3.7.3条；③明确了本节规定不适用于作用和作用效应呈非线性关系的情况；④表5.6.4中增加了7度（0.15$g$）时，也要考虑水平地震、竖向地震作用同时参与组合的情况；⑤对水平长悬臂结构和大跨度结构，表5.6.4中增加了竖向地震作为主要可变作用的组合工况。

《高规》第5.6.1条和5.6.3条均适应于作用和作用效应呈线性关系的情况。如果结构上的作用和作用效应不能以线性关系表述，则作用组合的效应应符合现行国家标准《工程结构可靠性设计统一标准》GB 50153的有关规定。

持久设计状况和短暂设计状况作用基本组合的效应，当永久荷载效应起控制作用时，永久荷载分项系数取 1.35，此时参与组合的可变作用（如楼面活荷载、风荷载等）应考虑相应的组合值系数；持久设计状况和短暂设计状况的作用基本组合的效应，当可变荷载效应起控制作用（永久荷载分项系数取 1.2）的场合，如风荷载作为主要可变荷载、楼面活荷载作为次要可变荷载时，其组合值系数分别取 1.0、0.7，对书库、档案库、储藏室、通风机房和电梯机房等楼面活荷载较大且相对固定的情况，其楼面活荷载组合值系数应由 0.7 改为 0.9；持久设计状况和短暂设计状况的作用基本组合的效应，当楼面活荷载作为主要可变荷载、风荷载作为次要可变荷载时，其组合值系数分别取 1.0 和 0.6。

结构设计使用年限为 100 年时，该条公式（5.6.1）中参与组合的风荷载效应应按现行国家标准《建筑结构荷载规范》GB 50009规定的 100 年重现期的风压值计算；当高层建筑对风荷载比较敏感时，风荷载效应计算尚应符合《高规》第 4.2.2 条的规定。

地震设计状况作用基本组合的效应，当本规程有规定时，地震作用效应标准值应首先乘以相应的调整系数、增大系数，然后再进行效应组合。如薄弱层剪力增大、楼层最小地震剪力系数（剪重比）调整、框支柱地震轴力的调整、转换构件地震内力放大、框架-剪力墙结构和筒体结构有关地震剪力调整等。

7 度（0.15$g$）和 8、9 度抗震设计的大跨度结构、长悬臂结构应考虑竖向地震作用的影响，如高层建筑的大跨度转换构件、连体结构的连接体等。

关于不同设计状况的定义以及作用的标准组合、偶然组合的有关规定，可参考现行国家标准《工程结构可靠性设计统一标准》GB 50153。

（2）对非抗震设计的高层建筑结构，应按《高规》式（5.6.1）计算荷载效应的组合；对抗震设计的高层建筑结构，应同时按式（5.6.1）和式（5.6.3）计算荷载效应和地震作用效应组合，并按本规程的有关规定（如强柱弱梁、强剪弱弯等），对组合内力进行必要的调整。同一构件的不同截面或不同设计要求，可能对应不同的组合工况，应分别进行验算。

# 第 6 章　混凝土构件承载能力计算

## 一、《混凝土规范》规定

### 6.1　一　般　规　定

**6.1.1**　本章适用于钢筋混凝土构件、预应力混凝土构件的承载能力极限状态计算；素混凝土结构构件设计应符合本规范附录 D 的规定。

深受弯构件、牛腿、叠合式构件的承载力计算应符合本规范第 9 章的有关规定。

**6.1.2**　对于二维或三维非杆系结构构件，当按弹性或弹塑性分析方法得到构件的应力设计值分布后，可根据主拉应力设计值的合力在配筋方向的投影确定配筋量，按主拉应力的分布区域确定钢筋布置，并应符合相应的构造要求；当混凝土处于受压状态时，可考虑受压钢筋和混凝土共同作用，受压钢筋配置应符合构造要求。

**6.1.3**　采用应力表达式进行混凝土结构构件的承载能力极限状态验算时，应符合下列规定：

**1**　应根据设计状况和构件性能设计目标确定混凝土和钢筋的强度取值。

**2**　钢筋应力不应大于钢筋的强度取值。

**3**　混凝土应力不应大于混凝土的强度取值；多轴应力状态混凝土强度取值和验算可按本规范附录 C.4 的有关规定进行。

### 6.2　正截面承载力计算

**6.2.1**　正截面承载力应按下列基本假定进行计算：

**1**　截面应变保持平面。

**2**　不考虑混凝土的抗拉强度。

**3**　混凝土受压的应力与应变关系按下列规定取用：

当 $\varepsilon_c \leqslant \varepsilon_0$ 时

$$\sigma_c = f_c \left[1 - \left(1 - \frac{\varepsilon_c}{\varepsilon_0}\right)^n\right] \tag{6.2.1-1}$$

当 $\varepsilon_0 < \varepsilon_c \leqslant \varepsilon_{cu}$ 时

$$\sigma_c = f_c \tag{6.2.1-2}$$

$$n = 2 - \frac{1}{60}(f_{cu,k} - 50) \tag{6.2.1-3}$$

$$\varepsilon_0 = 0.002 + 0.5(f_{cu,k} - 50) \times 10^{-5} \tag{6.2.1-4}$$

$$\varepsilon_{cu} = 0.0033 - (f_{cu,k} - 50) \times 10^{-5} \tag{6.2.1-5}$$

式中：$\sigma_c$ ——混凝土压应变为 $\varepsilon_c$ 时的混凝土压应力；

$f_c$——混凝土轴心抗压强度设计值，按本规范表 4.1.4-1 采用；

$\varepsilon_0$——混凝土压应力达到 $f_c$ 时的混凝土压应变，当计算的 $\varepsilon_0$ 值小于 0.002 时，取为 0.002；

$\varepsilon_{cu}$——正截面的混凝土极限压应变，当处于非均匀受压且按公式（6.2.1-5）计算的值大于 0.0033 时，取为 0.0033；当处于轴心受压时取为 $\varepsilon_0$；

$f_{cu,k}$——混凝土立方体抗压强度标准值，按本规范第 4.1.1 条确定；

$n$——系数，当计算的 $n$ 值大于 2.0 时，取为 2.0。

**4** 纵向受拉钢筋的极限拉应变取为 0.01。

**5** 纵向钢筋的应力取钢筋应变与其弹性模量的乘积，但其值应符合下列要求：

$$-f'_y \leqslant \sigma_{si} \leqslant f_y \tag{6.2.1-6}$$

$$\sigma_{p0i} - f'_{py} \leqslant \sigma_{pi} \leqslant f_{py} \tag{6.2.1-7}$$

式中：$\sigma_{si}$、$\sigma_{pi}$——第 $i$ 层纵向普通钢筋、预应力筋的应力，正值代表拉应力，负值代表压应力；

$\sigma_{p0i}$——第 $i$ 层纵向预应力筋截面重心处混凝土法向应力等于零时的预应力筋应力，按本规范公式（10.1.6-3）或公式（10.1.6-6）计算；

$f_y$、$f_{py}$——普通钢筋、预应力筋抗拉强度设计值，按本规范表 4.2.3-1、表 4.2.3-2 采用；

$f'_y$、$f'_{py}$——普通钢筋、预应力筋抗压强度设计值，按本规范表 4.2.3-1、表 4.2.3-2 采用；

**6.2.2** 在确定中和轴位置时，对双向受弯构件，其内、外弯矩作用平面应相互重合；对双向偏心受力构件，其轴向力作用点、混凝土和受压钢筋的合力点以及受拉钢筋的合力点应在同一条直线上。当不符合上述条件时，尚应考虑扭转的影响。

**6.2.3** 弯矩作用平面内截面对称的偏心受压构件，当同一主轴方向的杆端弯矩比 $\frac{M_1}{M_2}$ 不大于 0.9 且轴压比不大于 0.9 时，若构件的长细比满足公式（6.2.3）的要求，可不考虑轴向压力在该方向挠曲杆件中产生的附加弯矩影响；否则应根据本规范第 6.2.4 条的规定，按截面的两个主轴方向分别考虑轴向压力在挠曲杆件中产生的附加弯矩影响。

$$l_c/i \leqslant 34 - 12(M_1/M_2) \tag{6.2.3}$$

式中：$M_1$、$M_2$——分别为已考虑侧移影响的偏心受压构件两端截面按结构弹性分析确定的对同一主轴的组合弯矩设计值，绝对值较大端为 $M_2$，绝对值较小端为 $M_1$，当构件按单曲率弯曲时，$M_1/M_2$ 取正值，否则取负值；

$l_c$——构件的计算长度，可近似取偏心受压构件相应主轴方向上下支撑点之间的距离；

$i$——偏心方向的截面回转半径。

**6.2.4** 除排架结构柱外，其他偏心受压构件考虑轴向压力在挠曲杆件中产生的二阶效应后控制截面的弯矩设计值，应按下列公式计算：

$$M = C_m \eta_{ns} M_2 \tag{6.2.4-1}$$

$$C_m = 0.7 + 0.3\frac{M_1}{M_2} \tag{6.2.4-2}$$

$$\eta_{ns} = 1 + \frac{1}{1300(M_2/N + e_a)/h_0}\left(\frac{l_c}{h}\right)^2 \zeta_c \tag{6.2.4-3}$$

$$\zeta_c = \frac{0.5 f_c A}{N} \tag{6.2.4-4}$$

当 $C_m \eta_{ns}$ 小于 1.0 时取 1.0；对剪力墙及核心筒墙，可取 $C_m \eta_{ns}$ 等于 1.0。

式中：$C_m$ ——构件端截面偏心距调节系数，当小于 0.7 时取 0.7；

$\eta_{ns}$ ——弯矩增大系数；

$N$——与弯矩设计值 $M_2$ 相应的轴向压力设计值；

$e_a$ ——附加偏心距，按本规范第 6.2.5 条确定；

$\zeta_c$ ——截面曲率修正系数，当计算值大于 1.0 时取 1.0；

$h$ ——截面高度；对环形截面，取外直径；对圆形截面，取直径；

$h_0$ ——截面有效高度；对环形截面，取 $h_0 = r_2 + r_s$；对圆形截面，取 $h_0 = r + r_s$；此处，$r$、$r_2$ 和 $r_s$ 按本规范第 E.0.3 条和第 E.0.4 条确定；

$A$ ——构件截面面积。

**6.2.5** 偏心受压构件的正截面承载力计算时，应计入轴向压力在偏心方向存在的附加偏心距 $e_a$，其值应取 20mm 和偏心方向截面最大尺寸的 1/30 两者中的较大值。

**6.2.6** 受弯构件、偏心受力构件正截面承载力计算时，受压区混凝土的应力图形可简化为等效的矩形应力图。

矩形应力图的受压区高度 $x$ 可取截面应变保持平面的假定所确定的中和轴高度乘以系数 $\beta_1$。当混凝土强度等级不超过 C50 时，$\beta_1$ 取为 0.80，当混凝土强度等级为 C80 时，$\beta_1$ 取为 0.74，其间按线性内插法确定。

矩形应力图的应力值可由混凝土轴心抗压强度设计值 $f_c$ 乘以系数 $\alpha_1$ 确定。当混凝土强度等级不超过 C50 时，$\alpha_1$ 取为 1.0，当混凝土强度等级为 C80 时，$\alpha_1$ 取为 0.94，其间按线性内插法确定。

**6.2.7** 纵向受拉钢筋屈服与受压区混凝土破坏同时发生时的相对界限受压区高度 $\xi_b$ 应按下列公式计算：

**1** 钢筋混凝土构件

有屈服点普通钢筋

$$\xi_b = \frac{\beta_1}{1 + \frac{f_y}{E_s \varepsilon_{cu}}} \tag{6.2.7-1}$$

无屈服点普通钢筋

$$\xi_b = \frac{\beta_1}{1 + \frac{0.002}{\varepsilon_{cu}} + \frac{f_y}{E_s \varepsilon_{cu}}} \tag{6.2.7-2}$$

**2** 预应力混凝土构件

$$\xi_b = \frac{\beta_1}{1 + \frac{0.002}{\varepsilon_{cu}} + \frac{f_{py} - \sigma_{p0}}{E_s \varepsilon_{cu}}} \tag{6.2.7-3}$$

式中：$\xi_b$ ——相对界限受压区高度，取 $x_b / h_0$；

$x_b$ ——界限受压区高度；

$h_0$ ——截面有效高度：纵向受拉钢筋合力点至截面受压边缘的距离；

$E_s$ ——钢筋弹性模量，按本规范表 4.2.5 采用；

$\sigma_{p0}$——受拉区纵向预应力筋合力点处混凝土法向应力等于零时的预应力筋应力，按本规范公式（10.1.6-3）或公式（10.1.6-6）计算；

$\varepsilon_{cu}$——非均匀受压时的混凝土极限压应变，按本规范公式（6.2.1-5）计算；

$\beta_1$——系数，按本规范第6.2.6条的规定计算。

注：当截面受拉区内配置有不同种类或不同预应力值的钢筋时，受弯构件的相对界限受压区高度应分别计算，并取其较小值。

**6.2.8** 纵向钢筋应力应按下列规定确定：

**1** 纵向钢筋应力宜按下列公式计算：

普通钢筋

$$\sigma_{si}=E_s\varepsilon_{cu}\left(\frac{\beta_1 h_{0i}}{x}-1\right) \tag{6.2.8-1}$$

预应力筋

$$\sigma_{pi}=E_s\varepsilon_{cu}\left(\frac{\beta_1 h_{0i}}{x}-1\right)+\sigma_{p0i} \tag{6.2.8-2}$$

**2** 纵向钢筋应力也可按下列近似公式计算：

普通钢筋

$$\sigma_{si}=\frac{f_y}{\xi_b-\beta_1}\left(\frac{x}{h_{0i}}-\beta_1\right) \tag{6.2.8-3}$$

预应力筋

$$\sigma_{pi}=\frac{f_{py}-\sigma_{p0i}}{\xi_b-\beta_1}\left(\frac{x}{h_{0i}}-\beta_1\right)+\sigma_{p0i} \tag{6.2.8-4}$$

**3** 按公式（6.2.8-1）～公式（6.2.8-4）计算的纵向钢筋应力应符合本规范第6.2.1条第5款的相关规定。

式中：$h_{0i}$——第$i$层纵向钢筋截面重心至截面受压边缘的距离；

$x$——等效矩形应力图形的混凝土受压区高度；

$\sigma_{si}$、$\sigma_{pi}$——第$i$层纵向普通钢筋、预应力筋的应力，正值代表拉应力，负值代表压应力；

$\sigma_{p0i}$——第$i$层纵向预应力筋截面重心处混凝土法向应力等于零时的预应力筋应力，按本规范公式（10.1.6-3）或公式（10.1.6-6）计算。

**6.2.9** 矩形、I形、T形截面构件的正截面承载力可按本节规定计算；任意截面、圆形及环形截面构件的正截面承载力可按本规范附录E的规定计算。

**6.2.10** 矩形截面或翼缘位于受拉边的倒T形截面受弯构件，其正截面受弯承载力应符合下列规定（图6.2.10）：

$$M\leqslant\alpha_1 f_c bx\left(h_0-\frac{x}{2}\right)+f'_y A'_s(h_0-a'_s)-(\sigma'_{p0}-f'_{py})A'_p(h_0-a'_p) \tag{6.2.10-1}$$

混凝土受压区高度应按下列公式确定：

$$\alpha_1 f_c bx=f_y A_s-f'_y A'_s+f_{py}A_p+(\sigma'_{p0}-f'_{py})A'_p \tag{6.2.10-2}$$

混凝土受压区高度尚应符合下列条件：

$$x\leqslant\xi_b h_0 \tag{6.2.10-3}$$

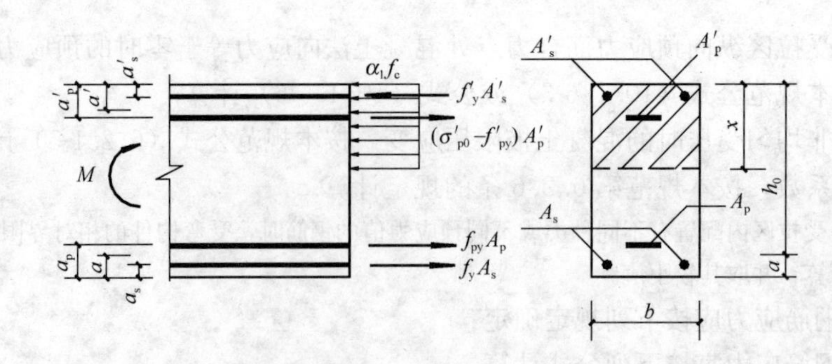


图 6.2.10　矩形截面受弯构件正截面受弯承载力计算

$$x \geqslant 2a' \tag{6.2.10-4}$$

式中：$M$——弯矩设计值；

$\alpha_1$——系数，按本规范第 6.2.6 条的规定计算；

$f_c$——混凝土轴心抗压强度设计值，按本规范表 4.1.4-1 采用；

$A_s$、$A'_s$——受拉区、受压区纵向普通钢筋的截面面积；

$A_p$、$A'_p$——受拉区、受压区纵向预应力筋的截面面积；

$\sigma'_{p0}$——受压区纵向预应力筋合力点处混凝土法向应力等于零时的预应力筋应力；

$b$——矩形截面的宽度或倒 T 形截面的腹板宽度；

$h_0$——截面有效高度；

$a'_s$、$a'_p$——受压区纵向普通钢筋合力点、预应力筋合力点至截面受压边缘的距离；

$a'$——受压区全部纵向钢筋合力点至截面受压边缘的距离，当受压区未配置纵向预应力筋或受压区纵向预应力筋应力（$\sigma'_{p0}-f'_{py}$）为拉应力时，公式（6.2.10-4）中的 $a'$ 用 $a'_s$ 代替。

**6.2.11**　翼缘位于受压区的 T 形、I 形截面受弯构件（图 6.2.11），其正截面受弯承载力计算应符合下列规定：

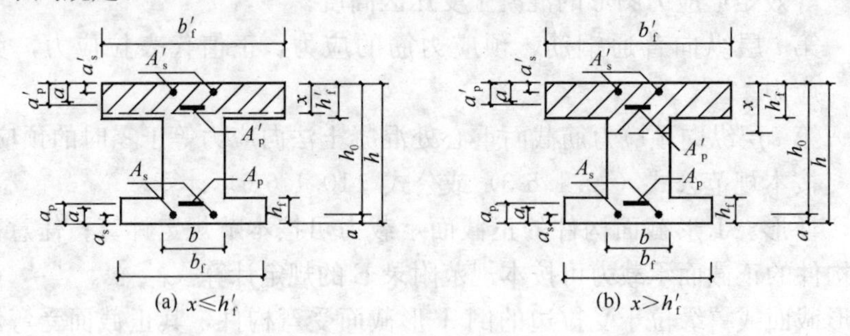


图 6.2.11　I 形截面受弯构件受压区高度位置

**1**　当满足下列条件时，应按宽度为 $b'_f$ 的矩形截面计算：

$$f_y A_s + f_{py} A_p \leqslant \alpha_1 f_c b'_f h'_f + f'_y A'_s - (\sigma'_{p0} - f'_{py}) A'_p \tag{6.2.11-1}$$

**2**　当不满足公式（6.2.11-1）的条件时，应按下列公式计算：

$$M \leqslant \alpha_1 f_c b x \left(h_0 - \frac{x}{2}\right) + \alpha_1 f_c (b'_f - b) h'_f \left(h_0 - \frac{h'_f}{2}\right) + f'_y A'_s (h_0 - a'_s) - (\sigma'_{p0} - f'_{py}) A'_p (h_0 - a'_p) \tag{6.2.11-2}$$

混凝土受压区高度应按下列公式确定：

$$\alpha_1 f_c[bx+(b'_f-b)h'_f]=f_yA_s-f'_yA'_s+f_{py}A_p+(\sigma'_{p0}-f'_{py})A'_p \quad (6.2.11\text{-}3)$$

式中：$h'_f$ ——T 形、I 形截面受压区的翼缘高度；

$b'_f$ ——T 形、I 形截面受压区的翼缘计算宽度，按本规范第 6.2.12 条的规定确定。

按上述公式计算 T 形、I 形截面受弯构件时，混凝土受压区高度仍应符合本规范公式（6.2.10-3）和公式（6.2.10-4）的要求。

**6.2.12** T 形、I 形及倒 L 形截面受弯构件位于受压区的翼缘计算宽度 $b'_f$ 可按本规范表 5.2.4 所列情况中的最小值取用。

**6.2.13** 受弯构件正截面受弯承载力计算应符合本规范公式（6.2.10-3）的要求。当由构造要求或按正常使用极限状态验算要求配置的纵向受拉钢筋截面面积大于受弯承载力要求的配筋面积时，按本规范公式（6.2.10-2）或公式（6.2.11-3）计算的混凝土受压区高度 $x$，可仅计入受弯承载力条件所需的纵向受拉钢筋截面面积。

**6.2.14** 当计算中计入纵向普通受压钢筋时，应满足本规范公式（6.2.10-4）的条件；当不满足此条件时，正截面受弯承载力应符合下列规定：

$$M \leqslant f_{py}A_p(h-a_p-a'_s)+f_yA_s(h-a_s-a'_s) \\ +(\sigma'_{p0}-f'_{py})A'_p(a'_p-a'_s) \quad (6.2.14)$$

式中：$a_s$、$a_p$ ——受拉区纵向普通钢筋、预应力筋至受拉边缘的距离。

### （Ⅲ）正截面受压承载力计算

**6.2.15** 钢筋混凝土轴心受压构件，当配置的箍筋符合本规范第 9.3 节的规定时，其正截面受压承载力应符合下列规定（图 6.2.15）：

$$N \leqslant 0.9\varphi(f_cA+f'_yA'_s) \quad (6.2.15)$$

式中：$N$ ——轴向压力设计值；

$\varphi$ ——钢筋混凝土构件的稳定系数，按表 6.2.15 采用；

$f_c$ ——混凝土轴心抗压强度设计值，按本规范表 4.1.4-1 采用；

$A$ ——构件截面面积；

$A'_s$ ——全部纵向普通钢筋的截面面积。

当纵向普通钢筋的配筋率大于 3%时，公式（6.2.15）中的 $A$ 应改用 $(A-A'_s)$ 代替。

**表 6.2.15 钢筋混凝土轴心受压构件的稳定系数**

| $l_0/b$ | ≤8 | 10 | 12 | 14 | 16 | 18 | 20 | 22 | 24 | 26 | 28 |
|---|---|---|---|---|---|---|---|---|---|---|---|
| $l_0/d$ | ≤7 | 8.5 | 10.5 | 12 | 14 | 15.5 | 17 | 19 | 21 | 22.5 | 24 |
| $l_0/i$ | ≤28 | 35 | 42 | 48 | 55 | 62 | 69 | 76 | 83 | 90 | 97 |
| $\varphi$ | 1.00 | 0.98 | 0.95 | 0.92 | 0.87 | 0.81 | 0.75 | 0.70 | 0.65 | 0.60 | 0.56 |
| $l_0/b$ | 30 | 32 | 34 | 36 | 38 | 40 | 42 | 44 | 46 | 48 | 50 |
| $l_0/d$ | 26 | 28 | 29.5 | 31 | 33 | 34.5 | 36.5 | 38 | 40 | 41.5 | 43 |
| $l_0/i$ | 104 | 111 | 118 | 125 | 132 | 139 | 146 | 153 | 160 | 167 | 174 |
| $\varphi$ | 0.52 | 0.48 | 0.44 | 0.40 | 0.36 | 0.32 | 0.29 | 0.26 | 0.23 | 0.21 | 0.19 |

注：1 $l_0$ 为构件的计算长度，对钢筋混凝土柱可按本规范第 6.2.20 条的规定取用；

2 $b$ 为矩形截面的短边尺寸，$d$ 为圆形截面的直径，$i$ 为截面的最小回转半径。

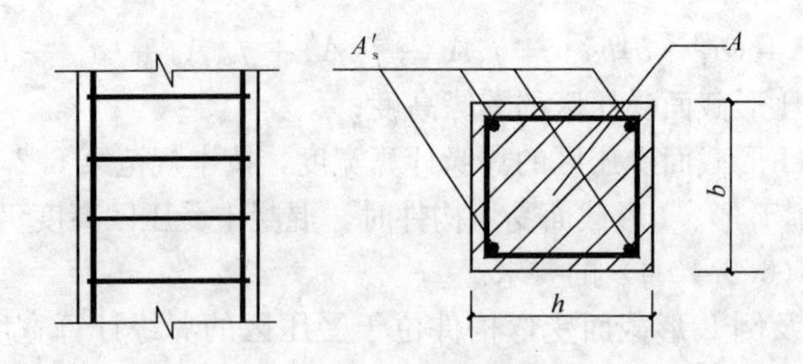


图 6.2.15　配置箍筋的钢筋混凝土轴心受压构件

**6.2.16**　钢筋混凝土轴心受压构件，当配置的螺旋式或焊接环式间接钢筋符合本规范第 9.3.2 条的规定时，其正截面受压承载力应符合下列规定（图 6.2.16）：

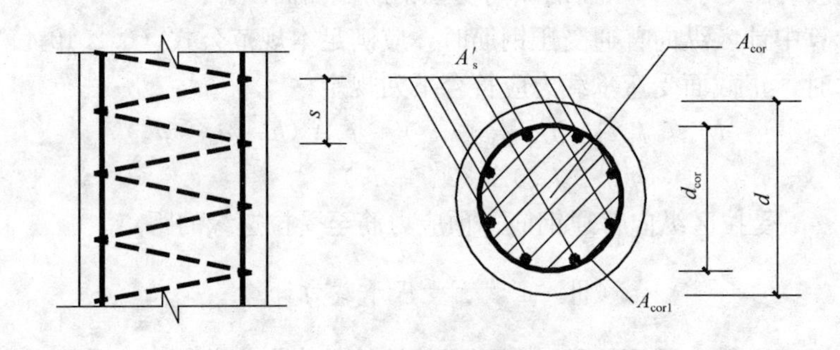


图 6.2.16　配置螺旋式间接钢筋的钢筋混凝土轴心受压构件

$$N \leqslant 0.9(f_c A_{cor} + f'_y A'_s + 2\alpha f_{yv} A_{ss0}) \tag{6.2.16-1}$$

$$A_{ss0} = \frac{\pi d_{cor} A_{ss1}}{s} \tag{6.2.16-2}$$

式中：$f_{yv}$ ——间接钢筋的抗拉强度设计值，按本规范第 4.2.3 条的规定采用；

$A_{cor}$ ——构件的核心截面面积，取间接钢筋内表面范围内的混凝土截面面积；

$A_{ss0}$ ——螺旋式或焊接环式间接钢筋的换算截面面积；

$d_{cor}$ ——构件的核心截面直径，取间接钢筋内表面之间的距离；

$A_{ss1}$ ——螺旋式或焊接环式单根间接钢筋的截面面积；

$s$ ——间接钢筋沿构件轴线方向的间距；

$\alpha$ ——间接钢筋对混凝土约束的折减系数：当混凝土强度等级不超过 C50 时，取 1.0，当混凝土强度等级为 C80 时，取 0.85，其间按线性内插法确定。

注：1　按公式（6.2.16-1）算得的构件受压承载力设计值不应大于按本规范公式（6.2.15）算得的构件受压承载力设计值的 1.5 倍；

2　当遇到下列任意一种情况时，不应计入间接钢筋的影响，而应按本规范第 6.2.15 条的规定进行计算：

1）当 $l_0/d > 12$ 时；

2）当按公式（6.2.16-1）算得的受压承载力小于按本规范公式（6.2.15）算得的受压承载力时；

3）当间接钢筋的换算截面面积 $A_{ss0}$ 小于纵向普通钢筋的全部截面面积的 25%时。

**6.2.17** 矩形截面偏心受压构件正截面受压承载力应符合下列规定（图 6.2.17）：

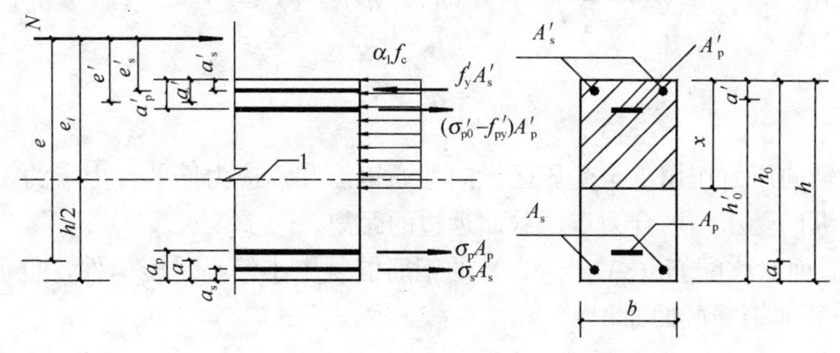

图 6.2.17 矩形截面偏心受压构件正截面受压承载力计算

1—截面重心轴

$$N \leqslant \alpha_1 f_c bx + f'_y A'_s - \sigma_s A_s - (\sigma'_{p0} - f'_{py}) A'_p - \sigma_p A_p \quad (6.2.17\text{-}1)$$

$$Ne \leqslant \alpha_1 f_c bx \left(h_0 - \frac{x}{2}\right) + f'_y A'_s (h_0 - a'_s) - (\sigma'_{p0} - f'_{py}) A'_p (h_0 - a'_p) \quad (6.2.17\text{-}2)$$

$$e = e_i + \frac{h}{2} - a \quad (6.2.17\text{-}3)$$

$$e_i = e_0 + e_a \quad (6.2.17\text{-}4)$$

式中：$e$——轴向压力作用点至纵向受拉普通钢筋和受拉预应力筋的合力点的距离；

$\sigma_s$、$\sigma_p$——受拉边或受压较小边的纵向普通钢筋、预应力筋的应力；

$e_i$——初始偏心距；

$a$——纵向受拉普通钢筋和受拉预应力筋的合力点至截面近边缘的距离；

$e_0$——轴向压力对截面重心的偏心距，取为 $M/N$，当需要考虑二阶效应时，$M$ 为按本规范第 5.3.4 条、第 6.2.4 条规定确定的弯矩设计值；

$e_a$——附加偏心距，按本规范第 6.2.5 条确定。

按上述规定计算时，尚应符合下列要求：

**1** 钢筋的应力 $\sigma_s$、$\sigma_p$ 可按下列情况确定：

**1）**当 $\xi$ 不大于 $\xi_b$ 时为大偏心受压构件，取 $\sigma_s$ 为 $f_y$、$\sigma_p$ 为 $f_{py}$，此处，$\xi$ 为相对受压区高度，取为 $x/h_0$；

**2）**当 $\xi$ 大于 $\xi_b$ 时为小偏心受压构件，$\sigma_s$、$\sigma_p$ 按本规范第 6.2.8 条的规定进行计算。

**2** 当计算中计入纵向受压普通钢筋时，受压区高度应满足本规范公式（6.2.10-4）的条件；当不满足此条件时，其正截面受压承载力可按本规范第 6.2.14 条的规定进行计算，此时，应将本规范公式（6.2.14）中的 $M$ 以 $Ne'_s$ 代替，此处，$e'_s$ 为轴向压力作用点至受压区纵向普通钢筋合力点的距离；初始偏心距应按公式（6.2.17-4）确定。

**3** 矩形截面非对称配筋的小偏心受压构件，当 $N$ 大于 $f_c bh$ 时，尚应按下列公式进行验算：

$$Ne' \leqslant f_c bh\left(h'_0 - \frac{h}{2}\right) + f'_y A_s (h'_0 - a_s) - (\sigma_{p0} - f'_{yp}) A_p (h'_0 - a_p) \quad (6.2.17\text{-}5)$$

$$e' = \frac{h}{2} - a' - (e_0 - e_a) \quad (6.2.17\text{-}6)$$

式中：$e'$ ——轴向压力作用点至受压区纵向普通钢筋和预应力筋的合力点的距离；

$h'_0$ ——纵向受压钢筋合力点至截面远边的距离。

**4**　矩形截面对称配筋（$A'_s = A_s$）的钢筋混凝土小偏心受压构件，也可按下列近似公式计算纵向普通钢筋截面面积：

$$A'_s = \frac{Ne - \xi(1 - 0.5\xi)\alpha_1 f_c bh_0^2}{f'_y (h_0 - a'_s)} \quad (6.2.17\text{-}7)$$

此处，相对受压区高度 $\xi$ 可按下列公式计算：

$$\xi = \frac{N - \xi_b \alpha_1 f_c bh_0}{\dfrac{Ne - 0.43\alpha_1 f_c bh_0^2}{(\beta_1 - \xi_b)(h_0 - a'_s)} + \alpha_1 f_c bh_0} + \xi_b \quad (6.2.17\text{-}8)$$

**6.2.18**　I 形截面偏心受压构件的受压翼缘计算宽度 $b'_f$ 应按本规范第 6.2.12 条确定，其正截面受压承载力应符合下列规定：

**1**　当受压区高度 $x$ 不大于 $h'_f$ 时，应按宽度为受压翼缘计算宽度 $b'_f$ 的矩形截面计算。

**2**　当受压区高度 $x$ 大于 $h'_f$ 时（图 6.2.18），应符合下列规定：

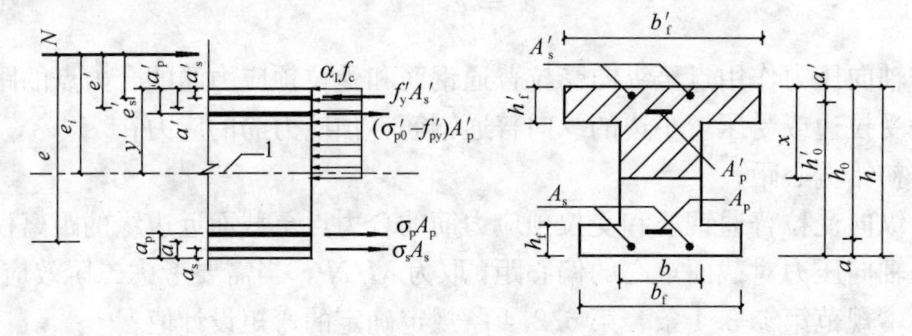


图 6.2.18　I 形截面偏心受压构件正截面受压承载力计算

1—截面重心轴

$$N \leqslant \alpha_1 f_c [bx + (b'_f - b) h'_f] + f'_y A'_s - \sigma_s A_s - (\sigma'_{p0} - f'_{py}) A'_p - \sigma_p A_p \quad (6.2.18\text{-}1)$$

$$Ne \leqslant \alpha_1 f_c \left[bx\left(h_0 - \frac{x}{2}\right) + (b'_f - b) h'_f \left(h_0 - \frac{h'_f}{2}\right)\right] + f'_y A'_s (h_0 - a'_s) - (\sigma'_{p0} - f'_{py}) A'_p (h_0 - a'_p) \quad (6.2.18\text{-}2)$$

公式中的钢筋应力 $\sigma_s$、$\sigma_p$ 以及是否考虑纵向受压普通钢筋的作用，均应按本规范第 6.2.17 条的有关规定确定。

**3**　当 $x$ 大于（$h - h_f$）时，其正截面受压承载力计算应计入受压较小边翼缘受压部分的作用，此时，受压较小边翼缘计算宽度 $b_f$ 应按本规范第 6.2.12 条确定。

**4** 对采用非对称配筋的小偏心受压构件，当 $N$ 大于 $f_c A$ 时，尚应按下列公式进行验算：

$$Ne' \leqslant f_c\left[bh\left(h'_0-\frac{h}{2}\right)+(b_f-b)h_f\left(h'_0-\frac{h_f}{2}\right)+(b'_f-b)h'_f\left(\frac{h'_f}{2}-a'\right)\right]$$

$$+f'_y A_s(h'_0-a_s)-(\sigma_{p0}-f'_{py})A_p(h'_0-a_p) \quad (6.2.18\text{-}3)$$

$$e'=y'-a'-(e_0-e_a) \quad (6.2.18\text{-}4)$$

式中：$y'$——截面重心至离轴向压力较近一侧受压边的距离，当截面对称时，取 $h/2$。

注：对仅在离轴向压力较近一侧有翼缘的 T 形截面，可取 $b_f$ 为 $b$；对仅在离轴向压力较远一侧有翼缘的倒 T 形截面，可取 $b'_f$ 为 $b$。

**6.2.19** 沿截面腹部均匀配置纵向普通钢筋的矩形、T 形或 I 形截面钢筋混凝土偏心受压构件（图 6.2.19），其正截面受压承载力宜符合下列规定：

$$N \leqslant \alpha_1 f_c[\xi b h_0+(b'_f-b)h'_f]+f'_y A'_s-\sigma_s A_s+N_{sw} \quad (6.2.19\text{-}1)$$

$$Ne \leqslant \alpha_1 f_c\left[\xi(1-0.5\xi)bh_0^2+(b'_f-b)h'_f\left(h_0-\frac{h'_f}{2}\right)\right]$$

$$+f'_y A'_s(h_0-a'_s)+M_{sw} \quad (6.2.19\text{-}2)$$

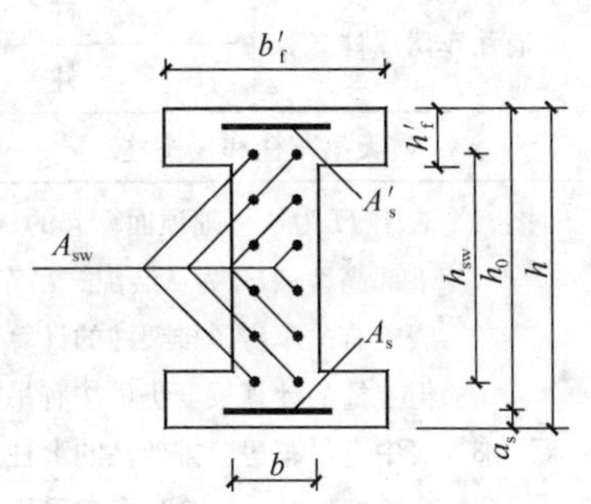


图 6.2.19 沿截面腹部均匀配筋的 I 形截面

$$N_{sw}=\left(1+\frac{\xi-\beta_1}{0.5\beta_1\omega}\right)f_{yw}A_{sw} \quad (6.2.19\text{-}3)$$

$$M_{sw}=\left[0.5-\left(\frac{\xi-\beta_1}{\beta_1\omega}\right)^2\right]f_{yw}A_{sw}h_{sw} \quad (6.2.19\text{-}4)$$

式中：$A_{sw}$——沿截面腹部均匀配置的全部纵向普通钢筋截面面积；

$f_{yw}$——沿截面腹部均匀配置的纵向普通钢筋强度设计值，按本规范表 4.2.3-1 采用；

$N_{sw}$——沿截面腹部均匀配置的纵向普通钢筋所承担的轴向压力，当 $\xi$ 大于 $\beta_1$ 时，取为 $\beta_1$ 进行计算；

$M_{sw}$——沿截面腹部均匀配置的纵向普通钢筋的内力对 $A_s$ 重心的力矩，当 $\xi$ 大于 $\beta_1$ 时，取为 $\beta_1$ 进行计算；

$\omega$——均匀配置纵向普通钢筋区段的高度 $h_{sw}$ 与截面有效高度 $h_0$ 的比值（$h_{sw}/h_0$），宜取 $h_{sw}$ 为 $(h_0-a'_s)$。

受拉边或受压较小边普通钢筋 $A_s$ 中的应力 $\sigma_s$ 以及在计算中是否考虑受压普通钢筋和受压较小边翼缘受压部分的作用，应按本规范第 6.2.17 条和第 6.2.18 条的有关规定确定。

注：本条适用于截面腹部均匀配置纵向普通钢筋的数量每侧不少于 4 根的情况。

**6.2.20** 轴心受压和偏心受压柱的计算长度 $l_0$ 可按下列规定确定：

**1** 刚性屋盖单层房屋排架柱、露天吊车柱和栈桥柱，其计算长度 $l_0$ 可按表 6.2.20-1 取用。

**表 6.2.20-1　刚性屋盖单层房屋排架柱、露天吊车柱和栈桥柱的计算长度**

| 柱的类别 | | $l_0$ | | |
|---|---|---|---|---|
| | | 排架方向 | 垂直排架方向 | |
| | | | 有柱间支撑 | 无柱间支撑 |
| 无吊车房屋柱 | 单 跨 | $1.5H$ | $1.0H$ | $1.2H$ |
| | 两跨及多跨 | $1.25H$ | $1.0H$ | $1.2H$ |
| 有吊车房屋柱 | 上 柱 | $2.0H_u$ | $1.25H_u$ | $1.5H_u$ |
| | 下 柱 | $1.0H_l$ | $0.8H_l$ | $1.0H_l$ |
| 露天吊车柱和栈桥柱 | | $2.0H_l$ | $1.0H_l$ | — |

注：1　表中 $H$ 为从基础顶面算起的柱子全高；$H_l$ 为从基础顶面至装配式吊车梁底面或现浇式吊车梁顶面的柱子下部高度；$H_u$ 为从装配式吊车梁底面或从现浇式吊车梁顶面算起的柱子上部高度；

2　表中有吊车房屋排架柱的计算长度，当计算中不考虑吊车荷载时，可按无吊车房屋柱的计算长度采用，但上柱的计算长度仍可按有吊车房屋采用；

3　表中有吊车房屋排架柱的上柱在排架方向的计算长度，仅适用于 $H_u/H_l$ 不小于 0.3 的情况；当 $H_u/H_l$ 小于 0.3 时，计算长度宜采用 $2.5H_u$。

**2** 一般多层房屋中梁柱为刚接的框架结构，各层柱的计算长度 $l_0$ 可按表 6.2.20-2 取用。

**表 6.2.20-2　框架结构各层柱的计算长度**

| 楼盖类型 | 柱的类别 | $l_0$ |
|---|---|---|
| 现浇楼盖 | 底层柱 | $1.0H$ |
| | 其余各层柱 | $1.25H$ |
| 装配式楼盖 | 底层柱 | $1.25H$ |
| | 其余各层柱 | $1.5H$ |

注：表中 $H$ 为底层柱从基础顶面到一层楼盖顶面的高度；对其余各层柱为上下两层楼盖顶面之间的高度。

**6.2.21** 对截面具有两个互相垂直的对称轴的钢筋混凝土双向偏心受压构件（图 6.2.21），其正截面受压承载力可选用下列两种方法之一进行计算：

**1** 按本规范附录 E 的方法计算，此时，附录 E 公式（E.0.1-7）和公式（E.0.1-8）中的 $M_x$、$M_y$ 应分别用 $Ne_{ix}$、$Ne_{iy}$ 代替，其中，初始偏心距应按下列公式计算：

$$e_{ix} = e_{0x} + e_{ax} \qquad (6.2.21\text{-}1)$$

$$e_{iy} = e_{0y} + e_{ay} \qquad (6.2.21\text{-}2)$$

式中：$e_{0x}$、$e_{0y}$ ——轴向压力对通过截面重心的 $y$ 轴、$x$ 轴的偏心距，即 $M_{0x}/N$、$M_{0y}/N$；

$M_{0x}$、$M_{0y}$ ——轴向压力在 $x$ 轴、$y$ 轴方向的弯矩设计值为按本规范第 5.3.4 条、6.2.4 条规定确定的弯矩设计值；

$e_{ax}$、$e_{ay}$ ——$x$ 轴、$y$ 轴方向上的附加偏心距，按本规范第 6.2.5 条的规定确定；

**2** 按下列近似公式计算：

$$N \leqslant \frac{1}{\frac{1}{N_{ux}}+\frac{1}{N_{uy}}-\frac{1}{N_{u0}}} \qquad (6.2.21\text{-}3)$$

式中：$N_{u0}$——构件的截面轴心受压承载力设计值；

$N_{ux}$——轴向压力作用于 $x$ 轴并考虑相应的计算偏心距 $e_{ix}$ 后，按全部纵向普通钢筋计算的构件偏心受压承载力设计值；

$N_{uy}$——轴向压力作用于 $y$ 轴并考虑相应的计算偏心距 $e_{iy}$ 后，按全部纵向普通钢筋计算的构件偏心受压承载力设计值。

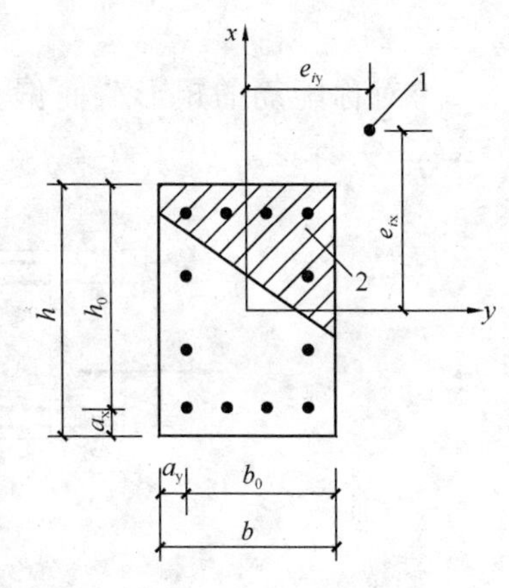


图 6.2.21　双向偏心受压构件截面
1—轴向压力作用点；2—受压区

构件的截面轴心受压承载力设计值 $N_{u0}$，可按本规范公式（6.2.15）计算，但应取等号，将 $N$ 以 $N_{u0}$ 代替，且不考虑稳定系数 $\varphi$ 及系数 0.9。

构件的偏心受压承载力设计值 $N_{ux}$，可按下列情况计算：

**1**）当纵向普通钢筋沿截面两对边配置时，$N_{ux}$ 可按本规范第 6.2.17 条或第 6.2.18 条的规定进行计算，但应取等号，将 $N$ 以 $N_{ux}$ 代替。

**2**）当纵向普通钢筋沿截面腹部均匀配置时，$N_{ux}$ 可按本规范第 6.2.19 条的规定进行计算，但应取等号，将 $N$ 以 $N_{ux}$ 代替。

构件的偏心受压承载力设计值 $N_{uy}$ 可采用与 $N_{ux}$ 相同的方法计算。

### （Ⅳ）正截面受拉承载力计算

**6.2.22**　轴心受拉构件的正截面受拉承载力应符合下列规定：

$$N \leqslant f_y A_s + f_{py} A_p \qquad (6.2.22)$$

式中：$N$——轴向拉力设计值；

$A_s$、$A_p$——纵向普通钢筋、预应力筋的全部截面面积。

**6.2.23**　矩形截面偏心受拉构件的正截面受拉承载力应符合下列规定：

**1**　小偏心受拉构件

当轴向拉力作用在钢筋 $A_s$ 与 $A_p$ 的合力点和 $A'_s$ 与 $A'_p$ 的合力点之间时（图 6.2.23a）：

$$Ne \leqslant f_y A'_s (h_0 - a'_s) + f_{py} A'_p (h_0 - a'_p) \qquad (6.2.23\text{-}1)$$

$$Ne' \leqslant f_y A_s (h'_0 - a_s) + f_{py} A_p (h'_0 - a_p) \qquad (6.2.23\text{-}2)$$

**2**　大偏心受拉构件

当轴向拉力不作用在钢筋 $A_s$ 与 $A_p$ 的合力点和 $A'_s$ 与 $A'_p$ 的合力点之间时（图 6.2.23b）：

$$N \leqslant f_y A_s + f_{py} A_p - f'_y A'_s + (\sigma'_{p0} - f'_{py}) A'_p - \alpha_1 f_c bx \qquad (6.2.23\text{-}3)$$

$$Ne \leqslant \alpha_1 f_c bx \left(h_0 - \frac{x}{2}\right) + f'_y A'_s (h_0 - a'_s) - (\sigma'_{p0} - f'_{py}) A'_p (h_0 - a'_p) \qquad (6.2.23\text{-}4)$$

此时，混凝土受压区的高度应满足本规范公式（6.2.10-3）的要求。当计算中计入纵向受压普通钢筋时，尚应满足本规范公式（6.2.10-4）的条件；当不满足时，可按公式

(6.2.23-2) 计算。

**3** 对称配筋的矩形截面偏心受拉构件，不论大、小偏心受拉情况，均可按公式 (6.2.23-2) 计算。

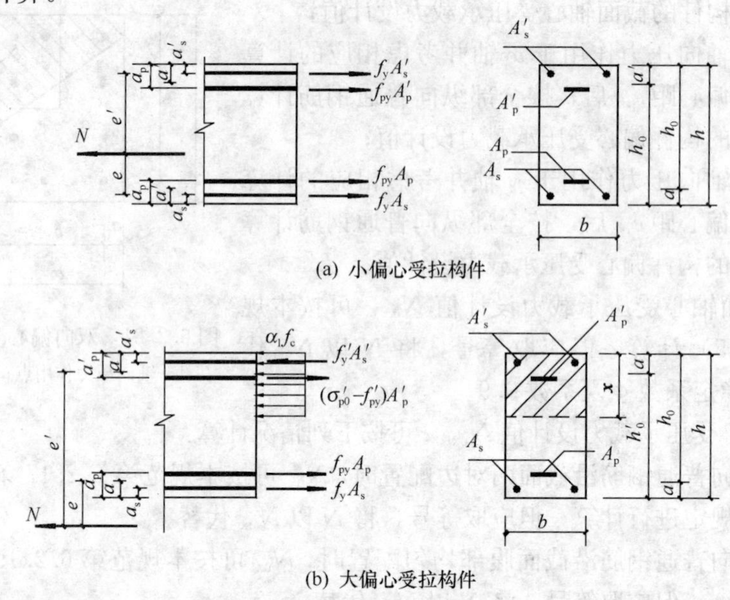


图 6.2.23 矩形截面偏心受拉构件正截面受拉承载力计算

**6.2.24** 沿截面腹部均匀配置纵向普通钢筋的矩形、T 形或 I 形截面钢筋混凝土偏心受拉构件，其正截面受拉承载力应符合本规范公式 (6.2.25-1) 的规定，式中正截面受弯承载力设计值 $M_u$ 可按本规范公式 (6.2.19-1) 和公式 (6.2.19-2) 进行计算，但应取等号，同时应分别取 $N$ 为 0 和以 $M_u$ 代替 $Ne_i$ 。

**6.2.25** 对称配筋的矩形截面钢筋混凝土双向偏心受拉构件，其正截面受拉承载力应符合下列规定：

$$N \leqslant \frac{1}{\dfrac{1}{N_{u0}} + \dfrac{e_0}{M_u}} \tag{6.2.25-1}$$

式中：$N_{u0}$——构件的轴心受拉承载力设计值；

$e_0$——轴向拉力作用点至截面重心的距离；

$M_u$——按通过轴向拉力作用点的弯矩平面计算的正截面受弯承载力设计值。

构件的轴心受拉承载力设计值 $N_{u0}$，按本规范公式 (6.2.22) 计算，但应取等号，并以 $N_{u0}$ 代替 $N$。按通过轴向拉力作用点的弯矩平面计算的正截面受弯承载力设计值 $M_u$，可按本规范第 6.2 节 (Ⅰ) 的有关规定进行计算。

公式 (6.2.25-1) 中的 $e_0/M_u$ 也可按下列公式计算：

$$\frac{e_0}{M_u} = \sqrt{\left(\frac{e_{0x}}{M_{ux}}\right)^2 + \left(\frac{e_{0y}}{M_{uy}}\right)^2} \tag{6.2.25-2}$$

式中：$e_{0x}$、$e_{0y}$——轴向拉力对截面重心 $y$ 轴、$x$ 轴的偏心距；

$M_{ux}$、$M_{uy}$——$x$ 轴、$y$ 轴方向的正截面受弯承载力设计值，按本规范第 6.2 节 (Ⅱ) 的规定计算。

## 6.3 斜截面承载力计算

**6.3.1** 矩形、T 形和 I 形截面受弯构件的受剪截面应符合下列条件：

当 $h_w/b \leqslant 4$ 时

$$V \leqslant 0.25\beta_c f_c b h_0 \quad (6.3.1\text{-}1)$$

当 $h_w/b \geqslant 6$ 时

$$V \leqslant 0.2\beta_c f_c b h_0 \quad (6.3.1\text{-}2)$$

当 $4 < h_w/b < 6$ 时，按线性内插法确定。

式中：$V$ ——构件斜截面上的最大剪力设计值；

$\beta_c$ ——混凝土强度影响系数：当混凝土强度等级不超过 C50 时，$\beta_c$ 取 1.0；当混凝土强度等级为 C80 时，$\beta_c$ 取 0.8；其间按线性内插法确定；

$b$ ——矩形截面的宽度，T 形截面或 I 形截面的腹板宽度；

$h_0$ ——截面的有效高度；

$h_w$ ——截面的腹板高度：矩形截面，取有效高度；T 形截面，取有效高度减去翼缘高度；I 形截面，取腹板净高。

注：1 对 T 形或 I 形截面的简支受弯构件，当有实践经验时，公式（6.3.1-1）中的系数可改用 0.3；

2 对受拉边倾斜的构件，当有实践经验时，其受剪截面的控制条件可适当放宽。

**6.3.2** 计算斜截面受剪承载力时，剪力设计值的计算截面应按下列规定采用：

**1** 支座边缘处的截面（图 6.3.2a、b 截面 1-1）；

**2** 受拉区弯起钢筋弯起点处的截面（图 6.3.2a 截面 2-2、3-3）；

**3** 箍筋截面面积或间距改变处的截面（图 6.3.2b 截面4-4）；

**4** 截面尺寸改变处的截面。

注：1 受拉边倾斜的受弯构件，尚应包括梁的高度开始变化处、集中荷载作用处和其他不利的截面；

2 箍筋的间距以及弯起钢筋前一排（对支座而言）的弯起点至后一排的弯终点的距离，应符合本规范第 9.2.8 条和第 9.2.9 条的构造要求。

**6.3.3** 不配置箍筋和弯起钢筋的一般板类受弯构件，其斜截面受剪承载力应符合下列规定：

$$V \leqslant 0.7\beta_h f_t b h_0 \quad (6.3.3\text{-}1)$$

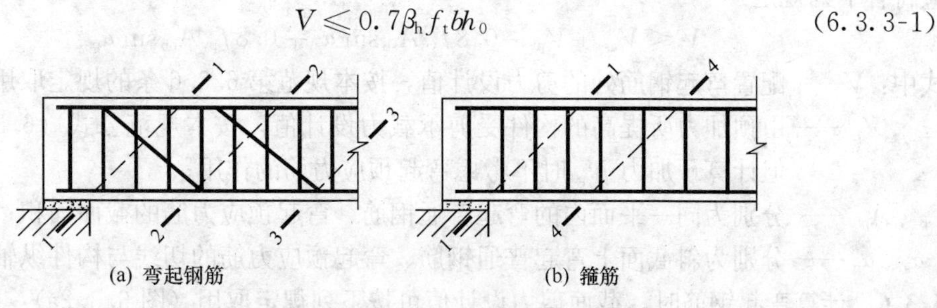


图 6.3.2 斜截面受剪承载力剪力设计值的计算截面

1-1 支座边缘处的斜截面；2-2、3-3 受拉区弯起钢筋弯起点的斜截面；4-4 箍筋截面面积或间距改变处的斜截面

$$\beta_h = \left(\frac{800}{h_0}\right)^{1/4} \quad (6.3.3\text{-}2)$$

式中：$\beta_h$ ——截面高度影响系数：当 $h_0$ 小于 800mm 时，取 800mm；当 $h_0$ 大于 2000mm 时，取 2000mm。

**6.3.4** 当仅配置箍筋时，矩形、T 形和 I 形截面受弯构件的斜截面受剪承载力应符合下列规定：

$$V \leqslant V_{cs} + V_p \quad (6.3.4\text{-}1)$$

$$V_{cs} = \alpha_{cv} f_t b h_0 + f_{yv} \frac{A_{sv}}{s} h_0 \quad (6.3.4\text{-}2)$$

$$V_p = 0.05 N_{p0} \quad (6.3.4\text{-}3)$$

式中：$V_{cs}$ ——构件斜截面上混凝土和箍筋的受剪承载力设计值；

$V_p$ ——由预加力所提高的构件受剪承载力设计值；

$\alpha_{cv}$ ——斜截面混凝土受剪承载力系数，对于一般受弯构件取 0.7；对集中荷载作用下（包括作用有多种荷载，其中集中荷载对支座截面或节点边缘所产生的剪力值占总剪力的 75%以上的情况）的独立梁，取 $\alpha_{cv}$ 为 $\frac{1.75}{\lambda+1}$，$\lambda$ 为计算截面的剪跨比，可取 $\lambda$ 等于 $a/h_0$，当 $\lambda$ 小于 1.5 时，取 1.5，当 $\lambda$ 大于 3 时，取 3，$a$ 取集中荷载作用点至支座截面或节点边缘的距离；

$A_{sv}$ ——配置在同一截面内箍筋各肢的全部截面面积，即 $nA_{sv1}$，此处，$n$ 为在同一个截面内箍筋的肢数，$A_{sv1}$ 为单肢箍筋的截面面积；

$s$ ——沿构件长度方向的箍筋间距；

$f_{yv}$ ——箍筋的抗拉强度设计值，按本规范第 4.2.3 条的规定采用；

$N_{p0}$ ——计算截面上混凝土法向预应力等于零时的预加力，按本规范第 10.1.13 条计算；当 $N_{p0}$ 大于 $0.3 f_c A_0$ 时，取 $0.3 f_c A_0$，此处，$A_0$ 为构件的换算截面面积。

注：1　对预加力 $N_{p0}$ 引起的截面弯矩与外弯矩方向相同的情况，以及预应力混凝土连续梁和允许出现裂缝的预应力混凝土简支梁，均应取 $V_p$ 为 0；

2　先张法预应力混凝土构件，在计算预加力 $N_{p0}$ 时，应按本规范第 7.1.9 条的规定考虑预应力筋传递长度的影响。

**6.3.5** 当配置箍筋和弯起钢筋时，矩形、T 形和 I 形截面受弯构件的斜截面受剪承载力应符合下列规定：

$$V \leqslant V_{cs} + V_p + 0.8 f_{yv} A_{sb} \sin\alpha_s + 0.8 f_{py} A_{pb} \sin\alpha_p \quad (6.3.5)$$

式中：$V$——配置弯起钢筋处的剪力设计值，按本规范第 6.3.6 条的规定取用；

$V_p$ ——由预加力所提高的构件受剪承载力设计值，按本规范公式（6.3.4-3）计算，但计算预加力 $N_{p0}$ 时不考虑弯起预应力筋的作用；

$A_{sb}$ 、$A_{pb}$ ——分别为同一平面内的弯起普通钢筋、弯起预应力筋的截面面积；

$\alpha_s$ 、$\alpha_p$ ——分别为斜截面上弯起普通钢筋、弯起预应力筋的切线与构件纵轴线的夹角。

**6.3.6** 计算弯起钢筋时，截面剪力设计值可按下列规定取用（图 6.3.2a）：

**1** 计算第一排（对支座而言）弯起钢筋时，取支座边缘处的剪力值；

**2** 计算以后的每一排弯起钢筋时，取前一排（对支座而言）弯起钢筋弯起点处的剪力值。

**6.3.7** 矩形、T形和I形截面的一般受弯构件，当符合下式要求时，可不进行斜截面的受剪承载力计算，其箍筋的构造要求应符合本规范第9.2.9条的有关规定。

$$V \leqslant \alpha_{cv} f_t b h_0 + 0.05 N_{p0} \quad (6.3.7)$$

式中：$\alpha_{cv}$ ——截面混凝土受剪承载力系数，按本规范第6.3.4条的规定采用。

**6.3.8** 受拉边倾斜的矩形、T形和I形截面受弯构件，其斜截面受剪承载力应符合下列规定（图6.3.8）：

$$V \leqslant V_{cs} + V_{sp} + 0.8 f_y A_{sb} \sin \alpha_s \quad (6.3.8\text{-}1)$$

$$V_{sp} = \frac{M - 0.8(\sum f_{yv} A_{sv} z_{sv} + \sum f_y A_{sb} z_{sb})}{z + c\tan\beta} \tan\beta \quad (6.3.8\text{-}2)$$

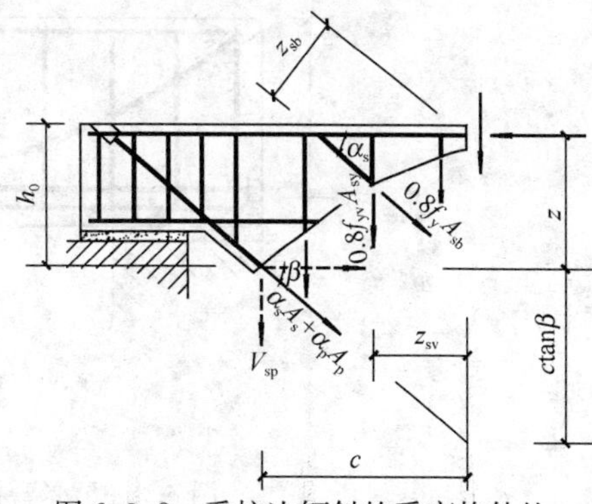

图6.3.8 受拉边倾斜的受弯构件的斜截面受剪承载力计算

式中：$M$——构件斜截面受压区末端的弯矩设计值；

$V_{cs}$ ——构件斜截面上混凝土和箍筋的受剪承载力设计值，按本规范公式（6.3.4-2）计算，其中$h_0$取斜截面受拉区始端的垂直截面有效高度；

$V_{sp}$ ——构件截面上受拉边倾斜的纵向非预应力和预应力受拉钢筋的合力设计值在垂直方向的投影：对钢筋混凝土受弯构件，其值不应大于$f_y A_s \sin\beta$；对预应力混凝土受弯构件，其值不应大于$(f_{py} A_p + f_y A_s)\sin\beta$，且不应小于$\sigma_{pe} A_p \sin\beta$；

$z_{sv}$ ——同一截面内箍筋的合力至斜截面受压区合力点的距离；

$z_{sb}$ ——同一弯起平面内的弯起普通钢筋的合力至斜截面受压区合力点的距离；

$z$ ——斜截面受拉区始端处纵向受拉钢筋合力的水平分力至斜截面受压区合力点的距离，可近似取为$0.9 h_0$；

$\beta$——斜截面受拉区始端处倾斜的纵向受拉钢筋的倾角；

$c$ ——斜截面的水平投影长度，可近似取为$h_0$。

注：在梁截面高度开始变化处，斜截面的受剪承载力应按等截面高度梁和变截面高度梁的有关公式分别计算，并应按不利者配置箍筋和弯起钢筋。

**6.3.9** 受弯构件斜截面的受弯承载力应符合下列规定（图6.3.9）：

$$M \leqslant (f_y A_s + f_{py} A_p) z + \sum f_y A_{sb} z_{sb} + \sum f_{py} A_{pb} z_{pb} + \sum f_{yv} A_{sv} z_{sv} \quad (6.3.9\text{-}1)$$

此时，斜截面的水平投影长度$c$可按下列条件确定：

$$V = \sum f_y A_{sb} \sin\alpha_s + \sum f_{py} A_{pb} \sin\alpha_p + \sum f_{yv} A_{sv} \quad (6.3.9\text{-}2)$$

式中：$V$——斜截面受压区末端的剪力设计值；

$z$ ——纵向受拉普通钢筋和预应力筋的合力点至受压区合力点的距离，可近似取为$0.9 h_0$；

$z_{sb}$、$z_{pb}$ ——分别为同一弯起平面内的弯起普通钢筋、弯起预应力筋的合力点至斜截面受压区合力点的距离；

$z_{sv}$ ——同一斜截面上箍筋的合力点至斜截面受压区合力点的距离。

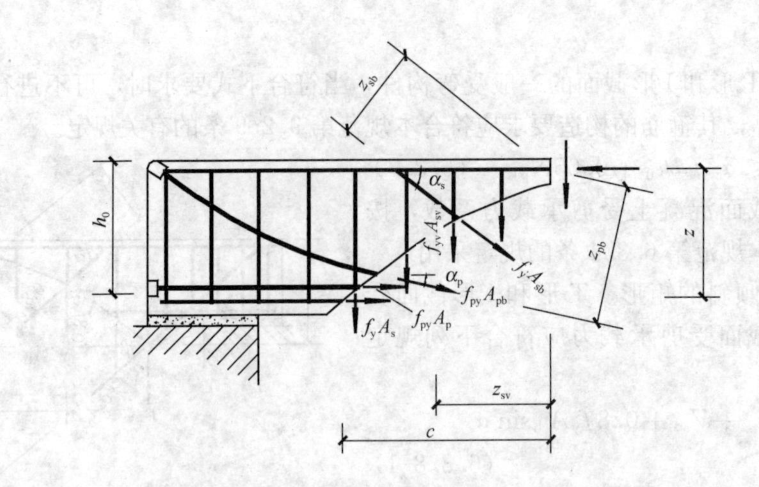


图 6.3.9 受弯构件斜截面受弯承载力计算

在计算先张法预应力混凝土构件端部锚固区的斜截面受弯承载力时，公式中的 $f_{py}$ 应按下列规定确定：锚固区内的纵向预应力筋抗拉强度设计值在锚固起点处应取为零，在锚固终点处应取为 $f_{py}$，在两点之间可按线性内插法确定。此时，纵向预应力筋的锚固长度 $l_a$ 应按本规范第 8.3.1 条确定。

**6.3.10** 受弯构件中配置的纵向钢筋和箍筋，当符合本规范第 8.3.1 条～第 8.3.5 条、第 9.2.2 条～第 9.2.4 条、第 9.2.7 条～第 9.2.9 条规定的构造要求时，可不进行构件斜截面的受弯承载力计算。

**6.3.11** 矩形、T形和I形截面的钢筋混凝土偏心受压构件和偏心受拉构件，其受剪截面应符合本规范第 6.3.1 条的规定。

**6.3.12** 矩形、T形和I形截面的钢筋混凝土偏心受压构件，其斜截面受剪承载力应符合下列规定：

$$V \leqslant \frac{1.75}{\lambda+1} f_t b h_0 + f_{yv} \frac{A_{sv}}{s} h_0 + 0.07N \tag{6.3.12}$$

式中：$\lambda$——偏心受压构件计算截面的剪跨比，取为 $M/(Vh_0)$；

$N$——与剪力设计值 $V$ 相应的轴向压力设计值，当大于 $0.3f_cA$ 时，取 $0.3f_cA$，此处，$A$ 为构件的截面面积。

计算截面的剪跨比 $\lambda$ 应按下列规定取用：

**1** 对框架结构中的框架柱，当其反弯点在层高范围内时，可取为 $H_n/(2h_0)$。当 $\lambda$ 小于 1 时，取 1；当 $\lambda$ 大于 3 时，取 3。此处，$M$ 为计算截面上与剪力设计值 $V$ 相应的弯矩设计值，$H_n$ 为柱净高。

**2** 其他偏心受压构件，当承受均布荷载时，取 1.5；当承受符合本规范第 6.3.4 条所述的集中荷载时，取为 $a/h_0$，且当 $\lambda$ 小于 1.5 时取 1.5，当 $\lambda$ 大于 3 时取 3。

**6.3.13** 矩形、T形和I形截面的钢筋混凝土偏心受压构件，当符合下列要求时，可不进行斜截面受剪承载力计算，其箍筋构造要求应符合本规范第 9.3.2 条的规定。

$$V \leqslant \frac{1.75}{\lambda+1} f_t b h_0 + 0.07N \tag{6.3.13}$$

式中：剪跨比 $\lambda$ 和轴向压力设计值 $N$ 应按本规范第 6.3.12 条确定。

**6.3.14** 矩形、T 形和 I 形截面的钢筋混凝土偏心受拉构件，其斜截面受剪承载力应符合下列规定：

$$V \leqslant \frac{1.75}{\lambda+1} f_{t} b h_{0} + f_{yv} \frac{A_{sv}}{s} h_{0} - 0.2N \tag{6.3.14}$$

式中：$N$——与剪力设计值 $V$ 相应的轴向拉力设计值；

$\lambda$——计算截面的剪跨比，按本规范第 6.3.12 条确定。

当公式（6.3.14）右边的计算值小于 $f_{yv}\frac{A_{sv}}{s}h_0$ 时，应取等于 $f_{yv}\frac{A_{sv}}{s}h_0$，且 $f_{yv}\frac{A_{sv}}{s}h_0$ 值不应小于 $0.36f_t bh_0$。

**6.3.15** 圆形截面钢筋混凝土受弯构件和偏心受压、受拉构件，其截面限制条件和斜截面受剪承载力可按本规范第 6.3.1 条～第 6.3.14 条计算，但上述条文公式中的截面宽度 $b$ 和截面有效高度 $h_0$ 应分别以 $1.76r$ 和 $1.6r$ 代替，此处，$r$ 为圆形截面的半径。计算所得的箍筋截面面积应作为圆形箍筋的截面面积。

**6.3.16** 矩形截面双向受剪的钢筋混凝土框架柱，其受剪截面应符合下列要求：

$$V_x \leqslant 0.25\beta_c f_c b h_0 \cos\theta \tag{6.3.16-1}$$

$$V_y \leqslant 0.25\beta_c f_c h b_0 \sin\theta \tag{6.3.16-2}$$

式中：$V_x$——$x$ 轴方向的剪力设计值，对应的截面有效高度为 $h_0$，截面宽度为 $b$；

$V_y$——$y$ 轴方向的剪力设计值，对应的截面有效高度为 $b_0$，截面宽度为 $h$；

$\theta$——斜向剪力设计值 $V$ 的作用方向与 $x$ 轴的夹角，$\theta = \arctan(V_y/V_x)$。

**6.3.17** 矩形截面双向受剪的钢筋混凝土框架柱，其斜截面受剪承载力应符合下列规定：

$$V_x \leqslant \frac{V_{ux}}{\sqrt{1+\left(\frac{V_{ux}\tan\theta}{V_{uy}}\right)^2}} \tag{6.3.17-1}$$

$$V_y \leqslant \frac{V_{uy}}{\sqrt{1+\left(\frac{V_{uy}}{V_{ux}\tan\theta}\right)^2}} \tag{6.3.17-2}$$

$x$ 轴、$y$ 轴方向的斜截面受剪承载力设计值 $V_{ux}$、$V_{uy}$ 应按下列公式计算：

$$V_{ux} = \frac{1.75}{\lambda_x+1} f_t b h_0 + f_{yv}\frac{A_{svx}}{s}h_0 + 0.07N \tag{6.3.17-3}$$

$$V_{uy} = \frac{1.75}{\lambda_y+1} f_t h b_0 + f_{yv}\frac{A_{svy}}{s}b_0 + 0.07N \tag{6.3.17-4}$$

式中：$\lambda_x$、$\lambda_y$——分别为框架柱 $x$ 轴、$y$ 轴方向的计算剪跨比，按本规范第 6.3.12 条的规定确定；

$A_{svx}$、$A_{svy}$——分别为配置在同一截面内平行于 $x$ 轴、$y$ 轴的箍筋各肢截面面积的总和；

$N$——与斜向剪力设计值 $V$ 相应的轴向压力设计值，当 $N$ 大于 $0.3f_cA$ 时，取 $0.3f_cA$，此处，$A$ 为构件的截面面积。

在计算截面箍筋时，可在公式（6.3.17-1）、公式（6.3.17-2）中近似取 $V_{ux}/V_{uy}$ 等于 1 计算。

**6.3.18** 矩形截面双向受剪的钢筋混凝土框架柱，当符合下列要求时，可不进行斜截面受剪承载力计算，其构造箍筋要求应符合本规范第 9.3.2 条的规定。

$$V_x \leqslant \left(\frac{1.75}{\lambda_x+1}f_t bh_0 + 0.07N\right)\cos\theta \tag{6.3.18-1}$$

$$V_y \leqslant \left(\frac{1.75}{\lambda_y+1}f_t hb_0 + 0.07N\right)\sin\theta \tag{6.3.18-2}$$

**6.3.19**　矩形截面双向受剪的钢筋混凝土框架柱，当斜向剪力设计值 $V$ 的作用方向与 $x$ 轴的夹角 $\theta$ 在 $0°\sim10°$ 或 $80°\sim90°$ 时，可仅按单向受剪构件进行截面承载力计算。

**6.3.20**　钢筋混凝土剪力墙的受剪截面应符合下列条件：

$$V \leqslant 0.25\beta_c f_c bh_0 \tag{6.3.20}$$

**6.3.21**　钢筋混凝土剪力墙在偏心受压时的斜截面受剪承载力应符合下列规定：

$$V \leqslant \frac{1}{\lambda-0.5}\left(0.5f_t bh_0 + 0.13N\frac{A_w}{A}\right) + f_{yv}\frac{A_{sh}}{s_v}h_0 \tag{6.3.21}$$

式中：$N$——与剪力设计值 $V$ 相应的轴向压力设计值，当 $N$ 大于 $0.2f_c bh$ 时，取 $0.2f_c bh$；

$A$——剪力墙的截面面积；

$A_w$——T 形、I 形截面剪力墙腹板的截面面积，对矩形截面剪力墙，取为 $A$；

$A_{sh}$——配置在同一截面内的水平分布钢筋的全部截面面积；

$s_v$——水平分布钢筋的竖向间距；

$\lambda$——计算截面的剪跨比，取为 $M/(Vh_0)$；当 $\lambda$ 小于 1.5 时，取 1.5，当 $\lambda$ 大于 2.2 时，取 2.2；此处，$M$ 为与剪力设计值 $V$ 相应的弯矩设计值；当计算截面与墙底之间的距离小于 $h_0/2$ 时，$\lambda$ 可按距墙底 $h_0/2$ 处的弯矩值与剪力值计算。

当剪力设计值 $V$ 不大于公式（6.3.21）中右边第一项时，水平分布钢筋可按本规范第 9.4.2 条、9.4.4 条、9.4.6 条的构造要求配置。

**6.3.22**　钢筋混凝土剪力墙在偏心受拉时的斜截面受剪承载力应符合下列规定：

$$V \leqslant \frac{1}{\lambda-0.5}\left(0.5f_t bh_0 - 0.13N\frac{A_w}{A}\right) + f_{yv}\frac{A_{sh}}{s_v}h_0 \tag{6.3.22}$$

当上式右边的计算值小于 $f_{yv}\frac{A_{sh}}{s_v}h_0$ 时，取等于 $f_{yv}\frac{A_{sh}}{s_v}h_0$。

式中：$N$——与剪力设计值 $V$ 相应的轴向拉力设计值；

$\lambda$——计算截面的剪跨比，按本规范第 6.3.21 条采用。

**6.3.23**　剪力墙洞口连梁的受剪截面应符合本规范第 6.3.1 条的规定，其斜截面受剪承载力应符合下列规定：

$$V \leqslant 0.7f_t bh_0 + f_{yv}\frac{A_{sv}}{s}h_0 \tag{6.3.23}$$

## 6.4　扭曲截面承载力计算

**6.4.1**　在弯矩、剪力和扭矩共同作用下，$h_w/b$ 不大于 6 的矩形、T 形、I 形截面和 $h_w/t_w$ 不大于 6 的箱形截面构件（图 6.4.1），其截面应符合下列条件：

当 $h_w/b$（或 $h_w/t_w$）不大于 4 时

$$\frac{V}{bh_0} + \frac{T}{0.8W_t} \leqslant 0.25\beta_c f_c \tag{6.4.1-1}$$

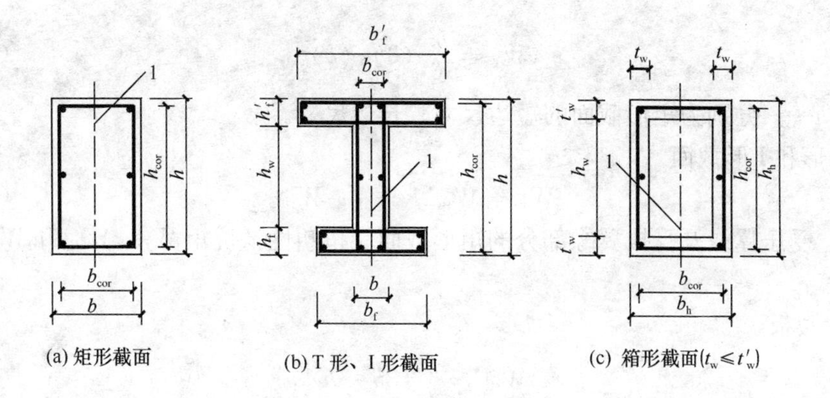

(a) 矩形截面　(b) T 形、I 形截面　(c) 箱形截面($t_w \leqslant t'_w$)

图 6.4.1　受扭构件截面

1—弯矩、剪力作用平面

当 $h_w/b$（或 $h_w/t_w$）等于 6 时

$$\frac{V}{bh_0}+\frac{T}{0.8W_t}\leqslant 0.2\beta_c f_c \tag{6.4.1-2}$$

当 $h_w/b$（或 $h_w/t_w$）大于 4 但小于 6 时，按线性内插法确定。

式中：$T$——扭矩设计值；

$b$——矩形截面的宽度，T 形或 I 形截面取腹板宽度，箱形截面取两侧壁总厚度 $2t_w$；

$W_t$——受扭构件的截面受扭塑性抵抗矩，按本规范第 6.4.3 条的规定计算；

$h_w$——截面的腹板高度：对矩形截面，取有效高度 $h_0$；对 T 形截面，取有效高度减去翼缘高度；对 I 形和箱形截面，取腹板净高；

$t_w$——箱形截面壁厚，其值不应小于 $b_h/7$，此处，$b_h$ 为箱形截面的宽度。

注：当 $h_w/b$ 大于 6 或 $h_w/t_w$ 大于 6 时，受扭构件的截面尺寸要求及扭曲截面承载力计算应符合专门规定。

**6.4.2**　在弯矩、剪力和扭矩共同作用下的构件，当符合下列要求时，可不进行构件受剪扭承载力计算，但应按本规范第 9.2.5 条、第 9.2.9 条和第 9.2.10 条的规定配置构造纵向钢筋和箍筋。

$$\frac{V}{bh_0}+\frac{T}{W_t}\leqslant 0.7f_t+0.05\frac{N_{p0}}{bh_0} \tag{6.4.2-1}$$

或

$$\frac{V}{bh_0}+\frac{T}{W_t}\leqslant 0.7f_t+0.07\frac{N}{bh_0} \tag{6.4.2-2}$$

式中：$N_{p0}$——计算截面上混凝土法向预应力等于零时的预加力，按本规范第 10.1.13 条的规定计算，当 $N_{p0}$ 大于 $0.3f_cA_0$ 时，取 $0.3f_cA_0$，此处，$A_0$ 为构件的换算截面面积；

$N$——与剪力、扭矩设计值 $V$、$T$ 相应的轴向压力设计值，当 $N$ 大于 $0.3f_cA$ 时，取 $0.3f_cA$，此处，$A$ 为构件的截面面积。

**6.4.3**　受扭构件的截面受扭塑性抵抗矩可按下列规定计算：

**1**　矩形截面

$$W_{\mathrm{t}}=\frac{b^2}{6}(3h-b) \tag{6.4.3-1}$$

式中：$b$、$h$——分别为矩形截面的短边尺寸、长边尺寸。

**2**　T形和I形截面

$$W_{\mathrm{t}}=W_{\mathrm{tw}}+W'_{\mathrm{tf}}+W_{\mathrm{tf}} \tag{6.4.3-2}$$

腹板、受压翼缘及受拉翼缘部分的矩形截面受扭塑性抵抗矩 $W_{\mathrm{tw}}$、$W'_{\mathrm{tf}}$ 和 $W_{\mathrm{tf}}$，可按下列规定计算：

**1**）腹板

$$W_{\mathrm{tw}}=\frac{b^2}{6}(3h-b) \tag{6.4.3-3}$$

**2**）受压翼缘

$$W'_{\mathrm{tf}}=\frac{h'^2_{\mathrm{f}}}{2}(b'_{\mathrm{f}}-b) \tag{6.4.3-4}$$

**3**）受拉翼缘

$$W_{\mathrm{tf}}=\frac{h^2_{\mathrm{f}}}{2}(b_{\mathrm{f}}-b) \tag{6.4.3-5}$$

式中：$b$、$h$——分别为截面的腹板宽度、截面高度；

$b'_{\mathrm{f}}$、$b_{\mathrm{f}}$——分别为截面受压区、受拉区的翼缘宽度；

$h'_{\mathrm{f}}$、$h_{\mathrm{f}}$——分别为截面受压区、受拉区的翼缘高度。

计算时取用的翼缘宽度尚应符合 $b'_{\mathrm{f}}$ 不大于 $b+6h'_{\mathrm{f}}$ 及 $b_{\mathrm{f}}$ 不大于 $b+6h_{\mathrm{f}}$ 的规定。

**3**　箱形截面

$$W_{\mathrm{t}}=\frac{b^2_{\mathrm{h}}}{6}(3h_{\mathrm{h}}-b_{\mathrm{h}})-\frac{(b_{\mathrm{h}}-2t_{\mathrm{w}})^2}{6}[3h_{\mathrm{w}}-(b_{\mathrm{h}}-2t_{\mathrm{w}})] \tag{6.4.3-6}$$

式中：$b_{\mathrm{h}}$、$h_{\mathrm{h}}$——分别为箱形截面的短边尺寸、长边尺寸。

**6.4.4**　矩形截面纯扭构件的受扭承载力应符合下列规定：

$$T\leqslant 0.35f_{\mathrm{t}}W_{\mathrm{t}}+1.2\sqrt{\zeta}f_{\mathrm{yv}}\frac{A_{\mathrm{st1}}A_{\mathrm{cor}}}{s} \tag{6.4.4-1}$$

$$\zeta=\frac{f_{\mathrm{y}}A_{\mathrm{st}l}s}{f_{\mathrm{yv}}A_{\mathrm{st1}}u_{\mathrm{cor}}} \tag{6.4.4-2}$$

偏心距 $e_{\mathrm{p0}}$ 不大于 $h/6$ 的预应力混凝土纯扭构件，当计算的 $\zeta$ 值不小于 1.7 时，取 1.7，并可在公式（6.4.4-1）的右边增加预加力影响项 $0.05\frac{N_{\mathrm{p0}}}{A_0}W_{\mathrm{t}}$，此处，$N_{\mathrm{p0}}$ 的取值应符合本规范第 6.4.2 条的规定。

式中：$\zeta$——受扭的纵向普通钢筋与箍筋的配筋强度比值，$\zeta$ 值不应小于 0.6，当 $\zeta$ 大于 1.7 时，取 1.7；

$A_{\mathrm{st}l}$——受扭计算中取对称布置的全部纵向普通钢筋截面面积；

$A_{\mathrm{st1}}$——受扭计算中沿截面周边配置的箍筋单肢截面面积；

$f_{\mathrm{yv}}$——受扭箍筋的抗拉强度设计值，按本规范第 4.2.3 条采用；

$A_{\mathrm{cor}}$——截面核心部分的面积，取为 $b_{\mathrm{cor}}h_{\mathrm{cor}}$，此处，$b_{\mathrm{cor}}$、$h_{\mathrm{cor}}$ 分别为箍筋内表面范围内截面核心部分的短边、长边尺寸；

$u_{\mathrm{cor}}$——截面核心部分的周长，取 $2(b_{\mathrm{cor}}+h_{\mathrm{cor}})$。

注：当$\zeta$小于1.7或$e_{p0}$大于$h/6$时，不应考虑预加力影响项，而应按钢筋混凝土纯扭构件计算。

**6.4.5** T形和I形截面纯扭构件，可将其截面划分为几个矩形截面，分别按本规范第6.4.4条进行受扭承载力计算。每个矩形截面的扭矩设计值可按下列规定计算：

**1** 腹板

$$T_w = \frac{W_{tw}}{W_t}T \tag{6.4.5-1}$$

**2** 受压翼缘

$$T'_f = \frac{W'_{tf}}{W_t}T \tag{6.4.5-2}$$

**3** 受拉翼缘

$$T_f = \frac{W_{tf}}{W_t}T \tag{6.4.5-3}$$

式中：$T_w$ ——腹板所承受的扭矩设计值；

$T'_f$、$T_f$ ——分别为受压翼缘、受拉翼缘所承受的扭矩设计值。

**6.4.6** 箱形截面钢筋混凝土纯扭构件的受扭承载力应符合下列规定：

$$T \leqslant 0.35\alpha_h f_t W_t + 1.2\sqrt{\zeta} f_{yv} \frac{A_{st1}A_{cor}}{s} \tag{6.4.6-1}$$

$$\alpha_h = 2.5 t_w / b_h \tag{6.4.6-2}$$

式中：$\alpha_h$ ——箱形截面壁厚影响系数，当$\alpha_h$大于1.0时，取1.0。

$\zeta$——同本规范第6.4.4条。

**6.4.7** 在轴向压力和扭矩共同作用下的矩形截面钢筋混凝土构件，其受扭承载力应符合下列规定：

$$T \leqslant \left(0.35 f_t + 0.07\frac{N}{A}\right)W_t + 1.2\sqrt{\zeta} f_{yv} \frac{A_{st1}A_{cor}}{s} \tag{6.4.7}$$

式中：$N$ ——与扭矩设计值$T$相应的轴向压力设计值，当$N$大于$0.3f_cA$时，取$0.3f_cA$；

$\zeta$——同本规范第6.4.4条。

**6.4.8** 在剪力和扭矩共同作用下的矩形截面剪扭构件，其受剪扭承载力应符合下列规定：

**1** 一般剪扭构件

**1）** 受剪承载力

$$V \leqslant (1.5 - \beta_t)(0.7 f_t b h_0 + 0.05 N_{p0}) + f_{yv}\frac{A_{sv}}{s}h_0 \tag{6.4.8-1}$$

$$\beta_t = \frac{1.5}{1 + 0.5\dfrac{VW_t}{Tbh_0}} \tag{6.4.8-2}$$

式中：$A_{sv}$ ——受剪承载力所需的箍筋截面面积；

$\beta_t$ ——一般剪扭构件混凝土受扭承载力降低系数：当$\beta_t$小于0.5时，取0.5；当$\beta_t$大于1.0时，取1.0。

**2）** 受扭承载力

$$T \leqslant \beta_t\left(0.35 f_t + 0.05\frac{N_{p0}}{A_0}\right)W_t + 1.2\sqrt{\zeta} f_{yv}\frac{A_{st1}A_{cor}}{s} \tag{6.4.8-3}$$

式中：$\zeta$——同本规范第 6.4.4 条。

**2**　集中荷载作用下的独立剪扭构件

**1**）受剪承载力

$$V \leqslant (1.5-\beta_t)\left(\frac{1.75}{\lambda+1}f_t b h_0 + 0.05N_{p0}\right) + f_{yv}\frac{A_{sv}}{s}h_0 \tag{6.4.8-4}$$

$$\beta_t = \frac{1.5}{1+0.2(\lambda+1)\dfrac{VW_t}{Tbh_0}} \tag{6.4.8-5}$$

式中：$\lambda$——计算截面的剪跨比，按本规范第 6.3.4 条的规定取用；

$\beta_t$——集中荷载作用下剪扭构件混凝土受扭承载力降低系数：当 $\beta_t$ 小于 0.5 时，取 0.5；当 $\beta_t$ 大于 1.0 时，取 1.0。

**2**）受扭承载力

受扭承载力仍应按公式（6.4.8-3）计算，但式中的 $\beta_t$ 应按公式（6.4.8-5）计算。

**6.4.9**　T 形和 I 形截面剪扭构件的受剪扭承载力应符合下列规定：

**1**　受剪承载力可按本规范公式（6.4.8-1）与公式（6.4.8-2）或公式（6.4.8-4）与公式（6.4.8-5）进行计算，但应将公式中的 $T$ 及 $W_t$ 分别代之以 $T_w$ 及 $W_{tw}$；

**2**　受扭承载力可根据本规范第 6.4.5 条的规定划分为几个矩形截面分别进行计算。其中，腹板可按本规范公式（6.4.8-3）、公式（6.4.8-2）或公式（6.4.8-3）、公式（6.4.8-5）进行计算，但应将公式中的 $T$ 及 $W_t$ 分别代之以 $T_w$ 及 $W_{tw}$；受压翼缘及受拉翼缘可按本规范第 6.4.4 条纯扭构件的规定进行计算，但应将 $T$ 及 $W_t$ 分别代之以 $T'_f$ 及 $W'_{tf}$ 或 $T_f$ 及 $W_{tf}$。

**6.4.10**　箱形截面钢筋混凝土剪扭构件的受剪扭承载力可按下列规定计算：

**1**　一般剪扭构件

**1**）受剪承载力

$$V \leqslant 0.7(1.5-\beta_t)f_t b h_0 + f_{yv}\frac{A_{sv}}{s}h_0 \tag{6.4.10-1}$$

**2**）受扭承载力

$$T \leqslant 0.35\alpha_h\beta_t f_t W_t + 1.2\sqrt{\zeta}f_{yv}\frac{A_{st1}A_{cor}}{s} \tag{6.4.10-2}$$

式中：$\beta_t$——按本规范公式（6.4.8-2）计算，但式中的 $W_t$ 应代之以 $\alpha_h W_t$；

$\alpha_h$——按本规范第 6.4.6 条的规定确定；

$\zeta$——按本规范第 6.4.4 条的规定确定。

**2**　集中荷载作用下的独立剪扭构件

**1**）受剪承载力

$$V \leqslant (1.5-\beta_t)\frac{1.75}{\lambda+1}f_t b h_0 + f_{yv}\frac{A_{sv}}{s}h_0 \tag{6.4.10-3}$$

式中：$\beta_t$——按本规范公式（6.4.8-5）计算，但式中的 $W_t$ 应代之以 $\alpha_h W_t$。

**2**）受扭承载力

受扭承载力仍应按公式（6.4.10-2）计算，但式中的 $\beta_t$ 值应按本规范公式（6.4.8-5）计算。

**6.4.11** 在轴向拉力和扭矩共同作用下的矩形截面钢筋混凝土构件，其受扭承载力可按下列规定计算：

$$T \leqslant \left(0.35f_{t} - 0.2\frac{N}{A}\right)W_{t} + 1.2\sqrt{\zeta}f_{yv}\frac{A_{st1}A_{cor}}{s} \tag{6.4.11}$$

式中：$\zeta$——按本规范第6.4.4条的规定确定；

$A_{st1}$——受扭计算中沿截面周边配置的箍筋单肢截面面积；

$A_{stl}$——对称布置受扭用的全部纵向普通钢筋的截面面积；

$N$——与扭矩设计值相应的轴向拉力设计值，当$N$大于$1.75f_{t}A$时，取$1.75f_{t}A$；

$A_{cor}$——截面核心部分的面积，取$b_{cor}h_{cor}$，此处$b_{cor}$、$h_{cor}$为箍筋内表面范围内截面核心部分的短边、长边尺寸；

$u_{cor}$——截面核心部分的周长，取$2(b_{cor}+h_{cor})$。

**6.4.12** 在弯矩、剪力和扭矩共同作用下的矩形、T形、I形和箱形截面的弯剪扭构件，可按下列规定进行承载力计算：

**1** 当$V$不大于$0.35f_{t}bh_{0}$或$V$不大于$0.875f_{t}bh_{0}/(\lambda+1)$时，可仅计算受弯构件的正截面受弯承载力和纯扭构件的受扭承载力；

**2** 当$T$不大于$0.175f_{t}W_{t}$或$T$不大于$0.175\alpha_{h}f_{t}W_{t}$时，可仅验算受弯构件的正截面受弯承载力和斜截面受剪承载力。

**6.4.13** 矩形、T形、I形和箱形截面弯剪扭构件，其纵向钢筋截面面积应分别按受弯构件的正截面受弯承载力和剪扭构件的受扭承载力计算确定，并应配置在相应的位置；箍筋截面面积应分别按剪扭构件的受剪承载力和受扭承载力计算确定，并应配置在相应的位置。

**6.4.14** 在轴向压力、弯矩、剪力和扭矩共同作用下的钢筋混凝土矩形截面框架柱，其受剪扭承载力可按下列规定计算：

**1** 受剪承载力

$$V \leqslant (1.5-\beta_{t})\left(\frac{1.75}{\lambda+1}f_{t}bh_{0} + 0.07N\right) + f_{yv}\frac{A_{sv}}{s}h_{0} \tag{6.4.14-1}$$

**2** 受扭承载力

$$T \leqslant \beta_{t}\left(0.35f_{t} + 0.07\frac{N}{A}\right)W_{t} + 1.2\sqrt{\zeta}f_{yv}\frac{A_{st1}A_{cor}}{s} \tag{6.4.14-2}$$

式中：$\lambda$——计算截面的剪跨比，按本规范第6.3.12条确定；

$\beta_{t}$——按本规范第6.4.8条计算并符合相关要求；

$\zeta$——按本规范第6.4.4条的规定采用。

**6.4.15** 在轴向压力、弯矩、剪力和扭矩共同作用下的钢筋混凝土矩形截面框架柱，当$T$不大于$(0.175f_{t}+0.035N/A)W_{t}$时，可仅计算偏心受压构件的正截面承载力和斜截面受剪承载力。

**6.4.16** 在轴向压力、弯矩、剪力和扭矩共同作用下的钢筋混凝土矩形截面框架柱，其纵向普通钢筋截面面积应分别按偏心受压构件的正截面承载力和剪扭构件的受扭承载力计算确定，并应配置在相应的位置；箍筋截面面积应分别按剪扭构件的受剪承载力和受扭承载力计算确定，并应配置在相应的位置。

**6.4.17** 在轴向拉力、弯矩、剪力和扭矩共同作用下的钢筋混凝土矩形截面框架柱，其受剪扭承载力应符合下列规定：

**1** 受剪承载力

$$V \leqslant (1.5-\beta_t)\left(\frac{1.75}{\lambda+1}f_t b h_0 - 0.2N\right) + f_{yv}\frac{A_{sv}}{s}h_0 \qquad (6.4.17\text{-}1)$$

**2** 受扭承载力

$$T \leqslant \beta_t\left(0.35 f_t - 0.2\frac{N}{A}\right)W_t + 1.2\sqrt{\zeta}f_{yv}\frac{A_{st1}A_{cor}}{s} \qquad (6.4.17\text{-}2)$$

当公式（6.4.17-1）右边的计算值小于 $f_{yv}\frac{A_{sv}}{s}h_0$ 时，取 $f_{yv}\frac{A_{sv}}{s}h_0$；当公式（6.4.17-2）右边的计算值小于 $1.2\sqrt{\zeta}f_{yv}\frac{A_{st1}A_{cor}}{s}$ 时，取 $1.2\sqrt{\zeta}f_{yv}\frac{A_{st1}A_{cor}}{s}$。

式中：$\lambda$——计算截面的剪跨比，按本规范第 6.3.12 条确定；

$A_{sv}$——受剪承载力所需的箍筋截面面积；

$N$——与剪力、扭矩设计值 $V$、$T$ 相应的轴向拉力设计值；

$\beta_t$——按本规范第 6.4.8 条计算并符合相关要求；

$\zeta$——按本规范第 6.4.4 条的规定采用。

**6.4.18** 在轴向拉力、弯矩、剪力和扭矩共同作用下的钢筋混凝土矩形截面框架柱，当 $T \leqslant (0.175 f_t - 0.1N/A)W_t$ 时，可仅计算偏心受拉构件的正截面承载力和斜截面受剪承载力。

**6.4.19** 在轴向拉力、弯矩、剪力和扭矩共同作用下的钢筋混凝土矩形截面框架柱，其纵向普通钢筋截面面积应分别按偏心受拉构件的正截面承载力和剪扭构件的受扭承载力计算确定，并应配置在相应的位置；箍筋截面面积应分别按剪扭构件的受剪承载力和受扭承载力计算确定，并应配置在相应的位置。

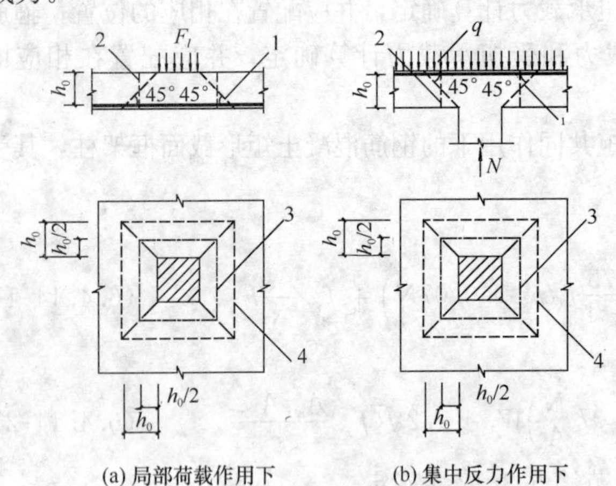


图 6.5.1 板受冲切承载力计算

1—冲切破坏锥体的斜截面；2—计算截面；

3—计算截面的周长；4—冲切破坏锥体的底面线

## 6.5 受冲切承载力计算

**6.5.1** 在局部荷载或集中反力作用下，不配置箍筋或弯起钢筋的板的受冲切承载力应符合下列规定（图 6.5.1）：

$$F_l \leqslant (0.7\beta_h f_t + 0.25\sigma_{pc,m})\eta u_m h_0 \qquad (6.5.1\text{-}1)$$

公式（6.5.1-1）中的系数 $\eta$，应按下列两个公式计算，并取其中较小值：

$$\eta_1 = 0.4 + \frac{1.2}{\beta_s} \qquad (6.5.1\text{-}2)$$

$$\eta_2 = 0.5 + \frac{\alpha_s h_0}{4u_m} \qquad (6.5.1\text{-}3)$$

式中：$F_l$——局部荷载设计值或集中反力设计值；板柱节点，取柱所承受的轴向压力设计值的层间差值减去柱顶冲切破坏锥体范围内板所承受的荷载设计值；当有不平衡弯矩时，应按本规范第 6.5.6 条的规定确定；

$\beta_h$ ——截面高度影响系数：当 $h$ 不大于 800mm 时，取 $\beta_h$ 为 1.0；当 $h$ 不小于 2000mm 时，取 $\beta_h$ 为 0.9，其间按线性内插法取用；

$\sigma_{pc,m}$ ——计算截面周长上两个方向混凝土有效预压应力按长度的加权平均值，其值宜控制在 1.0N/mm² ～3.5N/mm² 范围内；

$u_m$ ——计算截面的周长，取距离局部荷载或集中反力作用面积周边 $h_0/2$ 处板垂直截面的最不利周长；

$h_0$ ——截面有效高度，取两个方向配筋的截面有效高度平均值；

$\eta_1$ ——局部荷载或集中反力作用面积形状的影响系数；

$\eta_2$ ——计算截面周长与板截面有效高度之比的影响系数；

$\beta_s$ ——局部荷载或集中反力作用面积为矩形时的长边与短边尺寸的比值，$\beta_s$ 不宜大于 4；当 $\beta_s$ 小于 2 时取 2；对圆形冲切面，$\beta_s$ 取 2；

$\alpha_s$ ——柱位置影响系数：中柱，$\alpha_s$ 取 40；边柱，$\alpha_s$ 取 30；角柱，$\alpha_s$ 取 20。

**6.5.2** 当板开有孔洞且孔洞至局部荷载或集中反力作用面积边缘的距离不大于 6 $h_0$ 时，受冲切承载力计算中取用的计算截面周长 $u_m$，应扣除局部荷载或集中反力作用面积中心至开孔外边画出两条切线之间所包含的长度（图 6.5.2）。

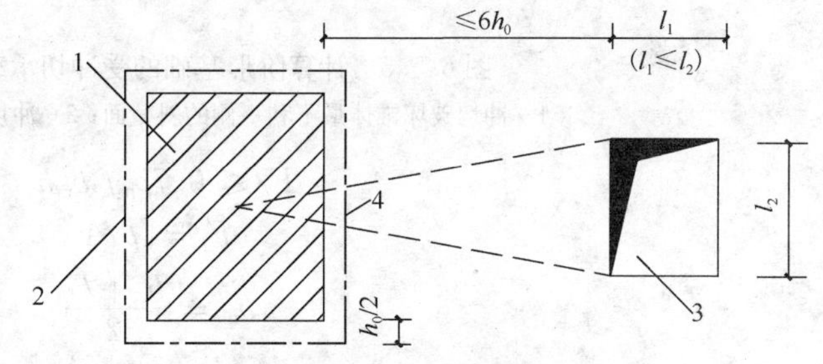


图 6.5.2 邻近孔洞时的计算截面周长

1—局部荷载或集中反力作用面；2—计算截面周长；3—孔洞；4—应扣除的长度

注：当图中 $l_1$ 大于 $l_2$ 时，孔洞边长 $l_2$ 用 $\sqrt{l_1 l_2}$ 代替。

**6.5.3** 在局部荷载或集中反力作用下，当受冲切承载力不满足本规范第 6.5.1 条的要求且板厚受到限制时，可配置箍筋或弯起钢筋，并应符合本规范第 9.1.11 条的构造规定。此时，受冲切截面及受冲切承载力应符合下列要求：

**1** 受冲切截面

$$F_l \leqslant 1.2 f_t \eta u_m h_0 \quad (6.5.3\text{-}1)$$

**2** 配置箍筋、弯起钢筋时的受冲切承载力

$$F_l \leqslant (0.5 f_t + 0.25\sigma_{pc,m}) \eta u_m h_0 + 0.8 f_{yv} A_{svu} + 0.8 f_y A_{sbu} \sin\alpha \quad (6.5.3\text{-}2)$$

式中：$f_{yv}$ ——箍筋的抗拉强度设计值，按本规范第 4.2.3 条的规定采用；

$A_{svu}$ ——与呈 45°冲切破坏锥体斜截面相交的全部箍筋截面面积；

$A_{sbu}$ ——与呈 45°冲切破坏锥体斜截面相交的全部弯起钢筋截面面积；

$\alpha$ ——弯起钢筋与板底面的夹角。

注：当有条件时，可采取配置栓钉、型钢剪力架等形式的抗冲切措施。

**6.5.4** 配置抗冲切钢筋的冲切破坏锥体以外的截面，尚应按本规范第 6.5.1 条的规定进行受冲切承载力计算，此时，$u_m$ 应取配置抗冲切钢筋的冲切破坏锥体以外 0.5$h_0$ 处的最不利周长。

**6.5.5** 矩形截面柱的阶形基础，在柱与基础交接处以及基础变阶处的受冲切承载力应符合下列规定（图 6.5.5）：

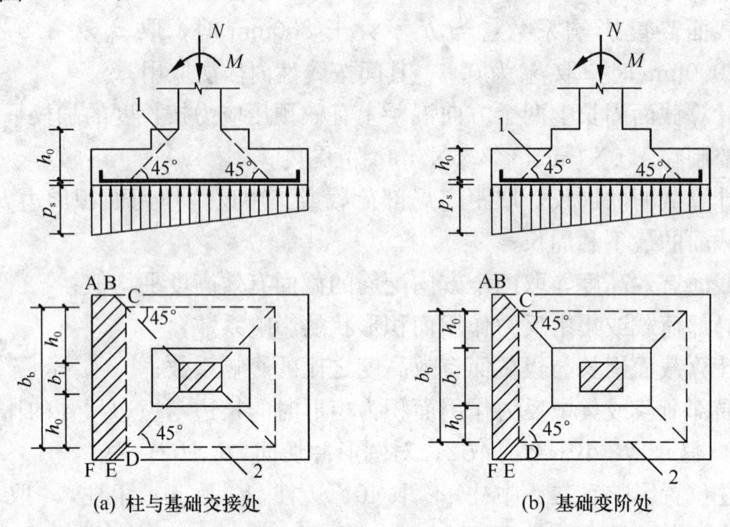


图 6.5.5 计算阶形基础的受冲切承载力截面位置

1—冲切破坏锥体最不利一侧的斜截面；2—冲切破坏锥体的底面线

$$F_l \leqslant 0.7\beta_h f_t b_m h_0 \quad (6.5.5\text{-}1)$$

$$F_l = p_s A \quad (6.5.5\text{-}2)$$

$$b_m = \frac{b_t + b_b}{2} \quad (6.5.5\text{-}3)$$

式中：$h_0$ ——柱与基础交接处或基础变阶处的截面有效高度，取两个方向配筋的截面有效高度平均值；

$p_s$ ——按荷载效应基本组合计算并考虑结构重要性系数的基础底面地基反力设计值（可扣除基础自重及其上的土重），当基础偏心受力时，可取用最大的地基反力设计值；

$A$ ——考虑冲切荷载时取用的多边形面积（图 6.5.5 中的阴影面积 ABCDEF）；

$b_t$ ——冲切破坏锥体最不利一侧斜截面的上边长：当计算柱与基础交接处的受冲切承载力时，取柱宽；当计算基础变阶处的受冲切承载力时，取上阶宽；

$b_b$ ——柱与基础交接处或基础变阶处的冲切破坏锥体最不利一侧斜截面的下边长，取 $b_t+2h_0$。

**6.5.6** 在竖向荷载、水平荷载作用下，当考虑板柱节点计算截面上的剪应力传递不平衡弯矩时，其集中反力设计值 $F_l$ 应以等效集中反力设计值 $F_{l,eq}$ 代替，$F_{l,eq}$ 可按本规范附录 F 的规定计算。

## 6.6 局部受压承载力计算

**6.6.1** 配置间接钢筋的混凝土结构构件，其局部受压区的截面尺寸应符合下列要求：

$$F_l \leqslant 1.35\beta_c\beta_l f_c A_{ln} \quad (6.6.1\text{-}1)$$

$$\beta_l = \sqrt{\frac{A_b}{A_l}} \quad (6.6.1\text{-}2)$$

式中：$F_l$——局部受压面上作用的局部荷载或局部压力设计值；

$f_c$——混凝土轴心抗压强度设计值；在后张法预应力混凝土构件的张拉阶段验算中，可根据相应阶段的混凝土立方体抗压强度 $f'_{cu}$ 值按本规范表 4.1.4-1 的规定以线性内插法确定；

$\beta_c$——混凝土强度影响系数，按本规范第 6.3.1 条的规定取用；

$\beta_l$——混凝土局部受压时的强度提高系数；

$A_l$——混凝土局部受压面积；

$A_{ln}$——混凝土局部受压净面积；对后张法构件，应在混凝土局部受压面积中扣除孔道、凹槽部分的面积；

$A_b$——局部受压的计算底面积，按本规范第 6.6.2 条确定。

**6.6.2** 局部受压的计算底面积 $A_b$，可由局部受压面积与计算底面积按同心、对称的原则确定；常用情况，可按图 6.6.2 取用。

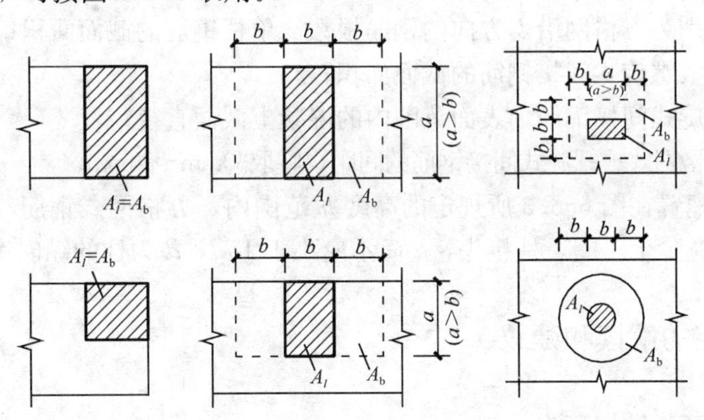


图 6.6.2 局部受压的计算底面积

$A_l$—混凝土局部受压面积；$A_b$—局部受压的计算底面积

**6.6.3** 配置方格网式或螺旋式间接钢筋（图 6.6.3）的局部受压承载力应符合下列规定：

$$F_l \leqslant 0.9(\beta_c \beta_l f_c + 2\alpha \rho_v \beta_{cor} f_{yv}) A_{ln} \quad (6.6.3\text{-}1)$$

当为方格网式配筋时（图 6.6.3a），钢筋网两个方向上单位长度内钢筋截面面积的比值不宜大于 1.5，其体积配筋率 $\rho_v$ 应按下列公式计算：

$$\rho_v = \frac{n_1 A_{s1} l_1 + n_2 A_{s2} l_2}{A_{cor} s} \quad (6.6.3\text{-}2)$$

当为螺旋式配筋时（图 6.6.3b），其体积配筋率 $\rho_v$ 应按下列公式计算：

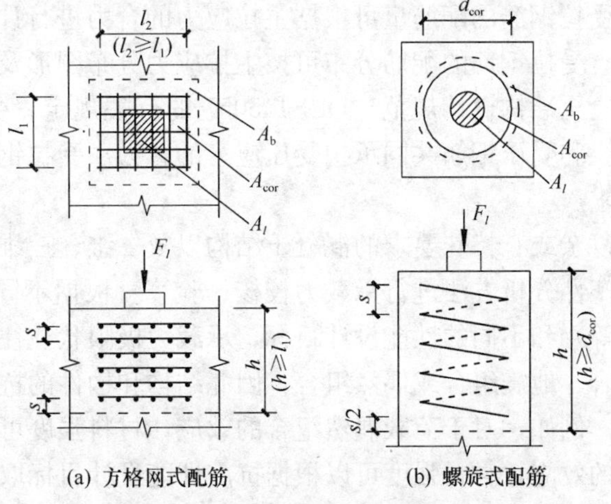


(a) 方格网式配筋　(b) 螺旋式配筋

图 6.6.3 局部受压区的间接钢筋

$A_l$—混凝土局部受压面积；$A_b$—局部受压的计算底面积；

$A_{cor}$—方格网式或螺旋式间接钢筋内表面范围内的混凝土核心面积

$$\rho_{\mathrm{v}}=\frac{4A_{\mathrm{ss1}}}{d_{\mathrm{cor}}s} \tag{6.6.3-3}$$

式中：$\beta_{\mathrm{cor}}$——配置间接钢筋的局部受压承载力提高系数，可按本规范公式（6.6.1-2）计算，但公式中 $A_{\mathrm{b}}$ 应代之以 $A_{\mathrm{cor}}$，且当 $A_{\mathrm{cor}}$ 大于 $A_{\mathrm{b}}$ 时，$A_{\mathrm{cor}}$ 取 $A_{\mathrm{b}}$；当 $A_{\mathrm{cor}}$ 不大于混凝土局部受压面积 $A_l$ 的 1.25 倍时，$\beta_{\mathrm{cor}}$ 取 1.0；

$\alpha$——间接钢筋对混凝土约束的折减系数，按本规范第 6.2.16 条的规定取用；

$f_{\mathrm{yv}}$——间接钢筋的抗拉强度设计值，按本规范第 4.2.3 条的规定采用；

$A_{\mathrm{cor}}$——方格网式或螺旋式间接钢筋内表面范围内的混凝土核心截面面积，应大于混凝土局部受压面积 $A_l$，其重心应与 $A_l$ 的重心重合，计算中按同心、对称的原则取值；

$\rho_{\mathrm{v}}$——间接钢筋的体积配筋率；

$n_1$、$A_{\mathrm{s1}}$——分别为方格网沿 $l_1$ 方向的钢筋根数、单根钢筋的截面面积；

$n_2$、$A_{\mathrm{s2}}$——分别为方格网沿 $l_2$ 方向的钢筋根数、单根钢筋的截面面积；

$A_{\mathrm{ss1}}$——单根螺旋式间接钢筋的截面面积；

$d_{\mathrm{cor}}$——螺旋式间接钢筋内表面范围内的混凝土截面直径；

$s$——方格网式或螺旋式间接钢筋的间距，宜取30mm～80mm。

间接钢筋应配置在图 6.6.3 所规定的高度 $h$ 范围内，方格网式钢筋，不应少于 4 片；螺旋式钢筋，不应少于 4 圈。柱接头，$h$ 尚不应小于 $15d$，$d$ 为柱的纵向钢筋直径。

## 二、对规定的解读和建议

### 1. 有关弹性或弹塑性方法

对混凝土结构中的二维、三维非杆系构件，可采用弹性或弹塑性方法求得其主应力分布，其承载力极限状态设计应符合《混凝土规范》第 3.3.2、3.3.3 条规定，宜通过计算配置受拉区的钢筋和验算受压区的混凝土强度。

受拉钢筋的配筋量可根据主拉应力的合力进行计算，但一般不考虑混凝土的抗拉设计强度；受拉钢筋的配筋分布可按主拉应力分布图形及方向确定。具体可参考行业标准《水工混凝土结构设计规范》DL/T 5057 的有关规定。受压钢筋可根据计算确定，此时可由混凝土和受压钢筋共同承担受压应力的合力。受拉钢筋或受压钢筋的配置均应符合相关构造要求。

复杂或有特殊要求的混凝土结构以及二维、三维非杆系混凝土结构构件，通常需要考虑弹塑性分析方法进行承载力校核、验算。根据不同的设计状况（如持久、短暂、地震、偶然等）和不同的性能设计目标，承载力极限状往往会采用不同的组合，但通常会采用基本组合、地震组合或偶然组合，因此结构和构件的抗力计算也要相应采用不同的材料强度取值。例如，对于荷载偶然组合的效应，材料强度可取用标准值或极限值；对于地震作用组合的效应，材料强度可以根据抗震性能设计目标取用设计值或标准值等。承载力极限状态验算就是要考察构件的内力或应力是否超过材料的强度取值。

对于多轴应力状态，混凝土主应力验算可按本规范附录 C.4 的有关规定进行。对于二维尤其是三维受压的混凝土结构构件，校核受压应力设计值可采用混凝土多轴强度准则，可以强度代表值的相对形式，利用多轴受压时的强度提高。

**2. 有关基本假定**

《混凝土规范》6.2.1 条对正截面承载力计算方法作了基本假定。

（1）平截面假定

试验表明，在纵向受拉钢筋的应力达到屈服强度之前及达到屈服强度后的一定塑性转动范围内，截面的平均应变基本符合平截面假定。因此，按照平截面假定建立判别纵向受拉钢筋是否屈服的界限条件和确定屈服之前钢筋的应力 $\sigma_s$ 是合理的。平截面假定作为计算手段，即使钢筋已达屈服，甚至进入强化段时，也还是可行的，计算值与试验值符合较好。

引用平截面假定可以将各种类型截面（包括周边配筋截面）在单向或双向受力情况下的正截面承载力计算贯穿起来，提高了计算方法的逻辑性和条理性，使计算公式具有明确的物理概念。引用平截面假定也为利用电算进行混凝土构件正截面全过程分析（包括非线性分析）提供了必不可少的截面变形条件。

国际上的主要规范，均采用了平截面假定。

在承载力计算中，可采用合适的压应力图形，只要在承载力计算上能与可靠的试验结果基本符合。为简化计算，《混凝土规范》采用了等效矩形压应力图形，此时，矩形应力图的应力取 $f_c$ 乘以系数 $\alpha_1$，矩形应力图的高度可取等于按平截面假定所确定的中和轴高度 $x_n$ 乘以系数 $\beta_1$。对中低强度混凝土，当 $n=2$，$\varepsilon_0=0.002$，$\varepsilon_{cu}=0.0033$ 时，$\alpha_1=0.969$，$\beta_1=0.824$；为简化计算，取 $\alpha_1=1.0$，$\beta_1=0.8$。对高强度混凝土，用随混凝土强度提高而逐渐降低的系数 $\alpha_1$、$\beta_1$ 值来反映高强度混凝土的特点，这种处理方法能适应混凝土强度进一步提高的要求，也是多数国家规范采用的处理方法。上述的简化计算与试验结果对比大体接近。应当指出，将上述简化计算的规定用于三角形截面、圆形截面的受压区，会带来一定的误差。

构件达到界限破坏是指正截面上受拉钢筋屈服与受压区混凝土破坏同时发生时的破坏状态。对应于这一破坏状态，受压边混凝土应变达到 $\varepsilon_{cu}$；对配置有屈服点钢筋的钢筋混凝土构件，纵向受拉钢筋的应变取 $f_y/E_s$。界限受压区高度 $x_b$ 与界限中和轴高度 $x_{nb}$ 的比值为 $\beta_1$，根据平截面假定，可得截面相对界限受压区高度 $\xi_b$ 的公式（6.2.7-1）。

对配置无屈服点钢筋的钢筋混凝土构件或预应力混凝土构件，根据条件屈服点的定义，应考虑0.2%的残余应变，普通钢筋应变取($f_y/E_s+0.002$)、预应力筋应变取[$(f_{py}-\sigma_{p0})/E_s+0.002$]。根据平截面假定，可得公式(6.2.7-2)和公式(6.2.7-3)。

无屈服点的普通钢筋通常是指细规格的带肋钢筋，无屈服点的特性主要取决于钢筋的轧制和调直等工艺。在钢筋标准中，有屈服点钢筋的屈服强度以 $\sigma_s$ 表示，无屈服点钢筋的屈服强度以 $\sigma_{p0.2}$ 表示。

钢筋应力 $\sigma_s$ 的计算公式，是以混凝土达到极限压应变 $\varepsilon_{cu}$ 作为构件达到承载能力极限状态标志而给出的。

按平截面假定可写出截面任意位置处的普通钢筋应力 $\sigma_{si}$ 的计算公式（6.2.8-1）和预应力筋应力 $\sigma_{pi}$ 的计算公式（6.2.8-2）。

为了简化计算，根据我国大量的试验资料及计算分析表明，小偏心受压情况下实测受拉边或受压较小边的钢筋应力 $\sigma_s$ 与 $\xi$ 接近直线关系。考虑到 $\xi=\xi_b$ 及 $\xi=\beta_1$ 作为界限条件，

取 $\sigma_s$ 与 $\xi$ 之间为线性关系，就可得到公式（6.2.8-3）、公式（6.2.8-4）。

按上述线性关系式，在求解正截面承载力时，一般情况下为二次方程。

《混凝土规范》6.2.15 条保留了 02 版规范的规定。为保持与偏心受压构件正截面承载力计算具有相近的可靠度，在公式（6.2.15）右端乘以系数 0.9。当需用公式计算 $\varphi$ 值时，对矩形截面也可近似用 $\varphi=\left[1+0.002\left(\frac{l_0}{b}-8\right)^2\right]^{-1}$ 代替查表取值。当 $l_0/b$ 不超过 40 时，公式计算值与表列数值误差不致超过 3.5%。在用上式计算 $\varphi$ 时，对任意截面可取 $b=\sqrt{12i}$，对圆形截面可取 $b=\sqrt{3}d/2$。

（2）混凝土的应力-应变曲线

随着混凝土强度的提高，混凝土受压时的应力-应变曲线将逐渐变化，其上升段将逐渐趋向线性变化，且对应于峰值应力的应变稍有提高；下降段趋于变陡，极限应变有所减少。为了综合反映低、中强度混凝土和高强混凝土的特性，与 02 版规范相同，本规范对正截面设计用的混凝土应力-应变关系采用如下简化表达形式：

上升段
$$\sigma_c = f_c\left[1-\left(1-\frac{\varepsilon_c}{\varepsilon_0}\right)^n\right] \qquad (\varepsilon_c \leqslant \varepsilon_0)$$

下降段
$$\sigma_c = f_c \qquad (\varepsilon_0 < \varepsilon_c \leqslant \varepsilon_{cu})$$

根据国内中、低强度混凝土和高强度混凝土偏心受压短柱的试验结果，在条文中给出了有关参数：$n$、$\varepsilon_0$、$\varepsilon_{cu}$的取值，与试验结果较为接近。

（3）纵向受拉钢筋的极限拉应变

纵向受拉钢筋的极限拉应变本规范规定为 0.01，作为构件达到承载能力极限状态的标志之一。对有物理屈服点的钢筋，该值相当于钢筋应变进入了屈服台阶；对无屈服点的钢筋，设计所用的强度是以条件屈服点为依据的。极限拉应变的规定是限制钢筋的强化强度，同时，也表示设计采用的钢筋的极限拉应变不得小于 0.01，以保证结构构件具有必要的延性。对预应力混凝土结构构件，其极限拉应变应从混凝土消压时的预应力筋应力 $\sigma_{p0}$ 处开始算起。

对非均匀受压构件，混凝土的极限压应变达到 $\varepsilon_{cu}$ 或者受拉钢筋的极限拉应变达到 0.01，即这两个极限应变中只要具备其中一个，就标志着构件达到了承载能力极限状态。

**3. 有关二阶效应**

（1）轴向压力在挠曲杆件中产生的二阶效应（$P$-$\delta$ 效应）是偏压杆件中由轴向压力在产生了挠曲变形的杆件内引起的曲率和弯矩增量。例如在结构中常见的反弯点位于柱高中部的偏压构件中，这种二阶效应虽能增大构件除两端区域外各截面的曲率和弯矩，但增大后的弯矩通常不可能超过柱两端控制截面的弯矩。因此，在这种情况下，$P$-$\delta$ 效应不会对杆件截面的偏心受压承载能力产生不利影响。但是，在反弯点不在杆件高度范围内（即沿杆件长度均为同号弯矩）的较细长且轴压比偏大的偏压构件中，经 $P$-$\delta$ 效应增大后的杆件中部弯矩有可能超过柱端控制截面的弯矩。此时，就必须在截面设计中考虑 $P$-$\delta$ 效应的附加影响。因后一种情况在工程中较少出现，为了不对各个偏压构件逐一进行验算，本条给出了可以不考虑 $P$-$\delta$ 效应的条件。该条件是根据分析结果并参考国外规范给出的。

（2）由于工程中实际存在着荷载作用位置的不定性、混凝土质量的不均匀性及施工的偏差等因素，都可能产生附加偏心距。很多国家的规范中都有关于附加偏心距的具体规定，因此参照国外规范的经验，规定了附加偏心距 $e_a$ 的绝对值与相对值的要求，并取其较大值用于计算。

4. **矩形截面偏心受压构件**

（1）对非对称配筋的小偏心受压构件，当偏心距很小时，为了防止 $A_s$ 产生受压破坏，尚应按公式（6.2.17-5）进行验算，此处引入了初始偏心距 $e_i=e_0-e_a$，这是考虑了不利方向的附加偏心距。计算表明，只有当 $N>f_c bh$ 时，钢筋 $A_s$ 的配筋率才有可能大于最小配筋率的规定。

（2）对称配筋小偏心受压的钢筋混凝土构件近似计算方法：

当应用偏心受压构件的基本公式（6.2.17-1）、公式（6.2.17-2）及公式（6.2.8-1）求解对称配筋小偏心受压构件承载力时，将出现 $\xi$ 的三次方程。第 6.2.17 条第 4 款的简化公式是取 $\xi\left(1-\frac{1}{2}\xi\right)\frac{\xi_b-\xi}{\xi_b-\beta_1}\approx 0.43\frac{\xi_b-\xi}{\xi_b-\beta_1}$，使求解 $\xi$ 的方程降为一次方程，便于直接求得小偏压构件所需的配筋面积。

同理，上述简化方法也可扩展用于 T 形和 I 形截面的构件。

（3）本次对偏心受压构件二阶效应的计算方法进行了修订，即除排架结构柱以外，不再采用 $\eta$—$l_0$ 法。新修订的方法主要希望通过计算机进行结构分析时一并考虑由结构侧移引起的二阶效应。为了进行截面设计时内力取值的一致性，当需要利用简化计算方法计算由结构侧移引起的二阶效应和需要考虑杆件自身挠曲引起的二阶效应时，也应先按照附录 B 的简化计算方法和按照第 6.2.3 条和第 6.2.4 条的规定进行考虑二阶效应的内力计算。即在进行截面设计时，其内力已经考虑了二阶效应。

（4）《混凝土规范》6.2.21 条对对称双向偏心受压构件正截面承载力的计算作了规定：

1）当按本规范附录 E 的一般方法计算时，本条规定了分别按 $x$、$y$ 轴计算 $e_i$ 的公式；有可靠试验依据时，也可采用更合理的其他公式计算。

2）给出了双向偏心受压的倪克勤（N. V. Nikitin）公式，并指明了两种配筋形式的计算原则。

3）当需要考虑二阶弯矩的影响时，给出的弯矩设计值 $M_{0x}$、$M_{0y}$ 已经包含了二阶弯矩的影响，即取消了 02 版规范第 7.3.14 条中的弯矩增大系数 $\eta_x$、$\eta_y$，原因详见第 6.2.17 条条文说明。

5. **有关斜截面受剪承载力**

（1）《混凝土规范》6.3.1 条规定受弯构件的受剪截面限制条件，其目的首先是防止构件截面发生斜压破坏（或腹板压坏），其次是限制在使用阶段可能发生的斜裂缝宽度，同时也是构件斜截面受剪破坏的最大配箍率条件。

该条同时给出了划分普通构件与薄腹构件截面限制条件的界限，以及两个截面限制条件的过渡办法。

《混凝土规范》6.3.2 条给出了需要进行斜截面受剪承载力计算的截面位置。在一般情况下是指最可能发生斜截面破坏的位置，包括可能受力最大的梁端截面、截面尺寸突然变化处、箍筋数量变化和弯起钢筋配置处等。

（2）由于混凝土受弯构件受剪破坏的影响因素众多，破坏形态复杂，对混凝土构件受剪机理的认识尚不很充分，至今未能像正截面承载力计算一样建立一套较完整的理论体系。国外各主要规范及国内各行业标准中斜截面承载力计算方法各异，计算模式也不尽相同。

对无腹筋受弯构件的斜截面受剪承载力计算：

1）根据收集到大量的均布荷载作用下无腹筋简支浅梁、无腹筋简支短梁、无腹筋简支深梁以及无腹筋连续浅梁的试验数据以支座处的剪力值为依据进行分析，可得到承受均布荷载为主的无腹筋一般受弯构件受剪承载力 $V_c$ 偏下值的计算公式如下：

$$V_c = 0.7\beta_h\beta_\rho f_t b h_0$$

2）综合国内外的试验结果和规范规定，对不配置箍筋和弯起钢筋的钢筋混凝土板的受剪承载力计算中，合理地反映了截面尺寸效应的影响。在第 6.3.3 条的公式中用系数 $\beta_h = (800/h_0)^{\frac{1}{4}}$ 来表示；同时给出了截面高度的适用范围，当截面有效高度超过 2000mm 后，其受剪承载力还将会有所降低，但对此试验研究尚不够，未能作出进一步规定。

对第 6.3.3 条中的一般板类受弯构件，主要指受均布荷载作用下的单向板和双向板需按单向板计算的构件。试验研究表明，对较厚的钢筋混凝土板，除沿板的上、下表面按计算或构造配置双向钢筋网之外，如按《混凝土规范》第 9.1.11 条的规定，在板厚中间部位配置双向钢筋网，将会较好地改善其受剪承载性能。

3）根据试验分析，纵向受拉钢筋的配筋率 $\rho$ 对无腹筋梁受剪承载力 $V_c$ 的影响可用系数 $\beta_\rho =（0.7+20\rho）$ 来表示；通常在 $\rho$ 大于 1.5%时，纵向受拉钢筋的配筋率 $\rho$ 对无腹筋梁受剪承载力的影响才较为明显，所以，在公式中未纳入系数 $\beta_\rho$。

4）这里应当说明，以上虽然分析了无腹筋梁受剪承载力的计算公式，但并不表示设计的梁不需配置箍筋。考虑到剪切破坏有明显的脆性，特别是斜拉破坏，斜裂缝一旦出现梁即告剪坏，单靠混凝土承受剪力是不安全的。除了截面高度不大于 150mm 的梁外，一般梁即使满足 $V \leqslant V_c$ 的要求，仍应按构造要求配置箍筋。

混凝土 02 版规范的受剪承载力设计公式分为集中荷载独立梁和一般受弯构件两种情况，较国外多数国家的规范繁琐，且两个公式在临近集中荷载为主的情况附近计算值不协调，且有较大差异。因此，建立一个统一的受剪承载力计算公式是规范修订和发展的趋势。

但考虑到我国的国情和规范的设计习惯，且过去规范的受剪承载力设计公式分两种情况用于设计也是可行的，此次修订实质上仍保留了受剪承载力计算的两种形式，只是在原有受弯构件两个斜截面承载力计算公式的基础上进行了整改，具体做法是混凝土项系数不变，仅对一般受弯构件公式的箍筋项系数进行了调整，由 1.25 改为 1.0。通过对 55 个均布荷载作用下有腹筋简支梁构件试验的数据进行分析（试验数据来自原冶金建筑研究总院、同济大学、天津大学、重庆大学、原哈尔滨建筑大学、R. B. L. Smith 等），结果表明，此次修订公式的可靠度有一定程度的提高。采用本次修订公式进行设计时，箍筋用钢量比 02 版规范计算值可能增加约 25%。箍筋项系数由 1.25 改为 1.0，也是为将来统一成一个受剪承载力计算公式建立基础。

（3）试验表明，与破坏斜截面相交的非预应力弯起钢筋和预应力弯起钢筋可以提高构件的斜截面受剪承载力，因此，除垂直于构件轴线的箍筋外，弯起钢筋也可以作为构件的抗剪钢筋。《混凝土规范》公式（6.3.5）给出了箍筋和弯起钢筋并用时，斜截面受剪承载力的计算公式。考虑到弯起钢筋与破坏斜截面相交位置的不定性，其应力可能达不到屈服强度，因此在公式中引入了弯起钢筋应力不均匀系数 0.8。

由于每根弯起钢筋只能承受一定范围内的剪力，当按第 6.3.6 条的规定确定剪力设计值并按公式（6.3.5）计算弯起钢筋时，其配筋构造应符合本规范第 9.2.8 条的规定。

试验表明，箍筋能抑制斜裂缝的发展，在不配置箍筋的梁中，斜裂缝的突然形成可能导致脆性的斜拉破坏。因此，本规范规定当剪力设计值小于无腹筋梁的受剪承载力时，应按《混凝土规范》第 9.2.9 条的规定配置最小用量的箍筋；这些箍筋还能提高构件抵抗超载和承受由于变形所引起应力的能力。

（4）试验研究表明，轴向压力对构件的受剪承载力起有利作用，主要是因为轴向压力能阻滞斜裂缝的出现和开展，增加了混凝土剪压区高度，从而提高混凝土所承担的剪力。轴压比限值范围内，斜截面水平投影长度与相同参数的无轴向压力梁相比基本不变，故对箍筋所承担的剪力没有明显的影响。

轴向压力对构件受剪承载力的有利作用是有限度的，当轴压比在 0.3～0.5 的范围时，受剪承载力达到最大值；若再增加轴向压力，将导致受剪承载力的降低，并转变为带有斜裂缝的正截面小偏心受压破坏，因此应对轴向压力的受剪承载力提高范围予以限制。

基于上述考虑，通过对偏压构件、框架柱试验资料的分析，对矩形截面的钢筋混凝土偏心构件的斜截面受剪承载力计算，可在集中荷载作用下的矩形截面独立梁计算公式的基础上，加一项轴向压力所提高的受剪承载力设计值，即 $0.07N$，且当 $N$ 大于 $0.3f_cA$ 时，规定仅取为 $0.3f_cA$，相当于试验结果的偏低值。

对承受轴向压力的框架结构的框架柱，由于柱两端受到约束，当反弯点在层高范围内时，其计算截面的剪跨比可近似取$H_n/(2h_0)$；而对其他各类结构的框架柱的剪跨比则取为 $M/Vh_0$，与截面承受的弯矩和剪力有关。同时，还规定了计算剪跨比取值的上、下限值。

偏心受拉构件的受力特点是：在轴向拉力作用下，构件上可能产生横贯全截面、垂直于杆轴的初始垂直裂缝；施加横向荷载后，构件顶部裂缝闭合而底部裂缝加宽，且斜裂缝可能直接穿过初始垂直裂缝向上发展，也可能沿初始垂直裂缝延伸再斜向发展。斜裂缝呈现宽度较大、倾角较大，斜裂缝末端剪压区高度减小，甚至没有剪压区，从而截面的受剪承载力要比受弯构件的受剪承载力有明显的降低。根据试验结果并偏稳妥地考虑，减去一项轴向拉力所降低的受剪承载力设计值，即 $0.2N$。此外，第 6.3.14 条还对受拉截面总受剪承载力设计值的下限值和箍筋的最小配筋特征值作了规定。

（5）试验表明，矩形截面钢筋混凝土柱在斜向水平荷载作用下的抗剪性能与在单向水平荷载作用下的受剪性能存在着明显的差别。根据国外的有关研究资料以及国内配置周边箍筋的斜向受剪试件的试验结果，经分析表明，构件的受剪承载力大致服从椭圆规律：

$$\left(\frac{V_x}{V_{ux}}\right)^2+\left(\frac{V_y}{V_{uy}}\right)^2=1$$

《混凝土规范》第 6.3.17 条的公式（6.3.17-1）和公式（6.3.17-2），实质上就是由上面的椭圆方程式转化成在形式上与单向偏心受压构件受剪承载力计算公式相当的设计表达式。在复核截面时，可直接按公式进行验算；在进行截面设计时，可近似选取公式（6.3.17-1）和公式（6.3.17-2）中的 $V_{ux}/V_{uy}$ 比值等于 1.0，而后再进行箍筋截面面积的计算。设计时宜采用封闭箍筋，必要时也可配置单肢箍筋。当复合封闭箍筋相重叠部分的箍筋长度小于截面周边箍筋长边或短边长度时，不应将该箍筋较短方向上的箍筋截面面积计入 $A_{svx}$ 或 $A_{svy}$ 中。

第 6.3.16 条和第 6.3.18 条同样采用了以椭圆规律的受剪承载力方程式为基础并与单向偏心受压构件受剪的截面要求相衔接的表达式。

同时提出，为了简化计算，对剪力设计值 $V$ 的作用方向与 $x$ 轴的夹角 $\theta$ 在 $0°\sim10°$ 和 $80°\sim90°$ 时，可按单向受剪计算。

（6）在剪力墙设计时，通过构造措施防止发生剪拉破坏和斜压破坏，通过计算确定墙中水平钢筋，防止发生剪切破坏。

在偏心受压墙肢中，轴向压力有利于抗剪承载力，但压力增大到一定程度后，对抗剪的有利作用减小，因此对轴力的取值需加以限制。

在偏心受拉墙肢中，考虑了轴向拉力的不利影响。

**6. 有关扭曲截面承载力计算**

（1）混凝土扭曲截面承载力计算的截面限制条件是以 $h_w/b$ 不大于 6 的试验为依据的。公式（6.4.1-1）、公式（6.4.1-2）的规定是为了保证构件在破坏时混凝土不首先被压碎。公式（6.4.1-1）、公式（6.4.1-2）中的纯扭构件截面限制条件相当于取用：$T=(0.16\sim0.2)f_cW_t$；当 $T$ 等于 0 时，公式(6.4.1-1)、公式(6.4.1-2)可与规范第 6.3.1 条的公式相协调。

（2）对常用的 T 形、I 形和箱形截面受扭塑性抵抗矩的计算方法作了具体规定。

T 形、I 形截面可划分成矩形截面，划分的原则是：先按截面总高度确定腹板截面，然后再划分受压翼缘和受拉翼缘。

本条提供的截面受扭塑性抵抗矩公式是近似的，主要是为了方便受扭承载力的计算。

（3）公式（6.4.4-1）是根据试验统计分析后，取用试验数据的偏低值给出的。经过对高强混凝土纯扭构件的试验验证，该公式仍然适用。

试验表明，当 $\zeta$ 值在 0.5～2.0 范围内，钢筋混凝土受扭构件破坏时，其纵筋和箍筋基本能达到屈服强度。为稳妥起见，取限制条件为 $0.6\leqslant\zeta\leqslant1.7$。当 $\zeta>1.7$ 时取 1.7。当 $\zeta$ 接近 1.2 时为钢筋达到屈服的最佳值。因截面内力平衡的需要，对不对称配置纵向钢筋截面面积的情况，在计算中只取对称布置的纵向钢筋截面面积。

预应力混凝土纯扭构件的试验研究表明，预应力可提高构件受扭承载力的前提是纵向钢筋不能屈服，当预加力产生的混凝土法向压应力不超过规定的限值时，纯扭构件受扭承载力可提高 $0.08\dfrac{N_{p0}}{A_0}W_t$。考虑到实际上应力分布不均匀性等不利影响，在条文中该提高值取为 $0.05\dfrac{N_{p0}}{A_0}W_t$，且仅限于偏心距 $e_{p0}\leqslant h/6$ 且 $\zeta$ 不小于 1.7 的情况；在计算 $\zeta$ 时，不考虑预应力筋的作用。

试验研究还表明，对预应力的有利作用应有所限制：当 $N_{p0}$ 大于 $0.3f_cA_0$ 时，取 $0.3f_cA_0$。

（4）试验研究表明，对受纯扭作用的箱形截面构件，当壁厚符合一定要求时，其截面的受扭承载力与实心截面是类同的。在公式（6.4.6-1）中的混凝土项受扭承载力与实心截面的取法相同，即取箱形截面开裂扭矩的 50%，此外，尚应乘以箱形截面壁厚的影响

系数 $\alpha_h$；钢筋项受扭承载力取与实心矩形截面相同。通过国内外试验结果的分析比较，公式（6.4.6-1）的取值是稳妥的。

（5）试验研究表明，轴向压力对纵筋应变的影响十分显著；由于轴向压力能使混凝土较好地参加工作，同时又能改善混凝土的咬合作用和纵向钢筋的销栓作用，因而提高了构件的受扭承载力。在本条公式中考虑了这一有利因素，它对受扭承载力的提高值偏安全地取为 $0.07NW_t/A$。

试验表明，当轴向压力大于 $0.65f_cA$ 时，构件受扭承载力将会逐步下降，因此，在条文中对轴向压力的上限值作了稳妥的规定，即取轴向压力 $N$ 的上限值为 $0.3f_cA$。

（6）无腹筋剪扭构件的试验研究表明，无量纲剪扭承载力的相关关系符合四分之一圆的规律；对有腹筋剪扭构件，假设混凝土部分对剪扭承载力的贡献与无腹筋剪扭构件一样，也可认为符合四分之一圆的规律。

第 6.4.8 条公式适用于钢筋混凝土和预应力混凝土剪扭构件，它是以有腹筋构件的剪扭承载力为四分之一圆的相关曲线作为校正线，采用混凝土部分相关、钢筋部分不相关的原则获得的近似拟合公式。此时，可找到剪扭构件混凝土受扭承载力降低系数 $\beta_t$，其值略大于无腹筋构件的试验结果，但采用此 $\beta_t$ 值后与有腹筋构件的四分之一圆相关曲线较为接近。

经分析表明，在计算预应力混凝土构件的 $\beta_t$ 时，可近似取与非预应力构件相同的计算公式，而不考虑预应力合力 $N_{p0}$ 的影响。

（7）6.4.9 条规定了 T 形和 I 形截面剪扭构件承载力计算方法。腹板部分要承受全部剪力和分配给腹板的扭矩。这种规定方法是与受弯构件受剪承载力计算相协调的；翼缘仅承受所分配的扭矩，但翼缘中配置的箍筋应贯穿整个翼缘。

（8）根据钢筋混凝土箱形截面纯扭构件受扭承载力计算公式（6.4.6-1）并借助第 6.4.8 条剪扭构件的相同方法，可导出公式（6.4.10-1）～公式（6.4.10-3），经与箱形截面试件的试验结果比较，所提供的方法是稳妥的。

第 6.4.11 条是此次修订新增的内容。

在轴向拉力 $N$ 作用下构件的受扭承载力可表示为：

$$T_u = T_c^N + T_s^N$$

式中：$T_c^N$——混凝土承担的扭矩；

$T_s^N$——钢筋承担的扭矩。

1）混凝土承担的扭矩

考虑轴向拉力对构件抗裂性能的影响，拉扭构件的开裂扭矩可按下式计算：

$$T_{cr}^N = \gamma\omega f_t W_t$$

式中，$T_{cr}^N$ 为拉扭构件的开裂扭矩；$\gamma$ 为考虑截面不能完全进入塑性状态等的综合系数，取 $\gamma=0.7$；$\omega$ 为轴向拉力影响系数，根据最大主应力理论，可按下列公式计算：

$$\omega = \sqrt{1-\frac{\sigma_t}{f_t}}$$

$$\sigma_t = \frac{N}{A}$$

从而有：

$$T_{cr}^{N}=0.7f_tW_t\sqrt{1-\frac{\sigma_t}{f_t}}$$

对于钢筋混凝土纯扭构件混凝土承担的扭矩，规范取为：

$$T_c^0=T_{cr}^0=0.35f_tW_t$$

拉扭构件中混凝土承担的扭矩即可取为：

$$T_c^N=T_{cr}^N=0.35f_tW_t\sqrt{1-\frac{\sigma_t}{f_t}}$$

当 $\frac{\sigma_t}{f_t}$ 不大于 1 时，$\sqrt{1-\frac{\sigma_t}{f_t}}$ 近似以 $1-\frac{\sigma_t}{1.75f_t}$ 表述，因此有：

$$T_c^N=\frac{1}{2}T_{cr}^N=0.35\left(1-\frac{\sigma_t}{1.75f_t}\right)f_tW_t=0.35f_tW_t-0.2\frac{N}{A}W_t$$

2）钢筋部分承担的扭矩

对于拉扭构件，轴向拉力 $N$ 使纵筋产生附加拉应力，因此纵筋的受扭作用受到削弱，从而降低了构件的受扭承载力。根据变角度空间桁架模型和斜弯理论，其受扭承载力可按下式计算：

$$T_s^N=2\sqrt{\frac{(f_yA_{stl}-N)s}{f_{yv}A_{stl}u_{cor}}}\,\frac{f_{yv}A_{stl}A_{cor}}{s}$$

但为了与无拉力情况下的抗扭公式保持一致，在与试验结果对比后仍取：

$$T_s^N=1.2\sqrt{\zeta}f_{yv}\frac{A_{stl}A_{cor}}{s}$$

根据以上说明，即可得出本条文设计计算公式（6.4.11-1）和公式（6.4.11-2），式中 $A_{stl}$ 为对称布置的受扭用的全部纵向钢筋的截面面积，承受拉力 $N$ 作用的纵向钢筋截面面积不应计入。

与国内进行的 25 个拉扭试件的试验结果比较，本条公式的计算值与试验值之比的平均值为 0.947（0.755～1.189），是可以接受的。

（9）对弯剪扭构件，当 $V\leqslant 0.35f_cbh_0$ 或 $V\leqslant 0.875f_tbh_0/(\lambda+1)$ 时，剪力对构件承载力的影响可不予考虑，此时，构件的配筋由正截面受弯承载力和受扭承载力的计算确定；同理，$T\leqslant 0.175f_tW_t$ 或 $T\leqslant 0.175\alpha_hf_tW_t$ 时，扭矩对构件承载力的影响可不予考虑，此时，构件的配筋由正截面受弯承载力和斜截面受剪承载力的计算确定。

**7. 有关受冲切承载力计算**

（1）02 版规范的受冲切承载力计算公式，形式简单，计算方便，但与国外规范进行对比，在多数情况下略显保守，且考虑因素不够全面。根据不配置箍筋或弯起钢筋的钢筋混凝土板的试验资料的分析，参考国内外有关规范，本次修订保留了 02 版规范的公式形式，仅将公式中的系数 0.15 提高到 0.25。

第 6.5.1 条具体规定的考虑因素如下：

1）截面高度的尺寸效应。截面高度的增大对受冲切承载力起削弱作用，为此，在公式（6.5.1-1）中引入了截面尺寸效应系数 $\beta_h$，以考虑这种不利影响。

2）预应力对受冲切承载力的影响。试验研究表明，双向预应力对板柱节点的冲切承载力起有利作用，主要是由于预应力的存在阻滞了斜裂缝的出现和开展，增加了混凝土剪压区的高度。公式（6.5.1-1）主要是参考我国的科研成果及美国 ACI 318 规范，将板中两个方向按长度加权平均有效预压应力的有利作用增大为 $0.25\sigma_{pc,m}$，但仍偏安全地未计及在板柱节点处预应力竖向分量的有利作用。

对单向预应力板，由于缺少试验数据，暂不考虑预应力的有利作用。

3）参考美国 ACI 318 等有关规范的规定，给出了两个调整系数 $\eta_1$、$\eta_2$ 的计算公式(6.5.1-2)、公式（6.5.1-3)。对矩形形状的加载面积边长之比作了限制，因为边长之比大于 2 后，剪力主要集中于角隅，将不能形成严格意义上的冲切极限状态的破坏，使受冲切承载力达不到预期的效果，为此，引入了调整系数 $\eta_1$，且基于稳妥的考虑，对加载面积边长之比作了不宜大于 4 的限制；此外，当临界截面相对周长 $u_m/h_0$ 过大时，同样会引起受冲切承载力的降低。有必要指出，公式（6.5.1-2）是在美国 ACI 规范的取值基础上略作调整后给出的。公式（6.5.1-1）的系数 $\eta$ 只能取 $\eta_1$、$\eta_2$ 中的较小值，以确保安全。

本条中所指的临界截面是为了简明表述而设定的截面，它是冲切最不利的破坏锥体底面线与顶面线之间的平均周长 $u_m$ 处板的垂直截面。板的垂直截面，对等厚板为垂直于板中心平面的截面，对变高度板为垂直于板受拉面的截面。

对非矩形截面柱（异形截面柱）的临界截面周长，选取周长 $u_m$ 的形状要呈凸形折线，其折角不能大于 180°，由此可得到最小的周长，此时在局部周长区段离柱边的距离允许大于 $h_0/2$。

(2) 为满足设备或管道布置要求，有时要在柱边附近板上开孔。板中开孔会减小冲切的最不利周长，从而降低板的受冲切承载力。在参考了国外规范的基础上给出了本条的规定。

(3) 当混凝土板的厚度不足以保证受冲切承载力时，可配置抗冲切钢筋。设计可同时配置箍筋和弯起钢筋，也可分别配置箍筋或弯起钢筋作为抗冲切钢筋。试验表明，配有冲切钢筋的钢筋混凝土板，其破坏形态和受力特性与有腹筋梁相类似，当抗冲切钢筋的数量达到一定程度时，板的受冲切承载力几乎不再增加。为了使抗冲切箍筋或弯起钢筋能够充分发挥作用，本条规定了板的受冲切截面限制条件，即公式（6.5.3-1)，实际上是对抗冲切箍筋或弯起钢筋数量的限制，以避免其不能充分发挥作用和使用阶段在局部荷载附近的斜裂缝过大。本次修订参考美国 ACI 规范及我国的工程经验，对该限制条件作了适当放宽，将系数由 02 版规范规定的 1.05 放宽至 1.2。

钢筋混凝土板配置抗冲切钢筋后，在混凝土与抗冲切钢筋共同作用下，混凝土项的抗冲切承载力 $V'_c$ 与无抗冲切钢筋板的承载力 $V_c$ 的关系，各国规范取法并不一致，如我国 02 版规范、美国及加拿大规范取 $V'_c=0.5V_c$，CEB-FIP MC 90 规范及欧洲规范 EN 1992－2取 $V'_c=0.75V_c$，英国规范 BS 8110 及俄罗斯规范取 $V'_c=V_c$。我国的试验及理论分析表明，在混凝土与抗冲切钢筋的共同作用下，02 版规范取混凝土所能提供的承载力是无抗冲切钢筋板承载力的 50%，取值偏低。根据国内外的试验研究，并考虑混凝土开裂后骨料咬合、配筋剪切摩擦有利作用等，在抗冲切钢筋配置区，本次修订将混凝土所能承担的承载力 $V'_c$ 适当提高，取无抗冲切钢筋板承载力 $V_c$ 的约 70%。与试验结果比较，本条给出的受冲切承载力计算公式是偏于安全的。

本条提及的其他形式的抗冲切钢筋，包括但不限于工字钢、槽钢、抗剪栓钉、扁钢 U

形箍等。

(4) 阶形基础的冲切破坏可能会在柱与基础交接处或基础变阶处发生，这与阶形基础的形状、尺寸有关。对阶形基础受冲切承载力计算公式，也引进了《混凝土规范》第 6.5.1 条的截面高度影响系数 $\beta_h$。在确定基础的 $F_l$ 时，取用最大的地基反力值，这样做偏于安全。

(5) 板柱节点传递不平衡弯矩时，其受力特性及破坏形态更为复杂。为安全起见，对板柱节点存在不平衡弯矩时的受冲切承载力计算，借鉴了美国 ACI 318 规范和我国的《无粘结预应力混凝土结构技术规程》JGJ 92－93 的有关规定，在本条中提出了考虑问题的原则，具体可按本规范附录 F 计算。

8. 梁板截面配筋手算方法

(1) 梁板截面配筋采用手算方法：

1) 已知梁截面 $b$ (mm)、$h$ (mm)，弯矩设计值无抗震组合 $M$ (N・mm)、有地震组合 $\gamma_{RE}M$，混凝土 (≤C50) 轴心受压设计值 $f_c$ ($N/mm^2$)，钢筋受拉强度设计值 $f_y$ ($N/mm^2$)。

2) $\alpha_s=\dfrac{M}{f_c b h_0^2}$ 或 $\alpha_s=\dfrac{\gamma_{RE}M}{f_c b h_0^2}$, $\xi=1-\sqrt{1-2\alpha_s}$, $\gamma_s=\dfrac{\alpha_s}{\xi}$。

3) 求单筋矩形梁受拉纵向钢筋截面面积 $A_s$ ($mm^2$)：

$$A_s=\frac{M}{f_y\gamma_s h_0}, \text{或} A_s=\frac{\gamma_{RE}M}{f_y\gamma_s h_0}$$

4) 求双筋矩形梁受拉纵向钢筋截面面积 $A_s$ ($mm^2$)：

已知受压纵向钢筋截面面积 $A'_s$，受压钢筋合力点至截面边距 $a'_s$，$M'=A'_s f'_y(h_0-a'_s)$, $M_1=M-M'$ 或 $M_1=\gamma_{RE}M-M'$, $\alpha_s=\dfrac{M_1}{f_c b h_0^2}$, $A_{s1}=\dfrac{M_1}{\gamma_s f_y h_0}$, $A_s=A_{s1}+A'_s$

5) 求单筋 T 形梁受拉纵向钢筋截面面积 $A_s$ ($mm^2$)：

①当 $x\leqslant h'_f$ 时, $\alpha_s=\dfrac{M}{f_c b'_f h_0^2}$ 或 $\alpha_s=\dfrac{\gamma_{RE}M}{f_c b'_f h_0^2}$

$$A_s=\frac{M}{\gamma_s f_y h_0}, \text{或} A_s=\frac{\gamma_{RE}M}{\gamma_s f_y h_0}$$

②当 $x>h'_f$ 时（下式中 $M''$ 为 $M$ 或 $\gamma_{RE}M$）

$$x=h_0-\sqrt{h_0^2-\frac{2M''}{f_c b}+2\left(\frac{b'_f}{b}-1\right)h'_f\left(h_0-\frac{h'_f}{2}\right)}$$

$$A_s=\frac{f_c b}{f_y}\left[x+\left(\frac{b'_f}{b}-1\right)h'_f\right]$$

6) 板已知弯矩设计值 $M$ (N・mm)，板厚 $h$，纵向钢筋受拉强度设计值 $f_y$，混凝土 (≤C50) 受压强度设计值 $f_c$，求受拉纵向钢筋截面面积：

$$A_s=\frac{M}{0.95 f_y h_0} \quad (mm^2/m)$$

(2) 计算例题

**【算例 6-1】** 已知矩形截面梁 $b\times h=250\text{mm}\times500\text{mm}$，弯矩设计值$M=169\text{kN}\cdot\text{m}$,混凝土强度等级 C20，$f_c=9.6\text{N/mm}^2$，钢筋 HRB335，$f_y=300\text{N/mm}^2$，求受拉纵向钢筋截面面积。

**【解】**

$$\alpha_s=\frac{M}{f_c b h_0^2}=\frac{169\times10^6}{9.6\times250\times465^2}=0.326$$

$$\xi=1-\sqrt{1-2\alpha_s}=1-\sqrt{1-2\times0.326}=0.41,\gamma_s=\frac{\alpha_s}{\xi}=\frac{0.326}{0.41}=0.795$$

$$A_s=\frac{M}{\gamma_s f_y h_0}=\frac{169\times10^6}{0.795\times300\times465}=1524(\text{mm}^2)$$

配筋率

$$\rho=\frac{A_s}{b h}=\frac{1524}{250\times500}=1.22\%$$

**【算例 6-2】** 已知弯矩设计值 $M=220\text{kN}\cdot\text{m}$，其他条件同上题，因为单筋时已超最大配筋率，故设计成双筋梁，受压钢筋 2Φ16，$A'_s=402\text{mm}^2$，求所需受拉纵向钢筋截面面积。

**【解】**

$$M'=A'_s f'_y(h_0-a'_s)=402\times300\times(465-35)$$
$$=51858000\text{N}\cdot\text{mm}=51.858\text{kN}\cdot\text{m}$$
$$M_1=M-M'=220-51.858=168.142\text{kN}\cdot\text{m}$$

$$\alpha_{s1}=\frac{M_1}{f_c b h_0^2}=\frac{168.142\times10^6}{9.6\times250\times465^2}=0.324$$

$$\xi=1-\sqrt{1-2\alpha_{s1}}=1-\sqrt{1-2\times0.324}=0.407,\gamma_s=\frac{\alpha_{s1}}{\xi}=\frac{0.34}{0.407}=0.796$$

$$A_{s1}=\frac{M_1}{\gamma_s f_y h_0}=\frac{168.142\times10^6}{0.796\times300\times465}=1514\text{mm}^2$$

$$A_s=A_{s1}+A'_s=1514+402=1916\text{mm}^2$$

# 第7章 混凝土构件裂缝、挠度验算及有关构造

## 一、《混凝土规范》规定

### 7.1 裂缝控制验算

**7.1.1** 钢筋混凝土和预应力混凝土构件，应按下列规定进行受拉边缘应力或正截面裂缝宽度验算：

**1** 一级裂缝控制等级构件，在荷载标准组合下，受拉边缘应力应符合下列规定：

$$\sigma_{ck} - \sigma_{pc} \leqslant 0 \tag{7.1.1-1}$$

**2** 二级裂缝控制等级构件，在荷载标准组合下，受拉边缘应力应符合下列规定：

$$\sigma_{ck} - \sigma_{pc} \leqslant f_{tk} \tag{7.1.1-2}$$

**3** 三级裂缝控制等级时，钢筋混凝土构件的最大裂缝宽度可按荷载准永久组合并考虑长期作用影响的效应计算，预应力混凝土构件的最大裂缝宽度可按荷载标准组合并考虑长期作用影响的效应计算。最大裂缝宽度应符合下列规定：

$$w_{max} \leqslant w_{lim} \tag{7.1.1-3}$$

对环境类别为二a类的预应力混凝土构件，在荷载准永久组合下，受拉边缘应力尚应符合下列规定：

$$\sigma_{cq} - \sigma_{pc} \leqslant f_{tk} \tag{7.1.1-4}$$

式中：$\sigma_{ck}$、$\sigma_{cq}$——荷载标准组合、准永久组合下抗裂验算边缘的混凝土法向应力；

$\sigma_{pc}$——扣除全部预应力损失后在抗裂验算边缘混凝土的预压应力，按本规范公式（10.1.6-1）和公式（10.1.6-4）计算；

$f_{tk}$——混凝土轴心抗拉强度标准值，按本规范表4.1.3-2采用；

$w_{max}$——按荷载的标准组合或准永久组合并考虑长期作用影响计算的最大裂缝宽度，按本规范第7.1.2条计算；

$w_{lim}$——最大裂缝宽度限值，按本规范第3.4.5条采用。

**7.1.2** 在矩形、T形、倒T形和I形截面的钢筋混凝土受拉、受弯和偏心受压构件及预应力混凝土轴心受拉和受弯构件中，按荷载标准组合或准永久组合并考虑长期作用影响的最大裂缝宽度可按下列公式计算：

$$w_{max} = \alpha_{cr} \psi \frac{\sigma_s}{E_s} \left( 1.9c_s + 0.08 \frac{d_{eq}}{\rho_{te}} \right) \tag{7.1.2-1}$$

$$\psi = 1.1 - 0.65 \frac{f_{tk}}{\rho_{te}\sigma_s} \tag{7.1.2-2}$$

$$d_{eq}=\frac{\sum n_i d_i^2}{\sum n_i \nu_i d_i} \quad (7.1.2\text{-}3)$$

$$\rho_{te}=\frac{A_s+A_p}{A_{te}} \quad (7.1.2\text{-}4)$$

式中：$\alpha_{cr}$——构件受力特征系数，按表 7.1.2-1 采用；

$\psi$——裂缝间纵向受拉钢筋应变不均匀系数：当 $\psi<0.2$ 时，取 $\psi=0.2$；当 $\psi>1.0$ 时，取 $\psi=1.0$；对直接承受重复荷载的构件，取 $\psi=1.0$；

$\sigma_s$——按荷载准永久组合计算的钢筋混凝土构件纵向受拉普通钢筋应力或按标准组合计算的预应力混凝土构件纵向受拉钢筋等效应力；

$E_s$——钢筋的弹性模量，按本规范表 4.2.5 采用；

$c_s$——最外层纵向受拉钢筋外边缘至受拉区底边的距离（mm）：当 $c_s<20$ 时，取 $c_s=20$；当 $c_s>65$ 时，取 $c_s=65$；

$\rho_{te}$——按有效受拉混凝土截面面积计算的纵向受拉钢筋配筋率；对无粘结后张构件，仅取纵向受拉普通钢筋计算配筋率；在最大裂缝宽度计算中，当 $\rho_{te}<0.01$时，取 $\rho_{te}=0.01$；

$A_{te}$——有效受拉混凝土截面面积：对轴心受拉构件，取构件截面面积；对受弯、偏心受压和偏心受拉构件，取 $A_{te}=0.5bh+(b_f-b)h_f$，此处，$b_f$、$h_f$ 为受拉翼缘的宽度、高度；

$A_s$——受拉区纵向普通钢筋截面面积；

$A_p$——受拉区纵向预应力筋截面面积；

$d_{eq}$——受拉区纵向钢筋的等效直径（mm）；对无粘结后张构件，仅为受拉区纵向受拉普通钢筋的等效直径（mm）；

$d_i$——受拉区第 $i$ 种纵向钢筋的公称直径；对于有粘结预应力钢绞线束的直径取为 $\sqrt{n_1}d_{p1}$，其中 $d_{p1}$ 为单根钢绞线的公称直径，$n_1$ 为单束钢绞线根数；

$n_i$——受拉区第 $i$ 种纵向钢筋的根数；对于有粘结预应力钢绞线，取为钢绞线束数；

$\nu_i$——受拉区第 $i$ 种纵向钢筋的相对粘结特性系数，按表 7.1.2-2 采用。

注：1 对承受吊车荷载但不需作疲劳验算的受弯构件，可将计算求得的最大裂缝宽度乘以系数 0.85；

2 对按本规范第 9.2.15 条配置表层钢筋网片的梁，按公式（7.1.2-1）计算的最大裂缝宽度可适当折减，折减系数可取 0.7；

3 对 $e_0/h_0\leqslant0.55$ 的偏心受压构件，可不验算裂缝宽度。

**表 7.1.2-1 构件受力特征系数**

| 类 型 | $\alpha_{cr}$ | |
|---|---|---|
| | 钢筋混凝土构件 | 预应力混凝土构件 |
| 受弯、偏心受压 | 1.9 | 1.5 |
| 偏心受拉 | 2.4 | — |
| 轴心受拉 | 2.7 | 2.2 |

表 7.1.2-2　钢筋的相对粘结特性系数

| 钢筋类别 | 钢筋 | | 先张法预应力筋 | | | 后张法预应力筋 | | |
|---|---|---|---|---|---|---|---|---|
| | 光圆钢筋 | 带肋钢筋 | 带肋钢筋 | 螺旋肋钢丝 | 钢绞线 | 带肋钢筋 | 钢绞线 | 光面钢丝 |
| $\nu_i$ | 0.7 | 1.0 | 1.0 | 0.8 | 0.6 | 0.8 | 0.5 | 0.4 |

注：对环氧树脂涂层带肋钢筋，其相对粘结特性系数应按表中系数的 80%取用。

**7.1.3**　在荷载准永久组合或标准组合下，钢筋混凝土构件、预应力混凝土构件开裂截面处受压边缘混凝土压应力、不同位置处钢筋的拉应力及预应力筋的等效应力宜按下列假定计算：

**1**　截面应变保持平面；

**2**　受压区混凝土的法向应力图取为三角形；

**3**　不考虑受拉区混凝土的抗拉强度；

**4**　采用换算截面。

**7.1.4**　在荷载准永久组合或标准组合下，钢筋混凝土构件受拉区纵向普通钢筋的应力或预应力混凝土构件受拉区纵向钢筋的等效应力也可按下列公式计算：

**1**　钢筋混凝土构件受拉区纵向普通钢筋的应力

**1**）轴心受拉构件

$$\sigma_{sq}=\frac{N_q}{A_s} \tag{7.1.4-1}$$

**2**）偏心受拉构件

$$\sigma_{sq}=\frac{N_q e'}{A_s\ (h_0-a'_s)} \tag{7.1.4-2}$$

**3**）受弯构件

$$\sigma_{sq}=\frac{M_q}{0.87h_0A_s} \tag{7.1.4-3}$$

**4**）偏心受压构件

$$\sigma_{sq}=\frac{N_q\ (e-z)}{A_s z} \tag{7.1.4-4}$$

$$z=\left[0.87-0.12\ (1-\gamma'_f)\ \left(\frac{h_0}{e}\right)^2\right]h_0 \tag{7.1.4-5}$$

$$e=\eta_s e_0+y_s \tag{7.1.4-6}$$

$$\gamma'_f=\frac{(b'_f-b)h'_f}{bh_0} \tag{7.1.4-7}$$

$$\eta_s=1+\frac{1}{4000e_0/h_0}\left(\frac{l_0}{h}\right)^2 \tag{7.1.4-8}$$

式中：$A_s$——受拉区纵向普通钢筋截面面积：对轴心受拉构件，取全部纵向普通钢筋截面面积；对偏心受拉构件，取受拉较大边的纵向普通钢筋截面面积；对受弯、偏心受压构件，取受拉区纵向普通钢筋截面面积；

$N_q$ 、$M_q$——按荷载准永久组合计算的轴向力值、弯矩值；

$e'$——轴向拉力作用点至受压区或受拉较小边纵向普通钢筋合力点的距离；

$e$——轴向压力作用点至纵向受拉普通钢筋合力点的距离；

$e_0$——荷载准永久组合下的初始偏心距，取为 $M_q/N_q$；

$z$——纵向受拉普通钢筋合力点至截面受压区合力点的距离，且不大于 $0.87h_0$；

$\eta_s$——使用阶段的轴向压力偏心距增大系数，当 $l_0/h$ 不大于 14 时，取 1.0；

$y_s$——截面重心至纵向受拉普通钢筋合力点的距离；

$\gamma'_f$——受压翼缘截面面积与腹板有效截面面积的比值；

$b'_f$、$h'_f$——分别为受压区翼缘的宽度、高度；在公式（7.1.4-7）中，当 $h'_f$ 大于 $0.2h_0$ 时，取 $0.2h_0$。

**2** 预应力混凝土构件受拉区纵向钢筋的等效应力

**1**）轴心受拉构件

$$\sigma_{sk}=\frac{N_k-N_{p0}}{A_p+A_s} \tag{7.1.4-9}$$

**2**）受弯构件

$$\sigma_{sk}=\frac{M_k-N_{p0}\ (z-e_p)}{(\alpha_1 A_p+A_s)z} \tag{7.1.4-10}$$

$$e=e_p+\frac{M_k}{N_{p0}} \tag{7.1.4-11}$$

$$e_p=y_{ps}-e_{p0} \tag{7.1.4-12}$$

式中：$A_p$——受拉区纵向预应力筋截面面积：对轴心受拉构件，取全部纵向预应力筋截面面积；对受弯构件，取受拉区纵向预应力筋截面面积；

$N_{p0}$——计算截面上混凝土法向预应力等于零时的预加力，应按本规范第 10.1.13 条的规定计算；

$N_k$、$M_k$——按荷载标准组合计算的轴向力值、弯矩值；

$z$——受拉区纵向普通钢筋和预应力筋合力点至截面受压区合力点的距离，按公式（7.1.4-5）计算，其中 $e$ 按公式（7.1.4-11）计算；

$\alpha_1$——无粘结预应力筋的等效折减系数，取 $\alpha_1$ 为 0.3；对灌浆的后张预应力筋，取 $\alpha_1$ 为 1.0；

$e_p$——计算截面上混凝土法向预应力等于零时的预加力 $N_{p0}$ 的作用点至受拉区纵向预应力筋和普通钢筋合力点的距离；

$y_{ps}$——受拉区纵向预应力筋和普通钢筋合力点的偏心距；

$e_{p0}$——计算截面上混凝土法向预应力等于零时的预加力 $N_{p0}$ 作用点的偏心距，应按本规范第 10.1.13 条的规定计算。

**7.1.5** 在荷载标准组合和准永久组合下，抗裂验算时截面边缘混凝土的法向应力应按下列公式计算：

**1** 轴心受拉构件

$$\sigma_{ck}=\frac{N_k}{A_0} \tag{7.1.5-1}$$

$$\sigma_{cq} = \frac{N_q}{A_0} \tag{7.1.5-2}$$

**2**　受弯构件

$$\sigma_{ck} = \frac{M_k}{W_0} \tag{7.1.5-3}$$

$$\sigma_{cq} = \frac{M_q}{W_0} \tag{7.1.5-4}$$

**3**　偏心受拉和偏心受压构件

$$\sigma_{ck} = \frac{M_k}{W_0} + \frac{N_k}{A_0} \tag{7.1.5-5}$$

$$\sigma_{cq} = \frac{M_q}{W_0} + \frac{N_q}{A_0} \tag{7.1.5-6}$$

式中：$A_0$——构件换算截面面积；

$W_0$——构件换算截面受拉边缘的弹性抵抗矩。

## 7.2　受弯构件挠度验算

**7.2.1**　钢筋混凝土和预应力混凝土受弯构件的挠度可按照结构力学方法计算，且不应超过本规范表 3.4.3 规定的限值。

在等截面构件中，可假定各同号弯矩区段内的刚度相等，并取用该区段内最大弯矩处的刚度。当计算跨度内的支座截面刚度不大于跨中截面刚度的 2 倍或不小于跨中截面刚度的 1/2 时，该跨也可按等刚度构件进行计算，其构件刚度可取跨中最大弯矩截面的刚度。

**7.2.2**　矩形、T 形、倒 T 形和 I 形截面受弯构件考虑荷载长期作用影响的刚度 $B$ 可按下列规定计算：

**1**　采用荷载标准组合时

$$B = \frac{M_k}{M_q(\theta - 1) + M_k} B_s \tag{7.2.2-1}$$

**2**　采用荷载准永久组合时

$$B = \frac{B_s}{\theta} \tag{7.2.2-2}$$

式中：$M_k$——按荷载的标准组合计算的弯矩，取计算区段内的最大弯矩值；

$M_q$——按荷载的准永久组合计算的弯矩，取计算区段内的最大弯矩值；

$B_s$——按荷载准永久组合计算的钢筋混凝土受弯构件或按标准组合计算的预应力混凝土受弯构件的短期刚度，按本规范第 7.2.3 条计算；

$\theta$——考虑荷载长期作用对挠度增大的影响系数，按本规范第 7.2.5 条取用。

**7.2.3**　按裂缝控制等级要求的荷载组合作用下，钢筋混凝土受弯构件和预应力混凝土受弯构件的短期刚度 $B_s$，可按下列公式计算：

**1**　钢筋混凝土受弯构件

$$B_s = \frac{E_s A_s h_0^2}{1.15\psi + 0.2 + \frac{6\alpha_E \rho}{1 + 3.5\gamma_f'}} \tag{7.2.3-1}$$

**2** 预应力混凝土受弯构件

**1**）要求不出现裂缝的构件

$$B_s = 0.85 E_c I_0 \tag{7.2.3-2}$$

**2**）允许出现裂缝的构件

$$B_s = \frac{0.85 E_c I_0}{\kappa_{cr} + (1 - \kappa_{cr})\omega} \tag{7.2.3-3}$$

$$\kappa_{cr} = \frac{M_{cr}}{M_k} \tag{7.2.3-4}$$

$$\omega = \left(1.0 + \frac{0.21}{\alpha_E \rho}\right)(1 + 0.45\gamma_f) - 0.7 \tag{7.2.3-5}$$

$$M_{cr} = (\sigma_{pc} + \gamma f_{tk}) W_0 \tag{7.2.3-6}$$

$$\gamma_f = \frac{(b_f - b) h_f}{b h_0} \tag{7.2.3-7}$$

式中：$\psi$——裂缝间纵向受拉普通钢筋应变不均匀系数，按本规范第 7.1.2 条确定；

$\alpha_E$——钢筋弹性模量与混凝土弹性模量的比值，即 $E_s/E_c$；

$\rho$——纵向受拉钢筋配筋率：对钢筋混凝土受弯构件，取为 $A_s/(bh_0)$；对预应力混凝土受弯构件，取为 $(\alpha_1 A_p + A_s)/(bh_0)$，对灌浆的后张预应力筋，取 $\alpha_1 = 1.0$，对无粘结后张预应力筋，取 $\alpha_1 = 0.3$；

$I_0$——换算截面惯性矩；

$\gamma_f$——受拉翼缘截面面积与腹板有效截面面积的比值；

$b_f$、$h_f$——分别为受拉区翼缘的宽度、高度；

$\kappa_{cr}$——预应力混凝土受弯构件正截面的开裂弯矩 $M_{cr}$ 与弯矩 $M_k$ 的比值，当 $\kappa_{cr} > 1.0$ 时，取 $\kappa_{cr} = 1.0$；

$\sigma_{pc}$——扣除全部预应力损失后，由预加力在抗裂验算边缘产生的混凝土预压应力；

$\gamma$——混凝土构件的截面抵抗矩塑性影响系数，按本规范第 7.2.4 条确定。

注：对预压时预拉区出现裂缝的构件，$B_s$ 应降低 10%。

**7.2.4** 混凝土构件的截面抵抗矩塑性影响系数 $\gamma$ 可按下列公式计算：

$$\gamma = \left(0.7 + \frac{120}{h}\right)\gamma_m \tag{7.2.4}$$

式中：$\gamma_m$——混凝土构件的截面抵抗矩塑性影响系数基本值，可按正截面应变保持平面的假定，并取受拉区混凝土应力图形为梯形、受拉边缘混凝土极限拉应变为 $2f_{tk}/E_c$ 确定；对常用的截面形状，$\gamma_m$ 值可按表 7.2.4 取用；

$h$——截面高度（mm）：当 $h < 400$ 时，取 $h = 400$；当 $h > 1600$ 时，取 $h = 1600$；对圆形、环形截面，取 $h = 2r$，此处，$r$ 为圆形截面半径或环形截面的外环半径。

**表 7.2.4　截面抵抗矩塑性影响系数基本值 $\gamma_m$**

| 项次 | 1 | 2 | 3 | | 4 | | 5 |
|---|---|---|---|---|---|---|---|
| 截面形状 | 矩形截面 | 翼缘位于受压区的T形截面 | 对称I形截面或箱形截面 | | 翼缘位于受拉区的倒T形截面 | | 圆形和环形截面 |
| | | | $b_f/b\leqslant2$、$h_f/h$为任意值 | $b_f/b>2$、$h_f/h<0.2$ | $b_f/b\leqslant2$、$h_f/h$为任意值 | $b_f/b>2$、$h_f/h<0.2$ | |
| $\gamma_m$ | 1.55 | 1.50 | 1.45 | 1.35 | 1.50 | 1.40 | $1.6-0.24r_1/r$ |

注：1　对 $b'_f>b_f$ 的I形截面，可按项次 2 与项次 3 之间的数值采用；对 $b'_f<b_f$ 的I形截面，可按项次 3 与项次 4 之间的数值采用；

2　对于箱形截面，$b$ 系指各肋宽度的总和；

3　$r_1$ 为环形截面的内环半径，对圆形截面取 $r_1$ 为零。

**7.2.5**　考虑荷载长期作用对挠度增大的影响系数 $\theta$ 可按下列规定取用：

**1**　钢筋混凝土受弯构件

当 $\rho'=0$ 时，取 $\theta=2.0$；当 $\rho'=\rho$ 时，取 $\theta=1.6$；当 $\rho'$ 为中间数值时，$\theta$ 按线性内插法取用。此处，$\rho'=A'_s/(bh_0)$，$\rho=A_s/(bh_0)$。

对翼缘位于受拉区的倒 T 形截面，$\theta$ 应增加 20%。

**2**　预应力混凝土受弯构件，取 $\theta=2.0$。

**7.2.6**　预应力混凝土受弯构件在使用阶段的预加力反拱值，可用结构力学方法按刚度 $E_cI_0$ 进行计算，并应考虑预压应力长期作用的影响，计算中预应力筋的应力应扣除全部预应力损失。简化计算时，可将计算的反拱值乘以增大系数 2.0。

对重要的或特殊的预应力混凝土受弯构件的长期反拱值，可根据专门的试验分析确定或根据配筋情况采用考虑收缩、徐变影响的计算方法分析确定。

**7.2.7**　对预应力混凝土构件应采取措施控制反拱和挠度，并宜符合下列规定：

**1**　当考虑反拱后计算的构件长期挠度不符合本规范第 3.4.3 条的有关规定时，可采用施工预先起拱等方式控制挠度；

**2**　对永久荷载相对于可变荷载较小的预应力混凝土构件，应考虑反拱过大对正常使用的不利影响，并应采取相应的设计和施工措施。

## 8.1　伸　缩　缝

**8.1.1**　钢筋混凝土结构伸缩缝的最大间距可按表 8.1.1 确定。

**表 8.1.1　钢筋混凝土结构伸缩缝最大间距（m）**

| 结构类别 | | 室内或土中 | 露　天 |
|---|---|---|---|
| 排架结构 | 装配式 | 100 | 70 |
| 框架结构 | 装配式 | 75 | 50 |
| | 现浇式 | 55 | 35 |
| 剪力墙结构 | 装配式 | 65 | 40 |
| | 现浇式 | 45 | 30 |

续表 8.1.1

| 结构类别 | | 室内或土中 | 露　天 |
|---|---|---|---|
| 挡土墙、地下室墙壁等类结构 | 装配式 | 40 | 30 |
| | 现浇式 | 30 | 20 |

注：1　装配整体式结构的伸缩缝间距，可根据结构的具体情况取表中装配式结构与现浇式结构之间的数值；
2　框架-剪力墙结构或框架-核心筒结构房屋的伸缩缝间距，可根据结构的具体情况取表中框架结构与剪力墙结构之间的数值；
3　当屋面无保温或隔热措施时，框架结构、剪力墙结构的伸缩缝间距宜按表中露天栏的数值取用；
4　现浇挑檐、雨罩等外露结构的局部伸缩缝间距不宜大于 12m。

**8.1.2**　对下列情况，本规范表 8.1.1 中的伸缩缝最大间距宜适当减小：

**1**　柱高（从基础顶面算起）低于 8m 的排架结构；

**2**　屋面无保温、隔热措施的排架结构；

**3**　位于气候干燥地区、夏季炎热且暴雨频繁地区的结构或经常处于高温作用下的结构；

**4**　采用滑模类工艺施工的各类墙体结构；

**5**　混凝土材料收缩较大，施工期外露时间较长的结构。

**8.1.3**　如有充分依据对下列情况，本规范表 8.1.1 中的伸缩缝最大间距可适当增大：

**1**　采取减小混凝土收缩或温度变化的措施；

**2**　采用专门的预加应力或增配构造钢筋的措施；

**3**　采用低收缩混凝土材料，采取跳仓浇筑、后浇带、控制缝等施工方法，并加强施工养护。

当伸缩缝间距增大较多时，尚应考虑温度变化和混凝土收缩对结构的影响。

**8.1.4**　当设置伸缩缝时，框架、排架结构的双柱基础可不断开。

## 8.2　混凝土保护层

**8.2.1**　构件中普通钢筋及预应力筋的混凝土保护层厚度应满足下列要求。

**1**　构件中受力钢筋的保护层厚度不应小于钢筋的公称直径 $d$；

**2**　设计使用年限为 50 年的混凝土结构，最外层钢筋的保护层厚度应符合表 8.2.1 的规定；设计使用年限为 100 年的混凝土结构，最外层钢筋的保护层厚度不应小于表 8.2.1 中数值的 1.4 倍。

**表 8.2.1　混凝土保护层的最小厚度 $c$（mm）**

| 环境类别 | 板、墙、壳 | 梁、柱、杆 |
|---|---|---|
| 一 | 15 | 20 |
| 二 a | 20 | 25 |
| 二 b | 25 | 35 |
| 三 a | 30 | 40 |
| 三 b | 40 | 50 |

注：1　混凝土强度等级不大于 C25 时，表中保护层厚度数值应增加 5mm；
2　钢筋混凝土基础宜设置混凝土垫层，基础中钢筋的混凝土保护层厚度应从垫层顶面算起，且不应小于 40mm。

**8.2.2** 当有充分依据并采取下列措施时，可适当减小混凝土保护层的厚度。

**1** 构件表面有可靠的防护层；

**2** 采用工厂化生产的预制构件；

**3** 在混凝土中掺加阻锈剂或采用阴极保护处理等防锈措施；

**4** 当对地下室墙体采取可靠的建筑防水做法或防护措施时，与土层接触一侧钢筋的保护层厚度可适当减少，但不应小于 25mm。

**8.2.3** 当梁、柱、墙中纵向受力钢筋的保护层厚度大于 50mm 时，宜对保护层采取有效的构造措施。当在保护层内配置防裂、防剥落的钢筋网片时，网片钢筋的保护层厚度不应小于 25mm。

## 8.3 钢筋的锚固

**8.3.1** 当计算中充分利用钢筋的抗拉强度时，受拉钢筋的锚固应符合下列要求：

**1** 基本锚固长度应按下列公式计算：

普通钢筋

$$l_{ab} = \alpha \frac{f_y}{f_t} d \qquad (8.3.1\text{-}1)$$

预应力筋

$$l_{ab} = \alpha \frac{f_{py}}{f_t} d \qquad (8.3.1\text{-}2)$$

式中：$l_{ab}$——受拉钢筋的基本锚固长度；

$f_y$、$f_{py}$——普通钢筋、预应力筋的抗拉强度设计值；

$f_t$——混凝土轴心抗拉强度设计值，当混凝土强度等级高于 C60 时，按 C60 取值；

$d$——锚固钢筋的直径；

$\alpha$——锚固钢筋的外形系数，按表 8.3.1 取用。

**表 8.3.1　锚固钢筋的外形系数 $\alpha$**

| 钢筋类型 | 光圆钢筋 | 带肋钢筋 | 螺旋肋钢丝 | 三股钢绞线 | 七股钢绞线 |
|---|---|---|---|---|---|
| $\alpha$ | 0.16 | 0.14 | 0.13 | 0.16 | 0.17 |

注：光圆钢筋末端应做 180°弯钩，弯后平直段长度不应小于 $3d$，但作受压钢筋时可不做弯钩。

**2** 受拉钢筋的锚固长度应根据锚固条件按下列公式计算，且不应小于 200mm：

$$l_a = \zeta_a l_{ab} \qquad (8.3.1\text{-}3)$$

式中：$l_a$——受拉钢筋的锚固长度；

$\zeta_a$——锚固长度修正系数，对普通钢筋按本规范第 8.3.2 条的规定取用，当多于一项时，可按连乘计算，但不应小于 0.6；对预应力筋，可取 1.0。

梁柱节点中纵向受拉钢筋的锚固要求应按本规范第 9.3 节（Ⅱ）中的规定执行。

**3** 当锚固钢筋的保护层厚度不大于 $5d$ 时，锚固长度范围内应配置横向构造钢筋，其直径不应小于 $d/4$；对梁、柱、斜撑等构件间距不应大于 $5d$，对板、墙等平面构件间距不应大于 $10d$，且均不应大于 100mm，此处 $d$ 为锚固钢筋的直径。

**8.3.2** 纵向受拉普通钢筋的锚固长度修正系数 $\zeta_a$ 应按下列规定取用：

**1** 当带肋钢筋的公称直径大于 25mm 时取 1.10；

**2** 环氧树脂涂层带肋钢筋取 1.25；

**3** 施工过程中易受扰动的钢筋取 1.10；

**4** 当纵向受力钢筋的实际配筋面积大于其设计计算面积时，修正系数取设计计算面积与实际配筋面积的比值，但对有抗震设防要求及直接承受动力荷载的结构构件，不应考虑此项修正；

**5** 锚固钢筋的保护层厚度为 $3d$ 时修正系数可取 0.80，保护层厚度为 $5d$ 时修正系数可取 0.70，中间按内插取值，此处 $d$ 为锚固钢筋的直径。

**8.3.3** 当纵向受拉普通钢筋末端采用弯钩或机械锚固措施时，包括弯钩或锚固端头在内的锚固长度（投影长度）可取为基本锚固长度 $l_{ab}$ 的 60%。弯钩和机械锚固的形式（图 8.3.3）和技术要求应符合表 8.3.3 的规定。

**表 8.3.3 钢筋弯钩和机械锚固的形式和技术要求**

| 锚固形式 | 技术要求 |
|---|---|
| 90°弯钩 | 末端 90°弯钩，弯钩内径 $4d$，弯后直段长度 $12d$ |
| 135°弯钩 | 末端 135°弯钩，弯钩内径 $4d$，弯后直段长度 $5d$ |
| 一侧贴焊锚筋 | 末端一侧贴焊长 $5d$ 同直径钢筋 |
| 两侧贴焊锚筋 | 末端两侧贴焊长 $3d$ 同直径钢筋 |
| 焊端锚板 | 末端与厚度 $d$ 的锚板穿孔塞焊 |
| 螺栓锚头 | 末端旋入螺栓锚头 |

注：1 焊缝和螺纹长度应满足承载力要求；

2 螺栓锚头和焊接锚板的承压净面积不应小于锚固钢筋截面积的 4 倍；

3 螺栓锚头的规格应符合相关标准的要求；

4 螺栓锚头和焊接锚板的钢筋净间距不宜小于 $4d$，否则应考虑群锚效应的不利影响；

5 截面角部的弯钩和一侧贴焊锚筋的布筋方向宜向截面内侧偏置。

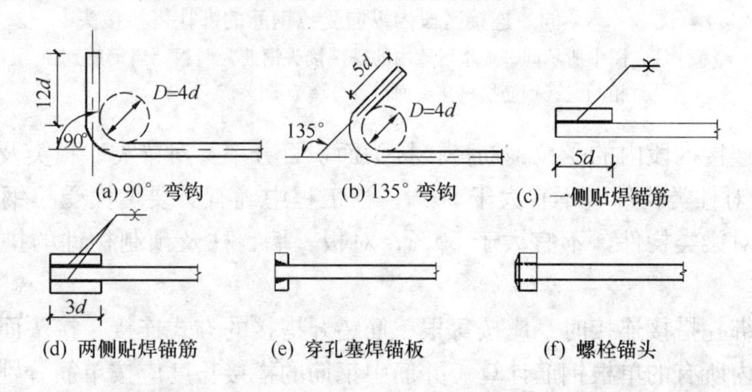


图 8.3.3 弯钩和机械锚固的形式和技术要求

**8.3.4** 混凝土结构中的纵向受压钢筋，当计算中充分利用其抗压强度时，锚固长度不应小于相应受拉锚固长度的 70%。

受压钢筋不应采用末端弯钩和一侧贴焊锚筋的锚固措施。

受压钢筋锚固长度范围内的横向构造钢筋应符合本规范第 8.3.1 条的有关规定。

**8.3.5**　承受动力荷载的预制构件，应将纵向受力普通钢筋末端焊接在钢板或角钢上，钢板或角钢应可靠地锚固在混凝土中。钢板或角钢的尺寸应按计算确定，其厚度不宜小于 10mm。

其他构件中受力普通钢筋的末端也可通过焊接钢板或型钢实现锚固。

## 8.4　钢筋的连接

**8.4.1**　钢筋连接可采用绑扎搭接、机械连接或焊接。机械连接接头及焊接接头的类型及质量应符合国家现行有关标准的规定。

混凝土结构中受力钢筋的连接接头宜设置在受力较小处。在同一根受力钢筋上宜少设接头。在结构的重要构件和关键传力部位，纵向受力钢筋不宜设置连接接头。

**8.4.2**　轴心受拉及小偏心受拉杆件的纵向受力钢筋不得采用绑扎搭接；其他构件中的钢筋采用绑扎搭接时，受拉钢筋直径不宜大于 25mm，受压钢筋直径不宜大于 28mm。

**8.4.3**　同一构件中相邻纵向受力钢筋的绑扎搭接接头宜互相错开。钢筋绑扎搭接接头连接区段的长度为 1.3 倍搭接长度，凡搭接接头中点位于该连接区段长度内的搭接接头均属于同一连接区段（图 8.4.3）。同一连接区段内纵向受力钢筋搭接接头面积百分率为该区段内有搭接接头的纵向受力钢筋与全部纵向受力钢筋截面面积的比值。当直径不同的钢筋搭接时，按直径较小的钢筋计算。

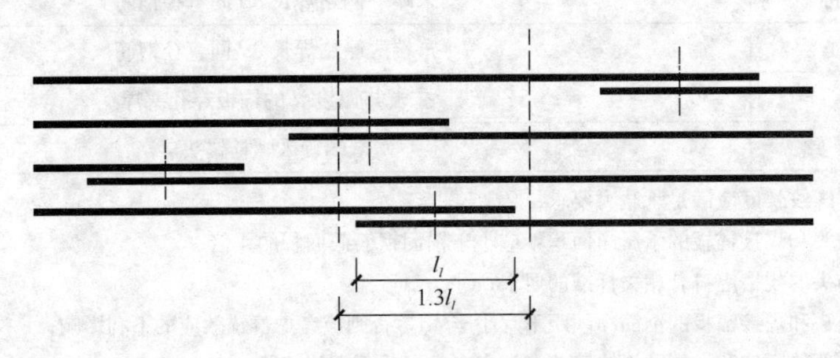


图 8.4.3　同一连接区段内纵向受拉钢筋的绑扎搭接接头

注：图中所示同一连接区段内的搭接接头钢筋为两根，当钢筋直径相同时，钢筋搭接接头面积百分率为 50%。

位于同一连接区段内的受拉钢筋搭接接头面积百分率：对梁类、板类及墙类构件，不宜大于 25%；对柱类构件，不宜大于 50%。当工程中确有必要增大受拉钢筋搭接接头面积百分率时，对梁类构件，不宜大于 50%；对板、墙、柱及预制构件的拼接处，可根据实际情况放宽。

并筋采用绑扎搭接连接时，应按每根单筋错开搭接的方式连接。接头面积百分率应按同一连接区段内所有的单根钢筋计算。并筋中钢筋的搭接长度应按单筋分别计算。

**8.4.4**　纵向受拉钢筋绑扎搭接接头的搭接长度，应根据位于同一连接区段内的钢筋搭接接头面积百分率按下列公式计算，且不应小于 300mm。

$$l_l = \zeta_l l_a \tag{8.4.4}$$

式中：$l_l$ ——纵向受拉钢筋的搭接长度；

$\zeta_l$——纵向受拉钢筋搭接长度修正系数，按表 8.4.4 取用。当纵向搭接钢筋接头面积百分率为表的中间值时，修正系数可按内插取值。

**表 8.4.4 纵向受拉钢筋搭接长度修正系数**

| 纵向搭接钢筋接头面积百分率（%） | ≤25 | 50 | 100 |
|---|---|---|---|
| $\zeta_l$ | 1.2 | 1.4 | 1.6 |

**8.4.5** 构件中的纵向受压钢筋当采用搭接连接时，其受压搭接长度不应小于本规范第 8.4.4 条纵向受拉钢筋搭接长度的 70%，且不应小于 200mm。

**8.4.6** 在梁、柱类构件的纵向受力钢筋搭接长度范围内的横向构造钢筋应符合本规范第 8.3.1 条的要求；当受压钢筋直径大于 25mm 时，尚应在搭接接头两个端面外 100mm 的范围内各设置两道箍筋。

**8.4.7** 纵向受力钢筋的机械连接接头宜相互错开。钢筋机械连接区段的长度为 $35d$，$d$ 为连接钢筋的较小直径。凡接头中点位于该连接区段长度内的机械连接接头均属于同一连接区段。

位于同一连接区段内的纵向受拉钢筋接头面积百分率不宜大于 50%；但对板、墙、柱及预制构件的拼接处，可根据实际情况放宽。纵向受压钢筋的接头百分率可不受限制。

机械连接套筒的保护层厚度宜满足有关钢筋最小保护层厚度的规定。机械连接套筒的横向净间距不宜小于 25mm；套筒处箍筋的间距仍应满足相应的构造要求。

直接承受动力荷载结构构件中的机械连接接头，除应满足设计要求的抗疲劳性能外，位于同一连接区段内的纵向受力钢筋接头面积百分率不应大于 50%。

**8.4.8** 细晶粒热轧带肋钢筋以及直径大于 28mm 的带肋钢筋，其焊接应经试验确定；余热处理钢筋不宜焊接。

纵向受力钢筋的焊接接头应相互错开。钢筋焊接接头连接区段的长度为 $35d$ 且不小于 500mm，$d$ 为连接钢筋的较小直径，凡接头中点位于该连接区段长度内的焊接接头均属于同一连接区段。

纵向受拉钢筋的接头面积百分率不宜大于 50%，但对预制构件的拼接处，可根据实际情况放宽。纵向受压钢筋的接头百分率可不受限制。

**8.4.9** 需进行疲劳验算的构件，其纵向受拉钢筋不得采用绑扎搭接接头，也不宜采用焊接接头，除端部锚固外不得在钢筋上焊有附件。

当直接承受吊车荷载的钢筋混凝土吊车梁、屋面梁及屋架下弦的纵向受拉钢筋采用焊接接头时，应符合下列规定：

**1** 应采用闪光接触对焊，并去掉接头的毛刺及卷边；

**2** 同一连接区段内纵向受拉钢筋焊接接头面积百分率不应大于 25%，焊接接头连接区段的长度应取为 $45d$，$d$ 为纵向受力钢筋的较大直径；

**3** 疲劳验算时，焊接接头应符合本规范第 4.2.6 条疲劳应力幅限值的规定。

## 8.5 纵向受力钢筋的最小配筋率

**8.5.1 钢筋混凝土结构构件中纵向受力钢筋的配筋百分率 $\rho_{min}$ 不应小于表 8.5.1 规定的数值。**

表 8.5.1　纵向受力钢筋的最小配筋百分率 $\rho_{min}$（%）

<table>
<tr><td colspan="3">受 力 类 型</td><td>最小配筋百分率</td></tr>
<tr><td rowspan="4">受压构件</td><td rowspan="3">全部纵向钢筋</td><td>强度等级 500MPa</td><td>0.50</td></tr>
<tr><td>强度等级 400MPa</td><td>0.55</td></tr>
<tr><td>强度等级 300MPa、335MPa</td><td>0.60</td></tr>
<tr><td colspan="2">一侧纵向钢筋</td><td>0.20</td></tr>
<tr><td colspan="3">受弯构件、偏心受拉、轴心受拉构件一侧的受拉钢筋</td><td>0.20 和 $45f_t/f_y$ 中的较大值</td></tr>
</table>

注：1　受压构件全部纵向钢筋最小配筋百分率，当采用 C60 以上强度等级的混凝土时，应按表中规定增加 0.10；

2　板类受弯构件（不包括悬臂板）的受拉钢筋，当采用强度等级 400MPa、500MPa 的钢筋时，其最小配筋百分率应允许采用 0.15 和 $45f_t/f_y$ 中的较大值；

3　偏心受拉构件中的受压钢筋，应按受压构件一侧纵向钢筋考虑；

4　受压构件的全部纵向钢筋和一侧纵向钢筋的配筋率以及轴心受拉构件和小偏心受拉构件一侧受拉钢筋的配筋率均应按构件的全截面面积计算；

5　受弯构件、大偏心受拉构件一侧受拉钢筋的配筋率应按全截面面积扣除受压翼缘面积 $(b'_f-b)\ h'_f$ 后的截面面积计算；

6　当钢筋沿构件截面周边布置时，"一侧纵向钢筋"系指沿受力方向两个对边中一边布置的纵向钢筋。

**8.5.2**　卧置于地基上的混凝土板，板中受拉钢筋的最小配筋率可适当降低，但不应小于 0.15%。

**8.5.3**　对结构中次要的钢筋混凝土受弯构件，当构造所需截面高度远大于承载的需求时，其纵向受拉钢筋的配筋率可按下列公式计算：

$$\rho_s \geqslant \frac{h_{cr}}{h}\rho_{min} \tag{8.5.3-1}$$

$$h_{cr} = 1.05\sqrt{\frac{M}{\rho_{min} f_y b}} \tag{8.5.3-2}$$

式中：$\rho_s$——构件按全截面计算的纵向受拉钢筋的配筋率；

$\rho_{min}$——纵向受力钢筋的最小配筋率，按本规范第 8.5.1 条取用；

$h_{cr}$——构件截面的临界高度，当小于 $h/2$ 时取 $h/2$；

$h$——构件截面的高度；

$b$——构件的截面宽度；

$M$——构件的正截面受弯承载力设计值。

## 9.1　板

**9.1.1**　混凝土板按下列原则进行计算：

**1**　两对边支承的板应按单向板计算；

**2**　四边支承的板应按下列规定计算：

**1）**当长边与短边长度之比不大于 2.0 时，应按双向板计算；

**2）**当长边与短边长度之比大于 2.0，但小于 3.0 时，宜按双向板计算；

**3）**当长边与短边长度之比不小于 3.0 时，宜按沿短边方向受力的单向板计算，并应沿长边方向布置构造钢筋。

**9.1.2**　现浇混凝土板的尺寸宜符合下列规定：

**1** 板的跨厚比：钢筋混凝土单向板不大于30，双向板不大于40；无梁支承的有柱帽板不大于35，无梁支承的无柱帽板不大于30。预应力板可适当增加；当板的荷载、跨度较大时宜适当减小。

**2** 现浇钢筋混凝土板的厚度不应小于表9.1.2规定的数值。

**表 9.1.2 现浇钢筋混凝土板的最小厚度**（mm）

| 板的类别 | | 最小厚度 |
| --- | --- | --- |
| 单向板 | 屋面板 | 60 |
| | 民用建筑楼板 | 60 |
| | 工业建筑楼板 | 70 |
| | 行车道下的楼板 | 80 |
| 双向板 | | 80 |
| 密肋楼盖 | 面板 | 50 |
| | 肋高 | 250 |
| 悬臂板(根部) | 悬臂长度不大于500mm | 60 |
| | 悬臂长度1200mm | 100 |
| 无梁楼板 | | 150 |
| 现浇空心楼盖 | | 200 |

**9.1.3** 板中受力钢筋的间距，当板厚不大于150mm时不宜大于200mm；当板厚大于150mm时不宜大于板厚的1.5倍，且不宜大于250mm。

**9.1.4** 采用分离式配筋的多跨板，板底钢筋宜全部伸入支座；支座负弯矩钢筋向跨内延伸的长度应根据负弯矩图确定，并满足钢筋锚固的要求。

简支板或连续板下部纵向受力钢筋伸入支座的锚固长度不应小于钢筋直径的5倍，且宜伸过支座中心线。当连续板内温度、收缩应力较大时，伸入支座的长度宜适当增加。

**9.1.5** 现浇混凝土空心楼板的体积空心率不宜大于50%。

采用箱型内孔时，顶板厚度不应小于肋间净距的1/15且不应小于50mm。当底板配置受力钢筋时，其厚度不应小于50mm。内孔间肋宽与内孔高度比不宜小于1/4，且肋宽不应小于60mm，对预应力板不应小于80mm。

采用管型内孔时，孔顶、孔底板厚均不应小于40mm，肋宽与内孔径之比不宜小于1/5，且肋宽不应小于50mm，对预应力板不应小于60mm。

**9.1.6** 按简支边或非受力边设计的现浇混凝土板，当与混凝土梁、墙整体浇筑或嵌固在砌体墙内时，应设置板面构造钢筋，并符合下列要求：

**1** 钢筋直径不宜小于8mm，间距不宜大于200mm，且单位宽度内的配筋面积不宜小于跨中相应方向板底钢筋截面面积的1/3。与混凝土梁、混凝土墙整体浇筑单向板的非受力方向，钢筋截面面积尚不宜小于受力方向跨中板底钢筋截面面积的1/3。

**2** 钢筋从混凝土梁边、柱边、墙边伸入板内的长度不宜小于$l_0/4$，砌体墙支座处钢筋伸入板边的长度不宜小于$l_0/7$，其中计算跨度$l_0$对单向板按受力方向考虑，对双向板按短边方向考虑。

**3** 在楼板角部，宜沿两个方向正交、斜向平行或放射状布置附加钢筋。

**4**　钢筋应在梁内、墙内或柱内可靠锚固。

**9.1.7**　当按单向板设计时，应在垂直于受力的方向布置分布钢筋，单位宽度上的配筋不宜小于单位宽度上的受力钢筋的15%，且配筋率不宜小于0.15%；分布钢筋直径不宜小于6mm，间距不宜大于250mm；当集中荷载较大时，分布钢筋的配筋面积尚应增加，且间距不宜大于200mm。

当有实践经验或可靠措施时，预制单向板的分布钢筋可不受本条的限制。

**9.1.8**　在温度、收缩应力较大的现浇板区域，应在板的表面双向配置防裂构造钢筋。配筋率均不宜小于0.10%，间距不宜大于200mm。防裂构造钢筋可利用原有钢筋贯通布置，也可另行设置钢筋并与原有钢筋按受拉钢筋的要求搭接或在周边构件中锚固。

楼板平面的瓶颈部位宜适当增加板厚和配筋。沿板的洞边、凹角部位宜加配防裂构造钢筋，并采取可靠的锚固措施。

**9.1.9**　混凝土厚板及卧置于地基上的基础筏板，当板的厚度大于2m时，除应沿板的上、下表面布置的纵、横方向钢筋外，尚宜在板厚度不超过1m范围内设置与板面平行的构造钢筋网片，网片钢筋直径不宜小于12mm，纵横方向的间距不宜大于300mm。

**9.1.10**　当混凝土板的厚度不小于150mm时，对板的无支承边的端部，宜设置U形构造钢筋并与板顶、板底的钢筋搭接，搭接长度不宜小于U形构造钢筋直径的15倍且不宜小于200mm；也可采用板面、板底钢筋分别向下、上弯折搭接的形式。

**9.1.11**　混凝土板中配置抗冲切箍筋或弯起钢筋时，应符合下列构造要求：

**1**　板的厚度不应小于150mm；

**2**　按计算所需的箍筋及相应的架立钢筋应配置在与45°冲切破坏锥面相交的范围内，且从集中荷载作用面或柱截面边缘向外的分布长度不应小于$1.5h_0$（图9.1.11a）；箍筋直径不应小于6mm，且应做成封闭式，间距不应大于$h_0/3$，且不应大于100mm；

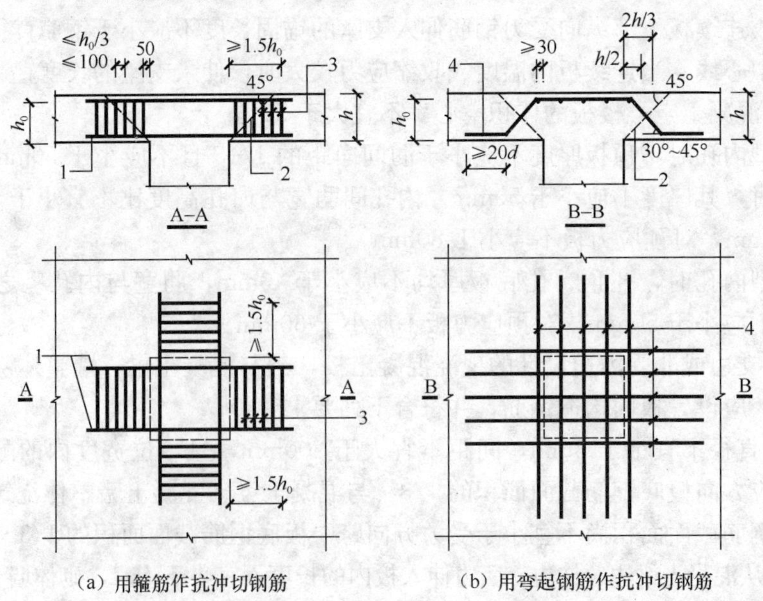


（a）用箍筋作抗冲切钢筋　　（b）用弯起钢筋作抗冲切钢筋

图9.1.11　板中抗冲切钢筋布置

注：图中尺寸单位mm。

1—架立钢筋；2—冲切破坏锥面；3—箍筋；4—弯起钢筋

**3** 按计算所需弯起钢筋的弯起角度可根据板的厚度在30°～45°之间选取；弯起钢筋的倾斜段应与冲切破坏锥面相交（图 9.1.11b），其交点应在集中荷载作用面或柱截面边缘以外(1/2～2/3) $h$ 的范围内。弯起钢筋直径不宜小于 12mm，且每一方向不宜少于 3 根。

**9.1.12** 板柱节点可采用带柱帽或托板的结构形式。板柱节点的形状、尺寸应包容 45°的冲切破坏锥体，并应满足受冲切承载力的要求。

柱帽的高度不应小于板的厚度 $h$；托板的厚度不应小于 $h/4$。柱帽或托板在平面两个方向上的尺寸均不宜小于同方向上柱截面宽度 $b$ 与 $4h$ 的和（图 9.1.12）。

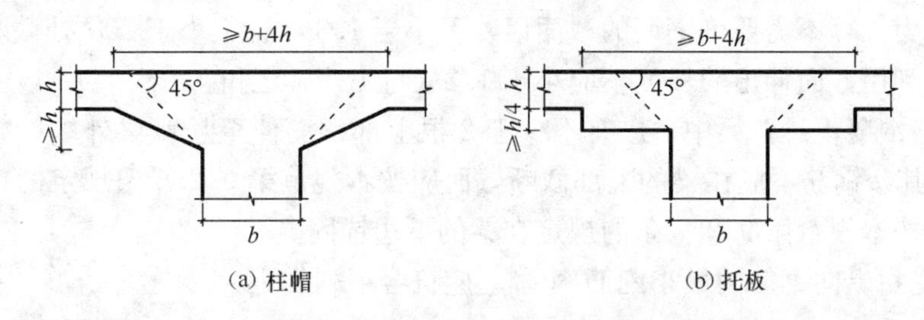


图 9.1.12 带柱帽或托板的板柱结构

## 9.2 梁

**9.2.1** 梁的纵向受力钢筋应符合下列规定：

**1** 伸入梁支座范围内的钢筋不应少于 2 根。

**2** 梁高不小于 300mm 时，钢筋直径不应小于 10mm；梁高小于 300mm 时，钢筋直径不应小于 8mm。

**3** 梁上部钢筋水平方向的净间距不应小于 30mm 和 $1.5d$；梁下部钢筋水平方向的净间距不应小于 25mm 和 $d$。当下部钢筋多于 2 层时，2 层以上钢筋水平方向的中距应比下面 2 层的中距增大一倍；各层钢筋之间的净间距不应小于 25mm 和 $d$，$d$ 为钢筋的最大直径。

**4** 在梁的配筋密集区域宜采用并筋的配筋形式。

**9.2.2** 钢筋混凝土简支梁和连续梁简支端的下部纵向受力钢筋，从支座边缘算起伸入支座内的锚固长度应符合下列规定：

**1** 当 $V$ 不大于 $0.7f_tbh_0$ 时，不小于 $5d$；当 $V$ 大于 $0.7f_tbh_0$ 时，对带肋钢筋不小于 $12d$，对光圆钢筋不小于 $15d$，$d$ 为钢筋的最大直径；

**2** 如纵向受力钢筋伸入梁支座范围内的锚固长度不符合本条第 1 款要求时，可采取弯钩或机械锚固措施，并应满足本规范第 8.3.3 条的规定采取有效的锚固措施；

**3** 支承在砌体结构上的钢筋混凝土独立梁，在纵向受力钢筋的锚固长度范围内应配置不少于 2 个箍筋，其直径不宜小于 $d/4$，$d$ 为纵向受力钢筋的最大直径；间距不宜大于 $10d$，当采取机械锚固措施时箍筋间距尚不宜大于 $5d$，$d$ 为纵向受力钢筋的最小直径。

注：混凝土强度等级为 C25 及以下的简支梁和连续梁的简支端，当距支座边 $1.5h$ 范围内作用有集中荷载，且 $V$ 大于 $0.7f_tbh_0$ 时，对带肋钢筋宜采取有效的锚固措施，或取锚固长度不小于 $15d$，$d$ 为锚固钢筋的直径。

**9.2.3** 钢筋混凝土梁支座截面负弯矩纵向受拉钢筋不宜在受拉区截断，当需要截断时，应符合以下规定：

**1** 当$V$不大于$0.7f_tbh_0$时，应延伸至按正截面受弯承载力计算不需要该钢筋的截面以外不小于$20d$处截断，且从该钢筋强度充分利用截面伸出的长度不应小于$1.2l_a$；

**2** 当$V$大于$0.7f_tbh_0$时，应延伸至按正截面受弯承载力计算不需要该钢筋的截面以外不小于$h_0$且不小于$20d$处截断，且从该钢筋强度充分利用截面伸出的长度不应小于$1.2l_a$与$h_0$之和；

**3** 若按本条第1、2款确定的截断点仍位于负弯矩对应的受拉区内，则应延伸至按正截面受弯承载力计算不需要该钢筋的截面以外不小于$1.3h_0$且不小于$20d$处截断，且从该钢筋强度充分利用截面伸出的长度不应小于$1.2l_a$与$1.7h_0$之和。

**9.2.4** 在钢筋混凝土悬臂梁中，应有不少于2根上部钢筋伸至悬臂梁外端，并向下弯折不小于$12d$；其余钢筋不应在梁的上部截断，而应按本规范第9.2.8条规定的弯起点位置向下弯折，并按本规范第9.2.7条的规定在梁的下边锚固。

**9.2.5** 梁内受扭纵向钢筋的最小配筋率$\rho_{tl,\min}$应符合下列规定：

$$\rho_{tl,\min}=0.6\sqrt{\frac{T}{Vb}}\frac{f_t}{f_y} \tag{9.2.5}$$

当$T/(Vb)>2.0$时，取$T/(Vb)=2.0$。

式中：$\rho_{tl,\min}$——受扭纵向钢筋的最小配筋率，取$A_{stl}/(bh)$；

$b$——受剪的截面宽度，按本规范第6.4.1条的规定取用，对箱形截面构件，$b$应以$b_h$代替；

$A_{stl}$——沿截面周边布置的受扭纵向钢筋总截面面积。

沿截面周边布置受扭纵向钢筋的间距不应大于200mm及梁截面短边长度；除应在梁截面四角设置受扭纵向钢筋外，其余受扭纵向钢筋宜沿截面周边均匀对称布置。受扭纵向钢筋应按受拉钢筋锚固在支座内。

在弯剪扭构件中，配置在截面弯曲受拉边的纵向受力钢筋，其截面面积不应小于按本规范第8.5.1条规定的受弯构件受拉钢筋最小配筋率计算的钢筋截面面积与按本条受扭纵向钢筋配筋率计算并分配到弯曲受拉边的钢筋截面面积之和。

**9.2.6** 梁的上部纵向构造钢筋应符合下列要求：

**1** 当梁端按简支计算但实际受到部分约束时，应在支座区上部设置纵向构造钢筋。其截面面积不应小于梁跨中下部纵向受力钢筋计算所需截面面积的1/4，且不应少于2根。该纵向构造钢筋自支座边缘向跨内伸出的长度不应小于$l_0/5$，$l_0$为梁的计算跨度。

**2** 对架立钢筋，当梁的跨度小于4m时，直径不宜小于8mm；当梁的跨度为4m～6m时，直径不应小于10mm；当梁的跨度大于6m时，直径不宜小于12mm。

**9.2.7** 混凝土梁宜采用箍筋作为承受剪力的钢筋。

当采用弯起钢筋时，弯起角宜取45°或60°；在弯终点外应留有平行于梁轴线方向的锚固长度，且在受拉区不应小于$20d$，在受压区不应小于$10d$，$d$为弯起钢筋的直径；梁底层钢筋中的角部钢筋不应弯起，顶层钢筋中的角部钢筋不应弯下。

**9.2.8** 在混凝土梁的受拉区中，弯起钢筋的弯起点可设在按正截面受弯承载力计算不需要该钢筋的截面之前，但弯起钢筋与梁中心线的交点应位于不需要该钢筋的截面之外（图

9.2.8)；同时弯起点与按计算充分利用该钢筋的截面之间的距离不应小于 $h_0/2$。

当按计算需要设置弯起钢筋时，从支座起前一排的弯起点至后一排的弯终点的距离不应大于本规范表 9.2.9 中"$V>0.7f_tbh_0+0.05N_{p0}$"时的箍筋最大间距。弯起钢筋不得采用浮筋。

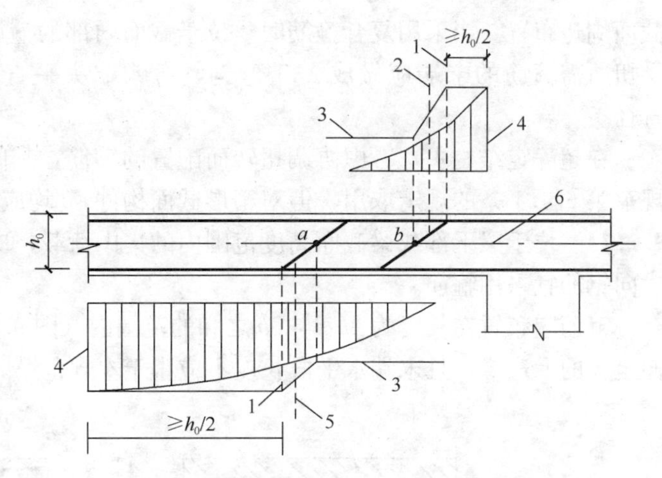


图 9.2.8　弯起钢筋弯起点与弯矩图的关系

1—受拉区的弯起点；2—按计算不需要钢筋"b"的截面；3—正截面受弯承载力图；4—按计算充分利用钢筋"a"或"b"强度的截面；5—按计算不需要钢筋"a"的截面；6—梁中心线

**9.2.9**　梁中箍筋的配置应符合下列规定：

**1**　按承载力计算不需要箍筋的梁，当截面高度大于 300mm 时，应沿梁全长设置构造箍筋；当截面高度 $h=150\text{mm}\sim300\text{mm}$ 时，可仅在构件端部 $l_0/4$ 范围内设置构造箍筋，$l_0$ 为跨度。但当在构件中部 $l_0/2$ 范围内有集中荷载作用时，则应沿梁全长设置箍筋。当截面高度小于 150mm 时，可以不设置箍筋。

**2**　截面高度大于 800mm 的梁，箍筋直径不宜小于 8mm；对截面高度不大于 800mm 的梁，不宜小于 6mm。梁中配有计算需要的纵向受压钢筋时，箍筋直径尚不应小于 $d/4$，$d$ 为受压钢筋最大直径。

**3**　梁中箍筋的最大间距宜符合表 9.2.9 的规定；当 $V$ 大于 $0.7f_tbh_0+0.05N_{p0}$ 时，箍筋的配筋率 $\rho_{sv}$ [$\rho_{sv}=A_{sv}/(bs)$] 尚不应小于 $0.24f_t/f_{yv}$。

**表 9.2.9　梁中箍筋的最大间距**（mm）

| 梁高 $h$ | $V>0.7f_tbh_0+0.05N_{p0}$ | $V\leqslant0.7f_tbh_0+0.05N_{p0}$ |
|---|---|---|
| $150<h\leqslant300$ | 150 | 200 |
| $300<h\leqslant500$ | 200 | 300 |
| $500<h\leqslant800$ | 250 | 350 |
| $h>800$ | 300 | 400 |

**4**　当梁中配有按计算需要的纵向受压钢筋时，箍筋应符合以下规定：

**1)** 箍筋应做成封闭式，且弯钩直线段长度不应小于 $5d$，$d$ 为箍筋直径。

**2)** 箍筋的间距不应大于 $15d$，并不应大于 400mm。当一层内的纵向受压钢筋多于 5 根且直径大于 18mm 时，箍筋间距不应大于 $10d$，$d$ 为纵向受压钢筋的最小直径。

**3)** 当梁的宽度大于 400mm 且一层内的纵向受压钢筋多于 3 根时，或当梁的宽度不大于 400mm 但一层内的纵向受压钢筋多于 4 根时，应设置复合箍筋。

**9.2.10**　在弯剪扭构件中，箍筋的配筋率 $\rho_{sv}$ 不应小于 $0.28f_t/f_{yv}$。

箍筋间距应符合本规范表 9.2.9 的规定，其中受扭所需的箍筋应做成封闭式，且应沿截面周边布置。当采用复合箍筋时，位于截面内部的箍筋不应计入受扭所需的箍筋面积。受扭所需箍筋的末端应做成 135°弯钩，弯钩端头平直段长度不应小于 $10d$，$d$ 为箍筋直径。

在超静定结构中，考虑协调扭转而配置的箍筋，其间距不宜大于 $0.75b$，此处 $b$ 按本规范第 6.4.1 条的规定取用，但对箱形截面构件，$b$ 均应以 $b_h$ 代替。

**9.2.11**　位于梁下部或梁截面高度范围内的集中荷载，应全部由附加横向钢筋承担；附加横向钢筋宜采用箍筋。

箍筋应布置在长度为 $2h_1$ 与 $3b$ 之和的范围内（图 9.2.11）。当采用吊筋时，弯起段应伸至梁的上边缘，且末端水平段长度不应小于本规范第 9.2.7 条的规定。

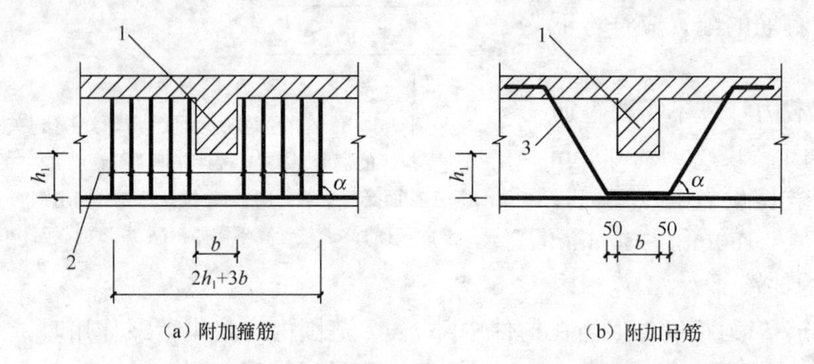


图 9.2.11　梁截面高度范围内有集中荷载作用时附加横向钢筋的布置

注：图中尺寸单位 mm。

1—传递集中荷载的位置；2—附加箍筋；3—附加吊筋

附加横向钢筋所需的总截面面积应符合下列规定：

$$A_{sv} \geqslant \frac{F}{f_{yv}\sin\alpha} \tag{9.2.11}$$

式中：$A_{sv}$ ——承受集中荷载所需的附加横向钢筋总截面面积；当采用附加吊筋时，$A_{sv}$ 应为左、右弯起段截面面积之和；

$F$——作用在梁的下部或梁截面高度范围内的集中荷载设计值；

$\alpha$——附加横向钢筋与梁轴线间的夹角。

**9.2.12**　折梁的内折角处应增设箍筋（图 9.2.12）。箍筋应能承受未在压区锚固纵向受拉钢筋的合力，且在任何情况下不应小于全部纵向钢筋合力的 35%。

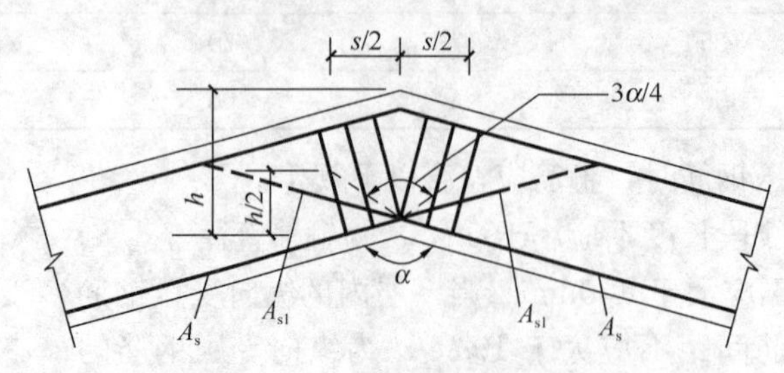


图 9.2.12　折梁内折角处的配筋

由箍筋承受的纵向受拉钢筋的合力按下列公式计算：

未在受压区锚固的纵向受拉钢筋的合力为：

$$N_{s1} = 2f_y A_{s1}\cos\frac{\alpha}{2} \tag{9.2.12-1}$$

全部纵向受拉钢筋合力的 35%为：

$$N_{s2} = 0.7 f_y A_s \cos \frac{\alpha}{2} \tag{9.2.12-2}$$

式中：$A_s$——全部纵向受拉钢筋的截面面积；

$A_{s1}$——未在受压区锚固的纵向受拉钢筋的截面面积；

$\alpha$——构件的内折角。

按上述条件求得的箍筋应设置在长度 $s$ 等于 $h\tan(3\alpha/8)$ 的范围内。

**9.2.13** 梁的腹板高度 $h_w$ 不小于 450mm 时，在梁的两个侧面应沿高度配置纵向构造钢筋。每侧纵向构造钢筋（不包括梁上、下部受力钢筋及架立钢筋）的间距不宜大于 200mm，截面面积不应小于腹板截面面积（$bh_w$）的 0.1%，但当梁宽较大时可以适当放松。此处，腹板高度 $h_w$ 按本规范第 6.3.1 条的规定取用。

**9.2.14** 薄腹梁或需作疲劳验算的钢筋混凝土梁，应在下部 1/2 梁高的腹板内沿两侧配置直径 8mm～14mm 的纵向构造钢筋，其间距为 100mm～150mm 并按下密上疏的方式布置。在上部1/2梁高的腹板内，纵向构造钢筋可按本规范第 9.2.13 条的规定配置。

**9.2.15** 当梁的混凝土保护层厚度大于 50mm 且配置表层钢筋网片时，应符合下列规定：

**1** 表层钢筋宜采用焊接网片，其直径不宜大于 8mm，间距不应大于 150mm；网片应配置在梁底和梁侧，梁侧的网片钢筋应延伸至梁高的 2/3 处。

**2** 两个方向上表层网片钢筋的截面积均不应小于相应混凝土保护层（图 9.2.15 阴影部分）面积的 1%。

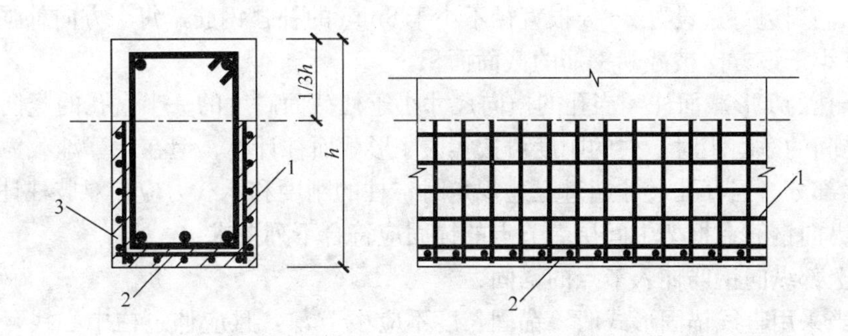


图 9.2.15 配置表层钢筋网片的构造要求

1—梁侧表层钢筋网片；2—梁底表层钢筋网片；3—配置网片钢筋区域

**9.2.16** 深受弯构件的设计应符合本规范附录 G 的规定。

## 9.3 柱、梁柱节点及牛腿

**9.3.1** 柱中纵向钢筋的配置应符合下列规定：

**1** 纵向受力钢筋直径不宜小于 12mm；全部纵向钢筋的配筋率不宜大于 5%；

**2** 柱中纵向钢筋的净间距不应小于 50mm，且不宜大于 300mm；

**3** 偏心受压柱的截面高度不小于 600mm 时，在柱的侧面上应设置直径不小于 10mm 的纵向构造钢筋，并相应设置复合箍筋或拉筋；

**4** 圆柱中纵向钢筋不宜少于 8 根，不应少于 6 根，且宜沿周边均匀布置；

**5** 在偏心受压柱中，垂直于弯矩作用平面的侧面上的纵向受力钢筋以及轴心受压柱中各边的纵向受力钢筋，其中距不宜大于 300mm。

注：水平浇筑的预制柱，纵向钢筋的最小净间距可按本规范第 9.2.1 条关于梁的有关规定取用。

**9.3.2** 柱中的箍筋应符合下列规定：

**1** 箍筋直径不应小于 $d/4$，且不应小于 6mm，$d$ 为纵向钢筋的最大直径；

**2** 箍筋间距不应大于 400mm 及构件截面的短边尺寸，且不应大于 $15d$，$d$ 为纵向钢筋的最小直径；

**3** 柱及其他受压构件中的周边箍筋应做成封闭式；对圆柱中的箍筋，搭接长度不应小于本规范第 8.3.1 条规定的锚固长度，且末端应做成 135°弯钩，弯钩末端平直段长度不应小于 $5d$，$d$ 为箍筋直径；

**4** 当柱截面短边尺寸大于 400mm 且各边纵向钢筋多于 3 根时，或当柱截面短边尺寸不大于 400mm 但各边纵向钢筋多于 4 根时，应设置复合箍筋；

**5** 柱中全部纵向受力钢筋的配筋率大于 3%时，箍筋直径不应小于 8mm，间距不应大于 $10d$，且不应大于 200mm。箍筋末端应做成 135°弯钩，且弯钩末端平直段长度不应小于 $10d$，$d$ 为纵向受力钢筋的最小直径；

**6** 在配有螺旋式或焊接环式箍筋的柱中，如在正截面受压承载力计算中考虑间接钢筋的作用时，箍筋间距不应大于 80mm 及 $d_{cor}/5$，且不宜小于 40mm，$d_{cor}$为按箍筋内表面确定的核心截面直径。

**9.3.3** I 形截面柱的翼缘厚度不宜小于 120mm，腹板厚度不宜小于 100mm。当腹板开孔时，宜在孔洞周边每边设置 2～3 根直径不小于 8mm 的补强钢筋，每个方向补强钢筋的截面面积不宜小于该方向被截断钢筋的截面面积。

腹板开孔的 I 形截面柱，当孔的横向尺寸小于柱截面高度的一半、孔的竖向尺寸小于相邻两孔之间的净间距时，柱的刚度可按实腹 I 形截面柱计算，但在计算承载力时应扣除孔洞的削弱部分。当开孔尺寸超过上述规定时，柱的刚度和承载力应按双肢柱计算。

**9.3.4** 梁纵向钢筋在框架中间层端节点的锚固应符合下列要求：

**1** 梁上部纵向钢筋伸入节点的锚固：

**1）** 当采用直线锚固形式时，锚固长度不应小于 $l_a$，且应伸过柱中心线，伸过的长度不宜小于 $5d$，$d$ 为梁上部纵向钢筋的直径。

**2）** 当柱截面尺寸不满足直线锚固要求时，梁上部纵向钢筋可采用本规范第 8.3.3 条钢筋端部加机械锚头的锚固方式。梁上部纵向钢筋宜伸至柱外侧纵向钢筋内边，包括机械锚头在内的水平投影锚固长度不应小于 $0.4l_{ab}$（图 9.3.4a）。

**3）** 梁上部纵向钢筋也可采用 90°弯折锚固的方式，此时梁上部纵向钢筋应伸至柱外侧纵向钢筋内边并向节点内弯折，其包含弯弧在内的水平投影长度不应小于 $0.4l_{ab}$，弯折钢筋在弯折平面内包含弯弧段的投影长度不应小于 $15d$（图 9.3.4b）。

**2** 框架梁下部纵向钢筋伸入端节点的锚固：

**1）** 当计算中充分利用该钢筋的抗拉强度时，钢筋的锚固方式及长度应与上部钢筋的规定相同。

**2）** 当计算中不利用该钢筋的强度或仅利用该钢筋的抗压强度时，伸入节点的锚固

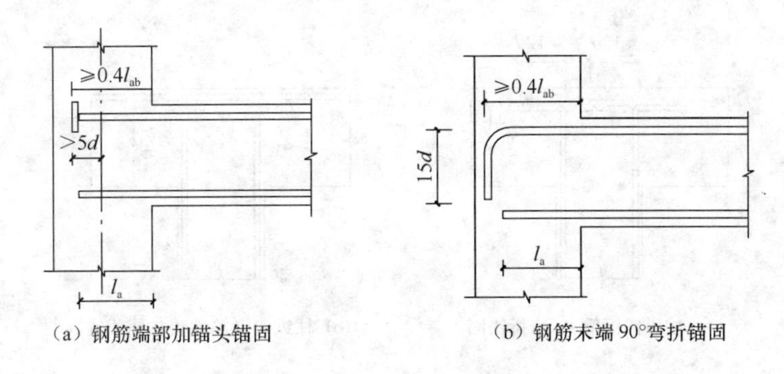


（a）钢筋端部加锚头锚固　　（b）钢筋末端 90°弯折锚固

图 9.3.4　梁上部纵向钢筋在中间层端节点内的锚固

长度应分别符合本规范第 9.3.5 条中间节点梁下部纵向钢筋锚固的规定。

**9.3.5**　框架中间层中间节点或连续梁中间支座，梁的上部纵向钢筋应贯穿节点或支座。梁的下部纵向钢筋宜贯穿节点或支座。当必须锚固时，应符合下列锚固要求：

**1**　当计算中不利用该钢筋的强度时，其伸入节点或支座的锚固长度对带肋钢筋不小于 12$d$，对光面钢筋不小于 15$d$，$d$ 为钢筋的最大直径；

**2**　当计算中充分利用钢筋的抗压强度时，钢筋应按受压钢筋锚固在中间节点或中间支座内，其直线锚固长度不应小于 0.7$l_a$；

**3**　当计算中充分利用钢筋的抗拉强度时，钢筋可采用直线方式锚固在节点或支座内，锚固长度不应小于钢筋的受拉锚固长度 $l_a$（图 9.3.5a）；

**4**　当柱截面尺寸不足时，宜按本规范第 9.3.4 条第 1 款的规定采用钢筋端部加锚头的机械锚固措施，也可采用 90°弯折锚固的方式；

**5**　钢筋可在节点或支座外梁中弯矩较小处设置搭接接头，搭接长度的起始点至节点或支座边缘的距离不应小于 1.5$h_0$（图 9.3.5b）。

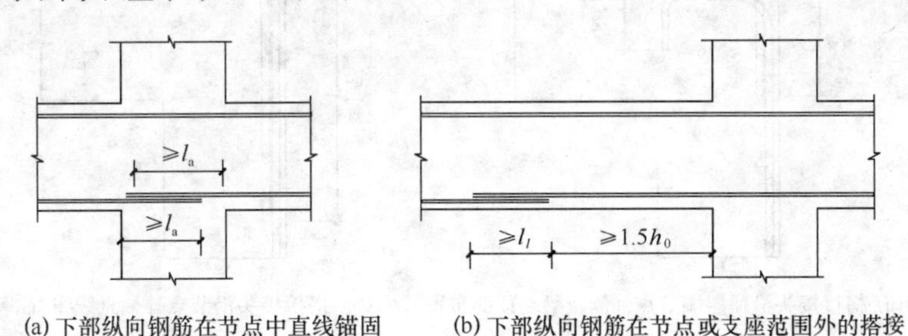


(a) 下部纵向钢筋在节点中直线锚固　　(b) 下部纵向钢筋在节点或支座范围外的搭接

图 9.3.5　梁下部纵向钢筋在中间节点或中间支座范围的锚固与搭接

**9.3.6**　柱纵向钢筋应贯穿中间层的中间节点或端节点，接头应设在节点区以外。

柱纵向钢筋在顶层中节点的锚固应符合下列要求：

**1**　柱纵向钢筋应伸至柱顶，且自梁底算起的锚固长度不应小于 $l_a$。

**2**　当截面尺寸不满足直线锚固要求时，可采用 90°弯折锚固措施。此时，包括弯弧在内的钢筋垂直投影锚固长度不应小于 0.5$l_{ab}$，在弯折平面内包含弯弧段的水平投影长度不宜小于 12$d$（图 9.3.6a）。

**3**　当截面尺寸不足时，也可采用带锚头的机械锚固措施。此时，包含锚头在内的竖向锚固长度不应小于 0.5$l_{ab}$（图 9.3.6b）。

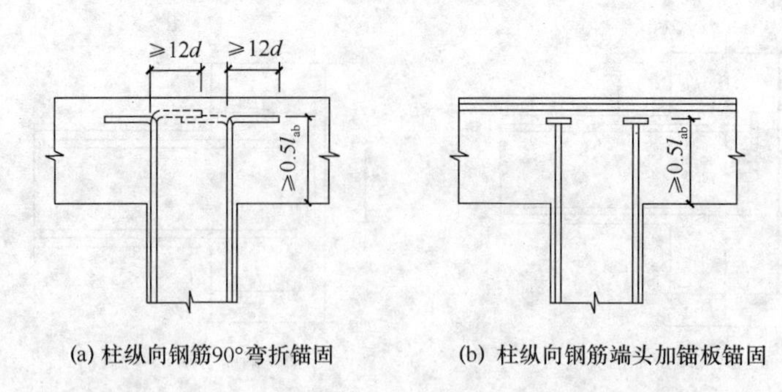


(a) 柱纵向钢筋90°弯折锚固　　(b) 柱纵向钢筋端头加锚板锚固

图 9.3.6　顶层节点中柱纵向钢筋在节点内的锚固

**4**　当柱顶有现浇楼板且板厚不小于 100mm 时，柱纵向钢筋也可向外弯折，弯折后的水平投影长度不宜小于 $12d$。

**9.3.7**　顶层端节点柱外侧纵向钢筋可弯入梁内作梁上部纵向钢筋；也可将梁上部纵向钢筋与柱外侧纵向钢筋在节点及附近部位搭接，搭接可采用下列方式：

**1**　搭接接头可沿顶层端节点外侧及梁端顶部布置，搭接长度不应小于 $1.5l_{ab}$（图 9.3.7a）。其中，伸入梁内的柱外侧钢筋截面面积不宜小于其全部面积的 65%；梁宽范围以外的柱外侧钢筋宜沿节点顶部伸至柱内边锚固。当柱外侧纵向钢筋位于柱顶第一层时，钢筋伸至柱内边后宜向下弯折不小于 $8d$ 后截断（图 9.3.7a），$d$ 为柱纵向钢筋的直径；当柱外侧纵向钢筋位于柱顶第二层时，可不向下弯折。当现浇板厚度不小于 100mm 时，梁宽范围以外的柱外侧纵向钢筋也可伸入现浇板内，其长度与伸入梁内的柱纵向钢筋相同。

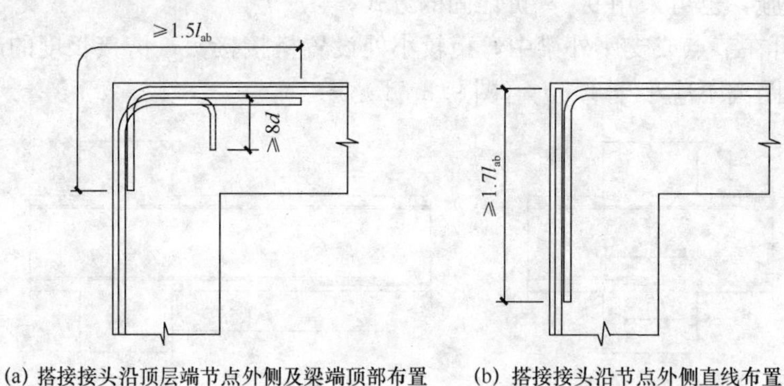


(a) 搭接接头沿顶层端节点外侧及梁端顶部布置　　(b) 搭接接头沿节点外侧直线布置

图 9.3.7　顶层端节点梁、柱纵向钢筋在节点内的锚固与搭接

**2**　当柱外侧纵向钢筋配筋率大于 1.2%时，伸入梁内的柱纵向钢筋应满足本条第 1 款规定且宜分两批截断，截断点之间的距离不宜小于 $20d$，$d$ 为柱外侧纵向钢筋的直径。梁上部纵向钢筋应伸至节点外侧并向下弯至梁下边缘高度位置截断。

**3**　纵向钢筋搭接接头也可沿节点柱顶外侧直线布置（图 9.3.7b），此时，搭接长度自柱顶算起不应小于 $1.7l_{ab}$。当梁上部纵向钢筋的配筋率大于 1.2%时，弯入柱外侧的梁上部纵向钢筋应满足本条第 1 款规定的搭接长度，且宜分两批截断，其截断点之间的距离不宜小于 $20d$，$d$ 为梁上部纵向钢筋的直径。

**4**　当梁的截面高度较大，梁、柱纵向钢筋相对较小，从梁底算起的直线搭接长度未延伸至柱顶即已满足 $1.5l_{ab}$ 的要求时，应将搭接长度延伸至柱顶并满足搭接长度 $1.7l_{ab}$ 的要求；或者从梁底算起的弯折搭接长度未延伸至柱内侧边缘即已满足 $1.5l_{ab}$ 的要求时，其弯折后包括弯弧在内的水平段的长度不应小于 $15d$，$d$ 为柱纵向钢筋的直径。

**5** 柱内侧纵向钢筋的锚固应符合本规范第 9.3.6 条关于顶层中节点的规定。

**9.3.8** 顶层端节点处梁上部纵向钢筋的截面面积 $A_s$ 应符合下列规定：

$$A_s \leqslant \frac{0.35\beta_c f_c b_b h_0}{f_y} \tag{9.3.8}$$

式中：$b_b$ ——梁腹板宽度；

$h_0$ ——梁截面有效高度。

梁上部纵向钢筋与柱外侧纵向钢筋在节点角部的弯弧内半径，当钢筋直径不大于 25mm 时，不宜小于 $6d$；大于 25mm 时，不宜小于 $8d$。钢筋弯弧外的混凝土中应配置防裂、防剥落的构造钢筋。

**9.3.9** 在框架节点内应设置水平箍筋，箍筋应符合本规范第 9.3.2 条柱中箍筋的构造规定，但间距不宜大于 250mm。对四边均有梁的中间节点，节点内可只设置沿周边的矩形箍筋。当顶层端节点内有梁上部纵向钢筋和柱外侧纵向钢筋的搭接接头时，节点内水平箍筋应符合本规范第 8.4.6 条的规定。

**9.3.10** 对于 $a$ 不大于 $h_0$ 的柱牛腿（图 9.3.10），其截面尺寸应符合下列要求：

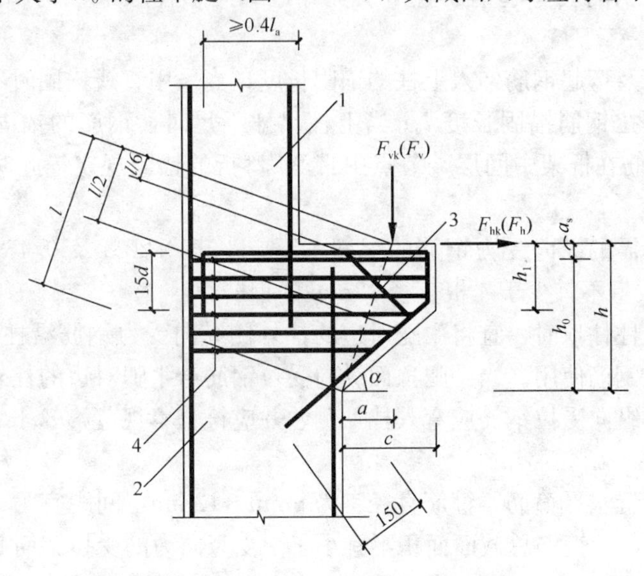


图 9.3.10 牛腿的外形及钢筋配置

注：图中尺寸单位 mm。

1—上柱；2—下柱；3—弯起钢筋；4—水平箍筋

**1** 牛腿的裂缝控制要求

$$F_{vk} \leqslant \beta\left(1 - 0.5\frac{F_{hk}}{F_{vk}}\right)\frac{f_{tk}bh_0}{0.5 + \frac{a}{h_0}} \tag{9.3.10}$$

式中：$F_{vk}$ ——作用于牛腿顶部按荷载效应标准组合计算的竖向力值；

$F_{hk}$ ——作用于牛腿顶部按荷载效应标准组合计算的水平拉力值；

$\beta$ ——裂缝控制系数：支承吊车梁的牛腿取 0.65；其他牛腿取 0.80；

$a$——竖向力作用点至下柱边缘的水平距离，应考虑安装偏差 20mm；当考虑安装偏差后的竖向力作用点仍位于下柱截面以内时取等于 0；

$b$——牛腿宽度；

$h_0$——牛腿与下柱交接处的垂直截面有效高度，取$h_1-a_s+c\cdot\tan\alpha$，当 $\alpha$ 大于 45°时，取 45°，$c$ 为下柱边缘到牛腿外边缘的水平长度。

**2** 牛腿的外边缘高度 $h_1$ 不应小于 $h/3$，且不应小于 200mm。

**3** 在牛腿顶受压面上，竖向力 $F_{vk}$ 所引起的局部压应力不应超过 $0.75f_c$。

**9.3.11** 在牛腿中，由承受竖向力所需的受拉钢筋截面面积和承受水平拉力所需的锚筋截面面积所组成的纵向受力钢筋的总截面面积，应符合下列规定：

$$A_s \geqslant \frac{F_v a}{0.85 f_y h_0} + 1.2\frac{F_h}{f_y} \tag{9.3.11}$$

当 $a$ 小于 $0.3h_0$ 时，取 $a$ 等于 $0.3h_0$。

式中：$F_v$——作用在牛腿顶部的竖向力设计值；

$F_h$——作用在牛腿顶部的水平拉力设计值。

**9.3.12** 沿牛腿顶部配置的纵向受力钢筋，宜采用 HRB400 级或 HRB500 级热轧带肋钢筋。全部纵向受力钢筋及弯起钢筋宜沿牛腿外边缘向下伸入下柱内 150mm 后截断（图 9.3.10）。

纵向受力钢筋及弯起钢筋伸入上柱的锚固长度，当采用直线锚固时不应小于本规范第 8.3.1 条规定的受拉钢筋锚固长度 $l_a$；当上柱尺寸不足时，钢筋的锚固应符合本规范第 9.3.4 条梁上部钢筋在框架中间层端节点中带 90°弯折的锚固规定。此时，锚固长度应从上柱内边算起。

承受竖向力所需的纵向受力钢筋的配筋率不应小于 0.20%及 $0.45f_t/f_y$，也不宜大于 0.60%，钢筋数量不宜少于 4 根直径 12mm 的钢筋。

当牛腿设于上柱柱顶时，宜将牛腿对边的柱外侧纵向受力钢筋沿柱顶水平弯入牛腿，作为牛腿纵向受拉钢筋使用。当牛腿顶面纵向受拉钢筋与牛腿对边的柱外侧纵向钢筋分开配置时，牛腿顶面纵向受拉钢筋应弯入柱外侧，并应符合本规范第 8.4.4 条有关钢筋搭接的规定。

**9.3.13** 牛腿应设置水平箍筋，箍筋直径宜为 6mm～12mm，间距宜为 100mm～150mm；在上部 $2h_0/3$ 范围内的箍筋总截面面积不宜小于承受竖向力的受拉钢筋截面面积的 1/2。

当牛腿的剪跨比不小于 0.3 时，宜设置弯起钢筋。弯起钢筋宜采用 HRB400 级或 HRB500 级热轧带肋钢筋，并宜使其与集中荷载作用点到牛腿斜边下端点连线的交点位于牛腿上部 $l/6$～$l/2$ 之间的范围内，$l$ 为该连线的长度（图 9.3.10）。弯起钢筋截面面积不宜小于承受竖向力的受拉钢筋截面面积的 1/2，且不宜少于 2 根直径 12mm 的钢筋。纵向受拉钢筋不得兼作弯起钢筋。

## 9.4 墙

**9.4.1** 竖向构件截面长边、短边（厚度）比值大于 4 时，宜按墙的要求进行设计。

支撑预制楼（屋面）板的墙，其厚度不宜小于 140mm；对剪力墙结构尚不宜小于层高的 1/25，对框架-剪力墙结构尚不宜小于层高的 1/20。

当采用预制板时，支承墙的厚度应满足墙内竖向钢筋贯通的要求。

**9.4.2** 厚度大于 160mm 的墙应配置双排分布钢筋网；结构中重要部位的剪力墙，当其厚度不大于 160mm 时，也宜配置双排分布钢筋网。

双排分布钢筋网应沿墙的两个侧面布置，且应采用拉筋连系；拉筋直径不宜小于 6mm，间距不宜大于 600mm。

**9.4.3** 在平行于墙面的水平荷载和竖向荷载作用下，墙体宜根据结构分析所得的内力和本规范第 6.2 节的有关规定，分别按偏心受压或偏心受拉进行正截面承载力计算，并按本规范第 6.3 节的有关规定进行斜截面受剪承载力计算。在集中荷载作用处，尚应按本规范第 6.6 节进行局部受压承载力计算。

在承载力计算中，剪力墙的翼缘计算宽度可取剪力墙的间距、门窗洞间翼墙的宽度、剪力墙厚度加两侧各 6 倍翼墙厚度、剪力墙墙肢总高度的 1/10 四者中的最小值。

**9.4.4** 墙水平及竖向分布钢筋直径不宜小于 8mm，间距不宜大于 300mm。可利用焊接钢筋网片进行墙内配筋。

墙水平分布钢筋的配筋率 $\rho_{sh}\left(\frac{A_{sh}}{bs_v}, s_v\right.$ 为水平分布钢筋的间距$\left.\right)$和竖向分布钢筋的配筋率 $\rho_{sv}\left(\frac{A_{sv}}{bs_h}, s_h\right.$ 为竖向分布钢筋的间距$\left.\right)$不宜小于 0.20%；重要部位的墙，水平和竖向分布钢筋的配筋率宜适当提高。

墙中温度、收缩应力较大的部位，水平分布钢筋的配筋率宜适当提高。

**9.4.5** 对于房屋高度不大于 10m 且不超过 3 层的墙，其截面厚度不应小于 120mm，其水平与竖向分布钢筋的配筋率均不宜小于 0.15%。

**9.4.6** 墙中配筋构造应符合下列要求：

**1** 墙竖向分布钢筋可在同一高度搭接，搭接长度不应小于 $1.2l_a$。

**2** 墙水平分布钢筋的搭接长度不应小于 $1.2l_a$。同排水平分布钢筋的搭接接头之间以及上、下相邻水平分布钢筋的搭接接头之间，沿水平方向的净间距不宜小于 500mm。

**3** 墙中水平分布钢筋应伸至墙端，并向内水平弯折 $10d$，$d$ 为钢筋直径。

**4** 端部有翼墙或转角的墙，内墙两侧和外墙内侧的水平分布钢筋应伸至翼墙或转角外边，并分别向两侧水平弯折 $15d$。在转角墙处，外墙外侧的水平分布钢筋应在墙端外角处弯入翼墙，并与翼墙外侧的水平分布钢筋搭接。

**5** 带边框的墙，水平和竖向分布钢筋宜分别贯穿柱、梁或锚固在柱、梁内。

**9.4.7** 墙洞口连梁应沿全长配置箍筋，箍筋直径不应小于 6mm，间距不宜大于 150mm。在顶层洞口连梁纵向钢筋伸入墙内的锚固长度范围内，应设置间距不大于 150mm 的箍筋，箍筋直径宜与跨内箍筋直径相同。同时，门窗洞边的竖向钢筋应满足受拉钢筋锚固长度的要求。

墙洞口上、下两边的水平钢筋除应满足洞口连梁正截面受弯承载力的要求外，尚不应少于 2 根直径不小于 12mm 的钢筋。对于计算分析中可忽略的洞口，洞边钢筋截面面积分别不宜小于洞口截断的水平分布钢筋总截面面积的一半。纵向钢筋自洞口边伸入墙内的长度不应小于受拉钢筋的锚固长度。

**9.4.8** 剪力墙墙肢两端应配置竖向受力钢筋，并与墙内的竖向分布钢筋共同用于墙的正截面受弯承载力计算。每端的竖向受力钢筋不宜少于 4 根直径为 12mm 或 2 根直径为 16mm 的钢筋，并宜沿该竖向钢筋方向配置直径不小于 6mm、间距为 250mm 的箍筋或拉筋。

## 二、对规定的解读和建议

### 1. 有关裂缝控制

（1）在建筑结构的构件中裂缝是不可避免的。现浇钢筋混凝土框架梁、剪力墙中经常在施工阶段出现裂缝，其主要原因是混凝土硬化过程中收缩及温度应力；外露构件，如挑檐，挑廊等，常由于温度影响引起收缩裂缝。这些均属非受荷载所产生的裂缝。实践证明混凝土的收缩是不可避免的，比较现实的出路是预先采取措施，在开裂以后对可见裂缝进行修“补”，消除裂缝可能带来的对于观感、功能和耐久性的影响。

（2）《混凝土规范》规定的裂缝控制验算，是对构件受荷载后的验算。

根据该规范第 3.4.5 条的规定，具体给出了对钢筋混凝土和预应力混凝土构件边缘应力、裂缝宽度的验算要求。

有必要指出，按概率统计的观点，符合公式（7.1.1-2）的情况下，并不意味着构件绝对不会出现裂缝；同样，符合公式（7.1.1-3）的情况下，构件由荷载作用而产生的最大裂缝宽度大于最大裂缝限值大致会有 5%的可能性。

本次修订，构件最大裂缝宽度的基本计算公式仍采用 02 版规范的形式：

$$w_{\max} = \tau_l \tau_s w_m \tag{7-1}$$

式中，$w_m$ 为平均裂缝宽度，按下式计算：

$$w_m = \alpha_c \psi \frac{\sigma_{sk}}{E_s} l_{cr} \tag{7-2}$$

根据对各类受力构件的平均裂缝间距的试验数据进行统计分析，当最外层纵向受拉钢筋外边缘至受拉区底边的距离 $c_s$ 不大于 65mm 时，对配置带肋钢筋混凝土构件的平均裂缝间距 $l_{cr}$ 仍按 02 版规范的计算公式：

$$l_{cr} = \beta\left(1.9c + 0.08\frac{d}{\rho_{te}}\right) \tag{7-3}$$

此处，对轴心受拉构件，取 $\beta=1.1$；对其他受力构件，均取 $\beta=1.0$。

当配置不同钢种、不同直径的钢筋时，公式（7-3）中 $d$ 应改为等效直径 $d_{eq}$，可按正文公式（7.1.2-3）进行计算确定，其中考虑了钢筋混凝土和预应力混凝土构件配置不同的钢种，钢筋表面形状以及预应力钢筋采用先张法或后张法（灌浆）等不同的施工工艺，它们与混凝土之间的粘结性能有所不同，这种差异将通过等效直径予以反映。

根据试验研究结果，受弯构件裂缝间纵向受拉钢筋应变不均匀系数的基本公式可表述为：

$$\psi = \omega_1\left(1 - \frac{M_{cr}}{M_k}\right) \tag{7-4}$$

公式（7-4）可作为规范简化公式的基础，并扩展应用到其他构件。式中系数 $\omega_1$ 与钢筋和混凝土的握裹力有一定关系，对光圆钢筋，$\omega_1$ 则较接近 1.1。根据偏拉、偏压构件的试验资料，以及为了与轴心受拉构件的计算公式相协调，将 $\omega_1$ 统一为 1.1。同时，为了简化计算，并便于与偏心受力构件的计算相协调，将上式展开并作一定的简化，就可得到以钢筋应力 $\sigma_s$ 为主要参数的公式（7.1.2-2）。

$\alpha_c$ 为反映裂缝间混凝土伸长对裂缝宽度影响的系数。根据近年来国内多家单位完成的配置 400MPa、500MPa 带肋钢筋的钢筋混凝土、预应力混凝土梁的裂缝宽度加载试验结果，经分析统计，试验平均裂缝宽度 $w_m$ 均小于原规范公式计算值。根据试验资料综合分析，本次修订对受弯、偏心受压构件统一取 $\alpha_c=0.77$，其他构件仍同 02 版规范，即 $\alpha_c=0.85$。

短期裂缝宽度的扩大系数 $\tau_s$，根据试验数据分析，对受弯构件和偏心受压构件，取 $\tau_s=1.66$；对偏心受拉和轴心受拉构件，取 $\tau_s=1.9$。扩大系数 $\tau_s$ 的取值的保证率约为 95%。

根据试验结果，给出了考虑长期作用影响的扩大系数$\tau_l=1.5$。

试验表明，对偏心受压构件，当 $e_0/h_0\leqslant 0.55$ 时，裂缝宽度较小，均能符合要求，故规定不必验算。

在计算平均裂缝间距 $l_{cr}$和 $\psi$ 时引进了按有效受拉混凝土面积计算的纵向受拉配筋率 $\rho_{te}$，其有效受拉混凝土面积取 $A_{te}=0.5bh+(b_f-b)h_f$，由此可达到 $\psi$ 计算公式的简化，并能适用于受弯、偏心受拉和偏心受压构件。经试验结果校准，尚能符合各类受力情况。

鉴于对配筋率较小情况下的构件裂缝宽度等的试验资料较少，采取当 $\rho_{te}<0.01$ 时，取 $\rho_{te}=0.01$ 的办法，限制计算最大裂缝宽度的使用范围，以减少对最大裂缝宽度计算值偏小的情况。

当混凝土保护层厚度较大时，虽然裂缝宽度计算值也较大，但较大的混凝土保护层厚度对防止钢筋锈蚀是有利的。因此，对混凝土保护层厚度较大的构件，当在外观的要求上允许时，可根据实践经验，对该规范表 3.4.5 中所规定的裂缝宽度允许值作适当放大。

对混凝土保护层厚度较大的梁，国内试验研究结果表明表层钢筋网片有利于减少裂缝宽度。本条建议可对配制表层钢筋网片梁的裂缝计算结果乘以折减系数，并根据试验研究结果提出折减系数可取 0.7。

（3）规范 7.1.4 条给出的钢筋混凝土构件的纵向受拉钢筋应力和预应力混凝土构件的纵向受拉钢筋等效应力，是指在荷载的准永久组合或标准组合下构件裂缝截面上产生的钢筋应力，下面按受力性质分别说明：

1）对钢筋混凝土轴心受拉和受弯构件，钢筋应力 $\sigma_{sq}$仍按原规范的方法计算。受弯构件裂缝截面的内力臂系数，仍取$\eta_b=0.87$。

2）对钢筋混凝土偏心受拉构件，其钢筋应力计算公式（7.1.4-2）是由外力与截面内力对受压区钢筋合力点取矩确定，此即表示不管轴向力作用在 $A_s$ 和 $A'_s$之间或之外，均近似取内力臂 $z=h_0-a'_s$。

3）对预应力混凝土构件的纵向受拉钢筋等效应力，是指在该钢筋合力点处混凝土预压应力抵消后钢筋中的应力增量，可视它为等效于钢筋混凝土构件中的钢筋应力 $\sigma_{sk}$。

预应力混凝土轴心受拉构件的纵向受拉钢筋等效应力的计算公式（7.1.4-9）就是基于上述的假定给出的。

4）对钢筋混凝土偏压构件和预应力混凝土受弯构件，其纵向受拉钢筋的应力和等效应力可根据相同的概念给出。此时，可把预应力及非预应力钢筋的合力 $N_{p0}$ 作为压力与弯

矩值 $M_k$ 一起作用于截面，这样，预应力混凝土受弯构件就等效于钢筋混凝土偏心受压构件。

对裂缝截面的纵向受拉钢筋应力和等效应力，由建立内、外力对受压区合力取矩的平衡条件，可得公式（7.1.4-4）和公式（7.1.4-10）。

纵向受拉钢筋合力点至受压区合力点之间的距离 $z=\eta h_0$，可近似按规范第 6.2 节的基本假定确定。考虑到计算的复杂性，通过计算分析，可采用下列内力臂系数的拟合公式：

$$\eta=\eta_b-(\eta_b-\eta_0)\left(\frac{M_0}{M_e}\right)^2 \tag{7-5}$$

式中：$\eta_b$——钢筋混凝土受弯构件在使用阶段的裂缝截面内力臂系数；

$\eta_0$——纵向受拉钢筋截面重心处混凝土应力为零时的截面内力臂系数；

$M_0$——受拉钢筋截面重心处混凝土应力为零时的消压弯矩：对偏压构件，取 $M_0=N_k\eta_0 h_0$；对预应力混凝土受弯构件，取 $M_0=N_{p0}(\eta_0 h_0-e_p)$；

$M_e$——外力对受拉钢筋合力点的力矩：对偏压构件，取 $M_e=N_k e$；对预应力混凝土受弯构件，取 $M_e=M_k+N_{p0}e_p$ 或 $M_e=N_{p0}e$。

公式（7-5）可进一步改写为：

$$\eta=\eta_b-\alpha\left(\frac{h_0}{e}\right)^2 \tag{7-6}$$

通过分析，适当考虑了混凝土的塑性影响，并经有关构件的试验结果校核后，规范给出了以上述拟合公式为基础的简化公式（7.1.4-5）。当然，本规范不排斥采用更精确的方法计算预应力混凝土受弯构件的内力臂 $z$。

对钢筋混凝土偏心受压构件，当 $l_0/h>14$ 时，试验表明应考虑构件挠曲对轴向力偏心距的影响，本规范仍按 02 版规范进行规定。

5）根据国内多家单位的科研成果，在本规范预应力混凝土受弯构件受拉区纵向钢筋等效应力计算公式的基础上，采用无粘结预应力筋等效面积折减系数 $\alpha_1$ ，即可将原公式用于无粘结部分预应力混凝土受弯构件 $\sigma_{sk}$ 的相关计算。

（4）从裂缝控制要求对预应力混凝土受弯构件的斜截面混凝土主拉应力进行验算，是为了避免斜裂缝的出现，同时按裂缝等级不同予以区别对待；对混凝土主压应力的验算，是为了避免过大的压应力导致混凝土抗拉强度过大地降低和裂缝过早地出现。

（5）《混凝土规范》3.4.4 条和 3.4.5 条规定了结构构件正截面的裂缝控制分级及最大裂缝宽度限值，其目的是为了防止钢筋的锈蚀，影响结构的耐久性。钢筋混凝土结构构件以及在使用阶段允许出现裂缝的预应力混凝土结构构件，应按《混凝土规范》7.1.2 条验算裂缝宽度。

1）上述的裂缝宽度计算公式只适用于线形构件（梁、桁架等）外荷载产生的正截面裂缝。对于其他因素，如混凝土结硬时的自身收缩引起的裂缝，温度变化引起的裂缝，混凝土干缩引起的裂缝，混凝土骨料下沉引起的塑性沉降裂缝以及碱-骨料反应引起的裂缝等，都不包含在内。这些裂缝，由于涉及因素很多，问题异常复杂，其计算方法还有待深入研究。

2）在一般情况下，混凝土的大多数裂缝都在施工阶段或者在工程正式交付使用前发生的，对工期较长的大型工程尤其如此。这些裂缝主要是混凝土硬化前的塑性沉降裂缝和硬化后早期发生的温度、收缩、干缩裂缝。这当然与施工时的原材料选择不当、混凝土级配不合理、配比中的用水量过多、振捣养护不当等有关，但显然也与设计有关。设计者不能以为已按前述公式验算了裂缝宽度，并已满足 $w_{max} \leqslant w_{lim}$ 的条件，所有裂缝问题就都已经解决。设计者应该根据具体条件，认真考虑分缝或分层浇筑的位置，以减少温度或收缩变形的约束；认真选择混凝土的强度等级及材料性能，防止因水泥用量过多导致温度和收缩变形增大；认真研究在关键部位布置足够的温度钢筋和构造钢筋，等等。

3）应特别注意，在上述公式中，$w_{max}$ 是与保护层厚度 $c$ 成比例的，$c$ 越大，$w_{max}$ 也随之加大。但除非该结构对耐久性没有要求，而对表面裂缝造成的观瞻有严格要求者外，不能为了满足裂缝控制的要求而任意减小保护层厚度。从耐久性角度来看，垂直于钢筋的横向裂缝的出现与开展只在开裂截面附近使钢筋发生局部锈点，而对钢筋的整体锈蚀并不构成重大的危害。因此近年来，各国规范对钢筋混凝土构件的横向裂缝宽度的控制都有放松的趋势。而保护层厚度的大小及混凝土的密实性却都是关系到钢筋锈蚀和混凝土耐久性的关键因素，对它们的严格要求实际上比用计算公式来控制裂缝宽度要重要得多。

4）还应特别注意，按电算计算所得的梁裂缝宽度多数是不真实的，设计人员应作认真分析判断计算结果的真实性。因为电算所得梁的支座弯矩是在柱中，梁支座截面配筋按此弯矩确定，而且多数是按单筋梁截面计算求出的钢筋截面面积，在有抗震设计的框架梁支座下部钢筋实配量相当多，因此梁支座受拉钢筋的实际应力小很多，相应电算结果的裂缝宽度必将大了许多；梁跨中截面配筋电算是按矩形截面单筋梁计算的，现浇梁实际均有楼板形成 T 形梁，框架梁抗震或非抗震设计跨中均有一定数量的上部受压钢筋形成双筋梁，这样梁跨中受拉钢筋的实际应力也小很多，相应电算结果的裂缝宽度也是不真实的。所以，当电算结果有超过规范规定的限值现象，不应简单增多配筋处理，应作分析判断，必要时采用手算进行验算，否则梁支座为裂缝控制增加了配筋，对柱和梁柱节点核心区应增强而不顾，违反了抗震结构应该强柱弱梁、强节点的基本原则。

（6）规范规定的裂缝验算方法，是根据原南京工学院、大连工学院等单位按线性构件试验研究推导出来的，而现浇钢筋混凝土双向楼板属于面构件（实际工程中的现浇钢筋混凝土单向楼板也仅为假定，实也非单向），它涉及内力重分布，弯剪扭作用下的构件裂缝控制未得到解决，因此裂缝验算未解决，没有确切方法，按线性构件计算不真实。

（7）修订后的裂缝验算，钢筋混凝土受弯、轴心受拉、偏心受压、偏心受拉构件受拉区纵向普通钢筋的应力按在荷载准永久组合下计算，受弯、偏心受压构件受力特征系数原 2.1 改为 1.9，因此所得裂缝宽度比原 02 规范小得多。

（8）裂缝验算例题

**【算例 7-1】** 已知矩形截面简支梁，$b \times h = 200\text{mm} \times 500\text{mm}$，混凝土 C20，配置 4$\Phi$16 钢筋，$A_s = 804\text{mm}^2$，$M_q = 80\text{kN} \cdot \text{m}$，保护层厚度 $c_s = 25\text{mm}$，最大裂缝宽度允许值 $[w_{max}] = 0.3\text{mm}$，验算裂缝宽度。

**【解】**

$$\rho_{te} = \frac{A_s}{0.5bh} = \frac{804}{0.5 \times 200 \times 500} = 0.0161$$

由规范式（7.1.4-3）计算

$$\sigma_{sq}=\frac{M_q}{0.87h_0A_s}=\frac{80\times10^6}{0.87\times467\times804}=245\text{N/mm}^2$$

$$h_0=500-\left(25+\frac{16}{2}\right)=467\text{mm}$$

计算 $\psi$ 值

用规范式（7.1.2-2）计算

$$\psi=1.1-\frac{0.65f_{tk}}{\rho_{te}\sigma_{sq}}=1.1-\frac{0.65\times1.54}{0.0161\times245}=0.846$$

计算得 $\frac{\alpha_{cr}}{E_s}=0.95\times10^{-5}$

将已知值代入规范式（7.1.2-1）

$$w_{max}=\psi\cdot\frac{\alpha_{cr}}{E_s}\sigma_{sq}\left(1.9c_s+0.08\frac{d_{eq}}{\rho_{te}}\right)$$

$$=0.846\times0.95\times10^{-5}\times245\left(1.9\times25+0.08\frac{16}{0.0161}\right)$$

$$=0.25\text{mm}<0.3\text{mm}$$,符合要求

**【算例 7-2】** 已知矩形截面轴心受拉杆，$b\times h=160\text{mm}\times200\text{mm}$，配置 4 Φ 16 钢筋，$A_s=804\text{mm}^2$，混凝土 C25，混凝土保护层厚度 $c_s=25\text{mm}$，轴心拉力 $N_q=145\text{kN}$，最大裂缝宽度允许值 $[W_{max}]=0.2\text{mm}$，验算裂缝宽度。

**【解】** 由规范式（7.1.2-4）式得

$$\rho_{te}=\frac{A_s}{bh}=\frac{804}{160\times200}=0.0251$$

由规范式（7.1.4-1）计算

$$\sigma_{sq}=\frac{N_q}{A_s}=\frac{145\times10^3}{804}=180.35\text{N/mm}^2$$

由规范式（7.1.2-2）计算

$$\psi=1.1-\frac{0.65f_{tk}}{\rho_{te}\sigma_{sq}}=1.1-\frac{0.65\times1.78}{0.0251\times180.35}=0.844$$

查规范表 7.1.2-1 得 $\alpha_{cr}=2.7$，查规范表 4.2.5 得钢筋弹性模量 $E_s=2\times10^5\text{N/mm}^2$，计算得 $\frac{\alpha_{cr}}{E_s}=1.35\times10^{-5}$

将已知值代入规范式（7.1.2-1）

$$w_{max}=\psi\cdot\frac{\alpha_{cr}}{E_s}\sigma_{sq}\left(1.9c_s+0.08\frac{d_{eq}}{\rho_{te}}\right)$$

$$=0.844\times1.35\times10^{-5}\times180.35\left(1.9\times25+0.08\frac{16}{0.0251}\right)$$

$$=0.202\text{mm}=0.2\text{mm}$$,符合要求

**【算例 7-3】** 已知矩形偏心受拉构件，$b\times h=160\text{mm}\times200\text{mm}$，轴向拉力 $N_q=145\text{kN}$，偏心距 $e_0=30\text{mm}$，配量 4 Φ 16，$A_s=A_s'=402\text{mm}^2$，混凝土 C25，混凝土保护层厚度 $c_s=25\text{mm}$，最大裂缝宽度允许值 $[w_{max}]=0.3\text{mm}$，验算裂缝宽度。

**【解】** 由规范式（7.1.2-4）得

$$\rho_{te}=\frac{A_s}{0.5bh}=\frac{402}{0.5\times160\times200}=0.0251$$

$$a_s=a_s'=c_s+\frac{d}{2}=25+\frac{16}{2}=33\text{mm}$$

$$h_0=h-a_s=200-33=167\text{mm}$$

由规范式（7.1.4-4）计算

$$\sigma_{sq}=\frac{N_{qe'}}{A_s(h_s-a_s')}=\frac{145\times10^3(30+0.5\times200-33)}{402(167-33)}=261.1\text{N/mm}^2$$

由规范式（7.1.2-2）计算

$$\psi=1.1-\frac{0.65f_{tk}}{\rho_{te}\sigma_{sq}}=1.1-\frac{0.65\times1.78}{0.0251\times261.1}=0.923$$

查规范表 7.1.2-1 得 $\alpha_{cr}=2.4$，查规范表 4.2.5 得 $E_s=2\times10^5\text{N/mm}^2$，计算得$\frac{\alpha_{cr}}{E_s}=1.2\times10^{-5}$

代入规范式（7.1.2-1）

$$w_{max}=\psi\frac{\alpha_{cr}}{E_s}\cdot\sigma_{sq}\left(1.9c_s+0.08\frac{d_{eq}}{\rho_{te}}\right)$$

$$=0.923\times1.2\times10^{-5}\times261.1\left(1.9\times25+0.08\frac{16}{0.0251}\right)$$

$$=0.28\text{mm}<0.3\text{mm},\quad \text{符合要求}$$

**【算例 7-4】** 某工程框架梁截面 400mm×700mm，混凝土强度等级 C35，HRB335 钢筋，在均布荷载作用下支座（柱中）弯矩标准值为 $M_q=431\text{kN}\cdot\text{m}$，实配钢筋为 6Φ25，$A_s=2945\text{mm}^2$，要求计算梁裂缝宽度（图 7-1）。

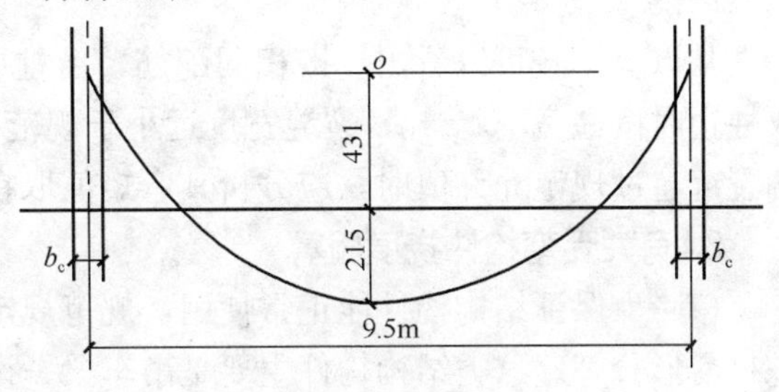


图 7-1　梁弯矩图

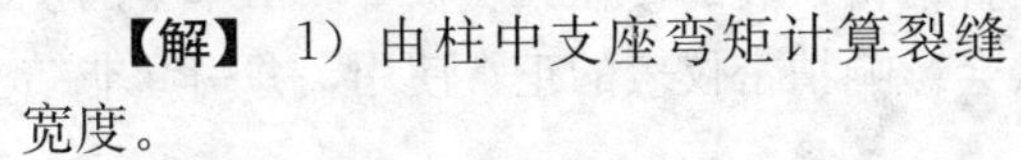

**【解】** 1）由柱中支座弯矩计算裂缝宽度。

由规范公式（7.1.2-4）得

$$\rho_{te}=\frac{A_s}{A_{te}}=\frac{2945}{0.5\times400\times700}=0.021$$

由规范公式（7.1.4-3）得

$$\sigma_s=\frac{M_q}{0.87h_0A_s}=\frac{431\times10^6}{0.87\times665\times2945}=253\text{N/mm}^2$$

混凝土 C35，$f_{tk}=2.2\text{N/mm}^2$

由规范公式（7.1.2-2）得

$$\psi=1.1-0.65\frac{f_{tk}}{\rho_{te}\sigma_{sq}}=1.1-0.65\frac{2.2}{0.021\times253}=0.83$$

查规范表 7.1.2-1 得 $\alpha_{cr}=1.9$，计算得$\frac{\alpha_{cr}}{E_s}=0.95\times10^{-5}$，保护层 $c_s=25\text{mm}$

由规范公式（7.1.2-1）得裂缝宽度

$$\omega_{\max}=\alpha_{\mathrm{cr}}\frac{\sigma_{\mathrm{sq}}}{E_{\mathrm{s}}}\left(1.9c_{\mathrm{s}}+0.08\frac{d_{\mathrm{eq}}}{\rho_{\mathrm{te}}}\right)$$

$$=0.83\times0.95\times10^{-5}\times253\times\left(1.9\times25+0.08\frac{25}{0.021}\right)$$

$$=0.285\mathrm{mm}<0.3\mathrm{mm}$$

2）当柱宽分别为 1200mm、1000mm、800mm、700mm 时，按柱边作为梁端计算出相应梁端弯矩 $M_{\mathrm{k}}'$ 及在已知配筋 $A_{\mathrm{s}}=2945\mathrm{mm}^2$ 时的裂缝宽度。

跨中 $o$ 点为原点，抛物线方程

$$y=\frac{4f}{L^2}\left(\frac{L^2}{4}-x^2\right)=\frac{4\times646}{9.5^2}(22.56-x^2)=28.63(22.56-x^2)$$

表 7-1

| 柱宽 $b_{\mathrm{c}}$（mm） | $o$ 点至柱边 $x$（m） | $y$（kN • m） | $M_{\mathrm{q}}'$（kN • m） | $M_{\mathrm{q}}'/M_{\mathrm{q}}$ | $\sigma_{\mathrm{sq}}$（N/mm²） | $\psi$ | $w_{\max}$（mm） |
|---|---|---|---|---|---|---|---|
| 1200 | 4.15 | 152.8 | 278.2 | 0.645 | 163.3 | 0.683 | 0.151 |
| 1000 | 4.25 | 128.8 | 320.2 | 0.743 | 187.9 | 0.738 | 0.188 |
| 800 | 4.35 | 104.1 | 326.9 | 0.758 | 191.9 | 0.745 | 0.194 |
| 700 | 4.40 | 91.6 | 339.4 | 0.787 | 199.2 | 0.578 | 0.204 |

从以上比较可以看出，按相同配筋，由柱中弯矩计算裂缝宽度为 0.285mm，当弯矩取柱边时按柱宽 700mm，裂缝宽度远小于规范允许值 0.3mm。因此，当电算结果出现梁端裂缝超过规范允许值时，应分析其弯矩值取在柱边还是柱中，不应简单加钢筋。

**2. 有关受弯构件挠度验算**

（1）为保证结构构件能正常使用，规范规定，在使用上需要控制变形的结构构件，应进行变形验算。这类结构构件主要是吊车梁、设置精密仪表的楼盖梁、板等。吊车梁的挠度过大会妨碍吊车的正常运行；楼盖的挠度过大会影响精密仪表的正常使用，并引起非结构构件（如粉刷、吊顶、隔断等）的破坏。

（2）对于正常使用极限状态，理应按荷载效应的标准组合及准永久组合分别加以验算。但对挠度验算，为了方便，规范规定只按荷载效应的标准组合并考虑其长期作用影响进行验算。按此计算出的受弯构件的最大挠度 $f$ 应不大于《混凝土规范》表 3.4.3 挠度限值。

（3）挠度的限值对民用建筑而言，主要为了建筑空间外观上的要求，控制荷载作用下受弯构件（板、梁）下垂程度，因此不同跨长及使用上不同要求其挠度限值有区别。《混凝土规范》表 3.4.3 的附注 3 规定：如果构件制作时预先起拱，且使用上也允许，则在验算挠度时，可将计算所得的挠度值减去起拱值；对预应力混凝土构件，尚可减去预加应力所产生的反拱值。《混凝土结构工程施工质量验收规范》GB 50204—2002 规定，现浇钢筋混凝土梁、板当跨度等于或大于 4m 时，模板应起拱，当设计无具体要求时，起拱高度宜为全跨长度的 1/1000～3/1000。因此，为满足受弯构件梁、板挠度的限值，在施工图设计说明中可根据恒载可能产生的挠度值，提出预起拱数值的要求，一般取跨度的 1/400。

（4）混凝土受弯构件的挠度主要取决于构件的刚度。本条假定在同号弯矩区段内的刚度相等，并取该区段内最大弯矩处所对应的刚度；对于允许出现裂缝的构件，它就是该区段内的最小刚度，这样做是偏于安全的。当支座截面刚度与跨中截面刚度之比在本条规定的范围内时，采用等刚度计算构件挠度，其误差一般不超过5%。

（5）在受弯构件短期刚度 $B_s$ 基础上，分别提出了考虑荷载准永久组合和荷载标准组合的长期作用对挠度增大的影响，给出了刚度计算公式。

（6）钢筋混凝土受弯构件考虑荷载长期作用对挠度增大的影响系数 $\theta$ 是根据国内一些单位长期试验结果并参考国外规范的规定给出的。

预应力混凝土受弯构件在使用阶段的反拱值计算中，短期反拱值的计算以及考虑预加应力长期作用对反拱增大的影响系数仍保留原规范取为2.0的规定。由于它未能反映混凝土收缩、徐变损失以及配筋率等因素的影响，因此，对长期反拱值，如有专门的试验分析或根据收缩、徐变理论进行计算分析，则也可不遵守本条的有关规定。

反拱值的精确计算方法可采用美国ACI、欧洲CEB-FIP等规范推荐的方法，这些方法可考虑与时间有关的预应力、材料性质、荷载等的变化，使计算达到要求的准确性。

（7）全预应力混凝土受弯构件，因为消压弯矩始终大于荷载准永久组合作用下的弯矩，在一般情况下预应力混凝土梁总是向上拱曲的；但对部分预应力混凝土梁，常为允许开裂，其上拱值将减小，当梁的永久荷载与可变荷载的比值较大时，有可能随时间的增长出现梁逐渐下挠的现象。因此，对预应力混凝土梁规定应采取措施控制挠度。

当预应力长期反拱值小于按荷载标准组合计算的长期挠度时，则需要进行施工起拱，其值可取为荷载标准组合计算的长期挠度与预加力长期反拱值之差。对永久荷载较小的构件，当预应力产生的长期反拱值大于按荷载标准组合计算的长期挠度时，梁的上拱值将增大。因此，在设计阶段需要进行专项设计，并通过控制预应力度、选择预应力筋配筋数量、在施工上也可配合采取措施控制反拱。

对于长期上拱值的计算，可采用规范提出的简单增大系数，也可采用其他精确计算方法。

**3. 有关伸缩缝**

（1）混凝土结构的伸（膨胀）缝、缩（收缩）缝合称伸缩缝。伸缩缝是结构缝的一种，目的是为减小由于温差（早期水化热或使用期季节温差）和体积变化（施工期或使用早期的混凝土收缩）等间接作用效应积累的影响，将混凝土结构分割为较小的单元，避免引起较大的约束应力和开裂。

由于现代水泥强度等级提高、水化热加大、凝固时间缩短；混凝土强度等级提高、拌合物流动性加大、结构的体量越来越大；为满足混凝土泵送、免振等工艺，混凝土的组分变化造成收缩增加，近年由此而引起的混凝土体积收缩呈增大趋势，现浇混凝土结构的裂缝问题比较普遍。

工程调查和试验研究表明，影响混凝土间接裂缝的因素很多，不确定性很大，而且近年间接作用的影响还有增大的趋势。

工程实践表明，超长结构采取有效措施后也可以避免发生裂缝。本次修订基本维持原规范的规定，将原规范中的“宜符合”改为“可采用”，进一步放宽对结构伸缩缝间距的限制，由设计者根据具体情况自行确定。

规范 8.1.1 表注 1 中的装配整体式结构，也包括由叠合构件加后浇层形成的结构。由于预制混凝土构件已基本完成收缩，故伸缩缝的间距可适当加大。应根据具体情况，在装配与现浇之间取值。表注 2 的规定同理。表注 3、表注 4 则由于受到环境条件的影响较大，加严了伸缩缝间距的要求。

（2）对于某些间接作用效应较大的不利情况，伸缩缝的间距宜适当减小。总结近年的工程实践，本次修订对温度变化和混凝土收缩较大的不利情况加严了要求，较原规范作了少量修改和补充。

“滑模施工”应用对象由“剪力墙”扩大为一般墙体结构。“混凝土材料收缩较大”是指泵送混凝土及免振混凝土施工的情况。“施工外露时间较长”是指跨季节施工，尤其是北方地区跨越冬期施工时，室内结构如果未加封闭和保暖，则低温、干燥、多风都可能引起收缩裂缝。

（3）近年许多工程实践表明：采取有效的综合措施，伸缩缝间距可以适当增大。总结成功的工程经验，在本条中增加了有关的措施及应注意的问题。

施工阶段采取的措施对于早期防裂最为有效。本次修订增加了采用低收缩混凝土；加强浇筑后的养护；采用跳仓法、后浇带、控制缝等施工措施。后浇带是避免施工期收缩裂缝的有效措施，但间隔期及具体做法不确定性很大，难以统一规定时间，由施工、设计根据具体情况确定。应该注意的是：设置后浇带可适当增大伸缩缝间距，但不能代替伸缩缝。

控制缝也称引导缝，是采取弱化截面的构造措施，引导混凝土裂缝在规定的位置产生，并预先做好防渗、止水等措施，或采用建筑手法（线脚、饰条等）加以掩饰。

结构在形状曲折、刚度突变，孔洞凹角等部位容易在温差和收缩作用下开裂。在这些部位增加构造配筋可以控制裂缝。施加预应力也可以有效地控制温度变化和收缩的不利影响，减小混凝土开裂的可能性。本条中所指的“预加应力措施”是指专门用于抵消温度、收缩应力的预加应力措施。

容易受到温度变化和收缩影响的结构部位是指施工期的大体积混凝土（水化热）以及暴露的屋盖、山墙部位（季节温差）等。在这些部位应分别采取针对性的措施（如施工控温、设置保温层等）以减少温差和收缩的影响。

规范 8.1.3 条特别强调增大伸缩缝间距对结构的影响。设计者应通过有效的分析或计算慎重考虑各种不利因素对结构内力和裂缝的影响，确定合理的伸缩缝间距。

该条中的“有充分依据”，不应简单地理解为“已经有了未发现问题的工程实例”。由于环境条件不同，不能盲目照搬。应对具体工程中各种有利和不利因素的影响方式和程度，作出有科学依据的分析和判断，并由此确定伸缩缝间距的增减。

（4）由于在混凝土结构的地下部分，温度变化和混凝土收缩能够得到有效的控制，规范规定了有关结构在地下可以不设伸缩缝的规定。对不均匀沉降结构设置沉降缝的情况不包括在内，设计时可根据具体情况自行掌握。

（5）当采用下列构造措施和施工措施减少温度和混凝土收缩对结构的影响时，可适当放宽伸缩缝的间距。

1）地下室钢筋混凝土墙为控制混凝土裂缝，可采取下列措施：

① 设置施工后浇带，间距 30～40m，带宽 800～1000mm。

② 采用掺膨胀剂配制的补偿收缩混凝土，并留施工后浇带。

③ 墙体一般养护困难，受温度影响大，容易开裂。为了控制温差和干缩引起的竖向裂缝，水平分布钢筋的配筋率不宜小于 0.3%，并采用变形钢筋，钢筋间距不宜大于 150mm。

④ 地下一层外墙，在室外地平以上部分，应设置外保温隔热层，避免直接暴露。

⑤ 在有条件的工程中，地下一层外墙采用部分预应力，使混凝土预压应力有 0.6～1.0MPa。

2）楼盖结构，可采取下列措施：

① 设置施工后浇带，间距 30～40m，带宽 800～1000mm。

② 采用掺膨胀剂配制的补偿收缩混凝土。

③ 楼板宜增加分布钢筋配筋率。楼板厚度大于等于 160mm 时，跨中上铁应将支座纵向钢筋的 1/2 拉通，或设 $\phi$8@200 双向钢筋网并与支座纵向钢筋按搭接长度。屋顶板应考虑温度影响，配筋更应加强。

④ 梁（尤其是沿外侧边梁）应加大腰筋直径，加密间距，并将腰筋按受拉锚固和搭接长度。梁每侧腰筋截面面积不应小于扣除板厚度后的梁截面面积的 0.1%，腰筋间距不宜大于 200mm。

⑤ 外侧边梁不宜外露，宜设保温隔热面层。

⑥ 有条件的工程，在地下室顶板（±0 层）及屋顶板采用部分预应力，使混凝土预压应力有 0.2～0.7MPa。

3）剪力墙结构不宜超长（特别是住宅商品房）。剪力墙结构的外墙，宜采用外保温隔热做法。剪力墙的首层及屋顶层水平和竖向分布钢筋，应按不小于 0.25%的配筋率进行配筋。

4）超长结构的屋面保温隔热非常重要，应采用轻质高效吸水率低的材料。施工时防止雨淋使保温隔热材料吸湿而影响效果。有条件的工程，屋面可采用隔热效果较好的架空板构造做法。

5）为考虑温度影响，可以仅在屋顶层设置伸缩缝，缝宽按防震缝最小宽度，缝两侧设双柱或双墙，不得采用活搭构造做法（图 7-2）。

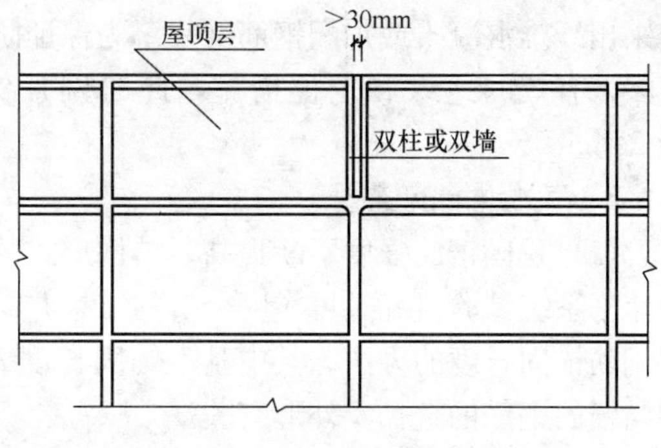


图 7-2　双柱或双墙

4. 有关混凝土保护层

（1）根据我国对混凝土结构耐久性的调研及分析，并参考《混凝土结构耐久性设计规范》GB/T 50476 以及国外相应规范、标准的有关规定，对混凝土保护层的厚度进行了以下调整：

1）混凝土保护层厚度不小于受力钢筋直径（单筋的公称直径或并筋的等效直径）的要求，是为了保证握裹层混凝土对受力钢筋的锚固。

2）从混凝土碳化、脱钝和钢筋锈蚀的耐久性角度考虑，不再以纵向受力钢筋的外缘，而以最外层钢筋（包括箍筋、构造筋、分布筋等）的外缘计算混凝土保护层厚度。因此本次修订后的保护层实际厚度比原规范实际厚度有所加大。

3）根据第 3.5 节对结构所处耐久性环境类别的划分，调整混凝土保护层厚度的数值。对一般情况下混凝土结构的保护层厚度稍有增加；而对恶劣环境下的保护层厚度则增幅较大。

4）简化表 8.2.1 的表达：根据混凝土碳化反应的差异和构件的重要性，按平面构件（板、墙、壳）及杆状构件（梁、柱、杆）分两类确定保护层厚度；表中不再列入强度等级的影响，C30 及以上统一取值，C25 及以下均增加 5mm。

5）考虑碳化速度的影响，使用年限 100 年的结构，保护层厚度取 1.4 倍。其余措施已在第 3.5 节中表达，不再列出。

6）为保证基础钢筋的耐久性，根据工程经验基础底面要求做垫层，基底保护层厚度仍取 40mm。

（2）根据工程经验及具体情况采取有效的综合措施，可以提高构件的耐久性能，减小保护层的厚度。

构件的表面防护是指表面抹灰层以及其他各种有效的保护性涂料层。例如，地下室墙体采用防水、防腐做法时，与土壤接触面的保护层厚度可适当放松。

由工厂生产的预制混凝土构件，经过检验而有较好质量保证时，可根据相关标准或工程经验对保护层厚度要求适当放松。

使用阻锈剂应经试验检验效果良好，并应在确定有效的工艺参数后应用。

采用环氧树脂涂层钢筋、镀锌钢筋或采取阴极保护处理等防锈措施时，保护层厚度可适当放松。

（3）当保护层很厚时（例如配置粗钢筋；框架顶层端节点弯弧钢筋以外的区域等），宜采取有效的措施对厚保护层混凝土进行拉结，防止混凝土开裂剥落、下坠。通常为保护层采用纤维混凝土或加配钢筋网片。为保证防裂钢筋网片不致成为引导锈蚀的通道，应对其采取有效的绝缘和定位措施，此时网片钢筋的保护层厚度可适当减小，但不应小于 25mm。

**5. 有关钢筋的锚固**

（1）我国钢筋强度不断提高，结构形式的多样性也使锚固条件有了很大的变化，根据近年来系统试验研究及可靠度分析的结果并参考国外标准，规范给出了以简单计算确定受拉钢筋锚固长度的方法。其中基本锚固长度 $l_{ab}$ 取决于钢筋强度 $f_y$ 及混凝土抗拉强度 $f_t$，并与锚固钢筋的直径及外形有关。

《混凝土规范》公式（8.3.1-1）为计算基本锚固长度 $l_{ab}$ 的通式，其中分母项反映了混凝土对粘结锚固强度的影响，用混凝土的抗拉强度表达。表 8.3.1 中不同外形钢筋的锚固外形系数 $\alpha$ 是经对各类钢筋进行系统粘结锚固试验研究及可靠度分析得出的。本次修订删除了原规范中锚固性能很差的刻痕钢丝。预应力螺纹钢筋通常采用后张法端部专用螺母锚固，故未列入锚固长度的计算方法。

公式（8.3.1-3）规定，工程中实际的锚固长度 $l_a$ 为钢筋基本锚固长度 $l_{ab}$ 乘锚固长度修正系数 $\zeta_a$ 后的数值。修正系数 $\zeta_a$ 根据锚固条件按第 8.3.2 条取用，且可连乘。为保证可靠锚固，在任何情况下受拉钢筋的锚固长度不能小于最低限度（最小锚固长度），其数值不应小于 $0.6l_{ab}$ 及 200mm。

试验研究表明，高强混凝土的锚固性能有所增强，原规范混凝土强度最高等级取 C40 偏于保守，本次修订将混凝土强度等级提高到 C60，充分利用混凝土强度提高对锚固的有利影响。

本条还提出了当混凝土保护层厚度不大于 $5d$ 时，在钢筋锚固长度范围内配置构造钢筋（箍筋或横向钢筋）的要求，以防止保护层混凝土劈裂时钢筋突然失锚。其中对于构造钢筋的直径根据最大锚固钢筋的直径确定；对于构造钢筋的间距，按最小锚固钢筋的直径取值。

（2）《混凝土规范》8.3.2 条介绍了不同锚固条件下的锚固长度的修正系数。这是通过试验研究并参考了工程经验和国外标准而确定的。

为反映粗直径带肋钢筋相对肋高减小对锚固作用降低的影响，直径大于 25mm 的粗直径带肋钢筋的锚固长度应适当加大，乘以修正系数 1.10。

为反映环氧树脂涂层钢筋表面光滑状态对锚固的不利影响，其锚固长度应乘以修正系数 1.25。这是根据试验分析的结果并参考国外标准的有关规定确定的。

施工扰动（例如滑模施工或其他施工期依托钢筋承载的情况）对钢筋锚固作用的不利影响，反映为施工扰动的影响。修正系数与原规范数值相当，取 1.10。

配筋设计时实际配筋面积往往因构造原因大于计算值，故钢筋实际应力通常小于强度设计值。根据试验研究并参照国外规范，受力钢筋的锚固长度可以按比例缩短，修正系数取决于配筋裕量的数值。但其适用范围有一定限制：不适用于抗震设计及直接承受动力荷载结构中的受力钢筋锚固。

锚固钢筋常因外围混凝土的纵向劈裂而削弱锚固作用，当混凝土保护层厚度较大时，握裹作用加强，锚固长度可以减短。经试验研究及可靠度分析，并根据工程实践经验，当保护层厚度大于锚固钢筋直径的 3 倍时，可乘修正系数 0.80；保护层厚度大于锚固钢筋直径的 5 倍时，可乘修正系数 0.70；中间情况插值。

（3）在钢筋末端配置弯钩和机械锚固是减小锚固长度的有效方式，其原理是利用受力钢筋端部锚头（弯钩、贴焊锚筋、焊接锚板或螺栓锚头）对混凝土的局部挤压作用加大锚固承载力。锚头对混凝土的局部挤压保证了钢筋不会发生锚固拔出破坏，但锚头前必须有一定的直段锚固长度，以控制锚固钢筋的滑移，使构件不致发生较大的裂缝和变形。因此对钢筋末端弯钩和机械锚固可以乘修正系数 0.6，有效地减小锚固长度。应该注意的是上述修正的锚固长度已达到 $0.6l_{ab}$，不应再考虑第 8.3.2 条的修正。

根据近年的试验研究，参考国外规范并考虑方便施工，提出几种钢筋弯钩和机械锚固的形式：筋端弯钩及一侧贴焊锚筋的情况用于截面侧边、角部的偏置锚固时，锚头偏置方向还应向截面内侧偏斜。

根据试验研究并参考国外规范，局部受压与其承压面积有关，对锚头或锚板的净挤压面积，应不小于 4 倍锚筋截面积，即总投影面积的 5 倍。对方形锚板边长为 $1.98d$、圆形锚板直径为 $2.24d$，$d$ 为锚筋的直径。锚筋端部的焊接锚板或贴焊锚筋，应满足《钢筋焊接及验收规程》JGJ 18 的要求。对弯钩，要求在弯折角度不同时弯后直线长度分别为 $12d$ 和 $5d$。

机械锚固局部受压承载力与锚固区混凝土的厚度及约束程度有关。考虑锚头集中布置后对局部受压承载力的影响，锚头宜在纵、横两个方向错开，净间距均为不宜小于 $4d$。

（4）柱及桁架上弦等构件中的受压钢筋也存在着锚固问题。受压钢筋的锚固长度为相应受拉锚固长度的 70%。这是根据工程经验、试验研究及可靠度分析，并参考国外规范确定的。对受压钢筋锚固区域的横向配筋也提出了要求。

（5）根据长期工程实践经验，规定了承受重复荷载预制构件中钢筋的锚固措施。本条规定采用受力钢筋末端焊接在钢板或角钢（型钢）上的锚固方式。这种形式同样适用于其他构件的钢筋锚固。

6. 有关钢筋的连接

（1）钢筋连接的形式（搭接、机械连接、焊接）各自适用于一定的工程条件。各种类型钢筋接头的传力性能（强度、变形、恢复力、破坏状态等）均不如直接传力的整根钢筋，任何形式的钢筋连接均会削弱其传力性能。因此钢筋连接的基本原则为：连接接头设置在受力较小处；限制钢筋在构件同一跨度或同一层高内的接头数量；避开结构的关键受力部位，如柱端、梁端的箍筋加密区，并限制接头面积百分率等。

（2）由于近年钢筋强度提高以及各种机械连接技术的发展，对绑扎搭接连接钢筋的应用范围及直径限制都较原规范适当加严。

（3）本条用图及文字表达了钢筋绑扎搭接连接区段的定义，并提出了控制在同一连接区段内接头面积百分率的要求。搭接钢筋应错开布置，且钢筋端面位置应保持一定间距。首尾相接形式的布置会在搭接端面引起应力集中和局部裂缝，应予以避免。搭接钢筋接头中心的纵向间距应不大于 1.3 倍搭接长度。当搭接钢筋端部距离不大于搭接长度的 30% 时，均属位于同一连接区段的搭接接头。

粗、细钢筋在同一区段搭接时，按较细钢筋的截面积计算接头面积百分率及搭接长度。这是因为钢筋通过接头传力时，均按受力较小的细直径钢筋考虑承载受力，而粗直径钢筋往往有较大的余量。此原则对于其他连接方式同样适用。

对梁、板、墙、柱类构件的受拉钢筋搭接接头面积百分率分别提出了控制条件。其中，对板类、墙类及柱类构件，尤其是预制装配整体式构件，在实现传力性能的条件下，可根据实际情况适当放宽搭接接头面积百分率的限制。

并筋分散、错开的搭接方式有利于各根钢筋内力传递的均匀过渡，改善了搭接钢筋的传力性能及裂缝状态。因此并筋应采用分散、错开搭接的方式实现连接，并按截面内各根单筋计算搭接长度及接头面积百分率。

（4）《混凝土规范》8.4.4 条规定了受拉钢筋绑扎搭接接头搭接长度的计算方法，其中反映了接头面积百分率的影响。这是根据有关的试验研究及可靠度分析，并参考国外有关规范的做法确定的。搭接长度随接头面积百分率的提高而增大，是因为搭接接头受力后，相互搭接的两根钢筋将产生相对滑移，且搭接长度越小，滑移越大。为了使接头充分受力的同时变形刚度不致过差，就需要相应增大搭接长度。

为保证受力钢筋的传力性能，按接头百分率修正搭接长度，并提出最小搭接长度的限制。当纵向搭接钢筋接头面积百分率为表 8.4.4 的中间值时，修正系数可按内插取值。

（5）按原规范的做法，受压构件中（包括柱、撑杆、屋架上弦等）纵向受压钢筋的搭接长度规定为受拉钢筋的 70%。为避免偏心受压引起的屈曲，受压纵向钢筋端头不应设置弯钩或单侧焊锚筋。

（6）搭接接头区域的配箍构造措施对保证搭接钢筋传力至关重要。对于搭接长度范围内的构造钢筋（箍筋或横向钢筋）提出了与锚固长度范围同样的要求，其中构造钢筋的直径按最大搭接钢筋直径取值；间距按最小搭接钢筋的直径取值。

本次修订对受压钢筋搭接的配箍构造要求取与受拉钢筋搭接相同，比原规范要求加严。根据工程经验，为防止粗钢筋在搭接端头的局部挤压产生裂缝，提出了在受压搭接接头端部增加配箍的要求。

（7）为避免机械连接接头处相对滑移变形的影响，定义机械连接区段的长度为以套筒为中心长度 $35d$ 的范围，并由此控制接头面积百分率。钢筋机械连接的质量应符合《钢筋机械连接技术规程》JGJ 107 的有关规定。

还规定了机械连接的应用原则：接头宜互相错开，并避开受力较大部位。由于在受力最大处受拉钢筋传力的重要性，机械连接接头在该处的接头面积百分率不宜大于50%。但对于板、墙等钢筋间距很大的构件，以及装配式构件的拼接处，可根据情况适当放宽。

由于机械连接套筒直径加大，对保护层厚度的要求有所放松，由“应”改为“宜”。此外，提出了在机械连接套筒两侧减小箍筋间距布置，避开套筒的解决办法。

（8）不同牌号钢筋可焊性及焊后力学性能影响有差别，对细晶粒钢筋（HRBF）、余热处理钢筋（RRB）焊接分别提出了不同的控制要求。此外粗直径钢筋的（大于 28mm）焊接质量不易保证，工艺要求从严。对上述情况，均应符合《钢筋焊接及验收规程》JGJ 18 的有关规定。

焊接连接区段长度的规定同原规范，工程实践证明这些规定是可行的。

**7. 有关纵向受力钢筋的最小配筋率**

（1）我国建筑结构混凝土构件的最小配筋率与其他国家相比明显偏低，历次规范修订最小配筋率设置水平不断提高。受拉钢筋最小配筋百分率仍维持原规范由配筋特征值（45 $f_t/f_y$）及配筋率常数限值 0.20 的双控方式。但由于主力钢筋已由335N/mm$^2$提高到 400～500N/mm$^2$，实际上配筋水平已有明显提高。但受弯板类构件的混凝土强度一般不超过C30，配筋基本全都由配筋率常数限值控制，对高强度的 400N/mm$^2$钢筋，其强度得不到发挥。故对此类情况的最小配筋率常数限值由原规范的 0.20%改为 0.15%，实际效果基本与原规范持平，仍可保证结构的安全。

受压构件是指柱、压杆等截面长宽比不大于 4 的构件。规定受压构件最小配筋率的目的是改善其性能，避免混凝土突然压溃，并使受压构件具有必要的刚度和抵抗偶然偏心作用的能力。本次修订规范对受压构件纵向钢筋的最小配筋率基本不变，即受压构件一侧纵筋最小配筋率仍保持 0.2%不变，而对不同强度的钢筋分别给出了受压构件全部钢筋的最小配筋率：0.50、0.55 和 0.60 三档，比原规范稍有提高。考虑到强度等级偏高时混凝土脆性特征更为明显，故规定当混凝土强度等级为 C60 以上时，最小配筋率上调 0.1%。

（2）卧置于地基上的钢筋混凝土厚板，其配筋量多由最小配筋率控制。根据实际受力情况，最小配筋率可适当降低，但规定了最低限值 0.15%。

《北京地区建筑地基基础勘察设计规范》DBJ 11—501—2009（简称《北京地基规范》）8.3.5 条 3 款和 8.6.12 条规定：独立柱基和基础板受力钢筋实际配筋量比计算所需多1/3 以上时，可不考虑《混凝土规范》有关受力钢筋最小配筋率要求。

（3）《混凝土规范》8.5.3 条为新增条文。参照国内外有关规范的规定，对于截面厚度很大而内力相对较小的非主要受弯构件，提出了少筋混凝土配筋的概念。

由构件截面的内力（弯矩 $M$）计算截面的临界厚度（$h_{cr}$）。按此临界厚度相应最小配筋率计算的配筋，仍可保证截面相应的受弯承载力。因此，在截面高度继续增大的条件下维持原有的实际配筋量，虽配筋率减少，但仍应能保证构件应有的承载力。但为保证一定的配筋量，应限制临界厚度不小于截面的一半。这样，在保证构件安全的条件下可以大大减少配筋量，具有明显的经济效益。

8. 有关结构构件的基本规定

（1）应该重视混凝土结构的构造问题

混凝土结构设计除应进行结构方案、内力分析、截面计算以外，还必须满足构造要求。构造问题解决构件中钢筋的合理配置，使其能够达到计算需要的承载受力状态；同时还解决构件之间的连接构造，使连接部位（节点）具有足够的承载受力性能，能够达到内力分析中该处所必须的传递内力的能力，并具备必要的变形及裂缝控制性能。

构造问题一般都不采取计算的形式，而多表达为根据具体条件确定的构造措施。这种做法使很多设计者对构造问题比较轻视，不去深究其中的机理和条件，不能准确灵活地掌握和应用，而只生搬硬套地机械执行，甚至加以忽略。这种做法十分有害。

构造问题是结构和构件承载受力的基本条件。如果不能满足，则结构分析和截面设计中的基本假定和计算简图就根本不能成立，设计出来的结构安全度就会大成问题。尤其是构件之间的连接构造措施，如果得不到保证，轻则发生超过允许限值的变形、裂缝，重则达不到承载力要求，甚至造成构件解体、结构倒塌的严重后果。事故分析和灾害调查屡屡证实了这一点，应当引起设计人员的重视。

（2）有关板的构造

1）分析结果表明，四边支承板长短边长度的比值大于或等于 3.0 时，板可按沿短边方向受力的单向板计算；此时，沿长边方向配置本规范第 9.1.7 条规定的分布钢筋已经足够。当长短边长度比在 2～3 之间时，板虽仍可按沿短边方向受力的单向板计算，但沿长边方向按分布钢筋配筋尚不足以承担该方向弯矩，应适当增大配筋量。当长短边长度比小于 2 时，应按双向板计算和配筋。

2）《混凝土规范》9.1.2 条考虑结构安全及舒适度（刚度）的要求，根据工程经验，提出了常用混凝土板的跨厚比，并从构造角度提出了现浇板最小厚度的要求。现浇板的合理厚度应在符合承载力极限状态和正常使用极限状态要求的前提下，按经济合理的原则选定，并考虑防火、防爆等要求，但不应小于表 9.1.2 的规定。

本次修订从安全和耐久性的角度适当增加了密肋楼盖、悬臂板的厚度要求。还对悬臂板的外挑长度作出了限制，外挑过长时宜采取悬臂梁-板的结构形式。此外，根据工程经验，还给出了现浇空心楼盖最小厚度的要求。

3）受力钢筋的间距过大不利于板的受力，且不利于裂缝控制。根据工程经验，规定了常用混凝土板中受力钢筋的最大间距。

4）分离式配筋施工方便，已成为我国工程中混凝土板的主要配筋形式。本条规定了板中钢筋配置以及支座锚固的构造要求。对简支板或连续板的下部纵向受力钢筋伸入支座的锚固长度作出了规定。

5）为节约材料、减轻自重及减小地震作用，近年来现浇空心楼盖的应用逐渐增多。

《混凝土规范》9.1.5条为新增条文，根据工程经验和国内有关标准，提出了空心楼板体积空心率限值的建议，并对箱形内孔及管形内孔楼板的基本构造尺寸作出了规定。当箱体内模兼作楼盖板底的饰面时，可按密肋楼盖计算。

6）与支承梁或墙整体浇筑的混凝土板，以及嵌固在砌体墙内的现浇混凝土板，往往在其非主要受力方向的侧边上由于边界约束产生一定的负弯矩，从而导致板面裂缝。为此往往在板边和板角部位配置防裂的板面构造钢筋。本条提出了相应的构造要求：包括钢筋截面积、直径、间距、伸入板内的锚固长度以及板角配筋的形式、范围等。这些要求在原规范的基础上作了适当的合并和简化。

7）考虑到现浇板中存在温度-收缩应力，根据工程经验提出了板应在垂直于受力方向上配置横向分布钢筋的要求。本条规定了分布钢筋配筋率、直径、间距等配筋构造措施；同时对集中荷载较大的情况，提出了应适当增加分布钢筋用量的要求。

8）混凝土收缩和温度变化易在现浇楼板内引起约束拉应力而导致裂缝，近年来现浇板的裂缝问题比较严重。重要原因是混凝土收缩和温度变化在现浇楼板内引起的约束拉应力。设置温度收缩钢筋有助于减少这类裂缝。该钢筋宜在未配筋板面双向配置，特别是温度、收缩应力的主要作用方向。鉴于受力钢筋和分布钢筋也可以起到一定的抵抗温度、收缩应力的作用，故应主要在未配钢筋的部位或配筋数量不足的部位布置温度收缩钢筋。

板中温度、收缩应力目前尚不易准确计算，本条根据工程经验给出了配置温度收缩钢筋的原则和最低数量规定。如有计算温度、收缩应力的可靠经验，计算结果亦可作为确定附加钢筋用量的参考。此外，在产生应力集中的蜂腰、洞口、转角等易开裂部位，提出了配置防裂构造钢筋的规定。

9）在混凝土厚板中沿厚度方向以一定间隔配置钢筋网片，不仅可以减少大体积混凝土中温度-收缩的影响，而且有利于提高构件的受剪承载力。本条作出了相应的构造规定。

10）为保证柱支承板或悬臂楼板自由边端部的受力性能，参考国外标准的做法，应在板的端面加配U形构造钢筋，并与板面、板底钢筋搭接；或利用板面、板底钢筋向下、上弯折，对楼板的端面加以封闭。

11）板柱结构及基础筏板，在板与柱相交的部位都处于冲切受力状态。试验研究表明，在与冲切破坏面相交的部位配置箍筋或弯起钢筋，能够有效地提高板的抗冲切承载力。本条的构造措施是为了保证箍筋或弯起钢筋的抗冲切作用。

国内外工程实践表明，在与冲切破坏面相交的部位配置销钉或型钢剪力架，可以有效地提高板的受冲切承载力，具体计算及构造措施可见相关的技术文件。

12）为加强板柱结构节点处的受冲切承载力，可采取柱帽或托板的结构形式加强板的抗力。本条提出了相应的构造要求，包括平面尺寸、形状和厚度等。必要时可配置抗剪栓钉。

（3）有关梁的构造

1）根据长期工程实践经验，为了保证混凝土浇筑质量，提出梁内纵向钢筋数量、直径及布置的构造要求，基本同原规范的规定。提出了当配筋过于密集时，可以采用并筋的配筋形式。

2）对于混合结构房屋中支承在砌体、垫块等简支支座上的钢筋混凝土梁，或预制钢筋混凝土梁的简支支座，给出了在支座处纵向钢筋锚固的要求以及在支座范围内配箍的规定。与原规范相同。工程实践证明，这些措施是有效的。

3）在连续梁和框架梁的跨内，支座负弯矩受拉钢筋在向跨内延伸时，可根据弯矩图在适当部位截断。当梁端作用剪力较大时，在支座负弯矩钢筋的延伸区段范围内将形成由负弯矩引起的垂直裂缝和斜裂缝，并可能在斜裂缝区前端沿该钢筋形成劈裂裂缝，使纵筋拉应力由于斜弯作用和粘结退化而增大，并使钢筋受拉范围相应向跨中扩展。因此钢筋混凝土梁的支座负弯矩纵向受力钢筋（梁上部钢筋）不宜在受拉区截断。

国内外试验研究结果表明，为了使负弯矩钢筋的截断不影响它在各截面中发挥所需的抗弯能力，应通过两个条件控制负弯矩钢筋的截断点。第一个控制条件（即从不需要该批钢筋的截面伸出的长度）是使该批钢筋截断后，继续前伸的钢筋能保证通过截断点的斜截面具有足够的受弯承载力；第二个控制条件（即从充分利用截面向前伸出的长度）是使负弯矩钢筋在梁顶部的特定锚固条件下具有必要的锚固长度。根据对分批截断负弯矩纵向钢筋时钢筋延伸区段受力状态的实测结果，规范作出了上述规定。

当梁端作用剪力较小（$V \leqslant 0.7 f_t bh_0$）时，控制钢筋截断点位置的两个条件仍按无斜向开裂的条件取用。

当梁端作用剪力较大（$V > 0.7 f_t bh_0$），且负弯矩区相对长度不大时，规范给出的第二控制条件可继续使用；第一控制条件从不需要该钢筋截面伸出长度不小于 $20d$ 的基础上，增加了同时不小于 $h_0$ 的要求。

若负弯矩区相对长度较大，按以上二条件确定的截断点仍位于与支座最大负弯矩对应的负弯矩受拉区内时，延伸长度应进一步增大。增大后的延伸长度分别为自充分利用截面伸出长度，以及自不需要该批钢筋的截面伸出长度，在两者中取较大值。

4）由于悬臂梁剪力较大且全长承受负弯矩，“斜弯作用”及“沿筋劈裂”引起的受力状态更为不利。试验表明，在作用剪力较大的悬臂梁内，因梁全长受负弯矩作用，临界斜裂缝的倾角明显较小，因此悬臂梁的负弯矩纵向受力钢筋不宜切断，而应按弯矩图分批下弯，且必须有不少于 2 根上部钢筋伸至梁端，并向下弯折锚固。

5）梁中受扭纵向钢筋最小配筋率的要求，是以纯扭构件受扭承载力和剪扭条件下不需进行承载力计算而仅按构造配筋的控制条件为基础拟合给出的。本条还给出了受扭纵向钢筋沿截面周边的布置原则和在支座处的锚固要求。对箱形截面构件，偏安全地采用了与实心载面构件相同的构造要求。

6）根据工程经验给出了在按简支计算但实际受有部分约束的梁端上部，为避免负弯矩裂缝而配置纵向钢筋的构造规定；还对梁架立筋的直径作出了规定。

7）梁的受剪承载力宜由箍筋承担。梁的角部钢筋应通长设置，不仅为方便配筋，而且加强了对芯部混凝土的围箍约束。当采用弯筋承剪时，对其应用条件和构造要求作出了规定，与原规范相同。

8）利用弯矩图确定弯起钢筋的布置（弯起点或弯终点位置、角度、锚固长度等）是我国传统设计的方法，工程实践表明有关弯起钢筋的构造要求是有效的，故维持不变。

9）对梁的箍筋配置构造要求作出了规定，包括在不同受力条件下配箍的直径、间距、范围、形式等。维持原版规范的规定不变，仅合并统一表达。开口箍不利于纵向钢筋的定位，且不能约束芯部混凝土。故除小过梁以外，一般构件不应采用开口箍。

10）为梁腰集中荷载作用处附加横向配筋的构造要求。

当集中荷载在梁高范围内或梁下部传入时，为防止集中荷载影响区下部混凝土的撕裂及裂缝，并弥补间接加载导致的梁斜截面受剪承载力降低，应在集中荷载影响区 $s$ 范围内配置附加横向钢筋。试验研究表明，当梁受剪箍筋配筋率满足要求时，由本条公式计算确定的附加横向钢筋能较好发挥承剪作用，并限制斜裂缝及局部受拉裂缝的宽度。

在设计中，不允许用布置在集中荷载影响区内的受剪箍筋代替附加横向钢筋。此外，当传入集中力的次梁宽度 $b$ 过大时，宜适当减小由 $3b+2h_1$ 所确定的附加横向钢筋的布置宽度。当梁下部作用有均布荷载时，可参照本规范计算深梁下部配置悬吊钢筋的方法确定附加悬吊钢筋的数量。

当有两个沿梁长度方向相互距离较小的集中荷载作用于梁高范围内时，可能形成一个总的撕裂效应和撕裂破坏面。偏安全的做法是，在不减少两个集中荷载之间应配附加钢筋数量的同时，分别适当增大两个集中荷载作用点以外附加横向钢筋的数量。

还应该说明的是：当采用弯起钢筋作附加钢筋时，明确规定公式中的 $A_{sv}$ 应为左右弯起段截面面积之和；弯起式附加钢筋的弯起段应伸至梁上边缘，且其尾部应按规定设置水平锚固段。

11）为折梁的配筋构造要求。对受拉区有内折角的梁，梁底的纵向受拉钢筋应伸至对边并在受压区锚固。受压区范围可按计算的实际受压区高度确定。直线锚固应符合本规范第 8.3 节钢筋锚固的规定；弯折锚固则参考本规范第 9.3 节点内弯折锚固的做法。

12）《混凝土规范》9.2.13 条提出了大尺寸梁腹板内配置腰筋的构造要求。

现代混凝土构件的尺度越来越大，工程中大截面尺寸现浇混凝土梁日益增多。由于配筋较少，往往在梁腹板范围内的侧面产生垂直于梁轴线的收缩裂缝。为此，应在大尺寸梁的两侧沿梁长度方向布置纵向构造钢筋（腰筋），以控制裂缝。根据工程经验，对腰筋的最大间距和最小配筋率给出了相应的配筋构造要求。腰筋的最小配筋率按扣除了受压及受拉翼缘的梁腹板截面面积确定。

13）《混凝土规范》9.2.15 条参考欧洲规范 EN1992－1－1：2004 的有关规定，为防止表层混凝土碎裂、坠落和控制裂缝宽度，提出了在厚保护层混凝土梁下部配置表层分布钢筋（表层钢筋）的构造要求。表层分布钢筋宜采用焊接网片。其混凝土保护层厚度可按第 8.2.3 条减小为 25mm，但应采取有效的定位、绝缘措施。

（4）有关柱、梁柱节点及牛腿的构造

1）规定了柱中纵向钢筋（包括受力钢筋及构造钢筋）的基本构造要求。

柱宜采用大直径钢筋作纵向受力钢筋。配筋过多的柱在长期受压混凝土徐变后卸载，钢筋弹性回复会在柱中引起横裂，故应对柱最大配筋率作出限制。

对圆柱提出了最低钢筋数量以及均匀配筋的要求，但当圆柱作方向性配筋时不在此例。

此外还规定了柱中纵向钢筋的间距。间距过密影响混凝土浇筑密实；过疏则难以维持对芯部混凝土的围箍约束。同样，柱侧构造筋及相应的复合箍筋或拉筋也是为了维持对芯部混凝土的约束。

2）柱中配置箍筋的作用是为了架立纵向钢筋；承担剪力和扭矩；并与纵筋一起形成对芯部混凝土的围箍约束。为此对柱的配箍提出系统的构造措施，包括直径、间距、数量、形式等。

为保持对柱中混凝土的围箍约束作用，柱周边箍筋应做成封闭式。对圆柱及配筋率较大的柱，还对箍筋提出了更严格的要求：末端135°弯钩，且弯后余长不小于$5d$（或$10d$），且应勾住纵筋。对纵筋较多的情况，为防止受压屈曲还提出设置复合箍筋的要求。

采用焊接封闭环式箍筋、连续螺旋箍筋或连续复合螺旋箍筋，都可以有效地增强对柱芯部混凝土的围箍约束而提高承载力。当考虑其间接配筋的作用时，对其配箍的最大间距作出限制。但间距也不能太密，以免影响混凝土的浇筑施工。

对连续螺旋箍筋、焊接封闭环式箍筋或连续复合螺旋箍筋，已有成熟的工艺和设备。施工中采用预制的专用产品，可以保证应有的质量。

3）对承载较大的I形截面柱的配筋构造提出要求，包括翼缘、腹板的厚度；以及腹板开孔时的配筋构造要求。基本同原规范的要求。

4）《混凝土规范》9.3.4条为框架中间层端节点的配筋构造要求。

在框架中间层端节点处，根据柱截面高度和钢筋直径，梁上部纵向钢筋可以采用直线的锚固方式。

试验研究表明，当柱截面高度不足以容纳直线锚固段时，可采用带90°弯折段的锚固方式。这种锚固端的锚固力由水平段的粘结锚固和弯弧-垂直段的挤压锚固作用组成。规范强调此时梁筋应伸到柱对边再向下弯折。在承受静力荷载为主的情况下，水平段的粘结能力起主导作用。当水平段投影长度不小于$0.4l_{ab}$，弯弧-垂直段投影长度为$15d$时，已能可靠保证梁筋的锚固强度和抗滑移刚度。

本次修订还增加了采用筋端加锚头的机械锚固方法，以提高锚固效果，减少锚固长度。但要求锚固钢筋在伸到柱对边柱纵向钢筋的内侧，以增大锚固力。有关的试验研究表明，这种做法有效，而且施工比较方便。

规范还规定了框架梁下部纵向钢筋在端节点处的锚固要求。

5）为框架中间层中间节点梁纵筋的配筋构造要求。

中间层中间节点的梁下部纵向钢筋，修订提出了宜贯穿节点与支座的要求，当需要锚固时其在节点中的锚固要求仍沿用原规范有关梁纵向钢筋在不同受力情况下锚固的规定。中间层端节点、顶层中间节点以及顶层端节点处的梁下部纵向钢筋，也可按同样的方法锚固。

由于设计、施工不便，不提倡原规范梁钢筋在节点中弯折锚固的做法。

当梁的下部钢筋根数较多，且分别从两侧锚入中间节点时，将造成节点下部钢筋过分拥挤。故也可将中间节点下部梁的纵向钢筋贯穿节点，并在节点以外搭接。搭接的位置宜在节点以外梁弯矩较小的$1.5h_0$以外，这是为了避让梁端塑性铰区和箍筋加密区。

当中间层中间节点左、右跨梁的上表面不在同一标高时，左、右跨梁的上部钢筋可分别锚固在节点内。当中间层中间节点左、右梁端上部钢筋用量相差较大时，除左、右数量相同的部分贯穿节点外，多余的梁筋亦可锚固在节点内。

6）为框架顶层中节点柱纵筋的配筋构造要求。

伸入顶层中间节点的全部柱筋及伸入顶层端节点的内侧柱筋应可靠锚固在节点内。规范强调柱筋应伸至柱顶。当顶层节点高度不足以容纳柱筋直线锚固长度时，柱筋可在柱顶向节点内弯折，或在有现浇板且板厚大于100mm时可向节点外弯折，锚固于板内。试验研究表明，当充分利用柱筋的受拉强度时，其锚固条件不如水平钢筋，因此在柱筋弯折前的竖向锚固长度不应小于 $0.5l_{ab}$，弯折后的水平投影长度不宜小于 $12d$，以保证可靠受力。

本次修订还增加了采用机械锚固锚头的方法，以提高锚固效果，减少锚固长度。但要求柱纵向钢筋应伸到柱顶以增大锚固力。有关的试验研究表明，这种做法有效，而且方便施工。

7）为框架顶层端节点钢筋搭接连接的构造要求。

在承受以静力荷载为主的框架中，顶层端节点处的梁、柱端均主要承受负弯矩作用，相当于90°的折梁。当梁上部钢筋和柱外侧钢筋数量匹配时，可将柱外侧处于梁截面宽度内的纵向钢筋直接弯入梁上部，作梁负弯矩钢筋使用。也可使梁上部钢筋与柱外侧钢筋在顶层端节点区域搭接。

规范推荐了两种搭接方案。其中设在节点外侧和梁端顶面的带90°弯折搭接做法适用于梁上部钢筋和柱外侧钢筋数量不致过多的民用或公共建筑框架。其优点是梁上部钢筋不伸入柱内，有利于在梁底标高处设置柱内混凝土的施工缝。

但当梁上部和柱外侧钢筋数量过多时，该方案将造成节点顶部钢筋拥挤，不利于自上而下浇筑混凝土。此时，宜改用梁、柱钢筋直线搭接，接头位于柱顶部外侧。

本次修订还增加了梁、柱截面较大而钢筋相对较细时，钢筋搭接连接的方法。

在顶层端节点处，节点外侧钢筋不是锚固受力，而属于搭接传力问题。故不允许采用将柱筋伸至柱顶，而将梁上部钢筋锚入节点的做法。因这种做法无法保证梁、柱钢筋在节点区的搭接传力，使梁、柱端钢筋无法发挥出所需的正截面受弯承载力。

8）为框架顶层端节点的配筋面积、纵筋弯弧及防裂钢筋等的构造要求。

试验研究表明，当梁上部和柱外侧钢筋配筋率过高时，将引起顶层端节点核心区混凝土的斜压破坏，故对相应的配筋率作出限制。

试验研究还表明，当梁上部钢筋和柱外侧纵向钢筋在顶层端节点角部的弯弧处半径过小时，弯弧内的混凝土可能发生局部受压破坏，故对钢筋的弯弧半径最小值作了相应规定。框架角节点钢筋弯弧以外，可能形成保护层很厚的素混凝土区域，应配构造钢筋加以约束，防止混凝土裂缝、坠落。

9）为框架节点中配箍的构造要求。根据我国工程经验并参考国外有关规范，在框架节点内应设置水平箍筋。当节点四边有梁时，由于除四角以外的节点周边柱纵向钢筋已经不存在过早压屈的危险，故可以不设复合箍筋。

10）牛腿（短悬臂）的受力特征可以用由顶部水平的纵向受力钢筋作为拉杆和牛腿内的混凝土斜压杆组成的简化三角桁架模型描述。竖向荷载将由水平拉杆的拉力和斜压杆的压力承担；作用在牛腿顶部向外的水平拉力则由水平拉杆承担。

牛腿要求不致因斜压杆压力较大而出现斜压裂缝，故其截面尺寸通常以不出现斜裂缝为条件，即由本条的计算公式控制，并通过公式中的裂缝控制系数 $\beta$ 考虑不同使用条件对牛腿的不同抗裂要求。公式中的（$1-0.5F_{hk}/F_{vk}$）项是按牛腿在竖向力和水平拉力共同作用下斜裂缝宽度不超过0.1mm为条件确定的。

符合本条计算公式要求的牛腿不需再作受剪承载力验算。这是因为通过在 $a/h_0<0.3$ 时取 $a/h_0=0.3$，以及控制牛腿上部水平钢筋的最大配筋率，已能保证牛腿具有足够的受剪承载力。

在计算公式中还对沿下柱边的牛腿截面有效高度 $h_0$ 作出限制。这是考虑当斜角 $\alpha$ 大于 45°时，牛腿的实际有效高度不会随 $\alpha$ 的增大而进一步增大。

11）为牛腿纵向受力钢筋的计算。规定了承受竖向力的受拉钢筋及承受水平力的锚固钢筋的计算方法，同原规范的规定。

承受动力荷载牛腿的纵向受力钢筋宜采用延性较好的牌号为 HRB 的热轧带肋钢筋。本条明确规定了牛腿上部纵向受拉钢筋伸入柱内的锚固要求，以及当牛腿设在柱顶时，为了保证牛腿顶面受拉钢筋与柱外侧纵向钢筋的可靠传力而应采取的构造措施。

12）牛腿中应配置水平箍筋，特别是在牛腿上部配置一定数量的水平箍筋，能有效地减少在该部位过早出现斜裂缝的可能性。在牛腿内设置一定数量的弯起钢筋是我国工程界的传统做法。但试验表明，它对提高牛腿的受剪承载力和减少斜向开裂的可能性都不起明显作用，故适度减少了弯起钢筋的数量。

（5）有关墙的构造

1）根据工程经验并参考国外有关的规范，长短边比例大于 4 的竖向构件定义为墙，比例不大于 4 的则应按柱进行设计。

墙的混凝土强度要求比 02 版规范适当提高。出于承载受力的要求，提出了墙厚度限制的要求。对预制板的搁置长度，在满足墙中竖筋贯通的条件下（例如预制板采用硬架支模方式）不再作强制规定。

2）提出墙双排配筋及配置拉结筋的要求。这是为了保证板中的配筋能够充分发挥强度，满足承载力的要求。

3）规定了在墙面水平、竖向荷载作用下，钢筋混凝土剪力墙承载力计算的方法以及截面设计参数的确定方法。

4）为保证剪力墙的受力性能，提出了剪力墙内水平、竖向分布钢筋直径、间距及配筋率的构造要求。可以利用焊接网片作墙内配筋。

对重要部位的剪力墙：主要是指框架-剪力墙结构中的剪力墙和框架-核心筒结构中的核心筒墙体，宜根据工程经验提高墙体分布钢筋的配筋率。

温度、收缩应力的影响是造成墙体开裂的主要原因。对于温度、收缩应力较大的剪力墙或剪力墙的易开裂部位，应根据工程经验提高墙体水平分布钢筋的配筋率。

5）为有关低层混凝土房屋结构墙的新增内容，配合墙体改革的要求，钢筋混凝土结构墙应用于低层房屋（乡村、集镇的住宅及民用房屋）的情况有所增多。钢筋混凝土结构墙性能优于砖砌墙体，但按高层房屋剪力墙的构造规定设计过于保守，且最小配筋率难以控制。本条提出混凝土结构墙的基本构造要求。结构墙配筋适当减小，其余构造基本同剪力墙。多层混凝土房屋结构墙尚未进行系统研究，故暂缺，拟在今后通过试验研究及工程应用，在成熟时纳入。抗震构造要求在第 11 章中表达，以边缘构件的形式予以加强。

6）为保证剪力墙的承载受力，规定了墙内水平、竖向钢筋锚固、搭接的构造要求。其中水平钢筋搭接要求错开布置；竖向钢筋则允许在同一截面上搭接，即接头面积百分率 100％。此外，对翼墙、转角墙、带边框的墙等也提出了相应的配筋构造要求。

7）提出了剪力墙洞口连梁的配筋构造要求，包括洞边钢筋及洞口连梁的受力纵筋及锚固，洞口连梁配箍的直径及间距等。还对墙上开洞的配筋构造提出了要求。

8）规定了剪力墙墙肢两端竖向受力钢筋的构造要求，包括配筋的数量、直径及拉结筋的规定。

# 第8章 框架结构设计

## 一、《高规》规定

### 6.1 一 般 规 定

**6.1.1** 框架结构应设计成双向梁柱抗侧力体系。主体结构除个别部位外，不应采用铰接。

**6.1.2** 抗震设计的框架结构不应采用单跨框架。

**6.1.3** 框架结构的填充墙及隔墙宜选用轻质墙体。抗震设计时，框架结构如采用砌体填充墙，其布置应符合下列规定：

**1** 避免形成上、下层刚度变化过大。

**2** 避免形成短柱。

**3** 减少因抗侧刚度偏心而造成的结构扭转。

**6.1.4** 抗震设计时，框架结构的楼梯间应符合下列规定：

**1** 楼梯间的布置应尽量减小其造成的结构平面不规则。

**2** 宜采用现浇钢筋混凝土楼梯，楼梯结构应有足够的抗倒塌能力。

**3** 宜采取措施减小楼梯对主体结构的影响。

**4** 当钢筋混凝土楼梯与主体结构整体连接时，应考虑楼梯对地震作用及其效应的影响，并应对楼梯构件进行抗震承载力验算。

**6.1.5** 抗震设计时，砌体填充墙及隔墙应具有自身稳定性，并应符合下列规定：

**1** 砌体的砂浆强度等级不应低于 M5，当采用砖及混凝土砌块时，砌块的强度等级不应低于 MU5；采用轻质砌块时，砌块的强度等级不应低于 MU2.5。墙顶应与框架梁或楼板密切结合。

**2** 砌体填充墙应沿框架柱全高每隔 500mm 左右设置 2 根直径 6mm 的拉筋，6 度时拉筋宜沿墙全长贯通，7、8、9 度时拉筋应沿墙全长贯通。

**3** 墙长大于 5m 时，墙顶与梁（板）宜有钢筋拉结；墙长大于 8m 或层高的 2 倍时，宜设置间距不大于 4m 的钢筋混凝土构造柱；墙高超过 4m 时，墙体半高处（或门洞上皮）宜设置与柱连接且沿墙全长贯通的钢筋混凝土水平系梁。

**4** 楼梯间采用砌体填充墙时，应设置间距不大于层高且不大于 4m 的钢筋混凝土构造柱，并应采用钢丝网砂浆面层加强。

**6.1.6 框架结构按抗震设计时，不应采用部分由砌体墙承重之混合形式。框架结构中的楼、电梯间及局部出屋顶的电梯机房、楼梯间、水箱间等，应采用框架承重，不应采用砌体墙承重。**

**6.1.7** 框架梁、柱中心线宜重合。当梁柱中心线不能重合时，在计算中应考虑偏心对梁

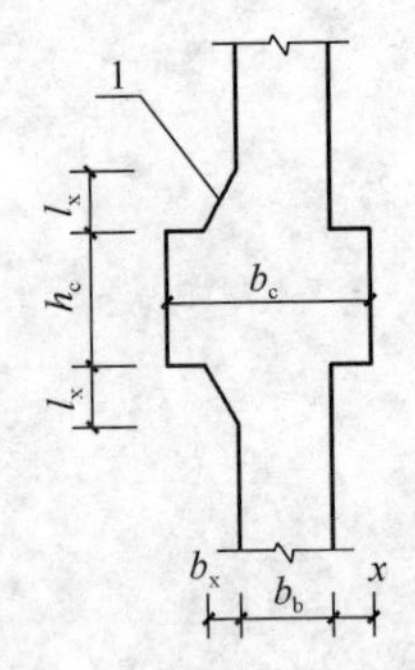


图 6.1.7　水平加腋梁
1—梁水平加腋

柱节点核心区受力和构造的不利影响，以及梁荷载对柱子的偏心影响。

梁、柱中心线之间的偏心距，9 度抗震设计时不应大于柱截面在该方向宽度的1/4；非抗震设计和 6～8 度抗震设计时不宜大于柱截面在该方向宽度的 1/4，如偏心距大于该方向柱宽的1/4时，可采取增设梁的水平加腋（图 6.1.7）等措施。设置水平加腋后，仍须考虑梁柱偏心的不利影响。

**1**　梁的水平加腋厚度可取梁截面高度，其水平尺寸宜满足下列要求：

$$b_x / l_x \leqslant 1/2 \tag{6.1.7-1}$$

$$b_x / b_b \leqslant 2/3 \tag{6.1.7-2}$$

$$b_b + b_x + x \geqslant b_c/2 \tag{6.1.7-3}$$

式中：$b_x$——梁水平加腋宽度（mm）；
$l_x$——梁水平加腋长度（mm）；
$b_b$——梁截面宽度（mm）；
$b_c$——沿偏心方向柱截面宽度（mm）；
$x$——非加腋侧梁边到柱边的距离（mm）。

**2**　梁采用水平加腋时，框架节点有效宽度 $b_j$ 宜符合下式要求：

**1**）当 $x=0$ 时，$b_j$ 按下式计算：

$$b_j \leqslant b_b + b_x \tag{6.1.7-4}$$

**2**）当 $x \neq 0$ 时，$b_j$ 取（6.1.7-5）和（6.1.7-6）二式计算的较大值，且应满足公式（6.1.7-7）的要求：

$$b_j \leqslant b_b + b_x + x \tag{6.1.7-5}$$

$$b_j \leqslant b_b + 2x \tag{6.1.7-6}$$

$$b_j \leqslant b_b + 0.5h_c \tag{6.1.7-7}$$

式中：$h_c$——柱截面高度（mm）。

**6.1.8**　不与框架柱相连的次梁，可按非抗震要求进行设计。

## 6.2　截　面　设　计

**6.2.1**　抗震设计时，除顶层、柱轴压比小于 0.15 者及框支梁柱节点外，框架的梁、柱节点处考虑地震作用组合的柱端弯矩设计值应符合下列要求：

**1**　一级框架结构及 9 度时的框架：

$$\sum M_c = 1.2 \sum M_{bua} \tag{6.2.1-1}$$

**2**　其他情况：

$$\sum M_c = \eta_c \sum M_b \tag{6.2.1-2}$$

式中：$\sum M_c$——节点上、下柱端截面顺时针或逆时针方向组合弯矩设计值之和；上、下柱端的弯矩设计值，可按弹性分析的弯矩比例进行分配；
$\sum M_b$——节点左、右梁端截面逆时针或顺时针方向组合弯矩设计值之和；当抗震等级为一级且节点左、右梁端均为负弯矩时，绝对值较小的弯矩应取零；

$\Sigma M_{bua}$ ——节点左、右梁端逆时针或顺时针方向实配的正截面抗震受弯承载力所对应的弯矩值之和，可根据实际配筋面积（计入受压钢筋和梁有效翼缘宽度范围内的楼板钢筋）和材料强度标准值并考虑承载力抗震调整系数计算；

$\eta_c$——柱端弯矩增大系数；对框架结构，二、三级分别取 1.5 和 1.3；对其他结构中的框架，一、二、三、四级分别取 1.4、1.2、1.1 和 1.1。

**6.2.2** 抗震设计时，一、二、三级框架结构的底层柱底截面的弯矩设计值，应分别采用考虑地震作用组合的弯矩值与增大系数 1.7、1.5、1.3 的乘积。底层框架柱纵向钢筋应按上、下端的不利情况配置。

**6.2.3** 抗震设计的框架柱、框支柱端部截面的剪力设计值，一、二、三、四级时应按下列公式计算：

**1** 一级框架结构和 9 度时的框架：

$$V = 1.2(M_{cua}^{t} + M_{cua}^{b})/H_n \tag{6.2.3-1}$$

**2** 其他情况：

$$V = \eta_{vc}(M_c^{t} + M_c^{b})/H_n \tag{6.2.3-2}$$

式中：$M_c^t$、$M_c^b$——分别为柱上、下端顺时针或逆时针方向截面组合的弯矩设计值，应符合本规程第 6.2.1 条、6.2.2 条的规定；

$M_{cua}^t$、$M_{cua}^b$——分别为柱上、下端顺时针或逆时针方向实配的正截面抗震受弯承载力所对应的弯矩值，可根据实配钢筋面积、材料强度标准值和重力荷载代表值产生的轴向压力设计值并考虑承载力抗震调整系数计算；

$H_n$——柱的净高；

$\eta_{vc}$——柱端剪力增大系数。对框架结构，二、三级分别取 1.3、1.2；对其他结构类型的框架，一、二级分别取 1.4 和 1.2，三、四级均取 1.1。

**6.2.4** 抗震设计时，框架角柱应按双向偏心受力构件进行正截面承载力设计。一、二、三、四级框架角柱经按本规程第6.2.1～6.2.3 条调整后的弯矩、剪力设计值应乘以不小于 1.1 的增大系数。

**6.2.5** 抗震设计时，框架梁端部截面组合的剪力设计值，一、二、三级应按下列公式计算；四级时可直接取考虑地震作用组合的剪力计算值。

**1** 一级框架结构及 9 度时的框架：

$$V = 1.1(M_{bua}^{l} + M_{bua}^{r})/l_n + V_{Gb} \tag{6.2.5-1}$$

**2** 其他情况：

$$V = \eta_{vb}(M_b^{l} + M_b^{r})/l_n + V_{Gb} \tag{6.2.5-2}$$

式中：$M_b^l$、$M_b^r$——分别为梁左、右端逆时针或顺时针方向截面组合的弯矩设计值。当抗震等级为一级且梁两端弯矩均为负弯矩时，绝对值较小一端的弯矩应取零；

$M_{bua}^l$、$M_{bua}^r$——分别为梁左、右端逆时针或顺时针方向实配的正截面抗震受弯承载力所对应的弯矩值，可根据实配钢筋面积（计入受压钢筋，包括有效翼缘宽度范围内的楼板钢筋）和材料强度标准值并考虑承载力抗震调整系数计算；

$l_n$——梁的净跨；

$V_{Gb}$——梁在重力荷载代表值（9 度时还应包括竖向地震作用标准值）作用下，按简支梁分析的梁端截面剪力设计值；

$\eta_{vb}$——梁剪力增大系数，一、二、三级分别取 1.3、1.2 和 1.1。

**6.2.6** 框架梁、柱，其受剪截面应符合下列要求：

**1** 持久、短暂设计状况

$$V \leqslant 0.25\beta_c f_c b h_0 \tag{6.2.6-1}$$

**2** 地震设计状况

跨高比大于 2.5 的梁及剪跨比大于 2 的柱：

$$V \leqslant \frac{1}{\gamma_{RE}}(0.2\beta_c f_c b h_0) \tag{6.2.6-2}$$

跨高比不大于 2.5 的梁及剪跨比不大于 2 的柱：

$$V \leqslant \frac{1}{\gamma_{RE}}(0.15\beta_c f_c b h_0) \tag{6.2.6-3}$$

框架柱的剪跨比可按下式计算：

$$\lambda = M^c/(V^c h_0) \tag{6.2.6-4}$$

式中：$V$——梁、柱计算截面的剪力设计值；

$\lambda$——框架柱的剪跨比；反弯点位于柱高中部的框架柱，可取柱净高与计算方向 2 倍柱截面有效高度之比值；

$M^c$——柱端截面未经本规程第 6.2.1、6.2.2、6.2.4 条调整的组合弯矩计算值，可取柱上、下端的较大值；

$V^c$——柱端截面与组合弯矩计算值对应的组合剪力计算值；

$\beta_c$——混凝土强度影响系数；当混凝土强度等级不大于 C50 时取 1.0；当混凝土强度等级为 C80 时取 0.8；当混凝土强度等级在 C50 和 C80 之间时可按线性内插取用；

$b$——矩形截面的宽度，T 形截面、工形截面的腹板宽度；

$h_0$——梁、柱截面计算方向有效高度。

**6.2.7** 抗震设计时，一、二、三级框架的节点核心区应进行抗震验算；四级框架节点可不进行抗震验算。各抗震等级的框架节点均应符合构造措施的要求。

**6.2.8** 矩形截面偏心受压框架柱，其斜截面受剪承载力应按下列公式计算：

**1** 持久、短暂设计状况

$$V \leqslant \frac{1.75}{\lambda + 1} f_t b h_0 + f_{yv}\frac{A_{sv}}{s} h_0 + 0.07N \tag{6.2.8-1}$$

**2** 地震设计状况

$$V \leqslant \frac{1}{\gamma_{RE}}\left(\frac{1.05}{\lambda+1}f_t bh_0 + f_{yv}\frac{A_{sv}}{s}h_0 + 0.056N\right) \tag{6.2.8-2}$$

式中：$\lambda$——框架柱的剪跨比；当 $\lambda<1$ 时，取 $\lambda=1$；当 $\lambda>3$ 时，取 $\lambda=3$；

$N$——考虑风荷载或地震作用组合的框架柱轴向压力设计值，当 $N$ 大于 $0.3f_cA_c$ 时，取 $0.3f_cA_c$。

**6.2.9** 当矩形截面框架柱出现拉力时，其斜截面受剪承载力应按下列公式计算：

1 持久、短暂设计状况

$$V \leqslant \frac{1.75}{\lambda+1}f_t bh_0 + f_{yv}\frac{A_{sv}}{s}h_0 - 0.2N \tag{6.2.9-1}$$

2 地震设计状况

$$V \leqslant \frac{1}{\gamma_{RE}}\left(\frac{1.05}{\lambda+1}f_t bh_0 + f_{yv}\frac{A_{sv}}{s}h_0 - 0.2N\right) \tag{6.2.9-2}$$

式中：$N$——与剪力设计值 $V$ 对应的轴向拉力设计值，取绝对值；

$\lambda$——框架柱的剪跨比。

当公式（6.2.9-1）右端的计算值或公式（6.2.9-2）右端括号内的计算值小于 $f_{yv}\frac{A_{sv}}{s}h_0$ 时，应取等于 $f_{yv}\frac{A_{sv}}{s}h_0$，且 $f_{yv}\frac{A_{sv}}{s}h_0$ 值不应小于 $0.36f_tbh_0$。

**6.2.10** 本章未作规定的框架梁、柱和框支梁、柱截面的其他承载力验算，应按照现行国家标准《混凝土结构设计规范》GB 50010的有关规定执行。

## 6.3 框架梁构造要求

**6.3.1** 框架结构的主梁截面高度可按计算跨度的1/10～1/18确定；梁净跨与截面高度之比不宜小于4。梁的截面宽度不宜小于梁截面高度的1/4，也不宜小于200mm。

当梁高较小或采用扁梁时，除应验算其承载力和受剪截面要求外，尚应满足刚度和裂缝的有关要求。在计算梁的挠度时，可扣除梁的合理起拱值；对现浇梁板结构，宜考虑梁受压翼缘的有利影响。

**6.3.2** 框架梁设计应符合下列要求：

**1 抗震设计时，计入受压钢筋作用的梁端截面混凝土受压区高度与有效高度之比值，一级不应大于0.25，二、三级不应大于0.35。**

**2 纵向受拉钢筋的最小配筋百分率 $\rho_{min}$（%），非抗震设计时，不应小于0.2和 $45f_t/f_y$ 二者的较大值；抗震设计时，不应小于表6.3.2-1规定的数值。**

**表6.3.2-1 梁纵向受拉钢筋最小配筋百分率 $\rho_{min}$（%）**

| 抗震等级 | 位　置 | |
|---|---|---|
| | 支座（取较大值） | 跨中（取较大值） |
| 一级 | 0.40和 $80f_t/f_y$ | 0.30和 $65f_t/f_y$ |
| 二级 | 0.30和 $65f_t/f_y$ | 0.25和 $55f_t/f_y$ |
| 三、四级 | 0.25和 $55f_t/f_y$ | 0.20和 $45f_t/f_y$ |

**3　抗震设计时，梁端截面的底面和顶面纵向钢筋截面面积的比值，除按计算确定外，一级不应小于 0.5，二、三级不应小于 0.3。**

**4　抗震设计时，梁端箍筋的加密区长度、箍筋最大间距和最小直径应符合表 6.3.2-2 的要求；当梁端纵向钢筋配筋率大于 2%时，表中箍筋最小直径应增大 2mm。**

**表 6.3.2-2　梁端箍筋加密区的长度、箍筋最大间距和最小直径**

| 抗震等级 | 加密区长度（取较大值）(mm) | 箍筋最大间距（取最小值）(mm) | 箍筋最小直径 (mm) |
| --- | --- | --- | --- |
| 一 | $2.0h_b$，500 | $h_b/4$，$6d$，100 | 10 |
| 二 | $1.5h_b$，500 | $h_b/4$，$8d$，100 | 8 |
| 三 | $1.5h_b$，500 | $h_b/4$，$8d$，150 | 8 |
| 四 | $1.5h_b$，500 | $h_b/4$，$8d$，150 | 6 |

注：1　$d$ 为纵向钢筋直径，$h_b$ 为梁截面高度；

2　一、二级抗震等级框架梁，当箍筋直径大于 12mm、肢数不少于 4 肢且肢距不大于 150mm 时，箍筋加密区最大间距应允许适当放松，但不应大于 150mm。

**6.3.3**　梁的纵向钢筋配置，尚应符合下列规定：

**1**　抗震设计时，梁端纵向受拉钢筋的配筋率不宜大于 2.5%，不应大于 2.75%；当梁端受拉钢筋的配筋率大于 2.5%时，受压钢筋的配筋率不应小于受拉钢筋的一半。

**2**　沿梁全长顶面和底面应至少各配置两根纵向配筋，一、二级抗震设计时钢筋直径不应小于 14mm，且分别不应小于梁两端顶面和底面纵向配筋中较大截面面积的 1/4；三、四级抗震设计和非抗震设计时钢筋直径不应小于 12mm。

**3**　一、二、三级抗震等级的框架梁内贯通中柱的每根纵向钢筋的直径，对矩形截面柱，不宜大于柱在该方向截面尺寸的 1/20；对圆形截面柱，不宜大于纵向钢筋所在位置柱截面弦长的 1/20。

**6.3.4**　非抗震设计时，框架梁箍筋配筋构造应符合下列规定：

**1**　应沿梁全长设置箍筋，第一个箍筋应设置在距支座边缘 50mm 处。

**2**　截面高度大于 800mm 的梁，其箍筋直径不宜小于 8mm；其余截面高度的梁不应小于 6mm。在受力钢筋搭接长度范围内，箍筋直径不应小于搭接钢筋最大直径的 1/4。

**3**　箍筋间距不应大于表 6.3.4 的规定；在纵向受拉钢筋的搭接长度范围内，箍筋间距尚不应大于搭接钢筋较小直径的 5 倍，且不应大于 100mm；在纵向受压钢筋的搭接长度范围内，箍筋间距尚不应大于搭接钢筋较小直径的 10 倍，且不应大于 200mm。

**4**　承受弯矩和剪力的梁，当梁的剪力设计值大于 $0.7f_tbh_0$ 时，其箍筋的面积配筋率应符合下式规定：

$$\rho_{sv} \geqslant 0.24f_t/f_{yv} \tag{6.3.4-1}$$

**5**　承受弯矩、剪力和扭矩的梁，其箍筋面积配筋率和受扭纵向钢筋的面积配筋率应分别符合公式（6.3.4-2）和（6.3.4-3）的规定：

$$\rho_{sv} \geqslant 0.28f_t/f_{yv} \tag{6.3.4-2}$$

$$\rho_{tl} \geqslant 0.6\sqrt{\frac{T}{Vb}}f_t/f_y \tag{6.3.4-3}$$

当 $T/(Vb)$ 大于 2.0 时，取 2.0。

式中：$T$、$V$——分别为扭矩、剪力设计值；

$\rho_{tl}$、$b$——分别为受扭纵向钢筋的面积配筋率、梁宽。

**表 6.3.4 非抗震设计梁箍筋最大间距（mm）**

| $V$ / $h_b$（mm） | $V>0.7f_tbh_0$ | $V\leqslant0.7f_tbh_0$ |
|---|---|---|
| $h_b\leqslant300$ | 150 | 200 |
| $300<h_b\leqslant500$ | 200 | 300 |
| $500<h_b\leqslant800$ | 250 | 350 |
| $h_b>800$ | 300 | 400 |

**6** 当梁中配有计算需要的纵向受压钢筋时，其箍筋配置尚应符合下列规定：

**1）** 箍筋直径不应小于纵向受压钢筋最大直径的 1/4；

**2）** 箍筋应做成封闭式；

**3）** 箍筋间距不应大于 $15d$ 且不应大于 400mm；当一层内的受压钢筋多于 5 根且直径大于 18mm 时，箍筋间距不应大于 $10d$（$d$ 为纵向受压钢筋的最小直径）；

**4）** 当梁截面宽度大于 400mm 且一层内的纵向受压钢筋多于 3 根时，或当梁截面宽度不大于 400mm 但一层内的纵向受压钢筋多于 4 根时，应设置复合箍筋。

**6.3.5** 抗震设计时，框架梁的箍筋尚应符合下列构造要求：

**1** 沿梁全长箍筋的面积配筋率应符合下列规定：

一级 $$\rho_{sv}\geqslant0.30f_t/f_{yv} \quad (6.3.5\text{-}1)$$

二级 $$\rho_{sv}\geqslant0.28f_t/f_{yv} \quad (6.3.5\text{-}2)$$

三、四级 $$\rho_{sv}\geqslant0.26f_t/f_{yv} \quad (6.3.5\text{-}3)$$

式中：$\rho_{sv}$——框架梁沿梁全长箍筋的面积配筋率。

**2** 在箍筋加密区范围内的箍筋肢距：一级不宜大于 200mm 和 20 倍箍筋直径的较大值，二、三级不宜大于 250mm 和 20 倍箍筋直径的较大值，四级不宜大于 300mm。

**3** 箍筋应有 135°弯钩，弯钩端头直段长度不应小于 10 倍的箍筋直径和 75mm 的较大值。

**4** 在纵向钢筋搭接长度范围内的箍筋间距，钢筋受拉时不应大于搭接钢筋较小直径的 5 倍，且不应大于 100mm；钢筋受压时不应大于搭接钢筋较小直径的 10 倍，且不应大于 200mm。

**5** 框架梁非加密区箍筋最大间距不宜大于加密区箍筋间距的 2 倍。

**6.3.6** 框架梁的纵向钢筋不应与箍筋、拉筋及预埋件等焊接。

**6.3.7** 框架梁上开洞时，洞口位置宜位于梁跨中 1/3 区段，洞口高度不应大于梁高的 40%；开洞较大时应进行承载力验算。梁上洞口周边应配置附加纵向钢筋和箍筋（图 6.3.7），并应符合计算及构造要求。

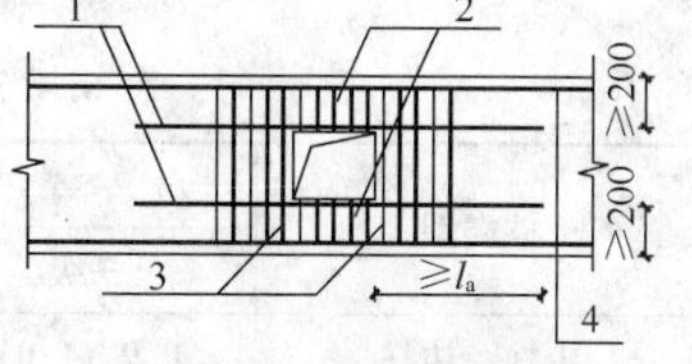


图 6.3.7 梁上洞口周边配筋构造示意

1—洞口上、下附加纵向钢筋；2—洞口上、下附加箍筋；3—洞口两侧附加箍筋；4—梁纵向钢筋；$l_a$—受拉钢筋的锚固长度

## 6.4　框架柱构造要求

**6.4.1**　柱截面尺寸宜符合下列规定：

**1**　矩形截面柱的边长，非抗震设计时不宜小于 250mm，抗震设计时，四级不宜小于 300mm，一、二、三级时不宜小于 400mm；圆柱直径，非抗震和四级抗震设计时不宜小于 350mm，一、二、三级时不宜小于 450mm。

**2**　柱剪跨比宜大于 2。

**3**　柱截面高宽比不宜大于 3。

**6.4.2**　抗震设计时，钢筋混凝土柱轴压比不宜超过表 6.4.2 的规定；对于Ⅳ类场地上较高的高层建筑，其轴压比限值应适当减小。

**表 6.4.2　柱轴压比限值**

| 结构类型 | 抗震等级 | | | |
|---|---|---|---|---|
| | 一 | 二 | 三 | 四 |
| 框架结构 | 0.65 | 0.75 | 0.85 | — |
| 板柱-剪力墙、框架-剪力墙、框架-核心筒、筒中筒结构 | 0.75 | 0.85 | 0.90 | 0.95 |
| 部分框支剪力墙结构 | 0.60 | 0.70 | — | |

注：1　轴压比指柱考虑地震作用组合的轴压力设计值与柱全截面面积和混凝土轴心抗压强度设计值乘积的比值；
2　表内数值适用于混凝土强度等级不高于 C60 的柱。当混凝土强度等级为 C65～C70 时，轴压比限值应比表中数值降低 0.05；当混凝土强度等级为 C75～C80 时，轴压比限值应比表中数值降低 0.10；
3　表内数值适用于剪跨比大于 2 的柱；剪跨比不大于 2 但不小于 1.5 的柱，其轴压比限值应比表中数值减小 0.05；剪跨比小于 1.5 的柱，其轴压比限值应专门研究并采取特殊构造措施；
4　当沿柱全高采用井字复合箍，箍筋间距不大于 100mm、肢距不大于 200mm、直径不小于 12mm，或当沿柱全高采用复合螺旋箍，箍筋螺距不大于 100mm、肢距不大于 200mm、直径不小于 12mm，或当沿柱全高采用连续复合螺旋箍，且螺距不大于 80mm、肢距不大于 200mm、直径不小于 10mm 时，轴压比限值可增加 0.10；
5　当柱截面中部设置由附加纵向钢筋形成的芯柱，且附加纵向钢筋的截面面积不小于柱截面面积的 0.8% 时，柱轴压比限值可增加 0.05。当本项措施与注 4 的措施共同采用时，柱轴压比限值可比表中数值增加 0.15，但箍筋的配箍特征值仍可按轴压比增加 0.10 的要求确定；
6　调整后的柱轴压比限值不应大于 1.05。

**6.4.3　柱纵向钢筋和箍筋配置应符合下列要求：**

**1　柱全部纵向钢筋的配筋率，不应小于表 6.4.3-1 的规定值，且柱截面每一侧纵向钢筋配筋率不应小于 0.2%；抗震设计时，对Ⅳ类场地上较高的高层建筑，表中数值应增加 0.1。**

**表 6.4.3-1　柱纵向受力钢筋最小配筋百分率（%）**

| 柱类型 | 抗震等级 | | | | 非抗震 |
|---|---|---|---|---|---|
| | 一级 | 二级 | 三级 | 四级 | |
| 中柱、边柱 | 0.9（1.0） | 0.7（0.8） | 0.6（0.7） | 0.5（0.6） | 0.5 |
| 角柱 | 1.1 | 0.9 | 0.8 | 0.7 | 0.5 |
| 框支柱 | 1.1 | 0.9 | — | — | 0.7 |

**注：1　表中括号内数值适用于框架结构；**
**2　采用 335MPa 级、400MPa 级纵向受力钢筋时，应分别按表中数值增加 0.1 和 0.05 采用；**
**3　当混凝土强度等级高于 C60 时，上述数值应增加 0.1 采用。**

**2　抗震设计时，柱箍筋在规定的范围内应加密，加密区的箍筋间距和直径，应符合下列要求：**

**1）箍筋的最大间距和最小直径，应按表6.4.3-2采用；**

**表6.4.3-2　柱端箍筋加密区的构造要求**

| 抗震等级 | 箍筋最大间距（mm） | 箍筋最小直径（mm） |
|---|---|---|
| 一级 | 6*d*和100的较小值 | 10 |
| 二级 | 8*d*和100的较小值 | 8 |
| 三级 | 8*d*和150（柱根100）的较小值 | 8 |
| 四级 | 8*d*和150（柱根100）的较小值 | 6（柱根8） |

注：1　*d*为柱纵向钢筋直径（mm）；
　　2　柱根指框架柱底部嵌固部位。

**2）一级框架柱的箍筋直径大于12mm且箍筋肢距不大于150mm及二级框架柱箍筋直径不小于10mm且肢距不大于200mm时，除柱根外最大间距应允许采用150mm；三级框架柱的截面尺寸不大于400mm时，箍筋最小直径应允许采用6mm；四级框架柱的剪跨比不大于2或柱中全部纵向钢筋的配筋率大于3%时，箍筋直径不应小于8mm；**

**3）剪跨比不大于2的柱，箍筋间距不应大于100mm。**

**6.4.4**　柱的纵向钢筋配置，尚应满足下列规定：

**1**　抗震设计时，宜采用对称配筋。

**2**　截面尺寸大于400mm的柱，一、二、三级抗震设计时其纵向钢筋间距不宜大于200mm；抗震等级为四级和非抗震设计时，柱纵向钢筋间距不宜大于300mm；柱纵向钢筋净距均不应小于50mm。

**3**　全部纵向钢筋的配筋率，非抗震设计时不宜大于5%、不应大于6%，抗震设计时不应大于5%。

**4**　一级且剪跨比不大于2的柱，其单侧纵向受拉钢筋的配筋率不宜大于1.2%。

**5**　边柱、角柱及剪力墙端柱考虑地震作用组合产生小偏心受拉时，柱内纵筋总截面面积应比计算值增加25%。

**6.4.5**　柱的纵筋不应与箍筋、拉筋及预埋件等焊接。

**6.4.6**　抗震设计时，柱箍筋加密区的范围应符合下列规定：

**1**　底层柱的上端和其他各层柱的两端，应取矩形截面柱之长边尺寸（或圆形截面柱之直径）、柱净高之1/6和500mm三者之最大值范围；

**2**　底层柱刚性地面上、下各500mm的范围；

**3**　底层柱柱根以上1/3柱净高的范围；

**4**　剪跨比不大于2的柱和因填充墙等形成的柱净高与截面高度之比不大于4的柱全高范围；

**5**　一、二级框架角柱的全高范围；

**6**　需要提高变形能力的柱的全高范围。

**6.4.7**　柱加密区范围内箍筋的体积配箍率，应符合下列规定：

**1** 柱箍筋加密区箍筋的体积配箍率，应符合下式要求：

$$\rho_v \geqslant \lambda_v f_c / f_{yv} \tag{6.4.7}$$

式中：$\rho_v$——柱箍筋的体积配箍率；

$\lambda_v$——柱最小配箍特征值，宜按表 6.4.7 采用；

$f_c$——混凝土轴心抗压强度设计值，当柱混凝土强度等级低于 C35 时，应按 C35 计算；

$f_{yv}$——柱箍筋或拉筋的抗拉强度设计值。

**表 6.4.7　柱端箍筋加密区最小配箍特征值 $\lambda_v$**

| 抗震等级 | 箍筋形式 | 柱轴压比 | | | | | | | | |
|---|---|---|---|---|---|---|---|---|---|---|
| | | ≤0.30 | 0.40 | 0.50 | 0.60 | 0.70 | 0.80 | 0.90 | 1.00 | 1.05 |
| 一 | 普通箍、复合箍 | 0.10 | 0.11 | 0.13 | 0.15 | 0.17 | 0.20 | 0.23 | — | — |
| 一 | 螺旋箍、复合或连续复合螺旋箍 | 0.08 | 0.09 | 0.11 | 0.13 | 0.15 | 0.18 | 0.21 | — | — |
| 二 | 普通箍、复合箍 | 0.08 | 0.09 | 0.11 | 0.13 | 0.15 | 0.17 | 0.19 | 0.22 | 0.24 |
| 二 | 螺旋箍、复合或连续复合螺旋箍 | 0.06 | 0.07 | 0.09 | 0.11 | 0.13 | 0.15 | 0.17 | 0.20 | 0.22 |
| 三 | 普通箍、复合箍 | 0.06 | 0.07 | 0.09 | 0.11 | 0.13 | 0.15 | 0.17 | 0.20 | 0.22 |
| 三 | 螺旋箍、复合或连续复合螺旋箍 | 0.05 | 0.06 | 0.07 | 0.09 | 0.11 | 0.13 | 0.15 | 0.18 | 0.20 |

注：普通箍指单个矩形箍或单个圆形箍；螺旋箍指单个连续螺旋箍筋；复合箍指由矩形、多边形、圆形箍或拉筋组成的箍筋；复合螺旋箍指由螺旋箍与矩形、多边形、圆形箍或拉筋组成的箍筋；连续复合螺旋箍指全部螺旋箍由同一根钢筋加工而成的箍筋。

**2** 对一、二、三、四级框架柱，其箍筋加密区范围内箍筋的体积配箍率尚且分别不应小于 0.8%、0.6%、0.4%和 0.4%。

**3** 剪跨比不大于 2 的柱宜采用复合螺旋箍或井字复合箍，其体积配箍率不应小于 1.2%；设防烈度为 9 度时，不应小于 1.5%。

**4** 计算复合箍筋的体积配箍率时，可不扣除重叠部分的箍筋体积；计算复合螺旋箍筋的体积配箍率时，其非螺旋箍筋的体积应乘以换算系数 0.8。

**6.4.8** 抗震设计时，柱箍筋设置尚应符合下列规定：

**1** 箍筋应为封闭式，其末端应做成 135°弯钩且弯钩末端平直段长度不应小于 10 倍的箍筋直径，且不应小于 75mm。

**2** 箍筋加密区的箍筋肢距，一级不宜大于 200mm，二、三级不宜大于 250mm 和 20 倍箍筋直径的较大值，四级不宜大于 300mm。每隔一根纵向钢筋宜在两个方向有箍筋约束；采用拉筋组合箍时，拉筋宜紧靠纵向钢筋并勾住封闭箍筋。

**3** 柱非加密区的箍筋，其体积配箍率不宜小于加密区的一半；其箍筋间距，不应大于加密区箍筋间距的 2 倍，且一、二级不应大于 10 倍纵向钢筋直径，三、四级不应大于

15 倍纵向钢筋直径。

**6.4.9** 非抗震设计时，柱中箍筋应符合下列规定：

**1** 周边箍筋应为封闭式；

**2** 箍筋间距不应大于 400mm，且不应大于构件截面的短边尺寸和最小纵向受力钢筋直径的 15 倍；

**3** 箍筋直径不应小于最大纵向钢筋直径的 1/4，且不应小于 6mm；

**4** 当柱中全部纵向受力钢筋的配筋率超过 3%时，箍筋直径不应小于 8mm，箍筋间距不应大于最小纵向钢筋直径的 10 倍，且不应大于 200mm，箍筋末端应做成 135°弯钩且弯钩末端平直段长度不应小于 10 倍箍筋直径；

**5** 当柱每边纵筋多于 3 根时，应设置复合箍筋；

**6** 柱内纵向钢筋采用搭接做法时，搭接长度范围内箍筋直径不应小于搭接钢筋较大直径的 1/4；在纵向受拉钢筋的搭接长度范围内的箍筋间距不应大于搭接钢筋较小直径的 5 倍，且不应大于 100mm；在纵向受压钢筋的搭接长度范围内的箍筋间距不应大于搭接钢筋较小直径的 10 倍，且不应大于 200mm。当受压钢筋直径大于 25mm 时，尚应在搭接接头端面外 100mm 的范围内各设置两道箍筋。

**6.4.10** 框架节点核心区应设置水平箍筋，且应符合下列规定：

**1** 非抗震设计时，箍筋配置应符合本规程第 6.4.9 条的有关规定，但箍筋间距不宜大于 250mm；对四边有梁与之相连的节点，可仅沿节点周边设置矩形箍筋。

**2** 抗震设计时，箍筋的最大间距和最小直径宜符合本规程第 6.4.3 条有关柱箍筋的规定。一、二、三级框架节点核心区配箍特征值分别不宜小于 0.12、0.10 和 0.08，且箍筋体积配箍率分别不宜小于 0.6%、0.5%和 0.4%。柱剪跨比不大于 2 的框架节点核心区的体积配箍率不宜小于核心区上、下柱端体积配箍率中的较大值。

**6.4.11** 柱箍筋的配筋形式，应考虑浇筑混凝土的工艺要求，在柱截面中心部位应留出浇筑混凝土所用导管的空间。

## 6.5 钢筋的连接和锚固

**6.5.1** 受力钢筋的连接接头应符合下列规定：

**1** 受力钢筋的连接接头宜设置在构件受力较小部位；抗震设计时，宜避开梁端、柱端箍筋加密区范围。钢筋连接可采用机械连接、绑扎搭接或焊接。

**2** 当纵向受力钢筋采用搭接做法时，在钢筋搭接长度范围内应配置箍筋，其直径不应小于搭接钢筋较大直径的 1/4。当钢筋受拉时，箍筋间距不应大于搭接钢筋较小直径的 5 倍，且不应大于 100mm；当钢筋受压时，箍筋间距不应大于搭接钢筋较小直径的 10 倍，且不应大于 200mm。当受压钢筋直径大于 25mm 时，尚应在搭接接头两个端面外 100mm 范围内各设置两道箍筋。

**6.5.2** 非抗震设计时，受拉钢筋的最小锚固长度应取 $l_a$。受拉钢筋绑扎搭接的搭接长度，应根据位于同一连接区段内搭接钢筋截面面积的百分率按下式计算，且不应小于 300mm。

$$l_l = \zeta l_a \tag{6.5.2}$$

式中：$l_l$——受拉钢筋的搭接长度（mm）；

$l_a$——受拉钢筋的锚固长度（mm），应按现行国家标准《混凝土结构设计规范》

GB 50010 的有关规定采用；

$\zeta$——受拉钢筋搭接长度修正系数，应按表 6.5.2 采用。

**表 6.5.2　纵向受拉钢筋搭接长度修正系数 $\zeta$**

| 同一连接区段内搭接钢筋面积百分率（%） | ≤25 | 50 | 100 |
|---|---|---|---|
| 受拉搭接长度修正系数 $\zeta$ | 1.2 | 1.4 | 1.6 |

注：同一连接区段内搭接钢筋面积百分率取在同一连接区段内有搭接接头的受力钢筋与全部受力钢筋面积之比。

**6.5.3**　抗震设计时，钢筋混凝土结构构件纵向受力钢筋的锚固和连接，应符合下列要求：

**1**　纵向受拉钢筋的最小锚固长度 $l_{aE}$ 应按下列规定采用：

一、二级抗震等级　$$l_{aE} = 1.15 l_a \tag{6.5.3-1}$$

三级抗震等级　$$l_{aE} = 1.05 l_a \tag{6.5.3-2}$$

四级抗震等级　$$l_{aE} = 1.00 l_a \tag{6.5.3-3}$$

**2**　当采用绑扎搭接接头时，其搭接长度不应小于下式的计算值：

$$l_{lE} = \zeta l_{aE} \tag{6.5.3-4}$$

式中：$l_{lE}$——抗震设计时受拉钢筋的搭接长度。

**3**　受拉钢筋直径大于 25mm、受压钢筋直径大于 28mm 时，不宜采用绑扎搭接接头；

**4**　现浇钢筋混凝土框架梁、柱纵向受力钢筋的连接方法，应符合下列规定：

**1）** 框架柱：一、二级抗震等级及三级抗震等级的底层，宜采用机械连接接头，也可采用绑扎搭接或焊接接头；三级抗震等级的其他部位和四级抗震等级，可采用绑扎搭接或焊接接头；

**2）** 框支梁、框支柱：宜采用机械连接接头；

**3）** 框架梁：一级宜采用机械连接接头，二、三、四级可采用绑扎搭接或焊接接头。

**5**　位于同一连接区段内的受拉钢筋接头面积百分率不宜超过 50%；

**6**　当接头位置无法避开梁端、柱端箍筋加密区时，应采用满足等强度要求的机械连接接头，且钢筋接头面积百分率不宜超过 50%；

**7**　钢筋的机械连接、绑扎搭接及焊接，尚应符合国家现行有关标准的规定。

**6.5.4**　非抗震设计时，框架梁、柱的纵向钢筋在框架节点区的锚固和搭接（图 6.5.4）应符合下列要求：

**1**　顶层中节点柱纵向钢筋和边节点柱内侧纵向钢筋应伸至柱顶；当从梁底边计算的直线锚固长度不小于 $l_a$ 时，可不必水平弯折，否则应向柱内或梁、板内水平弯折，当充分利用柱纵向钢筋的抗拉强度时，其锚固段弯折前的竖直投影长度不应小于 $0.5l_{ab}$，弯折后的水平投影长度不宜小于 12 倍的柱纵向钢筋直径。此处，$l_{ab}$ 为钢筋基本锚固长度，应符合现行国家标准《混凝土结构设计规范》GB 50010 的有关规定。

**2**　顶层端节点处，在梁宽范围以内的柱外侧纵向钢筋可与梁上部纵向钢筋搭接，搭接长度不应小于 $1.5l_a$；在梁宽范围以外的柱外侧纵向钢筋可伸入现浇板内，其伸入长度与伸入梁内的相同。当柱外侧纵向钢筋的配筋率大于 1.2%时，伸入梁内的柱纵向钢筋宜分两批截断，其截断点之间的距离不宜小于 20 倍的柱纵向钢筋直径。

**3**　梁上部纵向钢筋伸入端节点的锚固长度，直线锚固时不应小于 $l_a$，且伸过柱中心线的长度不宜小于 5 倍的梁纵向钢筋直径；当柱截面尺寸不足时，梁上部纵向钢筋应伸至

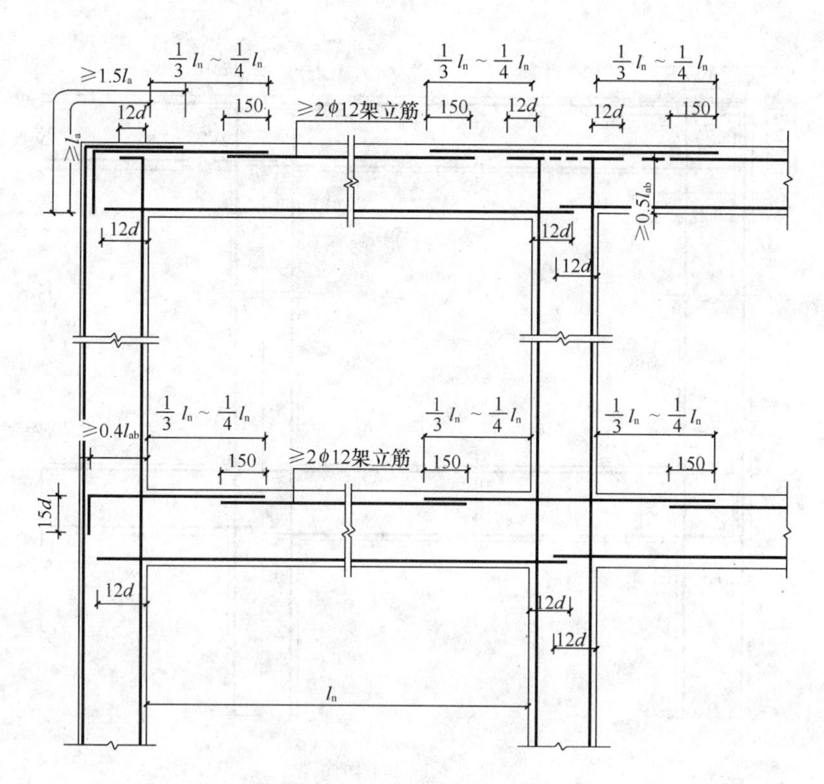


图 6.5.4 非抗震设计时框架梁、柱纵向钢筋在节点区的锚固示意

节点对边并向下弯折，弯折水平段的投影长度不应小于 0.4$l_{ab}$，弯折后竖直投影长度不应小于 15 倍纵向钢筋直径。

**4** 当计算中不利用梁下部纵向钢筋的强度时，其伸入节点内的锚固长度应取不小于 12 倍的梁纵向钢筋直径。当计算中充分利用梁下部钢筋的抗拉强度时，梁下部纵向钢筋可采用直线方式或向上 90°弯折方式锚固于节点内，直线锚固时的锚固长度不应小于 $l_a$；弯折锚固时，弯折水平段的投影长度不应小于 0.4$l_{ab}$，弯折后竖直投影长度不应小于 15 倍纵向钢筋直径。

**5** 当采用锚固板锚固措施时，钢筋锚固构造应符合现行国家标准《混凝土结构设计规范》GB 50010 的有关规定。

**6.5.5** 抗震设计时，框架梁、柱的纵向钢筋在框架节点区的锚固和搭接（图 6.5.5）应符合下列要求：

**1** 顶层中节点柱纵向钢筋和边节点柱内侧纵向钢筋应伸至柱顶。当从梁底边计算的直线锚固长度不小于 $l_{aE}$时，可不必水平弯折，否则应向柱内或梁内、板内水平弯折，锚固段弯折前的竖直投影长度不应小于 0.5$l_{abE}$，弯折后的水平投影长度不宜小于 12 倍的柱纵向钢筋直径。此处，$l_{abE}$为抗震时钢筋的基本锚固长度，一、二级取 1.15$l_{ab}$，三、四级分别取 1.05$l_{ab}$和 1.00$l_{ab}$。

**2** 顶层端节点处，柱外侧纵向钢筋可与梁上部纵向钢筋搭接，搭接长度不应小于 1.5$l_{aE}$，且伸入梁内的柱外侧纵向钢筋截面面积不宜小于柱外侧全部纵向钢筋截面面积的 65%；在梁宽范围以外的柱外侧纵向钢筋可伸入现浇板内，其伸入长度与伸入梁内的相同。当柱外侧纵向钢筋的配筋率大于 1.2%时，伸入梁内的柱纵向钢筋宜分两批截断，其

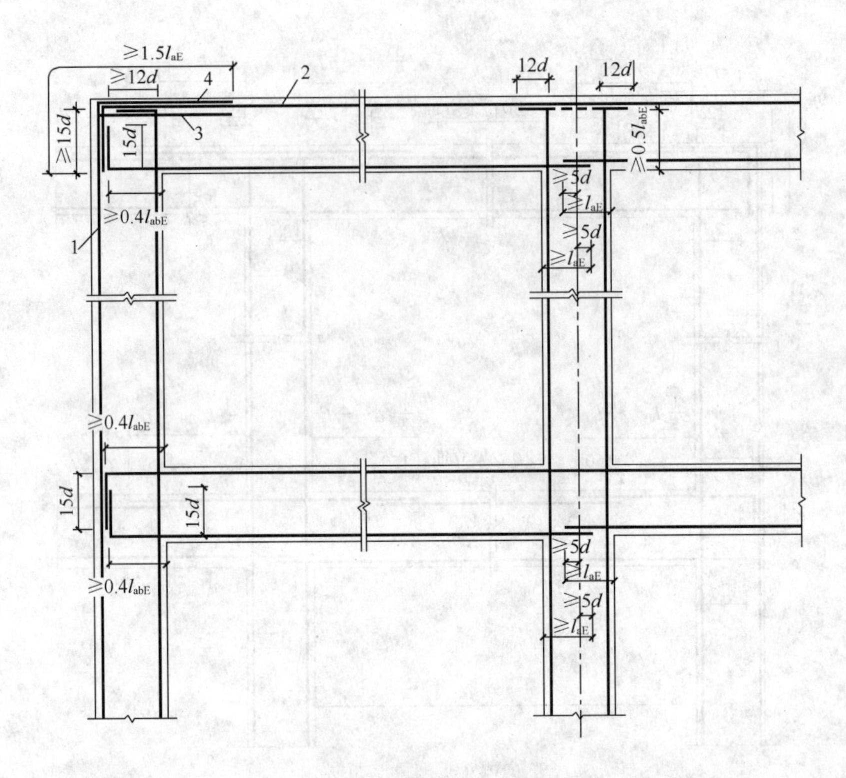


图 6.5.5　抗震设计时框架梁、柱纵向钢筋在节点区的锚固示意

1—柱外侧纵向钢筋；2—梁上部纵向钢筋；3—伸入梁内的柱外侧纵向钢筋；
4—不能伸入梁内的柱外侧纵向钢筋，可伸入板内

截断点之间的距离不宜小于 20 倍的柱纵向钢筋直径。

**3**　梁上部纵向钢筋伸入端节点的锚固长度，直线锚固时不应小于 $l_{aE}$，且伸过柱中心线的长度不应小于 5 倍的梁纵向钢筋直径；当柱截面尺寸不足时，梁上部纵向钢筋应伸至节点对边并向下弯折，锚固段弯折前的水平投影长度不应小于 $0.4l_{abE}$，弯折后的竖直投影长度应取 15 倍的梁纵向钢筋直径。

**4**　梁下部纵向钢筋的锚固与梁上部纵向钢筋相同，但采用 90°弯折方式锚固时，竖直段应向上弯入节点内。

## 二、《抗规》规定

### 6.1　一　般　规　定

**6.1.4**　钢筋混凝土房屋需要设置防震缝时，应符合下列规定：

**1**　防震缝宽度应分别符合下列要求：

**1）** 框架结构（包括设置少量抗震墙的框架结构）房屋的防震缝宽度，当高度不超过 15m 时不应小于 100mm；高度超过 15m 时，6 度、7 度、8 度和 9 度分别每增加高度 5m、4m、3m 和 2m，宜加宽 20mm；

**2）** 框架-抗震墙结构房屋的防震缝宽度不应小于本款 1）项规定数值的 70%，抗震

墙结构房屋的防震缝宽度不应小于本款 1）项规定数值的 50%；且均不宜小于 100mm；

3）防震缝两侧结构类型不同时，宜按需要较宽防震缝的结构类型和较低房屋高度确定缝宽。

**2** 8、9 度框架结构房屋防震缝两侧结构层高相差较大时，防震缝两侧框架柱的箍筋应沿房屋全高加密，并可根据需要在缝两侧沿房屋全高各设置不少于两道垂直于防震缝的抗撞墙。抗撞墙的布置宜避免加大扭转效应，其长度可不大于 1/2 层高，抗震等级可同框架结构；框架构件的内力应按设置和不设置抗撞墙两种计算模型的不利情况取值。

**6.1.15** 楼梯间应符合下列要求：

**1** 宜采用现浇钢筋混凝土楼梯。

**2** 对于框架结构，楼梯间的布置不应导致结构平面特别不规则；楼梯构件与主体结构整浇时，应计入楼梯构件对地震作用及其效应的影响，应进行楼梯构件的抗震承载力验算；宜采取构造措施，减少楼梯构件对主体结构刚度的影响。

**3** 楼梯间两侧填充墙与柱之间应加强拉结。

**6.1.16** 框架的填充墙应符合本规范第 13 章的规定。

## 三、《混凝土规范》规定

### 11.6 框架梁柱节点

**11.6.1** 一、二、三级抗震等级的框架应进行节点核心区抗震受剪承载力验算；四级抗震等级的框架节点可不进行计算，但应符合抗震构造措施的要求。框支层中间层节点的抗震受剪承载力验算方法及抗震构造措施与框架中间层节点相同。

**11.6.2** 一、二、三级抗震等级的框架梁柱节点核心区的剪力设计值 $V_j$，应按下列规定计算：

**1** 顶层中间节点和端节点

**1**）一级抗震等级的框架结构和 9 度设防烈度的一级抗震等级框架：

$$V_j=\frac{1.15\Sigma M_{\mathrm{bua}}}{h_{\mathrm{b0}}-a'_{\mathrm{s}}} \tag{11.6.2-1}$$

**2**）其他情况：

$$V_j=\frac{\eta_{j\mathrm{b}}\Sigma M_{\mathrm{b}}}{h_{\mathrm{b0}}-a'_{\mathrm{s}}} \tag{11.6.2-2}$$

**2** 其他层中间节点和端节点

**1**）一级抗震等级的框架结构和 9 度设防烈度的一级抗震等级框架：

$$V_j=\frac{1.15\Sigma M_{\mathrm{bua}}}{h_{\mathrm{b0}}-a'_{\mathrm{s}}}\left(1-\frac{h_{\mathrm{b0}}-a'_{\mathrm{s}}}{H_{\mathrm{c}}-h_{\mathrm{b}}}\right) \tag{11.6.2-3}$$

**2**）其他情况：

$$V_j=\frac{\eta_{jb}\Sigma M_b}{h_{b0}-a'_s}\left(1-\frac{h_{b0}-a'_s}{H_c-h_b}\right) \tag{11.6.2-4}$$

式中：$\Sigma M_{bua}$——节点左、右两侧的梁端反时针或顺时针方向实配的正截面抗震受弯承载力所对应的弯矩值之和，可根据实配钢筋面积（计入纵向受压钢筋）和材料强度标准值确定；

$\Sigma M_b$——节点左、右两侧的梁端反时针或顺时针方向组合弯矩设计值之和，一级抗震等级框架节点左右梁端均为负弯矩时，绝对值较小的弯矩应取零；

$\eta_{jb}$——节点剪力增大系数，对于框架结构，一级取1.50，二级取1.35，三级取1.20；对于其他结构中的框架，一级取1.35，二级取1.20，三级取1.10；

$h_{b0}$、$h_b$——分别为梁的截面有效高度、截面高度，当节点两侧梁高不相同时，取其平均值；

$H_c$——节点上柱和下柱反弯点之间的距离；

$a'_s$——梁纵向受压钢筋合力点至截面近边的距离。

**11.6.3**　框架梁柱节点核心区的受剪水平截面应符合下列条件：

$$V_j\leqslant\frac{1}{\gamma_{RE}}(0.3\eta_j\beta_c f_c b_j h_j) \tag{11.6.3}$$

式中：$h_j$——框架节点核心区的截面高度，可取验算方向的柱截面高度 $h_c$；

$b_j$——框架节点核心区的截面有效验算宽度，当 $b_b$ 不小于 $b_c/2$ 时，可取 $b_c$；当 $b_b$ 小于 $b_c/2$ 时，可取（$b_b+0.5h_c$）和 $b_c$ 中的较小值；当梁与柱的中线不重合且偏心距 $e_0$ 不大于 $b_c/4$ 时，可取（$b_b+0.5h_c$）、（$0.5b_b+0.5b_c+0.25h_c-e_0$）和 $b_c$ 三者中的最小值。此处，$b_b$ 为验算方向梁截面宽度，$b_c$ 为该侧柱截面宽度；

$\eta_j$——正交梁对节点的约束影响系数：当楼板为现浇、梁柱中线重合、四侧各梁截面宽度不小于该侧柱截面宽度1/2，且正交方向梁高度不小于较高框架梁高度的3/4时，可取 $\eta_j$ 为1.50，但对9度设防烈度宜取 $\eta_j$ 为1.25；当不满足上述条件时，应取 $\eta_j$ 为1.00。

**11.6.4**　框架梁柱节点的抗震受剪承载力应符合下列规定：

**1**　9度设防烈度的一级抗震等级框架

$$V_j\leqslant\frac{1}{\gamma_{RE}}\left(0.9\eta_j f_t b_j h_j+f_{yv}A_{svj}\frac{h_{b0}-a'_s}{s}\right) \tag{11.6.4-1}$$

**2**　其他情况

$$V_j\leqslant\frac{1}{\gamma_{RE}}\left(1.1\eta_j f_t b_j h_j+0.05\eta_j N\frac{b_j}{b_c}+f_{yv}A_{svj}\frac{h_{b0}-a'_s}{s}\right) \tag{11.6.4-2}$$

式中：$N$——对应于考虑地震组合剪力设计值的节点上柱底部的轴向力设计值；当 $N$ 为压力时，取轴向压力设计值的较小值，且当 $N$ 大于 $0.5f_cb_ch_c$ 时，取 $0.5f_cb_ch_c$；当 $N$ 为拉力时，取为0；

$A_{svj}$——核心区有效验算宽度范围内同一截面验算方向箍筋各肢的全部截面面积；

$h_{b0}$——框架梁截面有效高度，节点两侧梁截面高度不等时取平均值。

**11.6.5** 圆柱框架的梁柱节点，当梁中线与柱中线重合时，其受剪水平截面应符合下列条件：

$$V_j \leqslant \frac{1}{\gamma_{RE}}(0.3\eta_j\beta_c f_c A_j) \tag{11.6.5}$$

式中：$A_j$——节点核心区有效截面面积：当梁宽 $b_b \geqslant 0.5D$ 时，取 $A_j = 0.8D^2$；当 $0.4D \leqslant b_b < 0.5D$ 时，取 $A_j = 0.8D(b_b + 0.5D)$；

$D$——圆柱截面直径；

$b_b$——梁的截面宽度；

$\eta_j$——正交梁对节点的约束影响系数，按本规范第 11.6.3 条取用。

**11.6.6** 圆柱框架的梁柱节点，当梁中线与柱中线重合时，其抗震受剪承载力应符合下列规定：

**1** 9 度设防烈度的一级抗震等级框架

$$V_j \leqslant \frac{1}{\gamma_{RE}}\left(1.2\eta_j f_t A_j + 1.57 f_{yv} A_{sh}\frac{h_{b0} - a'_s}{s} + f_{yv} A_{svj}\frac{h_{b0} - a'_s}{s}\right) \tag{11.6.6-1}$$

**2** 其他情况

$$V_j \leqslant \frac{1}{\gamma_{RE}}\left(1.5\eta_j f_t A_j + 0.05\eta_j \frac{N}{D^2} A_j + 1.57 f_{yv} A_{sh}\frac{h_{b0} - a'_s}{s} + f_{yv} A_{svj}\frac{h_{b0} - a'_s}{s}\right) \tag{11.6.6-2}$$

式中：$h_{b0}$——梁截面有效高度；

$A_{sh}$——单根圆形箍筋的截面面积；

$A_{svj}$——同一截面验算方向的拉筋和非圆形箍筋各肢的全部截面面积。

**11.6.7** 框架梁和框架柱的纵向受力钢筋在框架节点区的锚固和搭接应符合下列要求：

**1** 框架中间层中间节点处，框架梁的上部纵向钢筋应贯穿中间节点。贯穿中柱的每根梁纵向钢筋直径，对于 9 度设防烈度的各类框架和一级抗震等级的框架结构，当柱为矩形截面时，不宜大于柱在该方向截面尺寸的 1/25，当柱为圆形截面时，不宜大于纵向钢筋所在位置柱截面弦长的 1/25；对一、二、三级抗震等级，当柱为矩形截面时，不宜大于柱在该方向截面尺寸的 1/20，对圆柱截面，不宜大于纵向钢筋所在位置柱截面弦长的 1/20。

**2** 对于框架中间层中间节点、中间层端节点、顶层中间节点以及顶层端节点，梁、柱纵向钢筋在节点部位的锚固和搭接，应符合图 11.6.7 的相关构造规定。图中 $l_{lE}$ 按本规范第 11.1.7 条规定取用，$l_{abE}$ 按下式取用：

$$l_{abE} = \zeta_{aE} l_{ab} \tag{11.6.7}$$

式中：$\zeta_{aE}$——纵向受拉钢筋锚固长度修正系数，按第 11.1.7 条规定取用。

**11.6.8** 框架节点区箍筋的最大间距、最小直径宜按本规范表 11.4.12-2 采用。对一、二、三级抗震等级的框架节点核心区，配箍特征值 $\lambda_v$ 分别不宜小于 0.12、0.10 和 0.08，且其箍筋体积配筋率分别不宜小于 0.6%、0.5%和 0.4%。当框架柱的剪跨比不大于 2 时，其节点核心区体积配箍率不宜小于核心区上、下柱端体积配箍率中的较大值。

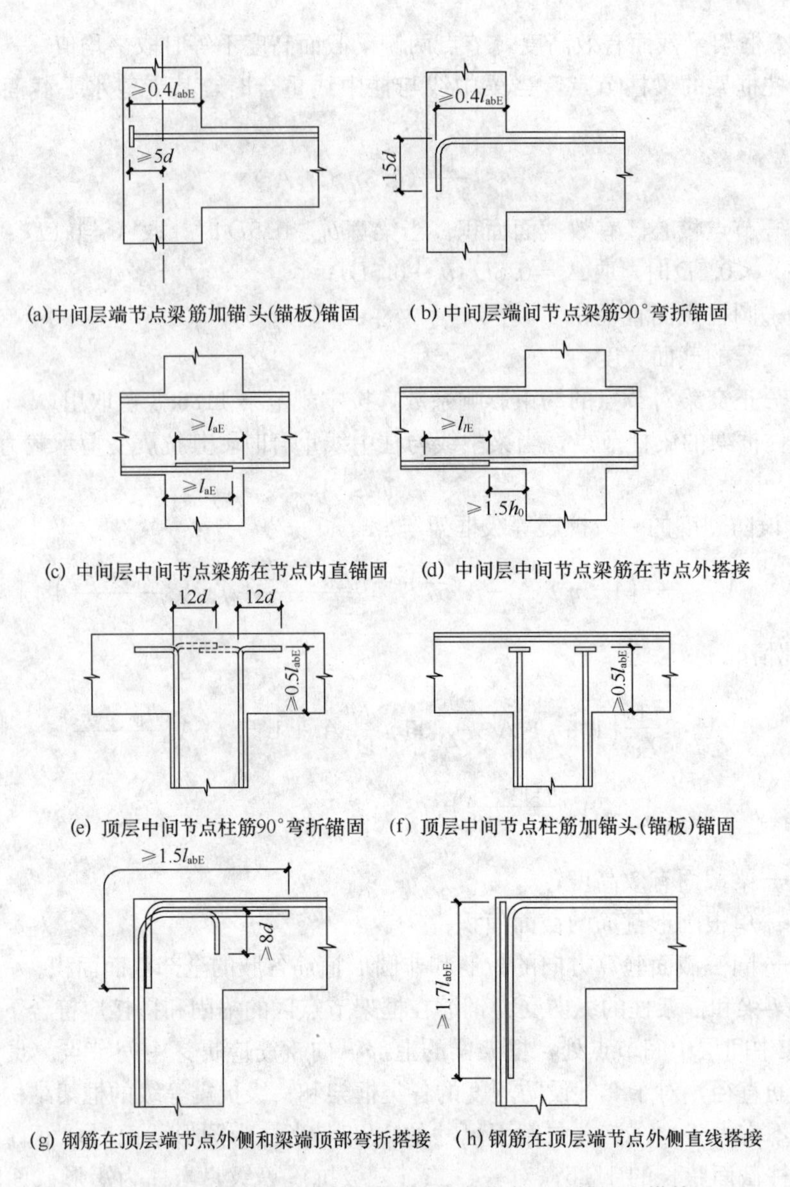


图 11.6.7　梁和柱的纵向受力钢筋在节点区的锚固和搭接

## 四、对规定的解读和建议

此章内容《抗规》、《高规》和《混凝土规范》第 11 章相同的部分不重复列出，仅对不一致的有关规定在本节中说明。

### 1. 有关一般规定

(1)《高规》6.1.1 条规定，框架结构应设计成双向梁柱抗侧力体系。主体结构除个别部位外，不应采用铰接。

框架结构是由梁、柱构件组成的空间结构，既承受竖向荷载，又承受风荷载和地震作用，因此，必须设计成双向形成刚架的抗水平风荷载和水平地震作用的结构体系，并且应具有足够的侧向刚度，以满足规范、规程所规定的楼层层间最大位移与层高之比的限值。

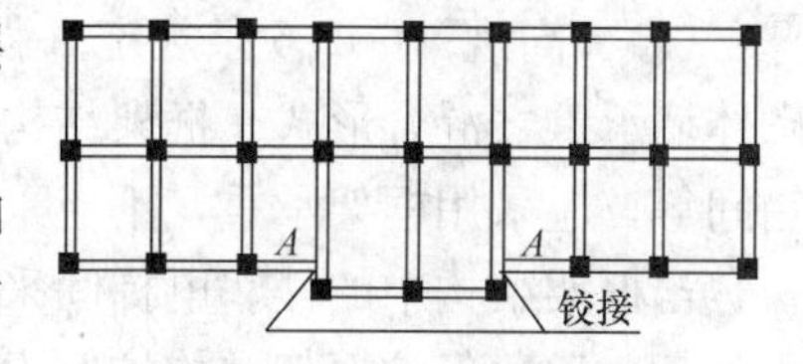

图 8-1 框架梁个别铰接

框架结构由于建筑使用功能或立面外形的需要，如图 8-1 所示在沿纵向边框架局部凸出，在纵向框架梁与横向框架梁相连的 $A$ 点，常采用铰接处理。此类情况在框架结构中属于个别铰接，框架梁一端无柱。如果在 $A$ 点再设柱或形成两根纵梁相连的扁大柱，将使相邻双柱或扁柱，在水平地震作用下吸收大量楼层剪力，造成平面内各抗侧力的竖向构件（柱子）刚度不均匀，尤其当局部凸出部位在端部或平面中不对称，产生扭转效应。

(2)《高规》6.1.2 条规定，抗震设计的框架结构不应采用单跨框架。震害调查表明，单跨框架结构，尤其是层数较多的高层建筑，震害比较严重。因此，抗震设计的框架结构不应采用冗余度低的单跨框架。

单跨框架是由两个柱单根梁形成，一旦发生地震，尤其超设防烈度的大震情况下，两个柱的其中一根遭受破坏，显而易见将使建筑容易倒塌，因为整体结构缺乏赘余的空间体系。1999 年 9 月 21 日，台湾发生的地震中，台中客运站因为是采用了双柱单跨框架，由于一侧柱破坏而导致全楼倒塌。

《高规》6.1.2 条的条文说明，“单跨框架结构是指整栋建筑全部或绝大部分采用单跨框架的结构，不包括仅局部为单跨框架的框架结构。框架-剪力墙结构可局部采用单跨框架结构；其他情况应根据具体情况进行分析、判断”《抗规》6.1.5 条规定：高度不大于 24m 的丙类建筑不宜采用单跨框架结构。因此，非抗震设计的高层框架结构及抗震设计的低层和设防分类为丙类的多层框架结构，不宜采用单跨框架。

(3) 框架结构如采用砌体填充墙，当布置不当时，常能造成结构竖向刚度变化过大；或形成短柱；或形成较大的刚度偏心。由于填充墙是由建筑专业布置，结构图纸上不予表示，容易被忽略。国内、外皆有由此而造成的震害例子。《高规》6.1.3 条目的是提醒结构工程师注意防止砌体（尤其是砖砌体）填充墙对结构设计的不利影响，如避免填充墙平面位置，长度严重不对称等。

2008 年汶川地震中，框架结构中的砌体填充墙破坏严重。本次修订明确了用于填充墙的砌块强度等级，提高了砌体填充墙与主体结构的拉结要求、构造柱设置要求以及楼梯间砌体墙构造要求。

(4) 2008 年汶川地震震害进一步表明，框架结构中的楼梯及周边构件破坏严重。本次修订增加了楼梯的抗震设计要求。抗震设计时，楼梯间为主要疏散通道，其结构应有足够的抗倒塌能力，楼梯应作为结构构件进行设计。框架结构中楼梯构件的组合内力设计值应包括与地震作用效应的组合，楼梯梁、柱的抗震等级应与框架结构本身相同。

框架结构中，钢筋混凝土楼梯自身的刚度对结构地震作用和地震反应有着较大的影响，若楼梯布置不当会造成结构平面不规则，抗震设计时应尽量避免出现这种情况。

震害调查中发现框架结构中的楼梯板破坏严重，被拉断的情况非常普遍，因此应进行抗震设计，并加强构造措施，宜采用双排配筋。

框架-剪力墙结构中的楼梯支撑作用，产生的影响较小，剪力墙结构中的楼梯支撑作用产生的影响可以忽略不计。

（5）《高规》6.1.6 条规定（强制性条文）框架结构按抗震设计时，不应采用部分由砌体墙承重之混合形式。框架结构中的楼、电梯间及局部出屋顶的电梯机房、楼梯间、水箱间等，应采用框架承重，不应采用砌体墙承重。

当框架结构中的楼、电梯间采用砌体墙承重时，计算时不计入砌体墙的刚度，地震作用下反应远比仅按框架结构抗侧力刚度时大，而地震时砌体墙首先遭受破坏，框架结构又未按实际刚度确定内力及配筋，将造成各个击破使框架结构相继遭破坏，这是极危险的。

1976 年 7 月 28 日，唐山大地震波及天津市，该市有的办公楼及多层工业厂房的框架结构，地震时承重砌体墙出现严重开裂，局部出屋顶的楼、电梯间因采用砌体承重墙，不仅严重开裂，甚至严重破坏甩出。

有抗震设计的框架结构建筑中，楼、电梯间及局部出屋顶的电梯机房、楼梯间、水箱间等小房，也应采用框架承重，另设非承重填充墙。当楼、电梯间采用钢筋混凝土墙时，此种结构的适用高度可根据剪力墙设置的数量，取高度介于框架结构和框剪结构之间为宜，框架及剪力墙的抗震等级按框架结构确定，结构分析计算中，应考虑该剪力墙与框架的协同工作，并应注意剪力墙的平面布置宜分散对称，避免墙刚度大而承受竖向荷载面积小的情况造成剪力墙超筋，但位移比和周期比应满足《高规》要求，最大层间位移角根据剪力墙数量可在 1/700 左右，剪力墙的构造同框剪结构中的剪力墙。

（6）在实际工程中，框架梁、柱中心线不重合、产生偏心的实例较多，需要有解决问题的方法。《高规》6.1.7 条是根据国内外试验研究的结果提出的。根据试验结果，采用水平加腋方法，能明显改善梁柱节点的承受反复荷载性能。9 度抗震设计时，不应采用梁柱偏心较大的结构。

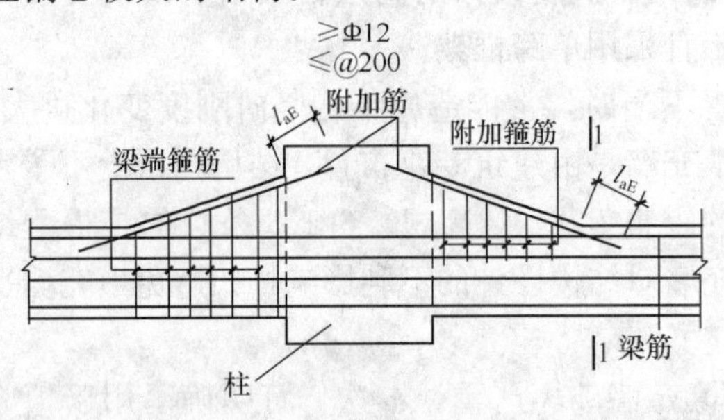


图 8-2　水平加腋配筋（平面）

梁采用水平加腋时，在验算梁的剪压比（$\beta_v = V/\beta_c f_c b h_0$ 或 $\beta_v = \gamma_{RE} V/\beta_c f_c b h_0$）和受剪承载力时，一般不计加腋部分截面的有利影响，水平加腋部分侧面斜向设置水平钢筋直径不宜小于 12mm，间距不大于 200mm，两端锚入柱和梁内长度为 $l_a$ 或 $l_{aE}$，附加箍筋直径不宜小于 8mm，间距不大于 200mm。当验算梁的剪压比和受剪承载力考虑加腋部分截面时，应分别对柱边截面和图 8-2 中 1-1 截面进行验算，水平加腋部分侧面斜向水平钢筋与上述相同，附加箍筋的直径和间距与梁端（抗震设计时加密区）箍筋相同（图 8-2）。

试验研究表明，当框架梁、柱中心线偏心距大于该方向柱宽的 1/4 时，在模拟水平地震作用试验中节点核心区不单出现斜裂缝，而且还有竖向裂缝，因此，在 8 度和 9 度抗震设防的框架梁、柱中心线的偏心距大于该方向柱宽的 1/4 时应采用梁水平加腋等措施。

（7）《高规》6.1.8 条规定：不与框架柱（包括框架-剪力墙结构中的柱）相连的次梁，可按非抗震设计。

框架梁、柱组成抗侧力结构，有抗震设计时应有足够的延性。框架结构中的次梁是楼板的组成部分，承受竖向荷载并传递给框架梁，有抗震设计与无抗震设计一样可不考虑延性，次梁箍筋按剪力确定，构造按非抗震时梁要求，没有 135°弯钩及 10 倍直径直段的要求；次梁跨中上面可设架立筋。

图 8-3 为框架楼层平面中的一个区格。图中梁 L1 两端不与框架柱相连，因而不参与抗震，所以梁 L1 的构造可按非抗震要求，梁端箍筋不需要按抗震要求加密，仅需满足抗剪强度的要求，跨中箍筋可按非抗震梁间距变稀。

2. 有关截面设计的规定

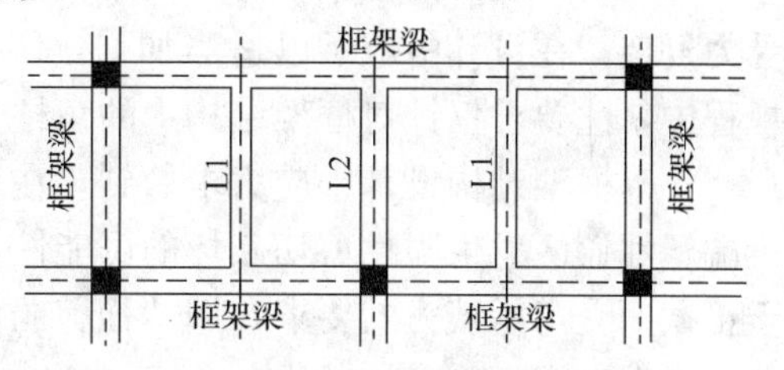

图 8-3　结构平面中次梁示意

(1) 结构或构件的延性要求不是通过计算确定的，而是通过采取一系列的构造措施实现的。框架结构要保证具有足够的延性，必须按规范、规程所规定的不同抗震等级采用相应构造措施，如梁和柱的剪压比（$\beta_v = \gamma_{RE}V/f_c bh_0$）、柱的轴压比、强剪弱弯、强柱弱梁、强节点、强框架柱底层底截面、梁端截面受压区高度限值、梁和柱端箍筋加密区及最小最大配筋率等，所谓强是采用增大系数的方法。为满足梁和柱的剪压比必须有足够截面尺寸及混凝土强度等级，而不是配置箍筋所能达到要求的，梁的剪压比对梁截面尺寸起控制作用，一般柱的截面剪压比不起控制作用，而剪跨比小于 2（即短柱）的截面剪压比可能起控制作用。多层框架结构的柱截面是由水平地震作用下为满足位移（抗侧力刚度）确定，高层框架-剪力墙结构的柱截面是由轴压比要求确定的。

(2) 由于框架柱的延性通常比梁的延性小，一旦框架柱形成了塑性铰，就会产生较大的层间侧移，并影响结构承受垂直荷载的能力。因此，在框架柱的设计中，有目的地增大柱端弯矩设计值，体现“强柱弱梁”的设计概念。

《高规》本次修订对“强柱弱梁”的要求进行了调整，提高了框架结构的要求，对二、三级框架结构柱端弯矩增大系数 $\eta_c$ 由 02 规程的 1.2、1.1 分别提高到 1.5、1.3。因《高规》框架结构不含四级，故取消了四级的有关要求。《抗规》6.2.2 条规定，四级框架结构柱端弯矩增大系数为 1.2。

一级框架结构和 9 度时的框架应按实配钢筋进行强柱弱梁验算。《高规》的高层建筑，9 度时抗震等级只有一级，无二级。

当楼板与梁整体现浇时，板内配筋对梁的受弯承载力有相当影响，因此本次修订增加了在计算梁端实际配筋面积时，应计入梁有效翼缘宽度范围内楼板钢筋的要求。梁的有效翼缘宽度取值，各国规范也不尽相同，建议一般情况可取梁两侧各 6 倍板厚的范围。

本次修订对二、三级框架结构仅提高了柱端弯矩增大系数，未要求采用实配反算。但当框架梁是按最小配筋率的构造要求配筋时，为避免出现因梁的实际受弯承载力与弯矩设计值相差太多而无法实现“强柱弱梁”的情况，宜采用实配反算的方法进行柱子的受弯承载力设计。此时公式（6.2.3-1）中的实配系数 1.2 可适当降低，但不应低于 1.1。

(3) 研究表明，框架结构的底层柱下端，在强震下不能避免出现塑性铰。为了提高抗震安全度，将框架结构底层柱下端弯矩设计值乘以增大系数，以加强底层柱下端的实际受弯承载力，推迟塑性铰的出现。本次修订进一步提高了增大系数的取值，一、二、三级增大系数由 02 规程的 1.5、1.25、1.15 分别调整为 1.7、1.5、1.3。

增大系数只适用于框架结构，对其他类型结构中的框架，不作此要求。

(4) 框架柱、框支柱设计时应满足“强剪弱弯”的要求。在设计中，需要有目的地增大柱子的剪力设计值。本次修订对剪力放大系数作了调整，提高了框架结构的要求，二、三级时柱端剪力增大系数 $\eta_{vc}$ 由02规程的1.2、1.1分别提高到1.3、1.2；对其他结构的框架，扩大了进行“强剪弱弯”设计的范围，要求四级框架柱也要增大，要求同三级。

（5）抗震设计的框架，考虑到角柱承受双向地震作用，扭转效应对内力影响较大，且受力复杂，在设计中应予以适当加强，因此对其弯矩设计值、剪力设计值增大10%。02规程中，此要求仅针对框架结构中的角柱；本次修订扩大了范围，并增加了四级要求。

（6）框架结构设计中应力求做到，在地震作用下的框架呈现梁铰型延性机构，为减少梁端塑性铰区发生脆性剪切破坏的可能性，对框架梁提出了梁端的斜截面受剪承载力应高于正截面受弯承载力的要求，即“强剪弱弯”的设计概念。

梁端斜截面受剪承载力的提高，首先是在剪力设计值确定中，考虑了梁端弯矩的增大，以体现“强剪弱弯”的要求。对一级抗震等级的框架结构及9度时的其他结构中的框架，还考虑了工程设计中梁端纵向受拉钢筋有超配的情况，要求梁左、右端取用考虑承载力抗震调整系数的实际抗震受弯承载力进行受剪承载力验算。梁端实际抗震受弯承载力可按下式计算：

$$M_{bua} = f_{yk}A_s^a(h_0 - a'_s)/\gamma_{RE}$$

式中：$f_{yk}$——纵向钢筋的抗拉强度标准值；

$A_s^a$——梁纵向钢筋实际配筋面积。当楼板与梁整体现浇时，应计入有效翼缘宽度范围内的纵筋，有效翼缘宽度可取梁两侧各6倍板厚。

对其他情况的一级和所有二、三级抗震等级的框架梁的剪力设计值的确定，则根据不同抗震等级，直接取用梁端考虑地震作用组合的弯矩设计值的平衡剪力值，乘以不同的增大系数。

（7）《高规》本次修订增加了三级框架节点的抗震受剪承载力验算要求，取消了02规程中“各抗震等级的顶层端节点核心区，可不进行抗震验算”的规定及02规程的附录C。

节点核心区的验算可按《抗规》附录D和《混凝土规范》11.6节的有关规定执行。扁梁框架的梁柱节点核芯区的受剪水平截面，承载力验算按下列规定（图8-4）：

1）楼板应为现浇，梁柱中心线宜重合。

2）扁梁柱节点核芯区应根据梁上部纵向钢筋在柱宽范围内、外的截面面积比例，对柱宽以内及柱宽以外范围分别验算受剪承载力。

3）核芯区验算方法除符合一般梁柱节点的要求外，尚应符合下列要求：

① 四边有梁的约束影响系数，验算核芯区的受剪承载力时可取1.5；

② 按第2条验算核芯区剪力时，核芯区有效宽度可取梁宽与柱宽之和的平均值；

③ 验算核芯区受剪承载力时，在柱宽范围的核芯区压应力有效范围纵横方向均可取梁宽与柱宽之和的平均值，轴力的取值同一般梁柱节点，柱宽以外的核芯区可不考虑轴力对受剪承载力的有利作用；

④ 锚入柱内的梁上部钢筋宜大于其全部截面面积的60%。

（8）《高规》未作规定的承载力计算，包括截面受弯承载力、受扭承载力、剪扭承载力、受压（受拉）承载力、偏心受拉（受压）承载力、拉（压）弯剪扭承载力、局部承压承载力、双向受剪承载力等，均应按《混凝土规范》的有关规定执行。

3. 有关框架梁构造要求的规定

(1) 过去规定框架主梁的截面高度为计算跨度的1/8～1/12，已不能满足近年来大量兴建的高层建筑对于层高的要求。近来我国一些设计单位，已大量设计了梁高较小的工程，对于8m左右的柱网，框架主梁截面高度为450mm左右，宽度为350mm～400mm的工程实例也较多。

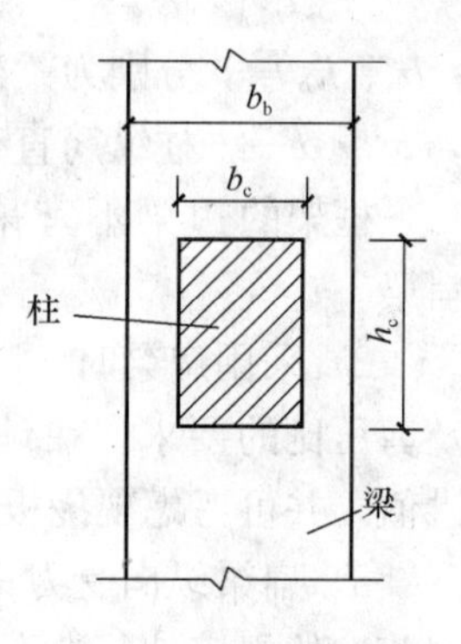

图8-4 梁宽大于柱宽

国外规范规定的框架梁高跨比，较我国小。例如美国ACI 318－08规定梁的高度为：

| 支承情况 | 简支梁 | 一端连续梁 | 两端连续梁 |
|---|---|---|---|
| 高跨比 | 1/16 | 1/18.5 | 1/21 |

以上数值适用于钢筋屈服强度为420MPa者，其他钢筋，此数值应乘以 $(0.4+f_{yk}/700)$。

新西兰DZ3101－06规定为：

| | 简支梁 | 一端连续梁 | 两端连续梁 |
|---|---|---|---|
| 钢筋300MPa | 1/20 | 1/23 | 1/26 |
| 钢筋430MPa | 1/17 | 1/19 | 1/22 |

从以上数据可以看出，我们规定的高跨比下限1/18，比国外规范要严。因此，不论从国内已有的工程经验以及与国外规范相比较，规定梁截面高跨比为1/10～1/18是可行的。在选用时，上限1/10可适用于荷载较大的情况。当设计人确有可靠依据且工程上有需要时，梁的高跨比也可小于1/18。

在工程中，如果梁承受的荷载较大，可以选择较大的高跨比。在计算挠度时，可考虑梁受压区有效翼缘的作用，并可将梁的合理起拱值从其计算所得挠度中扣除。

(2) 框架梁是框架和框架结构在地震作用下的主要耗能构件。因此梁，特别是梁的塑性铰区应保证有足够的延性。影响梁延性的诸因素有梁的剪跨比、截面剪压比、截面配筋率、压区高度比和配筋率等。按不同抗震等级对上述诸方面有不同的要求，在地震作用下，梁端塑性铰区保护层容易脱落，如梁截面宽度过小，则截面损失比例较大。为了对节点核心区提供约束以提高其受剪承载力，梁宽不宜小于柱宽的1/2，如不能满足，则应考虑核心区的有效受剪截面。狭而高的梁截面不利于混凝土的约束，梁的塑性铰发展范围与梁的高跨比有关，当梁截面的高度与梁净跨之比小于4时，在反复受剪作用下交叉斜裂缝将沿梁的全跨发展，从而使梁的延性及受剪承载力急剧降低。为了改善其性能，可适当加宽梁的截面以降低梁截面的剪压比，并采取有效配筋方式，如设置交叉斜筋或沿梁全长加密箍筋及增设水平腰筋等。

(3) 为了降低楼层高度，或争取室内有效净高度，框架梁设计成宽度较大的扁梁，其截面高度取 $h_b \geqslant (1/15～1/18) L_b$，$L_b$ 为框架梁的计算跨度。扁梁的有关要求如下：

1) 采用扁梁时，楼板应现浇，梁中线宜与柱中线重合；当梁宽大于柱宽时，扁梁应双向布置（图8-5），扁梁的截面尺寸应符合下列要求，并应满足挠度和裂缝宽度的规定：

$$b_b \leqslant 2b_c$$

$$b_b \leqslant b_c + h_b$$

$$h_b \geqslant 16d$$

式中 $b_c$——柱截面宽度，圆形截面取直径的0.8倍；

$b_b$、$h_b$——分别为梁截面宽度和高度；

$d$——柱纵筋直径。

框架的边梁不宜采用宽度大于柱截面在该方向尺寸的扁梁。

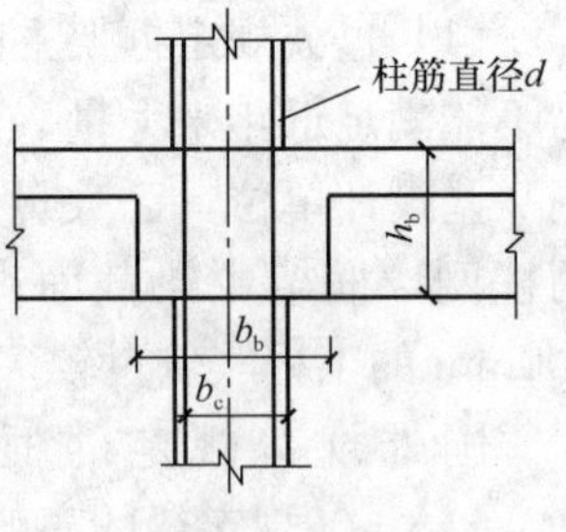

图 8-5　扁梁

2）采用扁梁时，除验算其承载力外，尚应注意满足挠度及剪压比的要求。在计算梁的挠度时，可以扣除梁的合理起拱值，并可考虑现浇板翼缘的有利影响。

3）扁梁纵向受力钢筋的最小配筋率，除应符合《混凝土规范》的规定外，尚不应小于 0.3%，一般为单排放置，间距不宜大于 100。锚入柱内的梁上部纵向钢筋宜大于其全部钢筋截面面积的 60%，扁梁跨中上部钢筋宜有支座纵向钢筋（较大端）的 1/4～1/3 通长。

4）扁梁两侧面应配置腰筋，每侧的截面面积不应小于梁腹板截面面积 $bh_w$ 的 10%（$h_w$ 为梁高减楼板厚度），直径不宜小于 12mm，间距不宜大于 200mm。

5）扁梁的箍筋肢距不宜大于 200mm。

6）扁梁的截面承载力验算及有关构造要求除上述外同一般框架梁。梁柱节点核心区截面抗震验算。

（4）有地震组合的框架梁，为防止截面受压区混凝土过早被压碎而很快降低承载力，为提高延性，在梁两端箍筋加密区范围内，纵向受压钢筋截面面积 $A'_s$ 应不小于表 8-1 的规定。

**有地震组合框架梁端纵向受压钢筋最小配筋量 $A'_s$**　　**表 8-1**

| 抗震等级 | 一　级 | 二、三级 |
|---|---|---|
| 受压钢筋面积 $A'_s$ | $0.5A_s$ | $0.3A_s$ |

因为梁端有箍筋加密区，箍筋间距较密，这对于发挥受压钢筋的作用，起了很好的保证作用。所以在验算本条的规定时，可以将受压区的实际配筋计入，则受压区高度 $x$ 不大于 $0.25h_0$（一级）或 $0.35h_0$（二、三级）的条件较易满足。

（5）《高规》本次修订，取消了 02 规程本条第 3 款框架梁端最大配筋率不应大于 2.5%的强制性要求，相关内容改为非强制性要求反映在本规程的 6.3.3 条中。最大配筋率主要考虑因素包括保证梁端截面的延性、梁端配筋不致过密而影响混凝土的浇筑质量等，但是不宜给一个确定的数值作为强制性条文内容。

本次修订还增加了表 6.3.2-2 的注 2，给出了可适当放松梁端加密区箍筋的间距的条件。主要考虑当箍筋直径较大且肢数较多时，适当放宽箍筋间距要求，仍然可以满足梁端的抗震性能，同时箍筋直径大、间距过密时不利于混凝土的浇筑，难以保证混凝土的质量。

（6）高层框架梁宜采用直钢筋，不宜采用弯起钢筋。当梁扣除翼板厚度后的截面高度大于或等于 450mm 时，在梁的两侧面沿高度各配置梁扣除翼板后截面面积的 0.1%纵向构造钢筋，其间距不应大于 200mm，纵向构造钢筋的直径宜偏小取用，其长度贯通梁全长，伸入柱内长度按受拉锚固长度，如接头应按受拉搭接长度考虑。梁两侧纵向构造钢筋宜用拉筋连接，拉筋直径一般与箍筋相同，当箍筋直径大于 10mm 时，拉筋直径可采用

10mm，拉筋间距为非加密区箍筋间距的2倍（图8-6）。

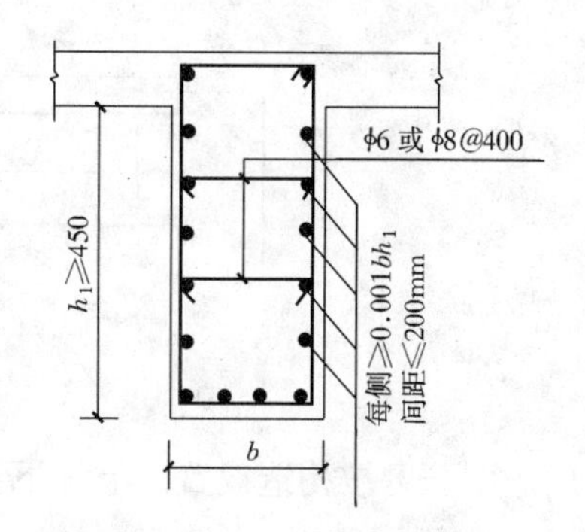


图8-6 梁侧面纵向构造钢筋及拉筋布置

(7) 根据近年来工程应用情况和反馈意见，梁的纵向钢筋最大配筋率不再作为强制性条文，相关内容由02规程第6.3.2条移入《高规》6.3.3条。

根据国内、外试验资料，受弯构件的延性随其配筋率的提高而降低。但当配置不少于受拉钢筋50%的受压钢筋时，其延性可以与低配筋率的构件相当。新西兰规范规定，当受弯构件的压区钢筋大于拉区钢筋的50%时，受拉钢筋配筋率不大于2.5%的规定可以适当放松。当受压钢筋不少于受拉钢筋的75%时，其受拉钢筋配筋率可提高30%，也即配筋率可放宽至3.25%。因此本次修订规定，当受压钢筋不少于受拉钢筋的50%时，受拉钢筋的配筋率可提高至2.75%。

《高规》6.3.3条第3款的规定主要是防止梁在反复荷载作用时钢筋滑移；本次修订增加了对三级框架的要求。

(8) 梁的纵筋与箍筋、拉筋等作十字交叉形的焊接时，容易使纵筋变脆，对于抗震不利，因此作此规定。同理，梁、柱的箍筋在有抗震要求时应弯135°钩，当采用焊接封闭箍时应特别注意避免出现箍筋与纵筋焊接在一起的情况。

国外规范，如美国ACI 318－08规范，在抗震设计也有类似的条文。

钢筋与构件端部锚板可采用焊接。

(9)《高规》6.3.7条为新增内容，给出了梁上开洞的具体要求。当梁承受均布荷载时，在梁跨度的中部1/3区段内，剪力较小。洞口高度如大于梁高的1/3，只要经过正确计算并合理配筋，应当允许。在梁两端接近支座处，如必须开洞，洞口不宜过大，且必须经过核算，加强配筋构造。

有些资料要求在洞口角部配置斜筋，容易导致钢筋之间的间距过小，使混凝土浇捣困难；当钢筋过密时，不建议采用。

框架梁或剪力墙的连梁，因机电设备管道的穿行需开孔洞时，应合理选择孔洞位置，并应进行内力和承载力计算及构造措施。

孔洞位置应避开梁端塑性铰区，尽可能设置在剪力较小的跨中$l/3$区域内，必要时也可设置在梁端$l/3$区域内（图8-7）。孔洞偏心宜偏向受拉区，偏心距$e_0$不宜大于$0.05h$。小孔洞尽可能预留套管。当设置多个孔洞时，相邻孔洞边缘间净距不应小于$2.5h_3$。孔洞尺寸和位置应满足表8-2的规定。孔洞长度与高度之比值$l_0/h_3$应满足：跨中$l/3$区域内不大于6；梁端$l/3$区域内不大于3。

**矩形孔洞尺寸及位置　　表8-2**

| 分类 | 跨中$l/3$区域 | | | 梁端$l/3$区域 | | | |
|---|---|---|---|---|---|---|---|
| | $h_3/h$ | $l_0/h$ | $h_1/h$ | $h_3/h$ | $l_0/h$ | $h_1/h$ | $l_2/h$ |
| 非抗震设计 | ≤0.40 | ≤1.60 | ≥0.30 | ≤0.30 | ≤0.80 | ≥0.35 | ≥1.0 |
| 有抗震设防 | | | | | | | ≥1.5 |

当矩形孔洞的高度小于$h/6$及100mm，且孔洞长度$l_3$小于$h/3$及200mm时，其孔洞

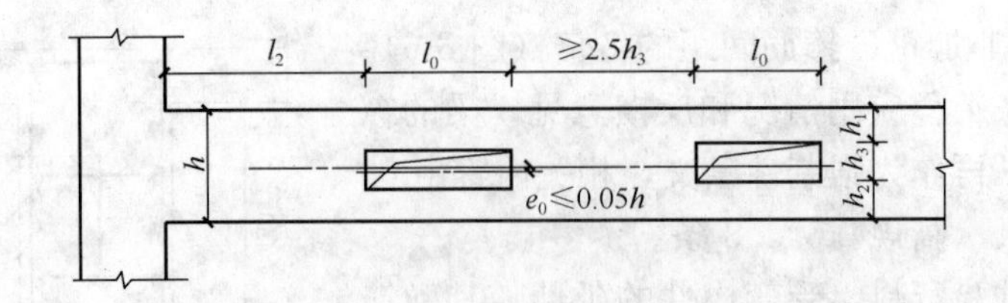


图 8-7　孔洞位置

周边配筋可按构造设置。上、下弦杆纵向钢筋 $A_{s2}$、$A_{s3}$ 可采用 2$\phi$10～2$\phi$12，箍筋采用 $\phi$6～$\phi$8，间距不应大于 $0.5h_1$ 或 $0.5h_2$ 及 100mm，孔洞边竖向箍筋应加密（图 8-8）。

当孔洞尺寸超过上项时，孔洞上、下弦杆的配筋应按计算确定，但不应小于按构造要求设置的配筋。

孔洞上、下弦杆的内力按下列公式计算（图 8-9）：

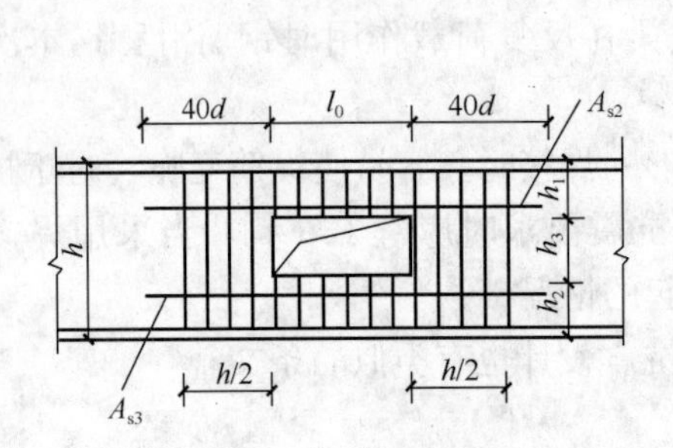


图 8-8　孔洞配筋构造

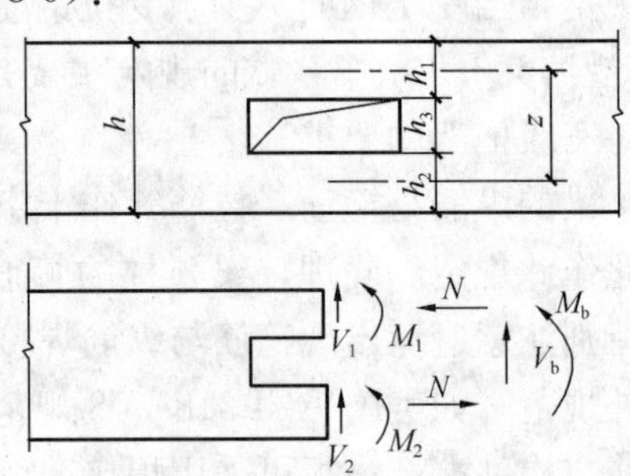


图 8-9　孔洞内力

$$V_1 = \frac{h_1^3}{h_1^3 + h_2^3} V_b \cdot \lambda_b + \frac{1}{2} q l_0$$

$$V_2 = \frac{h_2^3}{h_1^3 + h_2^3} V_b \cdot \lambda_b$$

$$M_1 = V_1 \frac{l_0}{2} + \frac{1}{12} q l_0^2$$

$$M_2 = V_2 \cdot \frac{l_0}{2}$$

$$N = \frac{M_b}{z}$$

式中　$V_b$——孔洞边梁组合剪力设计值；

$q$——孔洞上弦杆均布竖向荷载；

$\lambda_b$——抗震加强系数，抗震等级为一、二级时，$\lambda_b = 1.5$；三、四级时，$\lambda_b = 1.2$；非抗震设计时，$\lambda_b = 1.0$；

$M_b$——孔洞中点处梁的弯矩设计值；

$z$——孔洞上、下弦杆之间中心距离。

孔洞上、下弦杆截面尺寸应符合下列要求：

持久、短暂设计状况

$$V_i \leqslant 0.25 \beta_1 f_c b h_0$$

地震设计状况

$$跨高比\ l_0/h_i>2.5 \quad V_i \leqslant \frac{1}{\gamma_{RE}}(0.20\beta_1 f_c b h_0)$$

$$跨高比\ l_0/h_i \leqslant 2.5 \quad V_i \leqslant \frac{1}{\gamma_{RE}}(0.15\beta_1 f_c b h_0)$$

式中 $V_i$——上、下弦杆剪力设计值；

$b$、$h_0$——上、下弦杆截面宽度和有效高度；

$h_i$——上、下弦杆截面高度；

$f_c$——混凝土轴心抗压强度设计值；

$\gamma_{RE}$——承载力抗震调整系数，取 0.85；

$\beta_1$——当混凝土强度等级≤C50 时，取 0.8；C80 时取 0.74；C50～C80 之间时，取其内插值。

斜截面承载力和正截面偏心受压、偏心受拉承载力计算见《混凝土规范》有关计算公式。

孔洞上、下弦杆的箍筋除按计算确定外，应按有无抗震设防区别构造要求。有抗震设防的框架梁和剪力墙连梁，箍筋应按梁端部加密区要求全长（$l_0$）加密。在孔洞边各 $h/2$ 范围内梁的箍筋按梁端加密区设置。

孔洞上弦杆下部钢筋 $A_{s2}$ 和下弦杆上部钢筋 $A_{s3}$，伸过孔洞边的长度不小于 40 倍直径。上弦杆上部钢筋 $A_{s1}$ 和下弦杆下部钢筋 $A_{s4}$ 按计算所需截面面积小于整梁的计算所需钢筋截面面积时，应按整梁要求通长；当大于整梁钢筋截面面积时，可在孔洞范围局部加筋来补定所需钢筋，加筋伸过孔洞边的长度应不小于 40 倍直径。

**【实例 8-1】** 某工程 8m 跨度两端铰支梁，均布荷载设计值 150kN/m，梁截面 300mm×1200mm，混凝土强度等级 C30，$f_c=14.3\text{N/mm}^2$，$f_t=1.43\text{N/mm}^2$，纵向钢筋 HRB335，$f_y=300\text{N/mm}^2$，箍筋 HPB300，$f_{yv}=270\text{N/mm}^2$，距梁左端至洞中 1.8m 为通风道，开 600mm×300mm 孔洞，洞上边小梁为 300mm×40mm，洞下边小梁为 300mm×500mm。计算梁跨中弯矩及配筋，梁端受剪承载力，洞口上、下梁承载力及配筋（图 8-10）。

**【解】** 1. 计算梁跨中弯矩及配筋：

$$M=\frac{1}{8}gL^2=\frac{1}{8}150\times 8^2=1200\text{kN}\cdot\text{m}$$

$$\alpha_s=\frac{M}{f_c b h_0^2}=\frac{1200\times 10^6}{14.3\times 300\times 1140^2}=0.215$$

$$\xi=1-\sqrt{1-2\alpha_s}=1-\sqrt{1-2\times 0.215}=0.245,$$

$$\gamma_s=\frac{\alpha_s}{\xi}=\frac{0.215}{0.245}=0.878$$

$$A_s=\frac{M}{\gamma_s f_y h_0}=\frac{1200\times 10^6}{0.878\times 300\times 1140}=3996\text{mm}^2$$

$$\rho=\frac{A_s}{bh}=\frac{3996}{300\times 1200}=1.11\% \quad 配 \quad \begin{matrix}2\Phi 25\\5\Phi 28\end{matrix}(4001\text{mm}^2)$$

2. 计算梁受剪承载力：

$$V = 150 \times 4 = 600\text{kN}, h_w/b = 1200/300 = 4$$

$$V < 0.25\beta_c f_c bh_0 = 0.25 \times 1 \times 14.3 \times 300 \times 1140 = 1222650\text{N} = 12226.5\text{kN}$$

$$\frac{A_{sv}}{S} = \frac{V - \alpha_{cv} f_t bh_0}{f_{yv} h_0} = \frac{600 \times 10^3 - 0.7 \times 1.43 \times 300 \times 1140}{270 \times 1140} = 0.837$$

箍筋配 2$\phi$10@150，$\frac{A_{sv}}{S} = \frac{2 \times 78.54}{150} = 1.05$

3. 计算洞口上下梁承载力及配筋

(1) 在洞口中的

$$V = 600 - 150 \times 1.8 = 330\text{kN},$$

$$M = 600 \times 1.8 - \frac{150 \times 1.8^2}{2} = 837\text{kN} \cdot \text{m}$$

(2) 洞口上梁

$$V_1 = \frac{h_1^3}{h_1^3 + h_2^2} V + \frac{1}{2} gL_0 = \frac{400^3}{400^3 + 500^3} \times 330 + \frac{150 \times 0.6}{2} = 157\text{kN}$$

$$M_1 = V_1 \frac{L_0}{2} + \frac{1}{12} gL_0^2 = 157 \times \frac{0.6}{2} + \frac{150 \times 0.6^2}{12} = 51.6\text{kN} \cdot \text{m}$$

$$N_1 = \frac{M}{Z} = \frac{837}{0.75} = 1116\text{kN}$$

(3) 洞口下梁

$$V_2 = \frac{h_2^3}{h_1^3 + h_2^3} V = \frac{500^3}{400^3 + 500^3} \times 330 = 218\text{kN}$$

$$M_2 = V_2 \frac{L_0}{2} = 218 \times \frac{0.6}{2} = 65.4\text{kN} \cdot \text{m}$$

$$N_2 = N_1 = 1116\text{kN}$$

(4) 上梁

$$V_1 < 0.25 \times 14.3 \times 300 \times 365 = 391463\text{N} = 391.463\text{kN}$$

$$\frac{A_{sv}}{S} = \frac{157 \times 10^3 - 0.7 \times 1.43 \times 300 \times 365}{270 \times 365} = 0.481$$

箍筋配 2$\phi$@200，$\frac{A_{sv}}{S} = \frac{2 \times 78.54}{200} = 0.785$

上梁属偏压构件，$e_0 = \frac{M_1}{N_1} = \frac{51.6 \times 10^6}{1116 \times 10^3} = 46.24\text{mm}$

$$x = \frac{1116 \times 10^3}{14.3 \times 300} = 260\text{mm}, \ \frac{x}{h_0} = \frac{260}{365} = 0.71 > 0.55 = \xi_b$$

属小偏心受压，按对称配筋。

$$\xi = \frac{N_1 - \xi_b \alpha_1 f_c bh_0}{\frac{N_1 e - 0.43\alpha_1 f_c bh^2}{(\beta_1 - \xi_b)(h_0 - \alpha_s')} + \alpha_1 f_c bh_0} + \xi_b$$

$$= \frac{1116 \times 10^3 - 0.55 \times 1 \times 14.3 \times 300 \times 365}{\frac{1116 \times 10^3 \times 231.24 - 0.43 \times 1 \times 14.3 \times 300 \times 365^2}{(0.8 - 0.55) \times (365 - 35)} + 1 \times 14.3 \times 300 \times 365}$$

$$+ 0.55$$

$$= 0.70$$

其中

$$e=e_i+\frac{h}{2}-a=(46.24+20)+\frac{400}{2}-35=231.24\text{mm}$$

$$A_s=A'_s=\frac{N_1e-\xi(1-0.5\xi)\alpha_1 f_c bh_0^2}{f'_y(h'_0-a_s)}$$

$$=\frac{1116\times10^3\times231.24-0.7\times(1-0.5\times0.7)\times1\times14.3\times300\times365^2}{300\times(365-35)}$$

$=$ 负值

按构造 2 Φ 16

$$\rho=\frac{402}{300\times400}\times0.335\%$$

（5）下梁

$$\frac{A_{sv}}{S}=\frac{218\times10^3-0.7\times1.43\times300\times440}{270\times440}=0.723$$

配箍筋　　$2\phi10@200$　$\frac{A_{sv}}{S}=\frac{2\times78.54}{200}=0.785$

下梁属偏拉构件，对于对称配筋的矩形截面，不论大、小偏心均可按《混凝土规范》公式（6.2.23-2）计算：

$$e'=\frac{M_2}{N_2}=\frac{65.4\times10^6}{1116\times10^3}=58.6\text{mm}$$

$$A_s=\frac{N_2e'}{f_y(h'_0-a_s)}=\frac{1116\times10^3\times58.6}{300(440-35)}=538\text{mm}^2$$

$$\rho=\frac{603}{300\times500}=0.40\%\quad 配\ 3\,Φ\,16$$

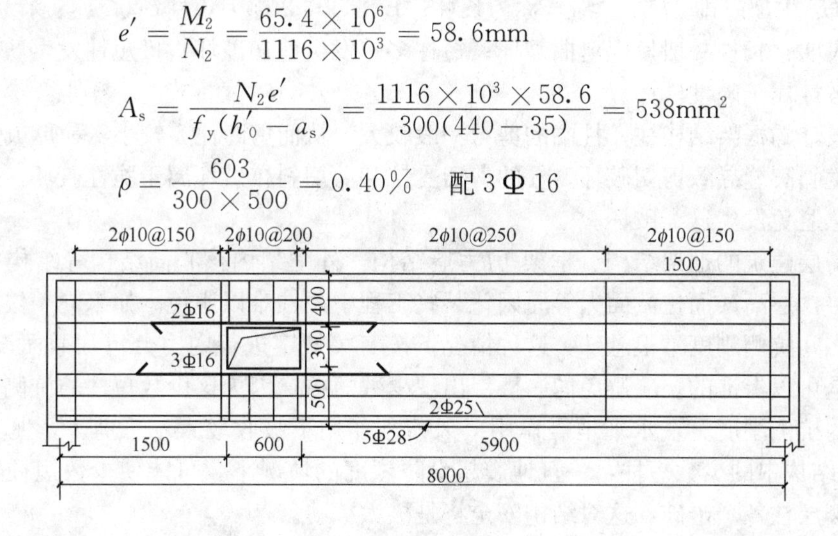


图 8-10　梁留洞

3. 有关框架柱构造要求的规定

（1）考虑到抗震安全性，《高规》本次修订提高了抗震设计时柱截面最小尺寸的要求。一、二、三级抗震设计时，矩形截面柱最小截面尺寸由 300mm 改为 400mm，圆柱最小直径由 350mm 改为 450mm。《抗规》6.3.5 条规定：抗震等级四级或不超过 2 层时不宜小于 300mm。

（2）框架柱截面尺寸，可根据柱支承的楼层面积计算由竖向荷载产生的轴力设计值 $N_v$（荷载分项系数可取 1.30），按下列公式估算柱截面积 $A_c$，然后再确定柱边长。

1）仅有风荷载作用或无地震作用组合时

$$N = (1.05 \sim 1.1)N_v$$

$$A_c \geqslant \frac{N}{f_c} \tag{8-1}$$

2）有水平地震作用组合时

$$N = \zeta N_v$$

$\zeta$ 为增大系数，框架结构外柱取 1.3，不等跨内柱取 1.25，等跨内柱取 1.2；框剪结构外柱取 1.1～1.2，内柱取 1.0。

有地震作用组合时柱所需截面面积为：

$$A_c \geqslant \frac{N}{\mu_N f_c} \tag{8-2}$$

式中 $f_c$——混凝土轴心抗压强度设计值；

$\mu_N$——柱轴压比限值见《混凝土规范》表 11.4.16。

当不能满足公式（8-1）、公式（8-2）时，应增大柱截面或提高混凝土强度等级。

（3）柱的剪跨比宜大于 2，以避免产生剪切破坏。在设计中，楼梯间、设备层等部位难以避免短柱时，除应验算柱的受剪承载力以外，还应采取措施提高其延性和抗剪能力。

框架的柱端一般同时存在着弯矩 $M$ 和剪力 $V$，根据柱的剪跨比 $\lambda = M/(Vh_0)$ 来确定柱为长柱、短柱和极短柱，$h_0$ 为与弯矩 $M$ 平行方向柱截面有效高度。$\lambda > 2$（当柱反弯点在柱高度 $H_0$ 中部时即 $H_0/h_0 > 4$）称为长柱；$1.5 < \lambda \leqslant 2$ 称为短柱；$\lambda \leqslant 1.5$ 称为极短柱。

试验表明：长柱一般发生弯曲破坏；短柱多数发生剪切破坏；极短柱发生剪切斜拉破坏，这种破坏属于脆性破坏。

抗震设计的框架结构柱，柱端的剪力一般较大，从而剪跨比 $\lambda$ 较小，易形成短柱或极短柱，产生斜裂缝导致剪切破坏。柱的剪切受拉和剪切斜拉破坏属于脆性破坏，在设计中应特别注意避免发生这类破坏。

（4）高层建筑的框架结构、框架-剪力墙结构，外框架内核心筒结构等结构中，由于设置设备层，层高矮而柱截面大等原因，某些工程中短柱难以避免。如果同一楼层均为短柱，各柱之间抗侧刚度不很悬殊，这种情况下按有关规定进行内力分析和截面设计构造，结构安全是可以保证的。应避免同一楼层出现少数短柱，因为这少数短柱的抗侧刚度远大于一般柱的抗侧刚度，在水平地震作用或风荷载作用下吸收较大水平剪力，尤其在框架（纯框架）结构中的少数短柱，一旦地震超设防烈度的情况下，可能使少数短柱遭受严重破坏，同楼层柱各个击破，这对结构安全将是极大威胁。

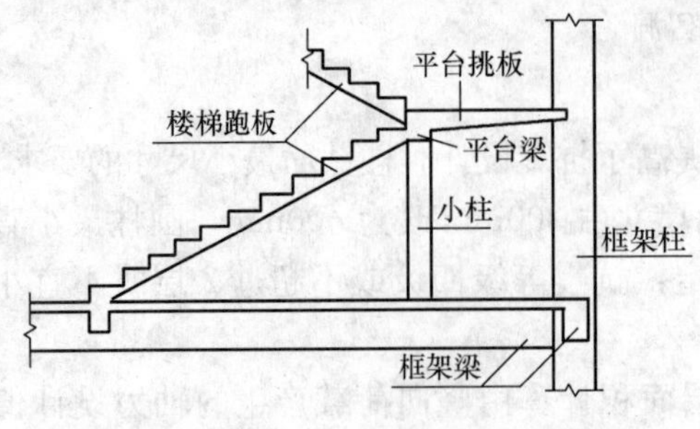


图 8-11 楼梯平台设小柱

因此，当剪力墙或核心筒作为主要抗侧力结构的框架-剪力墙结构和外框架内核心筒结构中出现短柱，与纯框架结构中出现短柱应有所不同，重视的程度应有所区分。纯框架结构的楼梯间平台处当设置柱间梁时常使支承该梁的柱形成短柱，为避免出现短柱和减弱楼梯的支撑作用，可在平台靠踏步处设梁，而梁两端设置从楼层框架梁上支承的小柱，平台板外端不再设梁而楼梯跑板外伸悬挑板（图 8-11）。

（5）9 度设防烈度的各类框架结构宜避免设计成普通钢筋混凝土短柱，否则应采用特殊构造措施，如采用型钢混凝土柱或钢管混凝土柱。

（6）避免发生粘着型及高压剪型破坏，短柱变形能力应满足层间弹塑性位移角。

（7）梁柱节点受剪承载力应大于柱、梁受剪承载力。短柱框架破坏机制仍应为梁铰机制，当梁出现铰时，柱及节点核心区均不应受破坏。

（8）短柱的抗震设计应符合下列要求：

1）短柱宜采用复合箍筋、复合螺旋箍筋。复合箍筋指由矩形、多边形、或拉筋各自带有锚固弯钩组成的普通复合箍；复合螺旋箍指一个柱截面由一根钢筋加工成的复合箍；连续复合螺旋箍指全部（或分段）柱高的螺旋箍为同一根钢筋加工成的复合箍。

钢筋混凝土短柱之所以发生严重震害，在于它的受剪承载力及变形能力不足，因而设计短柱应致力于增加柱体受剪承载力及改善其变形能力。采用复合箍筋，其内箍既能增加受剪承载力，同时能约束混凝土，使混凝土在反复循环受剪后，不致剪切滑移，呈现出改善变形能力的效果。

2）复合箍筋柱的受剪承载力。

考虑地震作用组合的剪跨比 $\lambda \leqslant 2$ 的框架柱的受剪截面应符合下列条件：

$$V_c \leqslant \frac{1}{\gamma_{RE}}(0.15\beta_c f_c b h_0)$$

式中　$\beta_c$——混凝土强度影响系数：当混凝土强度等级不超过 C50 时，取 $\beta_c=1.0$；当混凝土强度等级为 C80 时，取 $\beta_c=0.8$；其间按线性内插法确定。

考虑地震作用组合的短柱的受剪承载力应符合下列规定：

$$V_c \leqslant \frac{1}{\gamma_{RE}}\left(\frac{1.05}{\lambda+1}f_t b h_0 + f_{yv}\frac{A_{sv}}{s}h_0\right)$$

式中　$\lambda$——短柱的计算剪跨比，取 $\lambda=M/(Vh_0)$；当 $\lambda<1.0$ 时，取 $\lambda=1.0$。

（9）抗震设计时，限制框架柱的轴压比主要是为了保证柱的延性要求。《高规》6.4.2 条中，对不同结构体系中的柱提出了不同的轴压比限值；本次修订对部分柱轴压比限值进行了调整，并增加了四级抗震轴压比限值的规定。框架结构比原限值降低 0.05，框架-剪力墙等结构类型中的三级框架柱限值降低了 0.05。

根据国内外的研究成果，当配箍量、箍筋形式满足一定要求，或在柱截面中部设置配筋芯柱且配筋量满足一定要求时，柱的延性性能有不同程度的提高，因此可对柱的轴压比限值适当放宽。

当采用设置配筋芯柱的方式放宽柱轴压比限值时，芯柱纵向钢筋配筋量应符合本条的规定，宜配置箍筋，其截面宜符合下列规定：

1）当柱截面为矩形时，配筋芯柱可采用矩形截面，其边长不宜小于柱截面相应边长的 1/3；

2）当柱截面为正方形时，配筋芯柱可采用正方形或圆形，其边长或直径不宜小于柱截面边长的 1/3；

3）当柱截面为圆形时，配筋芯柱宜采用圆形，其直径不宜小于柱截面直径的 1/3。

条文所说的“较高的高层建筑”是指，高于 40m 的框架结构或高于 60m 的其他结构体系的混凝土房屋建筑。

(10)《高规》6.4.3 条是钢筋混凝土柱纵向钢筋和箍筋配置的最低构造要求。本次修订，第 1 款调整了抗震设计时框架柱、框支柱、框架结构边柱和中柱最小配筋率的规定；表 6.4.3-1 中数值是以 500MPa 级钢筋为基准的。与 02 规程相比，对 335MPa 及 400MPa 级钢筋的最小配筋率略有提高，对框架结构的边柱和中柱的最小配筋百分率也提高了 0.1，适当增大了安全度。

第 2 款第 2）项增加了一级框架柱端加密区箍筋间距可以适当放松的规定，主要考虑当箍筋直径较大、肢数较多、肢距较小时，箍筋的间距过小会造成钢筋过密，不利于保证混凝土的浇筑质量；适当放宽箍筋间距要求，仍然可以满足柱端的抗震性能。但应注意：箍筋的间距放宽后，柱的体积配箍率仍需满足本规程的相关规定。

《高规》本次修订调整了非抗震设计时柱纵向钢筋间距的要求，由 350mm 改为 300mm；明确了四级抗震设计时柱纵向钢筋间距的要求同非抗震设计。

(11)《高规》6.4.7 条给出了柱最小配箍特征值，可适应钢筋和混凝土强度的变化，有利于更合理地采用高强钢筋；同时，为了避免由此计算的体积配箍率过低，还规定了最小体积配箍率要求。

本条给出的箍筋最小配箍特征值，除与柱抗震等级和轴压比有关外，还与箍筋形式有关。井式复合箍、螺旋箍、复合螺旋箍、连续复合螺旋箍对混凝土具有更好的约束性能，因此其配箍特征值可比普通箍、复合箍低一些。柱箍筋形式如图 8-12 所示。

多、高层建筑的框架柱，为满足侧向刚度和轴压比的需要，截面尺寸较大的情况下采取多肢井字复合箍筋，在一些工程设计中多个箍筋重叠形成铁板一块，柱的混凝土保护层与核心区分隔（图 8-13），不利于混凝土的整体作用，又浪费钢筋，应该采用如图 8-14 中多肢井字复合箍筋的配置方法。

(12) 柱的箍筋体积配箍率 $\rho_v$ 按下式计算：

$$\rho_v = \frac{\Sigma a_k l_k}{l_1 l_2 s} \tag{8-3}$$

式中　$a_k$——箍筋单肢截面面积；

$l_k$——对应于 $a_k$ 的箍筋单肢总长度，重叠段按一肢计算；

$l_1$、$l_2$——柱核心混凝土面积的两个边长（图 8-15）；

$s$——箍筋间距。

本次修订取消了“计算复合箍筋的体积配箍率时，应扣除重叠部分的箍筋体积”的要求；在计算箍筋体积配箍率时，取消了箍筋强度设计值不超过 360MPa 的限制。

《混凝土规范》11.4.17 条规定：柱箍筋加密区的体积配筋率 $\rho_v$ 计算中应扣除重叠部分的箍筋体积。

《高规》6.4.7 条 4 款规定：柱箍筋加密区范围计算复合箍筋的体积配箍率时，可不扣除重叠部分的箍筋体积。

上述两标准对柱箍筋体积配筋率计算不同，实际工程设计中采用《混凝土规范》计算方便偏于安全，公式（8-3）按此计算。

(13) 原规程 JGJ 3-91 曾规定：当柱内全部纵向钢筋的配筋率超过 3%时，应将箍筋焊成封闭箍。考虑到此种要求在实施时，常易将箍筋与纵筋焊在一起，使纵筋变脆，如《高规》第 6.3.6 条的解释；同时每个箍皆要求焊接，费时费工，增加造价，于质量无益

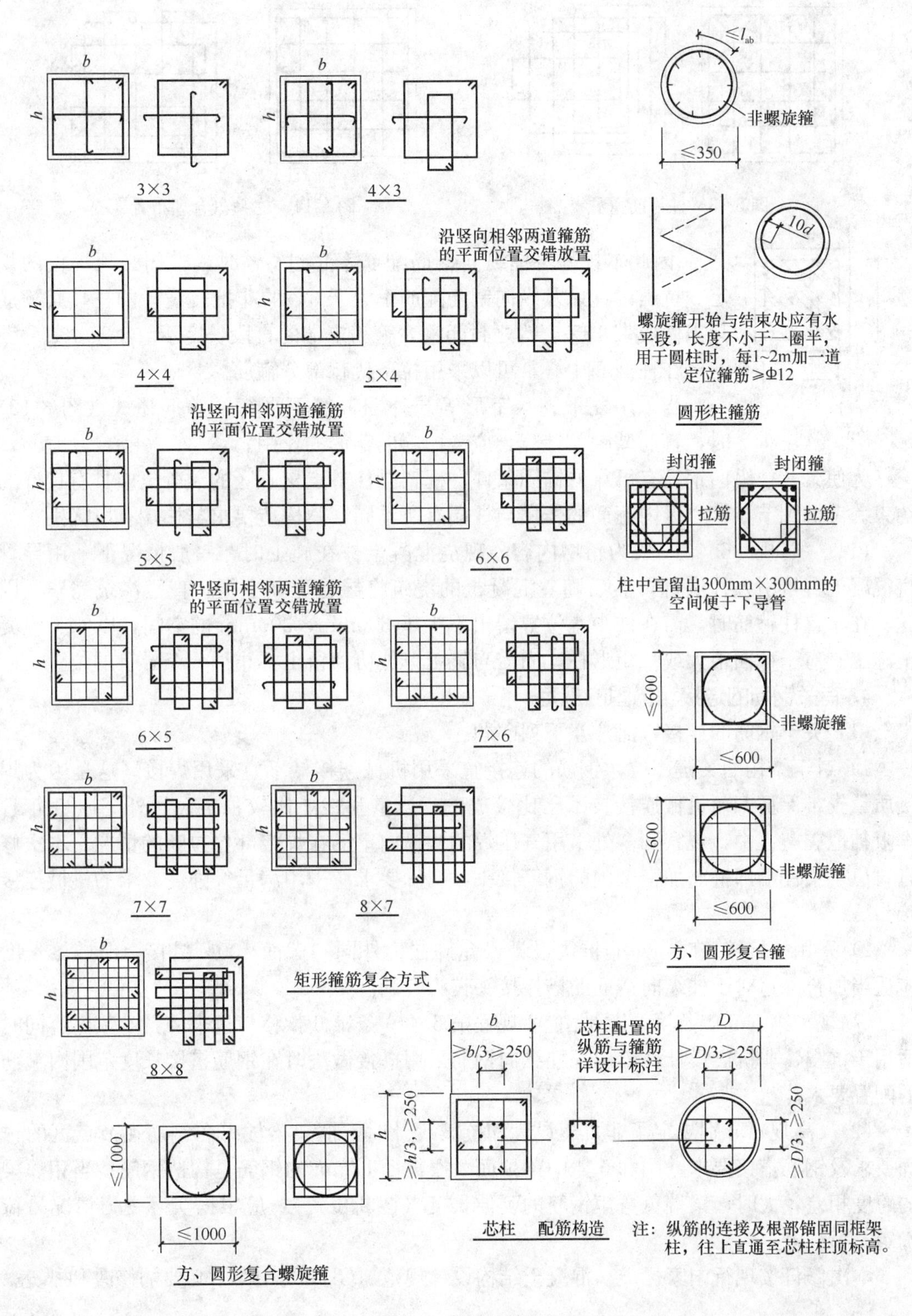


图 8-12 柱箍筋形式

而有害。目前，国际上主要结构设计规范，皆无类似规定。

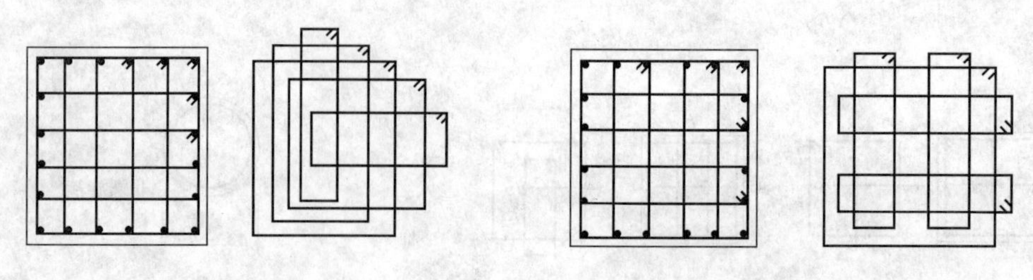

图 8-13　柱箍筋重叠　　　　图 8-14　柱箍盘合理布置

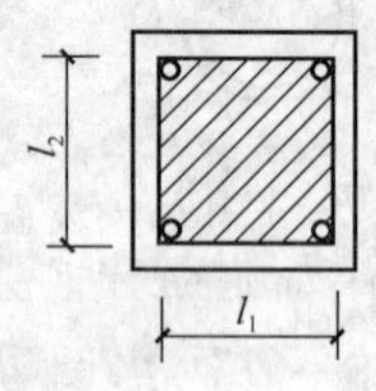


图 8-15　柱核心

因此本规程对柱纵向钢筋配筋率超过 3%时，未作必须焊接的规定。抗震设计以及纵向钢筋配筋率大于 3%的非抗震设计的柱，其箍筋只需做成带 135°弯钩之封闭箍，箍筋末端的直段长度不应小于 $10d$。

在柱截面中心，可以采用拉条代替部分箍筋。

当采用菱形、八字形等与外围箍筋不平行的箍筋形式（图 8-12）时，箍筋肢距的计算，应考虑斜向箍筋的作用。

为使梁、柱纵向钢筋有可靠的锚固条件，框架梁柱节点核心区的混凝土应具有良好的约束。考虑到节点核心区内箍筋的作用与柱端有所不同，其构造要求与柱端有所区别。

（14）《高规》6.4.11 条为新增内容。现浇混凝土柱在施工时，一般情况下采用导管将混凝土直接引入柱底部，然后随着混凝土的浇筑将导管逐渐上提，直至浇筑完毕。因此，在布置柱箍筋时，需在柱中心位置留出不少于 300mm×300mm 的空间，以便于混凝土施工。对于截面很大或长矩形柱，尚需与施工单位协商留出不止插一个导管的位置。

**4. 有关钢筋的连接和锚固的规定**

（1）关于钢筋的连接，需注意下列问题：

1）对于结构的关键部位，钢筋的连接宜采用机械连接，不宜采用焊接。这是因为焊接质量较难保证，而机械连接技术已比较成熟，质量和性能比较稳定。另外，1995 年日本阪神地震震害中，观察到多处采用气压焊的柱纵向钢筋在焊接部位拉断的情况。本次修订对位于梁柱端部箍筋加密区内的钢筋接头，明确要求应采用满足等强度要求的机械连接接头。

2）采用搭接接头时，对非抗震设计，允许在构件同一截面 100%搭接，但搭接长度应适当加长。这对于柱纵向钢筋的搭接接头较为有利。

《高规》第 6.5.1 条第 2 款是由 02 规程第 6.4.9 条第 6 款移植过来的，本款内容同时适用于抗震、非抗震设计，给出了柱纵向钢筋采用搭接做法时在钢筋搭接长度范围内箍筋的配置要求。

（2）《高规》分别规定了非抗震设计和抗震设计时，框架梁柱纵向钢筋在节点区的锚固要求及钢筋搭接要求。图 6.5.4 中梁顶面 2 根直径 12mm 的钢筋是构造钢筋；当相邻梁的跨度相差较大时，梁端负弯矩钢筋的延伸长度（截断位置），应根据实际受力情况另行确定。

本次修订按现行国家标准《混凝土结构设计规范》GB 50010作了必要的修改和补充。

# 第 9 章　剪力墙结构设计

## 一、《高规》规定

### 7.1　一　般　规　定

**7.1.1**　剪力墙结构应具有适宜的侧向刚度，其布置应符合下列规定：

**1**　平面布置宜简单、规则，宜沿两个主轴方向或其他方向双向布置，两个方向的侧向刚度不宜相差过大。抗震设计时，不应采用仅单向有墙的结构布置。

**2**　宜自下到上连续布置，避免刚度突变。

**3**　门窗洞口宜上下对齐、成列布置，形成明确的墙肢和连梁；宜避免造成墙肢宽度相差悬殊的洞口设置；抗震设计时，一、二、三级剪力墙的底部加强部位不宜采用上下洞口不对齐的错洞墙，全高均不宜采用洞口局部重叠的叠合错洞墙。

**7.1.2**　剪力墙不宜过长，较长剪力墙宜设置跨高比较大的连梁将其分成长度较均匀的若干墙段，各墙段的高度与墙段长度之比不宜小于 3，墙段长度不宜大于 8m。

**7.1.3**　跨高比小于 5 的连梁应按本章的有关规定设计，跨高比不小于 5 的连梁宜按框架梁设计。

**7.1.4**　抗震设计时，剪力墙底部加强部位的范围，应符合下列规定：

**1**　底部加强部位的高度，应从地下室顶板算起；

**2**　底部加强部位的高度可取底部两层和墙体总高度的 1/10 二者的较大值，部分框支剪力墙结构底部加强部位的高度应符合本规程第 10.2.2 条的规定；

**3**　当结构计算嵌固端位于地下一层底板或以下时，底部加强部位宜延伸到计算嵌固端。

**7.1.5**　楼面梁不宜支承在剪力墙或核心筒的连梁上。

**7.1.6**　当剪力墙或核心筒墙肢与其平面外相交的楼面梁刚接时，可沿楼面梁轴线方向设置与梁相连的剪力墙、扶壁柱或在墙内设置暗柱，并应符合下列规定：

**1**　设置沿楼面梁轴线方向与梁相连的剪力墙时，墙的厚度不宜小于梁的截面宽度；

**2**　设置扶壁柱时，其截面宽度不应小于梁宽，其截面高度可计入墙厚；

**3**　墙内设置暗柱时，暗柱的截面高度可取墙的厚度，暗柱的截面宽度可取梁宽加 2 倍墙厚；

**4**　应通过计算确定暗柱或扶壁柱的纵向钢筋（或型钢），纵向钢筋的总配筋率不宜小于表 7.1.6 的规定；

**5**　楼面梁的水平钢筋应伸入剪力墙或扶壁柱，伸入长度应符合钢筋锚固要求。钢筋锚固段的水平投影长度，非抗震设计时不宜小于 $0.4l_{ab}$，抗震设计时不宜小于 $0.4l_{abE}$；当锚固段的水平投影长度不满足要求时，可将楼面梁伸出墙面形成梁头，梁的纵筋伸入梁头后弯折锚固（图 7.1.6），也可采取其他可靠的锚固措施；

**表 7.1.6　暗柱、扶壁柱纵向钢筋的构造配筋率**

| 设计状况 | 抗震设计 | | | | 非抗震设计 |
|---|---|---|---|---|---|
| | 一级 | 二级 | 三级 | 四级 | |
| 配筋率（%） | 0.9 | 0.7 | 0.6 | 0.5 | 0.5 |

注：采用 400MPa、335MPa 级钢筋时，表中数值宜分别增加 0.05 和 0.10。

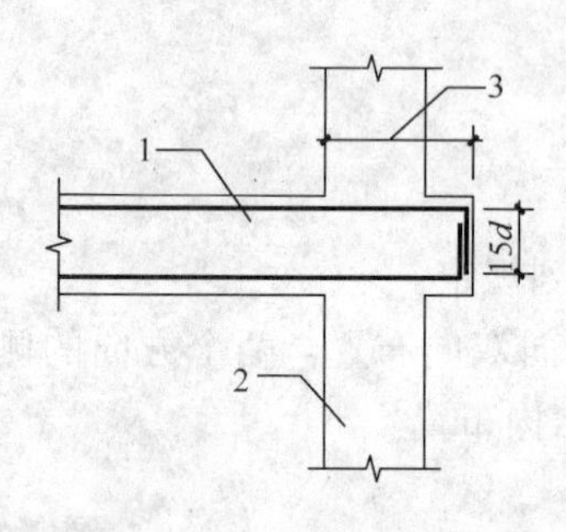


图 7.1.6　楼面梁伸出墙面形成梁头

1—楼面梁；2—剪力墙；3—楼面梁钢筋锚固水平投影长度

**6**　暗柱或扶壁柱应设置箍筋，箍筋直径，一、二、三级时不应小于 8mm，四级及非抗震时不应小于 6mm，且均不应小于纵向钢筋直径的 1/4；箍筋间距，一、二、三级时不应大于 150mm，四级及非抗震时不应大于 200mm。

**7.1.7**　当墙肢的截面高度与厚度之比不大于 4 时，宜按框架柱进行截面设计。

**7.1.8**　抗震设计时，高层建筑结构不应全部采用短肢剪力墙；B 级高度高层建筑以及抗震设防烈度为 9 度的 A 级高度高层建筑，不宜布置短肢剪力墙，不应采用具有较多短肢剪力墙的剪力墙结构。当采用具有较多短肢剪力墙的剪力墙结构时，应符合下列规定：

**1**　在规定的水平地震作用下，短肢剪力墙承担的底部倾覆力矩不宜大于结构底部总地震倾覆力矩的 50%；

**2**　房屋适用高度应比本规程表 3.3.1-1 规定的剪力墙结构的最大适用高度适当降低，7 度、8 度（0.2$g$）和 8 度（0.3$g$）时分别不应大于 100m、80m 和 60m。

注：1　短肢剪力墙是指截面厚度不大于 300mm、各肢截面高度与厚度之比的最大值大于 4 但不大于 8 的剪力墙；

2　具有较多短肢剪力墙的剪力墙结构是指，在规定的水平地震作用下，短肢剪力墙承担的底部倾覆力矩不小于结构底部总地震倾覆力矩的 30% 的剪力墙结构。

**7.1.9**　剪力墙应进行平面内的斜截面受剪、偏心受压或偏心受拉、平面外轴心受压承载力验算。在集中荷载作用下，墙内无暗柱时还应进行局部受压承载力验算。

## 7.2　截面设计及构造

**7.2.1**　剪力墙的截面厚度应符合下列规定：

**1**　应符合本规程附录 D 的墙体稳定验算要求。

**2**　一、二级剪力墙：底部加强部位不应小于 200mm，其他部位不应小于 160mm；一字形独立剪力墙底部加强部位不应小于 220mm，其他部位不应小于 180mm。

**3**　三、四级剪力墙：不应小于 160mm，一字形独立剪力墙的底部加强部位尚不应小于 180mm。

**4**　非抗震设计时不应小于 160mm。

**5**　剪力墙井筒中，分隔电梯井或管道井的墙肢截面厚度可适当减小，但不宜小于160mm。

## 附录D 墙体稳定验算

**D.0.1** 剪力墙墙肢应满足下式的稳定要求：

$$q \leqslant \frac{E_c t^3}{10 l_0^2} \quad \text{(D.0.1)}$$

式中：$q$——作用于墙顶组合的等效竖向均布荷载设计值；

$E_c$——剪力墙混凝土的弹性模量；

$t$——剪力墙墙肢截面厚度；

$l_0$——剪力墙墙肢计算长度，应按本附录第D.0.2条确定。

**D.0.2** 剪力墙墙肢计算长度应按下式计算：

$$l_0 = \beta h \quad \text{(D.0.2)}$$

式中：$\beta$——墙肢计算长度系数，应按本附录第D.0.3条确定；

$h$——墙肢所在楼层的层高。

**D.0.3** 墙肢计算长度系数$\beta$应根据墙肢的支承条件按下列规定采用：

**1** 单片独立墙肢按两边支承板计算，取$\beta$等于1.0。

**2** T形、L形、槽形和工字形剪力墙的翼缘（图D），采用三边支承板按式（D.0.3-1）计算；当$\beta$计算值小于0.25时，取0.25。

$$\beta = \frac{1}{\sqrt{1+\left(\frac{h}{2b_f}\right)^2}} \quad \text{(D.0.3-1)}$$

式中：$b_f$——T形、L形、槽形、工字形剪力墙的单侧翼缘截面高度，取图D中各$b_{fi}$的较大值或最大值。

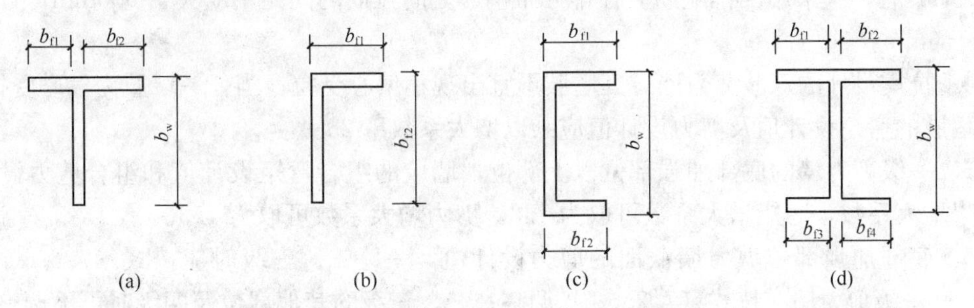


图D 剪力墙腹板与单侧翼缘截面高度示意

（a）T形；（b）L形；（c）槽形；（d）工字形

**3** T形剪力墙的腹板（图D）也按三边支承板计算，但应将公式（D.0.3-1）中的$b_f$代以$b_w$。

**4** 槽形和工字形剪力墙的腹板（图D），采用四边支承板按式（D.0.3-2）计算；当$\beta$计算值小于0.2时，取0.2。

$$\beta = \frac{1}{\sqrt{1+\left(\frac{3h}{2b_w}\right)^2}} \quad \text{(D.0.3-2)}$$

式中：$b_w$——槽形、工字形剪力墙的腹板截面高度。

**D.0.4** 当 T 形、L 形、槽形、工字形剪力墙的翼缘截面高度或 T 形、L 形剪力墙的腹板截面高度与翼缘截面厚度之和小于截面厚度的 2 倍和 800mm 时，尚宜按下式验算剪力墙的整体稳定：

$$N \leqslant \frac{1.2E_c I}{h^2} \tag{D.0.4}$$

式中：$N$——作用于墙顶组合的竖向荷载设计值；

$I$——剪力墙整体截面的惯性矩，取两个方向的较小值。

**7.2.2** 抗震设计时，短肢剪力墙的设计应符合下列规定：

**1** 短肢剪力墙截面厚度除应符合本规程第 7.2.1 条的要求外，底部加强部位尚不应小于 200mm，其他部位尚不应小于 180mm。

**2** 一、二、三级短肢剪力墙的轴压比，分别不宜大于 0.45、0.50、0.55，一字形截面短肢剪力墙的轴压比限值应相应减少 0.1。

**3** 短肢剪力墙的底部加强部位应按本节 7.2.6 条调整剪力设计值，其他各层一、二、三级时剪力设计值应分别乘以增大系数 1.4、1.2 和 1.1。

**4** 短肢剪力墙边缘构件的设置应符合本规程第 7.2.14 条的规定。

**5** 短肢剪力墙的全部竖向钢筋的配筋率，底部加强部位一、二级不宜小于 1.2%，三、四级不宜小于 1.0%；其他部位一、二级不宜小于 1.0%，三、四级不宜小于 0.8%。

**6** 不宜采用一字形短肢剪力墙，不宜在一字形短肢剪力墙上布置平面外与之相交的单侧楼面梁。

**7.2.3** 高层剪力墙结构的竖向和水平分布钢筋不应单排配置。剪力墙截面厚度不大于 400mm 时，可采用双排配筋；大于 400mm、但不大于 700mm 时，宜采用三排配筋；大于 700mm 时，宜采用四排配筋。各排分布钢筋之间拉筋的间距不应大于 600mm，直径不应小于 6mm。

**7.2.4** 抗震设计的双肢剪力墙，其墙肢不宜出现小偏心受拉；当任一墙肢为偏心受拉时，另一墙肢的弯矩设计值及剪力设计值应乘以增大系数 1.25。

**7.2.5** 一级剪力墙的底部加强部位以上部位，墙肢的组合弯矩设计值和组合剪力设计值应乘以增大系数，弯矩增大系数可取为 1.2，剪力增大系数可取为 1.3。

**7.2.6** 底部加强部位剪力墙截面的剪力设计值，一、二、三级时应按式（7.2.6-1）调整，9 度一级剪力墙应按式（7.2.6-2）调整；二、三级的其他部位及四级时可不调整。

$$V = \eta_{vw} V_w \tag{7.2.6-1}$$

$$V = 1.1 \frac{M_{wua}}{M_w} V_w \tag{7.2.6-2}$$

式中：$V$——底部加强部位剪力墙截面剪力设计值；

$V_w$——底部加强部位剪力墙截面考虑地震作用组合的剪力计算值；

$M_{wua}$——剪力墙正截面抗震受弯承载力，应考虑承载力抗震调整系数 $\gamma_{RE}$、采用实配纵筋面积、材料强度标准值和组合的轴力设计值等计算，有翼墙时应计入墙两侧各一倍翼墙厚度范围内的纵向钢筋；

$M_w$——底部加强部位剪力墙底截面弯矩的组合计算值；

$\eta_{vw}$——剪力增大系数，一级取1.6，二级取1.4，三级取1.2。

**7.2.7** 剪力墙墙肢截面剪力设计值应符合下列规定：

**1** 持久、短暂设计状况

$$V \leqslant 0.25\beta_c f_c b_w h_{w0} \tag{7.2.7-1}$$

**2** 地震设计状况

剪跨比λ大于2.5时

$$V \leqslant \frac{1}{\gamma_{RE}}(0.20\beta_c f_c b_w h_{w0}) \tag{7.2.7-2}$$

剪跨比λ不大于2.5时

$$V \leqslant \frac{1}{\gamma_{RE}}(0.15\beta_c f_c b_w h_{w0}) \tag{7.2.7-3}$$

剪跨比可按下式计算：

$$\lambda = M^c/(V^c h_{w0}) \tag{7.2.7-4}$$

式中：$V$——剪力墙墙肢截面的剪力设计值；

$h_{w0}$——剪力墙截面有效高度；

$\beta_c$——混凝土强度影响系数，应按本规程第6.2.6条采用；

$\lambda$——剪跨比，其中$M^c$、$V^c$应取同一组合的、未按本规程有关规定调整的墙肢截面弯矩、剪力计算值，并取墙肢上、下端截面计算的剪跨比的较大值。

**7.2.8** 矩形、T形、I形偏心受压剪力墙墙肢（图7.2.8）的正截面受压承载力应符合现行国家标准《混凝土结构设计规范》GB 50010的有关规定，也可按下列规定计算：

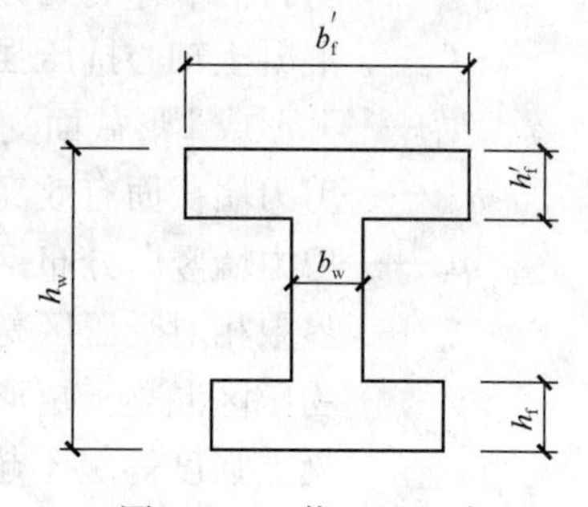

图7.2.8 截面及尺寸

**1** 持久、短暂设计状况

$$N \leqslant A'_s f'_y - A_s\sigma_s - N_{sw} + N_c \tag{7.2.8-1}$$

$$N\left(e_0 + h_{w0} - \frac{h_w}{2}\right) \leqslant A'_s f'_y(h_{w0} - a'_s) - M_{sw} + M_c \tag{7.2.8-2}$$

当$x > h'_f$时

$$N_c = \alpha_1 f_c b_w x + \alpha_1 f_c(b'_f - b_w)h'_f \tag{7.2.8-3}$$

$$M_c = \alpha_1 f_c b_w x\left(h_{w0} - \frac{x}{2}\right) + \alpha_1 f_c(b'_f - b_w)h'_f\left(h_{w0} - \frac{h'_f}{2}\right) \tag{7.2.8-4}$$

当$x \leqslant h'_f$时

$$N_c = \alpha_1 f_c b'_f x \tag{7.2.8-5}$$

$$M_c = \alpha_1 f_c b'_f x\left(h_{w0} - \frac{x}{2}\right) \tag{7.2.8-6}$$

当 $x \leqslant \xi_b h_{w0}$ 时

$$\sigma_s = f_y \tag{7.2.8-7}$$

$$N_{sw} = (h_{w0} - 1.5x) b_w f_{yw} \rho_w \tag{7.2.8-8}$$

$$M_{sw} = \frac{1}{2}(h_{w0} - 1.5x)^2 b_w f_{yw} \rho_w \tag{7.2.8-9}$$

当 $x > \xi_b h_{w0}$ 时

$$\sigma_s = \frac{f_y}{\xi_b - 0.8}\left(\frac{x}{h_{w0}} - \beta_c\right) \tag{7.2.8-10}$$

$$N_{sw} = 0 \tag{7.2.8-11}$$

$$M_{sw} = 0 \tag{7.2.8-12}$$

$$\xi_b = \frac{\beta_c}{1 + \dfrac{f_y}{E_s \varepsilon_{cu}}} \tag{7.2.8-13}$$

式中：$a'_s$——剪力墙受压区端部钢筋合力点到受压区边缘的距离；

$b'_f$——T 形或 I 形截面受压区翼缘宽度；

$e_0$——偏心距，$e_0 = M/N$；

$f_y$、$f'_y$——分别为剪力墙端部受拉、受压钢筋强度设计值；

$f_{yw}$——剪力墙墙体竖向分布钢筋强度设计值；

$f_c$——混凝土轴心抗压强度设计值；

$h'_f$——T 形或 I 形截面受压区翼缘的高度；

$h_{w0}$——剪力墙截面有效高度，$h_{w0} = h_w - a'_s$；

$\rho_w$——剪力墙竖向分布钢筋配筋率；

$\xi_b$——界限相对受压区高度；

$\alpha_1$——受压区混凝土矩形应力图的应力与混凝土轴心抗压强度设计值的比值，混凝土强度等级不超过 C50 时取 1.0，混凝土强度等级为 C80 时取 0.94，混凝土强度等级在 C50 和 C80 之间时可按线性内插取值；

$\beta_c$——混凝土强度影响系数，按本规程第 6.2.6 条的规定采用；

$\varepsilon_{cu}$——混凝土极限压应变，应按现行国家标准《混凝土结构设计规范》GB 50010 的有关规定采用。

**2**　地震设计状况，公式（7.2.8-1）、（7.2.8-2）右端均应除以承载力抗震调整系数 $\gamma_{RE}$，$\gamma_{RE}$ 取 0.85。

**7.2.9**　矩形截面偏心受拉剪力墙的正截面受拉承载力应符合下列规定：

**1**　持久、短暂设计状况

$$N \leqslant \frac{1}{\dfrac{1}{N_{0u}} + \dfrac{e_0}{M_{wu}}} \tag{7.2.9-1}$$

2　地震设计状况

$$N \leqslant \frac{1}{\gamma_{RE}}\left(\frac{1}{\frac{1}{N_{0u}}+\frac{e_0}{M_{wu}}}\right) \tag{7.2.9-2}$$

$N_{0u}$和$M_{wu}$可分别按下列公式计算：

$$N_{0u} = 2A_s f_y + A_{sw} f_{yw} \tag{7.2.9-3}$$

$$M_{wu} = A_s f_y (h_{w0} - a'_s) + A_{sw} f_{yw} \frac{(h_{w0} - a'_s)}{2} \tag{7.2.9-4}$$

式中：$A_{sw}$——剪力墙竖向分布钢筋的截面面积。

**7.2.10**　偏心受压剪力墙的斜截面受剪承载力应符合下列规定：

1　持久、短暂设计状况

$$V \leqslant \frac{1}{\lambda - 0.5}\left(0.5 f_t b_w h_{w0} + 0.13 N \frac{A_w}{A}\right) + f_{yh} \frac{A_{sh}}{s} h_{w0} \tag{7.2.10-1}$$

2　地震设计状况

$$V \leqslant \frac{1}{\gamma_{RE}}\left[\frac{1}{\lambda - 0.5}\left(0.4 f_t b_w h_{w0} + 0.1 N \frac{A_w}{A}\right) + 0.8 f_{yh} \frac{A_{sh}}{s} h_{w0}\right] \tag{7.2.10-2}$$

式中：$N$——剪力墙截面轴向压力设计值，$N$ 大于 $0.2 f_c b_w h_w$ 时，应取 $0.2 f_c b_w h_w$；

$A$——剪力墙全截面面积；

$A_w$——T 形或 I 形截面剪力墙腹板的面积，矩形截面时应取 $A$；

$\lambda$——计算截面的剪跨比，$\lambda$ 小于 1.5 时应取 1.5，$\lambda$ 大于 2.2 时应取 2.2，计算截面与墙底之间的距离小于 $0.5h_{w0}$ 时，$\lambda$ 应按距墙底 $0.5h_{w0}$ 处的弯矩值与剪力值计算；

$s$——剪力墙水平分布钢筋间距。

**7.2.11**　偏心受拉剪力墙的斜截面受剪承载力应符合下列规定：

1　持久、短暂设计状况

$$V \leqslant \frac{1}{\lambda - 0.5}\left(0.5 f_t b_w h_{w0} - 0.13 N \frac{A_w}{A}\right) + f_{yh} \frac{A_{sh}}{s} h_{w0} \tag{7.2.11-1}$$

上式右端的计算值小于 $f_{yh} \frac{A_{sh}}{s} h_{w0}$ 时，应取等于 $f_{yh} \frac{A_{sh}}{s} h_{w0}$。

2　地震设计状况

$$V \leqslant \frac{1}{\gamma_{RE}}\left[\frac{1}{\lambda - 0.5}\left(0.4 f_t b_w h_{w0} - 0.1 N \frac{A_w}{A}\right) + 0.8 f_{yh} \frac{A_{sh}}{s} h_{w0}\right] \tag{7.2.11-2}$$

上式右端方括号内的计算值小于 $0.8 f_{yh} \frac{A_{sh}}{s} h_{w0}$ 时，应取等于 $0.8 f_{yh} \frac{A_{sh}}{s} h_{w0}$。

**7.2.12**　抗震等级为一级的剪力墙，水平施工缝的抗滑移应符合下式要求：

$$V_{wj} \leqslant \frac{1}{\gamma_{RE}}(0.6 f_y A_s + 0.8 N) \tag{7.2.12}$$

式中：$V_{wj}$——剪力墙水平施工缝处剪力设计值；

$A_s$——水平施工缝处剪力墙腹板内竖向分布钢筋和边缘构件中的竖向钢筋总面积（不包括两侧翼墙），以及在墙体中有足够锚固长度的附加竖向插筋面积；

$f_y$——竖向钢筋抗拉强度设计值；

$N$——水平施工缝处考虑地震作用组合的轴向力设计值，压力取正值，拉力取负值。

**7.2.13**　重力荷载代表值作用下，一、二、三级剪力墙墙肢的轴压比不宜超过表7.2.13的限值。

**表7.2.13　剪力墙墙肢轴压比限值**

| 抗震等级 | 一级（9度） | 一级（6、7、8度） | 二、三级 |
|---|---|---|---|
| 轴压比限值 | 0.4 | 0.5 | 0.6 |

注：墙肢轴压比是指重力荷载代表值作用下墙肢承受的轴压力设计值与墙肢的全截面面积和混凝土轴心抗压强度设计值乘积之比值。

**7.2.14**　剪力墙两端和洞口两侧应设置边缘构件，并应符合下列规定：

**1**　一、二、三级剪力墙底层墙肢底截面的轴压比大于表7.2.14的规定值时，以及部分框支剪力墙结构的剪力墙，应在底部加强部位及相邻的上一层设置约束边缘构件，约束边缘构件应符合本规程第7.2.15条的规定；

**2**　除本条第1款所列部位外，剪力墙应按本规程第7.2.16条设置构造边缘构件；

**3**　B级高度高层建筑的剪力墙，宜在约束边缘构件层与构造边缘构件层之间设置1～2层过渡层，过渡层边缘构件的箍筋配置要求可低于约束边缘构件的要求，但应高于构造边缘构件的要求。

**表7.2.14　剪力墙可不设约束边缘构件的最大轴压比**

| 等级或烈度 | 一级（9度） | 一级（6、7、8度） | 二、三级 |
|---|---|---|---|
| 轴压比 | 0.1 | 0.2 | 0.3 |

**7.2.15**　剪力墙的约束边缘构件可为暗柱、端柱和翼墙（图7.2.15），并应符合下列规定：

**1**　约束边缘构件沿墙肢的长度 $l_c$ 和箍筋配箍特征值 $\lambda_v$ 应符合表7.2.15的要求，其体积配箍率 $\rho_v$ 应按下式计算：

$$\rho_v = \lambda_v \frac{f_c}{f_{yv}} \tag{7.2.15}$$

式中：$\rho_v$——箍筋体积配箍率。可计入箍筋、拉筋以及符合构造要求的水平分布钢筋，计入的水平分布钢筋的体积配箍率不应大于总体积配箍率的30%；

$\lambda_v$——约束边缘构件配箍特征值；

$f_c$——混凝土轴心抗压强度设计值；混凝土强度等级低于C35时，应取C35的混凝土轴心抗压强度设计值；

$f_{yv}$——箍筋、拉筋或水平分布钢筋的抗拉强度设计值。

表 7.2.15　约束边缘构件沿墙肢的长度 $l_c$ 及其配箍特征值 $\lambda_v$

| 项　目 | 一级(9度) | | 一级(6、7、8度) | | 二、三级 | |
|---|---|---|---|---|---|---|
| | $\mu_N \leqslant 0.2$ | $\mu_N > 0.2$ | $\mu_N \leqslant 0.3$ | $\mu_N > 0.3$ | $\mu_N \leqslant 0.4$ | $\mu_N > 0.4$ |
| $l_c$(暗柱) | $0.20h_w$ | $0.25h_w$ | $0.15h_w$ | $0.20h_w$ | $0.15h_w$ | $0.20h_w$ |
| $l_c$(翼墙或端柱) | $0.15h_w$ | $0.20h_w$ | $0.10h_w$ | $0.15h_w$ | $0.10h_w$ | $0.15h_w$ |
| $\lambda_v$ | 0.12 | 0.20 | 0.12 | 0.20 | 0.12 | 0.20 |

注：1　$\mu_N$ 为墙肢在重力荷载代表值作用下的轴压比，$h_w$ 为墙肢的长度；

2　剪力墙的翼墙长度小于翼墙厚度的3倍或端柱截面边长小于2倍墙厚时，按无翼墙、无端柱查表；

3　$l_c$ 为约束边缘构件沿墙肢的长度（图 7.2.15）。对暗柱不应小于墙厚和 400mm 的较大值；有翼墙或端柱时，不应小于翼墙厚度或端柱沿墙肢方向截面高度加 300mm。

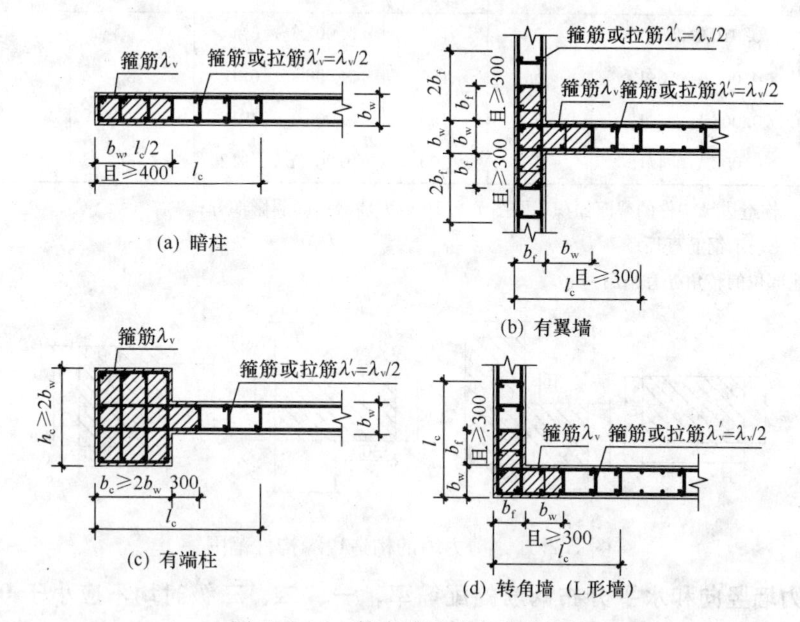


图 7.2.15　剪力墙的约束边缘构件

**2**　剪力墙约束边缘构件阴影部分（图 7.2.15）的竖向钢筋除应满足正截面受压（受拉）承载力计算要求外，其配筋率一、二、三级时分别不应小于 1.2%、1.0%和 1.0%，并分别不应少于 8$\phi$16、6$\phi$16 和 6$\phi$14 的钢筋（$\phi$ 表示钢筋直径）；

**3**　约束边缘构件内箍筋或拉筋沿竖向的间距，一级不宜大于 100mm，二、三级不宜大于 150mm；箍筋、拉筋沿水平方向的肢距不宜大于 300mm，不应大于竖向钢筋间距的2倍。

**7.2.16**　剪力墙构造边缘构件的范围宜按图 7.2.16 中阴影部分采用，其最小配筋应满足表 7.2.16 的规定，并应符合下列规定：

**1**　竖向配筋应满足正截面受压（受拉）承载力的要求；

**2**　当端柱承受集中荷载时，其竖向钢筋、箍筋直径和间距应满足框架柱的相应要求；

**3**　箍筋、拉筋沿水平方向的肢距不宜大于 300mm，不应大于竖向钢筋间距的 2 倍；

**4**　抗震设计时，对于连体结构、错层结构以及 B 级高度高层建筑结构中的剪力墙（筒体），其构造边缘构件的最小配筋应符合下列要求：

1）竖向钢筋最小量应比表 7.2.16 中的数值提高 $0.001A_c$ 采用；

2）箍筋的配筋范围宜取图 7.2.16 中阴影部分，其配箍特征值 $\lambda_v$ 不宜小于 0.1。

**5** 非抗震设计的剪力墙，墙肢端部应配置不少于 $4\phi12$ 的纵向钢筋，箍筋直径不应小于 6mm、间距不宜大于 250mm。

**表 7.2.16　剪力墙构造边缘构件的最小配筋要求**

| 抗震等级 | 底部加强部位 | | | 其他部位 | | |
|---|---|---|---|---|---|---|
| | 竖向钢筋最小量（取较大值） | 箍筋 | | 竖向钢筋最小量（取较大值） | 拉筋 | |
| | | 最小直径（mm） | 沿竖向最大间距（mm） | | 最小直径（mm） | 沿竖向最大间距（mm） |
| 一 | $0.010A_c$，$6\phi16$ | 8 | 100 | $0.008A_c$，$6\phi14$ | 8 | 150 |
| 二 | $0.008A_c$，$6\phi14$ | 8 | 150 | $0.006A_c$，$6\phi12$ | 8 | 200 |
| 三 | $0.006A_c$，$6\phi12$ | 6 | 150 | $0.005A_c$，$4\phi12$ | 6 | 200 |
| 四 | $0.005A_c$，$4\phi12$ | 6 | 200 | $0.004A_c$，$4\phi12$ | 6 | 250 |

注：1　$A_c$ 为构造边缘构件的截面面积，即图 7.2.16 剪力墙截面的阴影部分；

2　符号 $\phi$ 表示钢筋直径；

3　其他部位的转角处宜采用箍筋。

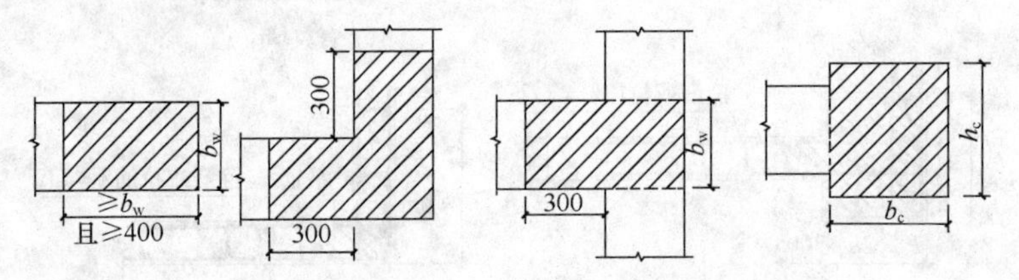


图 7.2.16　剪力墙的构造边缘构件范围

**7.2.17　剪力墙竖向和水平分布钢筋的配筋率，一、二、三级时均不应小于 0.25%，四级和非抗震设计时均不应小于 0.20%。**

**7.2.18**　剪力墙的竖向和水平分布钢筋的间距均不宜大于 300mm，直径不应小于 8mm。剪力墙的竖向和水平分布钢筋的直径不宜大于墙厚的 1/10。

**7.2.19**　房屋顶层剪力墙、长矩形平面房屋的楼梯间和电梯间剪力墙、端开间纵向剪力墙以及端山墙的水平和竖向分布钢筋的配筋率均不应小于 0.25%，间距均不应大于 200mm。

**7.2.20**　剪力墙的钢筋锚固和连接应符合下列规定：

**1**　非抗震设计时，剪力墙纵向钢筋最小锚固长度应取 $l_a$；抗震设计时，剪力墙纵向钢筋最小锚固长度应取 $l_{aE}$。$l_a$、$l_{aE}$ 的取值应符合本规程第 6.5 节的有关规定。

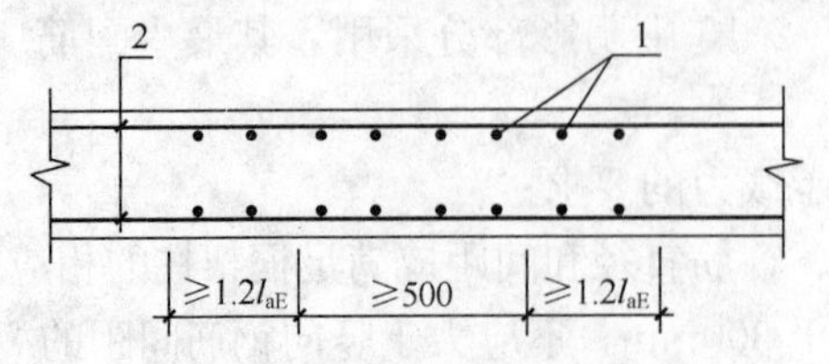


图 7.2.20　剪力墙分布钢筋的搭接连接
1—竖向分布钢筋；2—水平分布钢筋；
非抗震设计时图中 $l_{aE}$ 取 $l_a$

**2**　剪力墙竖向及水平分布钢筋采用搭接连接时（图 7.2.20），一、二级剪力墙的底部加强部位，接头位置应错开，同一截面连接的钢筋数量不宜超过总数量的 50%，错开净距不宜小于 500mm；其他情况剪力墙的钢筋可在同一截面连接。分布钢筋的搭接长度，非抗震设计时不应小于 1.2 $l_a$，抗震设计时不应小于 1.2 $l_{aE}$。

**3** 暗柱及端柱内纵向钢筋连接和锚固要求宜与框架柱相同，宜符合本规程第 6.5 节的有关规定。

**7.2.21** 连梁两端截面的剪力设计值 $V$ 应按下列规定确定：

**1** 非抗震设计以及四级剪力墙的连梁，应分别取考虑水平风荷载、水平地震作用组合的剪力设计值。

**2** 一、二、三级剪力墙的连梁，其梁端截面组合的剪力设计值应按式（7.2.21-1）确定，9 度时一级剪力墙的连梁应按式（7.2.21-2）确定。

$$V = \eta_{vb} \frac{M_b^l + M_b^r}{l_n} + V_{Gb} \tag{7.2.21-1}$$

$$V = 1.1(M_{bua}^l + M_{bua}^r)/l_n + V_{Gb} \tag{7.2.21-2}$$

式中：$M_b^l$、$M_b^r$ ——分别为连梁左右端截面顺时针或逆时针方向的弯矩设计值；

$M_{bua}^l$、$M_{bua}^r$ ——分别为连梁左右端截面顺时针或逆时针方向实配的抗震受弯承载力所对应的弯矩值，应按实配钢筋面积（计入受压钢筋）和材料强度标准值并考虑承载力抗震调整系数计算；

$l_n$ ——连梁的净跨；

$V_{Gb}$——在重力荷载代表值作用下按简支梁计算的梁端截面剪力设计值；

$\eta_{vb}$ ——连梁剪力增大系数，一级取 1.3，二级取 1.2，三级取 1.1。

**7.2.22** 连梁截面剪力设计值应符合下列规定：

**1** 持久、短暂设计状况

$$V \leqslant 0.25\beta_c f_c b_b h_{b0} \tag{7.2.22-1}$$

**2** 地震设计状况

跨高比大于 2.5 的连梁

$$V \leqslant \frac{1}{\gamma_{RE}}(0.20\beta_c f_c b_b h_{b0}) \tag{7.2.22-2}$$

跨高比不大于 2.5 的连梁

$$V \leqslant \frac{1}{\gamma_{RE}}(0.15\beta_c f_c b_b h_{b0}) \tag{7.2.22-3}$$

式中：$V$ ——按本规程第 7.2.21 条调整后的连梁截面剪力设计值；

$b_b$ ——连梁截面宽度；

$h_{b0}$ ——连梁截面有效高度；

$\beta_c$——混凝土强度影响系数，见本规程第 6.2.6 条。

**7.2.23** 连梁的斜截面受剪承载力应符合下列规定：

**1** 持久、短暂设计状况

$$V \leqslant 0.7 f_t b_b h_{b0} + f_{yv} \frac{A_{sv}}{s} h_{b0} \tag{7.2.23-1}$$

**2** 地震设计状况

跨高比大于 2.5 的连梁

$$V \leqslant \frac{1}{\gamma_{RE}}(0.42 f_t b_b h_{b0} + f_{yv} \frac{A_{sv}}{s} h_{b0}) \tag{7.2.23-2}$$

跨高比不大于 2.5 的连梁

$$V \leqslant \frac{1}{\gamma_{\mathrm{RE}}}(0.38 f_{\mathrm{t}} b_{\mathrm{b}} h_{\mathrm{b0}} + 0.9 f_{\mathrm{yv}} \frac{A_{\mathrm{sv}}}{s} h_{\mathrm{b0}}) \tag{7.2.23-3}$$

式中：$V$——按 7.2.21 条调整后的连梁截面剪力设计值。

**7.2.24** 跨高比（$l/h_{\mathrm{b}}$）不大于 1.5 的连梁，非抗震设计时，其纵向钢筋的最小配筋率可取为 0.2%；抗震设计时，其纵向钢筋的最小配筋率宜符合表 7.2.24 的要求；跨高比大于 1.5 的连梁，其纵向钢筋的最小配筋率可按框架梁的要求采用。

**表 7.2.24　跨高比不大于 1.5 的连梁纵向钢筋的最小配筋率**（%）

| 跨高比 | 最小配筋率（采用较大值） |
| --- | --- |
| $l/h_{\mathrm{b}} \leqslant 0.5$ | $0.20, 45f_{\mathrm{t}}/f_{\mathrm{y}}$ |
| $0.5 < l/h_{\mathrm{b}} \leqslant 1.5$ | $0.25, 55f_{\mathrm{t}}/f_{\mathrm{y}}$ |

**7.2.25** 剪力墙结构连梁中，非抗震设计时，顶面及底面单侧纵向钢筋的最大配筋率不宜大于 2.5%；抗震设计时，顶面及底面单侧纵向钢筋的最大配筋率宜符合表 7.2.25 的要求。如不满足，则应按实配钢筋进行连梁强剪弱弯的验算。

**表 7.2.25　连梁纵向钢筋的最大配筋率**（%）

| 跨　高　比 | 最大配筋率 |
| --- | --- |
| $l/h_{\mathrm{b}} \leqslant 1.0$ | 0.6 |
| $1.0 < l/h_{\mathrm{b}} \leqslant 2.0$ | 1.2 |
| $2.0 < l/h_{\mathrm{b}} \leqslant 2.5$ | 1.5 |

**7.2.26** 剪力墙的连梁不满足本规程第 7.2.22 条的要求时，可采取下列措施：

**1** 减小连梁截面高度或采取其他减小连梁刚度的措施。

**2** 抗震设计剪力墙连梁的弯矩可塑性调幅；内力计算时已经按本规程第 5.2.1 条的规定降低了刚度的连梁，其弯矩值不宜再调幅，或限制再调幅范围。此时，应取弯矩调幅后相应的剪力设计值校核其是否满足本规程第 7.2.22 条的规定；剪力墙中其他连梁和墙肢的弯矩设计值宜视调幅连梁数量的多少而相应适当增大。

**3** 当连梁破坏对承受竖向荷载无明显影响时，可按独立墙肢的计算简图进行第二次多遇地震作用下的内力分析，墙肢截面应按两次计算的较大值计算配筋。

**7.2.27** 连梁的配筋构造（图 7.2.27）应符合下列规定：

**1** 连梁顶面、底面纵向水平钢筋伸入墙肢的长度，抗震设计时不应小于 $l_{\mathrm{aE}}$，非抗震设计时不应小于 $l_{\mathrm{a}}$，且均不应小于 600mm。

**2** 抗震设计时，沿连梁全长箍筋的构造应

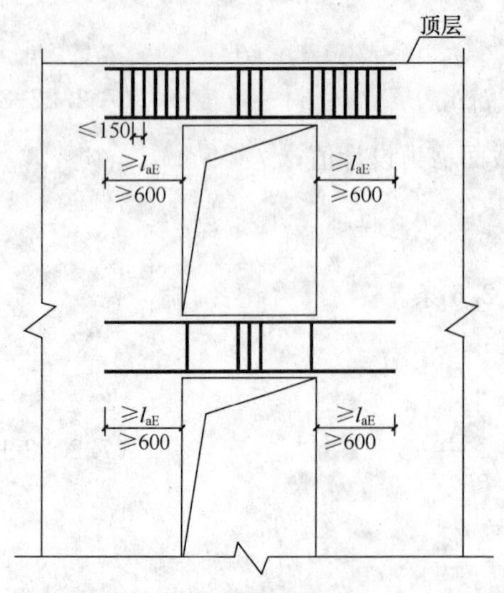


图 7.2.27　连梁配筋构造示意

注：非抗震设计时图中 $l_{\mathrm{aE}}$ 取 $l_{\mathrm{a}}$。

符合本规程第 6.3.2 条框架梁梁端箍筋加密区的箍筋构造要求；非抗震设计时，沿连梁全长的箍筋直径不应小于 6mm，间距不应大于 150mm。

**3** 顶层连梁纵向水平钢筋伸入墙肢的长度范围内应配置箍筋，箍筋间距不宜大于 150mm，直径应与该连梁的箍筋直径相同。

**4** 连梁高度范围内的墙肢水平分布钢筋应在连梁内拉通作为连梁的腰筋。连梁截面高度大于 700mm 时，其两侧面腰筋的直径不应小于 8mm，间距不应大于 200mm；跨高比不大于 2.5 的连梁，其两侧腰筋的总面积配筋率不应小于 0.3%。

**7.2.28** 剪力墙开小洞口和连梁开洞应符合下列规定：

**1** 剪力墙开有边长小于 800mm 的小洞口、且在结构整体计算中不考虑其影响时，应在洞口上、下和左、右配置补强钢筋，补强钢筋的直径不应小于 12 mm，截面面积应分别不小于被截断的水平分布钢筋和竖向分布钢筋的面积（图 7.2.28a）；

**2** 穿过连梁的管道宜预埋套管，洞口上、下的截面有效高度不宜小于梁高的 1/3，且不宜小于 200mm；被洞口削弱的截面应进行承载力验算，洞口处应配置补强纵向钢筋和箍筋（图 7.2.28b），补强纵向钢筋的直径不应小于 12mm。

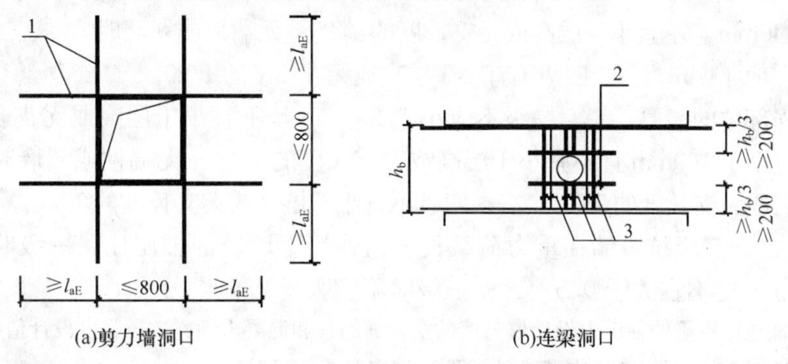


(a)剪力墙洞口　　(b)连梁洞口

图 7.2.28　洞口补强配筋示意

1—墙洞口周边补强钢筋；2—连梁洞口上、下补强纵向箍筋；

3—连梁洞口补强箍筋；非抗震设计时图中 $l_{aE}$ 取 $l_a$

## 二、《抗规》规定

### 6.1　一　般　规　定

**6.1.9** 抗震墙结构和部分框支抗震墙结构中的抗震墙设置，应符合下列要求：

**1** 抗震墙的两端（不包括洞口两侧）宜设置端柱或与另一方向的抗震墙相连；框支部分落地墙的两端（不包括洞口两侧）应设置端柱或与另一方向的抗震墙相连。

**2** 较长的抗震墙宜设置跨高比大于 6 的连梁形成洞口，将一道抗震墙分成长度较均匀的若干墙段，各墙段的高宽比不宜小于 3。

**3** 墙肢的长度沿结构全高不宜有突变；抗震墙有较大洞口时，以及一、二级抗震墙的底部加强部位，洞口宜上下对齐。

**4** 矩形平面的部分框支抗震墙结构，其框支层的楼层侧向刚度不应小于相邻非框支层楼层侧向刚度的50%；框支层落地抗震墙间距不宜大于24m，框支层的平面布置宜对称，且宜设抗震筒体；底层框架部分承担的地震倾覆力矩，不应大于结构总地震倾覆力矩的50%。

**6.1.10** 抗震墙底部加强部位的范围，应符合下列规定：

**1** 底部加强部位的高度，应从地下室顶板算起。

**2** 部分框支抗震墙结构的抗震墙，其底部加强部位的高度，可取框支层加框支层以上两层的高度及落地抗震墙总高度的1/10二者的较大值。其他结构的抗震墙，房屋高度大于24m时，底部加强部位的高度可取底部两层和墙体总高度的1/10二者的较大值；房屋高度不大于24m时，底部加强部位可取底部一层。

**3** 当结构计算嵌固端位于地下一层的底板或以下时，底部加强部位尚宜向下延伸到计算嵌固端。

## 6.4 抗震墙结构的基本抗震构造措施

**6.4.1** 抗震墙的厚度，一、二级不应小于160mm且不宜小于层高或无支长度的1/20，三、四级不应小于140mm且不宜小于层高或无支长度的1/25；无端柱或翼墙时，一、二级不宜小于层高或无支长度的1/16，三、四级不宜小于层高或无支长度的1/20。

底部加强部位的墙厚，一、二级不应小于200mm且不宜小于层高或无支长度的1/16，三、四级不应小于160mm且不宜小于层高或无支长度的1/20；无端柱或翼墙时，一、二级不宜小于层高或无支长度的1/12，三、四级不宜小于层高或无支长度的1/16。

**6.4.2** 一、二、三级抗震墙在重力荷载代表值作用下墙肢的轴压比，一级时，9度不宜大于0.4，7、8度不宜大于0.5；二、三级时不宜大于0.6。

注：墙肢轴压比指墙的轴压力设计值与墙的全截面面积和混凝土轴心抗压强度设计值乘积之比值。

**6.4.3 抗震墙竖向、横向分布钢筋的配筋，应符合下列要求：**

**1 一、二、三级抗震墙的竖向和横向分布钢筋最小配筋率均不应小于0.25%，四级抗震墙分布钢筋最小配筋率不应小于0.20%。**

**注：高度小于24m且剪压比很小的四级抗震墙，其竖向分布筋的最小配筋率应允许按0.15%采用。**

**2 部分框支抗震墙结构的落地抗震墙底部加强部位，竖向和横向分布钢筋配筋率均不应小于0.3%。**

**6.4.4** 抗震墙竖向和横向分布钢筋的配置，尚应符合下列规定：

**1** 抗震墙的竖向和横向分布钢筋的间距不宜大于300mm，部分框支抗震墙结构的落地抗震墙底部加强部位，竖向和横向分布钢筋的间距不宜大于200mm。

**2** 抗震墙厚度大于140mm时，其竖向和横向分布钢筋应双排布置，双排分布钢筋间拉筋的间距不宜大于600mm，直径不应小于6mm。

**3** 抗震墙竖向和横向分布钢筋的直径，均不宜大于墙厚的1/10且不应小于8mm；竖向钢筋直径不宜小于10mm。

**6.4.5** 抗震墙两端和洞口两侧应设置边缘构件，边缘构件包括暗柱、端柱和翼墙，并应符合下列要求：

**1** 对于抗震墙结构，底层墙肢底截面的轴压比不大于表6.4.5-1规定的一、二、三级抗震墙及四级抗震墙，墙肢两端可设置构造边缘构件，构造边缘构件的范围可按图

6.4.5-1 采用，构造边缘构件的配筋除应满足受弯承载力要求外，并宜符合表 6.4.5-2 的要求。

**表 6.4.5-1　抗震墙设置构造边缘构件的最大轴压比**

| 抗震等级或烈度 | 一级（9度） | 一级（7、8度） | 二、三级 |
|---|---|---|---|
| 轴压比 | 0.1 | 0.2 | 0.3 |

**表 6.4.5-2　抗震墙构造边缘构件的配筋要求**

| 抗震等级 | 底部加强部位 | | | 其他部位 | | |
|---|---|---|---|---|---|---|
| | 纵向钢筋最小量（取较大值） | 箍筋 | | 纵向钢筋最小量（取较大值） | 拉筋 | |
| | | 最小直径（mm） | 沿竖向最大间距（mm） | | 最小直径（mm） | 沿竖向最大间距（mm） |
| 一 | $0.010A_c$，$6\phi16$ | 8 | 100 | $0.008A_c$，$6\phi14$ | 8 | 150 |
| 二 | $0.008A_c$，$6\phi14$ | 8 | 150 | $0.006A_c$，$6\phi12$ | 8 | 200 |
| 三 | $0.006A_c$，$6\phi12$ | 6 | 150 | $0.005A_c$，$4\phi12$ | 6 | 200 |
| 四 | $0.005A_c$，$4\phi12$ | 6 | 200 | $0.004A_c$，$4\phi12$ | 6 | 250 |

注：1　$A_c$为边缘构件的截面面积；
2　其他部位的拉筋，水平间距不应大于纵筋间距的 2 倍；转角处宜采用箍筋；
3　当端柱承受集中荷载时，其纵向钢筋、箍筋直径和间距应满足柱的相应要求。

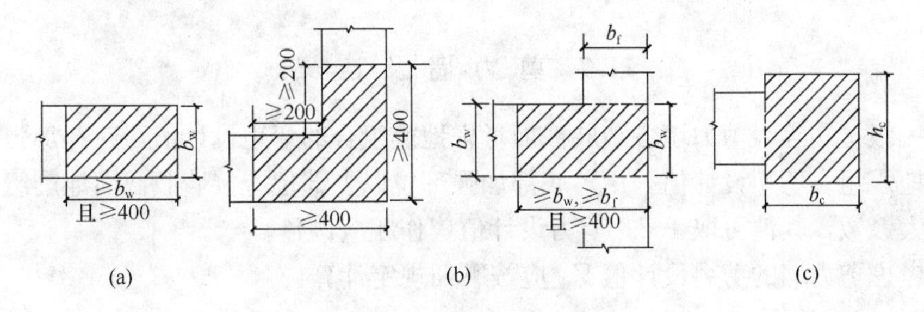


图 6.4.5-1　抗震墙的构造边缘构件范围
（a）暗柱；（b）翼柱；（c）端柱

**2**　底层墙肢底截面的轴压比大于表 6.4.5-1 规定的一、二、三级抗震墙，以及部分框支抗震墙结构的抗震墙，应在底部加强部位及相邻的上一层设置约束边缘构件，在以上的其他部位可设置构造边缘构件。约束边缘构件沿墙肢的长度、配箍特征值、箍筋和纵向钢筋宜符合表 6.4.5-3 的要求（图与《高规》图 7.2.15 相同）。

**表 6.4.5-3　抗震墙约束边缘构件的范围及配筋要求**

| 项　目 | 一级（9度） | | 一级（7、8度） | | 二、三级 | |
|---|---|---|---|---|---|---|
| | $\lambda\leq0.2$ | $\lambda>0.2$ | $\lambda\leq0.3$ | $\lambda>0.3$ | $\lambda\leq0.4$ | $\lambda>0.4$ |
| $l_c$（暗柱） | $0.20h_w$ | $0.25h_w$ | $0.15h_w$ | $0.20h_w$ | $0.15h_w$ | $0.20h_w$ |
| $l_c$（翼墙或端柱） | $0.15h_w$ | $0.20h_w$ | $0.10h_w$ | $0.15h_w$ | $0.10h_w$ | $0.15h_w$ |
| $\lambda_v$ | 0.12 | 0.20 | 0.12 | 0.20 | 0.12 | 0.20 |
| 纵向钢筋（取较大值） | $0.012A_c$，$8\phi16$ | | $0.012A_c$，$8\phi16$ | | $0.010A_c$，$6\phi16$（三级 $6\phi14$） | |

续表 6.4.5-3

| 项　目 | 一级（9 度） | | 一级（7、8 度） | | 二、三级 | |
|---|---|---|---|---|---|---|
| | $\lambda \leqslant 0.2$ | $\lambda > 0.2$ | $\lambda \leqslant 0.3$ | $\lambda > 0.3$ | $\lambda \leqslant 0.4$ | $\lambda > 0.4$ |
| 箍筋或拉筋沿竖向间距 | 100mm | | 100mm | | 150mm | |

注：1　抗震墙的翼墙长度小于其 3 倍厚度或端柱截面边长小于 2 倍墙厚时，按无翼墙、无端柱查表；端部有集中荷载时，配筋构造按柱要求；

2　$l_c$ 为约束边缘构件沿墙肢长度，且不小于墙厚和 400mm；有翼墙或端柱时不应小于翼墙厚度或端柱沿墙肢方向截面高度加 300mm；

3　$\lambda_v$ 为约束边缘构件的配箍特征值，体积配箍率可按本规范式（6.3.9）计算，并可适当计入满足构造要求且在墙端有可靠锚固的水平分布钢筋的截面面积；

4　$h_w$ 为抗震墙墙肢长度；

5　$\lambda$ 为墙肢轴压比；

6　$A_c$ 为图 6.4.5-2 中约束边缘构件阴影部分的截面面积。

**6.4.6**　抗震墙的墙肢长度不大于墙厚的 3 倍时，应按柱的有关要求进行设计；矩形墙肢的厚度不大于 300mm 时，尚宜全高加密箍筋。

**6.4.7**　跨高比较小的高连梁，可设水平缝形成双连梁、多连梁或采取其他加强受剪承载力的构造。顶层连梁的纵向钢筋伸入墙体的锚固长度范围内，应设置箍筋。

## 三、《混凝土规范》有关抗震设计的规定

### 11.7　剪力墙及连梁

**11.7.1**　一级抗震等级剪力墙各墙肢截面考虑地震组合的弯矩设计值，底部加强部位应按墙肢截面地震组合弯矩设计值采用，底部加强部位以上部位应接墙肢截面地震组合弯矩设计值乘增大系数，其值可取 1.2；剪力设计值应作相应调整。

**11.7.2**　考虑剪力墙的剪力设计值 $V_w$ 应按下列规定计算：

**1**　底部加强部位

**1**）9 度设防烈度的一级抗震等级剪力墙

$$V_w = 1.1\frac{M_{wua}}{M}V \tag{11.7.2-1}$$

**2**）其他情况

一级抗震等级

$$V_w = 1.6V \tag{11.7.2-2}$$

二级抗震等级

$$V_w = 1.4V \tag{11.7.2-3}$$

三级抗震等级

$$V_w = 1.2V \tag{11.7.2-4}$$

四级抗震等级取地震组合下的剪力设计值。

**2**　其他部位

$$V_{w}=V \tag{11.7.2-5}$$

式中：$M_{wua}$——剪力墙底部截面按实配钢筋截面面积、材料强度标准值且考虑承载力抗震调整系数计算的正截面抗震承载力所对应的弯矩值；有翼墙时应计入墙两侧各一倍翼墙厚度范围内的纵向钢筋；

$M$——考虑地震组合的剪力墙底部截面的弯矩设计值；

$V$——考虑地震组合的剪力墙的剪力设计值。

公式（11.7.2-1）中，$M_{wua}$值可按本规范第6.2.19条的规定，采用本规范第11.4.3条有关计算框架柱端$M_{cua}$值的相同方法确定，但其$\gamma_{RE}$值应取剪力墙的正截面承载力抗震调整系数。

**11.7.7** 筒体及剪力墙洞口连梁，当采用对称配筋时，其正截面受弯承载力应符合下列规定：

$$M_{b}\leqslant\frac{1}{\gamma_{RE}}[f_{y}A_{s}(h_{0}-a'_{s})+f_{yd}A_{sd}z_{sd}\cos\alpha] \tag{11.7.7}$$

式中：$M_{b}$——考虑地震组合的剪力墙连梁梁端弯矩设计值；

$f_{y}$——纵向钢筋抗拉强度设计值；

$f_{yd}$——对角斜筋抗拉强度设计值；

$A_{s}$——单侧受拉纵向钢筋截面面积；

$A_{sd}$——单向对角斜筋截面面积，无斜筋时取0；

$z_{sd}$——计算截面对角斜筋至截面受压区合力点的距离；

$\alpha$——对角斜筋与梁纵轴线夹角；

$h_{0}$——连梁截面有效高度。

**11.7.10** 对于一、二级抗震等级的连梁，当跨高比不大于2.5时，除普通箍筋外宜另配置斜向交叉钢筋，其截面限制条件及斜截面受剪承载力可按下列规定计算：

**1** 当洞口连梁截面宽度不小于250mm时，可采用交叉斜筋配筋（图11.7.10-1），其截面限制条件及斜截面受剪承载力应符合下列规定：

**1**）受剪截面应符合下列要求：

$$V_{wb}\leqslant\frac{1}{\gamma_{RE}}(0.25\beta_{c}f_{c}bh_{0}) \tag{11.7.10-1}$$

**2**）斜截面受剪承载力应符合下列要求：

$$V_{wb}\leqslant\frac{1}{\gamma_{RE}}[0.4f_{t}bh_{0}+(2.0\sin\alpha+0.6\eta)f_{yd}A_{sd}] \tag{11.7.10-2}$$

$$\eta=(f_{sv}A_{sv}h_{0})/(sf_{yd}A_{yd}) \tag{11.7.10-3}$$

式中：$\eta$——箍筋与对角斜筋的配筋强度比，当小于0.6时取0.6，当大于1.2时取1.2；

$\alpha$——对角斜筋与梁纵轴的夹角；

$f_{yd}$——对角斜筋的抗拉强度设计值；

$A_{sd}$——单向对角斜筋的截面面积；

$A_{sv}$——同一截面内箍筋各肢的全部截面面积。

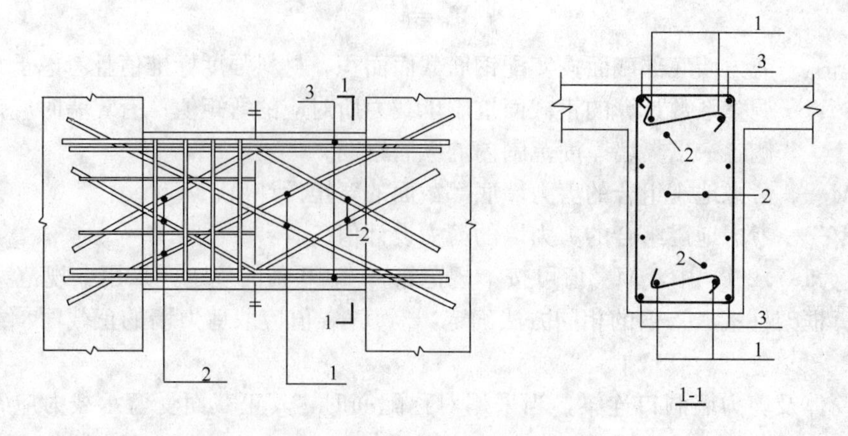


图 11.7.10-1　交叉斜筋配筋连梁

1—对角斜筋；2—折线筋；3—纵向钢筋

**2**　当连梁截面宽度不小于 400mm 时，可采用集中对角斜筋配筋（图 11.7.10-2）或对角暗撑配筋（图 11.7.10-3），其截面限制条件及斜截面受剪承载力应符合下列规定：

**1**）受剪截面应符合式（11.7.10-1）的要求。

**2**）斜截面受剪承载力应符合下列要求：

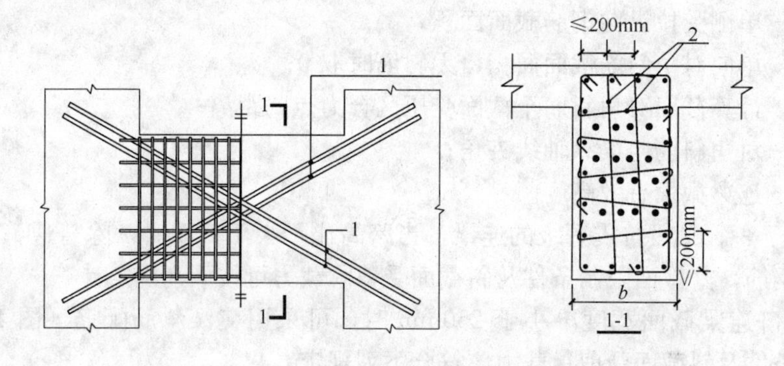


图 11.7.10-2　集中对角斜筋配筋连梁

1—对角斜筋；2—拉筋

$$V_{wb} \leqslant \frac{2}{\gamma_{RE}} f_{yd} A_{sd} \sin\alpha \qquad (11.7.10\text{-}4)$$

**11.7.11**　剪力墙及筒体洞口连梁的纵向钢筋、斜筋及箍筋的构造应符合下列要求：

**1**　连梁沿上、下边缘单侧纵向钢筋的最小配筋率不应小于 0.15%，且配筋不宜少于 2$\phi$12；交叉斜筋配筋连梁单向对角斜筋不宜少于 2$\phi$12，单组折线筋的截面面积可取为单向对角斜筋截面面积的一半，且直径不宜小于 12mm；集中对角斜筋配筋连梁和对角暗撑连梁中每组对角斜筋应至少由 4 根直径不小于 14mm 的钢筋组成。

**2**　交叉斜筋配筋连梁的对角斜筋在梁端部位应设置不少于 3 根拉筋，拉筋的间距不应大于连梁宽度和 200mm 的较小值，直径不应小于 6mm；集中对角斜筋配筋连梁应在梁截面内沿水平方向及竖直方向设置双向拉筋，拉筋应勾住外侧纵向钢筋，间距不应大于 200mm，直径不应小于 8mm；对角暗撑配筋连梁中暗撑箍筋的外缘沿梁截面宽度方向不

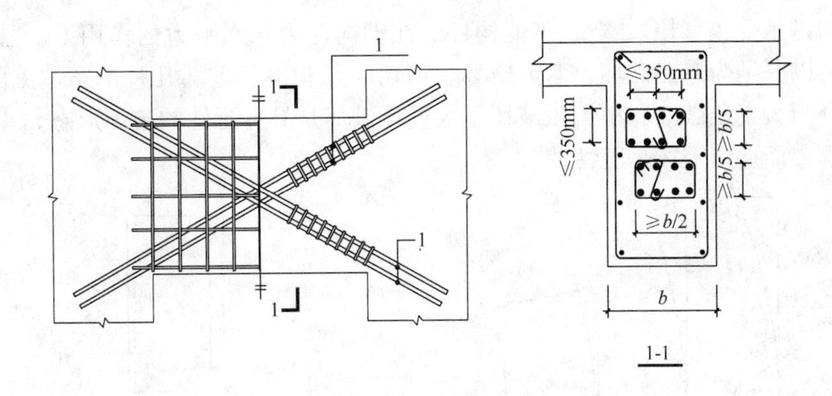


图 11.7.10-3　对角暗撑配筋连梁

1—对角暗撑

宜小于梁宽的一半，另一方向不宜小于梁宽的 1/5；对角暗撑约束箍筋的间距不宜大于暗撑钢筋直径的 6 倍，当计算间距小于 100mm 时可取 100mm，箍筋肢距不应大于 350mm。

除集中对角斜筋配筋连梁以外，其余连梁的水平钢筋及箍筋形成的钢筋网之间应采用拉筋拉结，拉筋直径不宜小于 6mm，间距不宜大于 400mm。

**3**　沿连梁全长箍筋的构造宜按本规范第 11.3.6 条和第 11.3.8 条框架梁梁端加密区箍筋的构造要求采用；对角暗撑配筋连梁沿连梁全长箍筋的间距可按本规范表 11.3.6-2 中规定值的两倍取用。

**4**　连梁纵向受力钢筋、交叉斜筋伸入墙内的锚固长度不应小于 $l_{aE}$，且不应小于 600mm；顶层连梁纵向钢筋伸入墙体的长度范围内，应配置间距不大于 150mm 的构造箍筋，箍筋直径应与该连梁的箍筋直径相同。

**5**　剪力墙的水平分布钢筋可作为连梁的纵向构造钢筋在连梁范围内贯通。当梁的腹板高度 $h_w$ 不小于 450mm 时，其两侧面沿梁高范围设置的纵向构造钢筋的直径不应小于 10mm，间距不应大于 200mm；对跨高比不大于 2.5 的连梁，梁两侧的纵向构造钢筋的面积配筋率尚不应小于 0.3%。

## 四、对规定的解读和建议

### 1. 有关一般规定

(1) 剪力墙是钢筋混凝土多、高层建筑中不可缺少的基本构件，由于它是截面高度大而厚度相对很小的“片”状构件，虽然它有承载力大和平面内刚度大等优点，但也具有剪切变形相对较大、平面外较薄弱的不利性能；此外，开洞后的剪力墙形式变化多，受力状况比较复杂，因而了解剪力墙的特性，发挥其所长，克服其所短，是正确设计剪力墙的关键。

(2) 固定在基础上的较高悬臂剪力墙，本身是静定的，它需要与其他构件协同工作组成超静定结构。它并不是唯一的剪力墙结构形式，但是，是剪力墙的一种基本形式，研究它有助于了解剪力墙的性能，实际上很多关于剪力墙墙肢的设计要求和规定是通过悬臂墙的试验得到的。

剪力墙是承受压（拉）、弯、剪的构件。在轴向压力和水平力的作用下，悬臂剪力墙破坏形态可以归纳为弯曲破坏、弯剪破坏、剪切破坏和滑移破坏几种形态，见图 9-1。弯曲破坏又分为大偏压破坏和小偏压破坏，大偏压破坏是具有延性的破坏形态，小偏压破坏的延性很小，而剪切破坏是脆性的。

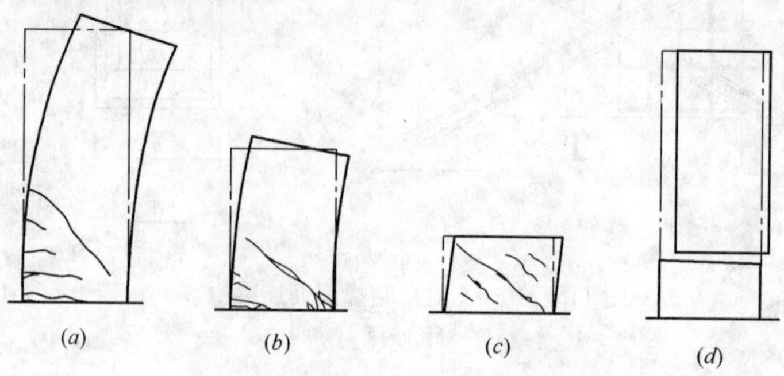


图 9-1　悬臂墙的破坏形态
(a) 弯曲破坏；(b) 弯剪破坏；(c) 剪切破坏；(d) 滑移破坏

(3) 剪跨比$\frac{M}{Vh_{w}}$表示截面上弯矩与剪力的相对大小，是影响剪力墙破坏形态的重要因素。由试验可知，$\frac{M}{Vh_{w}} \geqslant 2$时，以弯矩作用为主，容易实现弯曲破坏，延性较好；$2 > \frac{M}{Vh_{w}} > 1$时，很难避免出现剪切斜裂缝，视设计措施是否得当而可能弯坏，也可能剪坏，按照强剪弱弯合理设计，也可能实现延性尚好的弯剪破坏；$\frac{M}{Vh_{w}} \leqslant 1$的剪力墙，一般都出现剪切破坏。在悬臂剪力墙中，破坏多数发生在内力最大的底部，剪跨比大的悬臂剪力墙表现为高墙（$H/h_{w} \geqslant 2 \sim 3$），剪跨比中等的为中高墙（$H/h_{w} = 1 \sim 2$），剪跨比很小的为矮墙（$H/h_{w} \leqslant 1$），见图 9-1。

轴压比定义为截面轴向平均应力与混凝土轴心受压强度的比值，即$\frac{N}{A_{c} f_{c}}$，是影响剪力墙破坏形态的另一个重要因素，轴压比大可能形成小偏压破坏，它的延性较小。设计时除了需要限制轴压比数值外，还要在剪力墙压应力较大的边缘配置箍筋，形成约束混凝土以提高混凝土边缘的极限压应变，改善其延性。

在实际工程中，滑移破坏很少见，可能出现的位置是施工缝截面。

(4) 试验研究表明，剪力墙与梁、柱构件类似，在压弯共同作用下，实际影响延性最根本的原因是受压区相对高度，当受压区相对高度增加时，延性减小。上述各种对延性影响较大的因素都是因为它们对受压区高度有较大影响，因此可以得到：

1) 轴向压力大时，受压区相对高度大，延性降低；

2) 大偏心受压的剪力墙受压区高度小，其延性较小偏压剪力墙延性好；

3) 有翼缘或明柱的 I 字形剪力墙可减小受压区高度，延性较好；

4) 分布钢筋配筋率高，受压区加大，对弯曲延性不利，但它可以提高抗剪能力，防止脆性破坏；

5) 提高混凝土强度可以减小受压区高度，也可提高延性。

大多数剪力墙截面都是对称配筋，受压区很小，端部配筋数量对延性影响不大，但是如果剪力墙截面的端部配筋过小，相当于少筋截面，因为剪力墙截面高度大，沿剪力墙截面的水平裂缝会很长，使受拉边缘处的裂缝宽度过大，甚至造成受拉钢筋拉断的脆性破坏，因此剪力墙截面过长或端部配筋过少都是不利的。

（5）悬臂剪力墙都在底部弯矩最大，底截面可能出现塑性铰，底截面钢筋屈服以后由于钢筋和混凝土的粘结力破坏，钢筋屈服范围扩大而形成塑性铰区。塑性铰区也是剪力最大的部位，斜裂缝常常在这个部位出现，且分布在一定范围，反复荷载作用就形成交叉裂缝，可能出现剪切破坏。在塑性铰区要采取加强措施，称为剪力墙的加强部位。

通过静力试验实测理想的塑性铰区的长度一般小于或等于剪力墙截面高度 $h_w$，但是由动力试验和分析得到的塑性铰区范围更大一些，出于安全考虑，我国规范规定的底部加强部位范围大于塑性铰区长度（具体加强部位高度要求见《高规》第 7.1.4 条规定）。

（6）现浇钢筋混凝土剪力墙结构，适用于住宅、公寓、饭店、医院病房楼等平面墙体布置较多的建筑。当住宅、公寓、饭店等建筑，在底部一层或多层需设置机房、汽车房、商店、餐厅等较大平面空间用房时，可以设计成上部为一般剪力墙结构，底部为部分剪力墙落到基础，其余为框架承托上部剪力墙的框支剪力墙结构。

（7）《高规》7.1.1 条规定，剪力墙结构中，剪力墙宜沿主轴方向或其他方向双向布置；抗震设计的剪力墙结构，应避免仅单向有墙的结构布置形式。剪力墙墙肢截面宜简单、规则。剪力墙的抗侧刚度不宜过大。

剪力墙结构的抗侧力刚度和承载力均较大，为充分利用剪力墙的能力，减轻结构重量，增大剪力墙结构的可利用空间，墙不宜布置太密，使结构具有适宜的侧向刚度。

剪力墙结构在矩形平面中，抗震设计时双方向的抗侧刚度宜接近，避免悬殊。衡量双方向抗侧刚度是否接近可检查电算结果中两个方向的第一振型的周期和楼层层间最大位移与层高之比 $\Delta u/h$ 是否接近。

（8）剪力墙的抗侧刚度较大，如果在某一层或几层切断剪力墙，易造成结构刚度突变，因此，剪力墙从上到下宜连续设置。

剪力墙洞口的布置，会明显影响剪力墙的力学性能。规则开洞，洞口成列、成排布置，能形成明确的墙肢和连梁，应力分布比较规则，又与当前普遍应用程序的计算简图较为符合，设计计算结果安全可靠。错洞剪力墙和叠合错洞剪力墙的应力分布复杂，计算、构造都比较复杂和困难。剪力墙底部加强部位，是塑性铰出现及保证剪力墙安全的重要部位，一、二和三级剪力墙的底部加强部位不宜采用错洞布置，如无法避免错洞墙，应控制错洞墙洞口间的水平距离不小于 2m，并在设计时进行仔细计算分析，在洞口周边采取有效构造措施（图 9-2*a*、*b*）。此外，一、二、三级抗震设计的剪力墙全高都不宜采用叠合错洞墙，当无法避免叠合错洞布置时，应按有限元方法仔细计算分析，并在洞口周边采取加强措施（图 9-2*c*），或在洞口不规则部位采用其他轻质材料填充，将叠合洞口转化为规则洞口（图 9-2*d*，其中阴影部分表示轻质填充墙体）。

错洞墙或叠合错洞墙的内力和位移计算均应符合本规程第 5 章的有关规定。若在结构整体计算中采用杆系、薄壁杆系模型或对洞口作了简化处理的其他有限元模型时，应对不规则开洞墙的计算结果进行分析、判断，并进行补充计算和校核。目前除了平面有限元方法外，尚没有更好的简化方法计算错洞墙。采用平面有限元方法得到应力后，可不考虑混

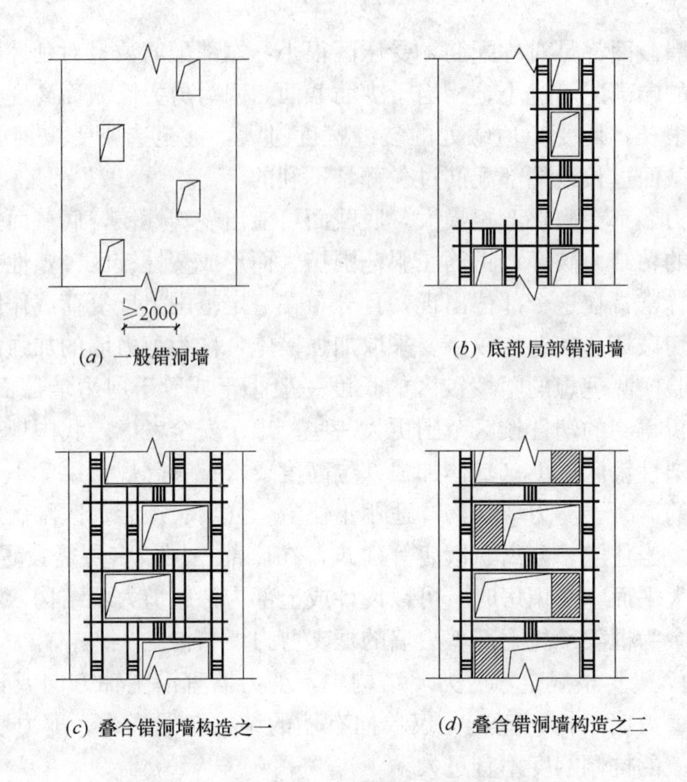


图 9-2　剪力墙洞口不对齐时的构造措施示意

凝土的抗拉作用，按应力进行配筋，并加强构造措施。

《高规》所指的剪力墙结构是以剪力墙及因剪力墙开洞形成的连梁组成的结构，其变形特点为弯曲型变形，目前有些项目采用了大部分由跨高比较大的框架梁联系的剪力墙形成的结构体系，这样的结构虽然剪力墙较多，但受力和变形特性接近框架结构，当层数较多时对抗震是不利的，宜避免。

(9)《高规》7.1.2 条规定，较长的剪力墙宜开设洞口，将其分成，长度较为均匀的若干墙段，墙段之间宜采用弱连梁连接，每个独立墙段的总高度与其截面高度之比不宜小于 3。墙肢截面高度不宜大于 8m。

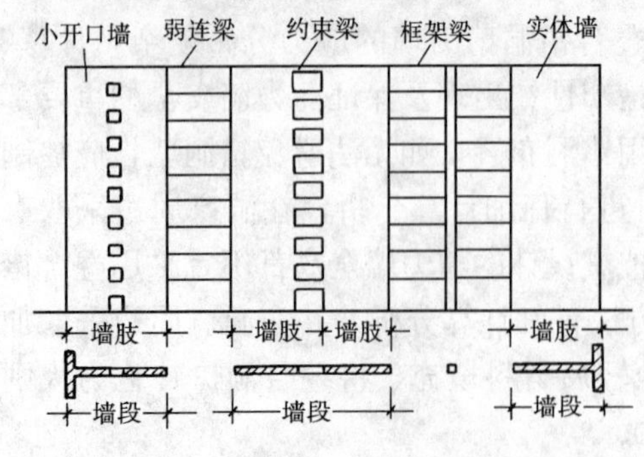


图 9-3　剪力墙的墙段及墙肢示意图

剪力墙结构应具有延性，细高的剪力墙(高宽比大于 3) 容易设计成弯曲破坏的延性剪力墙，从而可避免脆性的剪切破坏。当墙的长度很长时，为了满足每个墙段高宽比大于 3 的要求，可通过开设洞口将长墙分成长度较小、较均匀的联肢墙或整体墙，洞口连梁宜采用约束弯矩较小的弱连梁（其跨高比宜大于 6），使其可近似认为分成了独立墙段（图 9-3）。此外，墙段长度较小时，受弯产生的裂缝宽度较小，墙体的配筋能够较充分地发挥作用。并且墙肢的平面长度（即墙肢截面高度）不宜大于 8m。

高宽比（$h_w/l_w$，$h_w$、$l_w$ 为墙的总高和总宽）小于 2 的单层或多层墙，称为矮墙。由于矮墙具有较大的刚度和抗侧力能力，矮墙的抗震设计主要是承载力问题，试验研究表明，在满足承载力要求的条件下，采取有效措施，可以使矮墙具有一定的延性。矮墙在水平地震作用下的破坏形态为斜压、斜拉和水平滑移。维持较低的剪压比可以避免斜压破坏，配置足够的水平和竖向钢筋可以推迟斜拉和滑移破坏。

剪力墙结构的一个结构单元中，当有少量长度大于 8m 的大墙肢时，计算中楼层剪力主要由这些大墙肢承受，其他小的墙肢承受的剪力很小，一旦地震，尤其超烈度地震时，大墙肢容易首先遭受破坏，而小的墙肢又无足够配筋，使整个结构可能形成各个击破，这是极不利的。

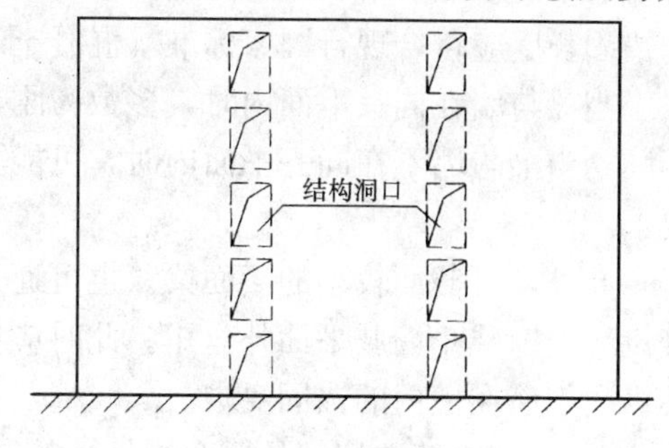


图 9-4　长墙肢留结构洞

(10) 当墙胀长度超过 8m 时，应采用施工时墙上留洞，完工时砌填充墙的结构洞方法，把长墙肢分成短墙肢（图 9-4），或仅在计算简图开洞处理。计算简图开洞处理是指结构计算时设有洞，施工时仍为混凝土墙，当一个结构单元中仅有一段墙的墙肢长度超过 8m 或接近 8m 时，墙的水平分布筋和竖向分布筋按整墙设置，混凝土整浇；当一个结构单元中有两个及两个以上长度超过 8m 的大墙肢时，在计算洞处连梁及洞口边缘构件按要求设置，在洞口范围仅设置竖向 $\phi$8@250mm、水平 $\phi$6@250mm 的构造筋，伸入连梁及边缘构件满足锚固长度，混凝土与整墙一起浇灌。这样处理可避免洞口因填充墙与混凝土墙不同材料因收缩出现裂缝，一旦地震按前一种处理大墙肢开裂不会危及安全，按后一种处理大墙肢的开裂控制在计算洞范围。

(11) 两端与剪力墙在平面内相连的梁为连梁。如果连梁以水平荷载作用下产生的弯矩和剪力为主，竖向荷载下的弯矩对连梁影响不大（两端弯矩仍然反号），那么该连梁对剪切变形十分敏感，容易出现剪切裂缝，则应按本章有关连梁设计的规定进行设计，一般是跨度较小的连梁；反之，则宜按框架梁进行设计，其抗震等级与所连接的剪力墙的抗震等级相同。

(12) 抗震设计时，为保证剪力墙底部出现塑性铰后具有足够大的延性，应对可能出现塑性铰的部位加强抗震措施，包括提高其抗剪切破坏的能力，设置约束边缘构件等，该加强部位称为“底部加强部位”。剪力墙底部塑性铰出现都有一定范围，一般情况下单个塑性铰发展高度约为墙肢截面高度 $h_w$，但是为安全起见，设计时加强部位范围应适当扩大。本规定统一以剪力墙总高度的 1/10 与两层层高二者的较大值作为加强部位（02 规程要求加强部位是剪力墙全高的 1/8）。第 3 款明确了当地下室整体刚度不足以作为结构嵌固端，而计算嵌固部位不能设在地下室顶板时，剪力墙底部加强部位的设计要求宜延伸至计算嵌固部位。

(13) 楼面梁支承在连梁上时，连梁产生扭转，一方面不能有效约束楼面梁，另一方面连梁受力十分不利，因此要尽量避免。楼板次梁等截面较小的梁支承在连梁上时，次梁端部可按铰接处理。

(14) 剪力墙的特点是平面内刚度及承载力大，而平面外刚度及承载力都很小，因此，应注意剪力墙平面外受弯时的安全问题。当剪力墙与平面外方向的大梁连接时，会使墙肢平面外承受弯矩，当梁高大于约 2 倍墙厚时，刚性连接梁的梁端弯矩将使剪力墙平面外产生较大的弯矩，此时应当采取措施，以保证剪力墙平面外的安全。

在楼面梁与剪力墙刚性连接的情况下，应采取措施增大墙肢抵抗平面外弯矩的能力。在措施中强调了对墙内暗柱或墙扶壁柱进行承载力的验算，增加了暗柱、扶壁柱竖向钢筋总配筋率的最低要求和箍筋配置要求，并强调了楼面梁水平钢筋伸入墙内的锚固要求，钢筋锚固长度应符合现行国家标准《混凝土结构设计规范》GB 50010 的有关规定。

当梁与墙在同一平面内时，多数为刚接，梁钢筋在墙内的锚固长度应与梁、柱连接时相同。当梁与墙不在同一平面内时，可能为刚接或半刚接，梁钢筋锚固都应符合锚固长度要求。

此外，对截面较小的楼面梁，也可通过支座弯矩调幅或变截面梁实现梁端铰接或半刚接设计，以减小墙肢平面外弯矩。此时应相应加大梁的跨中弯矩，这种情况下也必须保证梁纵向钢筋在墙内的锚固要求。

（15）剪力墙与柱都是压弯构件，其压弯破坏状态以及计算原理基本相同，但是截面配筋构造有很大不同，因此柱截面和墙截面的配筋计算方法也各不相同。为此，要设定按柱或按墙进行截面设计的分界点。为方便设置边缘构件和分布钢筋，墙截面高厚比 $h_w/b_w$ 宜大于 4。本次修订修改了以前的分界点，规定截面高厚比 $h_w/b_w$ 不大于 4 时，按柱进行截面设计。

（16）厚度不大的剪力墙开大洞口时，会形成短肢剪力墙，短肢剪力墙一般出现在多层和高层住宅建筑中。短肢剪力墙沿建筑高度可能有较多楼层的墙肢会出现反弯点，受力特点接近异形柱，又承担较大轴力与剪力，因此，《高规》规定短肢剪力墙应加强，在某些情况下还要限制建筑高度。对于 L 形、T 形、十字形剪力墙，其各肢的肢长与截面厚度之比的最大值大于 4 且不大于 8 时，才划分为短肢剪力墙。对于采用刚度较大的连梁与墙肢形成的开洞剪力墙，不宜按单独墙肢判断其是否属于短肢剪力墙。

由于短肢剪力墙抗震性能较差，地震区应用经验不多，为安全起见，在高层住宅结构中短肢剪力墙布置不宜过多，不应采用全部为短肢剪力墙的结构。短肢剪力墙承担的倾覆力矩不小于结构底部总倾覆力矩的 30%时，称为具有较多短肢剪力墙的剪力墙结构，此时房屋的最大适用高度应适当降低。B 级高度高层建筑及 9 度抗震设防的 A 级高度高层建筑，不宜布置短肢剪力墙，不应采用具有较多短肢剪力墙的剪力墙结构。

《高规》7.1.8 条还规定短肢剪力墙承担的倾覆力矩不宜大于结构底部总倾覆力矩的 50%，是在短肢剪力墙较多的剪力墙结构中，对短肢剪力墙数量的间接限制。

（17）短肢剪力墙结构系指大部分墙肢截面高度与厚度之比 $4<\frac{h_w}{b_w}\leqslant 8$ 的剪力墙与筒体或一般剪力墙组成的结构体系。短肢墙主要布置在房间分隔墙的交点处，根据抗侧力的需要及分隔墙相交的形式而确定适当数量，并在各墙肢间设置连系梁形成整体。这种结构系实属剪力墙结构的一种，它的特点为：

1）结合建筑平面利用间隔墙布置墙体；

2）短肢墙数量可根据抗侧力的需要确定；

3）使建筑平面布置更具有灵活性；

4）连接各墙的梁，主要位于墙肢平面内；

5）由于减少了剪力墙而代之轻质砌体，可减轻房屋总重量；

6）由于墙肢短为满足轴压比限值及构造需要，墙体厚度比一般剪力墙大。

短肢剪力墙结构，广东省等有地区性设计规范，但对它的抗震性能及其优缺点有不同的看法。我们认为采用何种结构体系应该因地制宜，必须考虑当地的基本情况，如抗震设防烈度、材料供应、施工条件、居住人的生活习惯等诸多因素。但就短肢剪力墙与一般剪力墙相比较，应注意下列几方面问题：

1）由于采用短肢墙，同样高度的房屋墙体厚度就比一般剪力墙大，分隔墙采用轻质砌体，其厚度比墙肢小，因此必然房间一侧或两侧见梁，造成不简洁，同时砌体隔墙需要抹灰有湿作业；

2）短肢剪力墙结构中，除墙肢平面内有梁外，常垂直墙肢方向也有梁，此类梁由于支座上铁难以满足锚固（$0.4l_a$ 或 $0.4l_{aE}$）构造要求，同时整体计算中不计墙肢平面外作用，梁端只能按简支考虑；

3）墙和梁与轻质砌体分隔墙之间，由于不同材料易产生裂缝，如采取措施避免或减少裂缝必然要增加造价，而一旦出现裂缝使住户有不安全感，尤其当住户原住过一般剪力墙结构房屋，新迁入住短肢墙房屋，对比之下更会感到不理解；

4）采用短肢剪力墙结构，房屋总重量会比一般剪力墙结构减轻一些，但数值相差有限，因此在高度 20 层以内、地基土质较好（如北京等地）时，基础造价相差无几；混凝土用量会少一些，房屋刚度减小地震效应变小，但总用钢量增大，分隔墙也需造价，并有抹灰湿作业，工期会增加，因此，房屋的综合经济效益无明显优势；

5）短肢剪力墙结构的抗震性能无疑比一般剪力墙结构要差，尤其设防烈度为 8 度房屋层数较多时，采用短肢剪力墙结构需要慎重；

6）短肢剪力墙结构相当于偏截面柱的框架-剪力墙结构，由于墙边缘构件和楼层框架梁增多，建筑单位面积用钢量在一般剪力墙结构与框架-剪力墙结构之间，但其抗震性能远比框架-剪力墙结构差。

《高规》7.1.8 条中提到了“短肢剪力墙较多时”，但没有界定。一般情况下，短肢剪力墙较多的剪力墙结构中，短肢剪力墙承受的倾覆力矩可占结构底部总倾覆力矩的 30%～50%。《北京市建筑设计技术细则——结构专业》（2004 年 12 月，北京市规划委员会批准作为地方标准，以下简称《北京细则》）对“短肢剪力墙较多”的剪力墙结构做了界定：多层和高层剪力墙结构以短肢剪力墙负荷的楼面面积占全部楼面面积分别超过 60%和 50%来界定。

在剪力墙结构中，只有少量不符合墙肢截面高度与厚度之比大于 8 的墙肢，不属于短肢剪力墙与筒体（或一般剪力墙）共同抵抗水平力的剪力墙结构，这些少量小墙肢在剪力墙结构中是难免的。

短肢剪力墙或小墙肢，水平分布钢筋与边缘构件的箍筋宜一并考虑进行设置，水平分布钢筋按墙肢受剪承载力或构造确定，边缘构件箍筋按有关构造规定确定，两者比较应取大者。端部纵向钢筋按计算或构造确定，但应注意如果按全墙肢截面确定的构造最小配筋率，较大直径钢筋放两端，中部按竖向分布钢筋，不

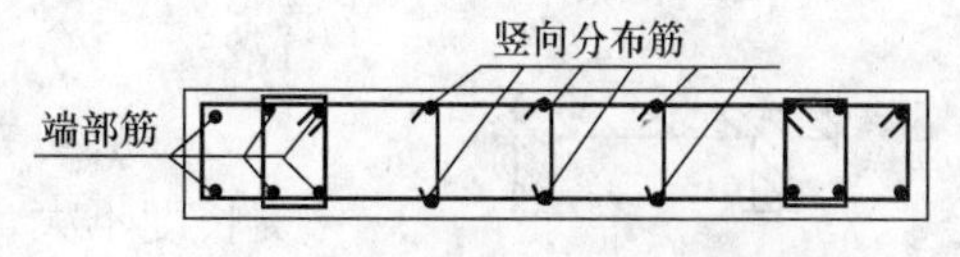

图 9-5　短肢墙或小墙肢配筋

宜均匀布置竖向钢筋（图 9-5）。

（18）一般情况下主要验算剪力墙平面内的偏压、偏拉、受剪等承载力，当平面外有较大弯矩时，也应验算平面外的轴心受压承载力。

（19）剪力墙的 L 形和 T 形构造边缘构件的长度。

《高规》7.2.16 条的图 7.2.16 中 L 形和 T 形阴影部分边端与距垂直墙边均为 300mm。《抗规》6.4.5 条的图 6.4.5-1 中 L 形阴影部分边端距垂直墙边为≥200mm，总长为≥400mm；T 形阴影部分总长≥$b_w$，≥$b_f$ 且≥400mm。

上述两标准的取值不一样，工程设计时高层建筑结构应按《高规》，多层建筑结构宜按《抗规》。

**2. 有关截面设计及构造的规定**

（1）《高规》7.2.1 条强调了剪力墙的截面厚度应符合本规程附录 D 的墙体稳定验算要求，并应满足剪力墙截面最小厚度的规定，其目的是为了保证剪力墙平面外的刚度和稳定性能，也是高层建筑剪力墙截面厚度的最低要求。按本规程的规定，剪力墙截面厚度除应满足本条规定的稳定要求外，尚应满足剪力墙受剪截面限制条件、剪力墙正截面受压承载力要求以及剪力墙轴压比限值要求。

02 规程第 7.2.2 条规定了剪力墙厚度与层高或剪力墙无支长度比值的限制要求以及墙截面最小厚度的限值，同时规定当墙厚不能满足要求时，应按附录 D 计算墙体的稳定。当时主要考虑方便设计，减少计算工作量，一般情况下不必按附录 D 计算墙体的稳定。

本次修订对原规程第 7.2.2 条作了修改，不再规定墙厚与层高或剪力墙无支长度比值的限制要求。主要原因是：①本条第 2、3、4 款规定的剪力墙截面的最小厚度是高层建筑的基本要求；②剪力墙平面外稳定与该层墙体顶部所受的轴向压力的大小密切相关，如不考虑墙体顶部轴向压力的影响，单一限制墙厚与层高或无支长度的比值，则会形成高度相差很大的房屋其底部楼层墙厚的限制条件相同，或一幢高层建筑中底部楼层墙厚与顶部楼层墙厚的限制条件相近等不够合理的情况；③本规程附录 D 的墙体稳定验算公式能合理地反映楼层墙体顶部轴向压力以及层高或无支长度对墙体平面外稳定的影响，并具有适宜的安全储备。

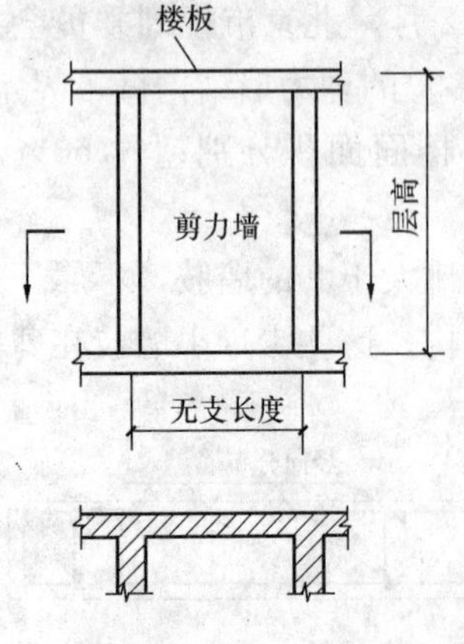


图 9-6　剪力墙的层高与无支长度示意

设计人员可利用计算机软件进行墙体稳定验算，可按设计经验、轴压比限值及本条 2、3、4 款初步选定剪力墙的厚度，也可参考 02 规程的规定进行初选：一、二级剪力墙底部加强部位可选层高或无支长度（图 9-6）二者较小值的 1/16，其他部位为层高或剪力墙无支长度二者较小值的 1/20；三、四级剪力墙底部加强部位可选层高或无支长度二者较小值的 1/20，其他部位为层高或剪力墙无支长度二者较小值的 1/25。

一般剪力墙井筒内分隔空间的墙，不仅数量多，而且无支长度不大，为了减轻结构自重，第 5 款规定其墙厚可适当减小。

《抗规》6.4.1　条规定了抗震墙截面在不同部位和抗震等级的最小厚度，以及墙厚度与层高或无支长度比值的要求。没有稳定验算的规定。

剪力墙截面厚度首先按与层高或无支长度的比值，再按最小厚度确定，这样操作比较方便，也符合稳定要求，最后还应满足轴压比规定。应注意的是对于一字形截面外墙、转角窗外墙、框架-剪力墙结构中的单片剪力墙等剪力墙截面厚度不宜按《高规》附录 D 的稳定验算确定。

（2）剪力墙墙肢截面厚度，除了应满足承载力要求以外，还要满足稳定的要求。工程结构中的楼板是剪力墙的侧向支承，可防止剪力墙由于平面外变形而失稳，与剪力墙平面外相交的墙体也是侧向支承。类似楼板中跨度与弯曲变形关系的规律，剪力墙最小厚度由楼层高度和无支长度两者中的较小值控制，见图 9-6 及表 9-1。

**剪力墙截面最小厚度** **表 9-1**

| 部位 | 抗震等级 | | | 非抗震 |
|---|---|---|---|---|
| | 一、二级 | | 三、四级 | |
| | 一般剪力墙 | 一字形剪力墙 | | |
| 底部加强部位 | $H/16$，200mm | $h/12$，200mm | $H/20$，160mm | $H/25$，160mm |
| 其他部位 | $H/20$，160mm | $h/20$，180mm | $H/25$，160mm | |
| 错层结构错层处 | 250mm | | | 200mm |

注：1. $H$ 为层高或剪力墙无支长度中较小值；$h$ 为层高；

2. 剪力墙井筒中，分隔电梯井或管道井的墙厚度可适当减小，但不小于 160mm。

《高规》7.2.2 条对短肢剪力墙的墙肢形状、厚度、轴压比、纵向钢筋配筋率、边缘构件等作了相应规定。本次修订对 02 规程的规定进行了修改，不论是否短肢剪力墙较多，所有短肢剪力墙都要求满足本条规定。短肢剪力墙的抗震等级不再提高，但在第 2 款中降低了轴压比限值。对短肢剪力墙的轴压比限制很严，是防止短肢剪力墙承受的楼面面积范围过大、或房屋高度太大，过早压坏引起楼板坍塌的危险。

一字形短肢剪力墙延性及平面外稳定均十分不利，因此规定不宜采用一字形短肢剪力墙，不宜布置单侧楼面梁与之平面外垂直连接或斜交，同时要求短肢剪力墙尽可能设置翼缘。

（3）剪力墙的端部有相垂直的墙体时，作为翼墙其长度不小于墙厚的 3 倍，作为端柱其截面边长不小于墙厚的 2 倍（图 9-7）。

（4）剪力墙的墙肢两边均为跨高比（$l_n/h$）小于 5 连梁或一边为 $l_n/h<5$ 连梁而一边为 $l_n/h\geqslant5$ 非连梁时，此墙肢不作为一字墙；当墙肢两边均为 $l_n/h\geqslant5$ 非连梁或一边为连梁而另一边无翼墙或端柱的，此墙肢作为一字墙（图 9-8）。

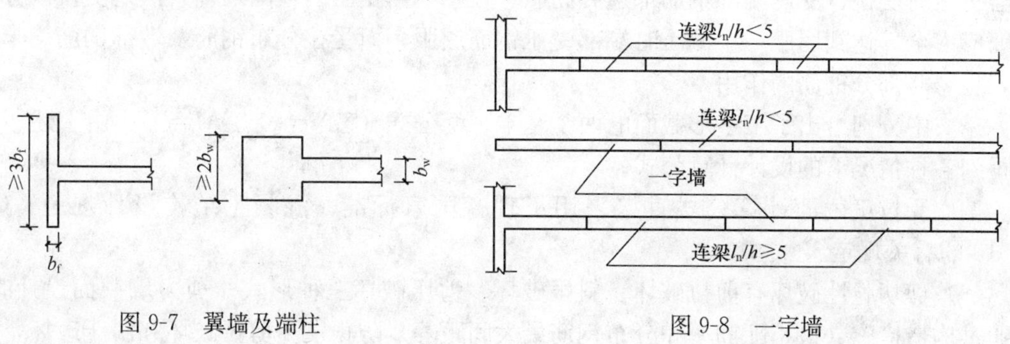


图 9-7 翼墙及端柱

图 9-8 一字墙

（5）为防止混凝土表面出现收缩裂缝，同时使剪力墙具有一定的出平面抗弯能力，高层建筑的剪力墙不允许单排配筋。高层建筑的剪力墙厚度大，当剪力墙厚度超过 400mm 时，如果仅采用双排配筋，形成中部大面积的素混凝土，会使剪力墙截面应力分布不均匀，因此本条提出了可采用三排或四排配筋方案，截面设计所需要的配筋可分布在各排中，靠墙面的配筋可略大。在各排配筋之间需要用拉筋互相联系。

（6）如果双肢剪力墙中一个墙肢出现小偏心受拉，该墙肢可能会出现水平通缝而严重削弱其抗剪能力，抗侧刚度也严重退化，由荷载产生的剪力将全部转移到另一个墙肢而导致另一墙肢抗剪承载力不足。因此，应尽可能避免出现墙肢小偏心受拉情况。当墙肢出现大偏心受拉时，墙肢极易出现裂缝，使其刚度退化，剪力将在墙肢中重分配，此时，可将另一受压墙肢按弹性计算的剪力设计值乘以 1.25 增大系数后计算水平钢筋，以提高其受剪承载力。注意，在地震作用的反复荷载下，两个墙肢都要增大设计剪力。

（7）剪力墙墙肢的塑性铰一般出现在底部加强部位。对于一级抗震等级的剪力墙，为了更有把握实现塑性铰出现在底部加强部位，保证其他部位不出现塑性铰，因此要求增大一级抗震等级剪力墙底部加强部位以上部位的弯矩设计值，为了实现强剪弱弯设计要求，弯矩增大部位剪力墙的剪力设计值也应相应增大。

抗震设计时，为实现强剪弱弯的原则，剪力设计值应由实配受弯钢筋反算得到。为了方便实际操作，一、二、三级剪力墙底部加强部位的剪力设计值是由计算组合剪力按《高规》式（7.2.6-1）乘以增大系数得到，按一、二、三级的不同要求，增大系数不同。一般情况下，由乘以增大系数得到的设计剪力，有利于保证强剪弱弯的实现。

在设计 9 度一级抗震的剪力墙时，剪力墙底部加强部位要求用实际抗弯配筋计算的受弯承载力反算其设计剪力，如《高规》式（7.2.6-2）。

由抗弯能力反算剪力，比较符合实际情况。因此，在某些情况下，一、二、三级抗震剪力墙均可按《高规》式（7.2.6-2）计算设计剪力，得到比较符合强剪弱弯要求而不浪费的抗剪配筋。

剪力墙的名义剪应力值过高，会在早期出现斜裂缝，抗剪钢筋不能充分发挥作用，即使配置很多抗剪钢筋，也会过早剪切破坏。

（8）钢筋混凝土剪力墙正截面受弯计算公式是依据现行国家标准《混凝土结构设计规范》GB 50010 中偏心受压和偏心受拉构件的假定及有关规定，又根据中国建筑科学研究院结构所等单位所做的剪力墙试验研究结果进行了适当简化。

按照平截面假定，不考虑受拉混凝土的作用，受压区混凝土按矩形应力图块计算。大偏心受压时受拉、受压端部钢筋都达到屈服，在 1.5 倍受压区范围之外，假定受拉区分布钢筋应力全部达到屈服；小偏压时端部受压钢筋屈服，而受拉分布钢筋及端部钢筋均未屈服，且忽略部分钢筋的作用。

条文中分别给出了工字形截面的两个基本平衡公式（$\Sigma N=0$，$\Sigma M=0$），由上述假定可得到各种情况下的设计计算公式。

偏心受拉正截面计算公式直接采用了现行国家标准《混凝土结构设计规范》GB 50010 的有关规定。

（9）剪切脆性破坏有剪拉破坏、斜压破坏、剪压破坏三种形式。剪力墙截面设计时，是通过构造措施（最小配筋率和分布钢筋最大间距等）防止发生剪拉破坏和斜压破坏，通过计算确定墙中需要配置的水平钢筋数量，防止发生剪压破坏。

偏压构件中，轴压力有利于受剪承载力，但压力增大到一定程度后，对抗剪的有利作用减小，因此应用《高规》验算公式（7.2.10）时，要对轴力的取值加以限制。

偏拉构件中，考虑了轴向拉力对受剪承载力的不利影响。

按一级抗震等级设计的剪力墙，要防止水平施工缝处发生滑移。《高规》公式（7.2.12）验算通过水平施工缝的竖向钢筋是否足以抵抗水平剪力，如果所配置的端部和分布竖向钢筋不够，则可设置附加插筋，附加插筋在上、下层剪力墙中都要有足够的锚固长度。

（10）轴压比是影响剪力墙在地震作用下塑性变形能力的重要因素。清华大学及国内外研究单位的试验表明，相同条件的剪力墙，轴压比低的，其延性大，轴压比高的，其延性小；通过设置约束边缘构件，可以提高高轴压比剪力墙的塑性变形能力，但轴压比大于一定值后，即使设置约束边缘构件，在强震作用下，剪力墙仍可能因混凝土压溃而丧失承受重力荷载的能力。因此，规程规定了剪力墙的轴压比限值。本次修订的主要内容为：将轴压比限值扩大到三级剪力墙；将轴压比限值扩大到结构全高，不仅仅是底部加强部位。

剪力墙洞口边是否设置约束边缘构件，要根据应力分布规律确定，图 9-9 表示开洞剪力墙的截面应力分布：（*a*）图为洞口小连梁跨高比小，墙肢应力分布接近直线，端部约束边缘构件的长度可按全截面计算，而洞口边缘应力不大，不需要设约束边缘构件；（*b*）图的洞口大连梁跨高比大，墙肢的应力分布在洞口边应力可能很大，就需要设约束边缘构件，而约束边缘构件的长度可按各自一个墙肢计算。剪力墙如果为多洞口联肢墙，各墙肢应力分布各不相同，规范、规程规定设置约束边缘构件仅为一般情况，设计时可根据工程情况区别处理。

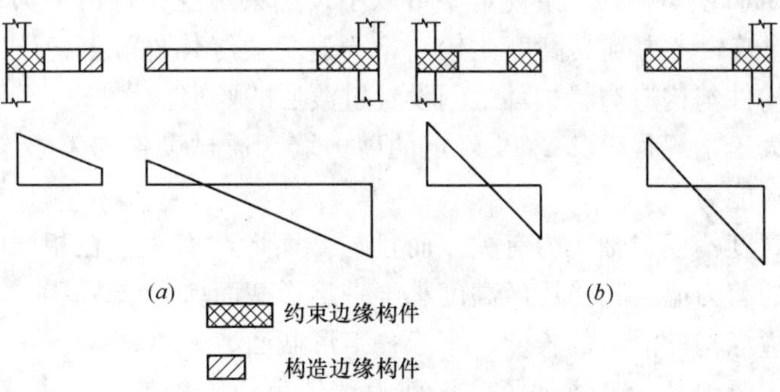


图 9-9　剪力墙截面端部和洞口的边缘构件

（*a*）截面应力分布接近直线的剪力墙；（*b*）墙肢拉、压应力较大的剪力墙

（11）对于开洞的抗震墙即联肢墙，强震作用下合理的破坏过程应当是连梁首先屈服，然后墙肢的底部钢筋屈服、形成塑性铰。抗震墙墙肢的塑性变形能力和抗地震倒塌能力，除了与纵向配筋有关外，还与截面形状、截面相对受压区高度或轴压比、墙两端的约束范围、约束范围内的箍筋配箍特征值有关。当截面相对受压区高度或轴压比较小时，即使不设约束边缘构件，抗震墙也具有较好的延性和耗能能力。当截面相对受压区高度或轴压比大到一定值时，就需设置约束边缘构件，使墙肢端部成为箍筋约束混凝土，具有较大的受压变形能力。当轴压比更大时，即使设置约束边缘构件，在强烈地震作用下，抗震墙有可

能压溃、丧失承担竖向荷载的能力。因此，2001 规范规定了一、二级抗震墙在重力荷载代表值作用下的轴压比限值；当墙底截面的轴压比超过一定值时，底部加强部位墙的两端及洞口两侧应设置约束边缘构件，使底部加强部位有良好的延性和耗能能力；考虑到底部加强部位以上相邻层的抗震墙，其轴压比可能仍较大，将约束边缘构件向上延伸一层；还规定了构造边缘构件和约束边缘构件的具体构造要求。

试验表明，有边缘构件约束的矩形截面抗震墙与无边缘构件约束的矩形截面抗震墙相比，极限承载力约提高 40%，极限层间位移角约增加一倍，对地震能量的消耗能力增大 20%左右，且有利于墙板的稳定。对一、二级抗震墙底部加强部位，当无端柱或翼墙时，墙厚需适当增加。

抗震墙，包括抗震墙结构、框架-抗震墙结构、板柱-抗震墙结构及筒体结构中的抗震墙，是这些结构体系的主要抗侧力构件。在强制性条文中，纳入了关于墙体分布钢筋数量控制的最低要求。

美国 ACI 318 规定，当抗震结构墙的设计剪力小于 $A_{cv}\sqrt{f'_c}$（$A_{cv}$ 为腹板截面面积，该设计剪力对应的剪压比小于 0.02）时，腹板的竖向分布钢筋允许降到同非抗震的要求。因此，本次修订，四级抗震墙的剪压比低于上述数值时，竖向分布筋允许按不小于 0.15%控制。

对框支结构，抗震墙的底部加强部位受力很大，其分布钢筋应高于一般抗震墙的要求。通过在这些部位增加竖向钢筋和横向的分布钢筋，提高墙体开裂后的变形能力，以避免脆性剪切破坏，改善整个结构的抗震性能。

(12) 轴压比低的剪力墙，即使不设约束边缘构件，在水平力作用下也能有比较大的塑性变形能力。《高规》7.2.14 条规定了可以不设约束边缘构件的剪力墙的最大轴压比。B 级高度的高层建筑，考虑到其高度比较高，为避免边缘构件配筋急剧减少的不利情况，规定了约束边缘构件与构造边缘构件之间设置过渡层的要求。

对于轴压比大于本规程表 7.2.14 规定的剪力墙，通过设置约束边缘构件，使其具有比较大的塑性变形能力。

截面受压区高度不仅与轴压力有关，而且与截面形状有关，在相同的轴压力作用下，带翼缘或带端柱的剪力墙，其受压区高度小于一字形截面剪力墙。因此，带翼缘或带端柱的剪力墙的约束边缘构件沿墙的长度，小于一字形截面剪力墙。

本次修订的主要内容为：增加了三级剪力墙约束边缘构件的要求；将轴压比分为两级，较大一级的约束边缘构件要求与 02 规程相同，较小一级的有所降低；可计入符合规定条件的水平钢筋的约束作用；取消了计算配箍特征值时，箍筋（拉筋）抗拉强度设计值不大于 360MPa 的规定。

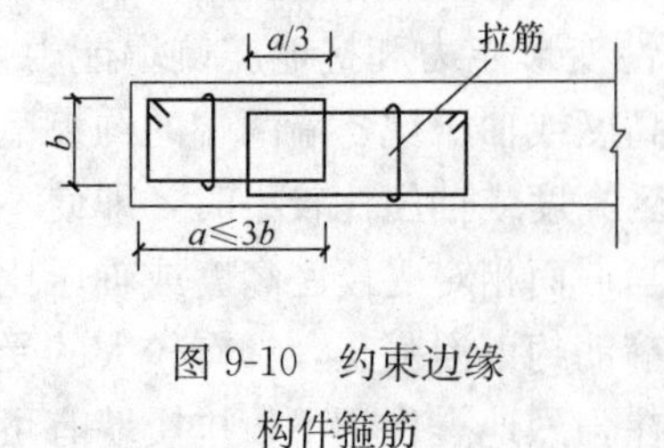


图 9-10　约束边缘构件箍筋

本条"符合构造要求的水平分布钢筋"，一般指水平分布钢筋伸入约束边缘构件，在墙端有 90°弯折后延伸到另一排分布钢筋并勾住其竖向钢筋，内、外排水平分布钢筋之间设置足够的拉筋，从而形成复合箍，可以起到有效约束混凝土的作用。

(13) 为了发挥约束边缘构件的作用，约束边缘构件箍筋的长边不大于短边的 3 倍，且相邻两个箍筋应至少相互搭接 1/3 长边的距离（图 9-10）。

剪力墙约束边缘构件阴影部分按《高规》公式（7.2.15）不同混凝土强度等级，箍筋配箍特征值 $\lambda_v$ 的箍筋体积配筋率如表 9-2 所示。

**（HRB335 钢）约束边缘构件体积配箍率 $\rho=\frac{f_c}{f_{yv}}\lambda_v$（%）　　表 9-2**

| 混凝土强度等级 | 特征值 $\lambda_v$ | | | | | | | | | | | | |
|---|---|---|---|---|---|---|---|---|---|---|---|---|---|
| | 0.10 | 0.117 | 0.12 | 0.133 | 0.14 | 0.15 | 0.16 | 0.167 | 0.18 | 0.183 | 0.20 | 0.22 | 0.24 |
| C35 | 0.56 | 0.65 | 0.67 | 0.74 | 0.78 | 0.84 | 0.89 | 0.93 | 1.00 | 1.02 | 1.11 | 1.22 | 1.34 |
| C40 | 0.64 | 0.74 | 0.76 | 0.85 | 0.89 | 0.96 | 1.02 | 1.06 | 1.15 | 1.17 | 1.27 | 1.40 | 1.53 |
| C45 | 0.70 | 0.82 | 0.84 | 0.94 | 0.98 | 1.06 | 1.13 | 1.17 | 1.27 | 1.29 | 1.41 | 1.55 | 1.69 |
| C50 | 0.77 | 0.90 | 0.92 | 1.02 | 1.08 | 1.16 | 1.23 | 1.29 | 1.39 | 1.41 | 1.54 | 1.69 | 1.85 |
| C55 | 0.84 | 0.99 | 1.01 | 1.12 | 1.18 | 1.27 | 1.35 | 1.41 | 1.52 | 1.54 | 1.69 | 1.86 | 2.02 |
| C60 | 0.92 | 1.07 | 1.10 | 1.22 | 1.28 | 1.38 | 1.47 | 1.53 | 1.65 | 1.68 | 1.83 | 2.02 | 2.20 |

注：箍筋采用 HPB235 和 HPB300 时，表中 $\rho$ 值分别乘 1.43 和 1.11；

箍筋采用 HRB400 时，表中 $\rho$ 值乘 0.83。

约束边缘构件的箍筋体积率 $\rho$%，当不同墙厚、箍筋直径及间距时，参见表 9-3。

当构件为 T 形、L 形时可分别以一字形部分确定。约束边缘构件箍筋布置要求如图 9-11 所示，并应符合下列要求：

1）箍筋及拉筋的弯钩 135°，直段长度不应小于 10 倍箍筋直径，且不应小于 75mm；

2）阴影部分以箍筋为主，拉筋肢数不应多于总肢数的 1/3。

**约束边缘构件箍筋体积率 $\rho$%　　表 9-3**

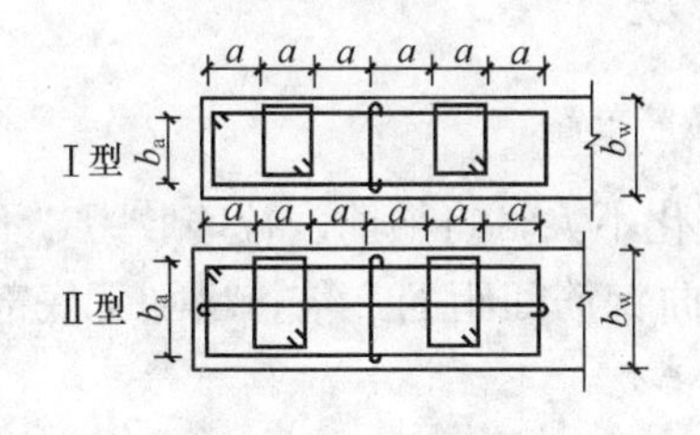


Ⅰ型：$\rho=\frac{[nb_a+2(n-1)a]a_v}{b_a\cdot(n-1)a\cdot s}$（%）

Ⅱ型：$\rho=\frac{[nb_a+3(n-1)a]a_v}{b_a\cdot(n-1)a\cdot s}$（%）

$n$——箍肢数；

$a$——箍肢距；

$b_a=b_w-30$；

$s$——箍间距（100mm）；

$a_v$——单肢箍截面面积。

| 类型 | 箍筋直径 / 肢距 $a$ (mm) / 墙厚 $b_w$ (mm) | $\phi$8 | | $\phi$10 | | $\phi$12 | | $\phi$14 | |
|---|---|---|---|---|---|---|---|---|---|
| | | 100 | 150 | 100 | 150 | 100 | 150 | 100 | 150 |
| Ⅰ型 | 160 | 1.28 | 1.11 | 1.99 | 1.73 | 2.87 | 2.49 | 3.91 | 3.39 |
| | 180 | 1.17 | 1.01 | 1.83 | 1.57 | 2.64 | 2.26 | 3.59 | 3.08 |
| | 200 | 1.09 | 0.93 | 1.71 | 1.45 | 2.46 | 2.08 | 3.35 | 2.84 |
| | 220 | 1.03 | 0.86 | 1.61 | 1.35 | 2.32 | 1.94 | 3.16 | 2.65 |
| | 250 | 0.96 | 0.79 | 1.50 | 1.24 | 2.16 | 1.78 | 2.94 | 2.43 |
| | 300 | 0.87 | 0.71 | 1.37 | 1.11 | 1.97 | 1.59 | 2.68 | 2.17 |
| | 350 | 0.82 | 0.65 | 1.28 | 1.01 | 1.84 | 1.46 | 2.50 | 1.99 |
| | 400 | 0.77 | 0.61 | 1.21 | 0.95 | 1.74 | 1.36 | 2.37 | 1.86 |

续表

| 类型 \ 墙厚 $b_w$ (mm) \ 肢距 $a$ (mm) \ 箍筋直径 | | $\phi 8$ | | $\phi 10$ | | $\phi 12$ | | $\phi 14$ | |
|---|---|---|---|---|---|---|---|---|---|
| | | 100 | 150 | 100 | 150 | 100 | 150 | 100 | 150 |
| Ⅱ型 | 400 | 0.91 | 0.74 | 1.42 | 1.16 | 2.05 | 1.67 | 2.79 | 2.27 |
| | 450 | 0.86 | 0.69 | 1.35 | 1.08 | 1.94 | 1.56 | 2.64 | 2.13 |
| | 500 | 0.82 | 0.66 | 1.29 | 1.02 | 1.85 | 1.48 | 2.52 | 2.01 |
| | 550 | 0.79 | 0.63 | 1.24 | 0.98 | 1.78 | 1.41 | 2.43 | 1.91 |
| | 600 | 0.77 | 0.60 | 1.20 | 0.94 | 1.73 | 1.35 | 2.35 | 1.84 |
| | 650 | 0.75 | 0.58 | 1.17 | 0.90 | 1.68 | 1.30 | 2.28 | 1.77 |
| | 700 | 0.73 | 0.56 | 1.14 | 0.88 | 1.64 | 1.26 | 2.23 | 1.72 |

注：1. 当箍筋肢数 $n \leqslant 4$ 时，表中值乘 1.2；肢数 $n \geqslant 5$ 时表中值乘 1.1；

2. 表中当箍筋间距 $s$ 按 100mm 计算，当 $s$ 为 150mm 时，表中值除以 1.5。

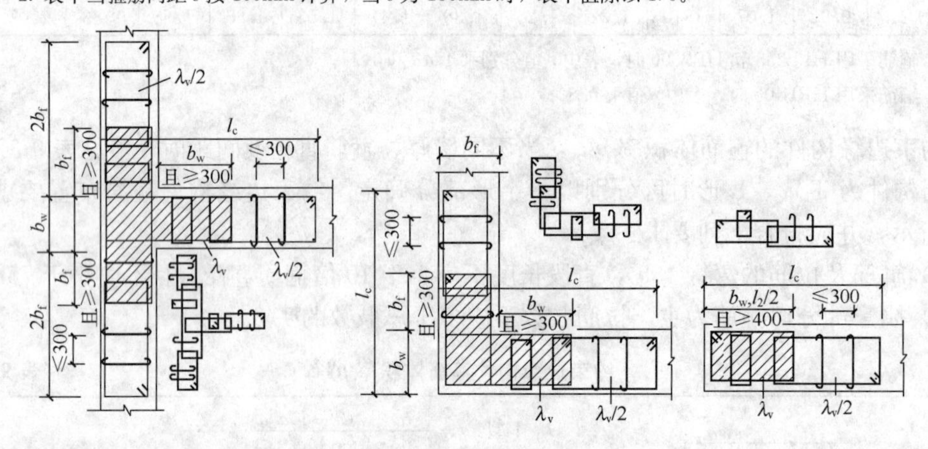


图 9-11　约束边缘构件箍筋、拉筋布置

（14）剪力墙构造边缘构件的设计要求与 02 规程变化不大，将箍筋、拉筋肢距“不应大于 300mm”改为“不宜大于 300mm”及不应大于竖向钢筋间距的 2 倍；增加了底部加强部位构造边缘构件的设计要求。

剪力墙构造边缘构件中的纵向钢筋按承载力计算和构造要求二者中的较大值设置。设计时需注意计算边缘构件竖向最小配筋所用的面积 $A_c$ 的取法和配筋范围。承受集中荷载的端柱还要符合框架柱的配筋要求。构造边缘构件中的纵向钢筋宜采用高强钢筋。构造边缘构件可配置箍筋与拉筋相结合的横向钢筋。

02 规程第 7.2.17 条对抗震设计的复杂高层建筑结构、混合结构、框架-剪力墙结构、筒体结构以及 B 级高度的高层剪力墙结构中剪力墙构造边缘构件提出了比一般剪力墙更高的要求，本次修订明确为连体结构、错层结构以及 B 级高度的高层建筑结构，适当缩小了加强范围。

（15）为了防止混凝土墙体在受弯裂缝出现后立即达到极限受弯承载力，配置的竖向分布钢筋必须满足最小配筋百分率要求。同时，为了防止斜裂缝出现后发生脆性的剪拉破坏，规定了水平分布钢筋的最小配筋百分率。本条所指剪力墙不包括部分框支剪力墙，后者比全部落地剪力墙更为重要，其分布钢筋最小配筋率应符合《高规》第 10 章的有关规定。

本次修订不再把剪力墙分布钢筋最大间距和最小直径的规定作为强制性条文，相关内容反映在本规程第 7.2.18 条中。

剪力墙中配置直径过大的分布钢筋，容易产生墙面裂缝，一般宜配置直径小而间距较密的分布钢筋。

房屋顶层墙、长矩形平面房屋的楼、电梯间墙、山墙和纵墙的端开间等是温度应力可能较大的部位，应当适当增大其分布钢筋配筋量，以抵抗温度应力的不利影响。

多高层建筑剪力墙中竖向和水平分布钢筋，不应采用单排配筋。当剪力墙截面厚度 $b_w$ 不大于 400mm 时，可采用双排配筋；当 $b_w$ 大于 400mm，但不大于 700mm 时，宜采用三排配筋；当 $b_w$ 大于 700mm 时，宜采用四排配筋。受力钢筋可均匀分布成数排。各排分布钢筋之间的拉接筋间距不应大于 600mm，直径不应小于 6mm，在底部加强部位，约束边缘构件以外的拉接筋间距尚应适当加密（图 9-12）。

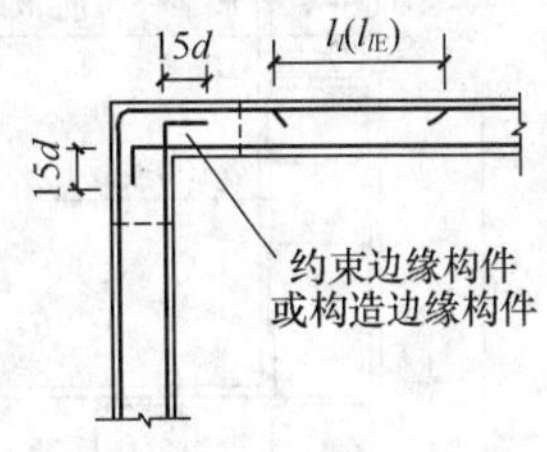


图 9-12　转角处水平分布筋

剪力墙水平分布筋在转角处，宜在边缘构件以外搭接，以避免转角处水平分布筋与边缘构件箍筋重叠（图 9-13），约束边缘构件箍筋与水平分布筋结合及短肢墙配筋见图 9-14，既有利于锚固作用，又可节省用钢量。

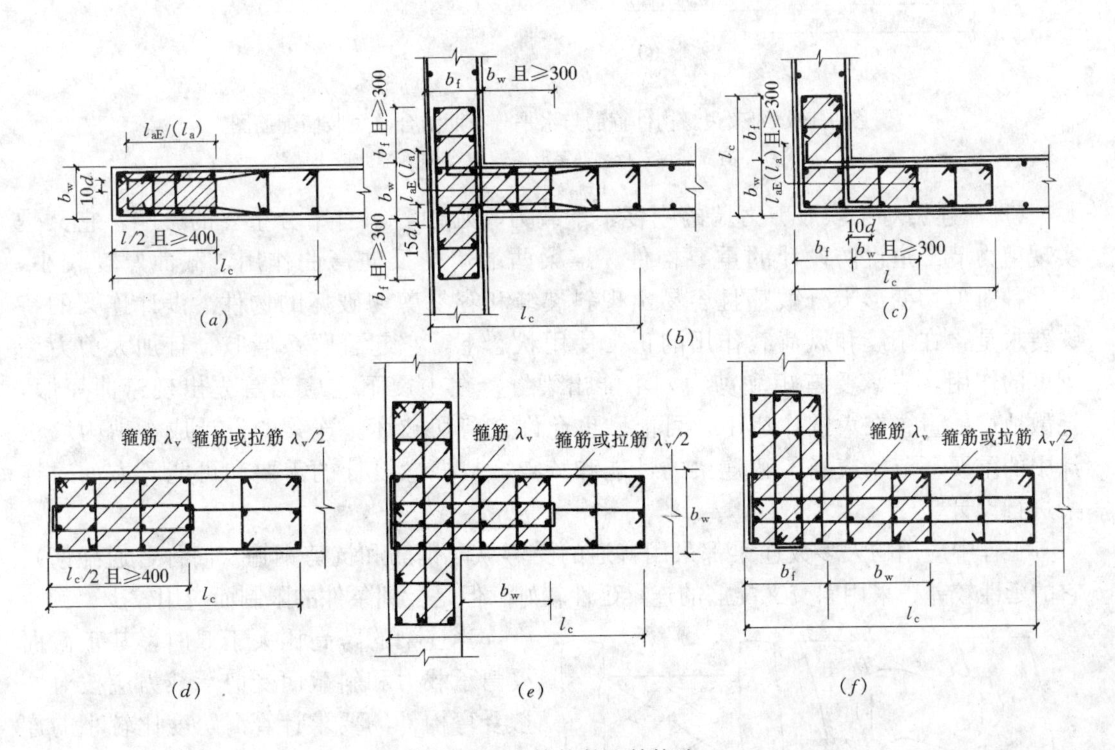


图 9-13　边缘构件配筋构造

(a)、(b)、(c) 墙厚<400mm 时；(d)、(e)、(f) 墙厚≥400mm 时

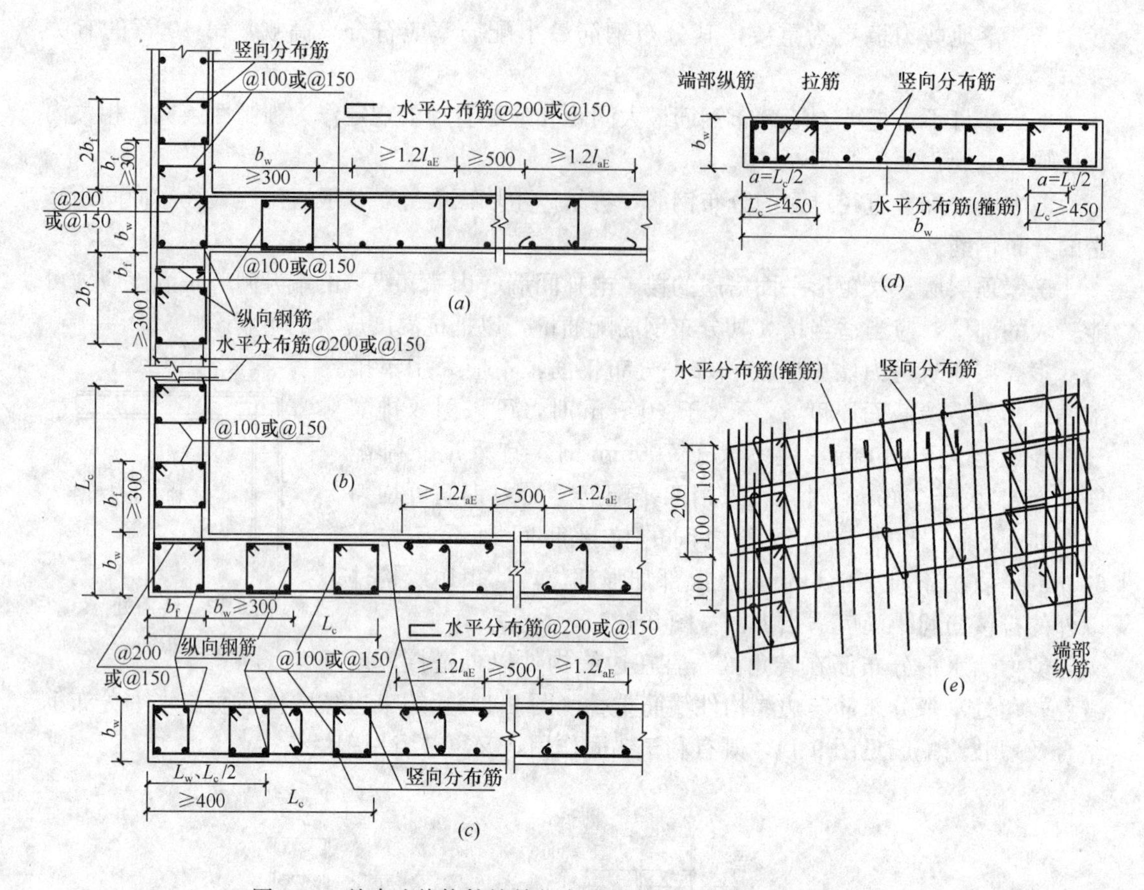


图 9-14　约束边缘构件箍筋与水平分布筋结合及短肢墙配筋图

(a)、(b) 有翼缘墙；(c) 一字形墙；(d)、(e) 短肢或小墙肢

(16) 连梁对于联肢剪力墙的刚度、承载力、延性等都有十分重要的影响，它又是实现剪力墙二道设防设计的重要构件。连梁两端承受反向弯曲作用，截面厚度较小，是一种对剪切变形十分敏感且容易出现斜裂缝和容易剪切破坏的构件。设计连梁的特殊要求是：在小震和风荷载作用的正常使用状态下，它起着联系墙肢、且加大剪力墙刚度的作用，它承受弯矩和剪力，不能出裂缝；在中震下它应当首先出现弯曲屈服，耗散地震能量；在大震作用下，可能、也允许它剪切破坏。连梁的设计成为剪力墙设计中的重要环节，应当了解连梁的性能和特点，从概念设计的需要和可能等方面对连梁进行设计。

工程中应用的大多数连梁都采用普通的受弯纵向钢筋和抗剪钢箍（简称普通配筋），它的延性较差；采用斜交叉配筋的连梁延性较好，但是受到条件的限制而应用较少。

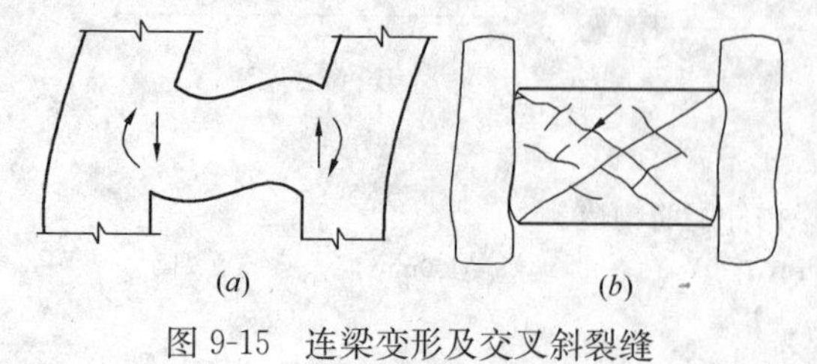


图 9-15　连梁变形及交叉斜裂缝

当连梁的跨高比大于 5 时，其正截面受弯承载力和斜截面受剪承载力应按对一般受弯构件的要求计算。跨度比较小的连梁受竖向荷载的影响较小，两端同向弯矩影响较大，两端同向的弯矩使梁反弯作用突出，见图 9-15。它的剪跨比可以写成：

$$\frac{M}{Vh_l}=\frac{V\times l_l/2}{Vh_l}=\frac{l_l}{2h_l}$$

连梁的剪跨比与跨高比（$l_l/h_l$）成正比，跨高比小于 2，就是剪跨比小于 1。住宅、旅馆等建筑中，剪力墙连梁的跨高比往往小于 2，甚至不大于 1。试验表明，剪跨比小于 1 的钢筋混凝土构件，几乎都是剪切破坏，因而一般剪力墙结构中的连梁容易在反复荷载下形成交叉裂缝，导致混凝土挤压破碎而破坏。

（17）连梁应与剪力墙取相同的抗震等级。

为了实现连梁的强剪弱弯、推迟剪切破坏、提高延性，应当采用实际抗弯钢筋反算设计剪力的方法；但是为了程序计算方便，本条规定，对于一、二、三级抗震采用了组合剪力乘以增大系数的方法确定连梁剪力设计值，对 9 度一级抗震等级的连梁，设计时要求用连梁实际抗弯配筋反算该增大系数。

根据清华大学及国内外的有关试验研究可知，连梁截面的平均剪应力大小对连梁破坏性能影响较大，尤其在小跨高比条件下，如果平均剪应力过大，在箍筋充分发挥作用之前，连梁就会发生剪切破坏。因此对小跨高比连梁，本规程对截面平均剪应力及斜截面受剪承载力验算提出更加严格的要求。

为实现连梁的强剪弱弯，《高规》第 7.2.21、7.2.22 条分别规定了按强剪弱弯要求计算连梁剪力设计值和名义剪应力的上限值，两条规定共同使用，就相当于限制了连梁的受弯配筋。但由于第 7.2.21 条是采用乘以增大系数的方法获得剪力设计值（与实际配筋量无关），容易使设计人员忽略受弯钢筋数量的限制，特别是在计算配筋值很小而按构造要求配置受弯钢筋时，容易忽略强剪弱弯的要求。因此，本次修订新增第 7.2.24 条和 7.2.25 条，分别给出了连梁最小和最大配筋率的限值，防止连梁的受弯钢筋配置过多。

跨高比超过 2.5 的连梁，其最大配筋率限值可按一般框架梁采用，即不宜大于 2.5%。

剪力墙连梁对剪切变形十分敏感，其名义剪应力限制比较严，在很多情况下设计计算会出现“超限”情况，《高规》7.2.26 条给出了一些处理方法。

对第 2 款提出的塑性调幅作一些说明。连梁塑性调幅可采用两种方法，一是按照《高规》第 5.2.1 条的方法，在内力计算前就将连梁刚度进行折减；二是在内力计算之后，将连梁弯矩和剪力组合值乘以折减系数。两种方法的效果都是减小连梁内力和配筋。无论用什么方法，连梁调幅后的弯矩、剪力设计值不应低于使用状况下的值，也不宜低于比设防烈度低一度的地震作用组合所得的弯矩、剪力设计值，其目的是避免在正常使用条件下或较小的地震作用下在连梁上出现裂缝。因此建议一般情况下，可掌握调幅后的弯矩不小于调幅前按刚度不折减计算的弯矩（完全弹性）的 80%（6～7 度）和 50%（8～9 度），并不小于风荷载作用下的连梁弯矩。

需注意，是否“超限”，必须用弯矩调幅后对应的剪力代入第 7.2.22 条公式进行验算。

当第 1、2 款的措施不能解决问题时，允许采用第 3 款的方法处理，即假定连梁在大震下剪切破坏，不再能约束墙肢，因此可考虑连梁不参与工作，而按独立墙肢进行第二次结构内力分析，它相当于剪力墙的第二道防线，这种情况往往使墙肢的内力及配筋加大，可保证墙肢的安全。第二道防线的计算没有了连梁的约束，位移会加大，但是大震作用下就不必按小震作用要求限制其位移。

一般连梁的跨高比都较小，容易出现剪切斜裂缝，为防止斜裂缝出现后的脆性破坏，除了减小其名义剪应力，并加大其箍筋配置外，《高规》7.2.27 条规定了在构造上的一些要求，例如钢筋锚固、箍筋配置、腰筋配置等。

当开洞较小，在整体计算中不考虑其影响时，应将切断的分布钢筋集中在洞口边缘补足，以保证剪力墙截面的承载力。连梁是剪力墙中的薄弱部位，应重视连梁中开洞后的截面抗剪验算和加强措施。

(18) 连梁超筋时的处理。

1) 剪力墙结构设计中连梁超筋是一种常见现象。在某段剪力墙各墙肢通过连梁形成整体，成为联肢墙或壁式框架，使此墙段具有较大的抗侧刚度，能达到此目的主要依靠连梁的约束弯矩。

2) 连梁的超筋，实质是剪力不满足剪压比要求。从剪力墙的简化手算方法得知，连梁是作为沿高度连续化的连杆处理的，由总约束弯矩得每层连梁约束弯矩，再由约束弯矩得连梁剪力，从剪力得到弯矩。由于连梁一般由竖向荷载产生的剪力值较小，剪力主要因约束弯矩产生。

3) 连梁易超筋的部位，竖向楼层在一般剪力墙结构中，总高度的 1/3 左右的楼层；平面中，当墙段较长时其中部的连梁，某墙段中墙肢截面高度（即平面中的长度）大小悬殊不均匀时，在大墙肢连梁易超筋。

4) 剪力墙的连梁不满足《高规》7.2.22 条的要求时，可采取如下措施：

①减小连梁截面高度或采取其他减小连梁刚度的措施；

②抗震设计剪力墙连梁的弯矩可塑性调幅；内力计算时已经按本章［禁忌 9］第 9 条 (3) 的规定降低了刚度的连梁，其弯矩值不宜再调幅，或限制再调幅范围。此时，应取弯矩调幅后相应的剪力设计值校核其是否满足第 4 条的规定。风荷载是经常作用的，连梁应始终保持弹性状态，不应出现塑性铰；

③当连梁破坏对承受竖向荷载无明显影响时，可按独立墙肢的计算简图进行第二次多遇地震作用下的内力分析，墙肢截面按两次计算的较大值计算配筋。第二次计算时位移不限制。按此点即连梁支座为铰接。

(19) 为实现连梁的强剪弱弯，连梁的受弯配筋不宜过大，要求：

1) 跨高比 ($l/h_b$) 不大于 1.5 的连梁，其纵向钢筋的最小配筋率宜符合表 9-4 的要求；跨高比大于 1.5 的连梁，其纵向钢筋的最小配筋率可按框架梁的要求采用。

2) 抗震设防的剪力墙结构连梁中，单侧纵向钢筋的最大配筋率宜符合表 9-5 的要求；如不满足，则应按实配钢筋进行连梁强剪弱弯的验算。

**跨高比不大于 1.5 的连梁纵向钢筋的最小配筋率（%）　表 9-4**

| 跨高比 | 最小配筋率（采用较大值） |
|---|---|
| $l/h_b \leqslant 0.5$ | 0.20，$45f_t/f_y$ |
| $0.5 < l/h_b \leqslant 1.5$ | 0.25，$55f_t/f_y$ |

**连梁纵向钢筋的最大配筋率（%）　表 9-5**

| 跨高比 | 最大配筋率 |
|---|---|
| $l/h_b \leqslant 1.0$ | 0.6 |
| $1.0 < l/h_b \leqslant 2.0$ | 1.2 |
| $2.0 < l/h_b \leqslant 2.5$ | 1.5 |

3) 连梁配筋构造应符合图 9-16 要求。

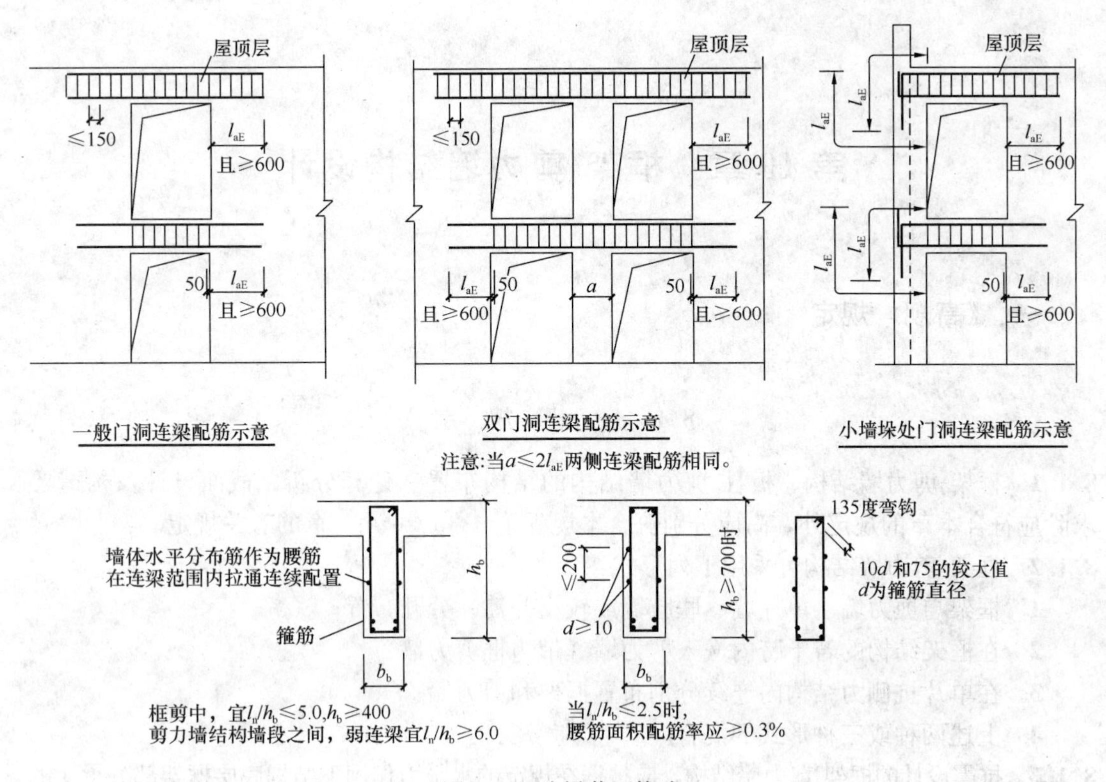
屋顶层
≤150
$l_{aE}$
且≥600
50
$a$
一般门洞连梁配筋示意
双门洞连梁配筋示意
小墙垛处门洞连梁配筋示意
注意:当$a≤2l_{aE}$两侧连梁配筋相同。
墙体水平分布筋作为腰筋
在连梁范围内拉通连续配置
箍筋
$h_b$
$b_b$
≤200
$d≥10$
$h_b≥700$时
135度弯钩
10$d$ 和75的较大值
$d$为箍筋直径
框剪中，宜$l_n/h_b≤5.0$,$h_b≥400$
剪力墙结构墙段之间，弱连梁宜$l_n/h_b≥6.0$
当$l_n/h_b≤2.5$时,
腰筋面积配筋率应≥0.3%

图 9-16 连梁截面构造

# 第 10 章　框架-剪力墙结构设计

## 一、《高规》规定

### 8.1　一　般　规　定

**8.1.1**　框架-剪力墙结构、板柱-剪力墙结构的结构布置、计算分析、截面设计及构造要求除应符合本章的规定外，尚应分别符合本规程第 3、5、6 和 7 章的有关规定。

**8.1.2**　框架-剪力墙结构可采用下列形式：

**1**　框架与剪力墙（单片墙、联肢墙或较小井筒）分开布置；

**2**　在框架结构的若干跨内嵌入剪力墙（带边框剪力墙）；

**3**　在单片抗侧力结构内连续分别布置框架和剪力墙；

**4**　上述两种或三种形式的混合。

**8.1.3**　抗震设计的框架-剪力墙结构，应根据在规定的水平力作用下结构底层框架部分承受的地震倾覆力矩与结构总地震倾覆力矩的比值，确定相应的设计方法，并应符合下列规定：

**1**　框架部分承受的地震倾覆力矩不大于结构总地震倾覆力矩的 10%时，按剪力墙结构进行设计，其中的框架部分应按框架-剪力墙结构的框架进行设计；

**2**　当框架部分承受的地震倾覆力矩大于结构总地震倾覆力矩的 10%但不大于 50%时，按框架-剪力墙结构进行设计；

**3**　当框架部分承受的地震倾覆力矩大于结构总地震倾覆力矩的 50%但不大于 80%时，按框架-剪力墙结构进行设计，其最大适用高度可比框架结构适当增加，框架部分的抗震等级和轴压比限值宜按框架结构的规定采用；

**4**　当框架部分承受的地震倾覆力矩大于结构总地震倾覆力矩的 80%时，按框架-剪力墙结构进行设计，但其最大适用高度宜按框架结构采用，框架部分的抗震等级和轴压比限值应按框架结构的规定采用。当结构的层间位移角不满足框架-剪力墙结构的规定时，可按本规程第 3.11 节的有关规定进行结构抗震性能分析和论证。

**8.1.4**　抗震设计时，框架-剪力墙结构对应于地震作用标准值的各层框架总剪力应符合下列规定：

**1**　满足式（8.1.4）要求的楼层，其框架总剪力不必调整；不满足式（8.1.4）要求的楼层，其框架总剪力应按 $0.2V_0$ 和 $1.5V_{f,max}$ 二者的较小值采用；

$$V_f \geqslant 0.2V_0 \tag{8.1.4}$$

式中：$V_0$ ——对框架柱数量从下至上基本不变的结构，应取对应于地震作用标准值的结构底层总剪力；对框架柱数量从下至上分段有规律变化的结构，应取每段底层结构对应于地震作用标准值的总剪力；

$V_f$ ——对应于地震作用标准值且未经调整的各层（或某一段内各层）框架承担的地震总剪力；

$V_{f,max}$ ——对框架柱数量从下至上基本不变的结构，应取对应于地震作用标准值且未经调整的各层框架承担的地震总剪力中的最大值；对框架柱数量从下至上分段有规律变化的结构，应取每段中对应于地震作用标准值且未经调整的各层框架承担的地震总剪力中的最大值。

**2** 各层框架所承担的地震总剪力按本条第1款调整后，应按调整前、后总剪力的比值调整每根框架柱和与之相连框架梁的剪力及端部弯矩标准值，框架柱的轴力标准值可不予调整；

**3** 按振型分解反应谱法计算地震作用时，本条第1款所规定的调整可在振型组合之后、并满足本规程第4.3.12条关于楼层最小地震剪力系数的前提下进行。

**8.1.5 框架-剪力墙结构应设计成双向抗侧力体系；抗震设计时，结构两主轴方向均应布置剪力墙。**

**8.1.6** 框架-剪力墙结构中，主体结构构件之间除个别节点外不应采用铰接；梁与柱或柱与剪力墙的中线宜重合；框架梁、柱中心线之间有偏离时，应符合本规程第6.1.7条的有关规定。

**8.1.7** 框架-剪力墙结构中剪力墙的布置宜符合下列规定：

**1** 剪力墙宜均匀布置在建筑物的周边附近、楼梯间、电梯间、平面形状变化及恒载较大的部位，剪力墙间距不宜过大；

**2** 平面形状凹凸较大时，宜在凸出部分的端部附近布置剪力墙；

**3** 纵、横剪力墙宜组成L形、T形和[形等形式；

**4** 单片剪力墙底部承担的水平剪力不应超过结构底部总水平剪力的30%；

**5** 剪力墙宜贯通建筑物的全高，宜避免刚度突变；剪力墙开洞时，洞口宜上下对齐；

**6** 楼、电梯间等竖井宜尽量与靠近的抗侧力结构结合布置；

**7** 抗震设计时，剪力墙的布置宜使结构各主轴方向的侧向刚度接近。

**8.1.8** 长矩形平面或平面有一部分较长的建筑中，其剪力墙的布置尚宜符合下列规定：

**1** 横向剪力墙沿长方向的间距宜满足表8.1.8的要求，当这些剪力墙之间的楼盖有较大开洞时，剪力墙的间距应适当减小；

**2** 纵向剪力墙不宜集中布置在房屋的两尽端。

**表 8.1.8 剪力墙间距（m）**

| 楼盖形式 | 非抗震设计（取较小值） | 抗震设防烈度 | | |
|---|---|---|---|---|
| | | 6度、7度（取较小值） | 8度（取较小值） | 9度（取较小值） |
| 现　浇 | 5.0$B$，60 | 4.0$B$，50 | 3.0$B$，40 | 2.0$B$，30 |
| 装配整体 | 3.5$B$，50 | 3.0$B$，40 | 2.5$B$，30 | — |

注：1 表中$B$为剪力墙之间的楼盖宽度（m）；

2 装配整体式楼盖的现浇层应符合本规程第3.6.2条的有关规定；

3 现浇层厚度大于60mm的叠合楼板可作为现浇板考虑；

4 当房屋端部未布置剪力墙时，第一片剪力墙与房屋端部的距离，不宜大于表中剪力墙间距的1/2。

**8.1.9**　板柱-剪力墙结构的布置应符合下列规定：

**1**　应同时布置筒体或两主轴方向的剪力墙以形成双向抗侧力体系，并应避免结构刚度偏心，其中剪力墙或筒体应分别符合本规程第 7 章和第 9 章的有关规定，且宜在对应剪力墙或筒体的各楼层处设置暗梁。

**2**　抗震设计时，房屋的周边应设置边梁形成周边框架，房屋的顶层及地下室顶板宜采用梁板结构。

**3**　有楼、电梯间等较大开洞时，洞口周围宜设置框架梁或边梁。

**4**　无梁板可根据承载力和变形要求采用无柱帽（柱托）板或有柱帽（柱托）板形式。柱托板的长度和厚度应按计算确定，且每方向长度不宜小于板跨度的 1/6，其厚度不宜小于板厚度的 1/4。7 度时宜采用有柱托板，8 度时应采用有柱托板，此时托板每方向长度尚不宜小于同方向柱截面宽度和 4 倍板厚之和，托板总厚度尚不应小于柱纵向钢筋直径的 16 倍。当无柱托板且无梁板受冲切承载力不足时，可采用型钢剪力架（键），此时板的厚度并不应小于 200mm。

**5**　双向无梁板厚度与长跨之比，不宜小于表 8.1.9 的规定。

**表 8.1.9　双向无梁板厚度与长跨的最小比值**

| 非预应力楼板 | | 预应力楼板 | |
|---|---|---|---|
| 无柱托板 | 有柱托板 | 无柱托板 | 有柱托板 |
| 1/30 | 1/35 | 1/40 | 1/45 |

**8.1.10**　抗风设计时，板柱-剪力墙结构中各层筒体或剪力墙应能承担不小于 80%相应方向该层承担的风荷载作用下的剪力；抗震设计时，应能承担各层全部相应方向该层承担的地震剪力，而各层板柱部分尚应能承担不小于 20%相应方向该层承担的地震剪力，且应符合有关抗震构造要求。

## 8.2　截面设计及构造

**8.2.1　框架-剪力墙结构、板柱-剪力墙结构中，剪力墙的竖向、水平分布钢筋的配筋率，抗震设计时均不应小于 0.25%，非抗震设计时均不应小于 0.20%，并应至少双排布置。各排分布筋之间应设置拉筋，拉筋的直径不应小于 6mm、间距不应大于 600mm。**

**8.2.2**　带边框剪力墙的构造应符合下列规定：

**1**　带边框剪力墙的截面厚度应符合本规程附录 D 的墙体稳定计算要求，且应符合下列规定：

**1）** 抗震设计时，一、二级剪力墙的底部加强部位不应小于 200mm；

**2）** 除本款 1）项以外的其他情况下不应小于 160mm。

**2**　剪力墙的水平钢筋应全部锚入边框柱内，锚固长度不应小于 $l_a$（非抗震设计）或 $l_{aE}$（抗震设计）；

**3**　与剪力墙重合的框架梁可保留，亦可做成宽度与墙厚相同的暗梁，暗梁截面高度可取墙厚的 2 倍或与该榀框架梁截面等高，暗梁的配筋可按构造配置且应符合一般框架梁相应抗震等级的最小配筋要求；

**4**　剪力墙截面宜按工字形设计，其端部的纵向受力钢筋应配置在边框柱截面内；

**5** 边框柱截面宜与该榀框架其他柱的截面相同，边框柱应符合本规程第6章有关框架柱构造配筋规定；剪力墙底部加强部位边框柱的箍筋宜沿全高加密；当带边框剪力墙上的洞口紧邻边框柱时，边框柱的箍筋宜沿全高加密。

**8.2.3** 板柱-剪力墙结构设计应符合下列规定：

**1** 结构分析中规则的板柱结构可用等代框架法，其等代梁的宽度宜采用垂直于等代框架方向两侧柱距各1/4；宜采用连续体有限元空间模型进行更准确的计算分析。

**2** 楼板在柱周边临界截面的冲切应力，不宜超过$0.7f_t$，超过时应配置抗冲切钢筋或抗剪栓钉，当地震作用导致柱上板带支座弯矩反号时还应对反向作复核。板柱节点冲切承载力可按现行国家标准《混凝土结构设计规范》GB 50010的相关规定进行验算，并应考虑节点不平衡弯矩作用下产生的剪力影响。

**3** 沿两个主轴方向均应布置通过柱截面的板底连续钢筋，且钢筋的总截面面积应符合下式要求：

$$A_s \geqslant N_G/f_y \tag{8.2.3}$$

式中：$A_s$——通过柱截面的板底连续钢筋的总截面面积；

$N_G$——该层楼面重力荷载代表值作用下的柱轴向压力设计值，8度时尚宜计入竖向地震影响；

$f_y$——通过柱截面的板底连续钢筋的抗拉强度设计值。

**8.2.4** 板柱-剪力墙结构中，板的构造设计应符合下列规定：

**1** 抗震设计时，应在柱上板带中设置构造暗梁，暗梁宽度取柱宽及两侧各1.5倍板厚之和，暗梁支座上部钢筋截面积不宜小于柱上板带钢筋截面积的50%，并应全跨拉通，暗梁下部钢筋应不小于上部钢筋的1/2。暗梁箍筋的布置，当计算不需要时，直径不应小于8mm，间距不宜大于$3h_0/4$，肢距不宜大于$2h_0$；当计算需要时应按计算确定，且直径不应小于10mm，间距不宜大于$h_0/2$，肢距不宜大于$1.5h_0$。

**2** 设置柱托板时，非抗震设计时托板底部宜布置构造钢筋；抗震设计时托板底部钢筋应按计算确定，并应满足抗震锚固要求。计算柱上板带的支座钢筋时，可考虑托板厚度的有利影响。

**3** 无梁楼板开局部洞口时，应验算承载力及刚度要求。当未作专门分析时，在板的不同部位开单个洞的大小应符合图8.2.4的要求。若

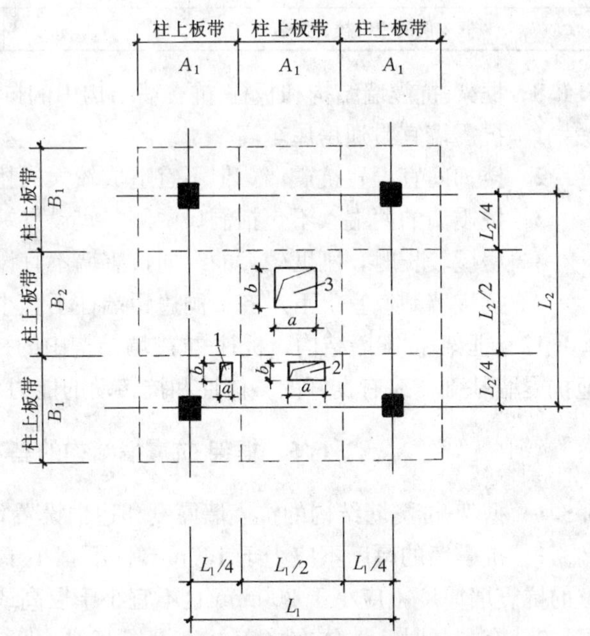


图8.2.4 无梁楼板开洞要求

注：洞1：$a \leqslant a_c/4$且$a \leqslant t/2$，$b \leqslant b_c/4$且$b \leqslant t/2$，其中，$a$为洞口短边尺寸，$b$为洞口长边尺寸，$a_c$为相应于洞口短边方向的柱宽，$b_c$为相应于洞口长边方向的柱宽，$t$为板厚；洞2：$a \leqslant A_2/4$且$b \leqslant B_1/4$；洞3：$a \leqslant A_2/4$且$b \leqslant B_2/4$。

在同一部位开多个洞时，则在同一截面上各个洞宽之和不应大于该部位单个洞的允许宽度。所有洞边均应设置补强钢筋。

## 二、《抗规》规定

### 6.1 一 般 规 定

**6.1.5** 框架结构和框架-抗震墙结构中，框架和抗震墙均应双向设置，柱中线与抗震墙中线、梁中线与柱中线之间偏心距大于柱宽的 1/4 时，应计入偏心的影响。

甲、乙类建筑以及高度大于 24m 的丙类建筑，不应采用单跨框架结构；高度不大于 24m 的丙类建筑不宜采用单跨框架结构。

**6.1.6** 框架-抗震墙、板柱-抗震墙结构以及框支层中，抗震墙之间无大洞口的楼、屋盖的长宽比，不宜超过表 6.1.6 的规定；超过时，应计入楼盖平面内变形的影响。

**表 6.1.6　抗震墙之间楼屋盖的长宽比**

| 楼、屋盖类型 | | 设防烈度 | | | |
|---|---|---|---|---|---|
| | | 6 | 7 | 8 | 9 |
| 框架-抗震墙结构 | 现浇或叠合楼、屋盖 | 4 | 4 | 3 | 2 |
| | 装配整体式楼、屋盖 | 3 | 3 | 2 | 不宜采用 |
| 板柱-抗震墙结构的现浇楼、屋盖 | | 3 | 3 | 2 | — |
| 框支层的现浇楼、屋盖 | | 2.5 | 2.5 | 2 | — |

**6.1.8** 框架-抗震墙结构和板柱-抗震墙结构中的抗震墙设置，宜符合下列要求：

**1** 抗震墙宜贯通房屋全高。

**2** 楼梯间宜设置抗震墙，但不宜造成较大的扭转效应。

**3** 抗震墙的两端（不包括洞口两侧）宜设置端柱或与另一方向的抗震墙相连。

**4** 房屋较长时，刚度较大的纵向抗震墙不宜设置在房屋的端开间。

**5** 抗震墙洞口宜上下对齐；洞边距端柱不宜小于 300mm。

**6.1.12** 框架-抗震墙结构、板柱-抗震墙结构中的抗震墙基础和部分框支抗震墙结构的落地抗震墙基础，应有良好的整体性和抗转动的能力。

### 6.5 框架-抗震墙结构的基本抗震构造措施

**6.5.1** 框架-抗震墙结构的抗震墙厚度和边框设置，应符合下列要求：

**1** 抗震墙的厚度不应小于 160mm 且不宜小于层高或无支长度的 1/20，底部加强部位的抗震墙厚度不应小于 200mm 且不宜小于层高或无支长度的 1/16。

**2** 有端柱时，墙体在楼盖处宜设置暗梁，暗梁的截面高度不宜小于墙厚和 400mm 的较大值；端柱截面宜与同层框架柱相同，并应满足本规范第 6.3 节对框架柱的要求；抗震墙底部加强部位的端柱和紧靠抗震墙洞口的端柱宜按柱箍筋加密区的要求沿全高加密箍筋。

**6.5.2** 抗震墙的竖向和横向分布钢筋，配筋率均不应小于 0.25%，钢筋直径不宜小于

10mm，间距不宜大于 300mm，并应双排布置，双排分布钢筋间应设置拉筋。

**6.5.3** 楼面梁与抗震墙平面外连接时，不宜支承在洞口连梁上；沿梁轴线方向宜设置与梁连接的抗震墙，梁的纵筋应锚固在墙内；也可在支承梁的位置设置扶壁柱或暗柱，并应按计算确定其截面尺寸和配筋。

**6.5.4** 框架-抗震墙结构的其他抗震构造措施，应符合本规范第 6.3 节、6.4 节的有关要求。

注：设置少量抗震墙的框架结构，其抗震墙的抗震构造措施，可仍按本规范第 6.4 节对抗震墙的规定执行。

## 6.6 板柱-抗震墙结构抗震设计要求

**6.6.1** 板柱-抗震墙结构的抗震墙，其抗震构造措施应符合本节规定，尚应符合本规范第 6.5 节的有关规定；柱（包括抗震墙端柱）和梁的抗震构造措施应符合本规范第 6.3 节的有关规定。

**6.6.2** 板柱-抗震墙的结构布置，尚应符合下列要求：

**1** 抗震墙厚度不应小于 180mm，且不宜小于层高或无支长度的 1/20；房屋高度大于 12m 时，墙厚不应小于 200mm。

**2** 房屋的周边应采用有梁框架，楼、电梯洞口周边宜设置边框梁。

**3** 8 度时宜采用有托板或柱帽的板柱节点，托板或柱帽根部的厚度（包括板厚）不宜小于柱纵筋直径的 16 倍，托板或柱帽的边长不宜小于 4 倍板厚和柱截面对应边长之和。

**4** 房屋的地下一层顶板，宜采用梁板结构。

**6.6.3** 板柱-抗震墙结构的抗震计算，应符合下列要求：

**1** 房屋高度大于 12m 时，抗震墙应承担结构的全部地震作用；房屋高度不大于 12m 时，抗震墙宜承担结构的全部地震作用。各层板柱和框架部分应能承担不少于本层地震剪力的 20%。

**2** 板柱结构在地震作用下按等代平面框架分析时，其等代梁的宽度宜采用垂直于等代平面框架方向两侧柱距各 1/4。

**3** 板柱节点应进行冲切承载力的抗震验算，应计入不平衡弯矩引起的冲切，节点处地震作用组合的不平衡弯矩引起的冲切反力设计值应乘以增大系数，一、二、三级板柱的增大系数可分别取 1.7、1.5、1.3。

**6.6.4** 板柱-抗震墙结构的板柱节点构造应符合下列要求：

**1** 无柱帽平板应在柱上板带中设构造暗梁，暗梁宽度可取柱宽及柱两侧各不大于 1.5 倍板厚。暗梁支座上部钢筋面积应不小于柱上板带钢筋面积的 50%，暗梁下部钢筋不宜少于上部钢筋的 1/2；箍筋直径不应小于 8mm，间距不宜大于 3/4 倍板厚，肢距不宜大于 2 倍板厚，在暗梁两端应加密。

**2** 无柱帽柱上板带的板底钢筋，宜在距柱面为 2 倍板厚以外连接，采用搭接时钢筋端部宜有垂直于板面的弯钩。

**3** 沿两个主轴方向通过柱截面的板底连续钢筋的总截面面积，应符合下式要求：

$$A_s \geqslant N_G/f_y \tag{6.6.4}$$

式中：$A_s$——板底连续钢筋总截面面积；

$N_G$——在本层楼板重力荷载代表值（8 度时尚宜计入竖向地震）作用下的柱轴压力设计值；

$f_y$——楼板钢筋的抗拉强度设计值。

**4**　板柱节点应根据抗冲切承载力要求，配置抗剪栓钉或抗冲切钢筋。

## 三、《混凝土规范》有关抗震设计的规定

### 11.9　板　柱　节　点

**11.9.1**　对一、二、三级抗震等级的板柱节点，应按本规范第 11.9.3 条及附录 F 进行抗震受冲切承载力验算。

**11.9.2**　8 度设防烈度时宜采用有托板或柱帽的板柱节点，柱帽及托板的外形尺寸应符合本规范第 9.1.10 条的规定。同时，托板或柱帽根部的厚度（包括板厚）不应小于柱纵向钢筋直径的 16 倍，且托板或柱帽的边长不应小于 4 倍板厚与柱截面相应边长之和。

**11.9.3**　在地震组合下，当考虑板柱节点临界截面上的剪应力传递不平衡弯矩时，其考虑抗震等级的等效集中反力设计值 $F_{l,eq}$ 可按本规范附录 F 的规定计算，此时，$F_l$ 为板柱节点临界截面所承受的竖向力设计值。由地震组合的不平衡弯矩在板柱节点处引起的等效集中反力设计值应乘以增大系数，对一、二、三级抗震等级板柱结构的节点，该增大系数可分别取 1.7、1.5、1.3。

**11.9.4**　在地震组合下，配置箍筋或栓钉的板柱节点，受冲切截面及受冲切承载力应符合下列要求：

**1**　受冲切截面

$$F_{l,eq} \leqslant \frac{1}{\gamma_{RE}}(1.2 f_t \eta u_m h_0) \tag{11.9.4-1}$$

**2**　受冲切承载力

$$F_{l,eq} \leqslant \frac{1}{\gamma_{RE}}\left[(0.3 f_t + 0.15\sigma_{pc,m})\eta u_m h_0 + 0.8 f_{yv} A_{svu}\right] \tag{11.9.4-2}$$

**3**　对配置抗冲切钢筋的冲切破坏锥体以外的截面，尚应按下式进行受冲切承载力验算：

$$F_{l,eq} \leqslant \frac{1}{\gamma_{RE}}(0.42 f_t + 0.15\sigma_{pc,m})\eta u_m h_0 \tag{11.9.4-3}$$

式中：$u_m$——临界截面的周长，公式（11.9.4-1）、公式（11.9.4-2）中的 $u_m$，按本规范第 6.5.1 条的规定采用；公式（11.9.4-3）中的 $u_m$，应取最外排抗冲切钢筋周边以外 $0.5h_0$ 处的最不利周长。

**11.9.5**　无柱帽平板宜在柱上板带中设构造暗梁，暗梁宽度可取柱宽加柱两侧各不大于 1.5 倍板厚。暗梁支座上部纵向钢筋应不小于柱上板带纵向钢筋截面面积的 1/2，暗梁下部纵向钢筋不宜少于上部纵向钢筋截面面积的 1/2。

暗梁箍筋直径不应小于 8mm，间距不宜大于 3/4 倍板厚，肢距不宜大于 2 倍板厚；支座处暗梁箍筋加密区长度不应小于 3 倍板厚，其箍筋间距不宜大于 100mm，肢距不宜

大于 250mm。

**11.9.6** 沿两个主轴方向贯通节点柱截面的连续预应力筋及板底纵向普通钢筋，应符合下列要求：

**1** 沿两个主轴方向贯通节点柱截面的连续钢筋的总截面面积，应符合下式要求：

$$f_{py}A_p + f_yA_s \geqslant N_G \tag{11.9.6}$$

式中：$A_s$ ——贯通柱截面的板底纵向普通钢筋截面面积；对一端在柱截面对边按受拉弯折锚固的普通钢筋，截面面积按一半计算；

$A_p$ ——贯通柱截面连续预应力筋截面面积；对一端在柱截面对边锚固的预应力筋，截面面积按一半计算；

$f_{py}$ ——预应力筋抗拉强度设计值，对无粘结预应力筋，应按本规范第 10.1.14 条取用无粘结预应力筋的应力设计值 $\sigma_{pu}$；

$N_G$ ——在本层楼板重力荷载代表值作用下的柱轴向压力设计值。

**2** 连续预应力筋应布置在板柱节点上部，呈下凹进入板跨中。

**3** 板底纵向普通钢筋的连接位置，宜在距柱面 $l_{aE}$ 与 2 倍板厚的较大值以外，且应避开板底受拉区范围。

## 四、对规定的解读和建议

### 1. 有关一般规定

（1）框架-剪力墙结构，亦称框架-抗震墙结构，简称框剪结构。它是框架结构和剪力墙结构组成的结构体系，既能为建筑使用提供较大的平面空间，又具有较大的抗侧力刚度。框剪结构可应用于多种使用功能的多、高层房屋，如办公楼、饭店、公寓、住宅、教学楼、试验楼、病房楼等。其组成形式一般有：

1）框架与剪力墙（单片墙、联肢墙或较小井筒）分开布置，各自形成抗侧力结构；

2）在框架结构的若干跨度内嵌入剪力墙（有边框剪力墙）；

3）在单片抗侧力结构内连续布置框架和剪力墙；

4）上述两种或几种形式的混合。

（2）框剪结构由框架和剪力墙两种不同的抗侧力结构组成，这两种结构的受力特点和变形性质是不同的。在水平力作用下，剪力墙是竖向悬臂弯曲结构，其变形曲线呈弯曲型（图 10-1$a$），楼层越高水平位移增长速度越快，顶点水平位移值与高度是四次方关系：

均布荷载时
$$u = \frac{qH^4}{8EI}$$

倒三角形荷载时
$$u = \frac{11q_{max}H^4}{120EI}$$

式中 $H$——总高度；

$EI$——弯曲刚度。

在一般剪力墙结构中，由于所有抗侧力结构都是剪力墙，在水平力作用下各道墙的侧向位移曲线相类似，所以，楼层剪力在各道剪力墙之间是按其等效刚度 $EI_{eq}$ 比例进行分配的。

框架在水平力作用下，其变形曲线为剪切型（图 10-1$b$），楼层越高水平位移增长越慢，在纯框架结构中，各榀框架的变形曲线类似，所以，楼层剪力按框架柱的抗推刚度 $D$ 值比例进行分配。

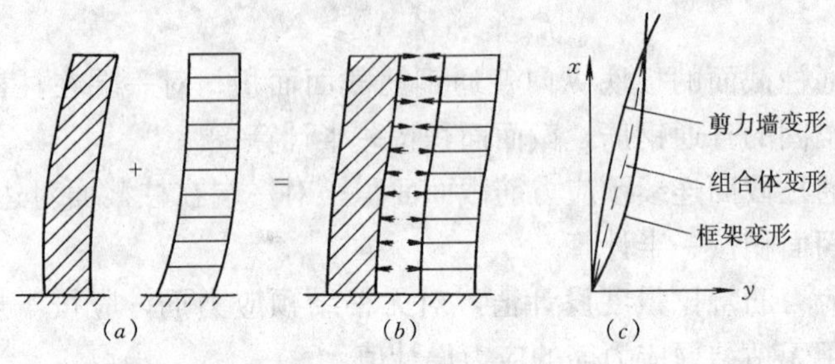


图 10-1　变形特征

框剪结构，既有框架，又有剪力墙，它们之间通过平面内刚度无限大的楼板连接在一起，在水平力作用下，使它们水平位移协调一致，不能各自自由变形，在不考虑扭转影响的情况下，在同一楼层的水平位移必须相同。因此，框剪结构在水平力作用下的变形曲线呈反 S 形的弯剪型位移曲线（图 10-1$c$）。

（3）框剪结构在水平力作用下，由于框架与剪力墙协同工作，在下部楼层，因为剪力墙位移小，它拉着框架变形，使剪力墙承担了大部分剪力；上部楼层则相反，剪力墙的位移越来越大，而框架的变形反而小，所以，框架除负担水平力作用下的那部分剪力以外，还要负担拉回剪力墙变形的附加剪力，因此，在上部楼层即使水平力产生的楼层剪力很小，而框架中仍有相当数值的剪力。

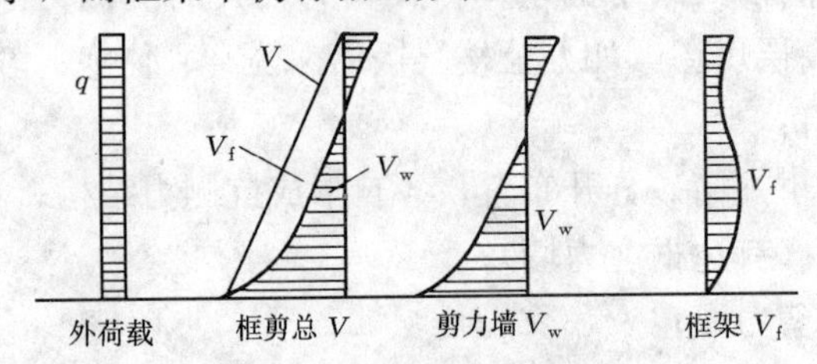


图 10-2　框剪结构受力特点

（4）框剪结构在水平力作用下，框架与剪力墙之间楼层剪力的分配比例和框架各楼层剪力分布情况，是随着楼层所处高度而变化，与结构刚度特征值 $\lambda$ 直接相关（图 10-2）。

从图 10-2 可知，框剪结构中的框架底部剪力为零，剪力控制部位在房屋高度的中部甚至在上部，而纯框架最大剪力在底部。因此，当实际布置有剪力墙（如楼梯间墙、电梯井道墙、设备管道井墙等）的框架结构，必须按框剪结构协同工作计算内力，不应简单按纯框架分析，否则不能保证框架部分上部楼层构件的安全。

（5）框剪结构，由延性较好的框架、抗侧力刚度较大并有带边框的剪力墙和有良好耗能性能的连梁所组成，具有多道抗震防线。从国内外经受地震后震害调查表明，确为一种抗震性能很好的结构体系。

（6）框剪结构在水平力作用下，水平位移是由楼层层间位移与层高之比 $\Delta u/h$ 控制，而不是顶点水平位移进行控制。层间位移最大值发生在（0.4～0.8）$H$ 范围的楼层，$H$ 为建筑物总高度。具体位置应按均布荷载或倒三角形分布荷载，可从协同工作侧移法计算表中查出框架楼层剪力分配系数 $\psi_f$ 或 $\psi'_f$ 最大值位置确定。

（7）框剪结构在水平力作用下，框架上下各楼层的剪力取用值比较接近，梁、柱的弯矩和剪力值变化较小，使得梁、柱构件规格减少，有利于施工。

（8）本章包括框架-剪力墙结构和板柱-剪力墙结构的设计。墨西哥地震等震害表明，板柱框架破坏严重，其板与柱的连接节点为薄弱点。因而在地震区必须加设剪力墙（或筒体）以抵抗地震作用，形成板柱-剪力墙结构。板柱-剪力墙结构受力特点与框架-剪力墙结构类似，故把这种结构纳入本章，并专门列出相关条文以规定其设计需要遵守的有关要求。除应遵守本章关于框架-剪力墙结构、板柱-剪力墙结构的结构布置、计算分析、截面设计及构造要求的规定外，还应遵守第 8 章计算分析的有关规定，以及第 2 章、第 8 章和第 9 章对框架-剪力墙结构最大适用高度、高宽比的规定和对框架、剪力墙的有关规定。

（9）框架-剪力墙结构在规定的水平力作用下，结构底层框架部分承受的地震倾覆力矩与结构总地震倾覆力矩的比值不尽相同，结构性能有较大的差别。本次修订对此作了较为具体的规定。在结构设计时，应据此比值确定该结构相应的适用高度和构造措施，计算模型及分析均按框架-剪力墙结构进行实际输入和计算分析。

关于框架和抗震墙组成的结构的抗震等级，《高规》8.1.3 条和《抗规》6.1.3 条，均有规定，明确底层框架部分“在规定的水平力作用下”所承担的地震倾覆力矩大于结构总地震倾覆力矩的 50％时仍属于框架结构范畴。“规定的水平力”的含义见《高规》3.4.5 条的条文说明。

框架部分按刚度分配的地震倾覆力矩的计算公式为：

$$M_c = \sum_{i=1}^{n} \sum_{j=1}^{m} V_{ij} h_i$$

式中 $M_c$——框架-抗震墙结构在规定的侧向力作用下框架部分分配的地震倾覆力矩；

$n$——结构层数；

$m$——框架 $i$ 层的柱根数；

$V_{ij}$——第 $i$ 层第 $j$ 根框架柱的计算地震剪力；

$h_i$——第 $i$ 层层高。

（10）框架-抗震墙结构中的抗震墙，是作为该结构体系第一道防线的主要的抗侧力构件，需要比一般的抗震墙有所加强。

其抗震墙通常有两种布置方式：一种是抗震墙与框架分开，抗震墙围成筒，墙的两端没有柱；另一种是抗震墙嵌入框架内，有端柱、有边框梁，成为带边框抗震墙。第一种情况的抗震墙，与抗震墙结构中的抗震墙、筒体结构中的核心筒或内筒墙体区别不大。对于第二种情况的抗震墙，如果梁的宽度大于墙的厚度，则每一层的抗震墙有可能成为高宽比小的矮墙，强震作用下发生剪切破坏，同时，抗震墙给柱端施加很大的剪力，使柱端剪坏，这对抗地震倒塌是非常不利的。2005 年，日本完成了一个 1/3 比例的 6 层 2 跨、3 开间的框架-抗震墙结构模型的振动台试验，抗震墙嵌入框架内。最后，首层抗震墙剪切破坏，抗震墙的端柱剪坏，首层其他柱的两端出塑性铰，首层倒塌。2006 年，日本完成了一个足尺的 6 层 2 跨、3 开间的框架-抗震墙结构模型的振动台试验。与 1/3 比例的模型相比，除了模型比例不同外，嵌入框架内的抗震墙采用开缝墙。最后，首层开缝墙出现弯曲破坏和剪切斜裂缝，没有出现首层倒塌的破坏现象。

本次修订，对墙厚与层高之比的要求，由“应”改为“宜”；对于有端柱的情况，不要求一定设置边框梁。

在框架-抗震墙结构和板柱-抗震墙结构中，抗震墙是主要抗侧力构件，竖向布置应连续，防止刚度和承载力突变。《抗规》本次修订，增加结合楼梯间布置抗震墙形成安全通道的要求；将 2001 规范“横向与纵向的抗震墙宜相连”改为“抗震墙的两端（不包括洞口两侧）宜设置端柱，或与另一方向的抗震墙相连”，明确要求两端设置端柱或翼墙。

（11）按框架部分承担的倾覆力矩确定抗震等级。

1）当框架部分承担的倾覆力矩不大于结构总倾覆力矩的 10%时，意味着结构中框架承担的地震作用较小，绝大部分均由剪力墙承担，工作性能接近于纯剪力墙结构，此时结构中的剪力墙抗震等级可按剪力墙结构的规定执行；其最大适用高度仍按框架-剪力墙结构的要求执行；其中的框架部分应按框架-剪力墙结构的框架进行设计，也就是说需要进行《高规》8.1.4 条的剪力调整，其侧向位移控制指标按剪力墙结构采用。

2）当框架部分承受的地震倾覆力矩大于结构总地震倾覆力矩的 10%但不大于 50%时，属于典型的框架-剪力墙结构，按本章有关规定进行设计。

3）当框架部分承受的倾覆力矩大于结构总倾覆力矩的 50%但不大于 80%时，意味着结构中剪力墙的数量偏少，框架承担较大的地震作用，此时框架部分的抗震等级和轴压比宜按框架结构的规定执行，剪力墙部分的抗震等级和轴压比按框架-剪力墙结构的规定采用；其最大适用高度不宜再按框架-剪力墙结构的要求执行，但可比框架结构的要求适当提高，提高的幅度可视剪力墙承担的地震倾覆力矩来确定。

4）当框架部分承受的倾覆力矩大于结构总倾覆力矩的 80%时，意味着结构中剪力墙的数量极少，此时框架部分的抗震等级和轴压比应按框架结构的规定执行，剪力墙部分的抗震等级和轴压比按框架-剪力墙结构的规定采用；其最大适用高度宜按框架结构采用。对于这种少墙框剪结构，由于其抗震性能较差，不主张采用，以避免剪力墙受力过大、过早破坏。当不可避免时，宜采取将此种剪力墙减薄、开竖缝、开结构洞、配置少量单排钢筋等措施，减小剪力墙的作用。

在条文第 3）、4）款规定的情况下，为避免剪力墙过早开裂或破坏，其位移相关控制指标按框架-剪力墙结构的规定采用。对第 4）款，如果最大层间位移角不能满足框架-剪力墙结构的限值要求，可按《高规》第 3.11 节的有关规定，进行结构抗震性能分析论证。

（12）框架-剪力墙结构在水平地震作用下，框架部分计算所得的剪力一般都较小。按多道防线的概念设计要求，墙体是第一道防线，在设防地震、罕遇地震下先于框架破坏，由于塑性内力重分布，框架部分按侧向刚度分配的剪力会比多遇地震下加大，为保证作为第二道防线的框架具有一定的抗侧力能力，需要对框架承担的剪力予以适当的调整。随着建筑形式的多样化，框架柱的数量沿竖向有时会有较大的变化，框架柱的数量沿竖向有规律分段变化时可分段调整的规定，对框架柱数量沿竖向变化更复杂的情况，设计时应专门研究框架柱剪力的调整方法。

对有加强层的结构，框架承担的最大剪力不包含加强层及相邻上下层的剪力。

（13）框架-剪力墙结构是框架和剪力墙共同承担竖向和水平作用的结构体系，布置适量的剪力墙是其基本特点。为了发挥框架-剪力墙结构的优势，无论是否抗震设计，均应设计成双向抗侧力体系，且结构在两个主轴方向的刚度和承载力不宜相差过大；抗震设计时，框架-剪力墙结构在结构两个主轴方向均应布置剪力墙，以体现多道防线的要求。

框架-剪力墙结构应设计成双向抗侧力体系，主体结构构件之间不宜采用铰接。抗震设计时，两主轴方向均应布置剪力墙。梁与柱或柱与剪力墙的中线宜重合，框架的梁与柱中线之间的偏心距不宜大于柱宽的 1/4。

框架-剪力墙结构中剪力墙的布置宜符合下列要求：

1）剪力墙宜均匀对称地布置在建筑物的周边附近、楼电梯间、平面形状变化及恒载较大的部位；在伸缩缝、沉降缝、防震缝两侧不宜同时设置剪力墙。

2）平面形状凹凸较大时，宜在凸出部分的端部附近布置剪力墙。

3）剪力墙布置时，如因建筑使用需要，纵向或横向一个方向无法设置剪力墙时，该方向可采用壁式框架或支撑等抗侧力构件，但是，两方向在水平力作用下的位移值应接近。壁式框架的抗震等级应按剪力墙的抗震等级考虑。

4）剪力墙的布置宜分布均匀，单片墙的刚度宜接近，长度较长的剪力墙宜设置洞口和连梁形成双肢墙或多肢墙，单肢墙或多肢墙的墙肢长度不宜大于 8m。每道剪力墙底部承担水平力产生的剪力不宜超过结构底部总剪力的 30%。

5）纵向剪力墙宜布置在结构单元的中间区段内。房屋纵向长度较长时，不宜集中在两端布置纵向剪力墙，否则在平面中适当部位应设置施工后浇缝以减少混凝土硬化过程中的收缩应力影响，同时应加强屋面保温以减少温度变化产生的影响。

6）楼电梯间、竖井等造成连续楼层开洞时，宜在洞边设置剪力墙，且尽量与靠近的抗侧力结构结合，不宜孤立地布置在单片抗侧力结构或柱网以外的中间部分；

7）剪力墙间距不宜过大，应满足楼盖平面刚度的需要，否则应考虑楼盖平面变形的影响。

(14) 在长矩形平面或平面有一向较长的建筑中，其剪力墙的布置宜符合下列要求：

1）横向剪力墙沿长方向的间距宜满足表的要求，当这些剪力墙之间的楼盖有较大开洞时，剪力墙的间距应予减小；

2）纵向剪力墙不宜集中布置在两尽端。

(15) 框剪结构中的剪力墙宜设计成周边有梁柱（或暗梁柱）的带边框剪力墙。纵横向相邻剪力墙宜连接在一起形成 L 形、T 形及口形等（图 10-3），以增大剪力墙的刚度和抗扭能力。

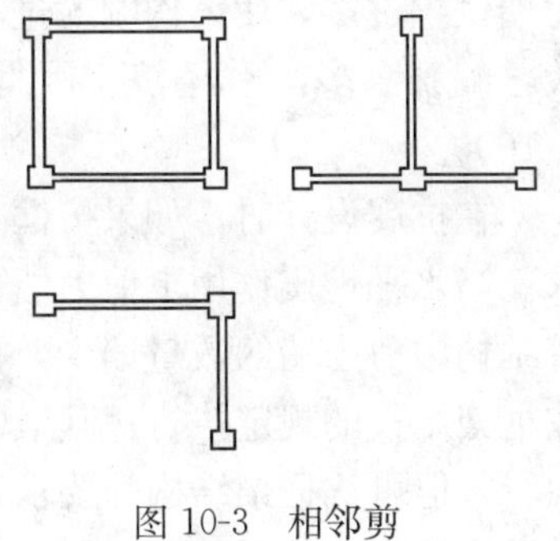

图 10-3　相邻剪力墙的布置

(16) 有边框剪力墙的布置尚应符合下列要求：

1）墙端处的柱（框架柱）应保留，柱截面应与该片框架其他柱的截面相同；

2）剪力墙平面的轴线宜与柱截面轴线重合；

3）与剪力墙重合的框架梁可保留，梁的配筋按框架梁的构造要求配置。该梁亦可做成宽度与墙厚相同的暗梁。

《高规》8.2.2 条 3 款规定：暗梁截面高度可取墙厚的 2 倍或与该榀框架梁截面等高，暗梁配筋可按构造配置且应符合一般框架梁相应抗震等级的最小配筋要求。《抗规》6.5.1 条 2 款规定：暗梁的截面高度不宜小于墙厚和 400mm 的较大值。

试验表明，带边框剪力墙具有较好的延性，在水平地震或风荷载作用下可阻止裂缝扩展，暗梁高度的取值直接关系暗梁配筋的数量。高层建筑结构宜按《高规》规定取值，多层建筑结构可按《抗规》取值。对于框架-核心筒结构的高层建筑的核心筒外墙厚度≥400mm 时，暗梁高度可取 1.5 倍墙厚度。

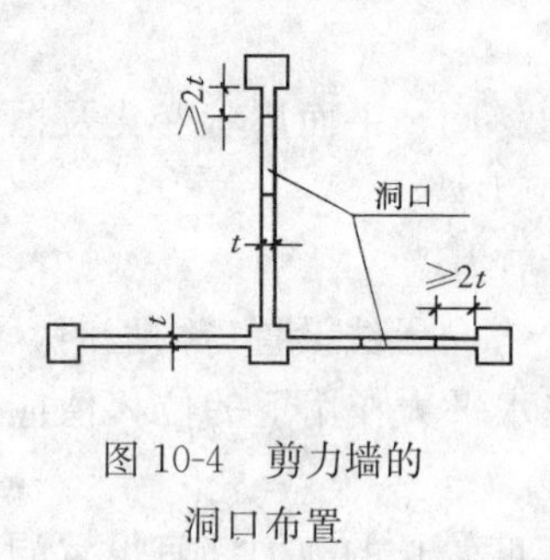


图 10-4　剪力墙的洞口布置

(17) 剪力墙上的洞口宜布置在截面的中部，避免开在端部或紧靠柱边，洞口至柱边的距离不宜小于墙厚的 2 倍，开洞面积不宜大于墙面积的 1/6，洞口宜上下对齐，上下洞口间的高度（包括梁）不宜小于层高的 1/5（图 10-4）。

(18) 剪力墙宜贯通建筑物全高，沿高度墙的厚度宜逐渐减薄，避免刚度突变。当剪力墙不能全部贯通时，相邻楼层刚度的减弱不宜大于 30%，在刚度突变的楼层板应按转换层楼板的要求加强构造措施。

(19) 长矩形平面或平面有一方向较长（如 L 形平面中有一肢较长）时，如横向剪力墙间距过大，在侧向力作用下，因不能保证楼盖平面的刚性而会增加框架的负担，故对剪力墙的最大间距作出规定。当剪力墙之间的楼板有较大开洞时，对楼盖平面刚度有所削弱，此时剪力墙的间距宜再减小。纵向剪力墙布置在平面的尽端时，会造成对楼盖两端的约束作用，楼盖中部的梁板容易因混凝土收缩和温度变化而出现裂缝，故宜避免。同时也考虑到在设计中有剪力墙布置在建筑中部，而端部无剪力墙的情况，为防止布置框架的楼面伸出太长，不利于地震力传递，《高规》表 8.1.8，剪力墙间距的注 4，"当房屋端部未布置剪力墙时，第一片剪力墙与房屋端部的距离，不宜大于表中剪力墙间距的 1/2"。

(20) 在框剪结构中，应当使剪力墙承担大部分由于水平作用产生的剪力。但是，剪力墙设置过多，使结构刚度过大，从而加大了地震效应，由于楼层剪力调整，框架内力增大，配筋增多，不经济。因此，框剪结构整体刚度不宜太大，层间位移比宜不大于 1/1000。

在抗震设计时，如果按框架-剪力墙结构进行设计，剪力墙的数量须要满足一定的要求。当水平地震作用下剪力墙部分承受的倾覆力矩小于结构总倾覆力矩的 50%时，意味着结构中剪力墙的数量偏少，框架承担较大的地震作用，此时结构的抗震等级和轴压比应按框架结权的规定执行；其最大适用高芳和高宽比限值不宜再按框架-剪力墙结构的要求执行，但可比框架结构的要求适当放松。最大适用高芳和层间位移比可比框架结构放松，视剪力墙的数量及剪力墙承受的地震倾覆力矩的比例，层间位移比可取 1/550～1/700。

非抗震设计时，框架-剪力墙结构中剪力墙的数量和布置，应使结构满足承载力和风荷载作用下位移要求。

**2. 有关框架-剪力墙结构的截面设计及构造规定**

(1)《高规》8.2.1 条规定剪力墙竖向和水平分布钢筋的最小配筋率，理由与本规程第 7.2.17 条相同。框架-剪力墙结构、板柱-剪力墙结构中的剪力墙是承担水平风荷载或水平地震作用的主要受力构件，必须要保证其安全可靠。因此，四级抗震等级时剪力墙的竖向、水平分布钢筋的配筋率比本规程第 7.2.17 条适当提高；为了提高混凝土开裂后的性能和保证施工质量，各排分布钢筋之间应设置拉筋，其直径不应小于 6mm、间距不应大于 600mm。

(2) 带边框的剪力墙，边框与嵌入的剪力墙应共同承担对其的作用力，《高规》8.2.2

条3款规定暗梁是为了使带边框剪力墙具有较好的延性，暗梁高度的取值直接关系暗梁配筋的数量，暗梁配筋可按构造配置且应符合该框架-剪力墙结构中框架梁相应抗震等级的支座最小配筋要求，并且下部、上部相等，箍筋按相应框架梁加密区全长设置。

(3) 带边框的剪力墙设置暗梁，应强调在结构高度的1/2～2/3范围，在以上部分框架-剪力墙结构体系在水平地震作用或风荷载作用下，一般情况下框架成了主要抗侧力构件。

(4) 框架-剪力墙结构中的形成筒体的剪力墙和外框架-内核心筒，筒体周边墙和较长的内墙应设暗梁，较短的内墙，如电梯井隔墙等，可不设暗梁。

3. 有关板柱-剪力墙结构的规定

(1) 一般规定

1) 板柱-剪力墙结构，由于无楼层梁便于机电管道通行，争取了房屋的净高，有利于建筑物减小层高，在城市规划限制房屋总高度的条件下能争取增加层数，可多得到建筑面积以取得更好的经济效益。

2) 此类结构适用于商场、图书馆的阅览室和书库、仓储楼、饭店、公寓、多高层写字楼及综合楼等房屋，最大适用高度见表10-1。

**板柱-剪力墙结构最大适用高度** **表10-1**

| 分项 | 非抗震设计 | 抗震设防烈度 | | | |
|---|---|---|---|---|---|
| | | 6度 | 7度 | 8度 | |
| | | | | 0.2g | 0.3g |
| 适用高度（m） | 110 | 80 | 70 | 55 | 40 |

注：1. Ⅳ类场地上最大适用高度适当降低；
2. 9度区不宜采用板柱剪力墙结构。

3) 此类结构采用现浇钢筋混凝土，水平构件以板为主，仅在外圈采用梁柱框架，竖向构件有柱和剪力墙或核心筒，抗水平地震作用主要靠剪力墙或核心筒，板柱结构侧向刚度较小。楼板对柱的约束较弱，不像框架梁为杆形构件，既对梁柱节点有较好的约束作用，做到强节点，又能做到塑性铰出现在梁端，达到强柱弱梁。因此，在水平地震作用下板柱结构侧向变形的控制和延性必须由剪力墙或核心筒来保证。

4) 板柱-剪力墙结构在水平力作用下侧向变形的特征与框架-剪力墙相似，属于弯剪型，接近弯曲型，侧向刚度由层间位移与层高的比值（$\Delta u/h$）控制。

5) 板柱-剪力墙结构系指楼层平面除周边框架柱间有梁，楼梯间有梁，内部多数柱之间不设梁，主要抗侧力构件为剪力墙或核心筒组成（图10-5）。当楼层平面周边框架柱间有梁，内部设有核心筒及仅有一部分主要承受竖向荷载不设梁的柱，此类结构属于框架-核心筒结构（图10-6），不作为板柱-剪

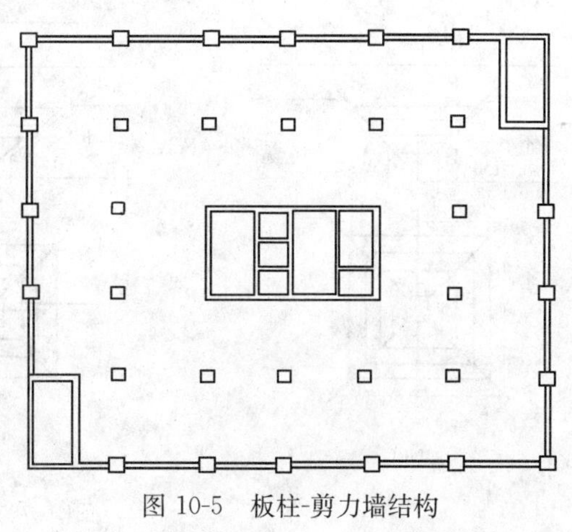

图10-5 板柱-剪力墙结构

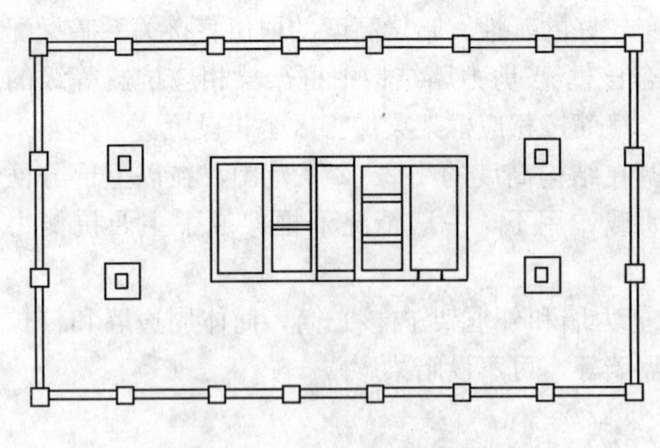

图 10-6　框架-核心筒结构

力墙结构对待。

6）支承在方形柱网上的无梁楼板，其受力特征表现为板的整体抗弯将在两个正交方向同时和同样出现。无梁平板必须设计成首先在一个方向像仍有梁支承的单向板那样来传递 100％的全部荷载，然后在另一正交方向，再完全一样地传递一次 100％的全部荷载。

（2）结构布置及设计要点

1）结构布置除应按《高规》8.1.9 条和 8.1.10 条规定外，还应符合下列要求：

①房屋的顶层及地下一层顶板宜采用梁板结构。

②抗震设计时，楼盖周边应设置边梁形成周边框架，剪力墙之间的楼、屋盖长宽比，6、7 度不宜大于 3，8 度不宜大于 2。

③楼盖有楼电梯间等较大开洞时，洞口周围宜设置框架梁，洞边设边梁。

④抗震设计时，纵横柱轴线均应设置暗梁，暗梁宽可取与柱宽相同。

⑤楼板跨度在 8m 以内时，可采用钢筋混凝土平板。跨度较大而采用预应力楼板且抗震设计时，楼板的纵向受力钢筋应以非预应力低碳钢筋为主，部分预应力钢筋主要用作提高楼板刚度和加强板的抗裂能力。

⑥无梁楼盖的柱截面可按建筑设计采用方形、矩形、圆形和多边形。柱的构造要求、截面设计与其他楼盖的柱相同。

⑦无梁楼盖根据使用功能要求和建筑室内装饰需要，可设计成有柱帽无梁楼盖和无柱帽无梁楼盖。多、高层建筑中常采用无柱帽无梁楼盖。柱帽形式常用的有如图 10-7 所示的 3 种。

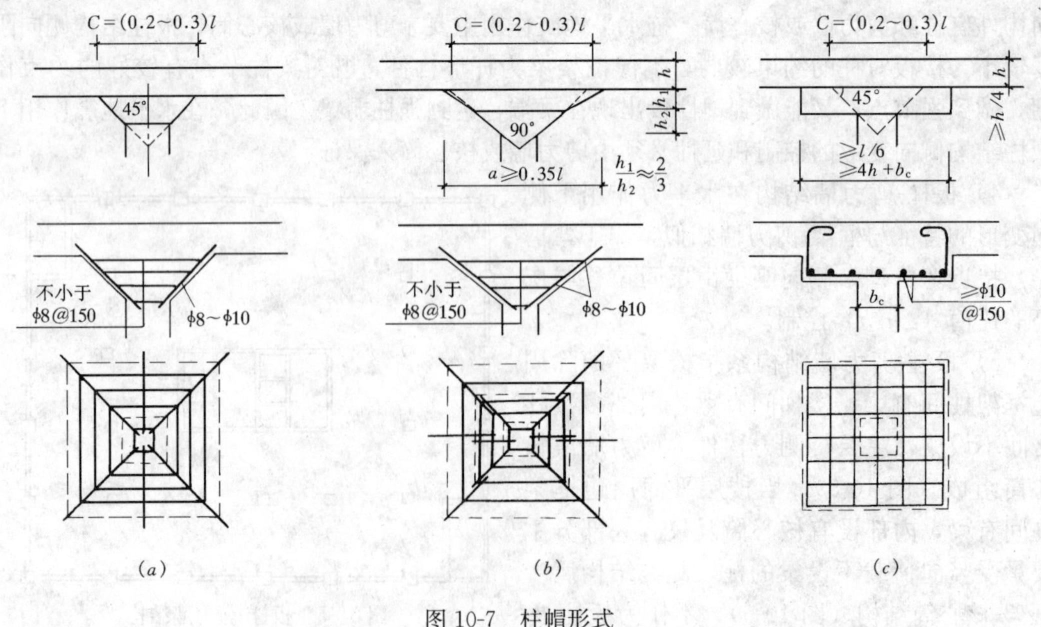


图 10-7　柱帽形式

2）无梁楼盖在竖向均布荷载作用下的内力计算，当符合下列条件时可采用经验系数法：

①每个方向至少有三个连续跨；

②任一区格内的长边与短边之比不大于2；

③同一方向上的相邻跨度不相同时，大跨与小跨之比不大于1.2；

④活荷载与恒荷载之比应不大于3。

经验系数法可按下列公式计算：

$x$ 方向总弯矩设计值

$$M_0 = \frac{1}{8} q L_y \left(L_x - \frac{2}{3} c\right)^2$$

$y$ 方向总弯矩设计值

$$M_0 = \frac{1}{8} q L_x \left(L_y - \frac{2}{3} c\right)^2$$

柱上板带的弯矩设计值

$$M_c = \beta_1 M_0 \tag{10-1}$$

跨中板带的弯矩设计值

$$M_m = \beta_2 M_0 \tag{10-2}$$

式中 $L_x$、$L_y$——$x$ 方向和 $y$ 方向的柱距；

$q$——板的竖向均布荷载设计值；

$c$——柱帽在计算弯矩方向的有效宽度（图10-7），无柱帽时，$c$ 取柱宽度；

$\beta_1$、$\beta_2$——柱上板带和跨中板带弯矩系数，见表10-2。

**柱上板带和跨中板带弯矩系数** **表10-2**

| 部 位 | 截面位置 | 柱上板带 $\beta_1$ | 跨中板带 $\beta_2$ |
|---|---|---|---|
| 端 跨 | 边支座截面负弯矩 | 0.48 | 0.05 |
| | 跨中正弯矩 | 0.22 | 0.18 |
| | 第一个内支座截面负弯矩 | 0.50 | 0.17 |
| 内 跨 | 支座截面负弯矩 | 0.50 | 0.17 |
| | 跨中正弯矩 | 0.18 | 0.15 |

注：1. 表中系数按 $L_x/L_y=1$ 确定，当 $L_y/L_x \leqslant 1.5$ 时也可近似地取用；

2. 表中系数为无悬挑板时的经验值，当有较小悬挑板时仍可采用；如果悬挑板挑出较大且负弯矩大于边支座截面负弯矩时，应考虑悬臂弯矩对边支座及内跨弯矩的影响。

无梁楼盖在总弯矩量不变的条件下，允许将柱上板带负弯矩的10%调幅给跨中板带负弯矩。

**$L_y/L_x=1$ 柱上板带和跨中板带弯矩分配系数** **表10-3**

| 位置 | 弯矩截面 | 柱上板带 $\beta_1$ | 跨中板带 $\beta_2$ |
|---|---|---|---|
| 内跨 | 支座截面 $-M$ | 0.75 | 0.25 |
| | 跨中截面 $+M$ | 0.55 | 0.45 |
| 端跨 | 边支座截面 $-M$ | 0.90 | 0.10 |
| | 跨中截面 $+M$ | 0.55 | 0.45 |
| | 第一间支座截面 $-M$ | 0.75 | 0.25 |

（3）无梁楼盖在竖向荷载作用下，当不符合上条所列条件而不能采用经验系数法时，可采用等代框架法计算内力。当 $L_y/L_x \leqslant 2$ 时，板的有效宽度取板的全宽（图10-8、图10-9）：

$$b_x = 0.5(L_{x1} + L_{x2})$$
$$b_y = 0.5(L_{y1} + L_{y2})$$

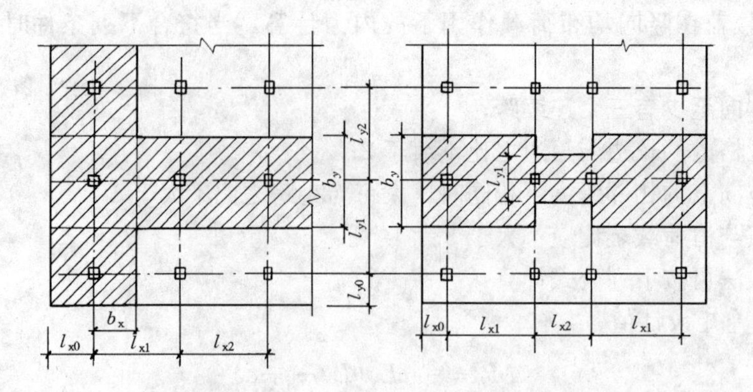


图 10-8　非抗震设计板带划分

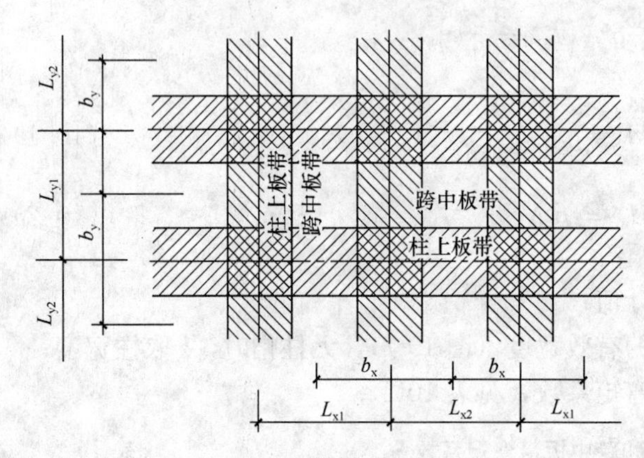


图 10-9　抗震设计无梁楼盖的板带划分（$L_x \leqslant L_y$）

按等代框架分别采用弯矩分配法或其他方法计算出 $x$ 方向和 $y$ 方向总弯矩设计值 $M_0$ 后，当 $L_y/L_x=1\sim1.5$ 时，柱上板带和跨中板带的弯矩值仍按式（10-1）、式（10-2）计算，而弯矩系数 $\beta_1$、$\beta_2$ 按表 10-2 取用。

当 $L_x/L_y=0.5\sim2$ 时，柱上板带和跨中板带弯矩值按式（10-1）、式（10-2）计算，弯矩系数 $\beta_1$、$\beta_2$ 则按表 10-4 取用。

表 10-3 和表 10-4 按板周边为连续时的数值取值。表 10-4 中括号内数值系用于有柱帽的无梁楼板。

**$L_x/L_y=0.5\sim2.0$ 柱上板带和跨中板带弯矩系数**　　　　**表 10-4**

| $L_x/L_y$ | $-M$ | | $+M$ | |
|---|---|---|---|---|
| | 柱上板带 $\beta_1$ | 跨中板带 $\beta_2$ | 柱上板带 $\beta_1$ | 跨中板带 $\beta_2$ |
| 0.50～0.60 | 0.55（0.60） | 0.45（0.40） | 0.50（0.45） | 0.50（0.55） |
| 0.60～0.75 | 0.65（0.70） | 0.35（0.30） | 0.55（0.50） | 0.45（0.50） |
| 0.75～1.33 | 0.70（0.75） | 0.30（0.25） | 0.60（0.55） | 0.40（0.45） |
| 1.33～1.67 | 0.80（0.85） | 0.20（0.15） | 0.75（0.70） | 0.25（0.30） |
| 1.67～2.0 | 0.85（0.90） | 0.15（0.10） | 0.85（0.80） | 0.15（0.20） |

（4）无梁楼盖的板柱结构在风荷载或水平地震作用下，可采用等代框架法计算内力和位移，并与剪力墙或筒体进行协同工作。

等代梁的有效宽度取下列公式计算：

$$b_y = 0.5L_x$$

$$b_x = 0.5L_y$$

按等代框架算得 $x$ 方向和 $y$ 方向某柱间总弯矩值 $M_0$ 后，柱上板带和跨中板带的弯矩按式（10-1）、式（10-2）计算，弯矩系数 $\beta_1$、$\beta_2$ 按表 10-3 取用。

(5) 当采用空间结构软件进行无柱帽板柱-剪力墙结构内力分析时，可采用等代框架近似计算。

《高规》8.2.3 条规定，等代框架等代梁的宽度宜采用垂直于等代框架方向两侧柱距各 1/4；宜采用连续体有限元空间模型进行更准确的计算。

1) 内跨双向均无梁或墙时（均为无梁板）(图 10-10)：

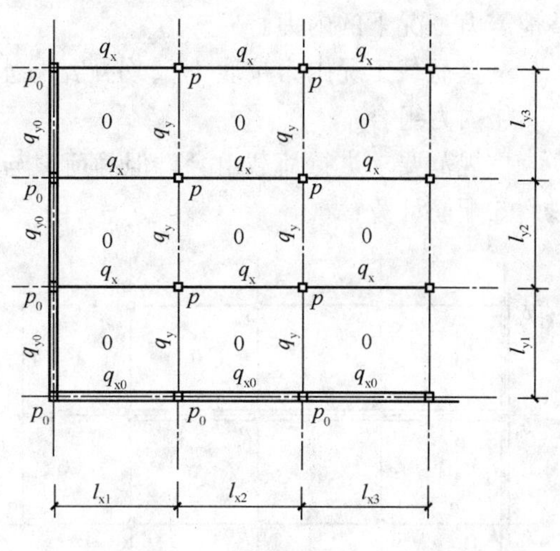

图 10-10　内跨双向无梁或墙

①截面输入：

无梁处等代梁宽度可取下列值：

$$b_y = l_x/2 \quad b_x = l_y/2$$

边梁截面按梁实际截面取（考虑部分翼缘）。

②荷载输入：

a. 面荷载按 0 输入；

b. 两方向等代梁上线荷载分别为：

$$x\text{方向} \quad q_x = (q_1 + q_2 + p)l_y - q_1 \times b_x$$

$$y\text{方向} \quad q_y = (q_1 + q_2 + p)l_x - q_1 \times b_y$$

式中　$q_1$——板单位面积自重标准值；

$q_2$——板上其他单位面积上的恒载标准值；

$p$——单位面积上的活荷载标准值。

c. 考虑板传柱荷载重复，柱上应扣除，即在内柱上施加反向力：

$$p = -(q_1 + q_2 + p)l_x l_y$$

d. 无挑板的边梁上线荷载取：

$$q_{x0} = (q_1 + q_2 + p) \times \frac{l_{y1}}{2} + q_3$$

$$q_{y0} = (q_1 + q_2 + p) \times \frac{l_{x1}}{2} + q_3$$

e. 在边轴柱上分别施加反向力：

$$p_0 = -(q_1 + q_2 + p) \times \frac{1}{2} l_{x1} l_{y1} - q_3 \times l_x(\text{或 } l_y)$$

f. 在角柱施加：

$$p_0 = -(q_1 + q_2 + p) \times \frac{1}{4} l_{x1} l_{y1} - q_3 \frac{(l_{x1} + l_{y1})}{2}$$

式中　$q_3$ ——梁自重及梁上墙重的标准值。

③内力分配：

分别输出竖向荷载和水平地震作用各工况内力。

当程序计算结果未满足《高规》8.1.10 条要求，即剪力墙未承担全部地震作用，各层板柱只能承担 20%各层地震作用时，可采用修改“全楼地震力放大系数”的方法来调整地震力工况下的内力。

垂直荷载工况内力按表 10-2 分配给柱上及跨中板带。

④内力组合：

按规范要求进行荷载组合，但静荷载与活荷载的分项系数宜统一取为 1.3。

⑤配筋计算：

水平荷载引起的内力应与垂直荷载柱上板带支座弯矩组合后，配柱上板带配筋，并将 1/2 支座配筋以暗梁方式配置在柱宽加两侧各 1.5 倍板厚范围内。

边梁处为偏于安全，由全部内力边框架梁承受，梁侧柱上板带范围内参考相邻跨中板带配筋。

2）内跨一个方向有梁或墙，另一方向为无梁板时（图 10-11）：

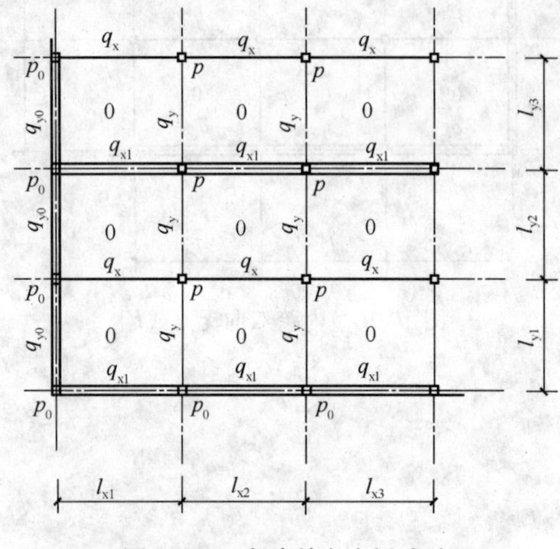

图 10-11　内跨单向有梁或墙

①截面输入：

无梁处等代梁宽度同 1）款，有梁处按梁实际截面取。

②荷载输入：

a. 面荷载按 0 输入。

b. 双向无梁处（同 1）款）：

$$q_x = (q_1 + q_2 + p)l_y - q_1 \times b_x$$
$$q_y = (q_1 + q_2 + p)l_x - q_1 \times b_y$$

c. 内柱上施加反向力：

$$p = -(q_1 + q_2 + p)l_x l_y$$

d. 有边梁处（同 1）款）：

$$q_{x0} = (q_1 + q_2 + p) \times \frac{l_{y1}}{2}$$

$$q_{y0} = (q_1 + q_2 + p) \times \frac{l_{x1}}{2}$$

e. 边柱施加反向力：

$$p_0 = -(q_1 + q_2 + p) \times \frac{1}{2} l_{x1} l_{y1}$$

f. 在角柱处施加反向力：

$$p_0 = -(q_1 + q_2 + p) \times \frac{1}{4} l_{x1} l_{y1}$$

g. 内跨单向有梁处：

$$q_{x1} = (q_1 + q_2 + p) \times l_y$$
$$q_{y1} = (q_1 + q_2 + p) \times l_x - q_1 b_y$$

h. 内柱上施加反向力：

$$p = -(q_1 + q_2 + p)l_x l_y$$

③内力分配、内力组合和配筋计算与（1）类同。

(6) 鉴于柱上板带弯矩分配较多，有时配筋过密不便于施工，在保证总弯矩不变的情况下，允许板带之间或支座与跨中之间各调 10%。

(7) 无梁楼盖的端支座为框架梁或剪力墙时，竖向荷载作用下及风荷载或水平地震作用下内力的计算端跨度取至梁或剪力墙中，平行于框架梁或剪力墙边不设柱上板带。

(8) 无梁楼盖在风荷载或水平地震、竖向荷载共同作用下的内力，应按有关规定进行组合。

(9)《高规》表 3.9.3 规定了板柱-剪力墙结构的抗震等级。《北京细则》按抗震设防分类、设防烈度、场地分类列出的板柱-剪力墙结构的抗震等级，见表 10-5。

**板柱-剪力墙结构抗震等级** **表 10-5**

| 构件 | 建筑类型 | 场地类型 \ 设防烈度 | 6度 | | 7度 | | | | 8度 | | |
|---|---|---|---|---|---|---|---|---|---|---|---|
| | | | 0.05$g$ | | 0.10$g$ | | 0.15$g$ | | 0.20$g$ | | 0.30$g$ |
| | | 高度(m) | ≤35 | >35 | ≤35 | >35 | ≤35 | >35 | ≤35 | >35 | ≤35 |
| 框架、板柱及柱上板带 | 丙类建筑 | Ⅱ | 三 | 二 | 二 | 二 | 二 | 一 | 一 | 一 | 一 |
| | | Ⅲ、Ⅳ | 三 | 二 | 二 | 一 | 一 | 一* | 一 | 一 | 一* |
| | 乙类建筑 | Ⅱ | 二 | 一 | 一 | 一 | 一 | 特一 | 一* | 特一 | |
| | | Ⅲ、Ⅳ | 二 | 一 | 一 | 一* | 一* | 特一 | 一* | 特一 | |

(10) 无梁楼板的抗剪钢筋，一般采用闭合箍筋、弯起钢筋和型钢，其构造要求如图 10-12 所示。箍筋直径不应小于 8mm，间距不应大于 $h_0/3$，肢距不大于 200mm，弯起钢筋可由一排或两排组成，弯起角度可根据板的厚度在 30°～45°之间选取，弯起钢筋的倾斜段应与冲切破坏锥体斜截面相交，其交点应在离集中反力作用面积周边以外 $h/2$～$2h/3$ 的范围内，弯起钢筋直径应不小于 12mm，且每一方向应不少于 3 根。

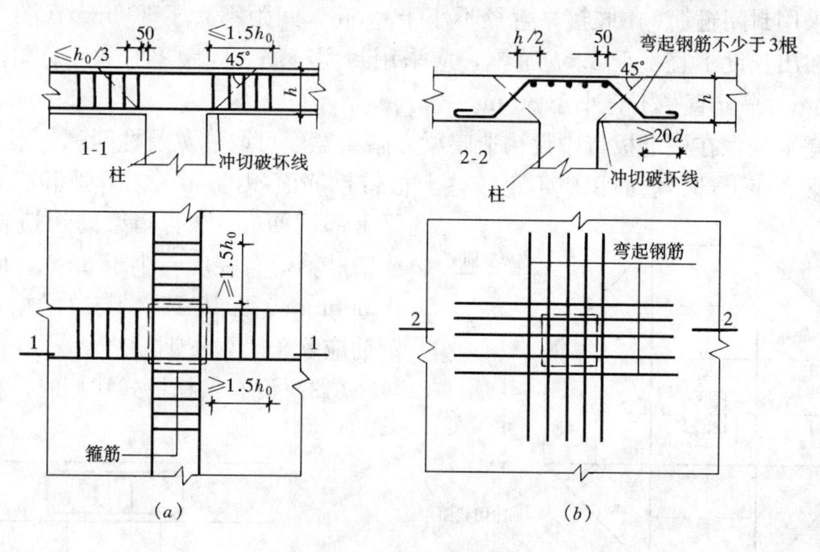


图 10-12 板中抗冲切钢筋布置

(11) 无梁楼盖的柱上板带和跨中板带的配筋布置如图 10-13 所示。

(12) 围绕节点向外扩展到不需要配箍筋的位置，定义为临界截面（图 10-14），临界

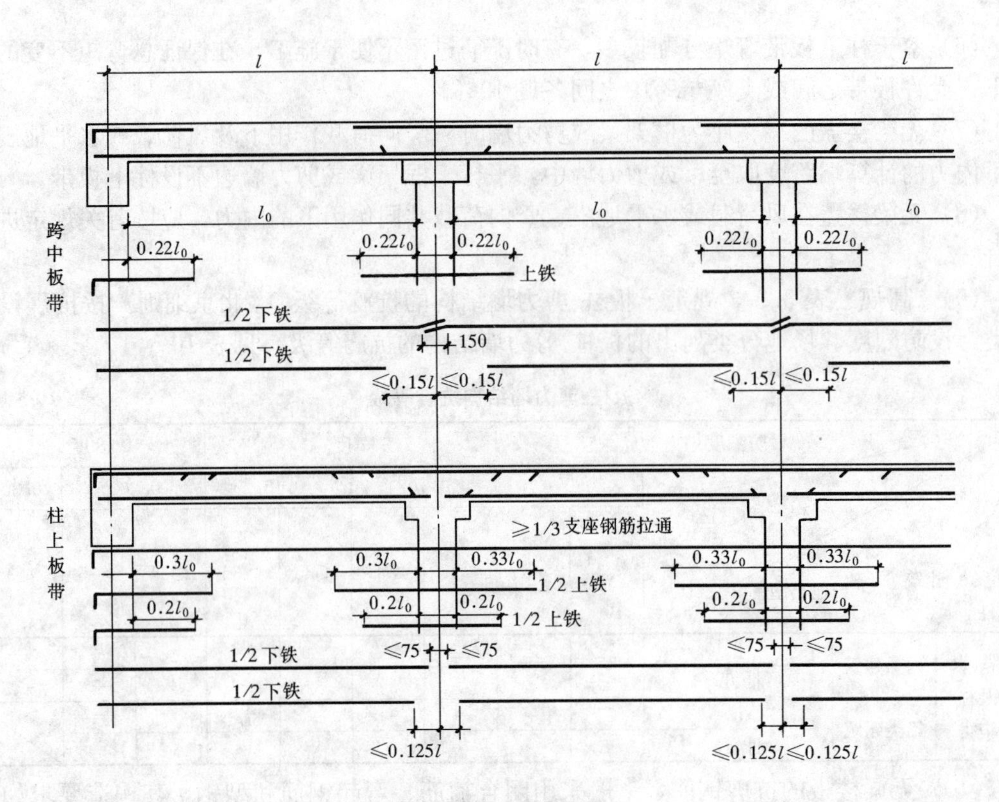


图 10-13 无梁楼盖配筋

截面处求得集中反力设计值应满足冲切承载力要求，其中 $u_m$ 值取临界截面的周长。暗梁宽度取柱宽 $b_c$ 及柱两侧各 1.5$h$（$h$ 为板厚），当冲切截面至临界截面之间的剪力均由双向暗梁承担，暗梁箍筋应满足计算所需的要求，计算不需要配箍筋时，暗梁应设置构造箍筋，并应采用封闭箍筋，4 肢箍，直径不小于 8mm，间距不大于 300mm（图 10-15）。暗梁从柱面伸出长度不宜小于 3.5$h$ 范围，应采用封闭箍筋，间距不宜大于 $h/3$，肢距不宜大于 200mm，箍筋直径不宜小于 8mm。

无柱帽平板宜在柱上板带中设构造暗梁，暗梁宽度可取柱宽及柱两侧各不大于 1.5 倍板厚。暗梁支座上部钢筋面积应不小于柱上板带钢筋面积的 50%，暗梁下部钢筋不宜少于上部钢筋的 1/2。暗梁的构造箍筋应配置成四肢箍，直径应不小于 8mm，间距应不大于 300mm（图 10-15）。与暗梁相垂直的板底钢筋应置于暗梁下钢筋之上。

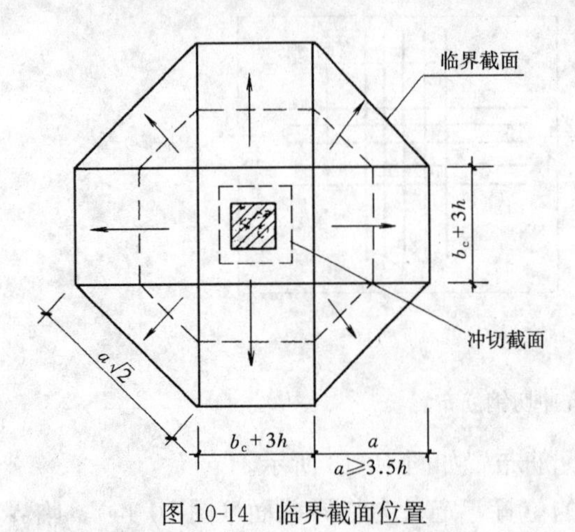


图 10-14 临界截面位置

(13) 设有平托板式柱帽时，平托板的钢

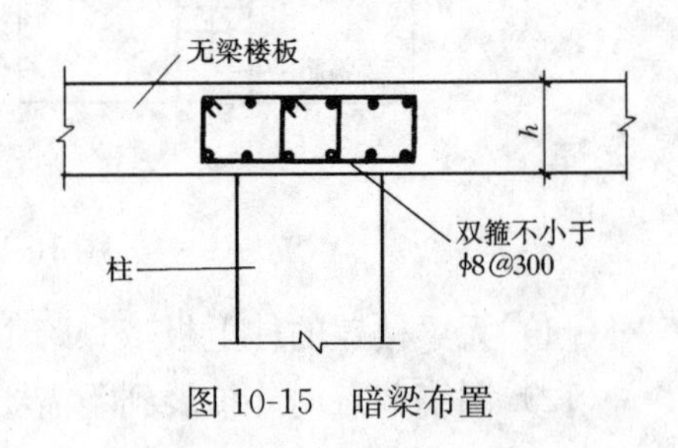


图 10-15 暗梁布置

筋应按柱上板带柱边正弯矩计算确定，按构造不小于 $\phi$10@150 双向，有抗震设防时，钢筋应锚入板内（图 10-16）。

设有平托板式柱帽时，可将柱上板带支座弯矩 $M'_{支}$ 按以下折算成 $M''_{支}$，然后按平托板处有效高度 $h'_0$ 计算柱上板带支座配筋，平托板以外的柱上板带支座配筋同跨中板带支座配筋（图 10-17），相应弯矩调整为：

$$M''_{支}=M'_{支}\left(\frac{L_1}{B_1}\right)-\left(\frac{L_1-B_1}{L_2}\right)M_{支}$$

$$M''_{中}=M'_{中}\left(\frac{L_1}{B_1}\right)-\left(\frac{L_1-B_1}{L_2}\right)M_{中}$$

式中 $M''_{支}$、$M''_{中}$——调整后的柱上板带支座弯矩和跨中弯矩；

$M'_{支}$、$M'_{中}$——调整前的柱上板带支座弯矩和跨中弯矩；

$M_{支}$、$M_{中}$——跨中板带的支座弯矩和跨中弯矩；

$L_1$、$L_2$——柱上板带和跨中板带的宽度；

$B_1$——柱帽宽度。

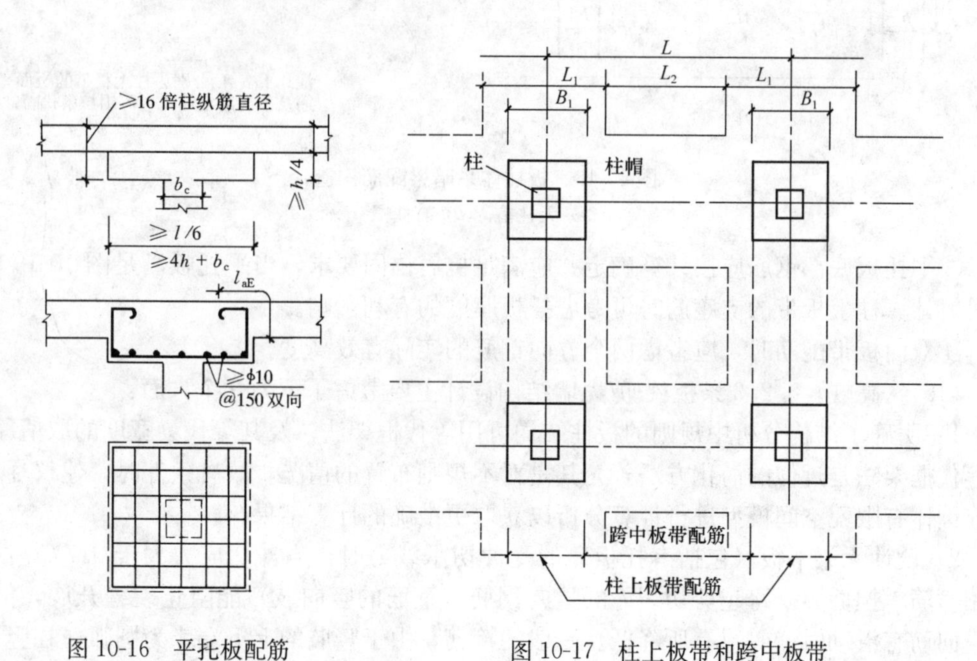


图 10-16 平托板配筋

图 10-17 柱上板带和跨中板带

（14）《北京细则》5.7.5 条规定：

1）抗震设计时，剪力墙墙厚对一、二级底部加强部位应≥200mm，且不小于层高或水平有支长度较小值的 1/16；其他部位应≥160mm，且不小于层高或水平有支长度较小值的 1/20。

2）抗震设计时，柱上板带暗梁配筋满足计算要求外，还应符合：

①暗梁上、下纵向钢筋应分别取柱上板带上下钢筋总截面面积的 50%，且下部钢筋不宜小于上部钢筋的 1/2。暗梁纵向钢筋应全跨拉通，其直径宜大于暗梁以外板带钢筋的直径，但不应大于相应柱截面边长的 1/20。

②暗梁的箍筋，至少应配置四肢箍，直径不小于 8mm，间距≤300mm。

在暗梁梁端≥2.5$h$ 范围内应设箍筋加密区，加密区箍筋间距为 $h/2$ 与 100mm 的较小值（图 10-18）。

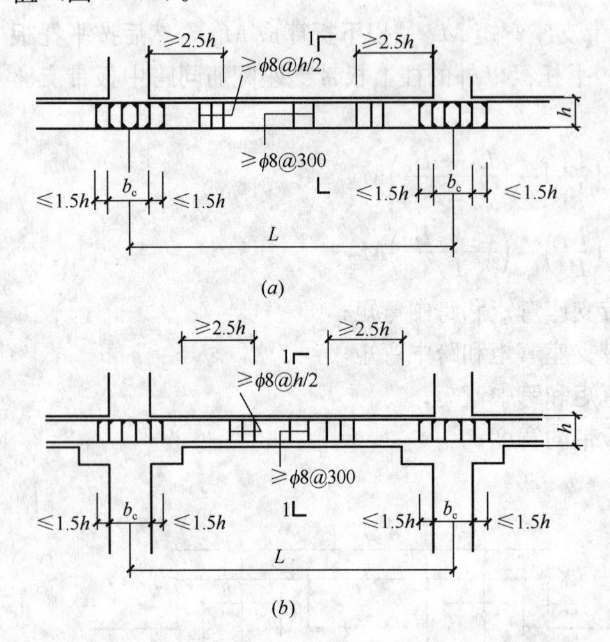


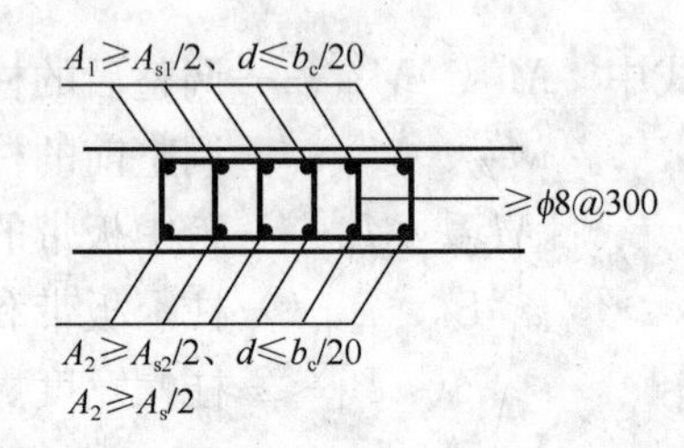


注：$A_{s1}$、$A_{s2}$分别为柱上板带的板面筋及板底筋箍筋，也可用拉条代替。

图 10-18　板柱体系暗梁配筋构造
（$a$）无柱帽；（$b$）有柱帽

③平托板底部钢筋应按计算确定并应满足抗震锚固要求。当平托板满足图 10-19 的要求时，计算柱上板带的支座筋时可考虑托板厚度的有利影响。

④双向板带配筋时，应考虑两个方向钢筋的实际有效高度。

（15）《高规》8.2.3 条板柱-剪力墙结构设计主要考虑了下列几个方面：

1）明确了结构分析中规则的板柱结构可用等代框架法，及其等代梁宽度的取值原则。但等代框架法是近似的简化方法，尤其是对不规则布置的情况，故有条件时，建议尽量采用连续体有限元空间模型进行计算分析以获取更准确的计算结果。

2）设计无梁平板（包括有托板）的受冲切承载力时，当冲切应力大于 $0.7f_t$ 时，可使用箍筋承担剪力。跨越剪切裂缝的竖向钢筋（箍筋的竖向肢）能阻止裂缝开展，但是，当竖向筋有滑动时，效果有所降低。一般的箍筋，由于竖肢的上下端皆为圆弧，在竖肢受力较大接近屈服时，皆有滑动发生，此点在国外的试验中得到证实。在板柱结构中，如不设托板，柱周围之板厚度不大，再加上双向纵筋使 $h_0$ 减小，箍筋的竖向肢往往较短，少量滑动就能使应变减少较多，其箍筋竖肢的应力也不能达到屈服强度。因此，加拿大规范（CSA－A23.3-94）规定，只有当板厚（包括托板厚度）不小于 300mm 时，才允许使用箍筋。美国 ACI 规范要求在箍筋转角处配置较粗的水平筋以协助固定箍筋的竖肢。美国近年大量采用的"抗剪栓钉"（shear studs），能避免上述箍筋的缺点，且施工方便，既有良好的抗冲切性能，又能节约钢材。因此本规程建议尽可能采用高效能抗剪栓钉来提高抗冲切能力。在构造方面，可以参照钢结构栓钉的做法，按设计规定的直径及间距，将栓钉用自动焊接法焊在钢板上。典型布置的抗剪栓钉设置如图 10-20 所示；图 10-21、图 10-22 分别给出了矩形柱和圆柱抗剪栓钉的不同排列示意图。

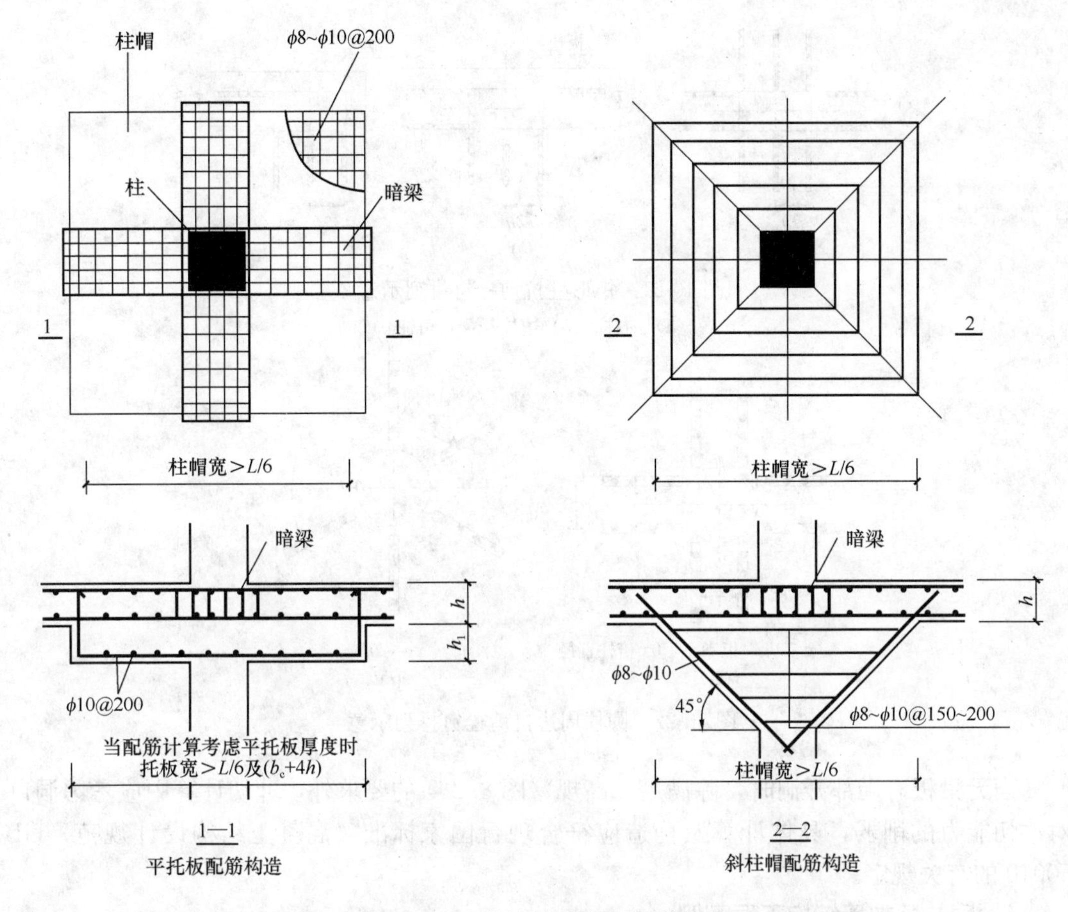


图 10-19　平托板与斜柱帽配筋构造

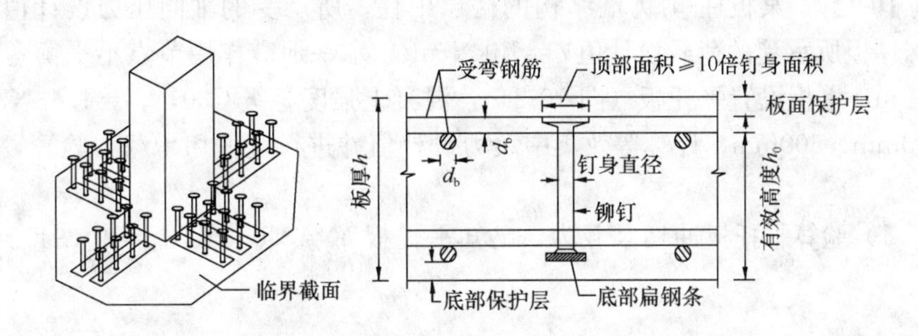


图 10-20　典型抗剪栓钉布置示意

当地震作用能导致柱上板带的支座弯矩反号时，应验算如图 10-23 所示虚线界面中的冲切承载力。

3）为防止无柱托板板柱结构的楼板在柱边开裂后楼板坠落，穿过柱截面板底两个方向钢筋的受拉承载力应满足该柱承担的该层楼面重力荷载代表值所产生的轴压力设计值。

（16）《高规》8.2.4 条，板柱-剪力墙结构中，地震作用虽由剪力墙全部承担，但结构在整体工作时，板柱部分仍会承担一定的水平力。由柱上板带和柱组成的板柱框架中的板，受力主要集中在柱的连线附近，故抗震设计应沿柱轴线设置暗梁，目的在于加强板与柱的连接，较好地起到板柱框架的作用，此时柱上板带的钢筋应比较集中在暗梁部位。

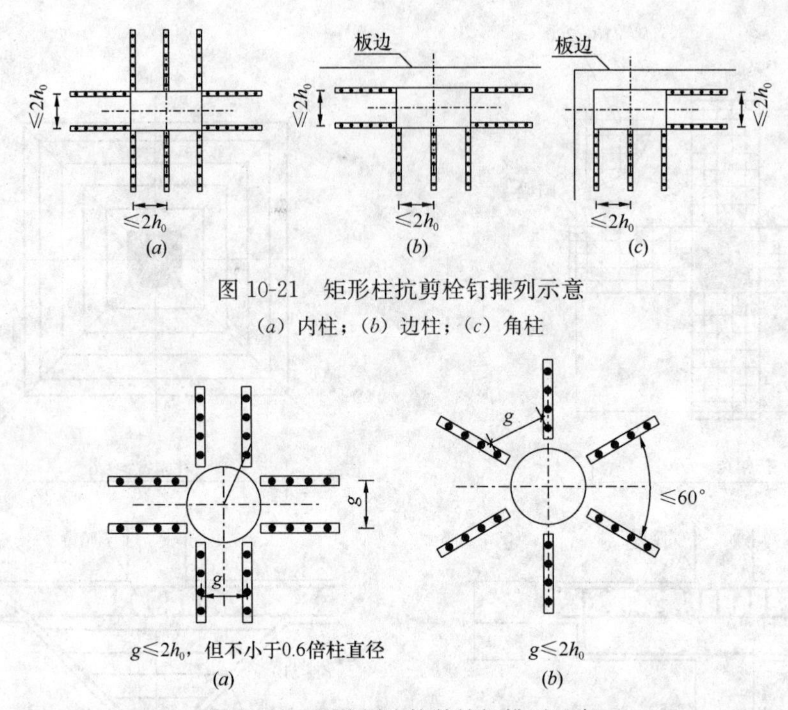


图 10-21　矩形柱抗剪栓钉排列示意

(a) 内柱；(b) 边柱；(c) 角柱



图 10-22　圆柱周边抗剪栓钉排列示意

当无梁板有局部开洞时，除满足《高规》图 8.2.4 的要求外，冲切计算中应考虑洞口对冲切能力的削弱，具体计算及构造应符合现行国家标准《混凝土结构设计规范》GB 50010 的有关规定。

4. 板柱-剪力墙结构工程实例

**【实例 10-1】**　某板柱-剪力墙结构的楼层中柱，所承受的轴向压力设计值层间差值 $N$=930kN，板所承受的荷载设计值 $q$=13kN/m²，水平地震作用节点不平衡弯矩 $M_{unb}$= 133.3kN・m，楼板设置平托板（图 10-24），混凝土强度等级 C30，$f_t$=1.43N/mm²，中柱截面 600mm×600mm，计算等效集中反力设计值并进行抗冲切承载力验算，抗震等级一级。

**【解】**　1）验算平托板冲切承载力，已知平托板 $h_0$=340mm，$u_m$=4×940=3760mm，

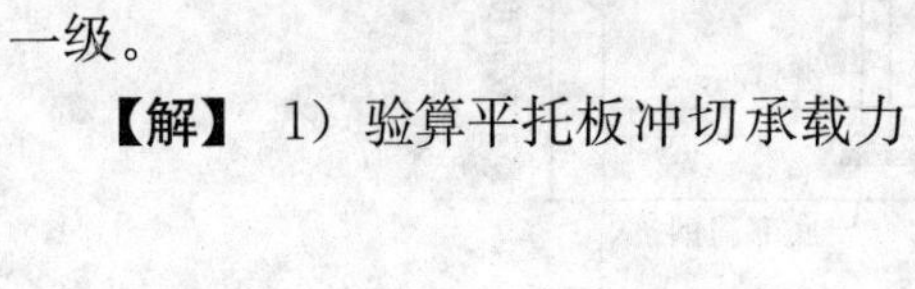

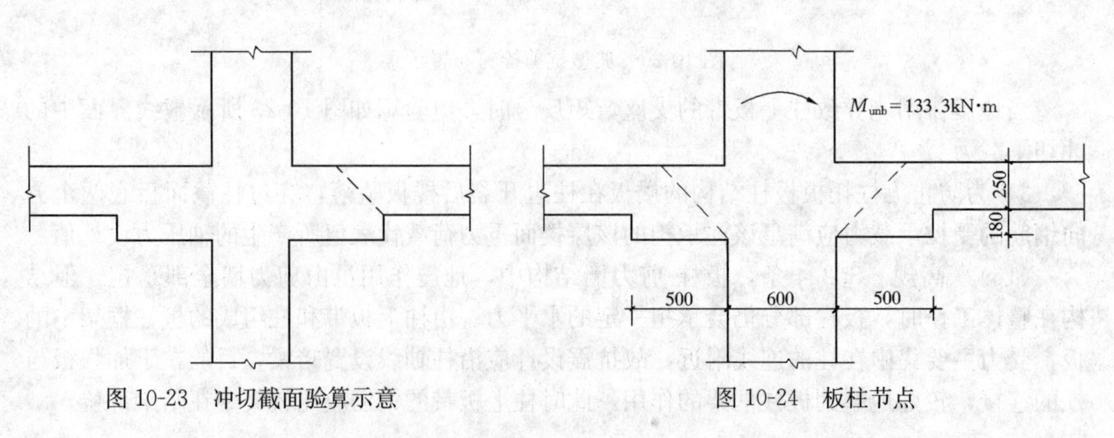


图 10-23　冲切截面验算示意 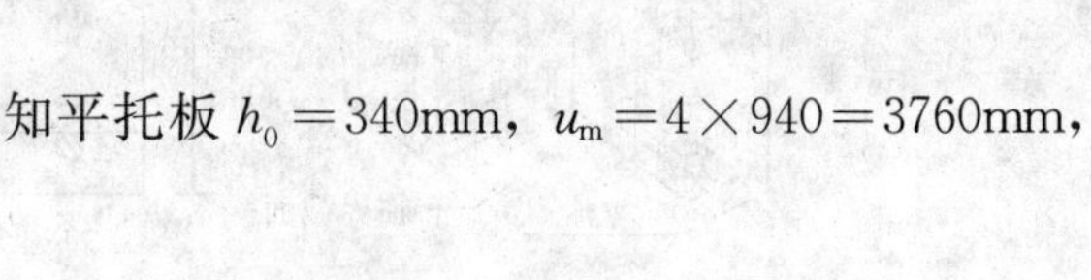　　　　图 10-24　板柱节点

$h_c=b_c=600\text{mm}$，$a_t=a_m=940\text{mm}$，$a_{AB}=a_{CD}=\dfrac{a_t}{2}=470\text{mm}$，$e_g=0$，于是得 $\alpha_0=1-\dfrac{1}{1+\dfrac{2}{3}\sqrt{\dfrac{h_c+h_0}{b_c+h_0}}}=0.4$，代入《混凝土规范》附录F公式（F.0.2-1）得中柱临界截面极惯性矩为：

$$I_c=\frac{h_0a_t^3}{6}+2h_0a_m\left(\frac{a_t}{2}\right)^2$$
$$=\frac{340\times940^3}{6}+2\times340\times940\times470^2$$
$$=1882.65\times10^8\text{mm}^4$$

由公式（F.0.1-1）得等效集中反力设计值：

$$F_{l,eq}=F_l+\left(\frac{\alpha_0M_{unb}a_{AB}}{I_c}u_mh_0\right)\eta_{vb}$$
$$=908.7+\left(\frac{0.4\times133.3\times10^6\times470}{1882.65\times10^8\times1000}\times3760\times340\right)\times1.3$$
$$=1129.92\text{kN}$$

其中 $F_l=N-qA'=930-13\times(0.6+0.68)^2=908.7\text{kN}$。

按《混凝土规范》验算冲切承载力：

$$F_{l,eq}=1129.92\text{kN}\leqslant\frac{1}{\gamma_{RE}}0.7f_tu_mh_0=[F_l]$$
$$[F_l]=\frac{1}{0.85}0.7\times1.43\times3760\times340/1000$$
$$=1505.50\text{kN}\quad 满足要求$$

本例中 $\beta_h=1$，$\eta_1=1$，$\eta_2=1.4$，故取 $\eta=1$。

2）验算平托板边冲切承载力，已知楼板 $h_0=230\text{mm}$，$u_m=4(1.6+0.23)=7.32\text{m}=7320\text{mm}$，$\alpha_0=0.4$，$a_m=a_t=1830\text{mm}$，$a_{AB}=a_{CD}=\dfrac{a_t}{2}=915\text{mm}$，$e_g=0$，于是得临界截面极惯性矩为：

$$I_c=\frac{230\times1830^3}{6}+2\times230\times1830\times915^2=9.4\times10^{11}\text{mm}^4$$
$$F'_l=930-2.06^2\times13=874.83\text{kN}$$
$$F'_{l,eq}=874.83+\left(\frac{0.4\times133.3\times10^6\times915}{9.4\times10^{11}\times1000}\times7320\times230\right)\times1.3=962.21\text{kN}$$
$$\eta_1=1,\eta_2=0.5+\frac{420\times230}{4\times7320}=0.814$$

验算冲切承载力：

$$[F_l]=\frac{1}{0.85}\times0.7\times1.43\times7320\times230\times0.814/1000=1613.91\text{kN}>F'_{l,eq}\quad 满足要求$$

3）在平托板边已满足冲切承载力的要求后，在距暗梁边 $3.5h=875\text{mm}$ 临界截面必定满足冲切承载力，因此，在暗梁从柱面起 875mm 范围配置 6$\phi$8@80 箍筋，往外暗梁箍筋按构造为 4$\phi$8@300（图 10-25）。

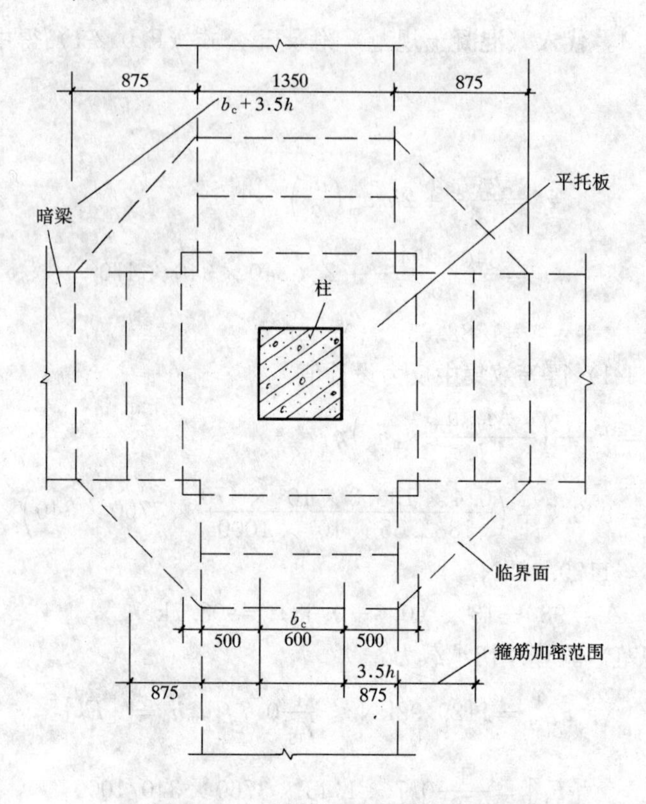


图 10-25　平托板、暗梁节点平面

**【实例 10-2】**　某地下车库，柱距为 8.1m×8.1m，顶板采用无梁楼盖，不考虑抗震设防，顶板厚度为 400mm，柱子 700mm×700mm，平托板柱帽 2800mm×2800mm，厚 450mm，混凝土强度等级为 C40，钢筋采用 HRB400，顶板上方填土厚度 3m 作为花园（图 10-26）。

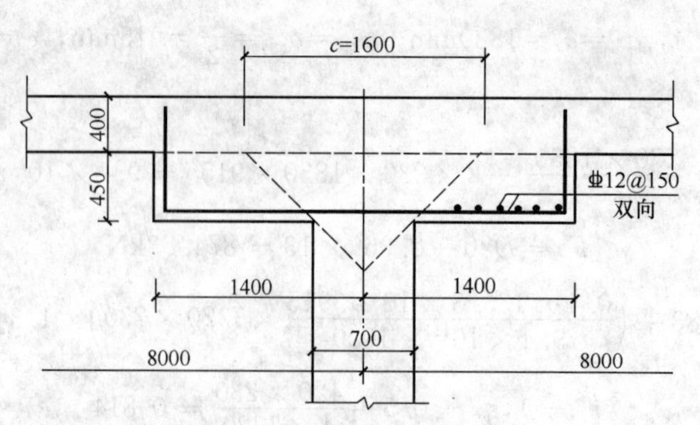


图 10-26　平托板柱帽

要求：按经验系数法计算柱上板带及跨中板带弯矩，验算中柱柱帽冲切承载力，采用一般方法与本章四节 3 条（13）方法计算中部某跨的配筋，并对钢筋用量进行比较。

**【解】**　混凝土 C40，$f_t=1.71\text{MPa}$，$f_c=19.1\text{MPa}$，钢筋 HRB400，$f_y=360\text{MPa}$。

1）地下室顶荷载设计值：

花园活载 10×1.4×0.7=9.8kN/m²

填土 18×3=54
防水　1.5
风道等　0.4
顶板 25×0.4=10
（以上合计）65.9×1.35=88.97kN/m²

合计 9.8+88.97=98.77kN/m²

2）柱帽冲切承载力验算

柱帽 $h$=850mm，$h_0$=810mm

$$F_l = 8.1^2 \times 98.77 - (0.7 + 2 \times 0.81)^2 \times 98.77 = 5948.68\text{kN}$$

$$u_m = (810 + 700) \times 4 = 6040\text{mm}, \beta_h = 1.0, \eta = 1.0$$

$$[F_l] = 0.7\beta_h f_t \eta u_m h_0$$

$$= 0.7 \times 1.0 \times 1.71 \times 1 \times 6040 \times 810/1000$$

$$= 5846.20\text{kN} < F_l$$，仅差 1.6%，基本满足。

柱帽外，$F_l = [8.1^2 - (2.8+0.72)^2] \times 98.77 = 5256.50\text{kN}$

$$u_m = (360+2800) \times 4 = 12640\text{mm}$$

$$[F_l] = 0.7\times1.0\times1.71\times1\times12640\times360/1000 = 5446.83\text{kN} > F_l$$

3）弯矩计算

$x$ 方向和 $y$ 方向因为柱距相等，各弯矩相同，总弯矩设计值由本章四节 3 条（2）、2）得：

$$M_0 = \frac{1}{8} q l_y \left(l_x - \frac{2}{3}c\right)^2$$

$$= \frac{1}{8} 98.77 \times 8.1 \left(8.1 - \frac{2}{3} \times 1.6\right)^2$$

$$= 4947.01\text{kN}\cdot\text{m}$$

柱上板带和跨中板带的弯矩系数按表 10-1。

柱上板带：支座弯矩 $M'_{支} = 0.5\times4947.01 = 2473.5\text{kN}\cdot\text{m}$

跨中弯矩 $M'_{中} = 0.18\times4947.01 = 890.46\text{kN}\cdot\text{m}$

跨中板带：支座弯矩 $M_{支} = 0.17\times4947.01 = 840.99\text{kN}\cdot\text{m}$

跨中弯矩 $M_{中} = 0.15\times4947.01 = 742.05\text{kN}\cdot\text{m}$

当按本节 3 条（13）计算调整后弯矩为：

$$M''_{支} = M'_{支}\left(\frac{L_1}{B_1}\right) - \left(\frac{L_1 - B_1}{L_2}\right) M_{支}$$

$$= 2473.5\left(\frac{4.05}{2.8}\right) - \left(\frac{4.05 - 2.8}{4.05}\right) 840.99$$

$$=3318.18\text{kN}\cdot\text{m}$$

$$M''_{中}=M'_{中}\left(\frac{L_1}{B_1}\right)-\left(\frac{L_1-B_1}{L_2}\right)M_{中}$$

$$=890.46\left(\frac{4.05}{2.8}\right)-\left(\frac{4.05-2.8}{4.05}\right)742.05$$

$$=1058.97\text{kN}\cdot\text{m}$$

4）配筋计算

配筋计算按本书第 6 章二节 8 条手算方法，$\alpha_s=\frac{M}{f_c bh_0^2}$，$\xi=1-\sqrt{1-2\alpha_s}$，$\gamma_s=\frac{\alpha_s}{\xi}$，$A_s=\frac{M}{f_y\gamma_s^2 h_0}$。

①采用一般方法计算：

柱上板带：支座 $\alpha_s=\frac{2473.5\times10^6}{19.1\times4050\times360^2}=0.247$，$\gamma_s=0.855$

$$A_s=\frac{2473.5\times10^6}{360\times0.855\times360\times4.05}=5511.7\text{mm}^2/\text{m}$$

跨中 $\alpha_s=\frac{890.46\times10^6}{19.1\times4050\times360^2}=0.089$，$\gamma_s=0.953$

$A_s=1780.17\text{mm}^2/\text{m}$　Φ16@110

跨中板带：支座 $\alpha_s=\frac{840.99\times10^6}{18.1\times4050\times360^2}=0.084$，$\gamma_s=0.955$

$A_s=1677.75\text{mm}^2/\text{m}$　Φ20@180

跨中 $\alpha_s=\frac{742.05\times10^6}{19.1\times4050\times360^2}=0.074$，$\gamma_s=0.961$

$A_s=1471.13\text{mm}^2/\text{m}$　Φ18@180

②采用本节 8 条方法计算得到支座及跨中弯矩

柱上板带：支座 $\alpha_s=\frac{3318.18\times10^6}{19.1\times2800\times810^2}=0.095$，$\gamma_3=0.95$

$A_s=\frac{3318.18\times10^6}{360\times0.95\times810\times2.8}=4277.9\text{mm}^2/\text{m}$　Φ25@120

跨中 $\alpha_s=\frac{1058.97\times10^6}{19.1\times2800\times360^2}=0.153$，$\gamma_s=0.916$

$A_s=3185.85\text{mm}^2/\text{m}$　Φ22@120

跨中板带同一般方法，布筋范围宽为 5.1m。

5）布钢筋如图 10-27，按本节 3 条（13）方法，因为柱上板带支座配筋按柱帽有效高度计算，相比一般方法可节省钢筋约 24.4%。

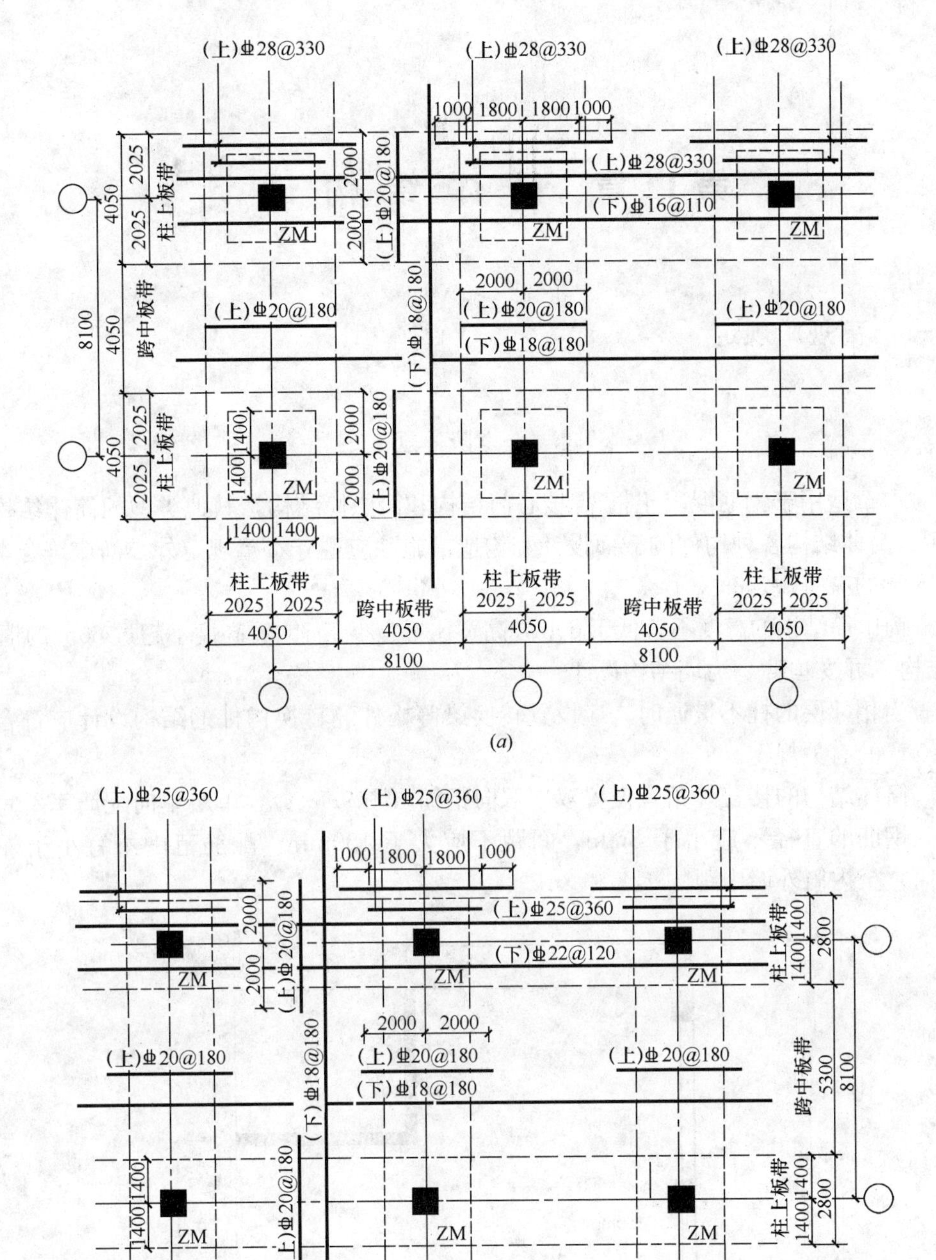


图 10-27　钢筋布置

(a) 一般方法计算；(b) 优化计算

# 第11章　筒体结构设计

## 一、《高规》规定

### 9.1　一般规定

**9.1.1**　本章适用于钢筋混凝土框架-核心筒结构和筒中筒结构，其他类型的筒体结构可参照使用。筒体结构各种构件的截面设计和构造措施除应遵守本章规定外，尚应符合本规程第6～8章的有关规定。

**9.1.2**　筒中筒结构的高度不宜低于80m，高宽比不宜小于3。对高度不超过60m的框架-核心筒结构，可按框架-剪力墙结构设计。

**9.1.3**　当相邻层的柱不贯通时，应设置转换梁等构件。转换构件的结构设计应符合本规程第10章的有关规定。

**9.1.4**　筒体结构的楼盖外角宜设置双层双向钢筋（图9.1.4），单层单向配筋率不宜小于0.3%，钢筋的直径不应小于8mm，间距不应大于150mm，配筋范围不宜小于外框架（或外筒）至内筒外墙中距的1/3和3m。

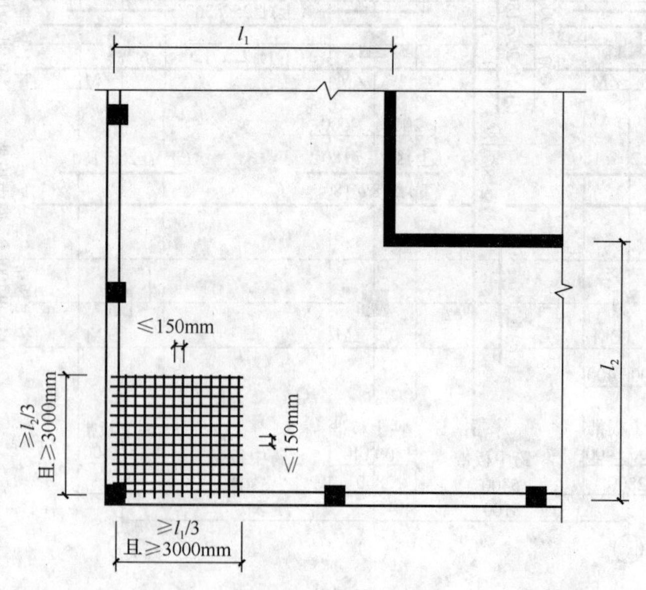


图9.1.4　板角配筋示意

**9.1.5**　核心筒或内筒的外墙与外框柱间的中距，非抗震设计大于15m、抗震设计大于12m时，宜采取增设内柱等措施。

**9.1.6** 核心筒或内筒中剪力墙截面形状宜简单；截面形状复杂的墙体可按应力进行截面设计校核。

**9.1.7** 筒体结构核心筒或内筒设计应符合下列规定：

**1** 墙肢宜均匀、对称布置；

**2** 筒体角部附近不宜开洞，当不可避免时，筒角内壁至洞口的距离不应小于500mm和开洞墙截面厚度的较大值；

**3** 筒体墙应按本规程附录D验算墙体稳定，且外墙厚度不应小于200mm，内墙厚度不应小于160mm，必要时可设置扶壁柱或扶壁墙；

**4** 筒体墙的水平、竖向配筋不应少于两排，其最小配筋率应符合本规程第7.2.17条的规定；

**5** 抗震设计时，核心筒、内筒的连梁宜配置对角斜向钢筋或交叉暗撑；

**6** 筒体墙的加强部位高度、轴压比限值、边缘构件设置以及截面设计，应符合本规程第7章的有关规定。

**9.1.8** 核心筒或内筒的外墙不宜在水平方向连续开洞，洞间墙肢的截面高度不宜小于1.2m；当洞间墙肢的截面高度与厚度之比小于4时，宜按框架柱进行截面设计。

**9.1.9** 抗震设计时，框筒柱和框架柱的轴压比限值可按框架-剪力墙结构的规定采用。

**9.1.10** 楼盖主梁不宜搁置在核心筒或内筒的连梁上。

**9.1.11** 抗震设计时，筒体结构的框架部分按侧向刚度分配的楼层地震剪力标准值应符合下列规定：

**1** 框架部分分配的楼层地震剪力标准值的最大值不宜小于结构底部总地震剪力标准值的10%。

**2** 当框架部分分配的地震剪力标准值的最大值小于结构底部总地震剪力标准值的10%时，各层框架部分承担的地震剪力标准值应增大到结构底部总地震剪力标准值的15%；此时，各层核心筒墙体的地震剪力标准值宜乘以增大系数1.1，但可不大于结构底部总地震剪力标准值，墙体的抗震构造措施应按抗震等级提高一级后采用，已为特一级的可不再提高。

**3** 当框架部分分配的地震剪力标准值小于结构底部总地震剪力标准值的20%，但其最大值不小于结构底部总地震剪力标准值的10%时，应按结构底部总地震剪力标准值的20%和框架部分楼层地震剪力标准值中最大值的1.5倍二者的较小值进行调整。

按本条第2款或第3款调整框架柱的地震剪力后，框架柱端弯矩及与之相连的框架梁端弯矩、剪力应进行相应调整。

有加强层时，本条框架部分分配的楼层地震剪力标准值的最大值不应包括加强层及其上、下层的框架剪力。

## 9.2 框架-核心筒结构

**9.2.1** 核心筒宜贯通建筑物全高。核心筒的宽度不宜小于筒体总高的1/12，当筒体结构设置角筒、剪力墙或增强结构整体刚度的构件时，核心筒的宽度可适当减小。

**9.2.2** 抗震设计时，核心筒墙体设计尚应符合下列规定：

**1** 底部加强部位主要墙体的水平和竖向分布钢筋的配筋率均不宜小于0.30%；

**2**　底部加强部位约束边缘构件沿墙肢的长度宜取墙肢截面高度的 1/4，约束边缘构件范围内应主要采用箍筋；

**3**　底部加强部位以上宜按本规程 7.2.15 条的规定设置约束边缘构件。

**9.2.3**　**框架-核心筒结构的周边柱间必须设置框架梁。**

**9.2.4**　核心筒连梁的受剪截面应符合本规程第 9.3.6 条的要求，其构造设计应符合本规程第 9.3.7、9.3.8 条的有关规定。

**9.2.5**　对内筒偏置的框架-筒体结构，应控制结构在考虑偶然偏心影响的规定地震力作用下，最大楼层水平位移和层间位移不应大于该楼层平均值的 1.4 倍，结构扭转为主的第一自振周期 $T_t$ 与平动为主的第一自振周期 $T_1$ 之比不应大于 0.85，且 $T_1$ 的扭转成分不宜大于 30%。

**9.2.6**　当内筒偏置、长宽比大于 2 时，宜采用框架-双筒结构。

**9.2.7**　当框架-双筒结构的双筒间楼板开洞时，其有效楼板宽度不宜小于楼板典型宽度的 50%，洞口附近楼板应加厚，并应采用双层双向配筋，每层单向配筋率不应小于 0.25%；双筒间楼板宜按弹性板进行细化分析。

## 9.3　筒中筒结构

**9.3.1**　筒中筒结构的平面外形宜选用圆形、正多边形、椭圆形或矩形等，内筒宜居中。

**9.3.2**　矩形平面的长宽比不宜大于 2。

**9.3.3**　内筒的宽度可为高度的 1/12～1/15，如有另外的角筒或剪力墙时，内筒平面尺寸可适当减小。内筒宜贯通建筑物全高，竖向刚度宜均匀变化。

**9.3.4**　三角形平面宜切角，外筒的切角长度不宜小于相应边长的 1/8，其角部可设置刚度较大的角柱或角筒；内筒的切角长度不宜小于相应边长的 1/10，切角处的筒壁宜适当加厚。

**9.3.5**　外框筒应符合下列规定：

**1**　柱距不宜大于 4m，框筒柱的截面长边应沿筒壁方向布置，必要时可采用 T 形截面；

**2**　洞口面积不宜大于墙面面积的 60%，洞口高宽比宜与层高和柱距之比值相近；

**3**　外框筒梁的截面高度可取柱净距的 1/4；

**4**　角柱截面面积可取中柱的 1～2 倍。

**9.3.6**　外框筒梁和内筒连梁的截面尺寸应符合下列规定：

**1**　持久、短暂设计状况

$$V_b \leqslant 0.25\beta_c f_c b_b h_{b0} \tag{9.3.6-1}$$

**2**　地震设计状况

**1**）跨高比大于 2.5 时

$$V_b \leqslant \frac{1}{\gamma_{RE}}(0.20\beta_c f_c b_b h_{b0}) \tag{9.3.6-2}$$

**2**）跨高比不大于 2.5 时

$$V_b \leqslant \frac{1}{\gamma_{RE}}(0.15\beta_c f_c b_b h_{b0}) \tag{9.3.6-3}$$

式中：$V_b$ ——外框筒梁或内筒连梁剪力设计值；

$b_b$ ——外框筒梁或内筒连梁截面宽度；

$h_{b0}$ ——外框筒梁或内筒连梁截面的有效高度；

$\beta_c$ ——混凝土强度影响系数，应按本规程第 6.2.6 条规定采用。

**9.3.7　外框筒梁和内筒连梁的构造配筋应符合下列要求：**

**1　非抗震设计时，箍筋直径不应小于 8mm；抗震设计时，箍筋直径不应小于 10mm。**

**2　非抗震设计时，箍筋间距不应大于 150mm；抗震设计时，箍筋间距沿梁长不变，且不应大于 100mm，当梁内设置交叉暗撑时，箍筋间距不应大于 200mm。**

**3　框筒梁上、下纵向钢筋的直径均不应小于 16mm，腰筋的直径不应小于 10mm，腰筋间距不应大于 200mm。**

**9.3.8**　跨高比不大于 2 的框筒梁和内筒连梁宜增配对角斜向钢筋。跨高比不大于 1 的框筒梁和内筒连梁宜采用交叉暗撑（图 9.3.8），且应符合下列规定：

**1**　梁的截面宽度不宜小于 400mm；

**2**　全部剪力应由暗撑承担，每根暗撑应由不少于 4 根纵向钢筋组成，纵筋直径不应小于 14mm，其总面积 $A_s$ 应按下列公式计算：

**1**）持久、短暂设计状况

$$A_s \geqslant \frac{V_b}{2f_y \sin\alpha} \tag{9.3.8-1}$$

**2**）地震设计状况

$$A_s \geqslant \frac{\gamma_{RE} V_b}{2f_y \sin\alpha} \tag{9.3.8-2}$$

式中：$\alpha$ ——暗撑与水平线的夹角；

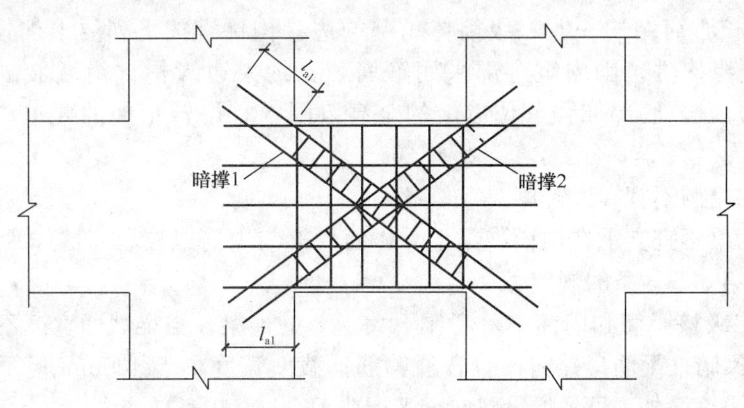


图 9.3.8　梁内交叉暗撑的配筋

**3**　两个方向暗撑的纵向钢筋应采用矩形箍筋或螺旋箍筋绑成一体，箍筋直径不应小于 8mm，箍筋间距不应大于 150mm；

**4**　纵筋伸入竖向构件的长度不应小于 $l_{a1}$，非抗震设计时 $l_{a1}$ 可取 $l_a$，抗震设计时 $l_{a1}$ 宜取 1.15 $l_a$；

**5**　梁内普通箍筋的配置应符合本规程第 9.3.7 条的构造要求。

## 二、《抗规》规定

### 6.7　筒体结构抗震设计要求

**6.7.1**　框架-核心筒结构应符合下列要求：

**1**　核心筒与框架之间的楼盖宜采用梁板体系；部分楼层采用平板体系时应有加强措施。

**2**　除加强层及其相邻上下层外，按框架-核心筒计算分析的框架部分各层地震剪力的最大值不宜小于结构底部总地震剪力的 10%。当小于 10%时，核心筒墙体的地震剪力应适当提高，边缘构件的抗震构造措施应适当加强；任一层框架部分承担的地震剪力不应小于结构底部总地震剪力的 15%。

**3**　加强层设置应符合下列规定：

**1**）9 度时不应采用加强层；

**2**）加强层的大梁或桁架应与核心筒内的墙肢贯通；大梁或桁架与周边框架柱的连接宜采用铰接或半刚性连接；

**3**）结构整体分析应计入加强层变形的影响；

**4**）施工程序及连接构造上，应采取措施减小结构竖向温度变形及轴向压缩对加强层的影响。

**6.7.2**　框架-核心筒结构的核心筒、筒中筒结构的内筒，其抗震墙除应符合本规范第 6.4 节的有关规定外，尚应符合下列要求：

**1**　抗震墙的厚度、竖向和横向分布钢筋应符合本规范第 6.5 节的规定；筒体底部加强部位及相邻上一层，当侧向刚度无突变时不宜改变墙体厚度。

**2**　框架-核心筒结构一、二级筒体角部的边缘构件宜按下列要求加强：底部加强部位，约束边缘构件范围内宜全部采用箍筋，且约束边缘构件沿墙肢的长度宜取墙肢截面高度的1/4，底部加强部位以上的全高范围内宜按转角墙的要求设置约束边缘构件。

**3**　内筒的门洞不宜靠近转角。

**6.7.3**　楼面大梁不宜支承在内筒连梁上。楼面大梁与内筒或核心筒墙体平面外连接时，应符合本规范第 6.5.3 条的规定。

**6.7.4**　一、二级核心筒和内筒中跨高比不大于 2 的连梁，当梁截面宽度不小于 400mm 时，可采用交叉暗柱配筋，并应设置普通箍筋；截面宽度小于 400mm 但不小于 200mm 时，除配置普通箍筋外，可另增设斜向交叉构造钢筋。

**6.7.5**　筒体结构转换层的抗震设计应符合本规范附录 E 第 E.2 节的规定。

## 三、对规定的解读和建议

### 1. 有关一般规定

(1) 筒体结构具有造型美观、使用灵活、受力合理，以及整体性强等优点，适用于较高的高层建筑。目前全世界最高的 100 幢高层建筑约有 2/3 采用筒体结构；国内 100m 以上的高层建筑约有一半采用钢筋混凝土筒体结构，所用形式大多为框架-核心筒结构和筒中筒结构。

（2）筒体结构由于其具有较强的侧向刚度而成为高层建筑结构的主要结构体系之一，筒体结构可根据平面墙柱构件布置情况分为下列 5 种：

1）筒中筒结构，由外部的框筒与内部的核心筒组成的筒中筒结构具有很强的抗侧向力的能力，在侧向力作用下，外框筒承受轴向力为主，并提供相应的抗倾覆弯矩，内筒则承受较大比例的侧向力产生的剪力，同时亦承受一定比例的抗倾覆弯矩。外筒由外周边间距一般在 4m 以内的密柱和高度较高的裙梁所组成，具有很大的抗侧力刚度和承载力。密柱框筒在下部楼层，为了建筑外观和使用功能的需要可通过转换层变大柱距（图 11-1*a*）。

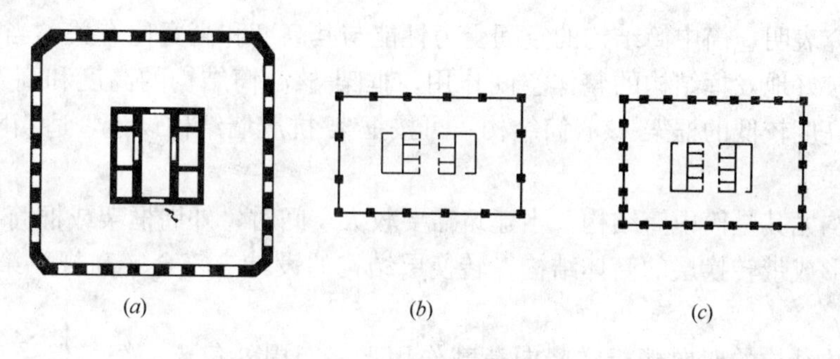

图 11-1　筒体结构平面

（*a*）筒中筒结构平面；（*b*）框架-核心筒平面；（*c*）框筒结构平面

2）框架-核心筒结构，与框筒结构相反，利用建筑功能的需要在内部组成实体筒体作为主要抗侧力构件，在内筒外布置梁柱框架，其受力状态与框架-剪力墙结构相同，可以认为是一种抗震墙集中布置的框架-抗震墙结构，但由于其平面布置的规则性与内部的核心筒的稳定性及抗侧向力作用的空间有效性，其力学性能与抗震性能优于一般的框架-剪力墙结构，在我国近期的高层建筑发展中，是一种常见的结构体系，在内筒与周边框架之间，可根据楼盖结构设计的需要，另布置内柱，其平面布置示意见图 11-1（*b*）。

3）框筒结构，以沿建筑外轮廓布置的密柱、裙梁组成的框架筒体为其抗侧力构件，内部布置梁柱框架主要承受由楼盖传来的竖向荷载，平面布置示意见图 11-1（*c*），其主要特点为可以提供很大的内部活动空间，但对钢筋混凝土结构来说，在建筑物内部总会具有布置实体墙体、筒体的条件，因此实际应用很少。

4）多重筒结构，建筑平面上由多个筒体套成，内筒常由剪力墙组成，外周边可以是小柱距框筒，也可为开有洞口的剪力墙组成。

（3）筒中筒结构的外框筒柱及框架-核心筒结构的外框架柱一般常采用方形柱，现以筒中筒结构的外框筒柱和裙梁在相同截面面积而采用不同形状的效果作对比说明：

筒中筒结构的外框筒墙面上洞口尺寸，对整体工作关系极大，为发挥框筒的筒体效能，外框筒柱一般不宜采用正方形和圆形截面，因为在相同梁柱截面面积情况下，采用正方形截面，梁柱的受力性能远远差于扁宽梁柱（表 11-1）。

**框筒受力性能与梁、柱截面形状的关系比较**　　**表 11-1**

| 柱和裙梁的截面形状和尺寸 | 250 1000；1000 250 | 250 750 250；1000 250 | 250 500；1000 250 | 500 500；500 500 |
|---|---|---|---|---|
| 类　型 | 1 | 2 | 3 | 4 |
| 开孔率（%） | 44 | 50 | 55 | 89 |
| 框筒顶水平位移 | 100 | 142 | 232 | 313 |
| 轴力比 $N_1/N_2$ | 4.3 | 4.9 | 6.0 | 14.1 |

注：$N_1$ 为角柱轴力；$N_2$ 为中柱轴力。$N_1/N_2$ 越大剪力滞后越明显，结构难以发挥空间整体作用。

（4）研究表明，筒中筒结构的空间受力性能与其高度和高宽比有关，当高宽比小于 3 时，就不能较好地发挥结构的整体空间作用；框架-核心筒结构的高度和高宽比可不受此限制。对于高度较低的框架-核心筒结构，可按框架-抗震墙结构设计，适当降低核心筒和框架的构造要求。

筒体结构尤其是筒中筒结构，当建筑需要较大空间时，外周框架或框筒有时需要抽掉一部分柱，形成带转换层的筒体结构。转换层结构的设计应符合《高规》第 10.2 节的有关规定。

（5）筒体结构的双向楼板在竖向荷载作用下，四周外角要上翘，但受到剪力墙的约束，加上楼板混凝土的自身收缩和温度变化影响，使楼板外角可能产生斜裂缝。为防止这类裂缝出现，楼板外角顶面和底面配置双向钢筋网，适当加强。

角区楼板双向受力，梁可以采用三种布置方式（图 11-2）：

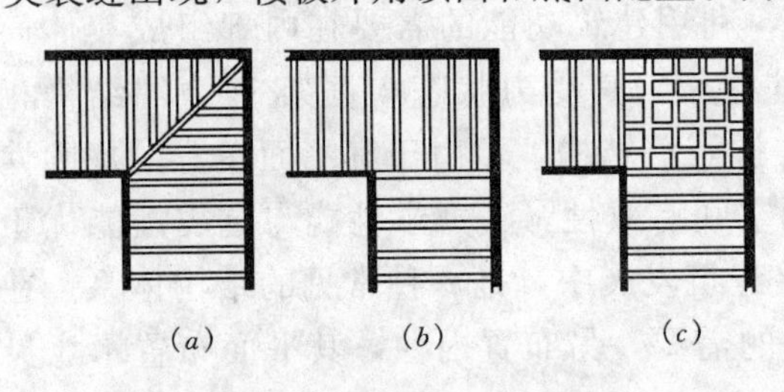


图 11-2　角区楼板、梁布置

1）角区布置斜梁，两个方向的楼盖梁与斜梁相交，受力明确。此种布置，斜梁受力较大，梁截面高，不便机电管道通行；楼盖梁的长短不一，种类较多。

2）单向布置，结构简单，但有一根主梁受力大。

3）双向交叉梁布置，此种布置结构高度较小，有利降低层高。

4）单向平板布置，角部沿一方向设扁宽梁，必要时设部分预应力筋。

（6）筒体结构中筒体墙与外周框架之间的距离不宜过大，否则楼盖结构的设计较困难。根据近年来的工程经验，适当放松了核心筒或内筒外墙与外框柱之间的距离要求，非抗震设计和抗震设计分别由 02 规程的 12m、10m 调整为 15m、12m。

（7）《高规》9.1.7 条规定了筒体结构核心筒、内筒设计的基本要求。第 3 款墙体厚度是最低要求，同时要求所有筒体墙应按本规程附录 D 验算墙体稳定，必要时可增设扶壁柱或扶壁墙以增强墙体的稳定性；第 5 款对连梁的要求主要目的是提高其抗震延性。

为防止核心筒或内筒中出现小墙肢等薄弱环节，墙面应尽量避免连续开洞，对个别无法避免的小墙肢，应控制最小截面高度，并按柱的抗震构造要求配置箍筋和纵向钢筋，以加强其抗震能力。

(8) 在筒体结构中，大部分水平剪力由核心筒或内筒承担，框架柱或框筒柱所受剪力远小于框架结构中的柱剪力，剪跨比明显增大，因此其轴压比限值可比框架结构适当放松，可按框架-剪力墙结构的要求控制柱轴压比。

(9) 楼盖主梁搁置在核心筒的连梁上，会使连梁产生较大剪力和扭矩，容易产生脆性破坏，应尽量避免。

(10) 对框架-核心筒结构和筒中筒结构，如果各层框架承担的地震剪力不小于结构底部总地震剪力的20%，则框架地震剪力可不进行调整；否则，应按本条的规定调整框架柱及与之相连的框架梁的剪力和弯矩。

设计恰当时，框架-核心筒结构可以形成外周框架与核心筒协同工作的双重抗侧力结构体系。实际工程中，由于外周框架柱的柱距过大、梁高过小，造成其刚度过低、核心筒刚度过高，结构底部剪力主要由核心筒承担。这种情况，在强烈地震作用下，核心筒墙体可能损伤严重，经内力重分布后，外周框架会承担较大的地震作用。因此，《高规》9.1.11条第1款对外周框架按弹性刚度分配的地震剪力作了基本要求；对本规程规定的房屋最大适用高度范围的筒体结构，经过合理设计，多数情况应该可以达到此要求。一般情况下，房屋高度越高时，越不容易满足该条第1款的要求。

通常，筒体结构外周框架剪力调整的方法与《高规》第8章框架-剪力墙结构相同，即该条第3款的规定。当框架部分分配的地震剪力不满足该条第1款的要求，即小于结构底部总地震剪力的10%时，意味着筒体结构的外周框架刚度过弱，框架总剪力如果仍按第3款进行调整，框架部分承担的剪力最大值的1.5倍可能过小，因此要求按第2款执行，即各层框架剪力按结构底部总地震剪力的15%进行调整，同时要求对核心筒的设计剪力和抗震构造措施予以加强。

对带加强层的筒体结构，框架部分最大楼层地震剪力可不包括加强层及其相邻上、下楼层的框架剪力。

**2. 有关框架-核心筒结构的规定**

(1) 核心筒是框架-核心筒结构的主要抗侧力结构，应尽量贯通建筑物全高。一般来讲，当核心筒的宽度不小于筒体总高度的1/12时，筒体结构的层间位移就能满足规定。

(2) 平面布置

1) 建筑平面形状及核心筒布置与位置宜规则、对称；

2) 建筑平面的长宽比宜小于1.5，单筒的框架-核心筒最大不应大于2.0；

3) 核心筒的较小边尺寸与相应的建筑宽度比不宜小于0.4；

4) 框架梁柱宜双向布置，梁、柱的中心线宜重合，如难实现时，宜在梁端水平加腋，使梁端处中心线与柱中心线接近重合，见图11-3，梁、柱的截面尺寸、柱轴压比限值等应按框架、框架-抗震墙结构的要求控制；

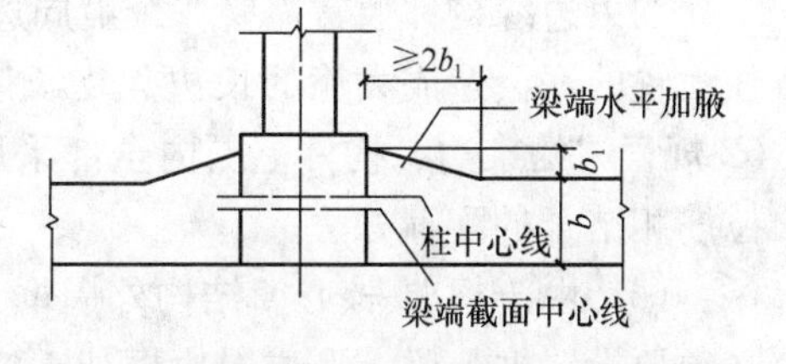


图11-3 梁端水平加腋（平面）

5) 核心筒的内部墙肢布置宜均匀、对称；

6) 核心筒的外墙设置的洞口位置宜均匀、对称；相邻洞口间的墙体尺寸不宜小于$4t$（核心筒外墙厚度）和1.0m；不宜在角部附近开洞，当难避免时，洞口宽度宜≤1.2m，洞口高度宜≤2/3$h$（层高），且洞边至内墙角尺寸不小于500mm或墙厚（取大值）；

7）核心筒至外框柱的轴距不宜大于12m，否则宜另设内柱以减小框架梁高对层高的影响。当核心筒至外框柱的轴距小于12m时不宜设内柱，否则既不利建筑使用空间，又因减小了内筒从属受竖向荷载面积造成内筒外墙容易超筋。

楼盖主梁不宜支承在核心筒外围墙的连梁上，可按图11-4把梁稍斜放直接支承在墙上，并且相邻层错开，使墙体受力均衡。

楼盖主梁支承到核心筒外围墙角部时为了避免与筒体墙角部边缘钢筋交接过密影响混凝土浇筑质量，可把梁端边偏离200～250mm（图11-4）。

（3）竖向布置

1）核心筒宜贯通建筑物全高；

2）核心筒的外墙厚度一般应按无端柱条件考虑，一、二级底部加强部位的墙厚不应小于层高1/12，其上部位墙厚不宜小于层高的1/12；

核心筒的外墙厚度不应小于层高的1/20及200mm，内墙不应小于160mm；

3）核心筒底部加强部位及相邻上一层的墙厚应保持不变，其上部的墙厚及核心筒内部的墙体数量可根据内力的变化及功能需要合理调整，但其侧向刚度应符合竖向规则性的要求；

4）核心筒外墙上的较大门洞（洞口宽大于1.2m）宜竖向连续布置，以使其内力变化保持连续性；洞口连梁的跨高比不宜大于4，且其截面高度不宜小于600mm，以便核心筒具有较强抗弯能力与整体刚度；

5）框架结构沿竖向应保持贯通，不应在中下部抽柱收进；柱截面尺寸沿竖向的变化宜与核心筒墙厚的变化错开。

（4）楼盖结构

1）应采用现浇梁板结构，使其具有良好的平面内刚度与整体性，以能确保框架与核心筒的协同工作；

2）核心筒外缘楼板不宜开设较大的洞口；

3）核心筒内部的楼板由于设置楼、电梯及设备管道间，开洞多，为加强其整体性，使其能有效约束墙肢（开口薄壁杆体）的扭转与翘曲及传递地震作用，楼板厚度不宜小于120mm，宜双层配筋。

（5）抗震设计时，核心筒为框架-核心筒结构的主要抗侧力构件，本条对其底部加强部位水平和竖向分布钢筋的配筋率、边缘构件设置提出了比一般剪力墙结构更高的要求。

约束边缘构件通常需要一个沿周边的大箍，再加上各个小箍或拉筋，而小箍是无法勾住大箍的，会造成大箍的长边无支长度过大，起不到应有的约束作用。因此，第2款将02规程“约束边缘构件范围内全部采用箍筋”的规定改为主要采用箍筋，即采用箍筋与拉筋相结合的配箍方法。

（6）由于框架-核心筒结构外周框架的柱距较大，为了保证其整体性，外周框架柱间必须要设置框架梁，形成周边框架。实践证明，纯无梁楼盖会影响框架-核心筒结构的整体刚度和抗震性能，尤其是板柱节点的抗震性能较差。因此，在采用无梁楼盖时，更应在各层楼盖沿周边框架柱设置框架梁。

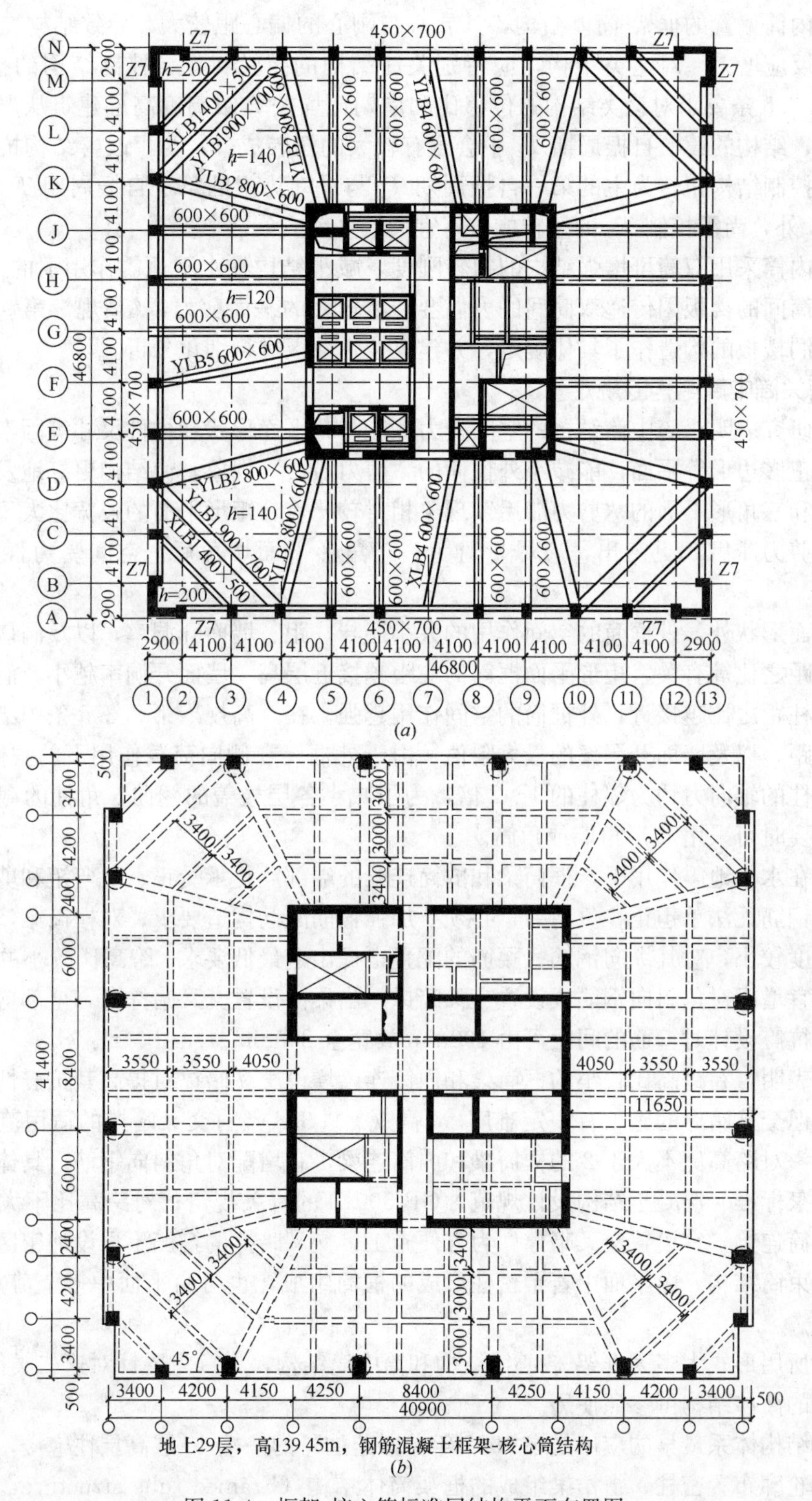


图 11-4　框架-核心筒标准层结构平面布置图

(a) 北京富威大厦标准层顶板结构平面图；(b) 深圳华润大厦标准层结构布置

（7）内筒偏置的框架-筒体结构，其质心与刚心的偏心距较大，导致结构在地震作用下的扭转反应增大。对这类结构，应特别关注结构的扭转特性，控制结构的扭转反应。《高规》9.2.5 条要求对该类结构的位移比和周期比均按 B 级高度高层建筑从严控制。内筒偏置时，结构的第一自振周期 $T_1$ 中会含有较大的扭转成分，为了改善结构抗震的基本性能，除控制结构扭转为主的第一自振周期 $T_t$ 与平动为主的第一自振周期 $T_1$ 之比不应大于 0.85 外，尚需控制 $T_1$ 的扭转成分不宜大于平动成分之半。

（8）内筒采用双筒可增强结构的扭转刚度，减小结构在水平地震作用下的扭转效应。考虑到双筒间的楼板因传递双筒间的力偶会产生较大的平面剪力，《高规》第 9.2.7 条对双筒间开洞楼板的构造作了具体规定，并建议按弹性板进行细化分析。

**3. 有关筒中筒结构的规定**

（1）研究表明，筒中筒结构的空间受力性能与其平面形状和构件尺寸等因素有关，选用圆形和正多边形等平面，能减小外框筒的“剪力滞后”现象，使结构更好地发挥空间作用，矩形和三角形平面的“剪力滞后”现象相对较严重，矩形平面的长宽比大于 2 时，外框筒的“剪力滞后”更突出，应尽量避免；三角形平面切角后，空间受力性质会相应改善。

除平面形状外，外框筒的空间作用的大小还与柱距、墙面开洞率，以及洞口高宽比与层高和柱距之比等有关，矩形平面框筒的柱距越接近层高、墙面开洞率越小，洞口高宽比与层高和柱距之比越接近，外框筒的空间作用越强；在《高规》第 9.3.5 条中给出了矩形平面的柱距，以及墙面开洞率的最大限值。由于外框筒在侧向荷载作用下的“剪力滞后”现象，角柱的轴向力约为邻柱的 1～2 倍，为了减小各层楼盖的翘曲，角柱的截面可适当放大，必要时可采用 L 形角墙或角筒。

（2）在水平地震作用下，框筒梁和内筒连梁的端部反复承受正、负弯矩和剪力，而一般的弯起钢筋无法承担正、负剪力，必须要加强箍筋配筋构造要求；对框筒梁，由于梁高较大、跨度较小，对其纵向钢筋、腰筋的配置也提出了最低要求。跨高比较小的框筒梁和内筒连梁宜增配对角斜向钢筋或设置交叉暗撑；当梁内设置交叉暗撑时，全部剪力可由暗撑承担，抗震设计时箍筋的间距可由 100mm 放宽至 200mm。

研究表明，在跨高比较小的框筒梁和内筒连梁增设交叉暗撑对提高其抗震性能有较好的作用，但交叉暗撑的施工有一定难度。《高规》9.3.8 条对交叉暗撑的适用范围和构造作了调整：对跨高比不大于 2 的框筒梁和内筒连梁，宜增配对角斜向钢筋，具体要求可参照现行国家标准《混凝土结构设计规范》GB 50010 的有关规定；对跨高比不大于 1 的框筒梁和内筒连梁，宜设置交叉暗撑。为方便施工，交叉暗撑的箍筋不再设加密区。

（3）束筒结构，由平面中若干密柱形成的框筒组成，也可由平面中多个剪力墙内筒、角筒组成。

我国所用形式大多为框架-核心筒结构和筒中筒结构，本章主要针对这二类筒体结构，其他类型的筒体结构可参照使用。

筒体结构体系最早的应用是在 1963 年美国芝加哥的一幢 43 层高层住宅楼，其利用建筑物的外轮廓布置密柱、窗裙梁组成的框架筒体结构（Framed tube structure，简称框筒结构）作为其抗侧力构件，其后在世界各地应用这种结构体系相继建造了高度更高的超高层建筑，最具代表性的是于 2001 年“9・11 事件”中被撞倒塌的美国纽约世界贸易中心双塔楼（钢结构筒中筒结构、高 412m）及芝加哥市西尔斯大厦（钢结构成束筒结构、高 443m），我国深圳市的国贸大厦（高 159m、1985 年建成）及广州市广东国际大厦（高 199m、1992 年建成）则为全现浇钢筋混凝土筒中筒结构。

由密柱、裙梁组成的框筒结构一般位于建筑物的外轮廓，当使用功能允许时亦可布置在建筑物内部，在侧向力作用下，其力学性能依其立面的开孔率的不同而类似于实体的筒体，即与侧向力（或其分量）作用方向平行的结构部件作为腹板参加工作，而与侧向力（或其分量）作用方向垂直的结构部件作为翼缘也参加工作，因而具有其空间工作的性能。在腹板部件与翼缘部件中，通过裙梁的剪切变形传给密柱的轴向力呈非线性分布，这与理想筒体在侧向力作用下的拉、压应力线性分布有不同，称为框筒结构的剪切滞后（图 11-5），其剪切滞后的状况与建筑物的高度、柱与裙梁的相对刚度比、高宽比等有关，框筒结构的剪切滞后状况表明其发挥整体结构抵抗侧向力作用的能力强弱。实际上，在侧向力作用下的实体筒体的拉、压应力分布也同样存在着剪切滞后，而不同于理想筒体的线性分布。

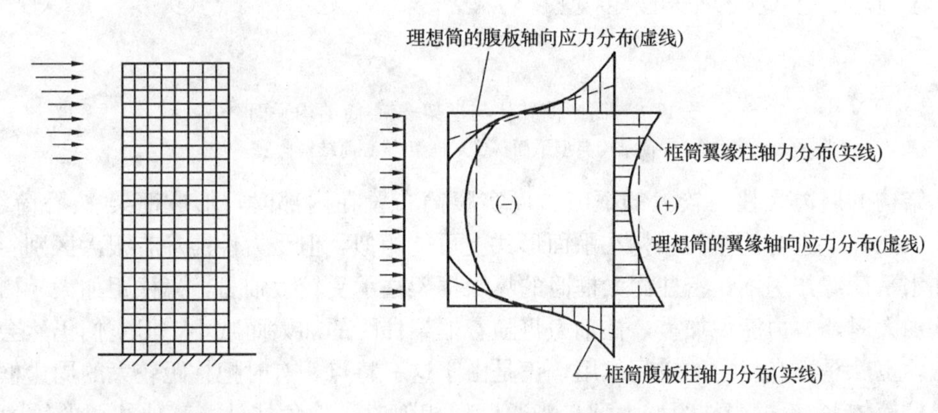


图 11-5　框筒结构的剪切滞后

（4）筒中筒结构的受力特点：

筒中筒结构是由框筒和实腹筒共同抵抗侧向力的结构。由密排柱和跨高比较小的裙梁构成密柱深梁框架，布置在建筑物周围形成框筒，见图 11-6（*a*）。在水平力作用下，框筒中除了腹板框架抵抗部分倾覆力矩外，翼缘框架柱承受较大的拉、压力，可以抵抗水平荷载产生的部分倾覆力矩。设计框筒需要注意的问题是柱轴力分布中的“剪力滞后”，影响剪力滞后的因素很多，影响较大的有：①柱距与裙梁高度；②角柱面积；③框筒结构高度；④框筒平面形状等。当结构布置和构件尺寸恰当时，可以使剪力滞后减小，柱子中的轴力分布相对均匀，框筒就能具有很大的抗侧移和抗扭刚度。

框筒与实腹筒组成的筒中筒结构，不仅增大了结构的抗侧刚度，还带来了协同工作的优点，实腹筒是以弯曲变形为主的，框筒的剪切型变形成分较大，二者通过楼板协同工作抵抗水平荷载，与框架-剪力墙结构协同工作类似，框筒与实腹筒的协同工作可使层间变形更加均匀；框筒上部、下部内力也趋于均匀；框筒以承受倾覆力矩为主，内筒则承受大部分剪力，内筒下部承受的剪力很大；外框筒承受的剪力一般可达到层剪力的 25%以上，承受的倾覆力矩一般可达到 50%以上，因此可以成为双重抗侧力体系。

（5）框架-核心筒结构受力特点：

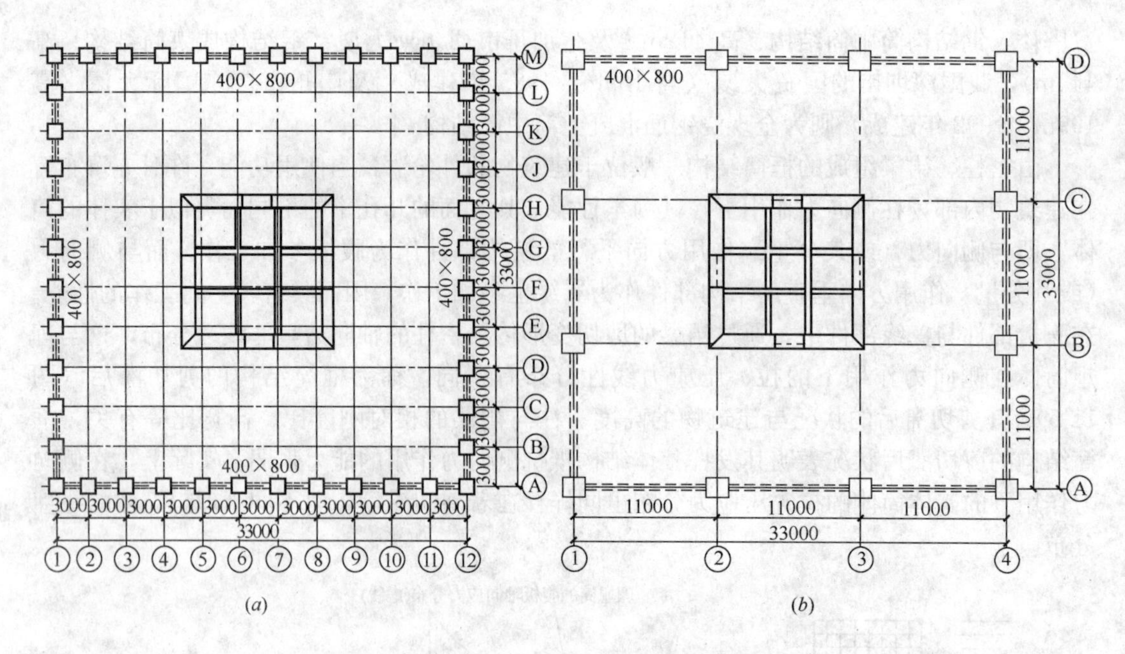


图 11-6　筒中筒结构与框架-核心筒结构平面

(*a*) 筒中筒结构典型平面；(*b*) 框架-核心筒结构典型平面

当结构的周边为柱距较大的框架，而实腹筒布置在内部时，形成框架-核心筒结构，见图 11-6 (*b*)。它与筒中筒结构在平面形式上可能相似，但受力性能却有很大区别。

在水平荷载作用下，密柱深梁框筒的翼缘框架柱承受较大轴力，当柱距加大、裙梁的跨高比加大时，剪力滞后加重，柱轴力将随着框架柱距的加大而减小，但它们仍然会有一些轴力，也就是还有一定的空间作用，正是由于这一特点，有时把柱距较大的周边框架称为"稀柱筒体"。不过当柱距增大到与普通框架相似时，除角柱外，其他柱子的轴力将很小，由量变到质变，通常可忽略沿翼缘框架传递轴力的作用，就直接称之为框架以区别于框筒。框架-核心筒结构抵抗水平荷载的受力性能与筒中筒结构有很大的不同，它更接近于框架-剪力墙结构。由于周边框架柱数量少、柱距大，框架分担的剪力和倾覆力矩都少，核心筒成为抗侧力的主要构件，所以框架-核心筒结构必须通过采取措施才能实现双重抗侧力体系。

(6) 框架-核心筒结构与筒中筒结构的比较：

现以图 11-6 所示的筒中筒结构和框架-核心筒结构进行分析比较，进一步说明它们的区别。两个结构平面尺寸、结构高度、所受水平荷载都相同，结构 55 层，层高 3.4m，结构楼板都采用平板。表 11-2 给出了两个结构侧移与结构基本自振周期的比较。图 11-7 为筒中筒结构与框架-核心筒结构翼缘框架柱轴力分布的比较。

**筒中筒结构与框架-核心筒结构抗侧刚度比较　　表 11-2**

| 结构体系 | 周期 (s) | 顶点位移 | | 最大层间位移 |
|---|---|---|---|---|
| | | $\Delta$ (mm) | $\Delta/H$ | $\delta/h$ |
| 筒中筒 | 3.87 | 70.78 | 1/2642 | 1/2106 |
| 框架-核心筒 | 6.65 | 219.49 | 1/852 | 1/647 |

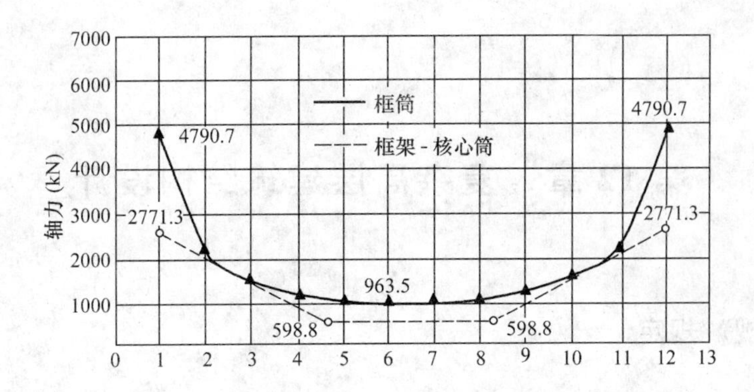


图 11-7　筒中筒与框架-核心筒翼缘框架承受轴力的比较

由表 11-2 可见，与筒中筒结构相比，框架-核心筒结构的自振周期长，顶点倾移及层间位移都大，表明框架-核心筒结构的抗侧刚度远远小于筒中筒结构。

由图 11-7 可见，框架-核心筒翼缘框架的柱子不仅轴力小，柱数量又较少，翼缘框架承受的总轴力要比框筒小得多，轴力形成的倾覆力矩也小得多。结构主要是由①、④轴两片框架（腹板框架）和实腹筒协同工作抵抗侧力，角柱作为①、④轴两片框架的边柱而轴力较大。从①、④轴框架本身的抗侧刚度和抗弯、抗剪能力看，也比框筒的腹板框架小得多。因此，框架-核心筒结构抗侧刚度小得多。

表 11-3 中给出了筒中筒结构与框架-核心筒结构的内力分配比例，可见二者的差别。

**筒中筒结构与框架-核心筒结构内力分配比较（%）　　表 11-3**

| 结构体系 | 基底剪力 | | 倾覆力矩 | |
|---|---|---|---|---|
| | 实腹筒 | 周边框架 | 实腹筒 | 周边框架 |
| 筒中筒 | 72.6 | 27.4 | 34.0 | 66.0 |
| 框架-核心筒 | 80.6 | 19.4 | 73.6 | 26.4 |

1）框架-核心筒结构的实腹筒承受的剪力占到 80.6%、倾覆力矩占到 73.6%，比筒中筒的实腹筒承受的剪力和倾覆力矩所占比例都大。

2）筒中筒结构的外框筒承受的倾覆力矩占了 66%，承受的剪力占了 27.4%；而框架-核心筒结构中，外框架承受的倾覆力矩仅占 26.4%，承受的剪力占 19.4%。

比较说明，框架-核心筒结构中实腹筒成为主要抗侧力部分，而筒中筒结构中抵抗剪力以实腹筒为主，抵抗倾覆力矩则以外框筒为主。

# 第12章　复杂高层建筑结构设计

## 一、《高规》规定

### 10.1　一　般　规　定

**10.1.1**　本章对复杂高层建筑结构的规定适用于带转换层的结构、带加强层的结构、错层结构、连体结构以及竖向体型收进、悬挑结构。

**10.1.2　9度抗震设计时不应采用带转换层的结构、带加强层的结构、错层结构和连体结构。**

**10.1.3**　7度和8度抗震设计时，剪力墙结构错层高层建筑的房屋高度分别不宜大于80m和60m；框架-剪力墙结构错层高层建筑的房屋高度分别不应大于80m和60m。抗震设计时，B级高度高层建筑不宜采用连体结构；底部带转换层的B级高度筒中筒结构，当外筒框支层以上采用由剪力墙构成的壁式框架时，其最大适用高度应比本规程表3.3.1-2规定的数值适当降低。

**10.1.4**　7度和8度抗震设计的高层建筑不宜同时采用超过两种本规程第10.1.1条所规定的复杂高层建筑结构。

**10.1.5**　复杂高层建筑结构的计算分析应符合本规程第5章的有关规定。复杂高层建筑结构中的受力复杂部位，尚宜进行应力分析，并按应力进行配筋设计校核。

### 10.2　带转换层高层建筑结构

**10.2.1**　在高层建筑结构的底部，当上部楼层部分竖向构件（剪力墙、框架柱）不能直接连续贯通落地时，应设置结构转换层，形成带转换层高层建筑结构。本节对带托墙转换层的剪力墙结构（部分框支剪力墙结构）及带托柱转换层的筒体结构的设计作出规定。

**10.2.2**　带转换层的高层建筑结构，其剪力墙底部加强部位的高度应从地下室顶板算起，宜取至转换层以上两层且不宜小于房屋高度的1/10。

**10.2.3**　转换层上部结构与下部结构的侧向刚度变化应符合本规程附录E的规定。

#### 附录E　转换层上、下结构侧向刚度规定

**E.0.1**　当转换层设置在1、2层时，可近似采用转换层与其相邻上层结构的等效剪切刚度比 $\gamma_{e1}$ 表示转换层上、下层结构刚度的变化，$\gamma_{e1}$ 宜接近1，非抗震设计时 $\gamma_{e1}$ 不应小于0.4，抗震设计时 $\gamma_{e1}$ 不应小于0.5。$\gamma_{e1}$ 可按下列公式计算：

$$\gamma_{e1}=\frac{G_1A_1}{G_2A_2}\times\frac{h_2}{h_1} \tag{E.0.1-1}$$

$$A_i = A_{w,i} + \sum_j C_{i,j} A_{ci,j} \quad (i = 1,2) \tag{E.0.1-2}$$

$$C_{i,j} = 2.5 \left( \frac{h_{ci,j}}{h_i} \right)^2 \quad (i = 1,2) \tag{E.0.1-3}$$

式中：$G_1$、$G_2$——分别为转换层和转换层上层的混凝土剪变模量；

$A_1$、$A_2$——分别为转换层和转换层上层的折算抗剪截面面积，可按式（E.0.1-2）计算；

$A_{w,i}$——第 $i$ 层全部剪力墙在计算方向的有效截面面积（不包括翼缘面积）；

$A_{ci,j}$——第 $i$ 层第 $j$ 根柱的截面面积；

$h_i$——第 $i$ 层的层高；

$h_{ci,j}$——第 $i$ 层第 $j$ 根柱沿计算方向的截面高度；

$C_{i,j}$——第 $i$ 层第 $j$ 根柱截面面积折算系数，当计算值大于 1 时取 1。

**E.0.2** 当转换层设置在第 2 层以上时，按本规程式（3.5.2-1）计算的转换层与其相邻上层的侧向刚度比不应小于 0.6。

**E.0.3** 当转换层设置在第 2 层以上时，尚宜采用图 E 所示的计算模型按公式（E.0.3）计算转换层下部结构与上部结构的等效侧向刚度比 $\gamma_{e2}$。$\gamma_{e2}$ 宜接近 1，非抗震设计时 $\gamma_{e2}$ 不应小于 0.5，抗震设计时 $\gamma_{e2}$ 不应小于 0.8。

$$\gamma_{e2} = \frac{\Delta_2 H_1}{\Delta_1 H_2} \tag{E.0.3}$$

式中：$\gamma_{e2}$——转换层下部结构与上部结构的等效侧向刚度比；

$H_1$——转换层及其下部结构（计算模型 1）的高度；

$\Delta_1$——转换层及其下部结构（计算模型 1）的顶部在单位水平力作用下的侧向位移；

$H_2$——转换层上部若干层结构（计算模型 2）的高度，其值应等于或接近计算模型 1 的高度 $H_1$，且不大于 $H_1$；

$\Delta_2$——转换层上部若干层结构（计算模型 2）的顶部在单位水平力作用下的侧向位移。

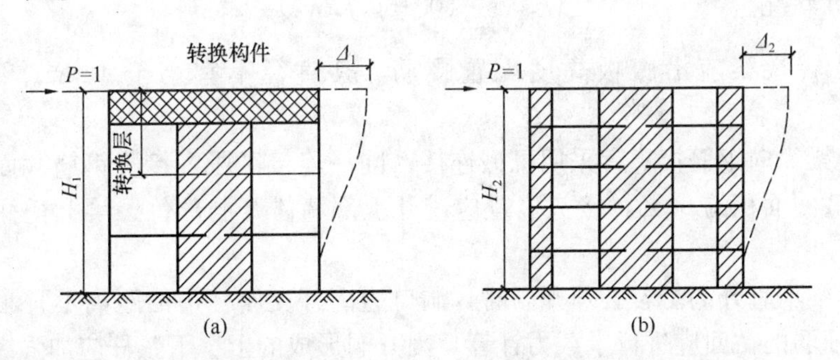


图 E 转换层上、下等效侧向刚度计算模型

(a) 计算模型 1——转换层及下部结构；(b) 计算模型 2——转换层上部结构

**10.2.4** 转换结构构件可采用转换梁、桁架、空腹桁架、箱形结构、斜撑等，非抗震设计和 6 度抗震设计时可采用厚板，7、8 度抗震设计时地下室的转换结构构件可采用厚板。

特一、一、二级转换结构构件的水平地震作用计算内力应分别乘以增大系数 1.9、1.6、1.3；转换结构构件应按本规程第 4.3.2 条的规定考虑竖向地震作用。

**10.2.5**　部分框支剪力墙结构在地面以上设置转换层的位置，8 度时不宜超过 3 层，7 度时不宜超过 5 层，6 度时可适当提高。

**10.2.6**　带转换层的高层建筑结构，其抗震等级应符合本规程第 3.9 节的有关规定，带托柱转换层的筒体结构，其转换柱和转换梁的抗震等级按部分框支剪力墙结构中的框支框架采纳。对部分框支剪力墙结构，当转换层的位置设置在 3 层及 3 层以上时，其框支柱、剪力墙底部加强部位的抗震等级宜按本规程表 3.9.3 和表 3.9.4 的规定提高一级采用，已为特一级时可不提高。

**10.2.7**　转换梁设计应符合下列要求：

**1　转换梁上、下部纵向钢筋的最小配筋率，非抗震设计时均不应小于 0.30%；抗震设计时，特一、一、和二级分别不应小于 0.60%、0.50%和 0.40%。**

**2　离柱边 1.5 倍梁截面高度范围内的梁箍筋应加密，加密区箍筋直径不应小于 10mm、间距不应大于 100mm。加密区箍筋的最小面积配筋率，非抗震设计时不应小于 $0.9f_t/f_{yv}$；抗震设计时，特一、一和二级分别不应小于 $1.3f_t/f_{yv}$、$1.2f_t/f_{yv}$ 和 $1.1f_t/f_{yv}$。**

**3　偏心受拉的转换梁的支座上部纵向钢筋至少应有 50%沿梁全长贯通，下部纵向钢筋应全部直通到柱内；沿梁腹板高度应配置间距不大于 200mm、直径不小于 16mm 的腰筋。**

**10.2.8**　转换梁设计尚应符合下列规定：

1　转换梁与转换柱截面中线宜重合。

2　转换梁截面高度不宜小于计算跨度的 1/8。托柱转换梁截面宽度不应小于其上所托柱在梁宽方向的截面宽度。框支梁截面宽度不宜大于框支柱相应方向的截面宽度，且不宜小于其上墙体截面厚度的 2 倍和 400mm 的较大值。

3　转换梁截面组合的剪力设计值应符合下列规定：

持久、短暂设计状况　$V \leqslant 0.20\beta_c f_c b h_0$　(10.2.8-1)

地震设计状况　$V \leqslant \frac{1}{\gamma_{RE}}(0.15\beta_c f_c b h_0)$　(10.2.8-2)

4　托柱转换梁应沿腹板高度配置腰筋，其直径不宜小于 12mm、间距不宜大于 200mm。

5　转换梁纵向钢筋接头宜采用机械连接，同一连接区段内接头钢筋截面面积不宜超过全部纵筋截面面积的 50%，接头位置应避开上部墙体开洞部位、梁上托柱部位及受力较大部位。

6　转换梁不宜开洞。若必须开洞时，洞口边离开支座柱边的距离不宜小于梁截面高度；被洞口削弱的截面应进行承载力计算，因开洞形成的上、下弦杆应加强纵向钢筋和抗剪箍筋的配置。

7　对托柱转换梁的托柱部位和框支梁上部的墙体开洞部位，梁的箍筋应加密配置，加密区范围可取梁上托柱边或墙边两侧各 1.5 倍转换梁高度；箍筋直径、间距及面积配筋率应符合本规程第 10.2.7 条第 2 款的规定。

**8** 框支剪力墙结构中的框支梁上、下纵向钢筋和腰筋（图 10.2.8）应在节点区可靠锚固，水平段应伸至柱边，且非抗震设计时不应小于 0.4 $l_{ab}$，抗震设计时不应小于 0.4 $l_{abE}$，梁上部第一排纵向钢筋应向柱内弯折锚固，且应延伸过梁底不小于 $l_a$（非抗震设计）或 $l_{aE}$（抗震设计）；当梁上部配置多排纵向钢筋时，其内排钢筋锚入柱内的长度可适当减小，但水平段长度和弯下段长度之和不应小于钢筋锚固长度 $l_a$（非抗震设计）或 $l_{aE}$（抗震设计）。

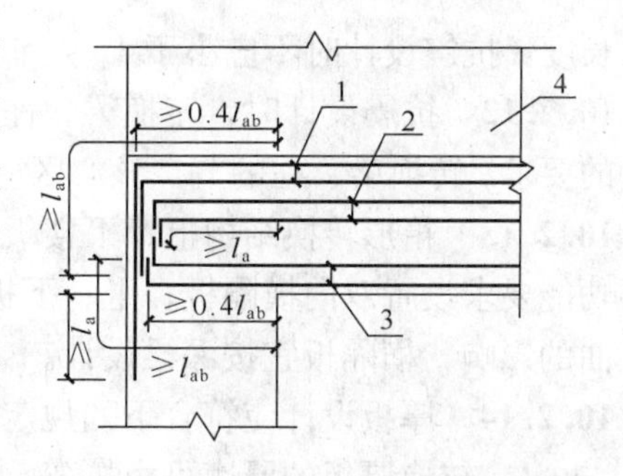


图 10.2.8 框支梁主筋和腰筋的锚固
1—梁上部纵向钢筋；2—梁腰筋；
3—梁下部纵向钢筋；4—上部剪力墙；
抗震设计时图中 $l_a$、$l_{ab}$ 分别取为 $l_{aE}$、$l_{abE}$

**9** 托柱转换梁在转换层宜在托柱位置设置正交方向的框架梁或楼面梁。

**10.2.9** 转换层上部的竖向抗侧力构件（墙、柱）宜直接落在转换层的主要转换构件上。

**10.2.10 转换柱设计应符合下列要求：**

**1 柱内全部纵向钢筋配筋率应符合本规程第 6.4.3 条中框支柱的规定；**

**2 抗震设计时，转换柱箍筋应采用复合螺旋箍或井字复合箍，并应沿柱全高加密，箍筋直径不应小于 10mm，箍筋间距不应大于 100mm 和 6 倍纵向钢筋直径的较小值；**

**3 抗震设计时，转换柱的箍筋配箍特征值应比普通框架柱要求的数值增加 0.02 采用，且箍筋体积配箍率不应小于 1.5%。**

**10.2.11** 转换柱设计尚应符合下列规定：

**1** 柱截面宽度，非抗震设计时不宜小于 400mm，抗震设计时不应小于 450mm；柱截面高度，非抗震设计时不宜小于转换梁跨度的 1/15，抗震设计时不宜小于转换梁跨度的 1/12。

**2** 一、二级转换柱由地震作用产生的轴力应分别乘以增大系数 1.5、1.2，但计算柱轴压比时可不考虑该增大系数。

**3** 与转换构件相连的一、二级转换柱的上端和底层柱下端截面的弯矩组合值应分别乘以增大系数 1.5、1.3，其他层转换柱柱端弯矩设计值应符合本规程第 6.2.1 条的规定。

**4** 一、二级柱端截面的剪力设计值应符合本规程第 6.2.3 条的有关规定。

**5** 转换角柱的弯矩设计值和剪力设计值应分别在本条第 3、4 款的基础上乘以增大系数 1.1。

**6** 柱截面的组合剪力设计值应符合下列规定：

持久、短暂设计状况 $V \leqslant 0.20\beta_c f_c b h_0$ (10.2.11-1)

地震设计状况 $V \leqslant \frac{1}{\gamma_{RE}}(0.15\beta_c f_c b h_0)$ (10.2.11-2)

**7** 纵向钢筋间距均不应小于 80mm，且抗震设计时不宜大于 200mm，非抗震设计时不宜大于 250mm；抗震设计时，柱内全部纵向钢筋配筋率不宜大于 4.0%。

**8** 非抗震设计时，转换柱宜采用复合螺旋箍或井字复合箍，其箍筋体积配箍率不宜小于 0.8%，箍筋直径不宜小于 10mm，箍筋间距不宜大于 150mm。

**9** 部分框支剪力墙结构中的框支柱在上部墙体范围内的纵向钢筋应伸入上部墙体内不少于一层，其余柱纵筋应锚入转换层梁内或板内；从柱边算起，锚入梁内、板内的钢筋长度，抗震设计时不应小于 $l_{aE}$，非抗震设计时不应小于 $l_a$。

**10.2.12**　抗震设计时，转换梁、柱的节点核心区应进行抗震验算，节点应符合构造措施的要求。转换梁、柱的节点核心区应按本规程第 6.4.10 条的规定设置水平箍筋。

**10.2.13**　箱形转换结构上、下楼板厚度均不宜小于 180mm，应根据转换柱的布置和建筑功能要求设置双向横隔板；上、下板配筋设计应同时考虑板局部弯曲和箱形转换层整体弯曲的影响，横隔板宜按深梁设计。

**10.2.14**　厚板设计应符合下列规定：

**1**　转换厚板的厚度可由抗弯、抗剪、抗冲切截面验算确定。

**2**　转换厚板可局部做成薄板，薄板与厚板交界处可加腋；转换厚板亦可局部做成夹心板。

**3**　转换厚板宜按整体计算时所划分的主要交叉梁系的剪力和弯矩设计值进行截面设计并按有限元法分析结果进行配筋校核；受弯纵向钢筋可沿转换板上、下部双层双向配置，每一方向总配筋率不宜小于 0.6%；转换板内暗梁的抗剪箍筋面积配筋率不宜小于 0.45%。

**4**　厚板外周边宜配置钢筋骨架网。

**5**　转换厚板上、下部的剪力墙、柱的纵向钢筋均应在转换厚板内可靠锚固。

**6**　转换厚板上、下一层的楼板应适当加强，楼板厚度不宜小于 150mm。

**10.2.15**　采用空腹桁架转换层时，空腹桁架宜满层设置，应有足够的刚度。空腹桁架的上、下弦杆宜考虑楼板作用，并应加强上、下弦杆与框架柱的锚固连接构造；竖腹杆应按强剪弱弯进行配筋设计，并加强箍筋配置以及与上、下弦杆的连接构造措施。

**10.2.16**　部分框支剪力墙结构的布置应符合下列规定：

**1**　落地剪力墙和筒体底部墙体应加厚；

**2**　框支柱周围楼板不应错层布置；

**3**　落地剪力墙和筒体的洞口宜布置在墙体的中部；

**4**　框支梁上一层墙体内不宜设置边门洞，也不宜在框支中柱上方设置门洞；

**5**　落地剪力墙的间距 $l$ 应符合下列规定：

**1)** 非抗震设计时，$l$ 不宜大于 $3B$ 和 36m；

**2)** 抗震设计时，当底部框支层为 1～2 层时，$l$ 不宜大于 $2B$ 和 24m；当底部框支层为 3 层及 3 层以上时，$l$ 不宜大于 $1.5B$ 和 20m；此处，$B$ 为落地墙之间楼盖的平均宽度。

**6**　框支柱与相邻落地剪力墙的距离，1～2 层框支层时不宜大于 12m，3 层及 3 层以上框支层时不宜大于 10m；

**7**　框支框架承担的地震倾覆力矩应小于结构总地震倾覆力矩的 50%；

**8**　当框支梁承托剪力墙并承托转换次梁及其上剪力墙时，应进行应力分析，按应力校核配筋，并加强构造措施。B 级高度部分框支剪力墙高层建筑的结构转换层，不宜采用框支主、次梁方案。

**10.2.17**　部分框支剪力墙结构框支柱承受的水平地震剪力标准值应按下列规定采用：

**1**　每层框支柱的数目不多于 10 根时，当底部框支层为1～2层时，每根柱所受的剪力应至少取结构基底剪力的 2%；当底部框支层为 3 层及 3 层以上时，每根柱所受的剪力应至少取结构基底剪力的 3%。

**2** 每层框支柱的数目多于 10 根时，当底部框支层为 1～2 层时，每层框支柱承受剪力之和应至少取结构基底剪力的 20%；当框支层为 3 层及 3 层以上时，每层框支柱承受剪力之和应至少取结构基底剪力的 30%。

框支柱剪力调整后，应相应调整框支柱的弯矩及柱端框架梁的剪力和弯矩，但框支梁的剪力、弯矩、框支柱的轴力可不调整。

**10.2.18** 部分框支剪力墙结构中，特一、一、二、三级落地剪力墙底部加强部位的弯矩设计值应按墙底截面有地震作用组合的弯矩值乘以增大系数 1.8、1.5、1.3、1.1 采用；其剪力设计值应按本规程第 3.10.5 条、第 7.2.6 条的规定进行调整。落地剪力墙墙肢不宜出现偏心受拉。

**10.2.19 部分框支剪力墙结构中，剪力墙底部加强部位墙体的水平和竖向分布钢筋的最小配筋率，抗震设计时不应小于 0.3%，非抗震设计时不应小于 0.25%；抗震设计时钢筋间距不应大于 200mm，钢筋直径不应小于 8mm。**

**10.2.20** 部分框支剪力墙结构的剪力墙底部加强部位，墙体两端宜设置翼墙或端柱，抗震设计时尚应按本规程第 7.2.15 条的规定设置约束边缘构件。

**10.2.21** 部分框支剪力墙结构的落地剪力墙基础应有良好的整体性和抗转动的能力。

**10.2.22** 部分框支剪力墙结构框支梁上部墙体的构造应符合下列规定：

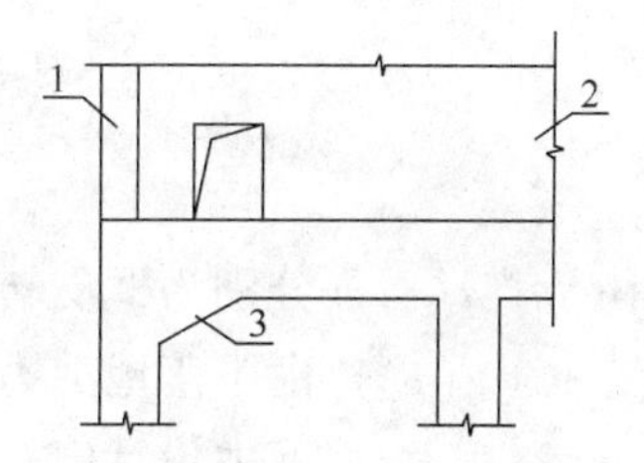


图 10.2.22 框支梁上墙体有边门洞时洞边墙体的构造要求
1—翼墙或端柱；2—剪力墙；
3—框支梁加腋

**1** 当梁上部的墙体开有边门洞时（图 10.2.22），洞边墙体宜设置翼墙、端柱或加厚，并应按本规程第 7.2.15 条约束边缘构件的要求进行配筋设计；当洞口靠近梁端部且梁的受剪承载力不满足要求时，可采取框支梁加腋或增大框支墙洞口连梁刚度等措施。

**2** 框支梁上部墙体竖向钢筋在梁内的锚固长度，抗震设计时不应小于 $l_{aE}$，非抗震设计时不应小于 $l_a$。

**3** 框支梁上部一层墙体的配筋宜按下列规定进行校核：

**1)** 柱上墙体的端部竖向钢筋面积 $A_s$：

$$A_s = h_c b_w (\sigma_{01} - f_c) / f_y \tag{10.2.22-1}$$

**2)** 柱边 $0.2l_n$ 宽度范围内竖向分布钢筋面积 $A_{sw}$：

$$A_{sw} = 0.2 l_n b_w (\sigma_{02} - f_c) / f_{yw} \tag{10.2.22-2}$$

**3)** 框支梁上部 $0.2l_n$ 高度范围内墙体水平分布筋面积 $A_{sh}$：

$$A_{sh} = 0.2 l_n b_w \sigma_{xmax} / f_{yh} \tag{10.2.22-3}$$

式中：$l_n$ ——框支梁净跨度（mm）；

$h_c$ ——框支柱截面高度（mm）；

$b_w$ ——墙肢截面厚度（mm）；

$\sigma_{01}$ ——柱上墙体 $h_c$ 范围内考虑风荷载、地震作用组合的平均压应力设计值（N/mm²）；

$\sigma_{02}$ ——柱边墙体 $0.2l_n$ 范围内考虑风荷载、地震作用组合的平均压应力设计值（N/mm²）；

$\sigma_{xmax}$ ——框支梁与墙体交接面上考虑风荷载、地震作用组合的水平拉应力设计值（$N/mm^2$）。

有地震作用组合时，公式（10.2.22-1）～（10.2.22-3）中 $\sigma_{01}$ 、$\sigma_{02}$ 、$\sigma_{xmax}$ 均应乘以 $\gamma_{RE}$ ，$\gamma_{RE}$ 取 0.85。

**4**　框支梁与其上部墙体的水平施工缝处宜按本规程第 7.2.12 条的规定验算抗滑移能力。

**10.2.23**　部分框支剪力墙结构中，框支转换层楼板厚度不宜小于 180mm，应双层双向配筋，且每层每方向的配筋率不宜小于 0.25%，楼板中钢筋应锚固在边梁或墙体内；落地剪力墙和筒体外围的楼板不宜开洞。楼板边缘和较大洞口周边应设置边梁，其宽度不宜小于板厚的 2 倍，全截面纵向钢筋配筋率不应小于 1.0%。与转换层相邻楼层的楼板也应适当加强。

**10.2.24**　部分框支剪力墙结构中，抗震设计的矩形平面建筑框支转换层楼板，其截面剪力设计值应符合下列要求：

$$V_f \leqslant \frac{1}{\gamma_{RE}}(0.1\beta_c f_c b_f t_f) \tag{10.2.24-1}$$

$$V_f \leqslant \frac{1}{\gamma_{RE}}(f_y A_s) \tag{10.2.24-2}$$

式中：$b_f$ 、$t_f$ ——分别为框支转换层楼板的验算截面宽度和厚度；

$V_f$ ——由不落地剪力墙传到落地剪力墙处按刚性楼板计算的框支层楼板组合的剪力设计值，8 度时应乘以增大系数 2.0，7 度时应乘以增大系数 1.5。验算落地剪力墙时可不考虑此增大系数；

$A_s$ ——穿过落地剪力墙的框支转换层楼盖（包括梁和板）的全部钢筋的截面面积；

$\gamma_{RE}$ ——承载力抗震调整系数，可取 0.85。

**10.2.25**　部分框支剪力墙结构中，抗震设计的矩形平面建筑框支转换层楼板，当平面较长或不规则以及各剪力墙内力相差较大时，可采用简化方法验算楼板平面内受弯承载力。

**10.2.26**　抗震设计时，带托柱转换层的筒体结构的外围转换柱与内筒、核心筒外墙的中距不宜大于 12m。

**10.2.27**　托柱转换层结构，转换构件采用桁架时，转换桁架斜腹杆的交点、空腹桁架的竖腹杆宜与上部密柱的位置重合；转换桁架的节点应加强配筋及构造措施。

## 10.3　带加强层高层建筑结构

**10.3.1**　当框架-核心筒、筒中筒结构的侧向刚度不能满足要求时，可利用建筑避难层、设备层空间，设置适宜刚度的水平伸臂构件，形成带加强层的高层建筑结构。必要时，加强层也可同时设置周边水平环带构件。水平伸臂构件、周边环带构件可采用斜腹杆桁架、实体梁、箱形梁、空腹桁架等形式。

**10.3.2**　带加强层高层建筑结构设计应符合下列规定：

**1**　应合理设计加强层的数量、刚度和设置位置。当布置 1 个加强层时，可设置在 0.6 倍房屋高度附近；当布置 2 个加强层时，可分别设置在顶层和 0.5 倍房屋高度附近；当布置多个加强层时，宜沿竖向从顶层向下均匀布置。

2 加强层水平伸臂构件宜贯通核心筒，其平面布置宜位于核心筒的转角、T字节点处；水平伸臂构件与周边框架的连接宜采用铰接或半刚接；结构内力和位移计算中，设置水平伸臂桁架的楼层宜考虑楼板平面内的变形。

3 加强层及其相邻层的框架柱、核心筒应加强配筋构造。

4 加强层及其相邻层楼盖的刚度和配筋应加强。

5 在施工程序及连接构造上应采取减小结构竖向温度变形及轴向压缩差的措施，结构分析模型应能反映施工措施的影响。

**10.3.3 抗震设计时，带加强层高层建筑结构应符合下列要求：**

**1 加强层及其相邻层的框架柱、核心筒剪力墙的抗震等级应提高一级采用，一级应提高至特一级，但抗震等级已经为特一级时应允许不再提高；**

**2 加强层及其相邻层的框架柱，箍筋应全柱段加密配置，轴压比限值应按其他楼层框架柱的数值减小0.05采用；**

**3 加强层及其相邻层核心筒剪力墙应设置约束边缘构件。**

## 10.4 错层结构

**10.4.1** 抗震设计时，高层建筑沿竖向宜避免错层布置。当房屋不同部位因功能不同而使楼层错层时，宜采用防震缝划分为独立的结构单元。

**10.4.2** 错层两侧宜采用结构布置和侧向刚度相近的结构体系。

**10.4.3** 错层结构中，错开的楼层不应归并为一个刚性楼板，计算分析模型应能反映错层影响。

**10.4.4 抗震设计时，错层处框架柱应符合下列要求：**

**1 截面高度不应小于600mm，混凝土强度等级不应低于C30，箍筋应全柱段加密配置；**

**2 抗震等级应提高一级采用，一级应提高至特一级，但抗震等级已经为特一级时应允许不再提高。**

**10.4.5** 在设防烈度地震作用下，错层处框架柱的截面承载力宜符合本规程公式（3.11.3-2）的要求。

**10.4.6** 错层处平面外受力的剪力墙的截面厚度，非抗震设计时不应小于200mm，抗震设计时不应小于250mm，并均应设置与之垂直的墙肢或扶壁柱；抗震设计时，其抗震等级应提高一级采用。错层处剪力墙的混凝土强度等级不应低于C30，水平和竖向分布钢筋的配筋率，非抗震设计时不应小于0.3%，抗震设计时不应小于0.5%。

## 10.5 连体结构

**10.5.1** 连体结构各独立部分宜有相同或相近的体型、平面布置和刚度；宜采用双轴对称的平面形式。7度、8度抗震设计时，层数和刚度相差悬殊的建筑不宜采用连体结构。

**10.5.2 7度（0.15$g$）和8度抗震设计时，连体结构的连接体应考虑竖向地震的影响。**

**10.5.3** 6度和7度（0.10$g$）抗震设计时，高位连体结构的连接体宜考虑竖向地震的影响。

**10.5.4** 连接体结构与主体结构宜采用刚性连接。刚性连接时，连接体结构的主要结构构件应至少伸入主体结构一跨并可靠连接；必要时可延伸至主体部分的内筒，并与内筒可靠连接。

当连接体结构与主体结构采用滑动连接时，支座滑移量应能满足两个方向在罕遇地震作用下的位移要求，并应采取防坠落、撞击措施。罕遇地震作用下的位移要求，应采用时程分析方法进行计算复核。

**10.5.5**　刚性连接的连接体结构可设置钢梁、钢桁架、型钢混凝土梁，型钢应伸入主体结构至少一跨并可靠锚固。连接体结构的边梁截面宜加大；楼板厚度不宜小于 150mm，宜采用双层双向钢筋网，每层每方向钢筋网的配筋率不宜小于 0.25%。

当连接体结构包含多个楼层时，应特别加强其最下面一个楼层及顶层的构造设计。

**10.5.6　抗震设计时，连接体及与连接体相连的结构构件应符合下列要求：**

**1　连接体及与连接体相连的结构构件在连接体高度范围及其上、下层，抗震等级应提高一级采用，一级提高至特一级，但抗震等级已经为特一级时应允许不再提高；**

**2　与连接体相连的框架柱在连接体高度范围及其上、下层，箍筋应全柱段加密配置，轴压比限值应按其他楼层框架柱的数值减小 0.05 采用；**

**3　与连接体相连的剪力墙在连接体高度范围及其上、下层应设置约束边缘构件。**

**10.5.7**　连体结构的计算应符合下列规定：

**1**　刚性连接的连接体楼板应按本规程第 10.2.24 条进行受剪截面和承载力验算；

**2**　刚性连接的连接体楼板较薄弱时，宜补充分塔楼模型计算分析。

## 10.6　竖向体型收进、悬挑结构

**10.6.1**　多塔楼结构以及体型收进、悬挑程度超过本规程第 3.5.5 条限值的竖向不规则高层建筑结构应遵守本节的规定。

**10.6.2**　多塔楼结构以及体型收进、悬挑结构，竖向体型突变部位的楼板宜加强，楼板厚度不宜小于 150mm，宜双层双向配筋，每层每方向钢筋网的配筋率不宜小于 0.25%。体型突变部位上、下层结构的楼板也应加强构造措施。

**10.6.3**　抗震设计时，多塔楼高层建筑结构应符合下列规定：

**1**　各塔楼的层数、平面和刚度宜接近；塔楼对底盘宜对称布置；上部塔楼结构的综合质心与底盘结构质心的距离不宜大于底盘相应边长的 20%。

**2**　转换层不宜设置在底盘屋面的上层塔楼内。

**3**　塔楼中与裙房相连的外围柱、剪力墙，从固定端至裙房屋面上一层的高度范围内，柱纵向钢筋的最小配筋率宜适当提高，剪力墙宜按本规程第 7.2.15 条的规定设置约束边缘构件，柱箍筋宜在裙楼屋面上、下层的范围内全高加密；当塔楼结构相对于底盘结构偏心收进时，应加强底盘周边竖向构件的配筋构造措施。

**4**　大底盘多塔楼结构，可按本规程第 5.1.14 条规定的整体和分塔楼计算模型分别验算整体结构和各塔楼结构扭转为主的第一周期与平动为主的第一周期的比值，并应符合本规程第 3.4.5 条的有关要求。

**10.6.4**　悬挑结构设计应符合下列规定：

**1**　悬挑部位应采取降低结构自重的措施。

**2**　悬挑部位结构宜采用冗余度较高的结构形式。

**3** 结构内力和位移计算中，悬挑部位的楼层宜考虑楼板平面内的变形，结构分析模型应能反映水平地震对悬挑部位可能产生的竖向振动效应。

**4** 7度（0.15$g$）和8、9度抗震设计时，悬挑结构应考虑竖向地震的影响；6、7度抗震设计时，悬挑结构宜考虑竖向地震的影响。

**5** 抗震设计时，悬挑结构的关键构件以及与之相邻的主体结构关键构件的抗震等级宜提高一级采用，一级提高至特一级，抗震等级已经为特一级时，允许不再提高。

**6** 在预估罕遇地震作用下，悬挑结构关键构件的截面承载力宜符合本规程公式（3.11.3-3）的要求。

**10.6.5** 体型收进高层建筑结构、底盘高度超过房屋高度20%的多塔楼结构的设计应符合下列规定：

**1** 体型收进处宜采取措施减小结构刚度的变化，上部收进结构的底部楼层层间位移角不宜大于相邻下部区段最大层间位移角的1.15倍；

**2** 抗震设计时，体型收进部位上、下各2层塔楼周边竖向结构构件的抗震等级宜提高一级采用，一级提高至特一级，抗震等级已经为特一级时，允许不再提高；

**3** 结构偏心收进时，应加强收进部位以下2层结构周边竖向构件的配筋构造措施。

## 二、《抗规》规定

### 6.2 计 算 要 点

**6.2.5** 一、二、三、四级的框架柱和框支柱组合的剪力设计值应按下式调整：

$$V = \eta_{vc}(M_c^b + M_c^t)/H_n \tag{6.2.5-1}$$

一级的框架结构和9度的一级框架可不按上式调整，但应符合下式要求：

$$V = 1.2(M_{cua}^b + M_{cua}^t)/H_n \tag{6.2.5-2}$$

式中：$V$——柱端截面组合的剪力设计值；框支柱的剪力设计值尚应符合本规范第6.2.10条的规定；

$H_n$——柱的净高；

$M_c^t$、$M_c^b$——分别为柱的上下端顺时针或反时针方向截面组合的弯矩设计值，应符合本规范第6.2.2、6.2.3条的规定；框支柱的弯矩设计值尚应符合本规范第6.2.10条的规定；

$M_{cua}^t$、$M_{cua}^b$——分别为偏心受压柱的上下端顺时针或反时针方向实配的正截面抗震受弯承载力所对应的弯矩值，根据实配钢筋面积、材料强度标准值和轴压力等确定；

$\eta_{vc}$——柱剪力增大系数；对框架结构，一、二、三、四级可分别取1.5、1.3、1.2、1.1；对其他结构类型的框架，一级可取1.4，二级可取1.2，三、四级可取1.1。

**6.2.6** 一、二、三、四级框架的角柱，经本规范第6.2.2、6.2.3、6.2.5、6.2.10条调

整后的组合弯矩设计值、剪力设计值尚应乘以不小于1.10的增大系数。

**6.2.7** 抗震墙各墙肢截面组合的内力设计值，应按下列规定采用：

**1** 一级抗震墙的底部加强部位以上部位，墙肢的组合弯矩设计值应乘以增大系数，其值可采用1.2；剪力相应调整。

**2** 部分框支抗震墙结构的落地抗震墙墙肢不应出现小偏心受拉。

**3** 双肢抗震墙中，墙肢不宜出现小偏心受拉；当任一墙肢为偏心受拉时，另一墙肢的剪力设计值、弯矩设计值应乘以增大系数1.25。

**6.2.10** 部分框支抗震墙结构的框支柱尚应满足下列要求：

**1** 框支柱承受的最小地震剪力，当框支柱的数量不少于10根时，柱承受地震剪力之和不应小于结构底部总地震剪力的20%；当框支柱的数量少于10根时，每根柱承受的地震剪力不应小于结构底部总地震剪力的2%。框支柱的地震弯矩应相应调整。

**2** 一、二级框支柱由地震作用引起的附加轴力应分别乘以增大系数1.5、1.2；计算轴压比时，该附加轴力可不乘以增大系数。

**3** 一、二级框支柱的顶层柱上端和底层柱下端，其组合的弯矩设计值应分别乘以增大系数1.5和1.25，框支柱的中间节点应满足本规范第6.2.2条的要求。

**4** 框支梁中线宜与框支柱中线重合。

**6.2.11** 部分框支抗震墙结构的一级落地抗震墙底部加强部位尚应满足下列要求：

**1** 当墙肢在边缘构件以外的部位在两排钢筋间设置直径不小于8mm、间距不大于400mm的拉结筋时，抗震墙受剪承载力验算可计入混凝土的受剪作用。

**2** 墙肢底部截面出现大偏心受拉时，宜在墙肢的底截面处另设交叉防滑斜筋，防滑斜筋承担的地震剪力可按墙肢底截面处剪力设计值的30%采用。

**6.2.12** 部分框支抗震墙结构的框支柱顶层楼盖应符合本规范附录E第E.1节的规定。

## 三、对规定的解读和建议

### 1. 有关一般规定

（1）为适应体型、结构布置比较复杂的高层建筑发展的需要，并使其结构设计质量、安全得到基本保证，02规程增加了复杂高层建筑结构设计内容，包括带转换层的结构、带加强层的结构、错层结构、连体结构和多塔楼结构等。本次修订增加了竖向体型收进、悬挑结构，并将多塔楼结构并入其中，因为这三种结构的刚度和质量沿竖向变化的情况有一定的共性。

（2）带转换层的结构、带加强层的结构、错层结构、连体结构等，在地震作用下受力复杂，容易形成抗震薄弱部位。9度抗震设计时，这些结构目前尚缺乏研究和工程实践经验，为了确保安全，因此规定不应采用。

（3）《高规》涉及的错层结构，一般包含框架结构、框架-剪力墙结构和剪力墙结构。筒体结构因建筑上一般无错层要求，本规程也没有对其作出相应的规定。错层结构受力复杂，地震作用下易形成多处薄弱部位，目前对错层结构的研究和工程实践经验较少，需对其适用高度加以适当限制，因此规定了7度、8度抗震设计时，剪力墙结构错层高层建筑的房屋高度分别不宜大于80m、60m；框架-剪力墙结构错层高层建筑的房屋高度分别不应大于 80m、60m。连体结构的连接体部位易产生严重震害，房屋高度越高，震害加重，因此 B 级高度高层建筑不宜采用连体结构。抗震设计时，底部带转换层的筒中筒结构 B 级高度高层建筑，当外筒框支层以上采用壁式框架时，其抗震性能比密柱框架更为不利，因此其最大适用高度应比《高规》表 3.3.1-2 规定的数值适当降低。

(4) 本章所指的各类复杂高层建筑结构均属不规则结构。在同一个工程中采用两种以上这类复杂结构，在地震作用下易形成多处薄弱部位。为保证结构设计的安全性，规定 7 度、8 度抗震设计的高层建筑不宜同时采用两种以上本章所指的复杂结构。

(5) 复杂高层建筑结构的计算分析应符合《高规》第 5 章的有关规定，并按该规程有关规定进行截面承载力设计与配筋构造。对于复杂高层建筑结构，必要时，对其中某些受力复杂部位尚宜采用有限元法等方法进行详细的应力分析，了解应力分布情况，并按应力进行配筋校核。

2. 有关带转换层高层建筑结构的规定

(1) 本节的设计规定主要用于底部带托墙转换层的剪力墙结构（部分框支剪力墙结构）以及底部带托柱转换层的筒体结构，即框架-核心筒、筒中筒结构中的外框架（外筒体）密柱在房屋底部通过托柱转换层转变为稀柱框架的筒体结构。这两种带转换层结构的设计有其相同之处也有其特殊性。为表述清楚，本节将这两种带转换层结构相同的设计要求以及大部分要求相同、仅部分设计要求不同的设计规定在若干条文中作出规定，对仅适用于某一种带转换层结构的设计要求在专门条文中规定，如《高规》第 10.2.5 条、第 10.2.16～10.2.25 条是专门针对部分框支剪力墙结构的设计规定，第 10.2.26 条及第 10.2.27 条是专门针对底部带托柱转换层的筒体结构的设计规定。

本节的设计规定可供在房屋高处设置转换层的结构设计参考。对仅有个别结构构件进行转换的结构，如剪力墙结构或框架-剪力墙结构中存在的个别墙或柱在底部进行转换的结构，可参照本节中有关转换构件和转换柱的设计要求进行构件设计。

(2) 20 世纪 90 年代，带转换层的底部大空间剪力墙结构迅速发展，在地震区许多工程的转换层位置较高，一般做到 3～6 层，有的工程转换层位于 7～10 层。中国建筑科学研究院在原有研究的基础上，研究了转换层高度对框支剪力墙结构抗震性能的影响，研究得出，转换层位置较高时，易使框支剪力墙结构在转换层附近的刚度、内力和传力途径发生突变，并易形成薄弱层，其抗震设计概念与底层框支剪力墙结构有较多差别。转换层位置较高时，转换层下部的框支结构易于开裂和屈服，转换层上部几层墙体易于破坏。转换层位置较高的高层建筑不利于抗震，因此抗震设计时宜避免高位转换，如必须高位转换，应作专门分析并采取有效措施，避免框支架破坏。

9 度设防的多、高层抗震设计的建筑，不应采用底部大空间剪力墙结构。

这种结构类型由于底部有较大的空间，能适用于各种建筑的使用功能要求，因此，目前已被广泛应用于底部为商店、餐厅、车库、机房等，上部为住宅、公寓、饭店和综合楼等多、高层建筑。

底部大空间剪力墙结构，也称为部分框支剪力墙结构，在高层或多层剪力墙结构的底部，因建筑使用功能的要求需设置大空间，上部楼层的部分剪力墙不能直接连续贯通落地，需设置结构转换层，在结构转换层布置梁、桁架、箱形结构、厚板等转换构件。转换层以下的楼层称为框支层，即底部大空间部分框支大空间层，从上到地下室贯通的墙称为落地剪力墙。

(3) 由于转换层位置的增高，结构传力路径复杂、内力变化较大，规定剪力墙底部加强范围亦增大，可取转换层加上转换层以上两层的高度或房屋总高度的 1/10 二者的较大值。这里的剪力墙包括落地剪力墙和转换构件上部的剪力墙。相比于 02 规程，将墙肢总高度的 1/8 改为房屋总高度的 1/10。

(4) 在水平荷载作用下，当转换层上、下部楼层的结构侧向刚度相差较大时，会导致转换层上、下部结构构件内力突变，促使部分构件提前破坏；当转换层位置相对较高时，这种内力突变会进一步加剧。因此本条规定，控制转换层上、下层结构等效刚度比满足《高规》附录 E 的要求，以缓解构件内力和变形的突变现象。带转换层结构当转换层设置在 1、2 层时，应满足第 E. 0. 1 条等效剪切刚度比的要求；当转换层设置在 2 层以上时，应满足第 E. 0. 2、E. 0. 3 条规定的楼层侧向刚度比要求。当采用该规程附录第 E. 0. 3 条的规定时，要强调转换层上、下两个计算模型的高度宜相等或接近的要求，且上部计算模型的高度不大于下部计算模型的高度。该规程第 E. 0. 2 条的规定与美国规范 IBC 2006 关于严重不规则结构的规定是一致的。

(5) 底部带转换层的高层建筑设置的水平转换构件，近年来除转换梁外，转换桁架、空腹桁架、箱形结构、斜撑、厚板等均已采用，并积累了一定设计经验，故本章增加了一般可采用的各种转换构件设计的条文。由于转换厚板在地震区使用经验较少，本条文规定仅在非地震区和 6 度设防的地震区采用。对于大空间地下室，因周围有约束作用，地震反应不明显，故 7、8 度抗震设计时可采用厚板转换层。

带转换层的高层建筑，本条取消了 02 规程“其薄弱层的地震剪力应按《高规》第 5. 1. 14 条的规定乘以 1. 15 的增大系数”这一段重复的文字，《高规》第 3. 5. 8 条已有相关的规定，并将增大系数由 1. 15 提高为 1. 25。为保证转换构件的设计安全度并具有良好的抗震性能，本条规定特一、一、二级转换构件在水平地震作用下的计算内力应分别乘以增大系数 1. 9、1. 6、1. 3，并应按本规程第 4. 3. 2 条考虑竖向地震作用。

(6) 带转换层的底层大空间剪力墙结构于 20 世纪 80 年代中开始采用，90 年代初《钢筋混凝土高层建筑结构设计与施工规程》JGJ 3－91 列入该结构体系及抗震设计有关规定。近几十年，底部带转换层的大空间剪力墙结构迅速发展，在地震区许多工程的转换层位置已较高，一般做到 3～6 层，有的工程转换层位于 7～10 层。中国建筑科学研究院在原有研究的基础上，研究了转换层高度对框支剪力墙结构抗震性能的影响，研究得出，转换层位置较高时，更易使框支剪力墙结构在转换层附近的刚度、内力发生突变，并易形成薄弱层，其抗震设计概念与底层框支剪力墙结构有一定差别。转换层位置较高时，转换层下部的落地剪力墙及框支结构易于开裂和屈服，转换层上部几层墙体易于破坏。转换层位置较高的高层建筑不利于抗震，规定 7 度、8 度地区可以采用，但限制部分框支剪力墙结构转换层设置位置：7 度区不宜超过第 5 层，8 度区不宜超过第 3 层。如转换层位置超过上述规定时，应作专门分析研究并采取有效措施，避免框支层破坏。对托柱转换层结构，考虑到其刚度变化、受力情况同框支剪力墙结构不同，对转换层位置未作限制。

部分框支抗震墙属于抗震不利的结构体系，《抗规》的抗震措施只限于框支层不超过两层的情况。本次修订，明确部分框支抗震墙结构的底层框架应满足框架-抗震墙结构对框架部分承担地震倾覆力矩的限值——框支层不应设计为少墙框架体系（图 12-1）。

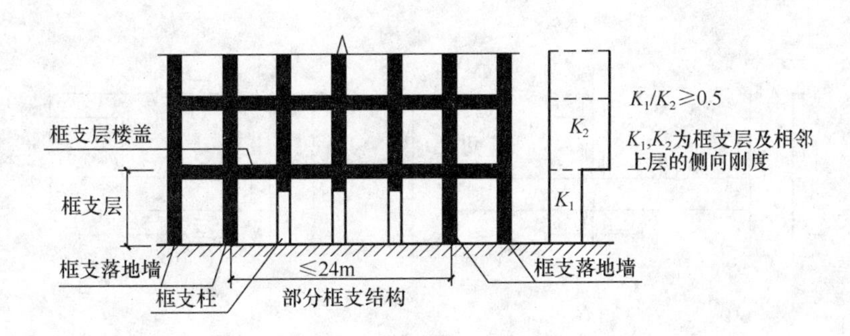


图 12-1　框支结构示意图

为提高较长抗震墙的延性，分段后各墙段的总高度与墙宽之比，由不应小于 2 改为不宜小于 3（图 12-2）。

《抗规》第 6.2.10 条 1 款与《高规》第 10.2.17 条 1、2 款的规定不相同。《高规》当底部框支层为 1～2 层时与 3 层及 3 层以上时加以区别取值，按《高规》比较合理。

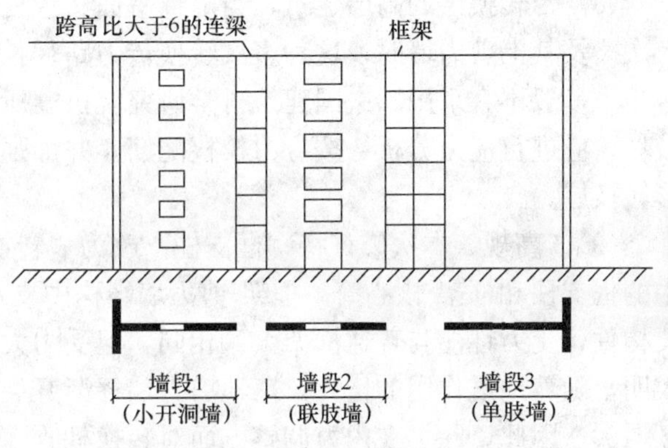


图 12-2　较长抗震墙的组成示意图

《抗规》第 6.2.10 条 3 款规定：一、二级框支柱的顶层上端和底层下端，其组合的弯矩设计值应分别乘以增大系数 1.5 和 1.25。《高规》第 10.2.11 条 3 款规定的相应增大系数分别为 1.5 和 1.3，两者不一致。建议按《高规》的规定作用。

（7）转换梁受力较复杂，为保证转换梁安全可靠，分别对框支梁和托柱转换梁的截面尺寸及配筋构造等，提出了具体要求。

转换梁承受较大的剪力，开洞会对转换梁的受力造成很大影响，尤其是转换梁端部剪力最大的部位开洞的影响更加不利，因此对转换梁上开洞进行了限制，并规定梁上洞口避开转换梁端部，开洞部位要加强配筋构造。

研究表明，托柱转换梁在托柱部位承受较大的剪力和弯矩，其箍筋应加密配置（图 12-3*a*）。框支梁多数情况下为偏心受拉构件，并承受较大的剪力；框支梁上墙体开有边门洞时，往往形成小墙肢，此小墙肢的应力集中尤为突出，而边门洞部位框支梁应力急剧加大。在水平荷载作用下，上部有边门洞框支梁的弯矩约为上部无边门洞框支梁弯矩的 3 倍，剪力也约为 3 倍，因此除小墙肢应加强外，边门洞墙边部位对应的框支梁的抗剪能力也应加强，箍筋应加密配置（图 12-3*b*）。当洞口靠近梁端且剪压比不满足规定时，也可采用梁端加腋提高其抗剪承载力，并加密配箍。

需要注意的是，对托柱转换梁，在转换层尚宜设置承担正交方向柱底弯矩的楼面梁或框架梁，避免转换梁承受过大的扭矩作用。

与 02 规程相比，《高规》10.2.8 条第 2 款梁截面高度由原来的不应小于计算跨度的 1/6 改为不宜小于计算跨度的 1/8；第 4 款对托柱转换梁的腰筋配置提出要求；图 10.2.8 中钢筋锚固作了调整。

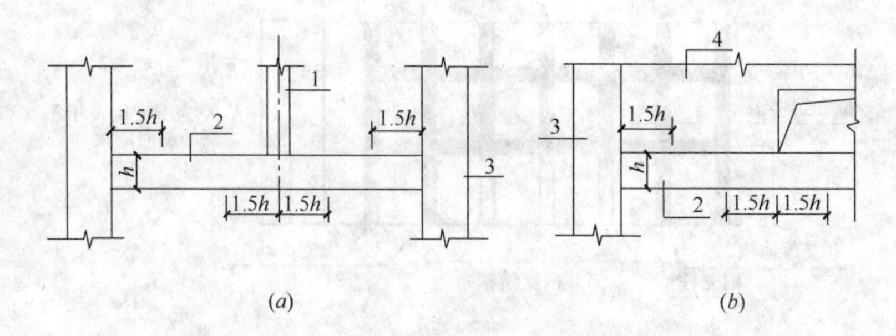


图 12-3　托柱转换梁、框支梁箍筋加密区示意

1—梁上托柱；2—转换梁；3—转换柱；4—框支剪力墙

(8) 带转换层的高层建筑，当上部平面布置复杂而采用框支主梁承托剪力墙并承托转换次梁及其上剪力墙时，这种多次转换传力路径长，框支主梁将承受较大的剪力、扭矩和弯矩，一般不宜采用。中国建筑科学研究院抗震所进行的试验表明，框支主梁易产生受剪破坏，应进行应力分析，按应力校核配筋，并加强配筋构造措施；条件许可时，可采用箱形转换层。

(9)《高规》本次修订将“框支柱”改为“转换柱”。转换柱包括部分框支剪力墙结构中的框支柱和框架-核心筒、框架-剪力墙结构中支承托柱转换梁的柱，是带转换层结构重要构件，受力性能与普通框架大致相同，但受力大，破坏后果严重。计算分析和试验研究表明，随着地震作用的增大，落地剪力墙逐渐开裂、刚度降低，转换柱承受的地震作用逐渐增大。因此，除了在内力调整方面对转换柱作了规定外，《高规》10.2.10 条对转换柱的构造配筋提出了比普通框架柱更高的要求。

《高规》10.2.10 条第 3 款中提到的普通框架柱的箍筋最小配箍特征值要求，见该规程第 6.4.7 条的有关规定，转换柱的箍筋最小配箍特征值应比该规程表 6.4.7 的规定提高 0.02 采用。

(10) 抗震设计时，转换柱截面主要由轴压比控制并要满足剪压比的要求。为增大转换柱的安全性，有地震作用组合时，一、二级转换柱由地震作用引起的轴力值应分别乘以增大系数 1.5、1.2，但计算柱轴压比时可不考虑该增大系数。同时为推迟转换柱的屈服，以免影响整个结构的变形能力，规定一、二级转换柱与转换构件相连的柱上端和底层柱下端截面的弯矩组合值应分别乘以 1.5、1.3，剪力设计值也应按规定调整。由于转换柱为重要受力构件，《高规》10.2.11 条对柱截面尺寸、柱内竖向钢筋总配筋率、箍筋配置等提出了相应的要求。

(11) 箱形转换构件设计时要保证其整体受力作用，因此规定箱形转换结构上、下楼板（即顶、底板）厚度不宜小于 180mm，并应设置横隔板。箱形转换层的顶、底板，除产生局部弯曲外，还会产生因箱形结构整体变形引起的整体弯曲，截面承载力设计时应该同时考虑这两种弯曲变形在截面内产生的拉应力、压应力。

(12) 根据中国建筑科学研究院进行的厚板试验、计算分析以及厚板转换工程的设计经验，规定了《高规》10.2.14 条关于厚板的设计原则和基本要求。

(13) 根据已有设计经验，空腹桁架作转换层时，一定要保证其整体作用，根据桁架各杆件的不同受力特点进行相应的设计构造，上、下弦杆应考虑轴向变形的影响。

(14) 关于部分框支剪力墙结构布置和设计的基本要求是根据中国建筑科学研究院结构所等进行的底层大空间剪力墙结构 12 层模型拟动力试验和底部为 3~6 层大空间剪力墙结构的振动台试验研究、清华大学土木系的振动台试验研究、近年来工程设计经验及计算分析研究成果而提出来的，满足这些设计要求，可以满足 8 度及 8 度以下抗震设计要求。

由于转换层位置不同，对建筑中落地剪力墙间距作了不同的规定；并规定了框支柱与相邻的落地剪力墙距离，以满足底部大空间层楼板的刚度要求，使转换层上部的剪力能有效地传递给落地剪力墙，框支柱只承受较小的剪力。

相比于 02 规程，《高规》10.2.16 条有两处修改：一是将原来的规定范围限定为部分框支剪力墙结构；二是增加第 7 款对框支框架承担的倾覆力矩的限制，防止落地剪力墙过少。

(15) 对于部分框支剪力墙结构，在转换层以下，一般落地剪力墙的刚度远远大于框支柱的刚度，落地剪力墙几乎承受全部地震剪力，框支柱的剪力非常小。考虑到在实际工程中转换层楼面会有显著的面内变形，从而使框支柱的剪力显著增加。12 层底层大空间剪力墙住宅模型试验表明：实测框支柱的剪力为按楼板刚度无限大假定计算值的 6~8 倍；且落地剪力墙出现裂缝后刚度下降，也导致框支柱剪力增加。所以按转换层位置的不同以及框支柱数目的多少，对框支柱剪力的调整增大作了不同的规定。

(16) 部分框支剪力墙结构设计时，为加强落地剪力墙的底部加强部位，规定特一、一、二、三级落地剪力墙底部加强部位的弯矩设计值应分别按墙底截面有地震作用组合的弯矩值乘以增大系数 1.8、1.5、1.3、1.1 采用；其剪力设计值应按规定进行强剪弱弯调整。

(17) 部分框支剪力墙结构中，剪力墙底部加强部位是指房屋高度的 1/10 以及地下室顶板至转换层以上两层高度二者的较大值。落地剪力墙是框支层以下最主要的抗侧力构件，受力很大，破坏后果严重，十分重要；框支层上部两层剪力墙直接与转换构件相连，相当于一般剪力墙的底部加强部位，且其承受的竖向力和水平力要通过转换构件传递至框支层竖向构件。因此，本条对部分框支剪力墙底部加强部位剪力墙的分布钢筋最低构造，提出了比普通剪力墙底部加强部位更高的要求。

(18) 部分框支剪力墙结构中，抗震设计时应在墙体两端设置约束边缘构件，对非抗震设计的框支剪力墙结构，也规定了剪力墙底部加强部位的增强措施。

(19) 当地基土较弱或基础刚度和整体性较差时，在地震作用下剪力墙基础可能产生较大的转动，对框支剪力墙结构的内力和位移均会产生不利影响。因此落地剪力墙基础应有良好的整体性和抗转动的能力。

(20) 根据中国建筑科学研究院结构所等单位的试验及有限元分析，在竖向及水平荷载作用下，框支梁上部的墙体在多个部位会出现较大的应力集中，这些部位的剪力墙容易发生破坏，因此对这些部位的剪力墙规定了多项加强措施。

(21) 部分框支剪力墙结构中，框支转换层楼板是重要的传力构件，不落地剪力墙的剪力需要通过转换层楼板传递到落地剪力墙，为保证楼板能可靠传递面内相当大的剪力(弯矩)，规定了转换层楼板截面尺寸要求、抗剪截面验算、楼板平面内受弯承载力验算以及构造配筋要求。

(22) 试验表明，带托柱转换层的筒体结构，外围框架柱与内筒的距离不宜过大，否则难以保证转换层上部外框架（框筒）的剪力能可靠地传递到筒体。

(23) 托柱转换层结构采用转换桁架时，《高规》10.2.27 条规定可保障上部密柱构件内力传递。此外，桁架节点非常重要，应引起重视。

(24) 转换层的水平构件，除整体分析以外，尚应作补充计算，补充计算可采用局部分析软件或手算方法。补充计算时，可将转换层顶作为基础底，按（恒+活）标准值工况整体分析计算出各墙体（柱）竖向荷载下各构件上的 $N_{qk}$（kN），并折成均布荷载 $q_k$（kN/m）；按整体分析水平地震作用下在各振型组合时计算出各构件上的标准值 $N_{EK}$（kN）和 $M_{EK}$（kN • m）并把 $N_{EK}$ 折成均布荷载 $q'_{EK}$（kN/m），把 $M_{EK}$ 折成两个三角形竖向荷载 $q''_{EK}$。将上述标准值按不同抗震设防烈度和抗震等级，并按《高规》第 10.2.6 条规定折算成设计值，然后连同转换层有关荷载设计值，按水平转换构件单跨或多跨及与柱或落地墙连接情况，计算其弯矩、剪力等内力，当需要与风荷载组合时与之相叠加，按此计算结果与整体分析结果进行比较，截面设计时取较大值。

例如，有一水平地震作用下的转换梁上墙肢，作用有 $N_{qk}$、$N_{EK}$、$M_{EK}$ 标准值（图 12-4），按不同抗震设防烈度和抗震等级折算成设计值。

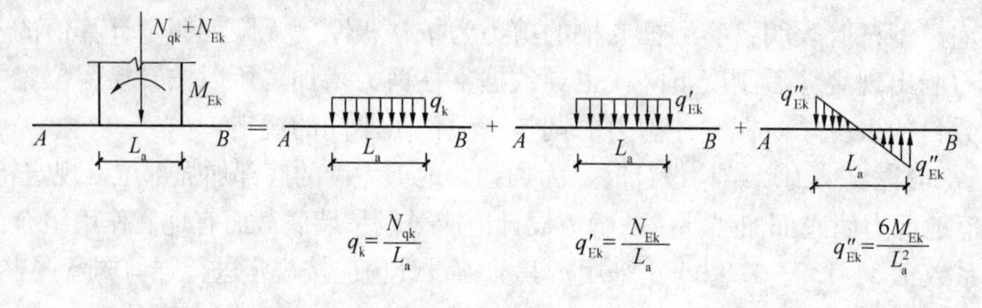


图 12-4　转换梁

1）设防烈度为 8 度：

抗震等级为特一级

$$q = q_k(1.2 + 0.1 \times 1.3) + 1.3 \times 1.9q'_{EK}$$
$$= 1.33q_k + 2.47q'_{EK}$$
$$q''_E = 1.3 \times 1.9q''_{EK} = 2.47q''_{EK}$$

抗震等级为一级

$$q = q_k(1.2 + 0.1 \times 1.3) + 1.3 \times 1.6q'_{EK}$$
$$= 1.33q_k + 2.08q'_{EK}$$
$$q''_{EK} = 1.3 \times 1.6q''_{EK}$$
$$= 2.08q''_{EK}$$

2）设防烈度为 7 度，抗震等级为一级：

$$q = 1.2q_k + 1.3 \times 1.6q'_E$$
$$= 1.2q_k + 2.08q'_E$$
$$q''_E = 2.08q''_{EK}$$

3）设防烈度为 6 度、7 度，抗震等级为二级：

$$q = 1.2q_k + 1.3 \times 1.3q'_E$$
$$= 1.2q_k + 1.69q'_{EK}$$
$$q''_E = 1.69q''_{EK}$$

水平地震作用应按四种工况比较：

①$x$ 方向由左向右；

②$x$ 方向由右向左；

③$y$ 方向由上向下；

④$y$ 方向由下向上。

对各水平转换构件应按上述四种工况确定其内力，取较大值进行截面设计（图 12-5）。

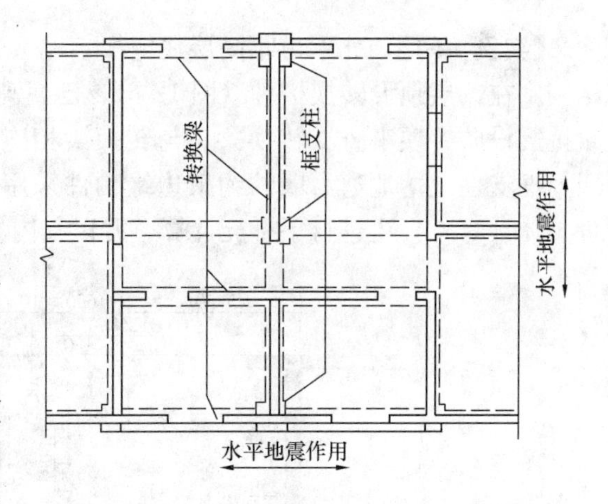


图 12-5　转换层平面示意

（25）框支梁（转换梁）受力复杂，宜在结构整体计算后，按有限元法进行详细分析，由于框支梁与上部墙体的混凝土强度等级及厚度的不同，竖向应力在柱上方集中，并产生大的水平拉应力，详细分析结果说明，框支梁一般为偏心受拉构件，并承受较大的剪力。当加大框支梁的刚度时能有效地减少墙体的拉应力。

框支梁设计应符合下列要求：

1）框支梁与框支柱截面中线宜重合；

2）框支梁（转换梁）截面宽度 $b_b$ 不宜小于上层墙体厚度的 2 倍，且不宜小于 400mm；当梁上托柱时，尚不应小于梁宽方向的柱截面宽度；梁截面高度 $h_b$ 不宜小于计算跨度的 1/8，框支梁可采用加腋梁；

3）当上部无完整的剪力墙不满足上述框支梁条件时，或上部为短肢墙，或上部为小柱网框架时，框支梁应按转换梁设计。

转换梁断面一般宜由剪压比控制计算确定，以避免脆性破坏和具有合适的含箍率。

（26）对部分框支剪力墙结构，高位转换对结构抗震不利，因此规定部分框支剪力墙结构转换层的位置设置在 3 层及 3 层以上时，其框支柱、落地剪力墙的底部加强部位的抗震等级宜按《高规》表 3.9.3、表 3.9.4 的规定提高一级采用（已经为特一级时可不再提高），提高其抗震构造措施。而对于托柱转换结构，因其受力情况和抗震性能比部分框支剪力墙结构有利，故未要求根据转换层设置高度采取更严格的措施。

《高规》本次修订将“框支梁”改为更广义的“转换梁”。转换梁包括部分框支剪力墙结构中的框支梁以及上面托柱的框架梁，是带转换层结构中应用最为广泛的转换结构构件。结构分析和试验研究表明，转换梁受力复杂，而且十分重要，因此《高规》10.2.7 条第 1、2 款分别对其纵向钢筋、梁端加密区箍筋的最小构造配筋提出了比一般框架梁更高的要求。

该条第 3 款针对偏心受拉的转换梁（一般为框支梁）顶面纵向钢筋及腰筋的配置提出了更高要求。研究表明，偏心受拉的转换梁（如框支梁），截面受拉区域较大，甚至全截面受拉，因此除了按结构分析配置钢筋外，加强梁跨中区段顶面纵向钢筋以及两侧面腰筋的最低构造配筋要求是非常必要的。非偏心受拉转换梁的腰筋设置应符合《高规》第 10.2.8 条的有关规定。

（27）工程实例

本节中的工程均按《高规》JGJ 3—2002 设计。在新工程设计时有关规定应按《高规》JGJ 3—2010，即本书有关规定执行。

**【实例 12-1】** 北京市某高层住宅楼，地上 30 层和 34 层，底部门厅局部大空间剪力墙结构，在二层顶设转换构件（图 12-6），已属高层超限结构，在 2003 年 4 月经超限高层建筑抗震设防专项审查。转换梁、与转换梁相连的框支柱及落地剪力墙的抗震等级为特一级，框支柱及落地剪力墙的约束边缘构件采用型钢混凝土。转换梁除了采用 SATWE 软件整体计算外，还进行了补充计算，并以其内力结果进行截面设计。

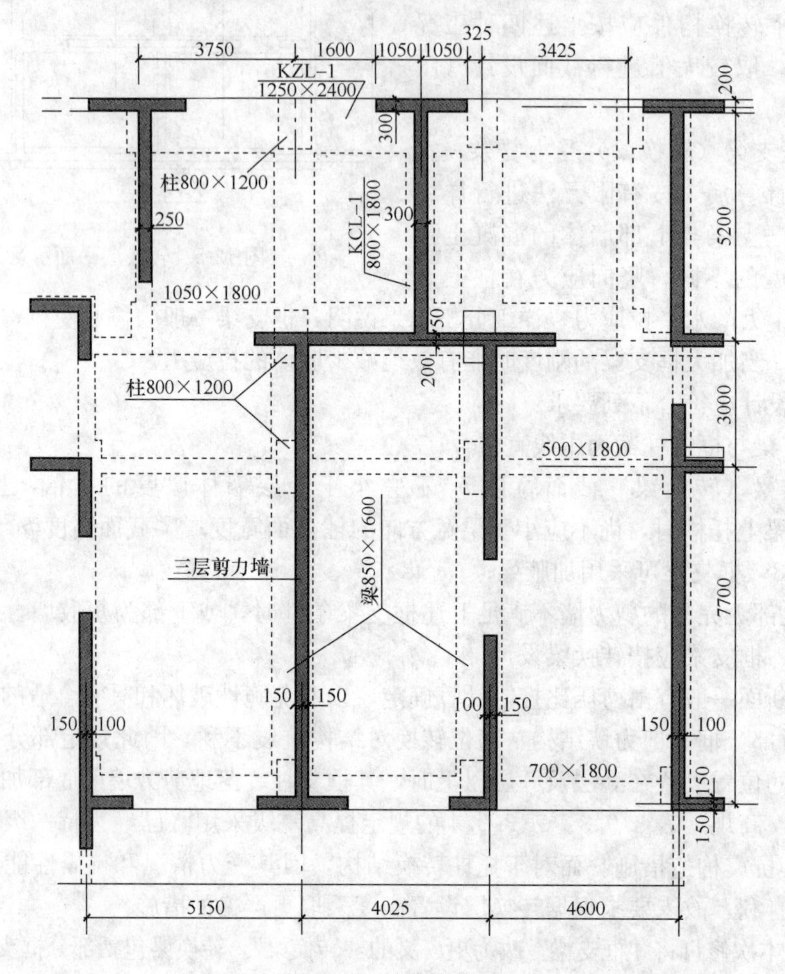


图 12-6　转换层平面

现取其次梁 KCL-1 和主梁 KZL-1 作为补充计算为例。为简化起见，地震作用下的内力均为水平地震作用与风荷载的组合值，重力荷载为恒载加 0.5 活载之和，按《高规》表 5.6.4 分项系数 $\gamma_G$ 为 1.2，$\gamma_{Eh}$ 为 1.3。根据《高规》10.2.6 条，转换梁水平地震作用计算内力特一级时增大系数为 1.8，8 度抗震设计时转换构件应考虑竖向地震的影响取重力荷载的 10%。

该工程抗震设防 8 度，场地为Ⅲ类，设计地震分组为第一组，风荷载基本风压 0.45kN/m²，地面粗糙度 C 类。转换梁混凝土强度等级 C45，受压强度设计值 $f_c=21.1\text{N/mm}^2$，抗拉强度设计值 $f_t=1.80\text{N/mm}^2$，钢筋为 HRB400，钢筋强度设计值 $f_y=360\text{N/mm}^2$。

计算转换梁的上部墙及竖向荷载标准值时，把转换梁作基础（即不考虑转换梁及框支柱因变形卸载的影响）。由 SATWE 软件计算得出，水平地震作用在转换梁上部剪力墙的内力，由整体计算结果中摘得。

1）次梁 KCL-1，截面 800mm×1800mm

①水平地震作用 $y$ 方向时为不利，进行截面承载力计算。梁的荷载、跨度、支座宽度简图如图 12-7 所示。

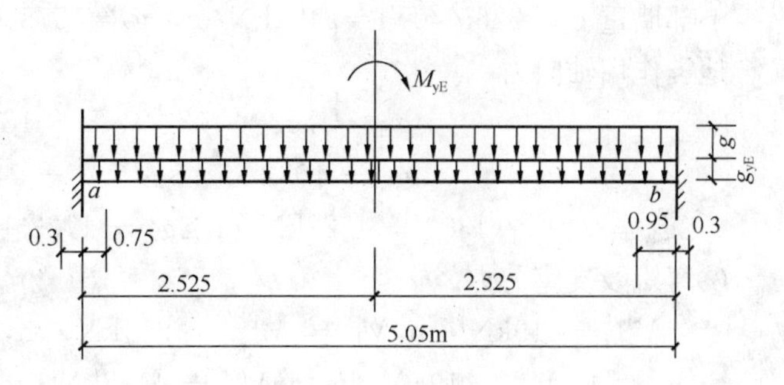


图 12-7　次梁的荷载、跨度、支座宽度简图

上部墙重及二层顶荷载设计值 $g=(1262+20)\times1.1=1410\text{kN/m}$

地震作用轴向力

$$g_{yE}=370\times1.8\times1.3=866\text{kN/m}$$

$$g+g_{yE}=1410+866=2276\text{kN/m}$$

地震作用下弯矩

$$M_{yE}=1659\times1.8\times1.3=3882\text{kN}\cdot\text{m}$$

②弯矩及支座剪力。

$$M_a^F=3866\text{kN}\cdot\text{m},M_b^F=5808\text{kN}\cdot\text{m},M_{中}=4360\text{kN}\cdot\text{m}$$

$V_a=4594\text{kN},V_b=6900\text{kN}$，至 KZL-1 边 $V_b'=6900-2276\times0.95=4738\text{kN}$。

③截面设计。

按《高规》10.2.9 条，$[V]=\dfrac{0.15\times21.1\times800\times1740}{0.85\times1000}=5183\text{kN}>V_b'$满足

箍筋 6 Φ 12@100，$[V_b]=7480\text{kN}$ 满足

$a$ 支座，$M_a^F=3866\text{kN}\cdot\text{m}$，$A_s=6554\text{mm}^2$，18 Φ 28（$11084\text{mm}^2$）

$b$ 支座，$M_b^F=5808\text{kN}\cdot\text{m}$，$A_s=10014\text{mm}^2$，18 Φ 28（$11084\text{mm}^2$）

跨中，$M_{中}=4360\text{kN}\cdot\text{m}$，$A_s=7392\text{mm}^2$，16 Φ 25（$7854\text{mm}^2$）。

2）主梁 KZL-1，截面 1250mm×2400mm

①次梁 KCL-1，水平地震作用 $y$ 方向时对截面起控制作用。又由于次梁 KCL-1 的传重实际从上部到转换梁逐层传递，因此将次梁传重分布在墙垛 2.1m 上。主梁上墙垛布置在一侧，在墙轴向力作用下一般应考虑梁产生扭矩，此工程的墙垛与垂直方向各层连在一体，将有效地抵抗梁的扭转，因此在主梁的剪压比和受剪承载力验算中不计扭矩影响。

梁的荷载、跨度及支座宽度简图如图 12-8 所示。

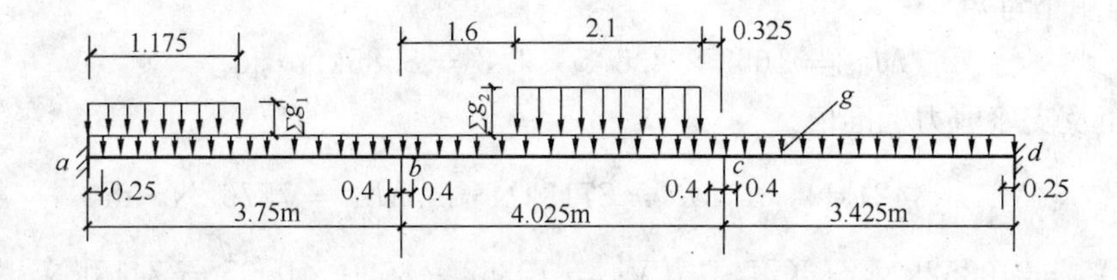


图 12-8　主梁荷载、跨度及支座宽度简图

二层顶荷载设计值 $g=19\times1.1=21\text{kN/m}$

KCL-1 传重 $6900/2.1=3286\text{kN/m}$

上部墙重 $g_1=2265\times1.1=2492\text{kN/m}$，$g_2=1575\times1.1=1733\text{kN/m}$

地震作用轴向力

$$g_{yE}^1=782\times1.8\times1.3=1830\text{kN/m}$$

$$g_{yE}^2=1032\times1.8\times1.3=2415\text{kN/m}$$

$$\Sigma g_1=2492+1830=4322\text{kN/m},\Sigma g_2=1733+3286+2415=7434\text{kN/m}。$$

②弯矩及支座剪力。

$$M_{ab}^F=419\text{kN}\cdot\text{m},M_{ba}^F=M_{bc}^F=2919\text{kN}\cdot\text{m},M_{cb}^F=M_{cd}^F=4655\text{kN}\cdot\text{m}$$

$$M_{dc}^F=1940\text{kN}\cdot\text{m},M_{bc}^{中}=4478\text{kN}\cdot\text{m},V_{cb}=11139\text{kN}。$$

③截面设计。

按《高规》10.2.9 条，$[V]=\frac{0.15\times21.1\times1250\times2340}{0.85\times1000}=10891\text{kN}$，差 2.2%。

箍筋 8 Φ 12@100，$[V]=\frac{1}{0.85}(0.42\times1.8\times1250\times2340+1.25\times360\times\frac{904.8}{100}\times2340)\times\frac{1}{1000}=13810\text{kN}>V_{cb}$，满足

$c$ 支座 $M_c^F=4655\text{kN}\cdot\text{m}$，$A_s=5670\text{mm}^2$，14 Φ 25（$6872\text{mm}^2$）

$bc$ 跨中 $M_{bc}^{中}=4478\text{kN}\cdot\text{m}$，$A_s=5454\text{mm}^2$，14 Φ 25。

3）按基于性能抗震设计

此工程如果按现在许多带转换层工程要求，按基于性能抗震设计，转换梁中震不屈服，重力荷载、水平地震作用取标准值，混凝土、钢筋强度按标准值，即各分项系数为 1.0。此时混凝土 C45，$f_{ck}=29.6\text{N/mm}^2$，$f_{tk}=2.52\text{N/mm}^2$，钢筋 HRB400，$f_{yk}=400\text{N/mm}^2$。中震时水平地震作用内力值可简化为由表 3-3 按小震时的 2.875 倍取，水平地震作用内力特一级增大系数仍为 1.8，考虑竖向地震影响为重力荷载的 10%。

①次梁 KCL-1 截面仍为 800mm×1800mm，水平地震作用 $y$ 向时计算简图为图 12-7。

上部墙重及二层顶荷载标准值

$$g=1410/1.2=1175\text{kN/m}$$

地震作用下轴向力

$$g_{yE}=370\times2.875\times1.8=1915\text{kN/m}$$

$$g+g_{yE}=1175+1915=3090\text{kN/m}$$

地震作用下弯矩

$$M_{yE}=1659\times2.875\times1.8=8585\text{kN}\cdot\text{m}$$

a. 弯矩及支座剪力标准值。

$$M_a^F=4421\text{kN}\cdot\text{m},M_b^F=8713\text{kN}\cdot\text{m},M_{中}=7576\text{kN}\cdot\text{m}$$

$$V_b=10352\text{kN},至\ \text{KZL-1}\ 边\ V_b'=10352-3090\times0.95=7417\text{kN}。$$

b. 截面设计。

$$[V]=\frac{0.15\times29.6\times800\times1740}{1000}=6180\text{kN}<V_b'\ 不满足$$

为满足剪压比要求采用型钢混凝土，截面验算按《型钢混凝土组合结构技术规程》JGJ 138—2001（以下简称《型钢规程》），型钢截面如图 12-9 所示。采用 Q235 钢，强度标准值 $f_{ak}=235\text{N/mm}^2$，型钢钢板宽度比 $b/t_f$、$h_w/t_w$ 均满足《高规》表 11.2.22 要求，按《型钢规程》5.1.4 条：

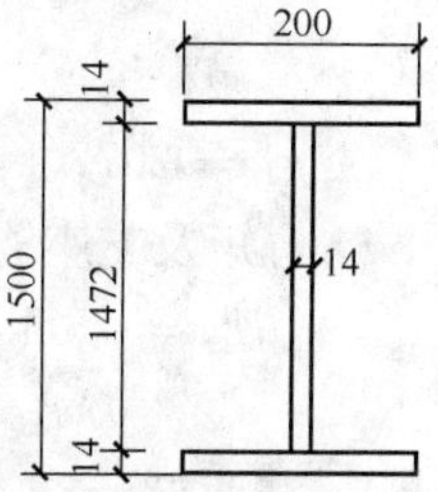

图 12-9　型钢截面

$$[V_b]=\frac{0.36\times29.6\times800\times1740}{1000}=14833\text{kN}>V_b' \text{ 满足}$$

$$\frac{f_{ak}t_w h_w}{f_{ck}bh_0}=\frac{235\times14\times1472}{29.6\times800\times1740}=0.12>0.1 \text{ 满足}$$

箍筋 6Φ12@100，按 5.1.5 条

$$[V_b]=\frac{0.06\times29.6\times800\times1740+0.8\times400\times\dfrac{678.6}{100}\times1740+0.58\times235\times14\times1472}{1000}$$

$$=9059\text{kN}>V_b' \text{ 满足。}$$

因按中震不屈服验算，受剪承载力抗震调整系数 $\gamma_{RE}=1.0$。

支座弯矩由钢筋混凝土承受，跨中弯矩由钢筋混凝土与型钢共同承担。

$$M_a^F=4421\text{kN}\cdot\text{m},A_s=6562\text{mm}^2\quad 14\Phi25(6872\text{mm}^2)$$

$$M_b^F=8713\text{kN}\cdot\text{m},A_s=13360\text{mm}^2\quad 23\Phi28(14162\text{mm}^2)$$

跨中 $M_中=7576\text{kN}\cdot\text{m}$，按《型钢规程》5.1.2 条计算，跨中上部钢筋按支座的 1/4 截面为 6Φ28，$A_s'=3695\text{mm}^2$，跨中下部钢筋 14Φ25，$A_s=6872\text{mm}^2$，混凝土受压区高度按 $x=\frac{400\times6872}{800\times29.6}=116\text{mm}$，$\xi=x/h_0=\frac{116}{1740}=0.067$，$\delta_1=\delta_2=\frac{164}{1740}=0.094$，$\delta_2>1.25\times116=145\text{mm}$

$$M_{aw}=\left[\frac{1}{2}\times2\times0.094^2+2.5\times0.067-(1.25\times0.067)^2\right]\times14\times1690^2\times235$$

$$=1.59\times10^9\text{N}\cdot\text{mm}$$

$$[M]=29.6\times800\times116\left(1740-\frac{116}{2}\right)+400\times3695(1740-35)$$

$$+235\times14\times200(1740-157)+1.59\times10^9$$

$$=9770\times10^6\text{N}\cdot\text{mm}=9770\text{kN}\cdot\text{m}>M_中$$

按中震不屈服与小震作用下相比较，在截面相同和混凝土强度等级、钢筋一样的情况下，梁的剪压比需要采用型钢混凝土才能满足，支座 $b$ 小震时为 18Φ28，而中震不屈服需要 23Φ28，相差 24%。

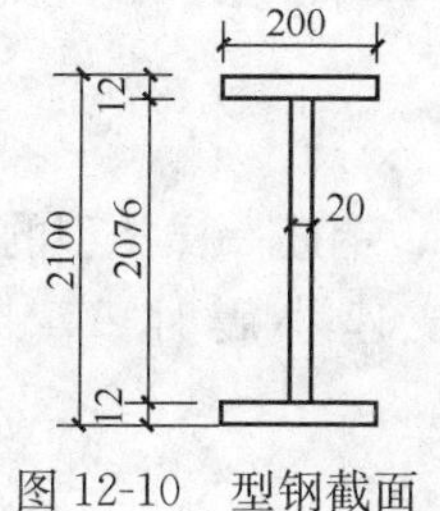

图 12-10　型钢截面

②主梁 KZL-1 截面仍为 1250mm×2400mm，计算简图为图 12-10。

二层顶荷载标准值 $g=21/1.2=18\text{kN/m}$

上部墙重标准值 $g_1=\frac{2492}{1.2}=2077\text{kN/m}$，$g_2=\frac{1733}{1.2}=1444\text{kN/m}$，KCL-1 传重 $10352/2.1=4930\text{kN/m}$

地震作用下轴向力

$$g_{yE}^{1} = 782 \times 2.875 \times 1.8 = 4047\text{kN/m}$$

$$g_{yE}^{2} = 1032 \times 2.875 \times 1.8 = 5341\text{kN/m}$$

$\Sigma g_1 = 2077 + 4047 = 6124\text{kN/m}, \Sigma g_2 = 1444 + 4930 + 5341 = 11715\text{kN/m}$。

a. 弯矩及支座剪力标准值。

$$M_{ab}^{F} = 767\text{kN}\cdot\text{m}, M_{ba}^{F} = M_{bc}^{F} = 4543\text{kN}\cdot\text{m}, M_{cb}^{F} = M_{cd}^{F} = 7343\text{kN}\cdot\text{m},$$

$$M_{dc}^{F} = 3645\text{kN}\cdot\text{m}, M_{bc}^{中} = 7046\text{kN}\cdot\text{m}, V_{cb} = 17457\text{kN}。$$

b. 截面设计。

$$[V] = \frac{0.15 \times 29.6 \times 1250 \times 2340}{1000} = 12987\text{kN} < V_{cb}，不满足$$

采用型钢混凝土时，钢 Q235，型钢如图 12-10 所示。

$$[V] = \frac{0.36 \times 29.6 \times 1250 \times 2340}{1000} = 31169\text{kN} > V_{cb}$$

$$\frac{f_{ak} t_w h_w}{f_{ck} b h_0} = \frac{235 \times 20 \times 2076}{29.6 \times 1250 \times 2340} = 0.11 > 0.1，满足$$

箍筋 8Φ12@100，按《型钢规程》5.1.5 条

$$[V] = \frac{0.06 \times 29.6 \times 1250 \times 2340 + 0.8 \times 400 \times \frac{904.8}{100} \times 2340 + 0.58 \times 235 \times 20 \times 2076}{1000}$$

$$= 17628\text{kN} > V_{cb}$$

支座弯矩由钢筋混凝土承受，跨中弯矩按型钢混凝土设计。

$b$ 支座，$M_b = 4543\text{kN}\cdot\text{m}$，$A_s = 4916\text{mm}^2$，12Φ25（$5890\text{mm}^2$）

$c$ 支座，$M_c = 7343\text{kN}\cdot\text{m}$，$A_s = 7997\text{mm}^2$，14Φ28（$8620\text{mm}^2$）

跨中 $M_{bc}^{中} = 7046\text{kN}\cdot\text{m}$，按《型钢规程》5.1.2 条计算，跨中上部钢筋按支座 $c$ 的1/4 截面取 6Φ25，$A'_s = 2945\text{mm}^2$（Φ25 与Φ28 可直螺纹接头）。

混凝土受压区高度为 $x = \dfrac{400 \times 8620}{1250 \times 29.6} = 93\text{mm}$

$$\xi = x/h_0 = 93/2340 = 0.04，\delta_1 = \delta_2 = 162/2340 = 0.069$$

$$M_{aw} = \left[\frac{1}{2} \times 2 \times 0.069^2 + 2.5 \times 0.04 - (1.25 \times 0.04)^2\right] \times 20 \times 2290^2 \times 235$$

$$= 2.52 \times 10^9\,\text{N}\cdot\text{mm}$$

$$[M] = 29.6 \times 1250 \times 93\left(2340 - \frac{93}{2}\right) + 400 \times 2945(2340 - 35)$$

$$+ 235 \times 12 \times 200(2290 - 156) + 2.52 \times 10^9$$

$$= 7230\text{kN}\cdot\text{m} > M_{bc}^{中}。$$

按中震不屈服与小震作用下相比较，在截面相同和混凝土强度等级、钢筋一样类型的情况下，$c$ 支座左梁的剪压比需要采用型钢混凝土才能满足。$c$ 支座小震时 $A_s = 5670\text{mm}^2$，而中震不屈服需要 $A_s = 7997\text{mm}^2$，相差 41%。

4）几点说明

①本例的工程是 6 年前的设计，按当时要求没有对转换梁按中震不屈服进行设计，而是小震地震作用并作补充计算对转换梁进行截面设计。

②转换梁 KCL-1、KZL-1 进行小震地震作用与中震地震作用对比计算，可清晰地看到两者有明显差别，并说明对转换梁这种受力复杂的构件为了有较大的安全度按中震不屈服验算截面的必要性。

③KCL-1 算例中水平地震作用是按 $y$ 方向由下向上（指平面图）作用进行计算的，因为此种工况对 KZL-1 最不利。当水平地震作用按 $y$ 方向由上向下作用时 $a$ 支座的负弯矩与现 $b$ 支座的负弯矩相等，因此 $a$、$b$ 支座配筋应相同，两种工况下跨中弯矩相等。

**3. 有关带加强层高层建筑结构的规定**

（1）根据近年来高层建筑的设计经验及理论分析研究，当框架-核心筒结构的侧向刚度不能满足设计要求时，可以设置加强层以加强核心筒与周边框架的联系，提高结构整体刚度，控制结构位移。本节规定了设置加强层的要求及加强层构件的类型。

（2）根据中国建研院等单位的理论分析，带加强层的高层建筑，加强层的设置位置和数量如果比较合理，则有利于减少结构的侧移。《高规》10.3.2 条第 1 款的规定供设计人员参考。

结构模型振动台试验及研究分析表明：由于加强层的设置，结构刚度突变，伴随着结构内力的突变，以及整体结构传力途径的改变，从而使结构在地震作用下，其破坏和位移容易集中在加强层附近，形成薄弱层，因此规定了在加强层及相邻层的竖向构件需要加强。伸臂桁架会造成核心筒墙体承受很大的剪力，上下弦杆的拉力也需要可靠地传递到核心筒上，所以要求伸臂构件贯通核心筒。

加强层的上下层楼面结构承担着协调内筒和外框架的作用，存在很大的面内应力，因此《高规》10.3.2 条规定的带加强层结构设计的原则中，对设置水平伸臂构件的楼层在计算时宜考虑楼板平面内的变形，并注意加强层及相邻层的结构构件的配筋加强措施，加强各构件的连接锚固。

由于加强层的伸臂构件强化了内筒与周边框架的联系，内筒与周边框架的竖向变形差将产生很大的次应力，因此需要采取有效的措施减小这些变形差（如伸臂桁架斜腹杆的滞后连接等），而且在结构分析时就应该进行合理的模拟，反映这些措施的影响。

（3）带加强层的高层建筑结构，加强层刚度和承载力较大，与其上、下相邻楼层相比有突变，加强层相邻楼层往往成为抗震薄弱层；与加强层水平伸臂结构相连接部位的核心筒剪力墙以及外围框架柱受力大且集中。因此，为了提高加强层及其相邻楼层与加强层水平伸臂结构相连接的核心筒墙体及外围框架柱的抗震承载力和延性，《高规》10.3.3 条规定应对此部位结构构件的抗震等级提高一级采用（已经为特一级者可不提高）；框架柱箍筋应全柱段加密，轴压比从严（减小 0.05）控制；剪力墙应设置约束边缘构件。《高规》10.3.3 条第 3 款为本次修订新增加内容。

**4. 有关错层结构的规定**

（1）中国建筑科学研究院抗震所等单位对错层剪力墙结构做了两个模型振动台试验。试验研究表明，平面规则的错层剪力墙结构使剪力墙形成错洞墙，结构竖向刚度不规则，对抗震不利，但错层对抗震性能的影响不十分严重；平面布置不规则、扭转效应显著的错层剪力墙结构破坏严重。错层框架结构或框架-剪力墙结构尚未见试验研究资料，但从计算分析表明，这些结构的抗震性能要比错层剪力墙结构更差。因此，高层建筑宜避免错层。

相邻楼盖结构高差超过梁高（600mm）范围的，宜按错层结构考虑。结构中仅局部存在错层构件的不属于错层结构，但这些错层构件宜参考本节的规定进行设计。

(2) 错层结构应尽量减少扭转效应，错层两侧宜采用侧向刚度和变形性能相近的结构方案，以减小错层处墙、柱内力，避免错层处结构形成薄弱部位。

(3) 当采用错层结构时，为了保证结构分析的可靠性，相邻错开的楼层不应归并为一个刚性楼层计算。

(4) 错层结构属于竖向布置不规则结构，错层部位的竖向抗侧力构件受力复杂，容易形成多处应力集中部位。框架错层更为不利，容易形成长、短柱沿竖向交替出现的不规则体系。因此，规定抗震设计时错层处柱的抗震等级应提高一级采用（特一级时允许不再提高），截面高度不应过小，箍筋应全柱段加密配置，以提高其抗震承载力和延性。

和 02 规程相比，本次修订明确了《高规》10.4.4 条规定是针对抗震设计的错层结构。

(5)《高规》10.4.5 条为新增条文。错层结构错层处的框架柱受力复杂，易发生短柱受剪破坏，因此要求其满足设防烈度地震（中震）作用下性能水准 2 的设计要求。

(6) 错层结构在错层处的构件（图 12-11）要采取加强措施。

《高规》第 10.4.4 条和第 10.4.6 条规定了错层处柱截面高度、剪力墙截面厚度以及剪力墙分布钢筋的最小配筋率要求，并规定平面外受力的剪力墙应设置与其垂直的墙肢或扶壁柱，抗震设计时，错层处框架柱和平面外受力的剪力墙的抗震等级应提高一级采用，以免该类构件先于其他构件破坏。如果错层处混凝土构件不能满足设计要求，则需采取有效措施。框架柱采用型钢混凝土柱或钢管混凝土柱，剪力墙内设置型钢，可改善构件的抗震性能。

**5. 有关连体结构的规定**

(1) 连体结构各独立部分宜有相同或相近的体型、平面和刚度，宜采用双轴对称的平面形式，否则在地震中将出现复杂的 $X$、$Y$、$\theta$ 相互耦联的振动，扭转影响大，对抗震不利。

1995 年日本阪神地震和 1999 年我国台湾集集地震的震害表明，连体结构破坏严重，连接体本身塌落的情况较多，同时使主体结构中与连接体相连的部分结构严重破坏，尤其当两个主体结构层数和刚度相差较大时，采用连体结构更为不利，因此规定 7、8 度抗震时层数和刚度相差悬殊的不宜采用连体结构。

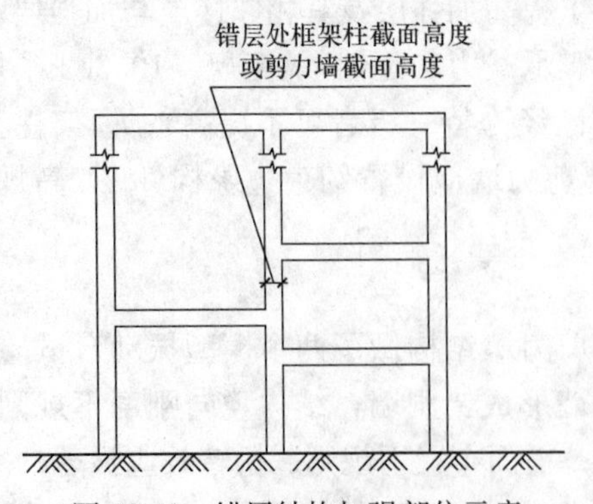

图 12-11　错层结构加强部位示意

由计算分析及同济大学等单位进行的振动台试验说明：连体结构自振振型较为复杂，前几个振型与单体建筑有明显不同，除顺向振型外，还出现反向振型，因此要进行详细的计算分析；连体结构总体为一开口薄壁构件，扭转性能较差，扭转振型丰富，当第一扭转频率与场地卓越频率接近时，容易引起较大的扭转反应，易使结构发生脆性破坏。连体结构中部刚度小，而此部位混凝土强度等级又低于下部结构，从而使结构薄弱部位由结构的底部转为连体结构中塔楼的中下部，这是连体结构设计时应注意的问题。

(2) 连体结构的连接体一般跨度较大、位置较高，对竖向地震的反应比较敏感，放大效应明显，因此抗震设计时高烈度区应考虑竖向地震的不利影响。《高规》本次修订增加了7度设计基本地震加速度为0.15$g$抗震设防区考虑竖向地震影响的规定，与该规程第4.3.2条的规定保持一致。

(3) 计算分析表明，高层建筑中连体结构连接体的竖向地震作用受连体跨度、所处位置以及主体结构刚度等多方面因素的影响，6度和7度0.10$g$抗震设计时，对于高位连体结构（如连体位置高度超过80m时）宜考虑其影响。

(4) 连体结构的连体部位受力复杂，连体部分的跨度一般也较大，采用刚性连接的结构分析和构造上更容易把握，因此推荐采用刚性连接的连体形式。刚性连接体既要承受很大的竖向重力荷载和地震作用，又要在水平地震作用下协调两侧结构的变形，因此要保证连体部分与两侧主体结构的可靠连接，这两条规定了连体结构与主体结构连接的要求，并强调了连体部位楼板的要求。

根据具体项目的特点分析后，也可采用滑动连接方式。震害表明，当采用滑动连接时，连接体往往由于滑移量较大致使支座发生破坏，因此增加了对采用滑动连接时的防坠落措施要求和需采用时程分析方法进行复核计算的要求。

(5) 中国建筑科学研究院等单位对连体结构的计算分析及振动台试验研究说明，连体结构自振振型较为复杂，前几个振型与单体建筑有明显不同，除顺向振型外，还出现反向振型；连体结构抗扭转性能较差，扭转振型丰富，当第一扭转频率与场地卓越频率接近时，容易引起较大的扭转反应，易造成结构破坏。因此，连体结构的连接体及与连接体相连的结构构件受力复杂，易形成薄弱部位，抗震设计时必须予以加强，以提高其抗震承载力和延性。

(6) 刚性连接的连体部分结构在地震作用下需要协调两侧塔楼的变形，因此需要进行连体部分楼板的验算，楼板的受剪截面和受剪承载力按转换层楼板的计算方法进行验算，计算剪力可取连体楼板承担的两侧塔楼楼层地震作用力之和的较小值。当连体部分楼板较弱时，在强烈地震作用下可能发生破坏，因此建议补充两侧分塔楼的计算分析，确保连体部分失效后两侧塔楼可以独立承担地震作用不致发生严重破坏或倒塌。

(7) 连体结构中连体与主体结构的连接方案是采用刚性连接还是非刚性连接，是一个关键问题。对第一种形式（架空连廊）连体结构如采用刚性连接，则结构设计及构造比较容易实现；抗震设计时，要防止架空连廊在罕遇地震作用下不塌落，无论采用刚性连接还是非刚性连接，《高规》都提出了比较严格的原则性要求。对第二种形式（凯旋门式）的连体结构，显然宜采用刚性连接方案，如设计合理，结构的安全是能得到保证的；若采用非刚性连接，则结构设计及构造相当困难，要使若干层高、体量颇大的连体具有安全可靠的支座，并能满足X、Y两个方向在罕遇地震作用下的位移要求，这是很难实现的。

连接体结构与主体结构宜采用刚性连接。刚性连接时，连接体结构的主要结构构件应至少伸入主体结构一跨并可靠连接；必要时可延伸至主体部分的内筒，并与内筒可靠连接。

当连接体结构与主体结构采用滑动连接时，支座滑移量应能满足两个方向在罕遇地震作用下的位移要求，并应采取防坠落、撞击措施。计算罕遇地震作用下的位移时，应采用时程分析方法进行复核计算。

(8) 连接体应加强构造措施。连接体的楼面可考虑相当于作用在一个主体部分的楼层水平拉力和面内剪力。连接体的边梁截面宜加大，楼板厚度不宜小于 150mm，采用双层双向筋钢网，每层每方向钢筋网的配筋率不宜小于 0.25%。

连接体结构可设置钢梁、钢桁架和混凝土梁，混凝土梁在楼板标高处宜设加强型钢，该型钢伸入主体部分，加强锚固。

当有多层连接体时，应特别加强其最下面一至两个楼层的设计和结构。

(9) 抗震设计时，连接体及连接体相邻的结构构件的抗震等级应提高一级采用，若原抗震等级为特一级则不再提高；非抗震设计时，应加强构造措施。

(10) 低矮的弱连接架空连廊可采用滑动铰支承。为防止大震作用下滑动支承的架空连廊撞击或滑落的震害，其最小支座宽度应能满足架空连廊两侧主体结构大震作用下该高度处弹塑性水平变形要求。这个要求比《抗规》防震缝宽度要求要严得多。高层建筑物，大震下防震缝两侧建筑有可能发生碰撞损坏，防震缝宽基本上是由弹性中震下水平位移所控制。

由于两侧主体结构在地震作用下最不利最大相对变形不一定同时到达，参考 IBC 2003《美国建筑规范》第 1620.4.5 款，采用随机振动方法，架空连廊与两侧主体结构在连廊跨度方向防震缝宽 $W_c$ 为：

$$W_c \geqslant \sqrt{\Delta_1^2 + \Delta_2^2} \tag{12-1}$$

式中　$\Delta_1^2$、$\Delta_2^2$——两侧建筑架空连廊高度处连廊跨度方向大震弹塑性水平位移，可按式 (12-2) 近似计算得到。

$$\Delta_1(\Delta_2) = 2\beta_{大}\ \Delta_{1E}(\Delta_{2E}) \tag{12-2}$$

式中　$\Delta_{1E}(\Delta_{2E})$——两侧建筑架空连廊高度处连廊跨度方向小震反应谱弹性水平位移；

$\beta_{大}$——大震作用与小震作用之比，见表 12-1；

2——计及大震作用下结构进入弹塑性阶段后结构弹性刚度退化影响。

**$\beta_{中}(\beta_{大})$=中(大)震作用/小震作用**　　**表 12-1**

| 抗震设防烈度 | 7 度 | 7.5 度 | 8 度 | 8.5 度 | 9 度 |
|---|---|---|---|---|---|
| $\alpha_{max}^{小震}$ | 0.08 | 0.12 | 0.16 | 0.24 | 0.32 |
| $\alpha_{max}^{中震}$ | 0.23 | 0.33 | 0.46 | 0.66 | 0.80 |
| $\alpha_{max}^{大震}$ | 0.50 | 0.72 | 0.90 | 1.20 | 1.40 |
| $\beta_{中}$ | 2.875 | 2.75 | 2.875 | 2.75 | 2.5 |
| $\beta_{大}$ | 6.25 | 6 | 5.625 | 5 | 4.375 |

则架空连廊跨度方向一侧最小支座宽度 $b$（如图 12-12 所示）应为：

$$b \geqslant W_c + b_c \tag{12-3}$$

式中　$W_c$——连廊跨度方向防震缝宽，见式 (12-3)；

$b_c$——架空连廊结构跨度方向的最小支承宽度。

【实例 12-2】 抗震设防烈度 8 度区，某架空连廊于 15m 高度处支承于两侧框架剪力墙结构，已知该高度处两侧结构连廊跨度方向小震反应谱弹性计算水平位移 $H/1200$。

求：该架空连廊最小支座宽度 $b$。

【解】 $\Delta_{1E}=\Delta_{2E}=H/1200=15000/1200=12.5\text{mm}$

$$\Delta_1(\Delta_2)=2\beta_{大}\Delta_{1E}(\Delta_{2E})=2\times5.625\times12.5=140.6\text{mm}$$

$$W_c=\sqrt{\Delta_1^2+\Delta_2^2}=\sqrt{2\times140.6^2}$$

$$=199>70\text{mm}（规范规定防震缝宽）$$

$b_c=300\text{mm}$（架空连廊结构跨度方向最小支承宽度）

$$b\geqslant W_c+b_c=199+300=499\text{mm}\approx500\text{mm}$$

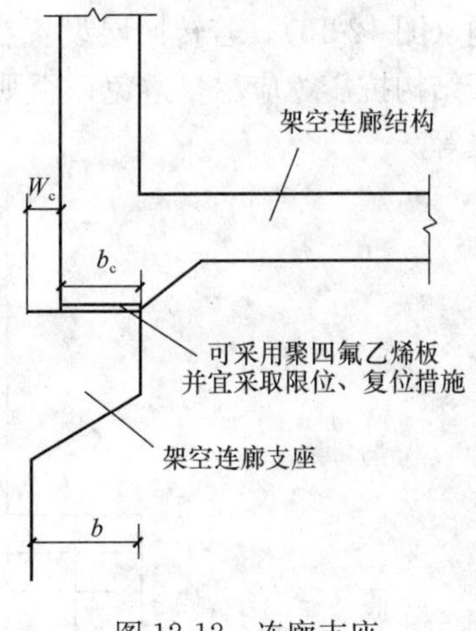

图 12-12 连廊支座

滑动支承架空连廊宽度方向最小支承长度 $l$，可采用与支承宽度 $b$ 相同的方法计算确定，如下式（12-4）：

$$l\geqslant W_L+l_c \tag{12-4}$$

式中 $W_L$——架空连廊宽度方向防滑落长度，计算方法同式（12-1）、式（12-2）；

$l_c$——架空连廊结构宽度方向最小支承长度。

### 6. 有关竖向体型收进、悬挑结构的规定

（1）将 02 规程多塔楼结构的内容与新增的体型收进、悬挑结构的相关内容合并，统称为“竖向体型收进、悬挑结构”。对于多塔楼结构、竖向体型收进和悬挑结构，其共同的特点就是结构侧向刚度沿竖向发生剧烈变化，往往在变化的部位产生结构的薄弱部位，因此本节对其统一进行规定。

（2）竖向体型收进、悬挑结构在体型突变的部位，楼板承担着很大的面内应力，为保证上部结构的地震作用可靠地传递到下部结构，体型突变部位的楼板应加厚并加强配筋，板面负弯矩配筋宜贯通。体型突变部位上、下层结构的楼板也应加强构造措施。

（3）塔楼对底盘宜对称布置，上部塔楼结构的综合质心与底盘结构质心的距离不宜大于底盘相应边长的 20%（《高规》第 10.6.3 条）。

1995 年日本阪神地震中，有几幢带底盘的单塔楼建筑，在底盘上一层严重破坏。1 幢 5 层的建筑，第一层为大底盘裙房，上部 4 层突然收进，而且位于大底盘的一侧，上部结构与大底盘结构质心的偏心距离较大，地震中第 2 层（即大底盘上一层）严重破坏；另一幢 12 层建筑，底部 2 层为大底盘，上部 10 层突然收进，并位于大底盘的一侧，地震中第 3 层（即大底盘上一层）严重破坏，第 4 层也受到破坏。

（4）中国建筑科学研究院结构所等单位的试验研究和计算分析表明，多塔楼结构振型复杂，且高振型对结构内力的影响大，当各塔楼质量和刚度分布不均匀时，结构扭转振动反应大，高振型对内力的影响更为突出。因此《高规》10.6.3 条规定多塔楼结构各塔楼的层数、平面和刚度宜接近；塔楼对底盘宜对称布置，减小塔楼和底盘的刚度偏心。大底盘单塔楼结构的设计，也应符合本条关于塔楼与底盘的规定。

震害和计算分析表明，转换层宜设置在底盘楼层范围内，不宜设置在底盘以上的塔楼

内（图 12-13）。若转换层设置在底盘屋面的上层塔楼内时，易形成结构薄弱部位，不利于结构抗震，应尽量避免；否则应采取有效的抗震措施，包括增大构件内力、提高抗震等级等。

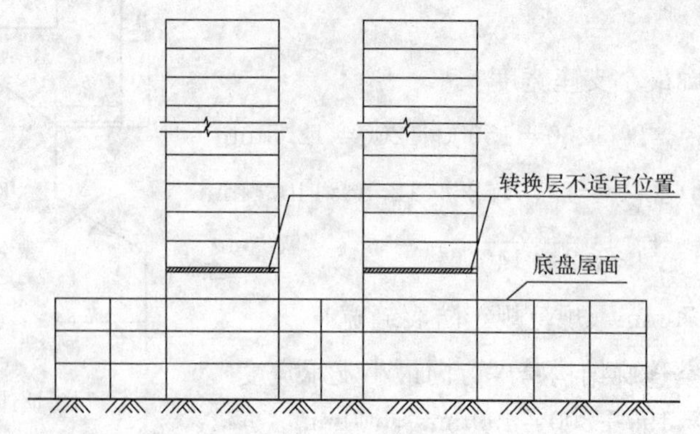


图 12-13　多塔楼结构转换层不适宜位置示意

为保证结构底盘与塔楼的整体作用，裙房屋面板应加厚并加强配筋，板面负弯矩配筋宜贯通；裙房屋面上、下层结构的楼板也应加强构造措施。

为保证多塔楼建筑中塔楼与底盘整体工作，塔楼之间裙房连接体的屋面梁以及塔楼中与裙房连接体相连的外围柱、墙，从固定端至出裙房屋面上一层的高度范围内，在构造上应予以特别加强（图 12-14）。

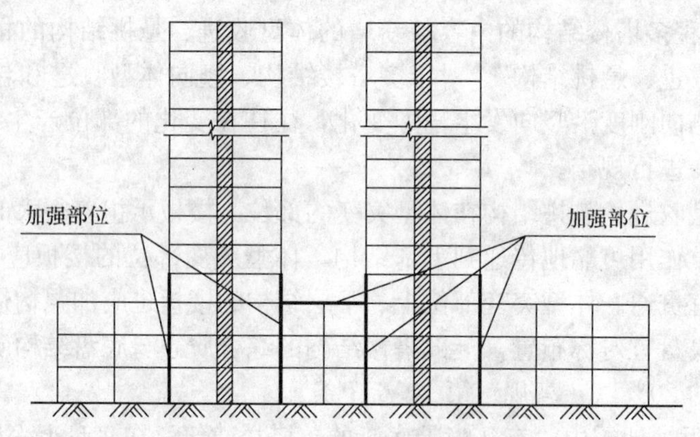


图 12-14　多塔楼结构加强部位示意

（5）《高规》10.6.4 条为新增条文，对悬挑结构提出了明确要求。

悬挑部分的结构一般竖向刚度较差、结构的冗余度不高，因此需要采取措施降低结构自重、增加结构冗余度，并进行竖向地震作用的验算，且应提高悬挑关键构件的承载力和抗震措施，防止相关部位在竖向地震作用下发生结构的倒塌。

悬挑结构上下层楼板承受较大的面内作用，因此在结构分析时应考虑楼板面内的变形，分析模型应包含竖向振动的质量，保证分析结果可以反映结构的竖向振动反应。

（6）《高规》10.6.5 条为新增条文，对体型收进结构提出了明确要求。大量地震震害以及相关的试验研究和分析表明，结构体型收进较多或收进位置较高时，因上部结构刚度突然降低，其收进部位形成薄弱部位，因此规定在收进的相邻部位采取更高的抗震措施。

当结构偏心收进时，受结构整体扭转效应的影响，下部结构的周边竖向构件内力增加较多，应予以加强。图 12-15 中表示了应该加强的结构部位。

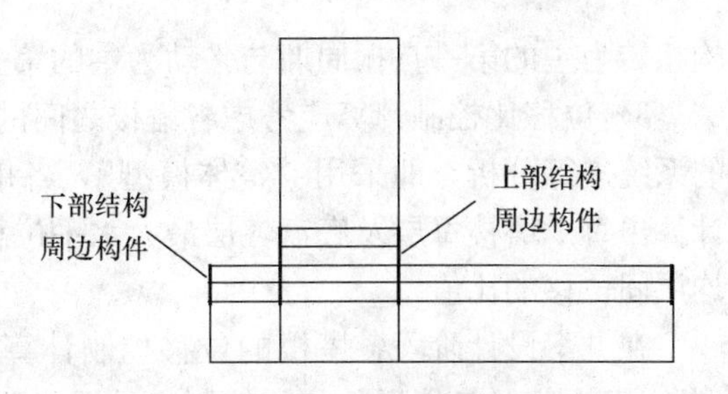


图 12-15　体型收进结构的加强部位示意

收进程度过大、上部结构刚度过小时，结构的层间位移角增加较多，收进部位成为薄弱部位，对结构抗震不利，因此限制上部楼层层间位移角不大于下部结构层间位移角的 1.15 倍，当结构分段收进时，控制收进部位底部楼层的层间位移角和下部相邻区段楼层的最大层间位移角之间的比例（图 12-16）。

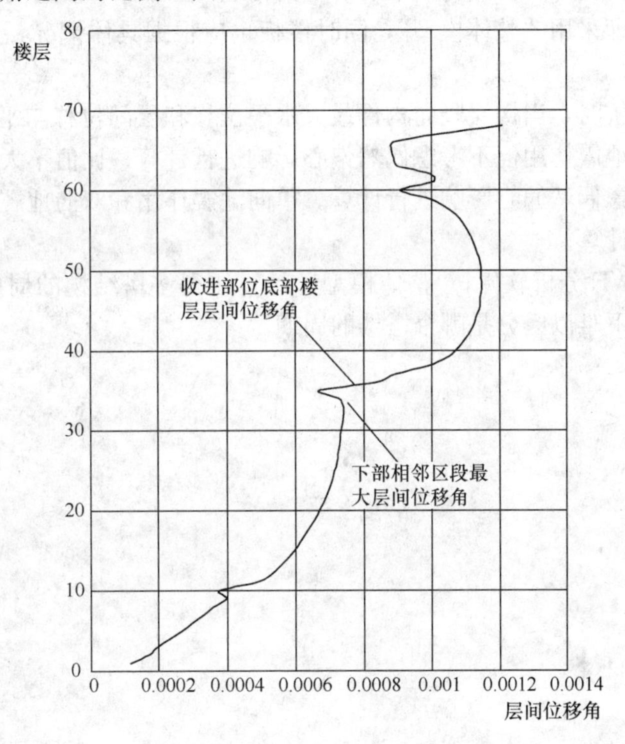


图 12-16　结构收进部位楼层层间位移角分布

（7）多塔楼结构的主要特点是，在多个多高层建筑的底部有一个连成整体的大裙房，形成大底盘；当 1 幢高层建筑的底部设有较大面积的裙房时，为带底盘的单塔结构，这种结构是多塔楼结构的一个特殊情况。对于多个塔楼仅通过地下室连为一体，地上无裙房或有局部小裙房但不连为一体的情况，一般不属大底盘多塔楼结构。

（8）多塔楼结构设计尚应按下列规定：

1）多塔楼结构每个塔楼都有独立的迎风面，在计算风荷载时不考虑各塔楼的相互影响。每个塔楼都有独立的变形，各塔楼的变形仅与塔楼本身因素与底盘连接的关系和底盘的受力特性有关，各塔楼之间没有直接影响，而有通过底盘产生的间接影响。

2）多塔结构也应按《高规》3.4.5 条规定，在考虑偶然偏心影响的地震作用下，在刚性楼板假定条件下，楼层竖向构件的最大水平位移和层间位移与该楼层平均值比值，结构扭转为主的第一自振周期与平动为主的第一周期的比值，均应符合该条要求。

3）位移比控制计算应考虑各塔楼之间的相互影响，将各塔楼连同底盘作为一个完整的系统进行分析，即采用“整体模型”，各塔楼每层为一块刚性楼板，各塔楼相互独立。计算出每个塔楼每层及底盘各层最大水平位移与平均水平位移的比值，最大层间位移与平均层间位移的比值。

在方案设计阶段各塔楼的位移控制计算也可如同周期比控制计算一样采用“高散模型”。但大底盘各楼层的位移控制应采用“整体模型”。

4）周期比控制计算，由于目前没有计算多塔情况下每个振型的平动因子和扭转因子的方法，只能近似地采用“离散模型”，即将各塔楼分离开进行计算。

5）多塔结构的构件内力分析和截面设计计算时，应将各塔楼连同底盘作为一个完整的系统进行分析，即采用“整体模型”，同时楼板也应根据具体情况，采用刚性或弹性假定。

在构件内力分析时，当楼层竖向构件最大水平位移和层间位移与平均值比值大于 1.2 倍时，还应按双向地震作用但不考虑偶然偏心影响进行计算；比值不大于 1.2 倍时，可按单向地震作用而考虑偶然偏心影响进行计算。单向地震作用和双向地震作用均应按扭转耦联振型分解法进行计算。

6）采用 SATWE 分析软件，“整体模型”计算所得多塔结构的周期是整个结构系统的周期，一般情况下难以区分是哪个塔楼的周期。

# 第13章 混合结构设计

## 一、《高规》规定

### 11.1 一般规定

**11.1.1** 本章规定的混合结构，系指由外围钢框架或型钢混凝土、钢管混凝土框架与钢筋混凝土核心筒所组成的框架-核心筒结构，以及由外围钢框筒或型钢混凝土、钢管混凝土框筒与钢筋混凝土核心筒所组成的筒中筒结构。

**11.1.2** 混合结构高层建筑适用的最大高度应符合表11.1.2的规定。

**表11.1.2 混合结构高层建筑适用的最大高度（m）**

| 结构体系 | | 非抗震设计 | 抗震设防烈度 | | | | |
|---|---|---|---|---|---|---|---|
| | | | 6度 | 7度 | 8度 | | 9度 |
| | | | | | 0.2$g$ | 0.3$g$ | |
| 框架-核心筒 | 钢框架-钢筋混凝土核心筒 | 210 | 200 | 160 | 120 | 100 | 70 |
| | 型钢（钢管）混凝土框架-钢筋混凝土核心筒 | 240 | 220 | 190 | 150 | 130 | 70 |
| 筒中筒 | 钢外筒-钢筋混凝土核心筒 | 280 | 260 | 210 | 160 | 140 | 80 |
| | 型钢（钢管）混凝土外筒-钢筋混凝土核心筒 | 300 | 280 | 230 | 170 | 150 | 90 |

注：平面和竖向均不规则的结构，最大适用高度应适当降低。

**11.1.3** 混合结构高层建筑的高宽比不宜大于表11.1.3的规定。

**表11.1.3 混合结构高层建筑适用的最大高宽比**

| 结构体系 | 非抗震设计 | 抗震设防烈度 | | |
|---|---|---|---|---|
| | | 6度、7度 | 8度 | 9度 |
| 框架-核心筒 | 8 | 7 | 6 | 4 |
| 筒中筒 | 8 | 8 | 7 | 5 |

**11.1.4 抗震设计时，混合结构房屋应根据设防类别、烈度、结构类型和房屋高度采用不同的抗震等级，并应符合相应的计算和构造措施要求。丙类建筑混合结构的抗震等级应按表11.1.4确定。**

**表 11.1.4　钢-混凝土混合结构抗震等级**

| 结构类型 | | 抗震设防烈度 | | | | | | |
|---|---|---|---|---|---|---|---|---|
| | | 6 度 | | 7 度 | | 8 度 | | 9 度 |
| 房屋高度（m） | | ≤150 | >150 | ≤130 | >130 | ≤100 | >100 | ≤70 |
| 钢框架-钢筋混凝土核心筒 | 钢筋混凝土核心筒 | 二 | 一 | 一 | 特一 | 一 | 特一 | 特一 |
| 型钢（钢管）混凝土框架-钢筋混凝土核心筒 | 钢筋混凝土核心筒 | 二 | 二 | 二 | 一 | 一 | 特一 | 特一 |
| | 型钢（钢管）混凝土框架 | 三 | 二 | 二 | 一 | 一 | 一 | 一 |
| 房屋高度（m） | | ≤180 | >180 | ≤150 | >150 | ≤120 | >120 | ≤90 |
| 钢外筒-钢筋混凝土核心筒 | 钢筋混凝土核心筒 | 二 | 一 | 一 | 特一 | 一 | 特一 | 特一 |
| 型钢(钢管)混凝土外筒-钢筋混凝土核心筒 | 钢筋混凝土核心筒 | 二 | 二 | 二 | 一 | 一 | 特一 | 特一 |
| | 型钢（钢管）混凝土外筒 | 三 | 二 | 二 | 一 | 一 | 一 | 一 |

注：钢结构构件抗震等级，抗震设防烈度为 6、7、8、9 度时应分别取四、三、二、一级。

**11.1.5**　混合结构在风荷载及多遇地震作用下，按弹性方法计算的最大层间位移与层高的比值应符合本规程第 3.7.3 条的有关规定；在罕遇地震作用下，结构的弹塑性层间位移应符合本规程第 3.7.5 条的有关规定。

**11.1.6**　混合结构框架所承担的地震剪力应符合本规程第 9.1.11 条的规定。

**11.1.7**　地震设计状况下，型钢（钢管）混凝土构件和钢构件的承载力抗震调整系数 $\gamma_{RE}$ 可分别按表 11.1.7-1 和表 11.1.7-2 采用。

**表 11.1.7-1　型钢（钢管）混凝土构件承载力抗震调整系数 $\gamma_{RE}$**

| 正截面承载力计算 | | | | 斜截面承载力计算 |
|---|---|---|---|---|
| 型钢混凝土梁 | 型钢混凝土柱及钢管混凝土柱 | 剪力墙 | 支撑 | 各类构件及节点 |
| 0.75 | 0.80 | 0.85 | 0.80 | 0.85 |

**表 11.1.7-2　钢构件承载力抗震调整系数 $\gamma_{RE}$**

| 强度破坏（梁，柱，支撑，节点板件，螺栓，焊缝） | 屈曲稳定（柱，支撑） |
|---|---|
| 0.75 | 0.80 |

**11.1.8**　当采用压型钢板混凝土组合楼板时，楼板混凝土可采用轻质混凝土，其强度等级不应低于 LC25；高层建筑钢-混凝土混合结构的内部隔墙应采用轻质隔墙。

## 11.2　结构布置

**11.2.1**　混合结构房屋的结构布置除应符合本节的规定外，尚应符合本规程第 3.4、3.5 节的有关规定。

**11.2.2** 混合结构的平面布置应符合下列规定：

**1** 平面宜简单、规则、对称、具有足够的整体抗扭刚度，平面宜采用方形、矩形、多边形、圆形、椭圆形等规则平面，建筑的开间、进深宜统一；

**2** 筒中筒结构体系中，当外围钢框架柱采用H形截面柱时，宜将柱截面强轴方向布置在外围筒体平面内；角柱宜采用十字形、方形或圆形截面；

**3** 楼盖主梁不宜搁置在核心筒或内筒的连梁上。

**11.2.3** 混合结构的竖向布置应符合下列规定：

**1** 结构的侧向刚度和承载力沿竖向宜均匀变化、无突变，构件截面宜由下至上逐渐减小。

**2** 混合结构的外围框架柱沿高度宜采用同类结构构件；当采用不同类型结构构件时，应设置过渡层，且单柱的抗弯刚度变化不宜超过30%。

**3** 对于刚度变化较大的楼层，应采取可靠的过渡加强措施。

**4** 钢框架部分采用支撑时，宜采用偏心支撑和耗能支撑，支撑宜双向连续布置；框架支撑宜延伸至基础。

**11.2.4** 8、9度抗震设计时，应在楼面钢梁或型钢混凝土梁与混凝土筒体交接处及混凝土筒体四角墙内设置型钢柱；7度抗震设计时，宜在楼面钢梁或型钢混凝土梁与混凝土筒体交接处及混凝土筒体四角墙内设置型钢柱。

**11.2.5** 混合结构中，外围框架平面内梁与柱应采用刚性连接；楼面梁与钢筋混凝土筒体及外围框架柱的连接可采用刚接或铰接。

**11.2.6** 楼盖体系应具有良好的水平刚度和整体性，其布置应符合下列规定：

**1** 楼面宜采用压型钢板现浇混凝土组合楼板、现浇混凝土楼板或预应力混凝土叠合楼板，楼板与钢梁应可靠连接；

**2** 机房设备层、避难层及外伸臂桁架上下弦杆所在楼层的楼板宜采用钢筋混凝土楼板，并应采取加强措施；

**3** 对于建筑物楼面有较大开洞或为转换楼层时，应采用现浇混凝土楼板；对楼板大开洞部位宜采取设置刚性水平支撑等加强措施。

**11.2.7** 当侧向刚度不足时，混合结构可设置刚度适宜的加强层。加强层宜采用伸臂桁架，必要时可配合布置周边带状桁架。加强层设计应符合下列规定：

**1** 伸臂桁架和周边带状桁架宜采用钢桁架。

**2** 伸臂桁架应与核心筒墙体刚接，上、下弦杆均应延伸至墙体内且贯通，墙体内宜设置斜腹杆或暗撑；外伸臂桁架与外围框架柱宜采用铰接或半刚接，周边带状桁架与外框架柱的连接宜采用刚性连接。

**3** 核心筒墙体与伸臂桁架连接处宜设置构造型钢柱，型钢柱宜至少延伸至伸臂桁架高度范围以外上、下各一层。

**4** 当布置有外伸桁架加强层时，应采取有效措施减少由于外框柱与混凝土筒体竖向变形差异引起的桁架杆件内力。

## 11.3 结构计算

**11.3.1** 弹性分析时，宜考虑钢梁与现浇混凝土楼板的共同作用，梁的刚度可取钢梁刚度的 1.5～2.0 倍，但应保证钢梁与楼板有可靠连接。弹塑性分析时，可不考虑楼板与梁的共同作用。

**11.3.2**　结构弹性阶段的内力和位移计算时，构件刚度取值应符合下列规定：

**1**　型钢混凝土构件、钢管混凝土柱的刚度可按下列公式计算：

$$EI = E_c I_c + E_a I_a \quad (11.3.2\text{-}1)$$

$$EA = E_c A_c + E_a A_a \quad (11.3.2\text{-}2)$$

$$GA = G_c A_c + G_a A_a \quad (11.3.2\text{-}3)$$

式中：$E_c I_c$，$E_c A_c$，$G_c A_c$ ——分别为钢筋混凝土部分的截面抗弯刚度、轴向刚度及抗剪刚度；

$E_a I_a$，$E_a A_a$，$G_a A_a$ ——分别为型钢、钢管部分的截面抗弯刚度、轴向刚度及抗剪刚度。

**2**　无端柱型钢混凝土剪力墙可近似按相同截面的混凝土剪力墙计算其轴向、抗弯和抗剪刚度，可不计端部型钢对截面刚度的提高作用；

**3**　有端柱型钢混凝土剪力墙可按 H 形混凝土截面计算其轴向和抗弯刚度，端柱内型钢可折算为等效混凝土面积计入 H 形截面的翼缘面积，墙的抗剪刚度可不计入型钢作用；

**4**　钢板混凝土剪力墙可将钢板折算为等效混凝土面积计算其轴向、抗弯和抗剪刚度。

**11.3.3**　竖向荷载作用计算时，宜考虑钢柱、型钢混凝土（钢管混凝土）柱与钢筋混凝土核心筒竖向变形差异引起的结构附加内力，计算竖向变形差异时宜考虑混凝土收缩、徐变、沉降及施工调整等因素的影响。

**11.3.4**　当混凝土筒体先于外围框架结构施工时，应考虑施工阶段混凝土筒体在风力及其他荷载作用下的不利受力状态；应验算在浇筑混凝土之前外围型钢结构在施工荷载及可能的风载作用下的承载力、稳定及变形，并据此确定钢结构安装与浇筑楼层混凝土的间隔层数。

**11.3.5**　混合结构在多遇地震作用下的阻尼比可取为 0.04。风荷载作用下楼层位移验算和构件设计时，阻尼比可取为0.02～0.04。

**11.3.6**　结构内力和位移计算时，设置伸臂桁架的楼层以及楼板开大洞的楼层应考虑楼板平面内变形的不利影响。

## 11.4　构　件　设　计

**11.4.1**　型钢混凝土构件中型钢板件（图 11.4.1）的宽厚比不宜超过表 11.4.1 的规定。

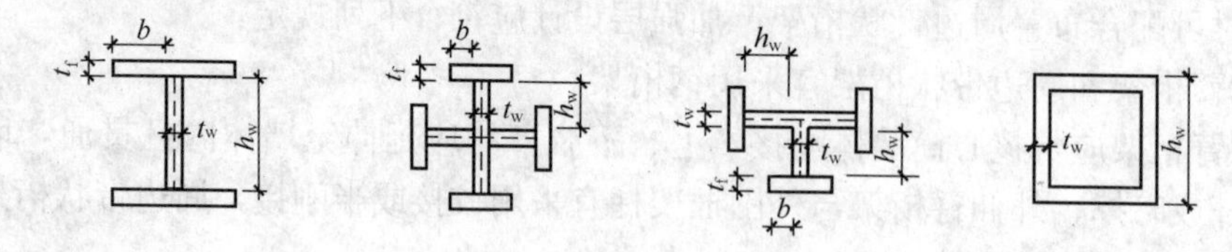

图 11.4.1　型钢板件示意

**表 11.4.1　型钢板件宽厚比限值**

| 钢号 | 梁 | | 柱 | | |
|---|---|---|---|---|---|
| | | | H、十、T 形截面 | | 箱形截面 |
| | $b/t_f$ | $h_w/t_w$ | $b/t_f$ | $h_w/t_w$ | $h_w/t_w$ |
| Q235 | 23 | 107 | 23 | 96 | 72 |
| Q345 | 19 | 91 | 19 | 81 | 61 |
| Q390 | 18 | 83 | 18 | 75 | 56 |

**11.4.2** 型钢混凝土梁应满足下列构造要求：

**1** 混凝土粗骨料最大直径不宜大于 25mm，型钢宜采用 Q235 及 Q345 级钢材，也可采用 Q390 或其他符合结构性能要求的钢材。

**2** 型钢混凝土梁的最小配筋率不宜小于 0.30%，梁的纵向钢筋宜避免穿过柱中型钢的翼缘。梁的纵向的受力钢筋不宜超过两排；配置两排钢筋时，第二排钢筋宜配置在型钢截面外侧。当梁的腹板高度大于 450mm 时，在梁的两侧面应沿梁高度配置纵向构造钢筋，纵向构造钢筋的间距不宜大于 200mm。

**3** 型钢混凝土梁中型钢的混凝土保护层厚度不宜小于 100mm，梁纵向钢筋净间距及梁纵向钢筋与型钢骨架的最小净距不应小于 30mm，且不小于粗骨料最大粒径的 1.5 倍及梁纵向钢筋直径的 1.5 倍。

**4** 型钢混凝土梁中的纵向受力钢筋宜采用机械连接。如纵向钢筋需贯穿型钢柱腹板并以 90°弯折固定在柱截面内时，抗震设计的弯折前直段长度不应小于钢筋抗震基本锚固长度 $l_{abE}$ 的 40%，弯折直段长度不应小于 15 倍纵向钢筋直径；非抗震设计的弯折前直段长度不应小于钢筋基本锚固长度 $l_{ab}$ 的 40%，弯折直段长度不应小于 12 倍纵向钢筋直径。

**5** 梁上开洞不宜大于梁截面总高的 40%，且不宜大于内含型钢截面高度的 70%，并应位于梁高及型钢高度的中间区域。

**6** 型钢混凝土悬臂梁自由端的纵向受力钢筋应设置专门的锚固件，型钢梁的上翼缘宜设置栓钉；型钢混凝土转换梁在型钢上翼缘宜设置栓钉。栓钉的最大间距不宜大于 200mm，栓钉的最小间距沿梁轴线方向不应小于 6 倍的栓钉杆直径，垂直梁方向的间距不应小于 4 倍的栓钉杆直径，且栓钉中心至型钢板件边缘的距离不应小于 50mm。栓钉顶面的混凝土保护层厚度不应小于 15mm。

**11.4.3** 型钢混凝土梁的箍筋应符合下列规定：

**1** 箍筋的最小面积配筋率应符合本规程第 6.3.4 条第 4 款和第 6.3.5 条第 1 款的规定，且不应小于 0.15%。

**2** 抗震设计时，梁端箍筋应加密配置。加密区范围，一级取梁截面高度的 2.0 倍，二、三、四级取梁截面高度的 1.5 倍；当梁净跨小于梁截面高度的 4 倍时，梁箍筋应全跨加密配置。

**3** 型钢混凝土梁应采用具有 135°弯钩的封闭式箍筋，弯钩的直段长度不应小于 8 倍箍筋直径。非抗震设计时，梁箍筋直径不应小于 8mm，箍筋间距不应大于 250mm；抗震设计时，梁箍筋的直径和间距应符合表 11.4.3 的要求。

**表 11.4.3 梁箍筋直径和间距**（mm）

| 抗震等级 | 箍筋直径 | 非加密区箍筋间距 | 加密区箍筋间距 |
|---|---|---|---|
| 一 | ≥12 | ≤180 | ≤120 |
| 二 | ≥10 | ≤200 | ≤150 |
| 三 | ≥10 | ≤250 | ≤180 |
| 四 | ≥8 | 250 | 200 |

**11.4.4** 抗震设计时，混合结构中型钢混凝土柱的轴压比不宜大于表 11.4.4 的限值，轴压比可按下式计算：

$$\mu_N = N/(f_c A_c + f_a A_a) \quad (11.4.4)$$

式中：$\mu_N$——型钢混凝土柱的轴压比；

$N$——考虑地震组合的柱轴向力设计值；

$A_c$——扣除型钢后的混凝土截面面积；

$f_c$——混凝土的轴心抗压强度设计值；

$f_a$——型钢的抗压强度设计值；

$A_a$——型钢的截面面积。

**表 11.4.4　型钢混凝土柱的轴压比限值**

| 抗震等级 | 一 | 二 | 三 |
|---|---|---|---|
| 轴压比限值 | 0.70 | 0.80 | 0.90 |

注：1　转换柱的轴压比应比表中数值减少 0.10 采用；

2　剪跨比不大于 2 的柱，其轴压比应比表中数值减少 0.05 采用；

3　当采用 C60 以上混凝土时，轴压比宜减少 0.05。

**11.4.5**　型钢混凝土柱设计应符合下列构造要求：

**1**　型钢混凝土柱的长细比不宜大于 80。

**2**　房屋的底层、顶层以及型钢混凝土与钢筋混凝土交接层的型钢混凝土柱宜设置栓钉，型钢截面为箱形的柱子也宜设置栓钉，栓钉水平间距不宜大于 250mm。

**3**　混凝土粗骨料的最大直径不宜大于 25mm。型钢柱中型钢的保护厚度不宜小于 150mm；柱纵向钢筋净间距不宜小于 50mm，且不应小于柱纵向钢筋直径的 1.5 倍；柱纵向钢筋与型钢的最小净距不应小于 30mm，且不应小于粗骨料最大粒径的 1.5 倍。

**4**　型钢混凝土柱的纵向钢筋最小配筋率不宜小于 0.8%，且在四角应各配置一根直径不小于 16mm 的纵向钢筋。

**5**　柱中纵向受力钢筋的间距不宜大于 300mm；当间距大于 300mm 时，宜附加配置直径不小于 14mm 的纵向构造钢筋。

**6**　型钢混凝土柱的型钢含钢率不宜小于 4%。

**11.4.6**　型钢混凝土柱箍筋的构造设计应符合下列规定：

**1**　非抗震设计时，箍筋直径不应小于 8mm，箍筋间距不应大于 200mm。

**2**　抗震设计时，箍筋应做成 135°弯钩，箍筋弯钩直段长度不应小于 10 倍箍筋直径。

**3**　抗震设计时，柱端箍筋应加密，加密区范围应取矩形截面柱长边尺寸（或圆形截面柱直径）、柱净高的 1/6 和 500mm 三者的最大值；对剪跨比不大于 2 的柱，其箍筋均应全高加密，箍筋间距不应大于 100mm。

**4**　抗震设计时，柱箍筋的直径和间距应符合表 11.4.6 的规定，加密区箍筋最小体积配箍率尚应符合式（11.4.6）的要求，非加密区箍筋最小体积配箍率不应小于加密区箍筋最小体积配箍率的一半；对剪跨比不大于 2 的柱，其箍筋体积配箍率尚不应小于 1.0%，9 度抗震设计时尚不应小于 1.3%。

$$\rho_v \geqslant 0.85\lambda_v f_c / f_y \quad (11.4.6)$$

式中：$\lambda_v$——柱最小配箍特征值，宜按本规程表 6.4.7 采用。

表 11.4.6 型钢混凝土柱箍筋直径和间距（mm）

| 抗震等级 | 箍筋直径 | 非加密区箍筋间距 | 加密区箍筋间距 |
|---|---|---|---|
| 一 | ≥12 | ≤150 | ≤100 |
| 二 | ≥10 | ≤200 | ≤100 |
| 三、四 | ≥8 | ≤200 | ≤150 |

注：箍筋直径除应符合表中要求外，尚不应小于纵向钢筋直径的 1/4。

**11.4.7** 型钢混凝土梁柱节点应符合下列构造要求：

**1** 型钢柱在梁水平翼缘处应设置加劲肋，其构造不应影响混凝土浇筑密实；

**2** 箍筋间距不宜大于柱端加密区间距的 1.5 倍，箍筋直径不宜小于柱端箍筋加密区的箍筋直径；

**3** 梁中钢筋穿过梁柱节点时，不宜穿过柱型钢翼缘；需穿过柱腹板时，柱腹板截面损失率不宜大于 25%，当超过 25%时，则需进行补强；梁中主筋不得与柱型钢直接焊接。

**11.4.8** 圆形钢管混凝土构件及节点可按本规程附录 F 进行设计。

**11.4.9** 圆形钢管混凝土柱尚应符合下列构造要求：

**1** 钢管直径不宜小于 400mm。

**2** 钢管壁厚不宜小于 8mm。

**3** 钢管外径与壁厚的比值 $D/t$ 宜在 $(20\sim100)\sqrt{235/f_y}$ 之间，$f_y$ 为钢材的屈服强度。

**4** 圆钢管混凝土柱的套箍指标 $\frac{f_a A_a}{f_c A_c}$，不应小于 0.5，也不宜大于 2.5。

**5** 柱的长细比不宜大于 80。

**6** 轴向压力偏心率 $e_0/r_c$ 不宜大于 1.0，$e_0$ 为偏心距，$r_c$ 为核心混凝土横截面半径。

**7** 钢管混凝土柱与框架梁刚性连接时，柱内或柱外应设置与梁上、下翼缘位置对应的加劲肋；加劲肋设置于柱内时，应留孔以利混凝土浇筑；加劲肋设置于柱外时，应形成加劲环板。

**8** 直径大于 2m 的圆形钢管混凝土构件应采取有效措施减小钢管内混凝土收缩对构件受力性能的影响。

**11.4.10** 矩形钢管混凝土柱应符合下列构造要求：

**1** 钢管截面短边尺寸不宜小于 400mm；

**2** 钢管壁厚不宜小于 8mm；

**3** 钢管截面的高宽比不宜大于 2，当矩形钢管混凝土柱截面最大边尺寸不小于 800mm 时，宜采取在柱子内壁上焊接栓钉、纵向加劲肋等构造措施；

**4** 钢管管壁板件的边长与其厚度的比值不应大于 $60\sqrt{235/f_y}$；

**5** 柱的长细比不宜大于 80；

**6** 矩形钢管混凝土柱的轴压比应按本规程公式（11.4.4）计算，并不宜大于表 11.4.10 的限值。

表 11.4.10 矩形钢管混凝土柱轴压比限值

| 一级 | 二级 | 三级 |
|---|---|---|
| 0.70 | 0.80 | 0.90 |

**11.4.11**　当核心筒墙体承受的弯矩、剪力和轴力均较大时，核心筒墙体可采用型钢混凝土剪力墙或钢板混凝土剪力墙。钢板混凝土剪力墙的受剪截面及受剪承载力应符合本规程第 11.4.12、11.4.13 条的规定，其构造设计应符合本规程第 11.4.14、11.4.15 条的规定。

**11.4.12**　钢板混凝土剪力墙的受剪截面应符合下列规定：

**1**　持久、短暂设计状况

$$V_{cw} \leqslant 0.25 f_c b_w h_{w0} \tag{11.4.12-1}$$

$$V_{cw} = V - \left(\frac{0.3}{\lambda} f_a A_{a1} + \frac{0.6}{\lambda - 0.5} f_{sp} A_{sp}\right) \tag{11.4.12-2}$$

**2**　地震设计状况

剪跨比 $\lambda$ 大于 2.5 时

$$V_{cw} \leqslant \frac{1}{\gamma_{RE}}(0.20 f_c b_w h_{w0}) \tag{11.4.12-3}$$

剪跨比 $\lambda$ 不大于 2.5 时

$$V_{cw} \leqslant \frac{1}{\gamma_{RE}}(0.15 f_c b_w h_{w0}) \tag{11.4.12-4}$$

$$V_{cw} = V - \frac{1}{\gamma_{RE}}\left(\frac{0.25}{\lambda} f_a A_{a1} + \frac{0.5}{\lambda - 0.5} f_{sp} A_{sp}\right) \tag{11.4.12-5}$$

式中：$V$——钢板混凝土剪力墙截面承受的剪力设计值；

$V_{cw}$——仅考虑钢筋混凝土截面承担的剪力设计值；

$\lambda$——计算截面的剪跨比。当 $\lambda < 1.5$ 时，取 $\lambda = 1.5$，当 $\lambda > 2.2$ 时，取 $\lambda = 2.2$；当计算截面与墙底之间的距离小于 $0.5h_{w0}$ 时，$\lambda$ 应按距离墙底 $0.5h_{w0}$ 处的弯矩值与剪力值计算；

$f_a$——剪力墙端部暗柱中所配型钢的抗压强度设计值；

$A_{a1}$——剪力墙一端所配型钢的截面面积，当两端所配型钢截面面积不同时，取较小一端的面积；

$f_{sp}$——剪力墙墙身所配钢板的抗压强度设计值；

$A_{sp}$——剪力墙墙身所配钢板的横截面面积。

**11.4.13**　钢板混凝土剪力墙偏心受压时的斜截面受剪承载力，应按下列公式进行验算：

**1**　持久、短暂设计状况

$$V \leqslant \frac{1}{\lambda - 0.5}\left(0.5 f_t b_w h_{w0} + 0.13 N \frac{A_w}{A}\right) + f_{yv} \frac{A_{sh}}{s} h_{w0} + \frac{0.3}{\lambda} f_a A_{a1} + \frac{0.6}{\lambda - 0.5} f_{sp} A_{sp} \tag{11.4.13-1}$$

**2**　地震设计状况

$$V \leqslant \frac{1}{\gamma_{RE}}\left[\frac{1}{\lambda - 0.5}\left(0.4 f_t b_w h_{w0} + 0.1 N \frac{A_w}{A}\right) + 0.8 f_{yv} \frac{A_{sh}}{s} h_{w0} + \frac{0.25}{\lambda} f_a A_{a1} + \frac{0.5}{\lambda - 0.5} f_{sp} A_{sp}\right] \tag{11.4.13-2}$$

式中：$N$——剪力墙承受的轴向压力设计值，当大于 $0.2 f_c b_w h_w$ 时，取为 $0.2 f_c b_w h_w$。

**11.4.14** 型钢混凝土剪力墙、钢板混凝土剪力墙应符合下列构造要求：

**1** 抗震设计时，一、二级抗震等级的型钢混凝土剪力墙、钢板混凝土剪力墙底部加强部位，其重力荷载代表值作用下墙肢的轴压比不宜超过本规程表7.2.13的限值，其轴压比可按下式计算：

$$\mu_{N} = N/(f_{c}A_{c} + f_{a}A_{a} + f_{sp}A_{sp}) \tag{11.4.14}$$

式中：$N$ ——重力荷载代表值作用下墙肢的轴向压力设计值；

$A_c$ ——剪力墙墙肢混凝土截面面积；

$A_a$ ——剪力墙所配型钢的全部截面面积。

**2** 型钢混凝土剪力墙、钢板混凝土剪力墙在楼层标高处宜设置暗梁。

**3** 端部配置型钢的混凝土剪力墙，型钢的保护层厚度宜大于100mm；水平分布钢筋应绕过或穿过墙端型钢，且应满足钢筋锚固长度要求。

**4** 周边有型钢混凝土柱和梁的现浇钢筋混凝土剪力墙，剪力墙的水平分布钢筋应绕过或穿过周边柱型钢，且应满足钢筋锚固长度要求；当采用间隔穿过时，宜另加补强钢筋。周边柱的型钢、纵向钢筋、箍筋配置应符合型钢混凝土柱的设计要求。

**11.4.15** 钢板混凝土剪力墙尚应符合下列构造要求：

**1** 钢板混凝土剪力墙体中的钢板厚度不宜小于10mm，也不宜大于墙厚的1/15；

**2** 钢板混凝土剪力墙的墙身分布钢筋配筋率不宜小于0.4%，分布钢筋间距不宜大于200mm，且应与钢板可靠连接；

**3** 钢板与周围型钢构件宜采用焊接；

**4** 钢板与混凝土墙体之间连接件的构造要求可按照现行国家标准《钢结构设计规范》GB 50017中关于组合梁抗剪连接件构造要求执行，栓钉间距不宜大于300mm；

**5** 在钢板墙角部1/5板跨且不小于1000mm范围内，钢筋混凝土墙体分布钢筋、抗剪栓钉间距宜适当加密。

**11.4.16** 钢梁或型钢混凝土梁与混凝土筒体应有可靠连接，应能传递竖向剪力及水平力。当钢梁或型钢混凝土梁通过埋件与混凝土筒体连接时，预埋件应有足够的锚固长度，连接做法可按图11.4.16采用。

**11.4.17** 抗震设计时，混合结构中的钢柱及型钢混凝土柱、钢管混凝土柱宜采用埋入式柱脚。采用埋入式柱脚时，应符合下列规定：

**1** 埋入深度应通过计算确定，且不宜小于型钢柱截面长边尺寸的2.5倍；

**2** 在柱脚部位和柱脚向上延伸一层的范围内宜设置栓钉，其直径不宜小于19mm，其竖向及水平间距不宜大于200mm。

注：当有可靠依据时，可通过计算确定栓钉数量。

**11.4.18** 钢筋混凝土核心筒、内筒的设计，除应符合本规程第9.1.7条的规定外，尚应符合下列规定：

**1** 抗震设计时，钢框架-钢筋混凝土核心筒结构的筒体底部加强部位分布钢筋的最小配筋率不宜小于0.35%，筒体其他部位的分布筋不宜小于0.30%；

**2** 抗震设计时，框架-钢筋混凝土核心筒混合结构的筒体底部加强部位约束边缘构件沿墙肢的长度宜取墙肢截面高度的1/4，筒体底部加强部位以上墙体宜按本规程第7.2.15条的规定设置约束边缘构件；

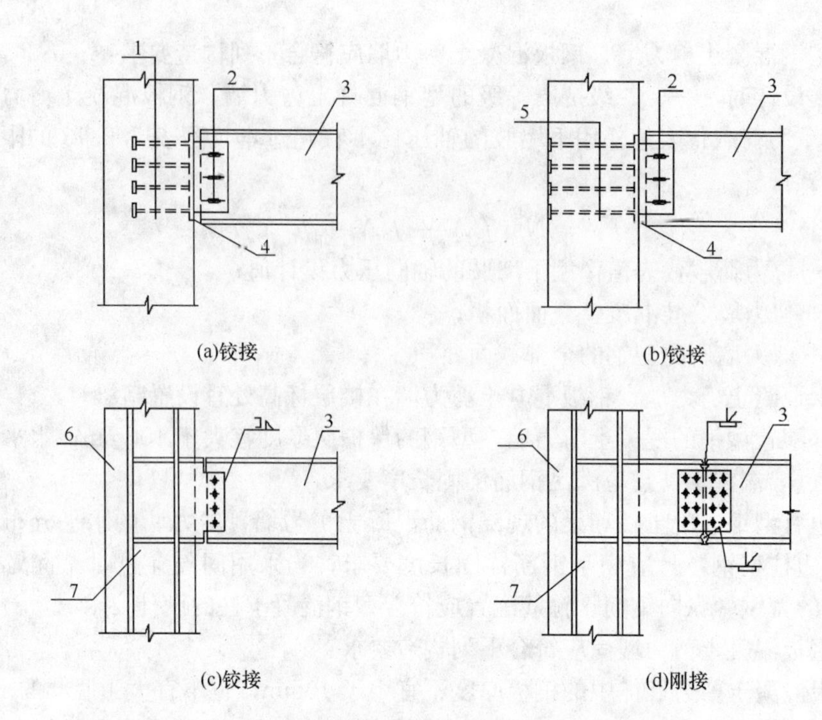


图 11.4.16　钢梁、型钢混凝土梁与混凝土核心筒的连接构造示意

1—栓钉；2—高强度螺栓及长圆孔；3—钢梁；4—预埋件端板；5—穿筋；6—混凝土墙；7—墙内预埋钢骨柱

**3**　当连梁抗剪截面不足时，可采取在连梁中设置型钢或钢板等措施。

**11.4.19**　混合结构中结构构件的设计，尚应符合国家现行标准《钢结构设计规范》GB 50017、《混凝土结构设计规范》GB 50010、《高层民用建筑钢结构技术规程》JGJ 99、《型钢混凝土组合结构技术规程》JGJ 138 的有关规定。

## 二、《高规》附录 F　圆形钢管混凝土构件设计

### F.1　构　件　设　计

**F.1.1**　钢管混凝土单肢柱的轴向受压承载力应满足下列公式规定：

持久、短暂设计状况　　$N \leqslant N_u$　　(F.1.1-1)

地震设计状况　　$N \leqslant N_u/\gamma_{RE}$　　(F.1.1-2)

式中：$N$ ——轴向压力设计值；

$N_u$ ——钢管混凝土单肢柱的轴向受压承载力设计值。

**F.1.2**　钢管混凝土单肢柱的轴向受压承载力设计值应按下列公式计算：

$$N_u = \varphi_l \varphi_e N_0 \tag{F.1.2-1}$$

$$N_0 = 0.9A_c f_c(1+\alpha\theta) \quad (\text{当 } \theta \leqslant [\theta] \text{ 时}) \tag{F.1.2-2}$$

$$N_0 = 0.9A_c f_c(1+\sqrt{\theta}+\theta) \quad (\text{当 } \theta > [\theta] \text{ 时}) \tag{F.1.2-3}$$

$$\theta=\frac{A_{a}f_{a}}{A_{c}f_{c}} \tag{F.1.2-4}$$

且在任何情况下均应满足下列条件：

$$\varphi_{l}\varphi_{e}\leqslant\varphi_{0} \tag{F.1.2-5}$$

式中：$N_0$——钢管混凝土轴心受压短柱的承载力设计值；

$\theta$——钢管混凝土的套箍指标；

$\alpha$——与混凝土强度等级有关的系数，按本附录表 F.1.2 取值。

**表 F.1.2　系数 $\alpha$、$[\theta]$ 取值**

| 混凝土等级 | ≤C50 | C55～C80 |
| --- | --- | --- |
| $\alpha$ | 2.00 | 1.80 |
| $[\theta]$ | 1.00 | 1.56 |

## 三、对规定的解读和建议

### 1. 有关一般规定

（1）钢和混凝土混合结构体系是近年来在我国迅速发展的一种新型结构体系，由于其在降低结构自重、减少结构断面尺寸、加快施工进度等方面的明显优点，已引起工程界和投资商的广泛关注，目前已经建成了一批高度在 150～200m 的建筑，如上海森茂大厦、国际航运大厦、世界金融大厦、新金桥大厦、深圳发展中心、北京京广中心等，还有一些高度超过 300m 的高层建筑也采用或部分采用了混合结构。除设防烈度为 7 度的地区外，8 度区也已开始建造。考虑到近几年来采用筒中筒体系的混合结构建筑日趋增多，如上海环球金融中心、广州西塔、北京国贸三期、大连世贸等，故《高规》本次修订增加了混合结构筒中筒体系。另外，钢管混凝土结构因其良好的承载能力及延性，在高层建筑中越来越多地被采用，故而将钢管混凝土结构也一并列入。尽管采用型钢混凝土（钢管混凝土）构件与钢筋混凝土、钢构件组成的结构均可称为混合结构，构件的组合方式多种多样，所构成的结构类型会很多，但工程实际中使用最多的还是框架-核心筒及筒中筒混合结构体系，故《高规》仅列出上述两种结构体系。

型钢混凝土（钢管混凝土）框架可以是型钢混凝土梁与型钢混凝土柱（钢管混凝土柱）组成的框架，也可以是钢梁与型钢混凝土柱（钢管混凝土柱）组成的框架，外周的筒体可以是框筒、桁架筒或交叉网格筒。外周的钢筒体可以是钢框筒、桁架筒或交叉网格筒。为减少柱子尺寸或增加延性而在混凝土柱中设置构造型钢，而框架梁仍为钢筋混凝土梁时，该体系不宜视为混合结构；此外对于体系中局部构件（如框支梁柱）采用型钢梁柱（型钢混凝土梁柱）也不应视为混合结构。

我国超高层建筑中混合结构应用越来越多，根据中国建筑学会建筑结构分会高层建筑结构专业委员会 2006 年的统计，我国高度超过 200m 的 32 栋建筑中，有 15 栋为混合结构。例如，上海金茂大厦，地上 88 层，高 420m；深圳地王大厦，地上 81 层，高 325m；广州中信大厦，地上 80 层，高 322m 等早已建成使用；2007 年已完成结构的上海环球金融中心，地上 101 层，高 492m，成为世界上最高建筑之一，超过了台北市于 2003 年建成的 101 大楼地上 101 层高 448m 的高度；2007 年已完成主结构的北京国际贸易中心三期，地上 73 层，高 330m；2008 年年底封顶的广州珠江新城西塔，主塔 103 层，高 432m，采用钢筋混凝土内筒的混合筒中筒结构。

（2）混合结构房屋适用的最大适用高度主要是依据已有的工程经验并参照现行行业标准《型钢混凝土组合结构技术规程》JGJ 138 偏安全地确定的。近年来的试验和计算分析，对混合结构中钢结构部分应承担的最小地震作用有些新的认识，如果混合结构中钢框架承担的地震剪力过少，则混凝土核心筒的受力状态和地震下的表现与普通钢筋混凝土结构几乎没有差别，甚至混凝土墙体更容易破坏，因此对钢框架-核心筒结构体系适用的最大高度较 B 级高度的混凝土框架-核心筒体系适用的最大高度适当减少。

（3）高层建筑的高宽比是对结构刚度、整体稳定、承载能力和经济合理性的宏观控制。钢（型钢混凝土）框架-钢筋混凝土筒体混合结构体系高层建筑，其主要抗侧力体系仍然是钢筋混凝土筒体，因此其高宽比的限值和层间位移限值均取钢筋混凝土结构体系的同一数值，而筒中筒体系混合结构，外周筒体抗侧刚度较大，承担水平力也较多，钢筋混凝土内筒分担的水平力相应减小，且外筒体延性相对较好，故高宽比要求适当放宽。

（4）试验表明，在地震作用下，钢框架-混凝土筒体结构的破坏首先出现在混凝土筒体，应对该筒体采取较混凝土结构中的筒体更为严格的构造措施，以提高其延性，因此对其抗震等级适当提高。型钢混凝土柱-混凝土筒体及筒中筒体系的最大适用高度已较 B 级高度的钢筋混凝土结构略高，对其抗震等级要求也适当提高。

《高规》本次修订增加了筒中筒结构体系中构件的抗震等级规定。考虑到型钢混凝土构件节点的复杂性，且构件的承载力和延性可通过提高型钢的含钢率实现，故型钢混凝土构件仍不出现特一级。

钢结构构件抗震等级的划分主要依据现行国家标准《建筑抗震设计规范》GB 50011 的相关规定。

（5）《高规》本次修订补充了混合结构在预估罕遇地震下弹塑性层间位移的规定。

（6）在地震作用下，钢-混凝土混合结构体系中，由于钢筋混凝土核心筒抗侧刚度较钢框架大很多，因而承担了绝大部分的地震力，而钢筋混凝土核心筒墙体在达到本规程限定的变形时，有些部位的墙体已经开裂，此时钢框架尚处于弹性阶段，地震作用在核心筒墙体和钢框架之间会进行再分配，钢框架承受的地震力会增加，而且钢框架是重要的承重构件，它的破坏和竖向承载力降低将会危及房屋的安全，因此有必要对钢框架承受的地震力进行调整，以使钢框架能适应强地震时大变形且保有一定的安全度。《高规》第 9.1.11 条已规定了各层框架部分承担的最大地震剪力不宜小于结构底部地震剪力的 10%；小于 10%时应调整到结构底部地震剪力的 15%。一般情况下，15%的结构底部剪力较钢框架分配的楼层最大剪力的 1.5 倍大，故钢框架承担的地震剪力可采用与型钢混凝土框架相同的方式进行调整。

（7）高层建筑层数较多，减轻结构构件及填充墙的自重是减轻结构重量、改善结构抗震性能的有效措施。其他材料的相关规定见《高规》第 3.2 节。随着高性能钢材和混凝土技术的发展，在高层建筑中采用高性能钢材和混凝土成为首选，对于提高结构效率，增加经济性大有益处。

（8）型钢混凝土柱截面含型钢一般为 5%～8%，可使柱截面面积减小 30%左右。由于型钢骨架要求钢结构的制作、安装能力，因此目前较多用在高层建筑的下层部位柱、转换层以下的框支柱等；在较高的高层建筑中也有全部采用型钢混凝土梁、柱的实例。

钢管混凝土可使柱混凝土处于有效侧向约束下，形成三向应力状态，因而延性和承载力提高较多。钢管混凝土柱如用高强混凝土浇筑，可以使柱截面减小至原截面面积的50%左右。钢管混凝土柱与钢筋混凝土梁的节点构造十分重要，也比较复杂。钢管混凝土柱设计及构造可按《高规》第11章的有关规定执行。

2. 有关结构布置的规定

（1）从抗震的角度《高规》11.2.2条提出了建筑的平面应简单、规则、对称的要求，从方便制作、减少构件类型的角度提出了开间及进深宜尽量统一的要求。考虑到混合结构多属B级高度高层建筑，故位移比及周期比按照B类高度高层建筑进行控制。

框筒结构中，将强轴布置在框筒平面内时，主要是为了增加框筒平面内的刚度，减少剪力滞后。角柱为双向受力构件，采用方形、十字形等主要是为了方便连接，且受力合理。

减小横风向风振可采取平面角部柔化、沿竖向退台或呈锥形、改变截面形状、设置扰流部件、立面开洞等措施。

楼面梁使连梁受扭，对连梁受力非常不利，应予避免；如必须设置时，可设置型钢混凝土连梁或沿核心筒外周设置宽度大于墙厚的环向楼面梁。

（2）国内外的震害表明，结构沿竖向刚度或抗侧力承载力变化过大，会导致薄弱层的变形和构件应力过于集中，造成严重震害。刚度变化较大的楼层，是指上、下层侧向刚度变化明显的楼层，如转换层、加强层、空旷的顶层、顶部突出部分、型钢混凝土框架与钢框架的交接层及邻近楼层等。竖向刚度变化较大时，不但刚度变化的楼层受力增大，而且其上、下邻近楼层的内力也会增大，所以采取加强措施应包括相邻楼层在内。

对于型钢钢筋混凝土与钢筋混凝土交接的楼层及相邻楼层的柱子，应设置剪力栓钉，加强连接；另外，钢-混凝土混合结构的顶层型钢混凝土柱也需设置栓钉，因为一般来说，顶层柱子的弯矩较大。

（3）《高规》11.2.4条是在02规程第11.2.4条基础上修改完成的。钢（型钢混凝土）框架-混凝土筒体结构体系中的混凝土筒体在底部一般均承担了85%以上的水平剪力及大部分的倾覆力矩，所以必须保证混凝土筒体具有足够的延性，配置了型钢的混凝土筒体墙在弯曲时，能避免发生平面外的错断及筒体角部混凝土的压溃，同时也能减少钢柱与混凝土筒体之间的竖向变形差异产生的不利影响。而筒中筒体系的混合结构，结构底部内筒承担的剪力及倾覆力矩的比例有所减少，但考虑到此种体系的高度均很高，在大震作用下很有可能出现角部受拉，为延缓核心筒弯曲铰及剪切铰的出现，筒体的角部也宜布置型钢。

型钢柱可设置在核心筒的四角、核心筒剪力墙的大开口两侧及楼面钢梁与核心筒的连接处。试验表明，钢梁与核心筒的连接处，存在部分弯矩及轴力，而核心筒剪力墙的平面外刚度又较小，很容易出现裂缝，因此楼面梁与核心筒剪力墙刚接时，在筒体剪力墙中宜设置型钢柱，同时也能方便钢结构的安装；楼面梁与核心筒剪力墙铰接时，应采取措施保证墙上的预埋件不被拔出。混凝土筒体的四角受力较大，设置型钢柱后核心筒剪力墙开裂后的承载力下降不多，能防止结构的迅速破坏。因为核心筒剪力墙的塑性铰一般出现在高度的1/10范围内，所以在此范围内，核心筒剪力墙四角的型钢柱宜设置栓钉。

(4) 外框架平面内采用梁柱刚接，能提高其刚度及抵抗水平荷载的能力。如在混凝土筒体墙中设置型钢并需要增加整体结构刚度时，可采用楼面钢梁与混凝土筒体刚接；当混凝土筒体墙中无型钢柱时，宜采用铰接。刚度发生突变的楼层，梁柱、梁墙采用刚接可以增加结构的空间刚度，使层间变形有效减小。

(5)《高规》11.2.6 条是 02 规程第 11.2.10、11.2.11 条的合并修改。为了使整个抗侧力结构在任意方向水平荷载作用下能协同工作，楼盖结构具有必要的面内刚度和整体性是基本要求。

高层建筑混合结构楼盖宜采用压型钢板组合楼盖，以方便施工并加快施工进度；压型钢板与钢梁连接宜采用剪力栓钉等措施保证其可靠连接和共同工作，栓钉数量应通过计算或按构造要求确定。设备层楼板进行加强，一方面是因为设备层荷重较大，另一方面也是隔声的需要。伸臂桁架上、下弦杆所在楼层，楼板平面内受力较大且受力复杂，故这些楼层也应进行加强。

(6)《高规》11.2.7 条是根据 02 规程第 11.2.9 条修改而来，明确了外伸臂桁架深入墙体内弦杆和腹杆的具体要求。采用伸臂桁架主要是将筒体剪力墙的弯曲变形转换成框架柱的轴向变形以减小水平荷载下结构的侧移，所以必须保证伸臂桁架与剪力墙刚接。为增强伸臂桁架的抗侧力效果，必要时，周边可配合布置带状桁架。布置周边带状桁架，除了可增大结构侧向刚度外，还可增强加强层结构的整体性，同时也可减少周边柱子的竖向变形差异。外柱承受的轴向力要能够传至基础，故外柱必须上、下连续，不得中断。由于外柱与混凝土内筒轴向变形往往不一致，会使伸臂桁架产生很大的附加内力，因而伸臂桁架宜分段拼装。在设置多道伸臂桁架时，下层伸臂桁架可在施工上层伸臂桁架时予以封闭；仅设一道伸臂桁架时，可在主体结构完成后再进行封闭，形成整体。在施工期间，可采取斜杆上设长圆孔、斜杆后装等措施使伸臂桁架的杆件能适应外围构件与内筒在施工期间的竖向变形差异。

在高设防烈度区，当在较高的不规则高层建筑中设置加强层时，还宜采取进一步的性能设计要求和措施。为保证在中震或大震作用下的安全，可以要求其杆件和相邻杆件在中震下不屈服，或者选择更高的性能设计要求。结构抗震性能设计可按《高规》第 3.11 节的规定执行。

### 3. 有关结构计算的规定

(1) 在弹性阶段，楼板对钢梁刚度的加强作用不可忽视。从国内外工程经验看，作为主要抗侧力构件的框架梁支座处尽管有负弯矩，但由于楼板钢筋的作用，其刚度增大作用仍然很大，故在整体结构计算时宜考虑楼板对钢梁刚度的加强作用。框架梁承载力设计时一般不按照组合梁设计。次梁设计一般由变形要求控制，其承载力有较大富余，故一般也不按照组合梁设计，但次梁及楼板作为直接受力构件的设计应有足够的安全储备，以适应不同使用功能的要求，其设计采用的活载宜适当放大。

(2) 在进行结构整体内力和变形分析时，型钢混凝土梁、柱及钢管混凝土柱的轴向、抗弯、抗剪刚度都可按照型钢与混凝土两部分刚度叠加方法计算。

(3) 外柱与内筒的竖向变形差异宜根据实际的施工工况进行计算。在施工阶段，宜考虑施工过程中已对这些差异的逐层进行调整的有利因素，也可考虑采取外伸臂桁架延迟封闭、楼面梁与外周柱及内筒体采用铰接等措施减小差异变形的影响。在伸臂桁架永久封闭以后，后期的差异变形会对伸臂桁架或楼面梁产生附加内力，伸臂桁架及楼面梁的设计时应考虑这些不利影响。

（4）混凝土筒体先于钢框架施工时，必须控制混凝土筒体超前钢框架安装的层次，否则在风荷载及其他施工荷载作用下，会使混凝土筒体产生较大的变形和应力。根据以往的经验，一般核心筒提前钢框架施工不宜超过 14 层，楼板混凝土浇筑迟于钢框架安装不宜超过 5 层。

（5）影响结构阻尼比的因素很多，因此准确确定结构的阻尼比是一件非常困难的事情。试验研究及工程实践表明，一般带填充墙的高层钢结构的阻尼比为 0.02 左右，钢筋混凝土结构的阻尼比为 0.05 左右，且随着建筑高度的增加，阻尼比有不断减小的趋势。钢-混凝土混合结构的阻尼比应介于两者之间，考虑到钢-混凝土混合结构抗侧刚度主要来自混凝土核心筒，故阻尼比取为 0.04，偏向于混凝土结构。风荷载作用下，结构的塑性变形一般较设防烈度地震作用下小，故抗风设计时的阻尼比应比抗震设计时小，阻尼比可根据房屋高度和结构形式选取不同的值；结构高度越高阻尼比越小，采用的风荷载回归期越短，其阻尼比取值越小。一般情况下，风荷载作用时结构楼层位移和承载力验算时的阻尼比可取为 0.02～0.04，结构顶部加速度验算时的阻尼比可取为 0.01～0.015。

（6）对于设置伸臂桁架的楼层或楼板开大洞的楼层，如果采用楼板平面内刚度无限大的假定，就无法得到桁架弦杆或洞口周边构件的轴力和变形，对结构设计偏于不安全。

**4. 有关构件设计的规定**

（1）试验表明，由于混凝土及箍筋、腰筋对型钢的约束作用，在型钢混凝土中的型钢截面的宽厚比可较纯钢结构适当放宽。型钢混凝土中，型钢翼缘的宽厚比取为纯钢结构的 1.5 倍，腹板取为纯钢结构的 2 倍，填充式箱形钢管混凝土可取为纯钢结构的 1.5～1.7 倍。《高规》本次修订增加了 Q390 级钢材型钢钢板的宽厚比要求，是在 Q235 级钢材规定数值的基础上乘以$\sqrt{235/f_y}$得到。

（2）《高规》11.4.2 条是对型钢混凝土梁的基本构造要求。

第 1 款规定型钢混凝土梁的强度等级和粗骨料的最大直径，主要是为了保证外包混凝土与型钢有较好的粘结强度和方便混凝土的浇筑。

第 2 款规定型钢混凝土梁纵向钢筋不宜超过两排，因为超过两排时，钢筋绑扎及混凝土浇筑将产生困难。

第 3 款规定了型钢的保护层厚度，主要是为了保证型钢混凝土构件的耐久性以及保证型钢与混凝土的粘结性能，同时也是为了方便混凝土的浇筑。

第 4 款提出了纵向钢筋的连接锚固要求。由于型钢混凝土梁中钢筋直径一般较大，如果钢筋穿越梁柱节点，将对柱翼缘有较大削弱，所以原则上不希望钢筋穿过柱翼缘；如果需锚固在柱中，为满足锚固长度，钢筋应伸过柱中心线并弯折在柱内。

第 5 款对型钢混凝土梁上开洞提出要求。开洞高度按梁截面高度和型钢尺寸双重控制，对钢梁开洞超过 0.7 倍钢梁高度时，抗剪能力会急剧下降，对一般混凝土梁则同样限制开洞高度为混凝土梁高的 0.3 倍。

第 6 款对型钢混凝土悬臂梁及转换梁提出钢筋锚固、设置抗剪栓钉要求。型钢混凝土悬臂梁端无约束，而且挠度较大；转换梁受力大且复杂。为保证混凝土与型钢的共同变形，应设置栓钉以抵抗混凝土与型钢之间的纵向剪力。

(3) 箍筋的最低配置要求主要是为了增强混凝土部分的抗剪能力及加强对箍筋内部混凝土的约束，防止型钢失稳和主筋压曲。当梁中箍筋采用 335MPa、400MPa 级钢筋时，箍筋末端要求 135°施工有困难时，箍筋末端可采用 90°直钩加焊接的方式。

(4) 型钢混凝土柱的轴向力大于柱子的轴向承载力的 50%时，柱子的延性将显著下降。型钢混凝土柱有其特殊性，在一定轴力的长期作用下，随着轴向塑性的发展以及长期荷载作用下混凝土的徐变收缩会产生内力重分布，钢筋混凝土部分承担的轴力逐渐向型钢部分转移。根据型钢混凝土柱的试验结果，考虑长期荷载下徐变的影响，一、二、三抗震等级的型钢混凝土框架柱的轴压比限制分别取为 0.7、0.8、0.9。计算轴压比时，可计入型钢的作用。

(5)《高规》11.4.5 条第 1 款对柱长细比提出要求，长细比 $\lambda$ 可取为 $l_0/i$，$l_0$ 为柱的计算长度，$i$ 为柱截面的回转半径。第 2、3 款主要是考虑型钢混凝土柱的耐久性、防火性、良好的粘结锚固及方便混凝土浇筑。

第 6 款规定了型钢的最小含钢率。试验表明，当柱子的型钢含钢率小于 4%时，其承载力和延性与钢筋混凝土柱相比，没有明显提高。根据我国的钢结构发展水平及型钢混凝土构件的浇筑施工可行性，一般型钢混凝土构件的总含钢率也不宜大于 8%，一般来说比较常用的含钢率为 4%～8%。

(6) 柱箍筋的最低配置要求主要是为了增强混凝土部分的抗剪能力及加强对箍筋内部混凝土的约束，防止型钢失稳和主筋压曲。从型钢混凝土柱的受力性能来看，不配箍筋或少配箍筋的型钢混凝土柱在大多数情况下，出现型钢与混凝土之间的粘结破坏，特别是型钢高强混凝土构件，更应配置足够数量的箍筋，并宜采用高强度箍筋，以保证箍筋有足够的约束能力。

箍筋末端做成 135°弯钩且直段长度取 10 倍箍筋直径，主要是满足抗震要求。在某些情况下，箍筋直段取 10 倍箍筋直径会与内置型钢相碰，或者当柱中箍筋采用 335MPa 级以上钢筋而使箍筋末端的 135°弯钩施工有困难时，箍筋末端可采用 90°直钩加焊接的方式。

型钢混凝土柱中钢骨提供了较强的抗震能力，其配箍要求可比混凝土构件适当降低；同时由于钢骨的存在，箍筋的设置有一定的困难，考虑到施工的可行性，实际配置的箍筋不可能太多，本条规定的最小配箍要求是根据国内外试验研究，并考虑抗震等级的差别确定的。

型钢混凝土柱截面类型如图 13-1 所示。

(7) 规定节点箍筋的间距，一方面是为了不使钢梁腹板开洞削弱过大，另一方面也是为了方便施工。一般情况下可在柱中型钢腹板上开孔使梁纵筋贯通；翼缘上的孔对柱抗弯十分不利，因此应避免在柱型钢翼缘开梁纵筋贯通孔。也不能直接将钢筋焊在翼缘上；梁纵筋遇柱型钢翼缘时，可采用翼缘上预先焊接钢筋套筒、设置水平加劲板等方式与梁中钢筋进行连接。

(8) 高层混合结构，柱的截面不会太小，因此圆形钢管的直径不应过小，以保证结构基本安全要求。圆形钢管混凝土柱一般采用薄壁钢管，但钢管壁不宜太薄，以避免钢管壁屈曲。套箍指标是圆形钢管混凝土柱的一个重要参数，反映薄钢管对管内混凝土的约束程度。若套箍指标过小，则不能有效地提高钢管内混凝土的轴心抗压强度和变形能力；若套

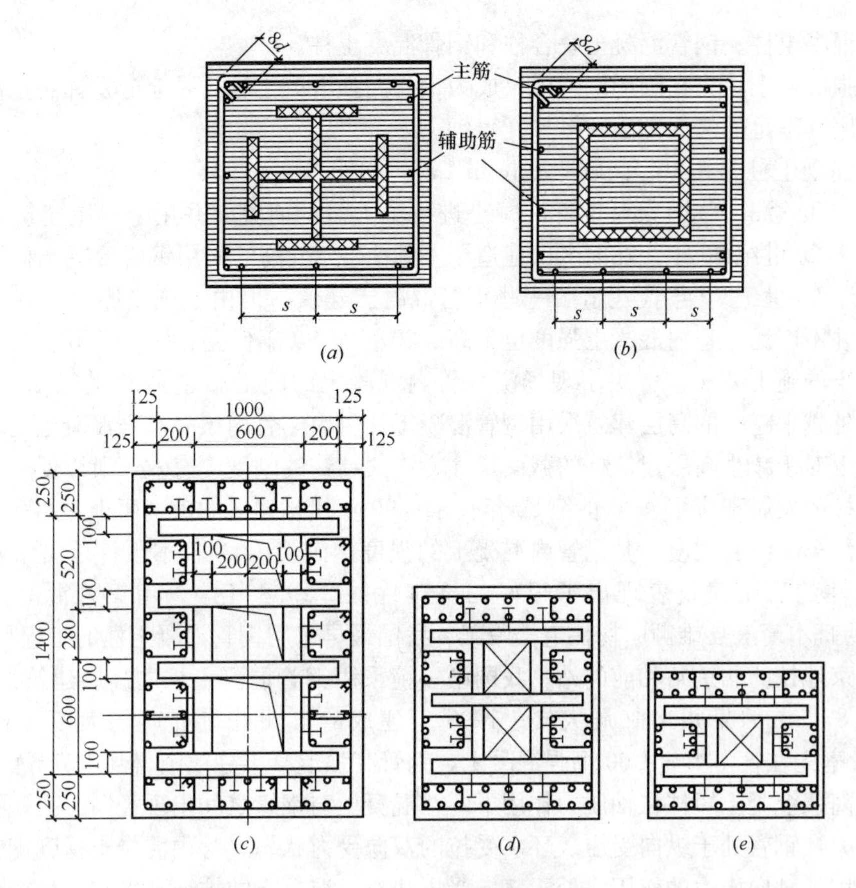


图 13-1　SRC 柱主要截面形式

箍指标过大，则对进一步提高钢管内混凝土的轴心抗压强度和变形能力的作用不大。

当钢管直径过大时，管内混凝土收缩会造成钢管与混凝土脱开，影响钢管与混凝土的共同受力，因此需要采取有效措施减少混凝土收缩的影响。

长细比 $\lambda$ 取 $l_0/i$，其中 $l_0$ 为柱的计算长度，$i$ 为柱截面的回转半径。

(9) 为保证钢管与混凝土共同工作，矩形钢管截面边长之比不宜过大。为避免矩形钢管混凝土柱在丧失整体承载能力之前钢管壁板件局部屈曲，并保证钢管全截面有效，钢管壁板件的边长与其厚度的比值不宜过大。

矩形钢管混凝土柱的延性与轴压比、长细比、含钢率、钢材屈服强度、混凝土抗压强度等因素有关。《高规》对矩形钢管混凝土柱的轴压比提出了具体要求，以保证其延性。

(10) 高强混凝土的主要缺点是单轴受压达到峰值应力后，强度迅速下降，应力-应变关系曲线下降段陡，塑性变形能力比普通强度混凝土差，为脆性材料。高强混凝土用于抗震框架柱时，采用限制轴压比和增加箍筋的方法克服其脆性，提高柱的延性。但工程设计和试验研究表明，轴压比限制过严，则柱的截面尺寸大，不能发挥高强混凝土强度高的优势；配箍量大到一定程度后，对继续改善高强混凝土的脆性的作用不大，而且给施工造成困难。此外，高强混凝土的抗火性能不如普通强度混凝土。目前，抗震房屋结构框架柱的混凝土强度一般不超过 C60。克服高强混凝土脆的缺点，成为推广高强混凝土的关键。近年来，工程中采取的方法就是将高强混凝土与钢组合或者叠合，成为组合柱或者叠合柱，包括钢管混凝土柱、钢管混凝土叠合柱和钢骨混凝土柱。

将高强混凝土填充在圆形钢管内，成为钢管高强混凝土柱，是充分发挥高强混凝土的优势、克服其不足的最好方法。

钢管混凝土柱是 1897 年美国人 John Lally 发明的。20 世纪 50、60 年代，前苏联、美国、日本和欧洲一些国家对钢管混凝土进行了大量的研究，并用于房屋建筑和桥梁工程。美国于 20 世纪 60 年代在旧金山建造了一幢 175.3m 高的采用钢管混凝土柱的高层建筑，日本于 20 世纪 70 年代建造了一些钢管混凝土建筑。但由于施工困难、造价高等原因，应用并不广泛，管内混凝土强度也不高。20 世纪 80 年代初，日本采用了泵送顶升钢管内混凝土的施工方法，解决了现场浇筑管内混凝土的施工难题。20 世纪 80 年代末开始，国内外越来越多的高层建筑采用钢管混凝土柱。由于管内填充高强混凝土比填充普通强度混凝土对于减小高层建筑柱的截面尺寸、增大结构的刚度更有效，所以促进了钢管高强混凝土柱的发展和应用。20 世纪 80 年代末、90 年代初建造的美国西雅图的联合广场大厦和太平洋第一中心大厦，其钢管内混凝土的强度达到 C100。日本阪神地震中，采用钢管混凝土柱的房屋建筑表现出了很好的抗震性能。1998 年，采用钢管混凝土柱、高 185.8m 的日本琦玉县雄狮广场住宅楼竣工。我国最早采用钢管混凝土柱的工程是 1966 年建造的北京地铁的北京站和前门站。我国第一幢采用钢管混凝土柱的高层建筑是 1992 年竣工的高 87.5m 的泉州市邮局大楼；1995 年建成的广州好世界广场大厦（33 层，高 116.3m）率先在管内填充 C60 高强混凝土，钢管高强混凝土柱逐渐得到工程界的认可。

钢管高强混凝土短柱在轴压力作用下，在混凝土与钢管之间出现径向压力，钢管壁受到环向拉力，钢管处于纵向受压、环向受拉的双向受力状态，管内混凝土受到钢管径向紧箍力的作用和轴向压力的作用，处于三向受压状态，混凝土的抗压强度和塑性变形能力大幅度提高，成为高强延性材料。根据试验结果，钢管高强混凝土短柱的轴压承载力可以用下式计算：

$$N_0 = f_{cc}A_{cc}(1 + 1.8\theta)$$

$$\theta = \frac{f_a A_a}{f_{cc}A_{cc}}$$

式中　$f_{cc}$——钢管内混凝土轴心抗压强度设计值；

$A_{cc}$——钢管内混凝土的截面面积；

$A_a$——钢管的截面面积；

$f_a$——钢管钢材的抗拉、抗压强度设计值；

$\theta$——钢管混凝土套箍指标。

除了强度高、弹性模量大、塑性变形能力大，钢管高强混凝土柱还有许多优点：①管内混凝土可防止钢管向内屈曲，增强了钢管壁的稳定性；②钢管可以作为模板，省去了支模拆模的工料和费用；③钢管混凝土柱采用薄钢板，避免了厚钢板带来的一系列问题；④钢管兼有纵筋和箍筋的作用，无需绑扎钢筋；⑤钢管在工厂预制，现场安装就位，加快了施工进度；⑥管内浇筑混凝土和管外楼盖施工可以同时进行，互不干扰，可以根据需要采用逆作法，缩短工期。

钢管混凝土柱可以代替钢柱，用于钢结构；也可以代替钢筋混凝土柱，用于钢筋混凝土结构。钢梁或钢筋混凝土梁与钢管混凝土柱的连接，是钢管混凝土柱用于高层建筑的关键之一。连接应具有将梁端剪力和弯矩传递给钢管的能力，做到构造简单、整体性好、传力明确、安全可靠、节约材料和施工方便。

（11）我国采用钢管混凝土柱的高层建筑，绝大部分为钢筋混凝土结构。钢筋混凝土梁与钢管混凝土柱连接的钢管外剪力传递可以采用抗剪环、环形牛腿或承重销等；钢筋混凝土楼板与钢管混凝土柱连接的钢管外剪力传递可以采用台锥式环形深牛腿；钢筋混凝土梁与钢管混凝土柱的管外弯矩传递可采用井式双梁、环梁、穿筋单梁等。

组合柱由钢管混凝土与钢筋混凝土组合而成，其截面如图 13-2 所示。与配置其他截面形式钢骨的钢骨混凝土柱相比，组合柱具有下述优势：①截面中部的钢管混凝土受到外围混凝土和钢管的双重约束，混凝土强度提高，钢管受到管内外的混凝土约束，不会发生屈曲或失稳，组合柱的轴心受压承载力为外围钢筋混凝土和核心钢管混凝土短柱轴心受压承载力之和；②钢管内可以填充高强、高弹模混凝土，使其承担的轴压力大于按截面面积比例分配的轴压力，降低钢管外混凝土承担的轴压力；③增强了柱端塑性铰区的转动能力，延缓小偏心破坏的过程，使小偏心受压破坏的柱具有一定的延性，提高大偏心受压破坏柱的延性；④核心钢管混凝土提高了柱的抗剪承载力，即使是短柱，也可以做到强剪弱弯；⑤钢管直径较小，容易穿过梁柱核心区，钢管制作、施工方便；⑥钢管外的混凝土起到抗火作用。南京新世纪大厦，地面以上 45 层，框架柱采用 C60 混凝土，为满足轴压比限值，钢筋混凝土柱的截面尺寸为 2200mm×2200mm，改用组合柱，截面尺寸为 1400mm×1400mm。

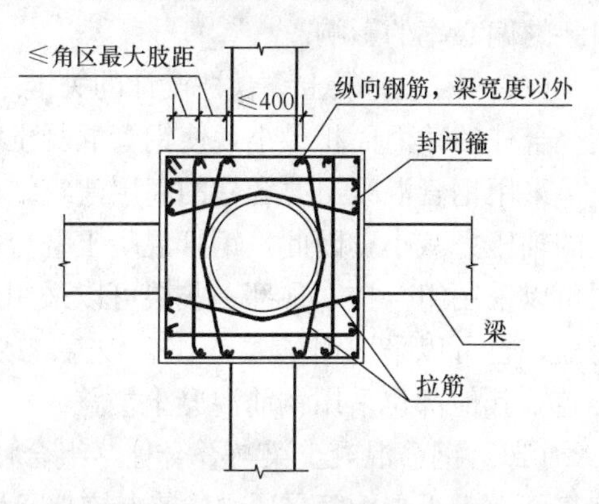


图 13-2　钢管混凝土组合柱和叠合柱截面

（12）组合柱的钢管内混凝土和钢管外混凝土是同时浇筑的，采用了钢管混凝土与钢筋混凝土组合的概念，相同内力设计值的组合柱的截面尺寸比钢骨混凝土柱或钢筋混凝土柱的截面尺寸小得多，但组合柱还没有充分发挥钢管混凝土受压承载力高的优势，尤其是管内填充 C80 甚至 C100 混凝土，而管外采用 C50 或 C60 混凝土时，组合柱并没有充分发挥钢管高强混凝土的抗压作用。解决的方法是钢管混凝土与钢筋混凝土叠合，成为钢管混凝土叠合柱。叠合柱截面形式与组合柱相同，如图 12-2 所示。

（13）钢管混凝土叠合柱是通过施工程序得以实现的。叠合柱的施工大体分为三步：①安装钢管，浇筑钢管内高强混凝土，成为钢管高强混凝土柱；②以钢管混凝土柱为楼盖梁的支柱，浇筑楼盖结构，浇筑时在柱周围的楼板上预留后浇孔；③钢管混凝土柱承受施工期的部分竖向荷载，钢管混凝土柱达到一定高度、承受的轴压力达到该柱轴压力设计值的 0.3～0.6 时，叠合浇筑钢管外的混凝土，成为叠合柱。

（14）除了具有组合柱的特点外，叠合柱的优势更加突出：①钢管内可以浇筑比组合柱的钢管内强度更高的高强混凝土，使钢管混凝土承担更多的轴压力，从而减小柱的截面尺寸。②浇筑钢管外混凝土前，钢管混凝土已经承受了一部分轴压力；叠合后，剩余部分的轴压力由钢管混凝土和钢筋混凝土分担。与相同条件的组合柱比，叠合柱钢筋混凝土部分承担的轴压力减小、轴压比降低；若保持叠合柱钢筋混凝土部分的轴压比与组合柱的轴压比相同，则叠合柱的截面尺寸减小。③通过调整叠合比，即浇筑钢管外混凝土前钢管混凝土柱已经承担的轴压力与叠合柱的轴压力设计值的比值，可以控制钢管外混凝土的轴压比，实现大偏心受压。

叠合柱的最大特点是可以充分发挥高强混凝土抗压强度高、弹性模量高的优势，充分利用钢管高强混凝土的受压承载力，降低钢筋混凝土部分承担的轴压力。由于钢管外混凝土的约束作用，计算钢管混凝土的受压承载力时，可以不计钢管混凝土柱的长细比及弯矩引起的偏心率的影响。

(15) 钢管混凝土叠合柱设计的关键之一是选择叠合比。要通过多次试算、仔细设计，使叠合柱的截面面积最小，使钢管混凝土和外围钢筋混凝土几乎同时达到其承载力。

采用钢管混凝土叠合柱的高层建筑结构是一种新型结构。高层建筑中，由下而上框架柱的轴压力减小，因此，钢管混凝土叠合柱结构的底部一些层可以采用叠合柱，中部一些层可以采用组合柱，顶部一些层可以采用钢筋混凝土柱。叠合柱结构可以采用钢筋混凝土楼盖，也可以采用钢-混凝土组合楼盖，或者也可以在梁跨度大的部位采用钢-混凝土组合楼盖，其他部位采用钢筋混凝土楼盖。

(16) 钢筋混凝土梁与叠合柱（组合柱）可以采用钢管贯通型连接或钢板翅片转换型连接。上、下层钢管贯通梁柱节点核心区为钢管贯通型连接（图 13-3），梁的纵筋需穿过钢管壁，单筋穿过时在钢管壁开圆孔，并筋穿过时在钢管壁开长圆形孔，叠合柱和组合柱钢管壁开孔的截面损失率分别不宜大于 30%和 50%，超过时在孔侧和孔间加焊竖向肋板或钢筋补强。核心区的钢管壁外表面焊接不少于两道闭合的钢筋环箍，以加强钢管与管外混凝土之间的粘结。上、下层钢管在节点核心区不贯通时，采用小直径厚壁核心钢管（简称小钢管）及钢板翅片（简称翅片）的钢板翅片转换型连接（图 13-4），翅片的数量为 4 块，叠合柱和组合柱的小钢管截面积加翅片截面积之和分别不宜小于被连接的钢管截面积的 60%和 50%，翅片与小钢管之间沿全长采用双面角焊缝焊接，翅片和小钢管伸出梁顶面和梁底面不少于 300mm，翅片插入上、下层钢管的安装槽内，并与钢管采用双面角焊缝、沿钢管与翅片连接部位全长焊接。在核心区的翅片外周设置封闭环箍。

(17) 从 1995 年开始，辽宁省建筑设计研究院开始研究叠合柱的设计方法并用于高层

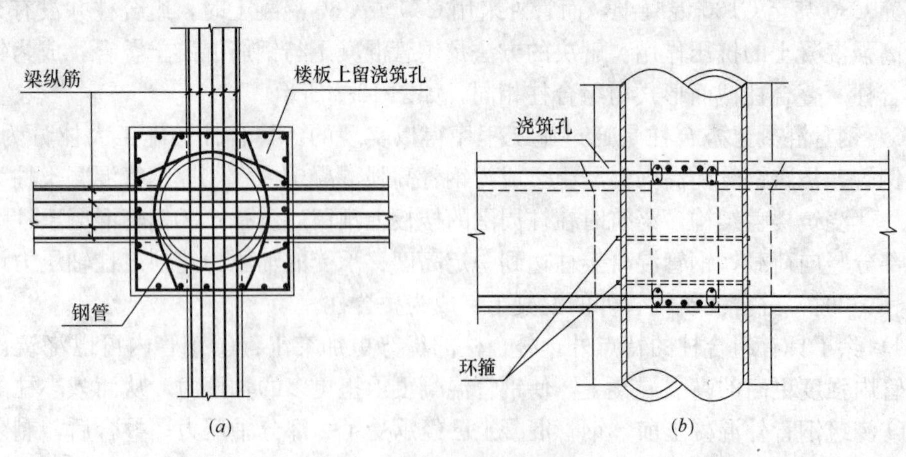


图 13-3　钢管贯通型连接节点

(a) 平面图；(b) 立面图

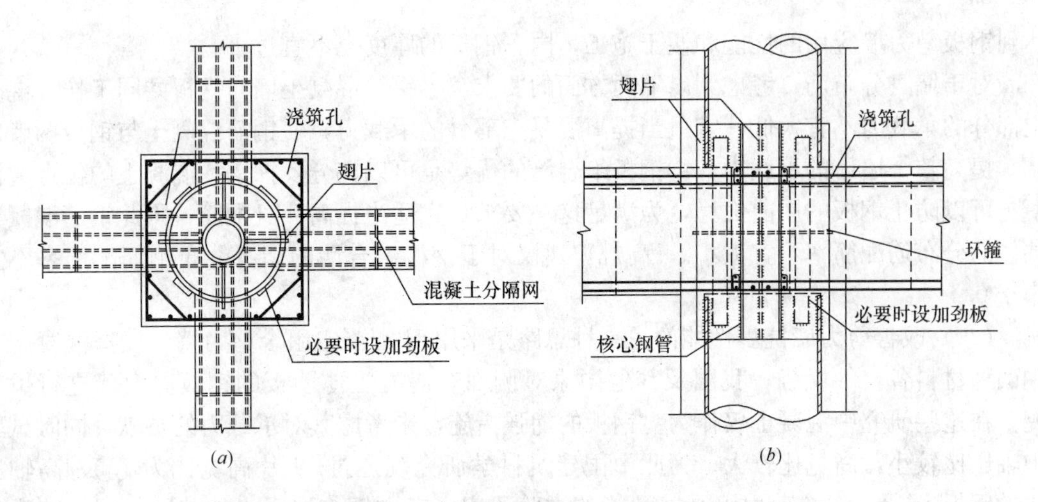


图 13-4　钢板翅片转换型连接节点

(*a*) 平面图；(*b*) 立面图

建筑。1995 年，叠合柱首先应用于沈阳日报社大厦的地下室逆作法施工。1996 年，辽宁省邮政枢纽采用叠合柱，成为第一幢上部结构采用叠合柱结构的高层建筑。至今，辽宁地区已有 19 幢高层建筑采用钢管混凝土叠合柱结构，其中 16 幢已经竣工、使用，包括：23 层辽宁省邮政枢纽、22 层沈阳和泰大厦、33 层沈阳电力双塔、28 层贵和大厦、30 层沈阳富林广场和 28 层沈阳远吉大厦等。其中远吉大厦和贵和大厦在核心钢管内采用 C100 高强混凝土；富林广场在核心钢管内设计采用 C90 混凝土，实际按 C100 施工，检测表明，钢管内混凝土达到 C100 的强度。叠合柱结构工程已取得了良好的社会效益和经济效益。

(18) 钢板混凝土剪力墙是指两端设置型钢暗柱、上下有型钢暗梁，中间设置钢板，形成的钢-混凝土组合剪力墙。

试验研究表明，两端设置型钢、内藏钢板的混凝土组合剪力墙可以提供良好的耗能能力，其受剪截面限制条件可以考虑两端型钢和内藏钢板的作用，扣除两端型钢和内藏钢板发挥的抗剪作用后，控制钢筋混凝土部分承担的平均剪应力水平。

试验研究表明，两端设置型钢、内藏钢板的混凝土组合剪力墙，在满足《高规》第 11.4.14、11.4.15 条规定的构造要求时，其型钢和钢板可以充分发挥抗剪作用，因此截面受剪承载力公式中包含了两端型钢和内藏钢板对应的受剪承载力。

(19) 试验研究表明，内藏钢板的钢板混凝土组合剪力墙可以提供良好的耗能能力，在计算轴压比时，可以考虑内藏钢板的有利作用。

在墙身中加入薄钢板，对于墙体承载力和破坏形态会产生显著影响，而钢板与周围构件的连接关系对于承载力和破坏形态的影响至关重要。从试验情况来看，钢板与周围构件的连接越强，则承载力越大。四周焊接的钢板组合剪力墙可显著提高剪力墙受剪承载能力，并具有与普通钢筋混凝土剪力墙基本相当或略高的延性系数。这对于承受很大剪力的剪力墙设计具有十分突出的优势。为充分发挥钢板的强度，建议钢板四周采用焊接的连接形式。

对于钢板混凝土剪力墙，为使钢筋混凝土墙有足够的刚度，对墙身钢板形成有效的侧向约束，从而使钢板与混凝土能协同工作，应控制内置钢板的厚度不宜过大；同时，为了达到钢板剪力墙应用的性能和便于施工，内置钢板的厚度也不宜过小。

对于墙身分布筋，考虑到以下两方面的要求：①钢筋混凝土墙与钢板共同工作，混凝土部分的承载力不宜太低，宜适当提高混凝土部分的承载力，使钢筋混凝土与钢板两者协调，提高整个墙体的承载力；②钢板组合墙的优势是可以充分发挥钢和混凝土的优点，混凝土可以防止钢板的屈曲失稳，为满足这一要求，宜适当提高墙身配筋，因此钢筋混凝土墙体的分布筋配筋率不宜太小。《高规》建议对于钢板组合墙的墙身分布钢筋配筋率不宜小于 0.4%。

（20）改善剪力墙抗震性能的另一种思路是采用钢-混凝土组合剪力墙，发挥混凝土与钢两种材料各自的优势，我国及其他国家对侧面有混凝土薄墙板的钢板剪力墙进行了研究，在这些研究中混凝土仅作为对钢板的加强措施，未考虑其对承载力的贡献，同时试验中轴压比较小，高宽比较大。为此中国建筑科学研究院通过 11 片高宽比为 1.5、高轴压比的钢板-混凝土组合剪力墙受剪性能的试验研究，考虑钢与混凝土的共同作用，综合比较墙身钢板与周围型钢不同连接方式影响，给出钢板-混凝土组合剪力墙的受剪承载力设计计算公式和受剪截面控制条件的建议公式。

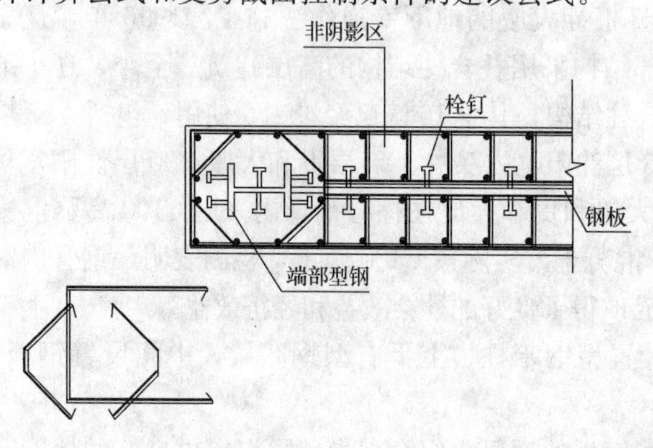


图 13-5　钢板混凝土剪力墙节点

构成组合结构的基本条件是钢和混凝土两种材料组合在一起时能够共同工作，这也是采用叠加原理进行强度计算的前提，只要保证钢与钢筋混凝土之间有可靠的连接，比如设置适量的栓钉等，就可以使两者共同变形，共同承受外荷载，而不会发生某一部分先承受外力，破坏后，另外部分才发挥作用，即不会出现各个击破的现象。钢板混凝土剪力墙节点可参考图 13-5。

（21）日本阪神地震的震害经验表明：非埋入式柱脚、特别在地面以上的非埋入式柱脚在地震区容易产生破坏，因此钢柱或型钢混凝土柱宜采用埋入式柱脚。若存在刚度较大的多层地下室，当有可靠的措施时，型钢混凝土柱也可考虑采用非埋入式柱脚。根据新的研究成果，埋入柱脚型钢的最小埋置深度修改为型钢截面长边的 2.5 倍。

（22）考虑到钢框架-钢筋混凝土核心筒中核心筒的重要性，其墙体配筋较钢筋混凝土框架-核心筒中核心筒的配筋率适当提高，提高其构造承载力和延性要求。

# 参 考 文 献

［1］ GB 50011—2010 建筑抗震设计规范. 北京：中国建筑工业出版社，2010.
［2］ GB 50010—2010 混凝土结构设计规范. 北京：中国建筑工业出版社，2011.
［3］ JGJ 3—2010 高层建筑混凝土结构技术规程. 北京：中国建筑工业出版社，2011.
［4］ 徐有邻等.《混凝土结构设计规范》修订简介(一)至(九). 建筑结构，2011 年第 2 期至第 12 期.
［5］ 王亚勇等.《建筑抗震设计规范》(GB 50011—2010)疑问解答(一)至(九). 建筑结构，2010 年第 12 期，2011 年第 1 至 7、10 期.
［6］ 黄小坤.《高层建筑混凝土结构技术规程》(JGJ 3—2010)修订. 建筑结构，2011 年第 11 期.
［7］ 朱炳寅. 建筑抗震设计规范应用与分析 GB 50011—2010. 北京：中国建筑工业出版社，2011.
［8］ 北京市建筑设计技术细则——结构专业. 北京市规划委员会，2004.
［9］ 北京市建筑设计研究院. 建筑结构专业技术措施. 北京：中国建筑工业出版社，2007.
［10］ DBJ11-501—2009 北京地区建筑地基基础勘察设计规范. 北京：中国计划出版社，2009.
［11］ DBJ 01-11—1999 上海市地基基础勘察设计规范.
［12］ 李国胜. 多高层钢筋混凝土结构设计化与合理构造(附实例). 北京：中国建筑工业出版社，2009.
［13］ 李国胜. 高层混凝土结构抗震设计要点、难点及实例. 北京：中国建筑工业出版社，2009.
［14］ 李国胜. 简明高层混凝土结构设计手册. 第 3 版. 北京：中国建筑工业出版社，2011.
［15］ 李国胜. 多高层钢筋混凝土结构设计中疑难问题的处理及算例. 第 2 版. 北京：中国建筑工业出版社，2011.
［16］ 李国胜. 多高层建筑基础及地下室结构设计——附实例. 北京：中国建筑工业出版社，2011.
［17］ 李国胜，建筑结构设计中一些问题的讨论(一)至(六). 建筑结构，技术通讯 2008 年 11 月，2009 年 1、3、9 月，2010 年 5 月，2011 年 9、11 月.